数控机床维修高级应用人才培养规划教材

数控机床装调维修实训技术

邓三鹏　祁宇明　石秀敏　等编著

国防工业出版社

·北京·

内 容 简 介

本书从数控机床故障诊断与维修综合仿真、机械部件的结构与维修、数控机床强电回路故障诊断与维修、华中数控系统的连接与调试、FANUC数控系统的连接与调试、西门子数控系统的连接与调试、数控车床组装与调试、数控铣床组装与调试八个项目来讲述，按照"项目导入、任务驱动"的理念精选教学内容，内容全面、综合、深入浅出、实操性强，每个项目均含有典型的实施案例讲解，兼顾数控机床应用的实际情况和发展趋势，涵盖了目前国内应用的大部分数控系统。编写中力求做到"理论先进，内容实用，操作性强"，突出实践能力和创新素质的培养，是一本从理论到实践，再从实践到理论全面介绍数控机床装调维修技能的书。

本书适用于高等工科院校机械、自动化专业，职业院校数控、机电、自动化专业教学和技能培训，也可作为从事数控机床编程、操作、设计与维修的工程技术人员参考书。

图书在版编目(CIP)数据

数控机床装调维修实训技术／邓三鹏等编著. —北京：国防工业出版社，2014.8
数控机床维修高级应用人才培养规划教材
ISBN 978-7-118-09574-6

Ⅰ.①数... Ⅱ.①邓... Ⅲ.①数控机床-安装-教材②数控机床-调试-教材③数控机床-维修-教材 Ⅳ.①TG659

中国版本图书馆CIP数据核字(2014)第211992号

※

国防工业出版社出版发行
(北京市海淀区紫竹院南路23号 邮政编码100048)
北京奥鑫印刷厂印刷
新华书店经售

*

开本 787×1092 1/16 **印张** 25¼ **字数** 624千字
2014年8月第1版第1次印刷 **印数** 1—3000册 **定价** 54.00元

国防书店：(010)88540777 发行邮购：(010)88540776
发行传真：(010)88540755 发行业务：(010)88540717

数控机床维修高级应用人才培养规划教材

编审委员会

序

2008 年,我国连续第七年成为世界机床第一消费国、第一进口国、第三生产国,机床出口跃居世界第六。我国已成为机床消费和制造大国,机床行业产品门类齐全,为国民经济建设和国防建设提供了大量基础工艺装备,为我国企业装备现代化做出了重要贡献。在国民经济平稳快速增长的大背景下,我国机床行业将持续快速发展。

数控机床在制造领域的应用越来越普遍,数量也越来越多,已是机械制造业的主流装备。但是,由于数控系统的多样性、数控机床结构和机械加工工艺的复杂性,以及当前从事数控机床故障诊断与维修的技术人员非常短缺,数控机床一旦发生故障,维修难的问题就变得尤为突出,导致数控机床因得不到及时维修而开机率不足。要改变这种现状,一方面,要在引进国外数控系统的同时注意消化与吸收,在自主开发的基础上注重提高数控系统的稳定性与可靠性;另一方面,要加大力度培养从事数控机床故障诊断与维修的专业技术人员。

参编人员在数控机床故障诊断与维修高级应用人才的培养上进行了有益的探索,天津职业技术师范大学于 2003 年在国内首先建立"机械维修与检测技术教育(2013 年更名为机电技术教育)"本科专业,并确定其培养方向为数控机床故障诊断与维修,秉承学校"动手动脑,全面发展"的办学理念,坚持机电融合,进行了多项教学改革,建成机电装备检测与维修市级实验教学示范中心以及多功能实验实训基地,并开展了对外培训和数控机床装调维修工的鉴定工作。该专业是国家级高等学校特色专业、天津市品牌专业和卓越工程师培养专业,其教学成果"创建机械维修与检测技术教育专业,培养高层次数控机床故障诊断与维修人才"获 2009 年天津市教学成果二等奖。

这套规划教材的特色是结合数控机床故障诊断与维修专业特点,坚持"理论先进,注重实践、操作性强,学以致用"的原则精选内容,依据在数控机床管理、维修、改造、培训和大赛方面的丰富经验,贯彻国家数控机床装调维修工职业资格标准编写而成。规划教材中有些书已经出版,具有较高的质量,如《数控机床结构与维修》是普通高等教育"十一五"国家级规划教材,《数控机床编程与操作》已经发行 6 万余册,未出版的讲义在教学和培训中经过多轮的使用和修改,亦收到了很好的效果。

我们深信,这套规划教材的出版发行和广泛使用,不仅有利于加强各兄弟院校在教学改革方面的交流与合作,而且对数控机床故障诊断与维修专业人才培养质量的提高也会起到积极的促进作用。

当然,由于数控机床现代技术发展非常迅速,编者编纂时间和掌握材料所限,还需要在今后的改革实践中进一步检验、修改、锤炼和完善,殷切期望同行专家及读者们不吝赐教,多加指正和建议。

中国机械工程学会设备与维修工程分会副主任

全国设备监测与诊断技术学术委员会主任

中国设备管理协会安全生产技术委员会副主任

现代测控技术教育部重点实验室主任

北京信息科技大学教授

北京理工大学博导

徐小力

2009 年 5 月 25 日

前　言

20世纪90年代以来,我国数控机床产量以年均18%的速度迅速增长,从2002年至今我国已连续12年成为世界第一机床消费大国,现已成为机械制造业的主流装备,如何才能充分发挥数控机床的加工优势,达到数控机床的技术性能,确保数控机床能够正常工作是摆在众多用户面前的现实问题。数控机床是集机、电、液、气、光于一体的现代机电设备,具有技术密集和知识密集的特点,及时准确地进行诊断与维修是一件复杂的工作。

本书参编人员多年从事数控机床装调维修专业的教学、科研和数控机床装调维修工的鉴定和竞赛工作。教学成果《创建机械维修与检测技术教育专业,培养高层次数控机床故障诊断与维修人才》获2009年天津市教学成果二等奖,依据其在数控机床管理、维修、改造和培训竞赛方面的丰富经验,全面贯彻数控机床装调维修工职业资格国家标准,坚持“少而精”,通俗易懂、循序渐进的原则,力求做到“理论先进,内容实用,操作性强”,突出实践能力和创新素质的培养。

本书从数控机床故障诊断与维修综合仿真、机械部件的结构与维修、数控机床强电回路故障诊断与维修、华中数控系统的连接与调试、FANUC数控系统的连接与调试、西门子数控系统的连接与调试、数控车床组装与调试、数控铣床组装与调试八个项目来讲述,按照“项目导入、任务驱动”的理念精选教学内容,内容全面、综合、深入浅出、实操性强,每个项目均含有典型的实施案例讲解,兼顾数控机床应用的实际情况和发展趋势,涵盖了目前国内应用的大部分数控系统。建议实训学时12周。

本书由邓三鹏、祁宇明、石秀敏等编著。参与编写工作的有天津职业技术师范大学的蒋永翔(项目1),邓三鹏(项目2、8),祁宇明(项目2、7),李彬、张晓光(项目3),孙宏昌、宋培培(项目4),石秀敏、张瑜(项目5、7),刘朝华、高洋(项目6),蒋丽、田南平(项目8)。

本书得到了教育部财政部职教师资本科专业培养标准、培养方案、核心课程和特色教材开发项目(VTNE016)以及天津职业技术师范大学特色教材建设项目的资助。在编写过程中得到了天津职业技术师范大学的机电工程系、工程实训中心(国家级实验教学示范中心)和天津市高速切削与精密加工重点实验室的大力支持和帮助,在此深表谢意。本书承蒙清华大学王先逵教授细心审阅,提出许多宝贵意见,在此表示衷心的感谢。

由于编者学术水平所限,改革探索经验不足,书中难免存在不妥之处,恳请同行专家和读者们不吝赐教,多加批评和指正。

(需要电子课件的读者,可通过 sanpeng@ yeah. net 与编者取得联系)。

鄧三鹏

2014年5月

目　　录

项目1 数控机床故障诊断与维修综合仿真

“数控机床装调维修仿真实训系统软件(VNC－MS)”是为配合教育部开设的“数控设备应用与维护”专业以及人力资源与社会保障部颁布的“数控机床装调维修工”工种教学培训，而专门研发的以培养优秀的数控设备维护维修人才为目标的仿真教学软件。软件以C/S架构为主，采用目前最先进的三维可视化编程技术开发；主要服务于“数控设备应用与维护”专业中“数控机床电气控制系统安装与调试”“数控机床机械部件装配与调整”“数控机床PLC控制与调试”“数控系统连接与调试”“数控机床故障诊断与维修”等五门核心课程、相关专业技能实训，以及“数控机床装调维修工”各级别相关专业技能要求和技能培训之用。软件最大特点是按照工作过程为导向的任务驱动式教学法的思路，最大限度地模拟企业真实工作环境与流程，采用典型数控机床与数控系统，将上述教学内容逐一分解成单项技能实训，使学生从单一技能学习起步，逐渐深入，逐渐综合，最终经历一个完整的数控设备装配、调试及维修的生产性训练过程。软件生动直观，学生使用该软件反复练习后，即可将全部流程以及其中的所有技能细节强化记忆，在脑海中形成牢固图示，为其今后进入相关职业岗位奠定坚实的技能基础。

数控机床装调维修仿真实训系统软件(VNC－MS)分为服务端与客户端。服务端主要用于该软件的管理和通信。客户端主要应用于专业实训，分六大功能模块，客户端界面如图1－1所示。

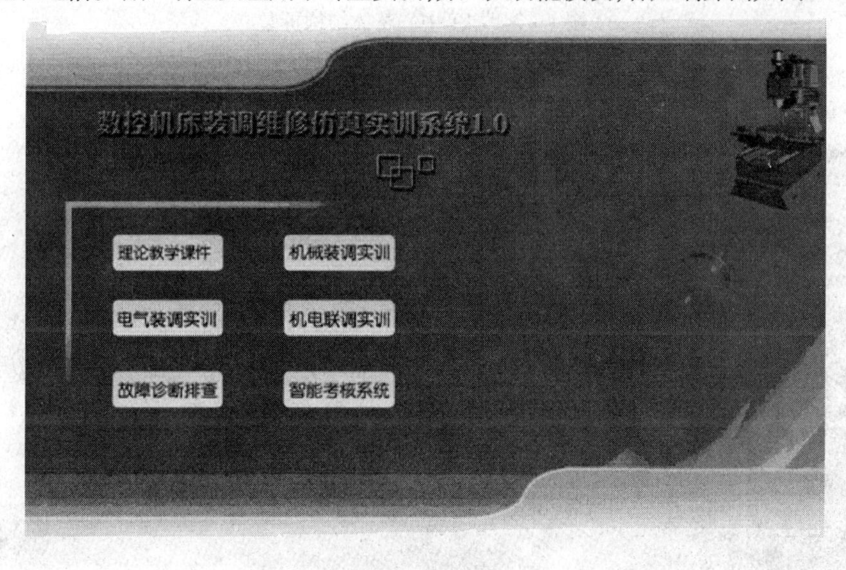

图1－1 数控机床装调维修仿真实训系统软件客户端

模块1 机械装调仿真实训

采用典型机械结构机床如三轴立式加工中心、平床身车床、斜床身车床。训练学生掌握数控机床的机械结构，熟练拆卸与安装。配合“数控机床机械部件装配与调整”以及“数控机床装调维修工”中级工、高级工的数控机床机械装调的相关技能要求，分为教学模式和实训模式，教学模式有操作提示，实训模式无操作提示。

一、加工中心整体结构拆装

可对加工中心结构进行浏览、拆卸、安装，如图 1－2 所示。

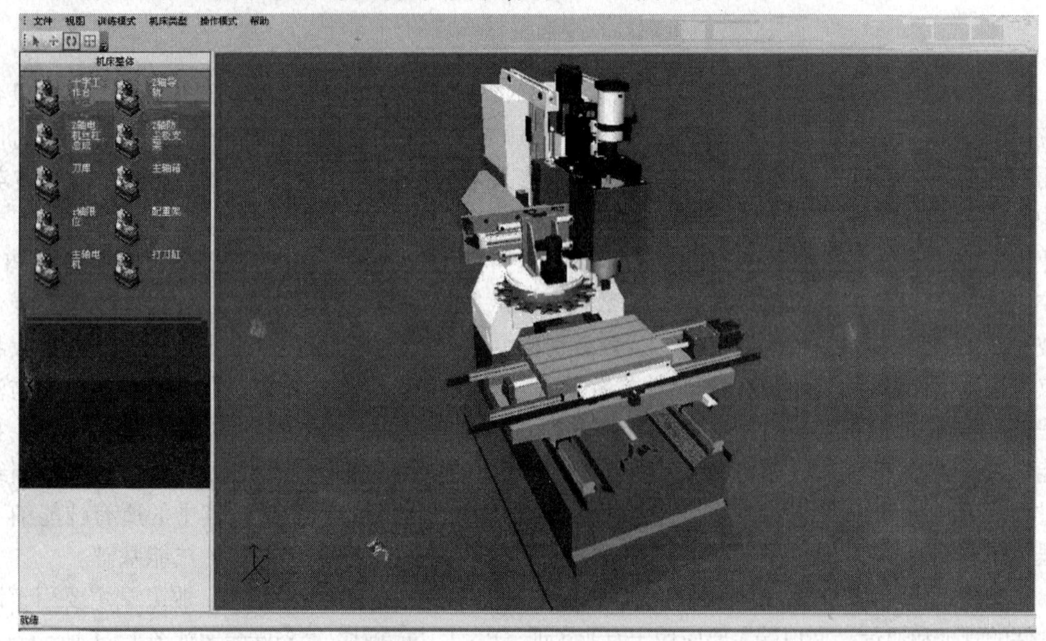

图 1－2　加工中心整体结构拆装

可对加工中心结构进行爆炸图浏览，如图 1－3 所示。

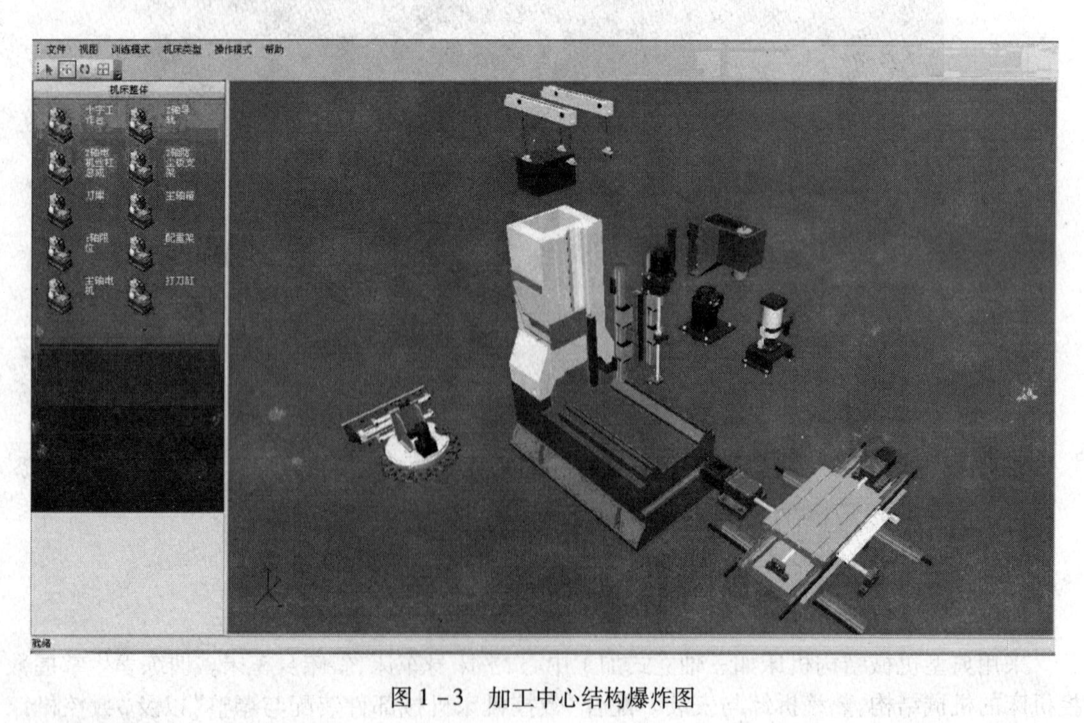

图 1－3　加工中心结构爆炸图

二、加工中心十字工作台拆装

加工中心十字工作台整体结构显示如图 1 –4 所示。

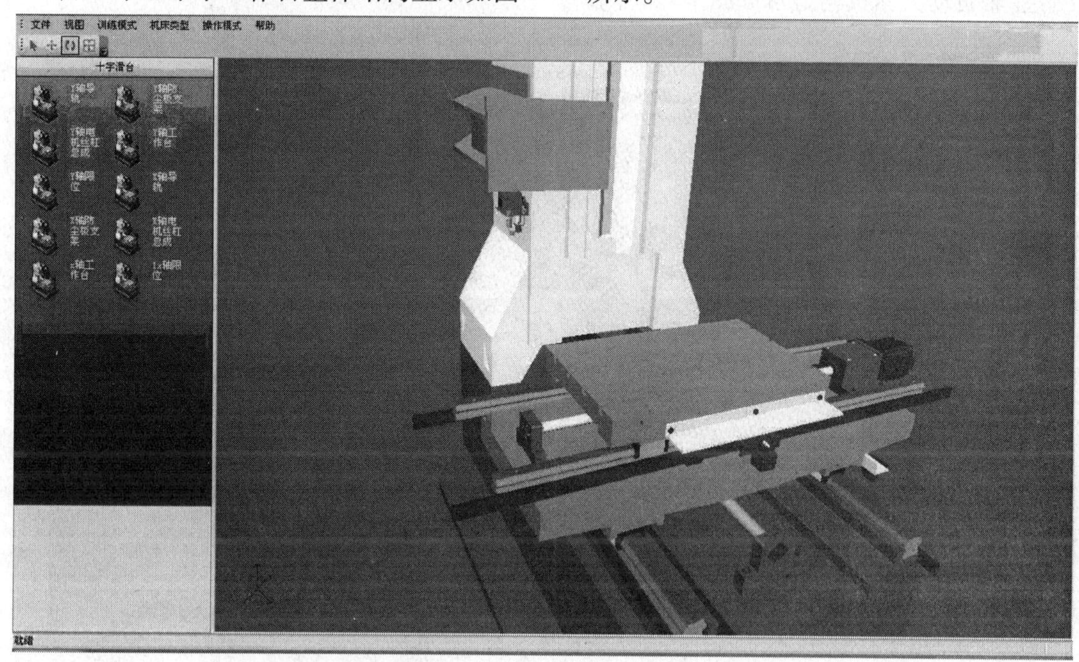

图 1 –4　加工中心十字工作台

丝杠与工作台连接显示如图 1 –5 所示。

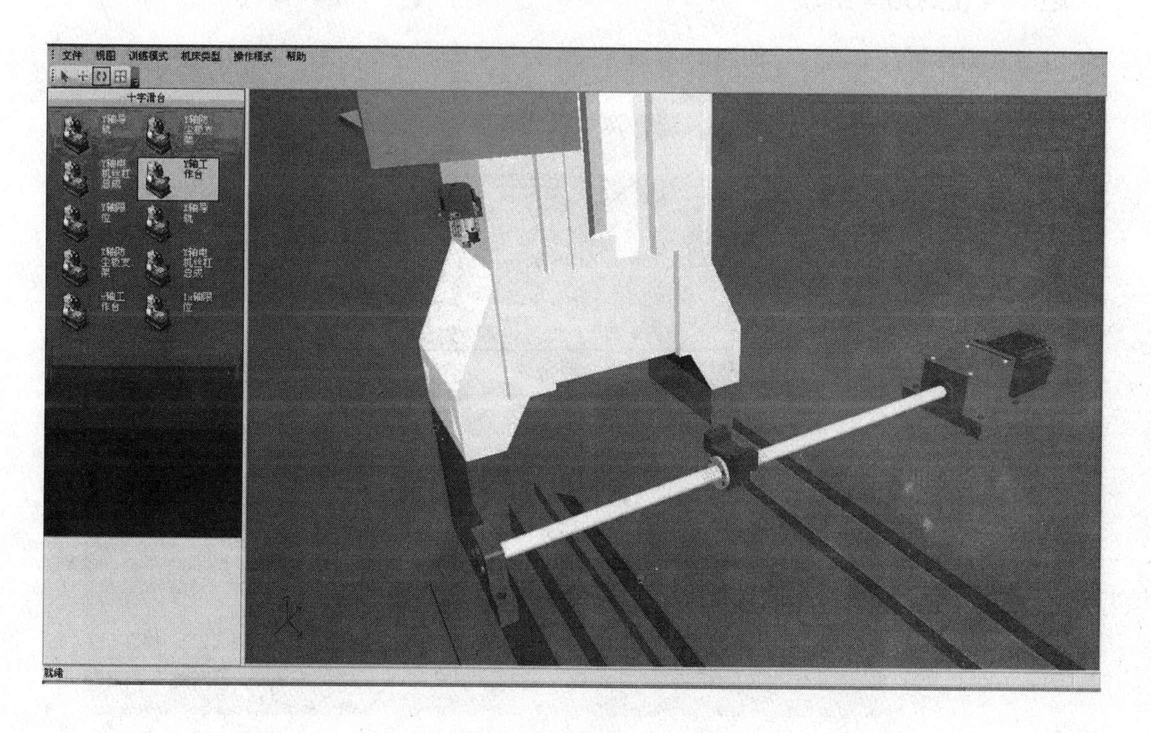

图 1 –5　丝杠与工作台连接图

三、主轴自动夹紧机构拆装

主轴自动夹紧机构显示如图 1 -6 所示。

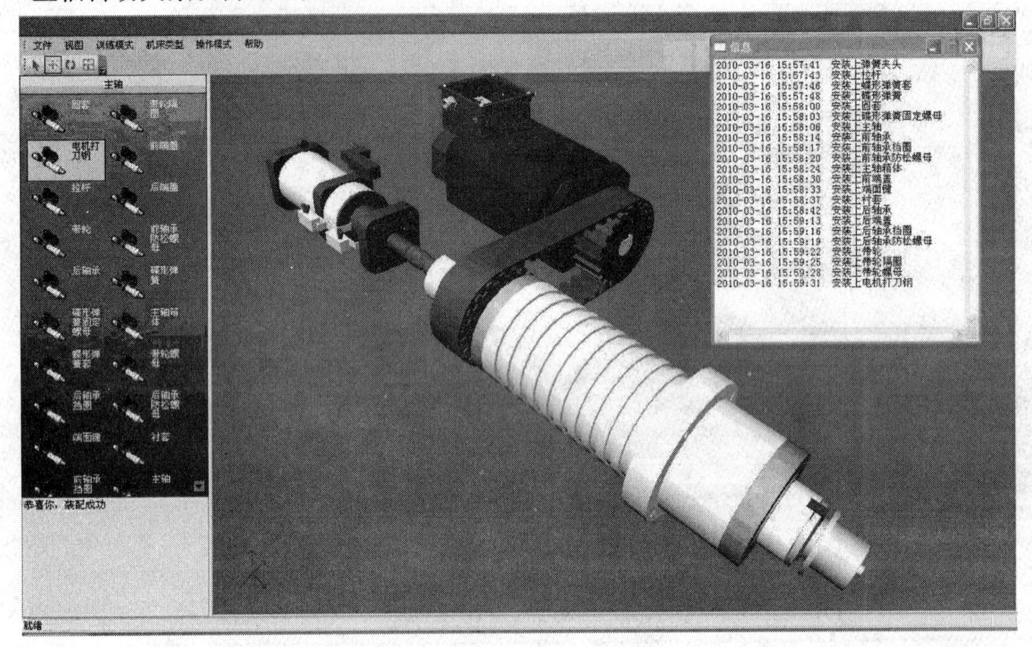

图 1 -6　主轴自动夹紧机构

四、斗笠式刀库拆装

斗笠式刀库拆装连接显示如图 1 -7 所示。

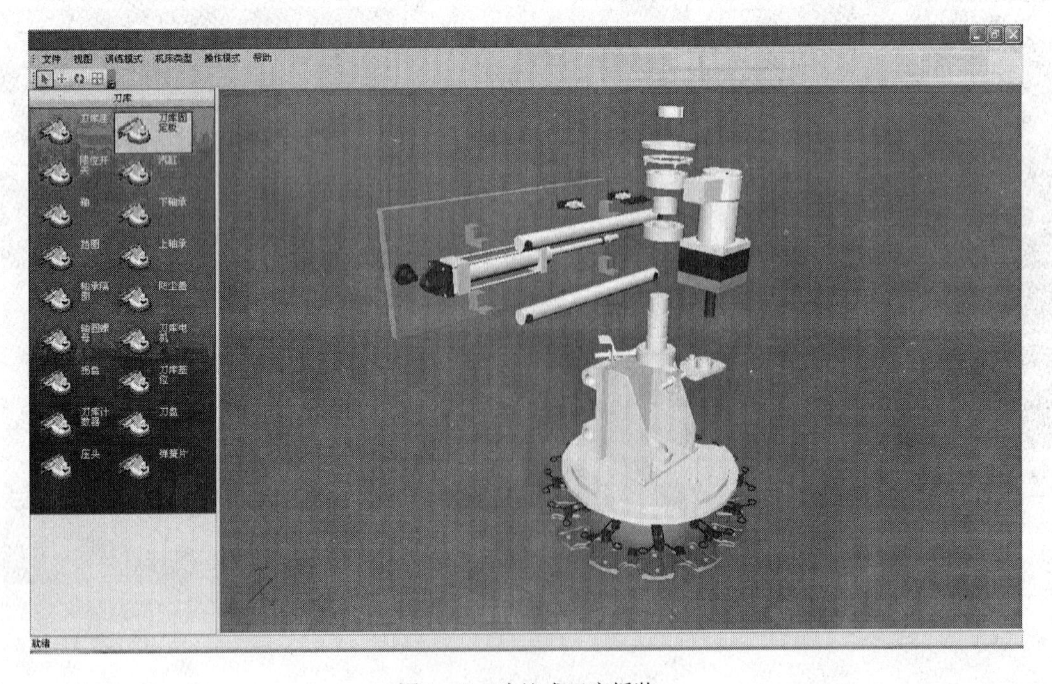

图 1 -7　斗笠式刀库拆装

五、车床整体结构拆装

车床整体结构拆装显示如图 1 - 8 所示。

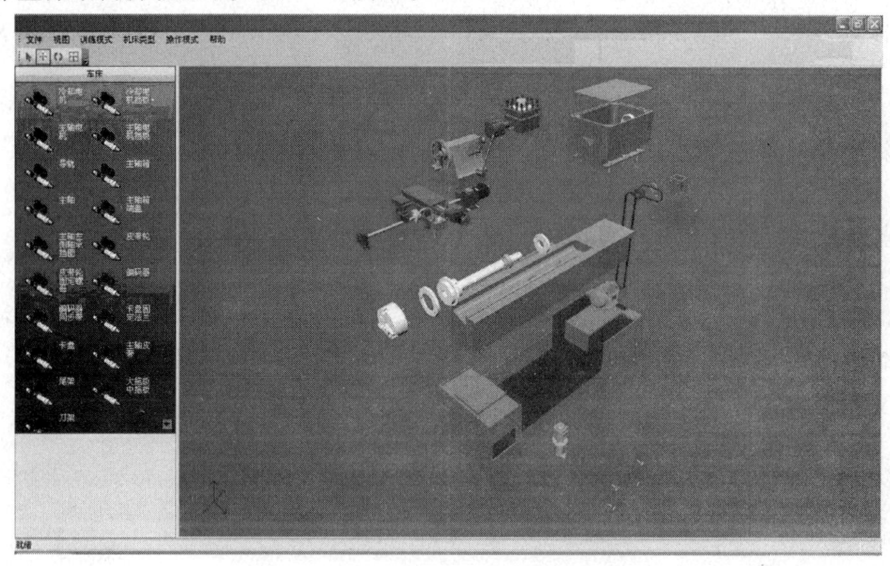

图 1 - 8　车床整体结构拆装

六、四工位刀架拆装

四工位刀架拆装显示如图 1 - 9 所示。

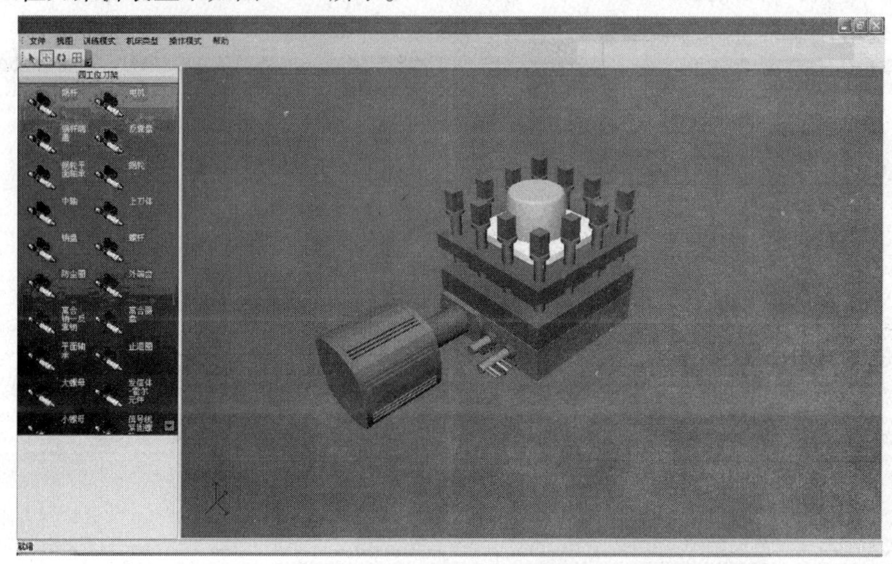

图 1 - 9　四工位刀架拆装

七、机械装调仿真实训功能模块

1. 平床身车床:整体、四工位刀架、$X - Z$ 轴

(1) 安装。

① 教学模式。

② 实训模式。

(2) 拆卸。

① 教学模式。

② 实训模式。

(3) 浏览,含爆炸图。

2. 斜床身车床:三轴立式加工中心、整体、主轴、刀库、十字滑台

(1) 安装。

① 教学模式。

② 实训模式。

(2) 拆卸。

① 教学模式。

② 实训模式。

(3) 浏览,含爆炸图。

模块 2　电气装调仿真实训

配合“数控机床电气控制系统安装与调试”课程以及“数控机床装调维修工”中级工、高级工的数控机床电气装调相关技能要求,分为教学模式与实训模式。这部分对于学生是难点也是重点,在教学模式中,以单项任务进行实训,将原理图上的电气符号与电气元件实物,以及摆放位置相互关联,同时有操作提示。实训模式下,使用者可以根据实际电气原理图,进行自定义连接,也可用于训练和考核学生。具体内容如图 1 - 10 所示。

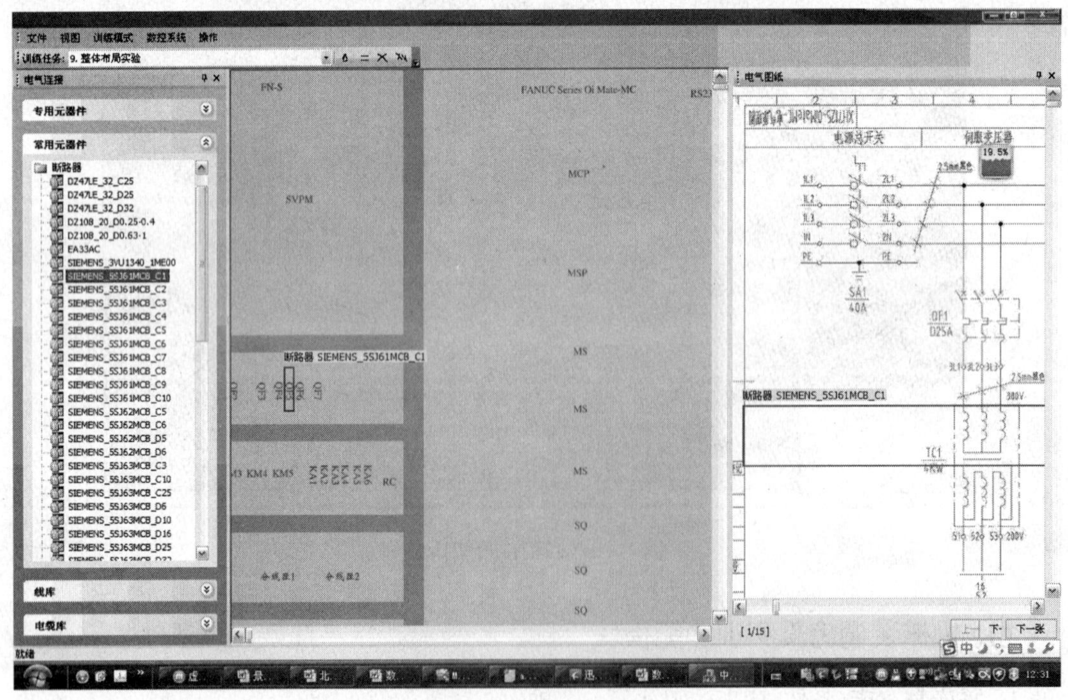

图 1 - 10　电气原理图

一、教学模式实训

1. FANUC 0i－Mate MC 加工中心

1）系统连接实训(图 1－11)

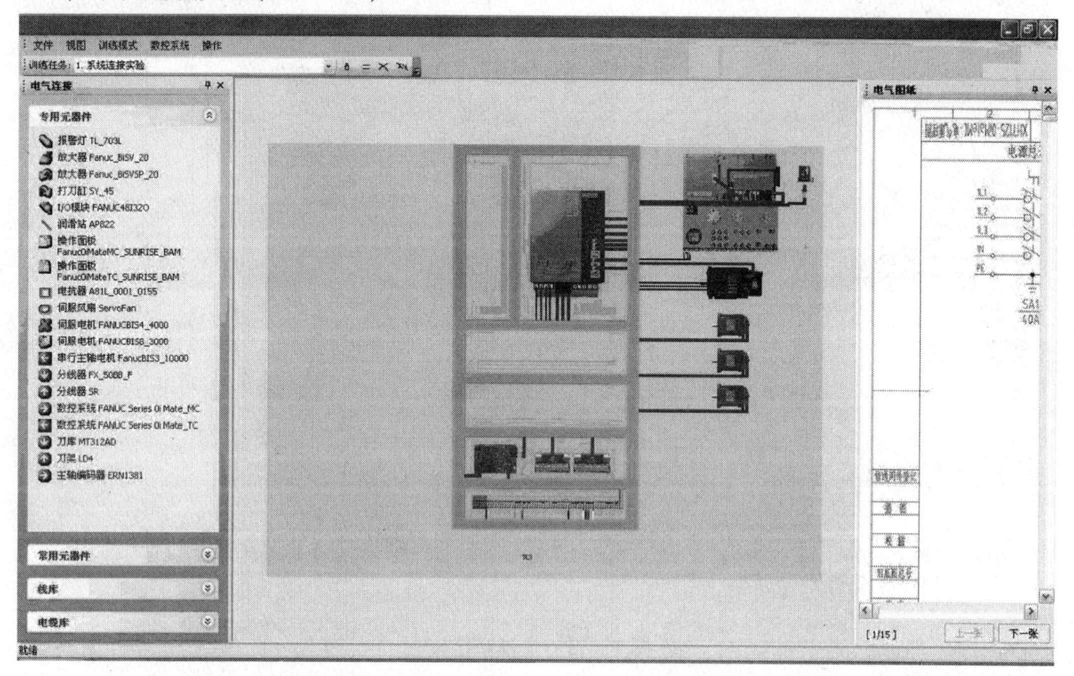

图 1－11　系统连接实训

2）系统启动停止实训(图 1－12)

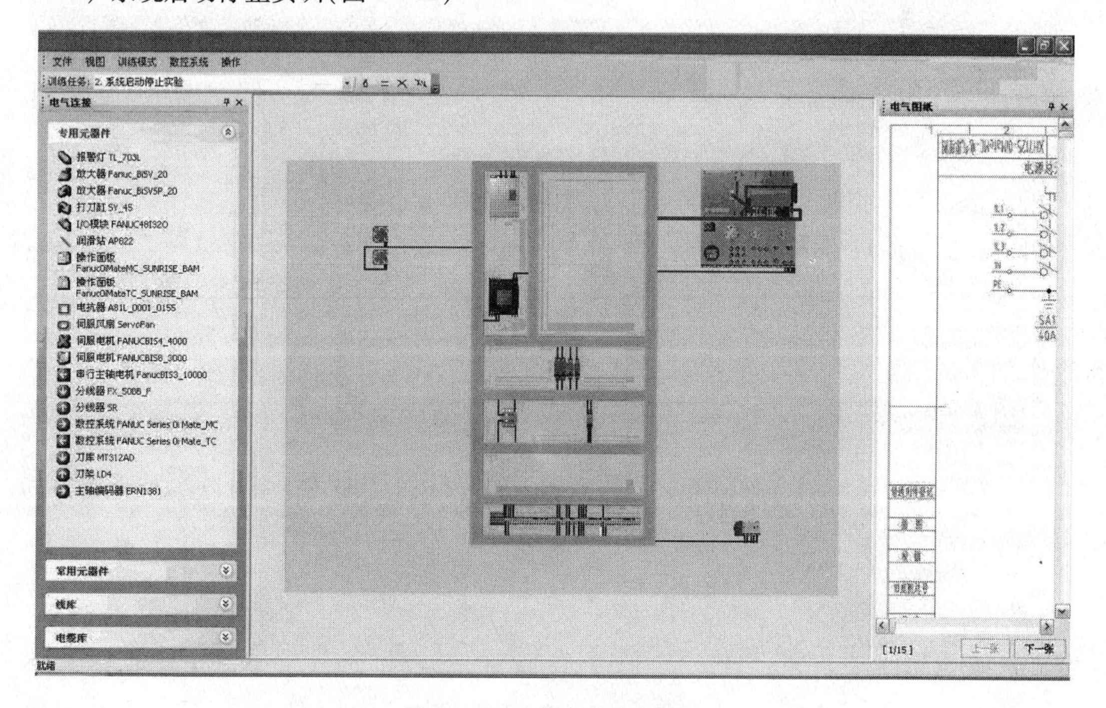

图 1－12　系统启动停止实训

3）主轴系统实训(图 1－13)

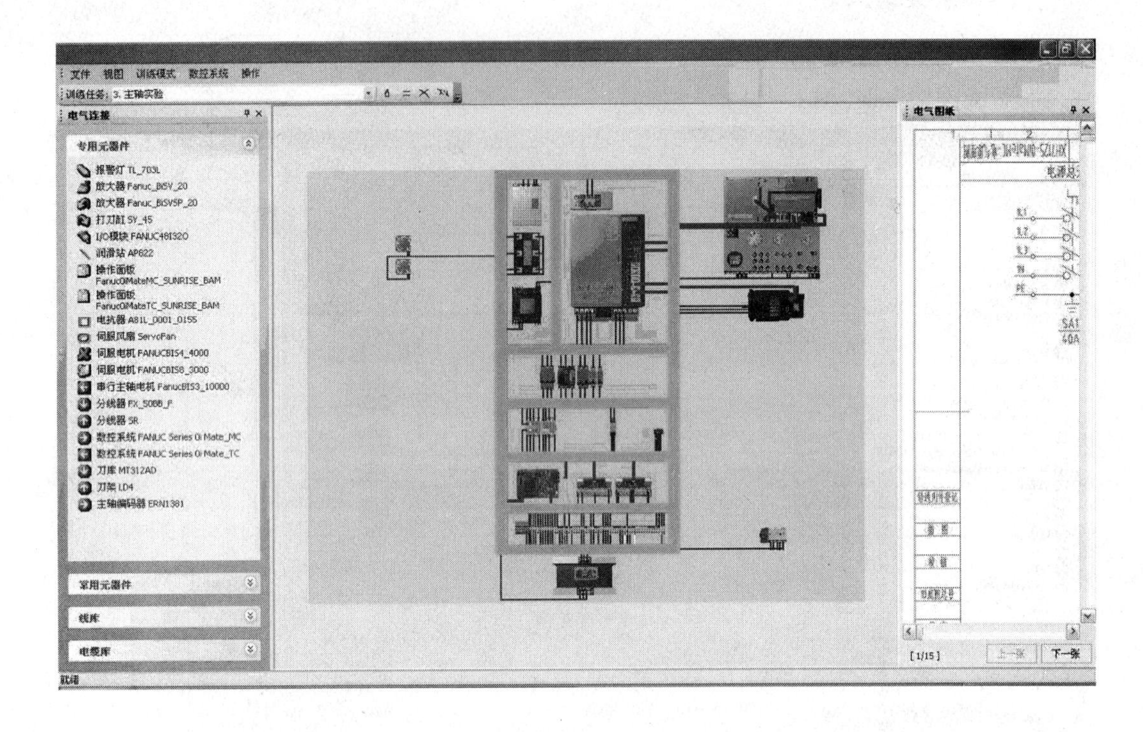

图 1－13 主轴系统实训

4）进给系统实训(图 1－14)

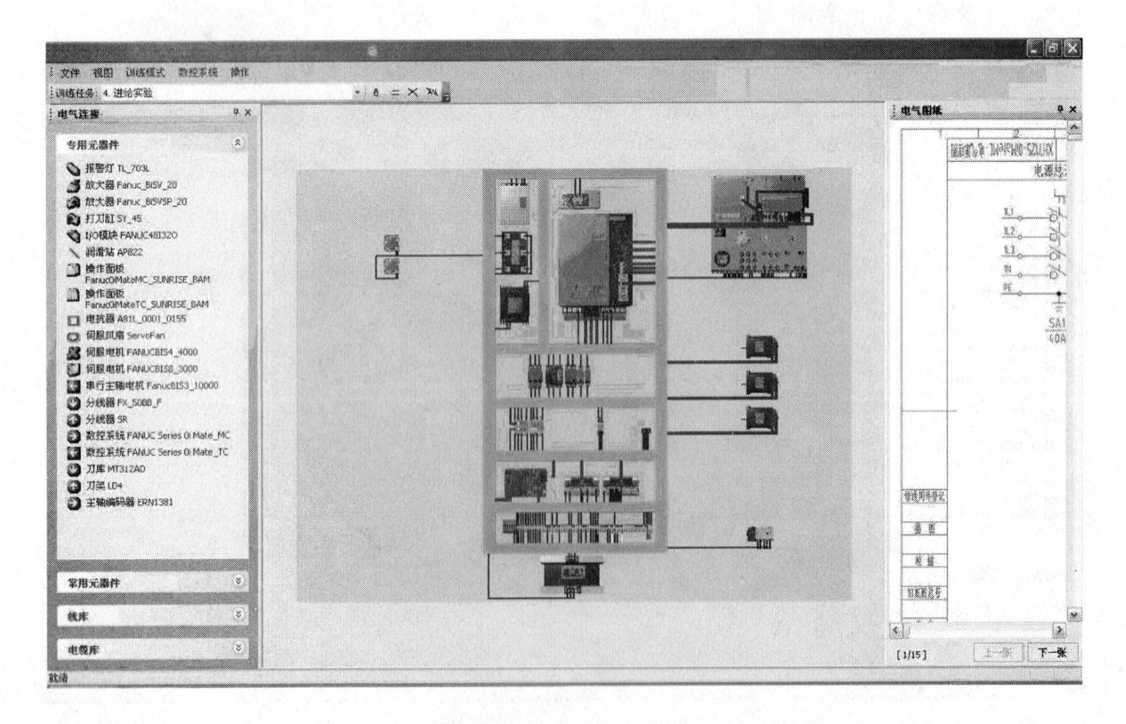

图 1－14 进给系统实训

5）刀库实训(图 1－15)

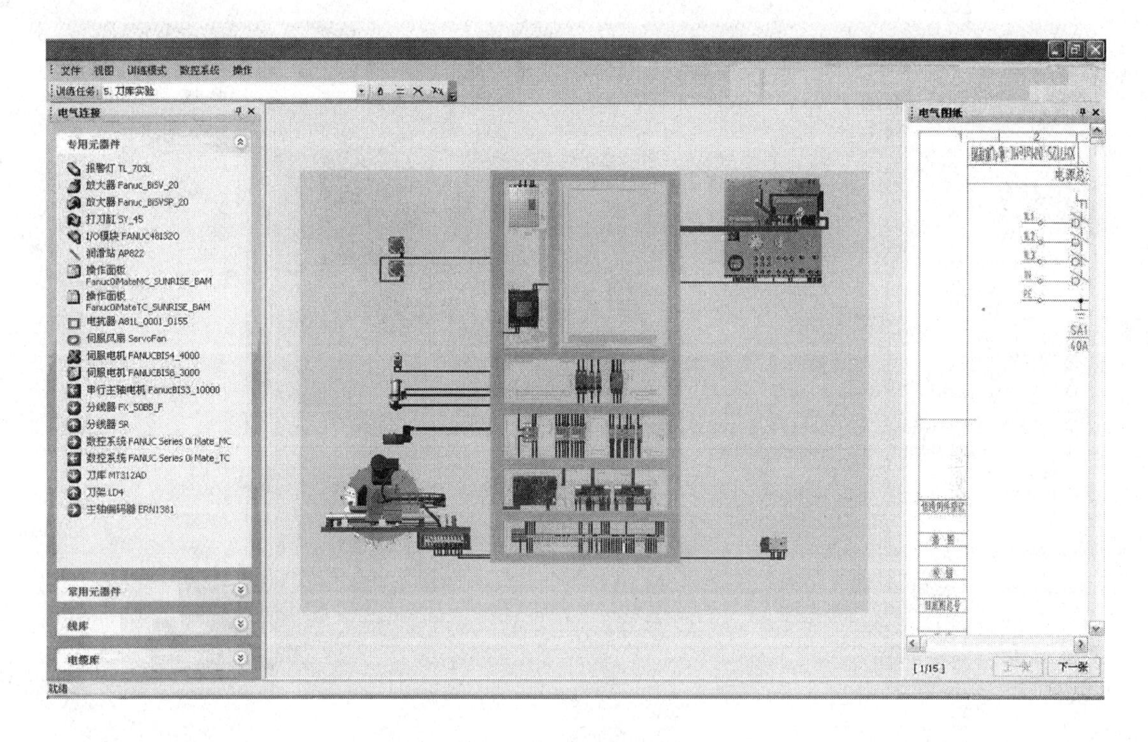

图 1－15　刀库实训

6）急停限位实训(图 1－16)

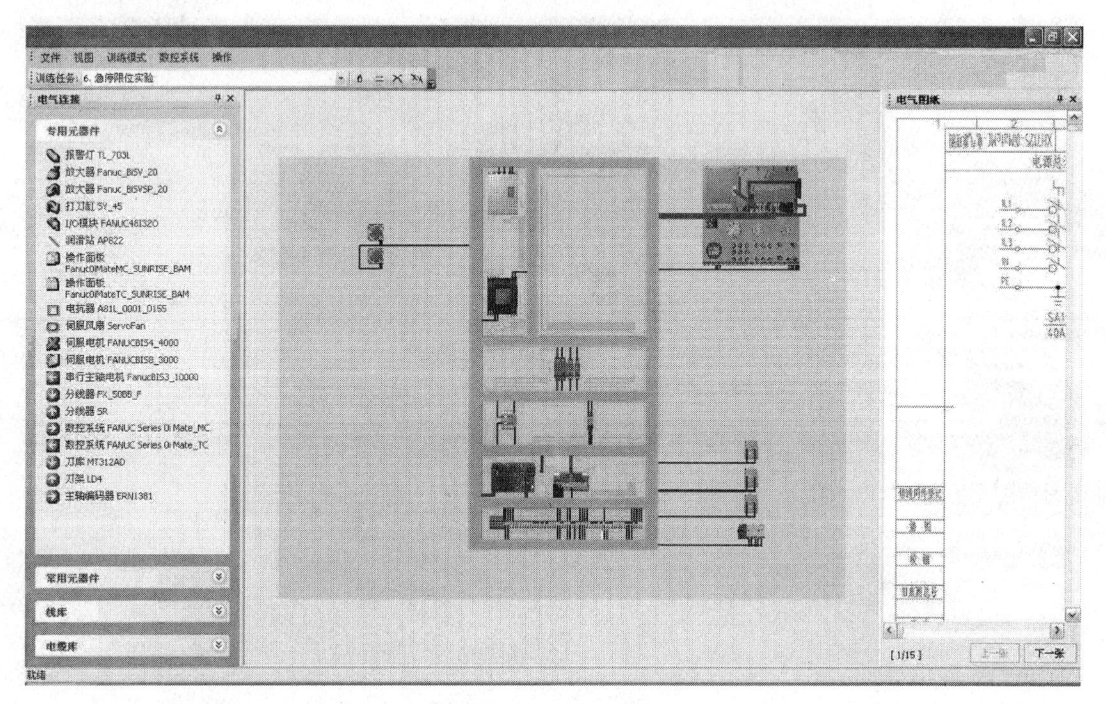

图 1－16　急停限位实训

7）三色灯实训(图 1－17)

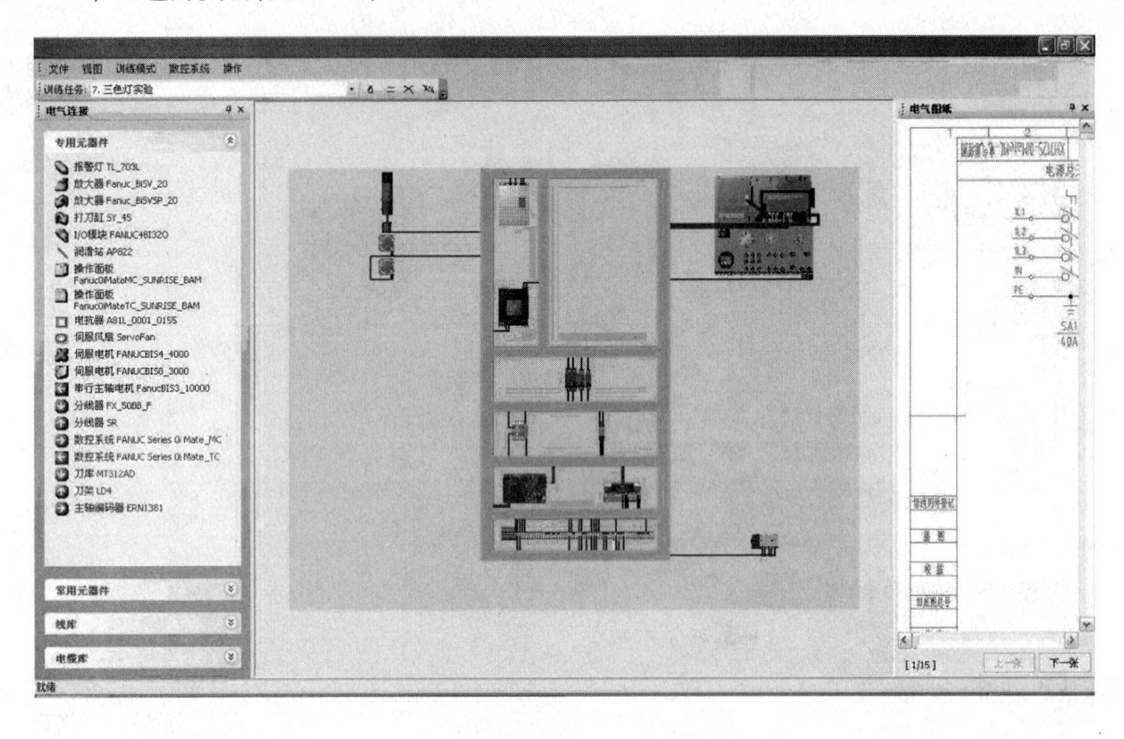

图 1－17　三色灯实训

8）手轮实训(图 1－18)

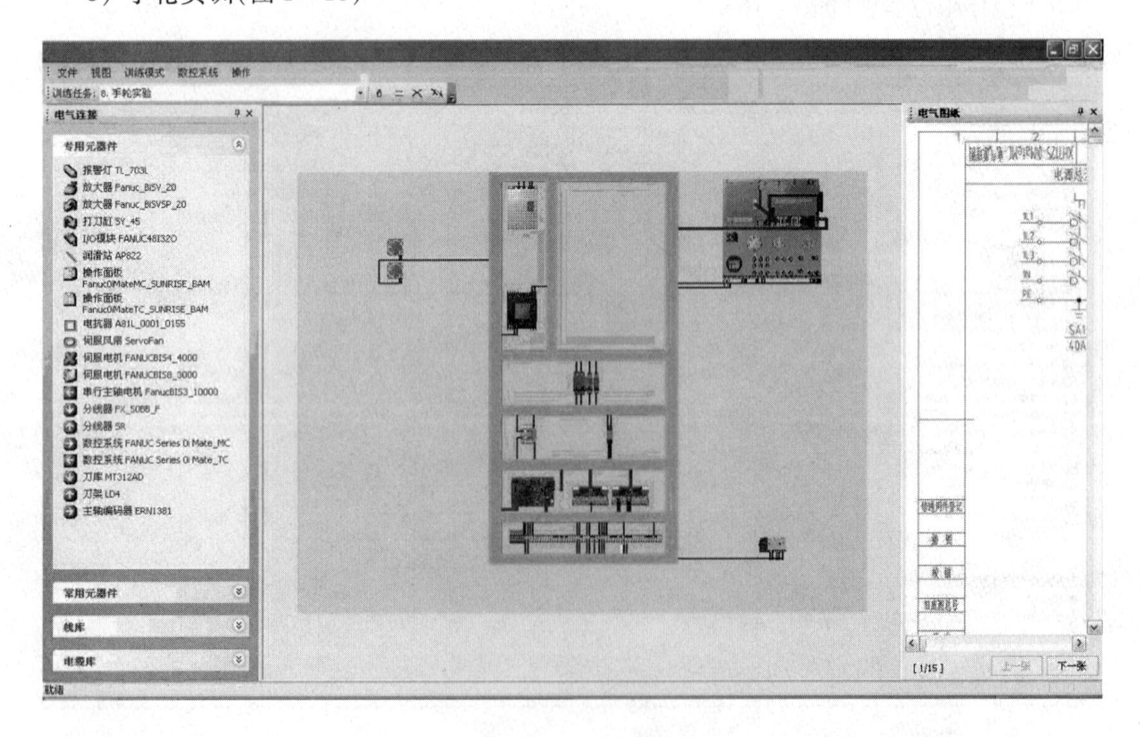

图 1－18　手轮实训

9）整体实训(图 1－19)

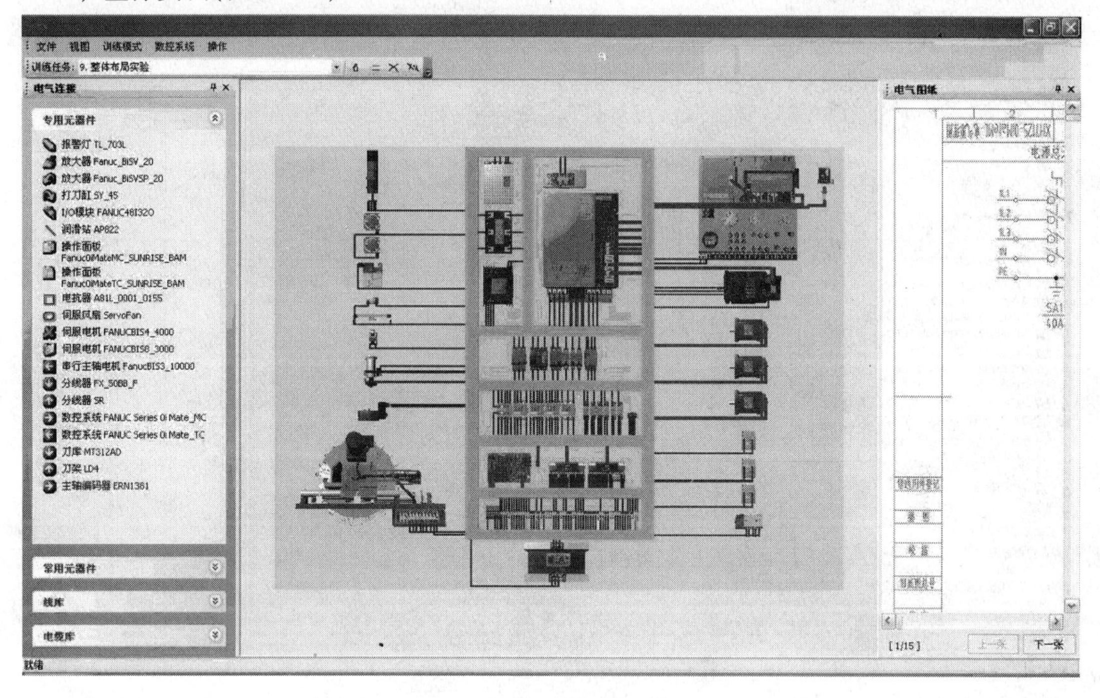

图 1－19 整体实训

2. FANUC 0i－Mate TC 数控车床

1）系统连接实训(图 1－20)

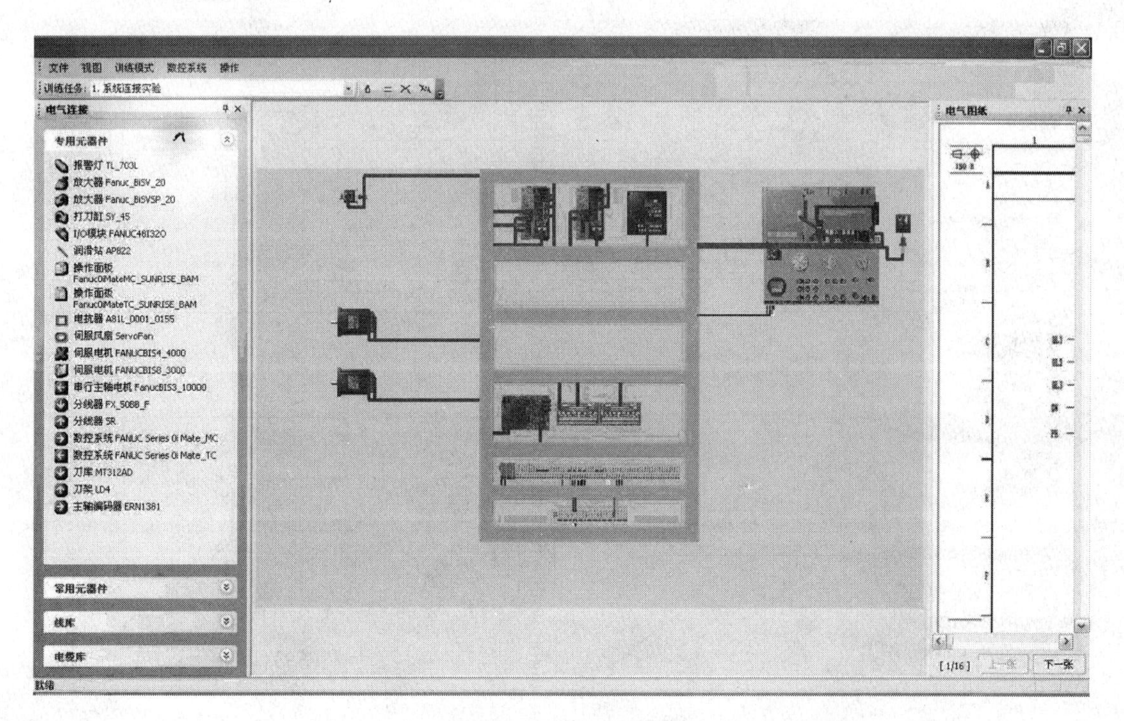

图 1－20 系统连接实训

2）系统启动停止实训(图1－21)

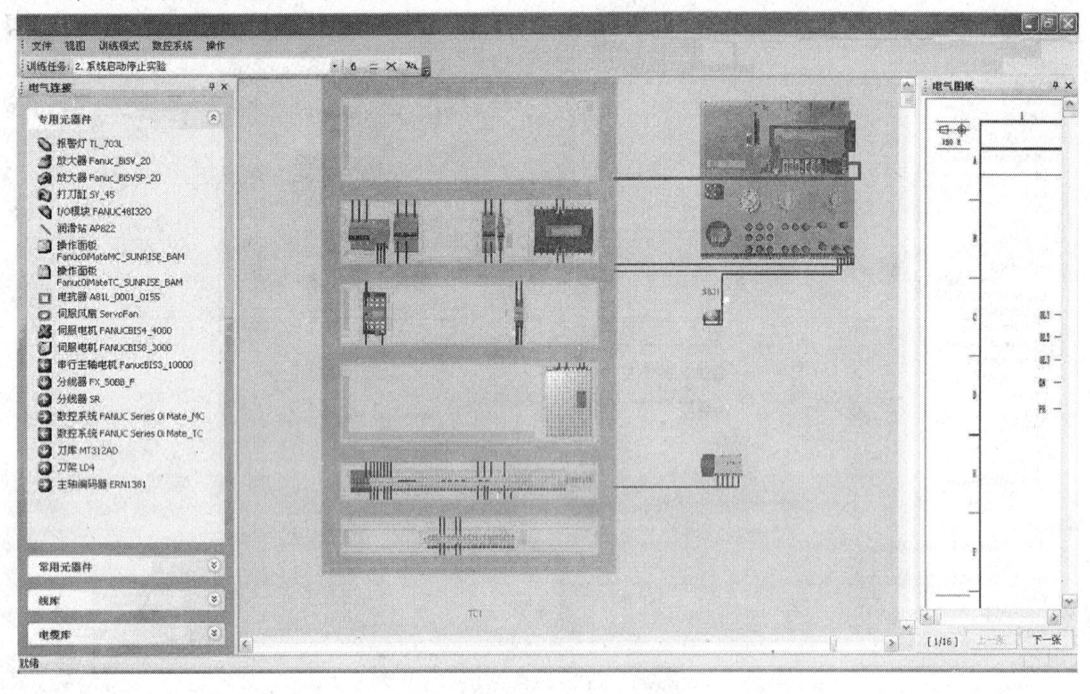

图1－21　系统启动停止实训

3）主轴系统实训(图1－22)

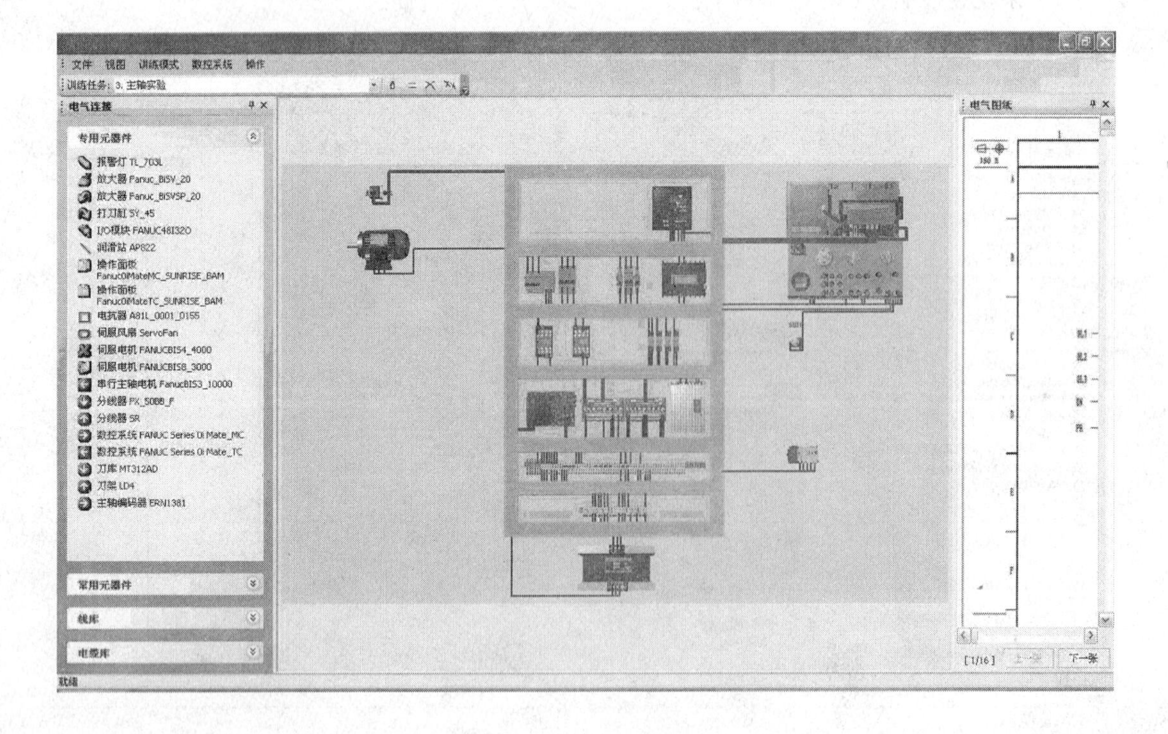

图1－22　主轴系统实训

4）进给系统实训（图 1－23）

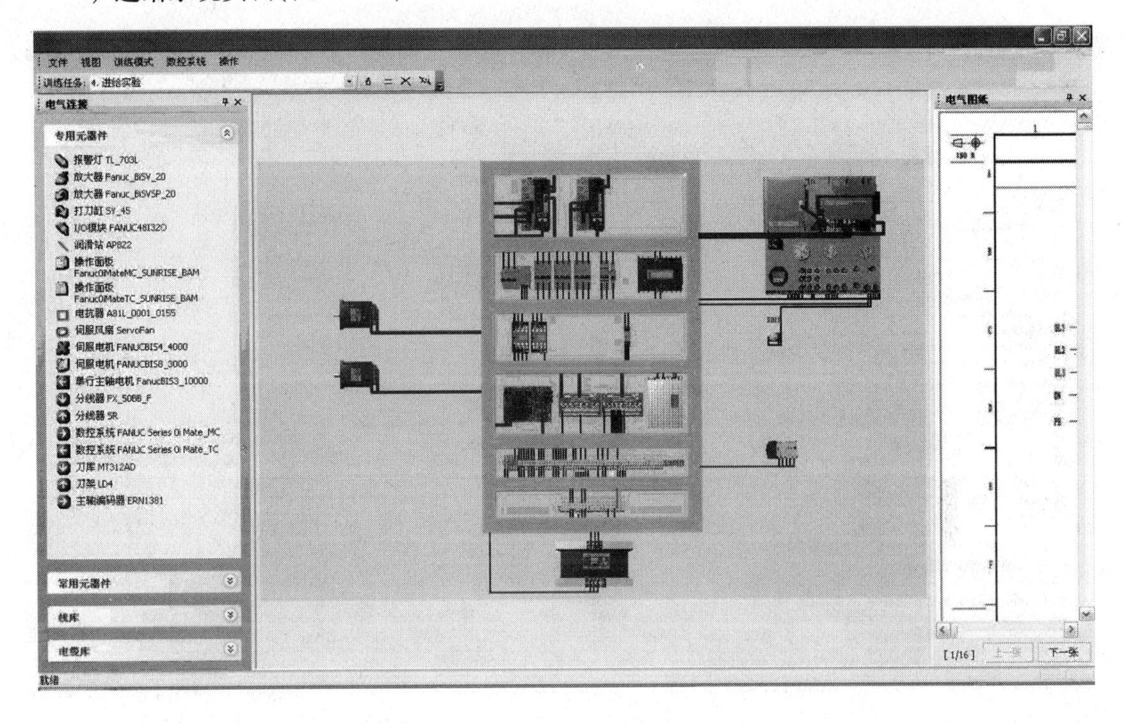

图 1－23　进给系统实训

5）四工位刀架实训（图 1－24）

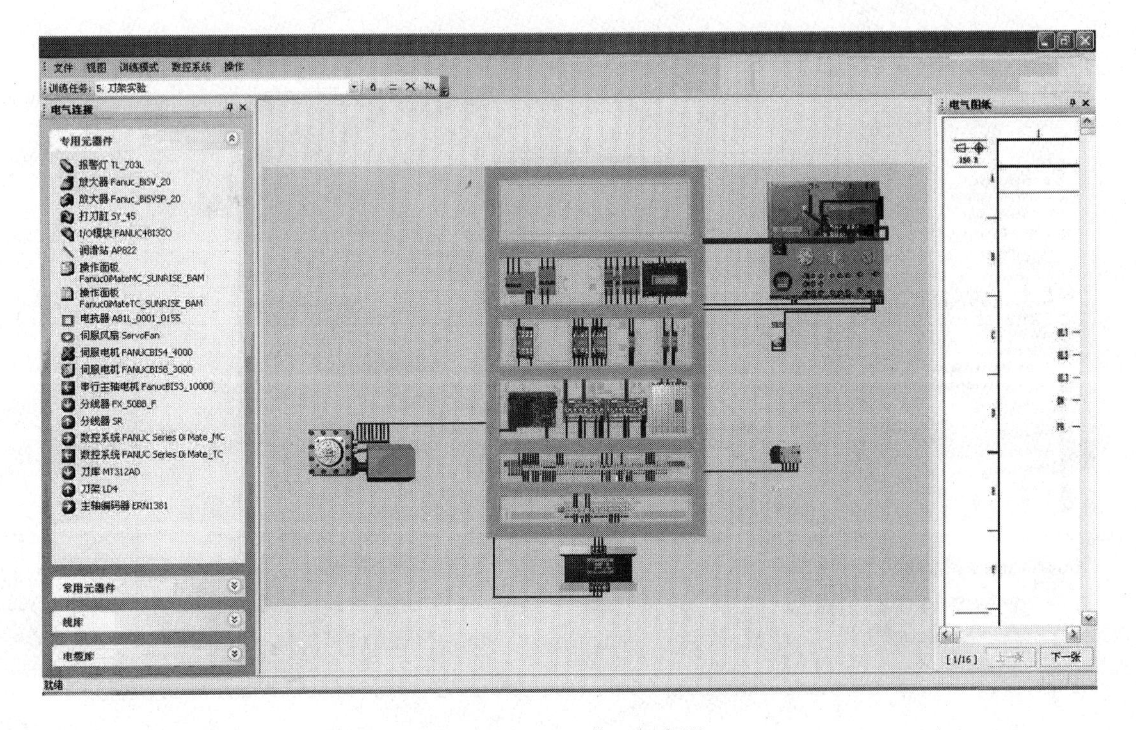

图 1－24　四工位刀架实训

6）急停限位实训(图 1－25)

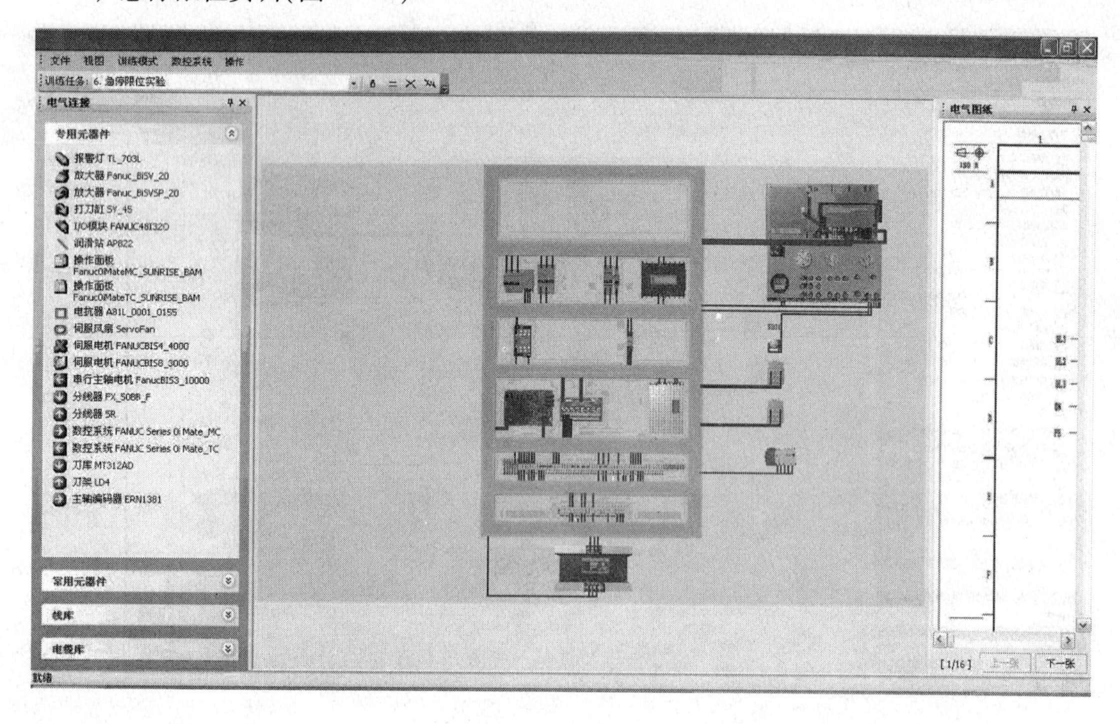

图 1－25　急停限位实训

7）手轮实训(图 1－26)

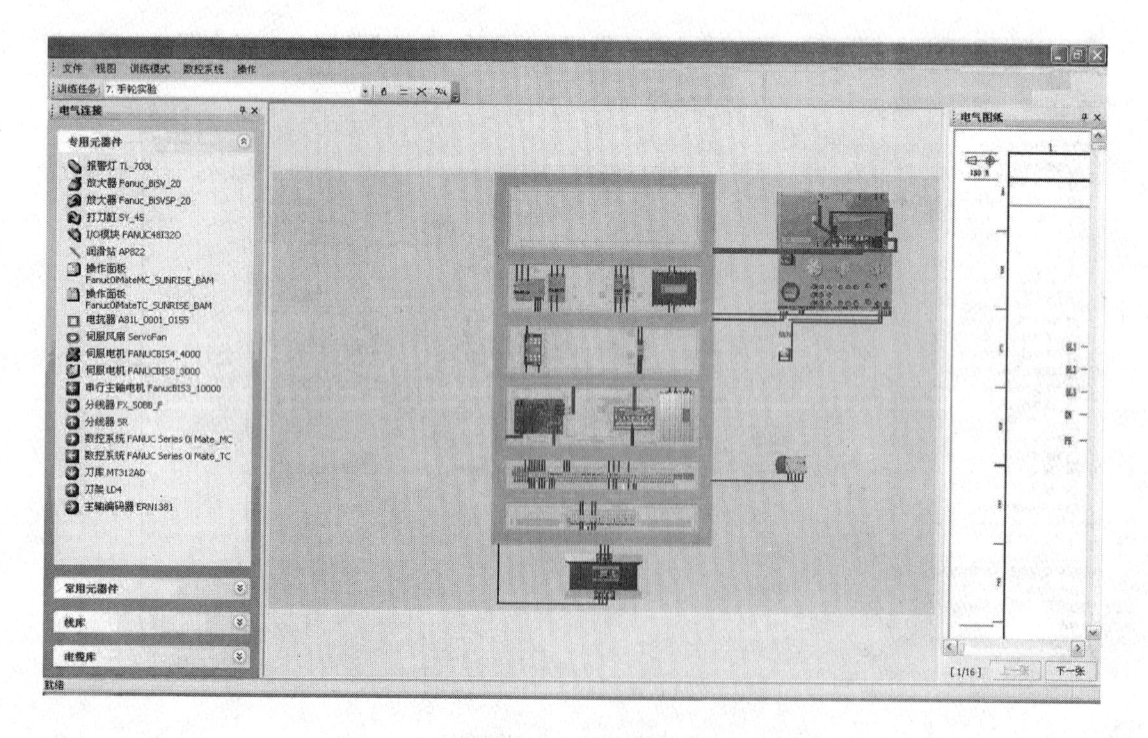

图 1－26　手轮实训

8）整体布局实训（图 1－27）

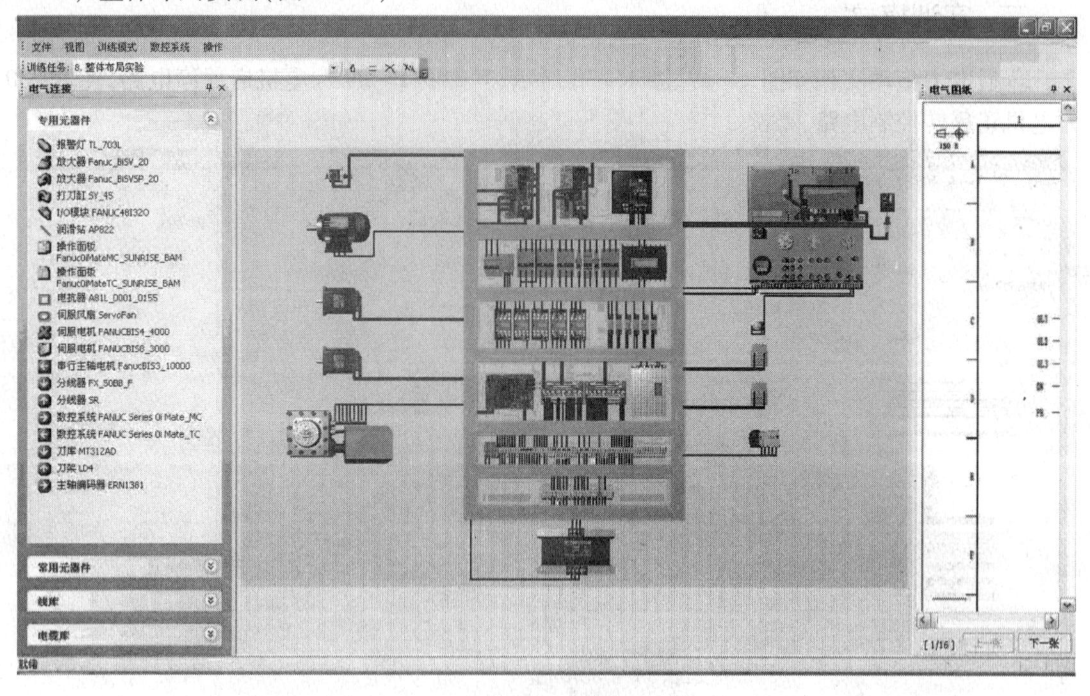

图 1－27 整体布局实训

3. 西门子 840D 加工中心

整体布局实训如图 1－28 所示。

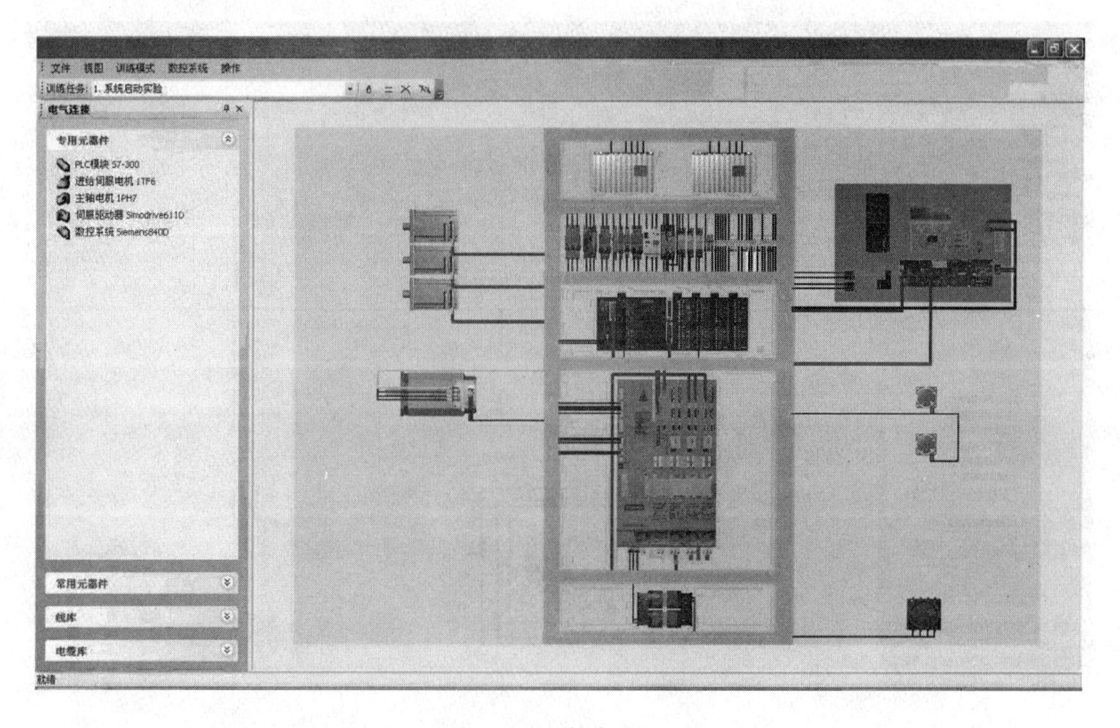

图 1－28 整体布局实训

二、实训模式

普通电力拖动实训如图 1－29、图 1－30 所示，其中图 1－29 为电机启保停电路，图 1－30 为电机正反转控制电路。

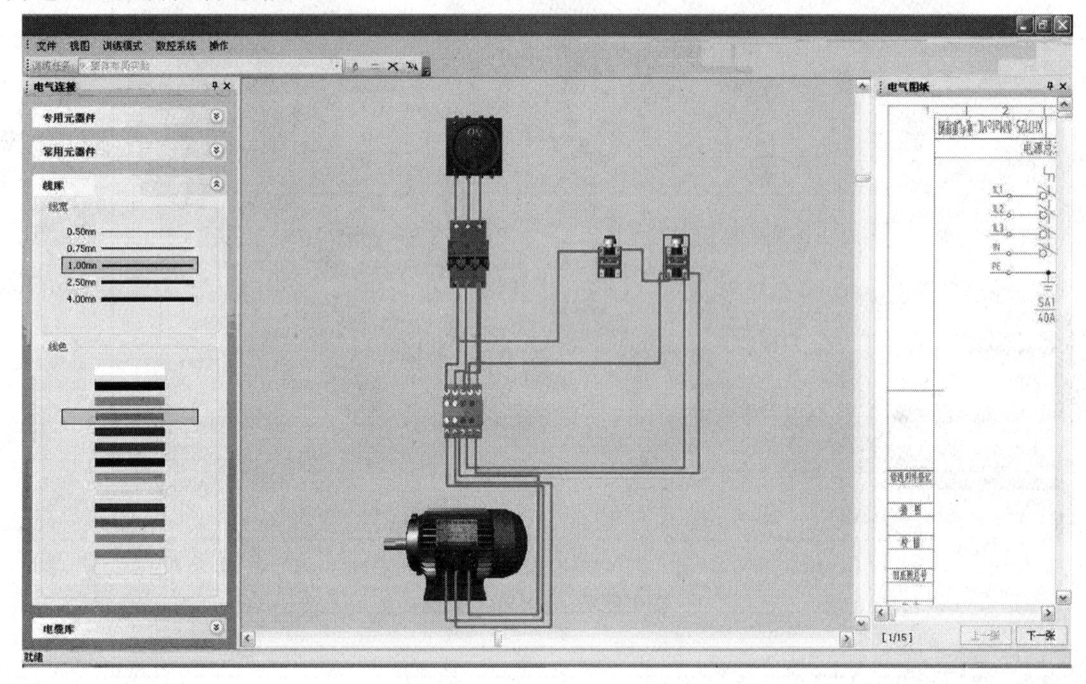

图 1－29　电力拖动实训(一)

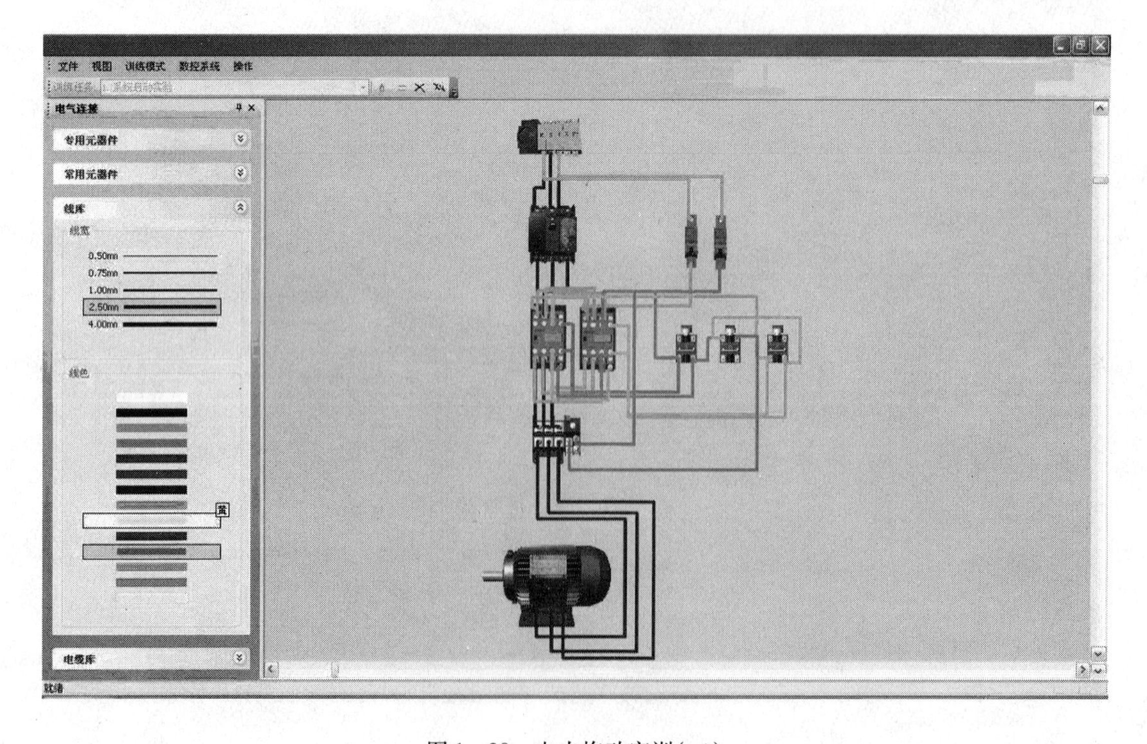

图 1－30　电力拖动实训(二)

三、数控机床电气实训(加工中心、数控车床)

1. 电气布局(图 1-31)

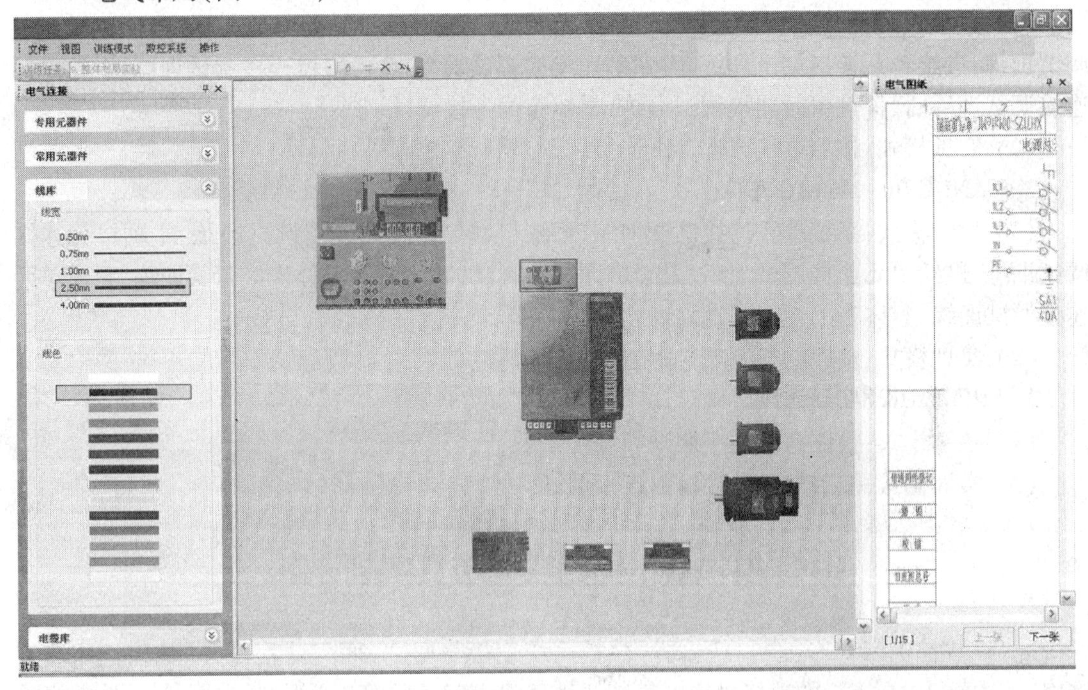

图 1-31　电气布局

2. 电气连接(图 1-32)

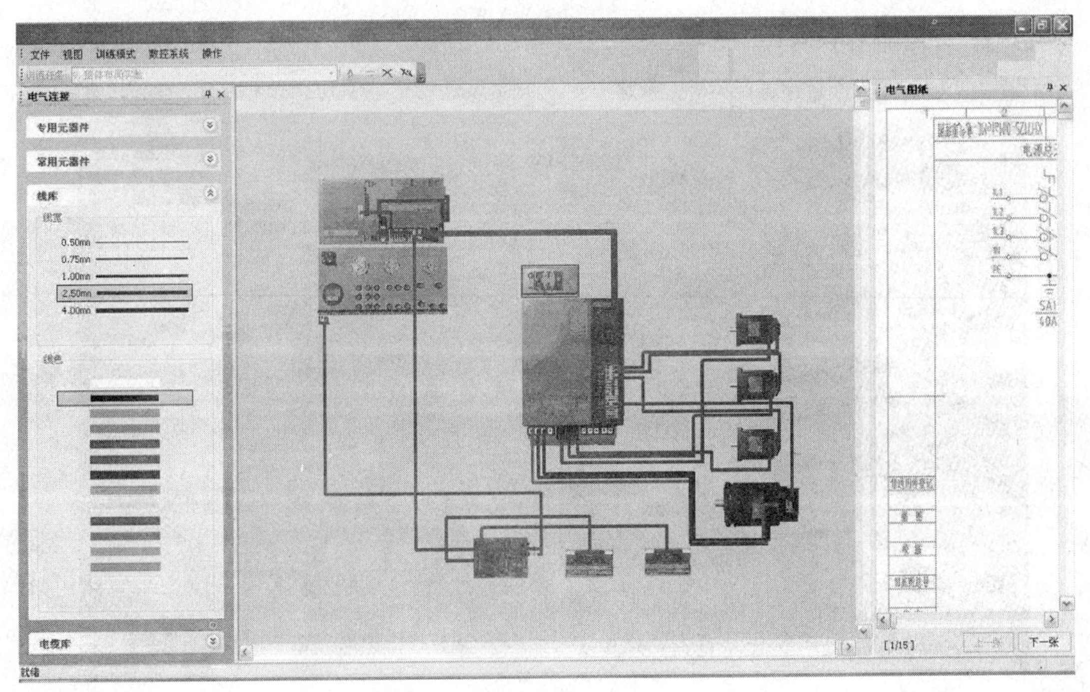

图 1-32　电气连接

四、电气装调仿真实训功能模块

1. FANUC 0i – Mate MC 加工中心

（1）教学模式：系统单元连接调试训练、系统启动停止单元连接调试训练、主轴单元连接调试训练、进给单元连接调试训练、刀库单元连接调试训练、急停限位连接调试训练、手轮单元连接调试训练、报警灯单元连接调试训练、整体布局连接调试训练。

（2）实训模式：按照电气原理自由连接调试。

2. FANUC 0i – MateTC 车床

（1）教学模式：系统单元连接调试训练、系统启动停止单元连接调试训练、主轴单元连接调试训练、进给单元连接调试训练、刀架单元连接调试训练、急停限位连接调试训练、手轮单元连接调试训练、整体布局连接调试训练。

（2）实训模式：按照电气原理自由连接调试。

3. SIUMERIK 840D 铣床

（1）教学模式：整体布局连接调试训练。

（2）实训模式：按照电气原理自由连接调试。

模块 3　机电联调仿真实训

配合"数控机床 PLC 控制与调试""数控系统连接与调试"两门课程以及"数控机床装调维修工"中级工、高级工的数控机床电气装调和整机电气调整等相关技能要求，分为教学模式与实训模式。重点让学生掌握数控系统初始化过程、报警号消除的方法。

一、电缆连接

电缆连接图如图 1 – 33 所示。

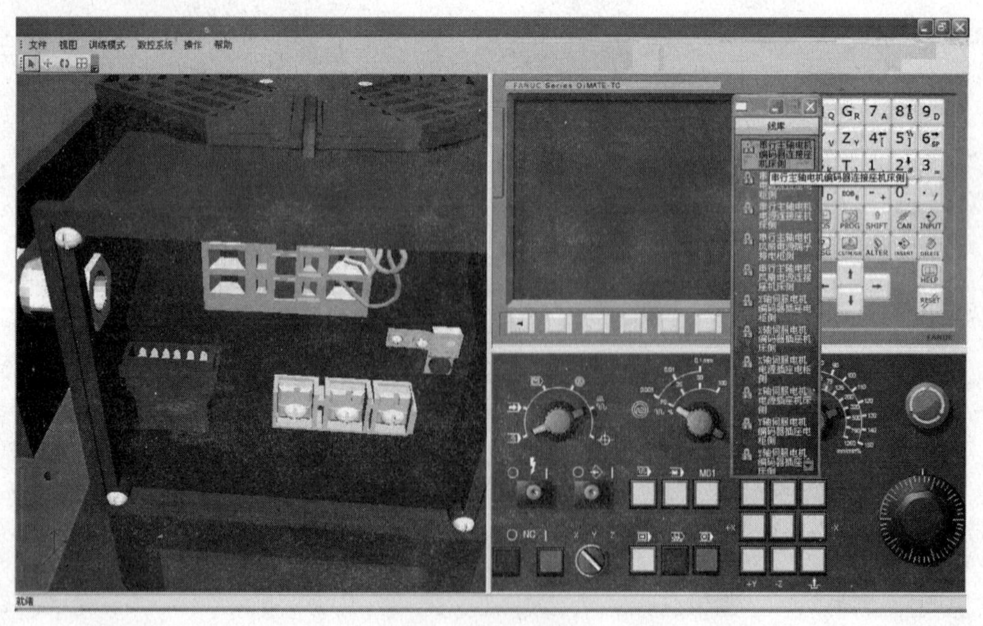

图 1 – 33　电缆连接

二、参数调试

全清上电操作如图 1－34 所示。

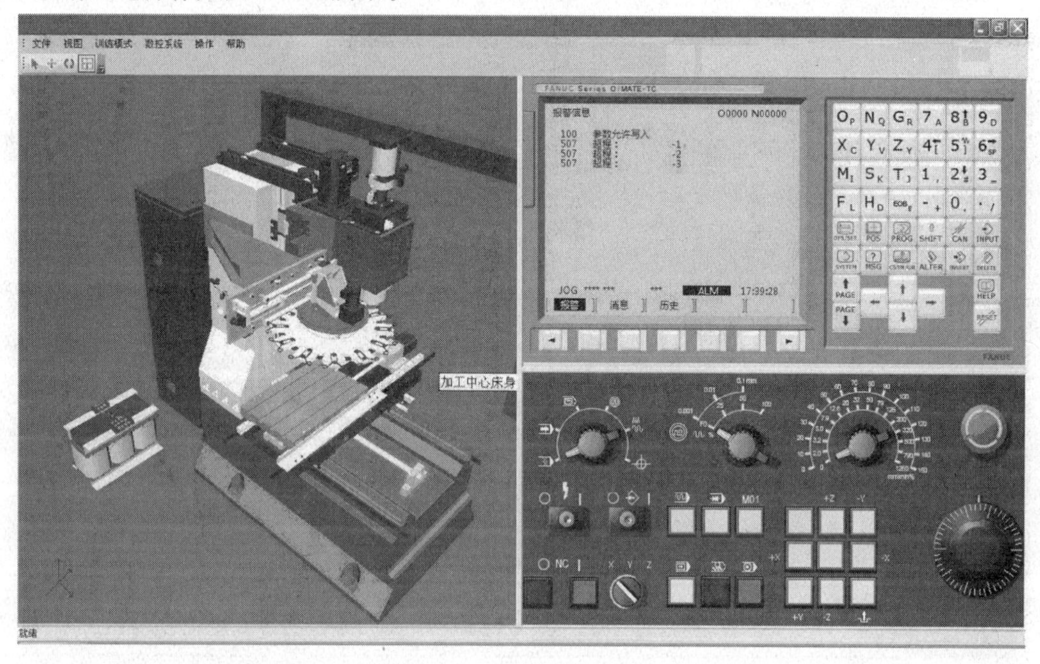

图 1－34　全清上电操作

参数调试操作如图 1－35 所示。

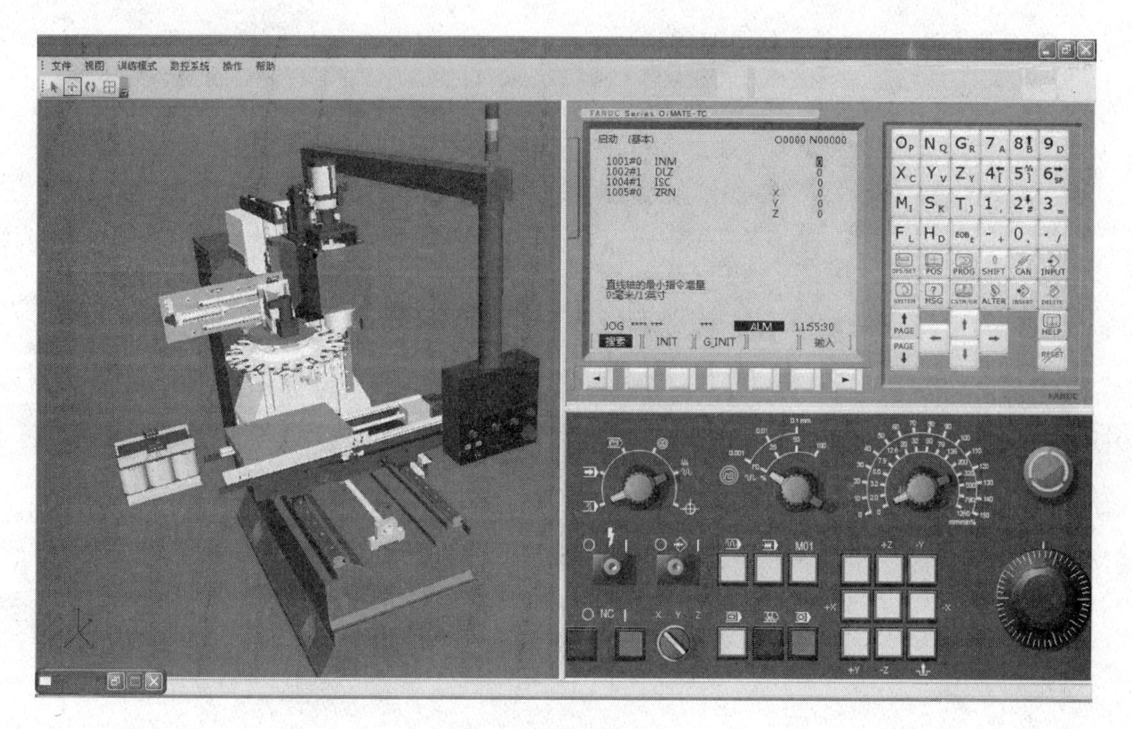

图 1－35　参数调试操作

三、数据备份

数据备份操作界面如图 1－36 所示。

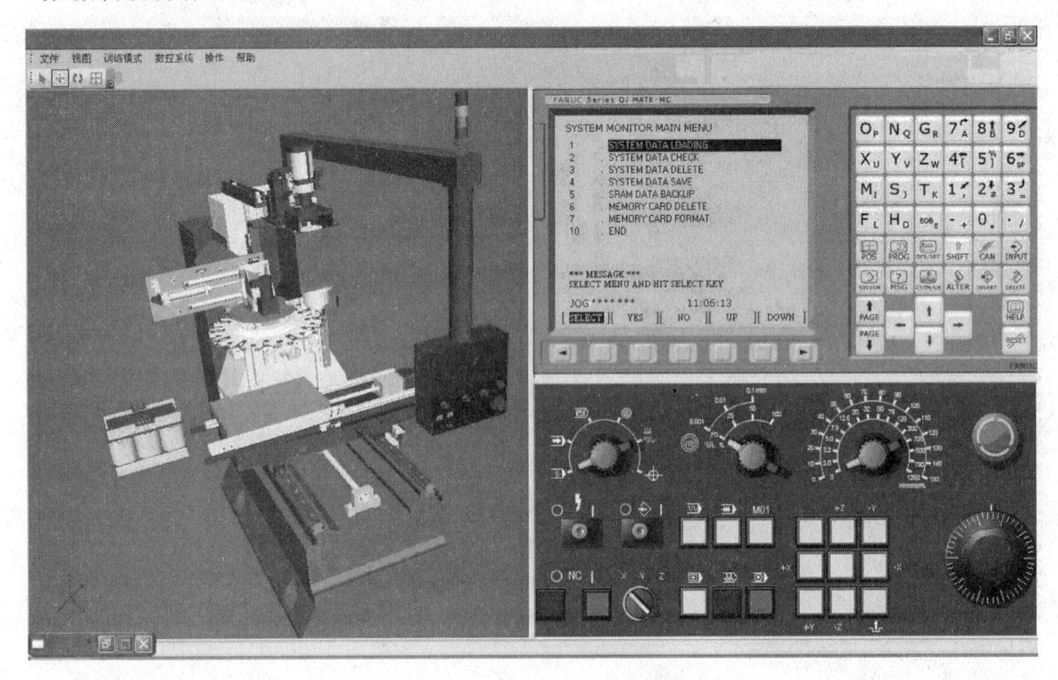

图 1－36　数据备份操作界面

四、PMC 状态显示

PMC 状态显示操作界面如图 1－37 所示。

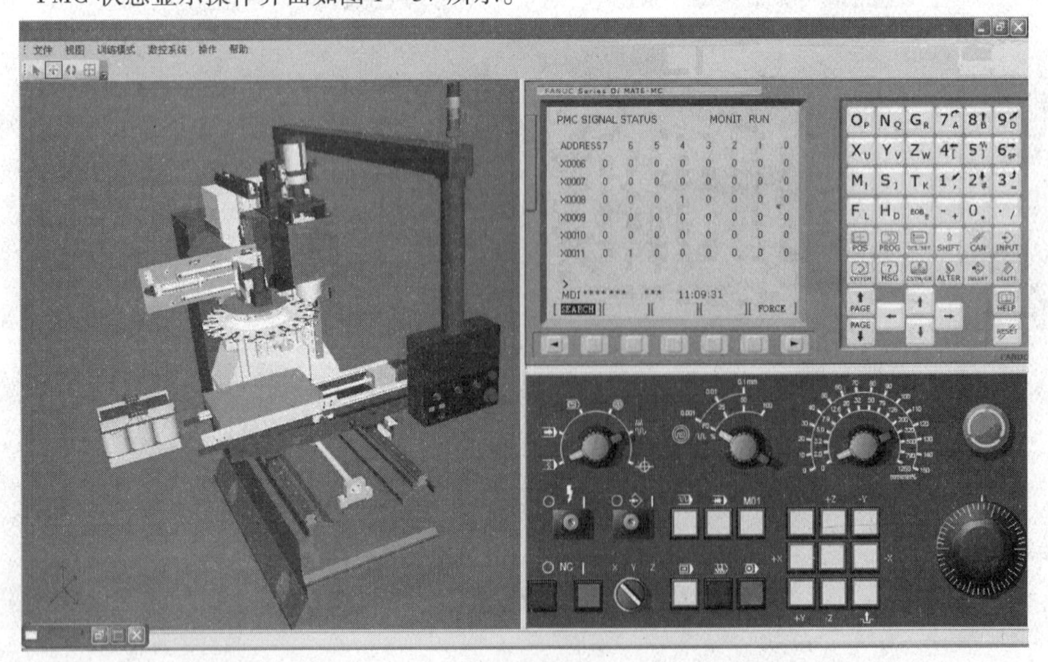

图 1－37　PMC 状态显示操作界面

五、MDI 状态下换刀和主轴启动

MDI 状态下换刀和主轴启动操作界面如图 1－38 所示。

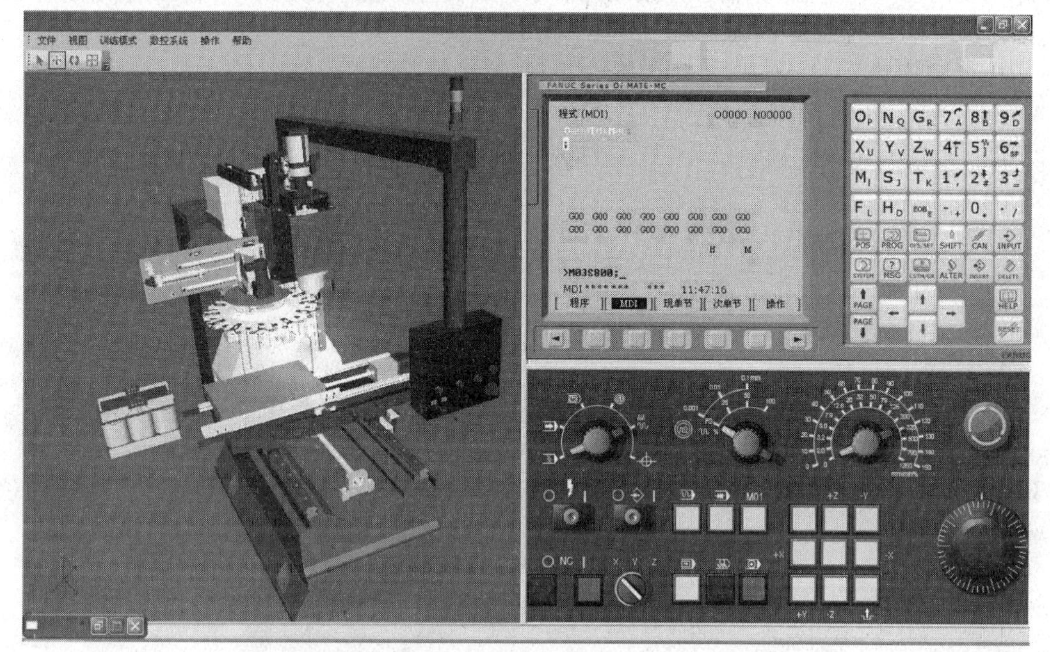

图 1－38　MDI 状态下换刀和主轴启动操作界面

六、机电联调功能模块

1. FANUC 0i－Mate MC 加工中心

（1）教学模式。

（2）实训模式：电气柜至机床主要电缆连接、全清上电后，报警号消除、参数调试正确后试车，包括回参、主轴正反转、换刀。

2. FANUC 0i－Mate TC 车床

（1）教学模式。

（2）实训模式：电气柜至机床主要电缆连接、系统数据备份与灌装，全清上电后，报警号消除、参数调试正确后试车，包括回参、主轴正反转、换刀、变频器调试。

3. SIUMERIK 840D 铣床

（1）教学模式。

（2）实训模式：通用数据、通道数据、轴数据参数设置。

模块 4　故障诊断排查

配合“数控机床故障诊断与维修”课程以及“数控机床装调维修工”中级工、高级工的数控机床电气维修的整机电气调整等相关技能要求，进行原理性故障设置与排查。教师可根据实际情况设置故障，并且发送给学生，由学生进行故障诊断与排查，运用虚拟万用表检测电压等相关数据，消除故障后，还可以上传给教师，由教师检查结果。

1. 原理性故障诊断排查

软件提供常见的电气元器件、电气接线等故障设置,教师可自定义每个故障设置,把设置好的发给学生,学生根据报警号或故障表象进行排故,学生查处故障,修改正确后再发给老师。

2. 故障设置

(1) 电气元件故障设置。

(2) 电源线故障设置。

(3) 信号线故障设置。

3. 故障上传、发送

(1) 单个学生发送。

(2) 全部学生发送。

4. 万用表

可使用万用表检测电压,并提供不同的测量量程。图 1 - 39 为用万用表进行电压测量的界面。

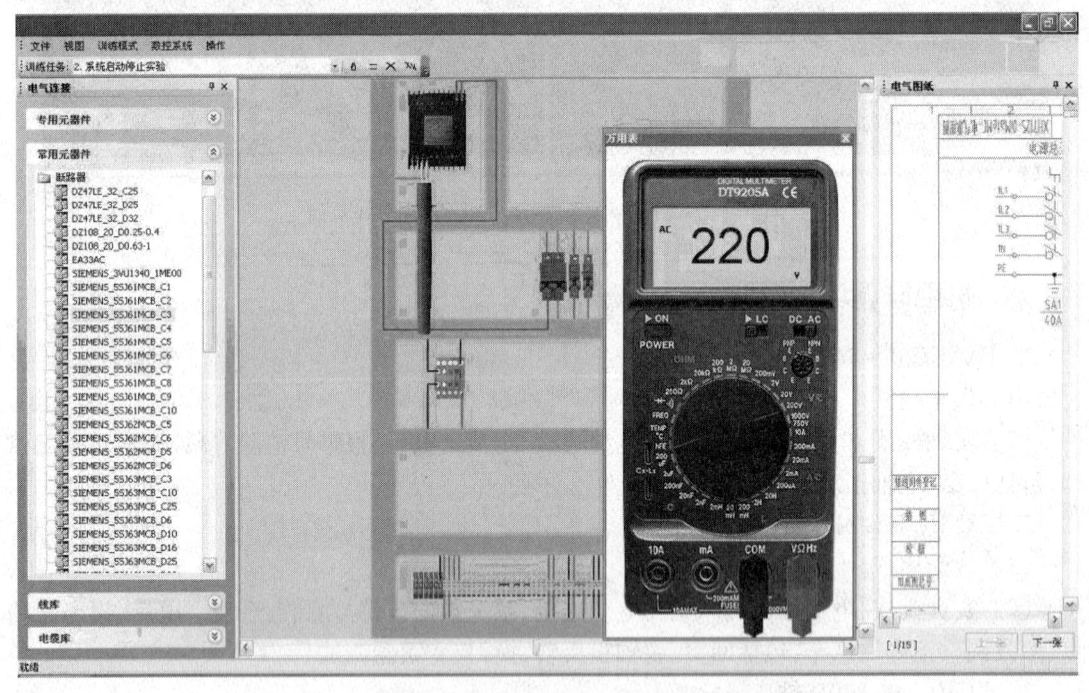

图 1 - 39 万用表电压测试界面

项目2　机械部件的结构与维修

模块1　数控机床精度检测与调整

一、数控机床精度检测工具

1. 精密水平仪（精度0.02mm）

1）工作原理

水准泡式水平仪靠玻璃管内壁具有一定曲率半径的水准气泡的移动来读取测量数值。当水平仪发生倾斜时，则气泡向水平仪升高的一端移动，水准气泡内壁曲率半径决定仪器的测量读数精度。

2）结构

水平仪主要由金属主体、水准气泡系统以及调整机构组成。主体作为测量基面，水准泡用来显示主体测量基面的实际数值，调整机构用于调整水平仪零位。

3）使用方法

测量时水平仪工作面应紧贴被测物体表面，待气泡静止后方可读数。

水平仪所标志的分度值是指主水准泡中的气泡移动一个刻线间隔所产生的倾斜，以1000mm为基准长的倾斜高与底边的比表示。若需要测量长度为L的实际倾斜值，则可通过以下公式计算：

$$实际倾斜值 = 标称分度值 \times L \times 偏差格数$$

为了避免由于水平仪零位不准而引起测量误差，因此使用前必须对水平仪的零位进行检查与调整。

水平仪的正确检查与调整方法如下：

将水平仪放在大致水平、基础牢固的平板或导轨上，紧靠定位块；待气泡稳定后，在一端读数a_1，然后按水平方向调转180°，准确放在原位置，按照第一次读数的一边记下气泡，另一端读数a_2，两次读数差的1/2，则为零位误差，即等于$(a_1 - a_2)/2$（格）。如果零位误差超过允许范围，则需调整零位机构。通过调整零位的调整螺母或螺钉使零位误差减小到允许范围之内，对于非规定调整的螺杆或螺钉不得随意拧动。调整前水平仪底工作面与平板或导轨必须擦拭干净，螺母或螺钉等件必须固紧，并盖好封尘盖板。

4）注意事项

水平仪使用前用无腐蚀的汽油将工作面上的防锈油洗净，并用脱棉纱擦拭干净。

温度变化对水平仪测量结果会产生误差，使用时必须与热源和风源隔绝。使用环境温度与保存温度不同时，则需要在使用环境中将水平仪置于平板上稳定$2h$后方可使用。

测量操作时必须待水泡完全静止后方可读数。

水平仪使用完毕，需将工作面擦拭干净，然后涂上无水、无酸的防锈油，置于专用盒内放在清洁干燥处保存。

2. 百分表（规格/型号 0 ~ 10mm）

（1）使用前应将百分表量面、测杆擦净。

（2）使用或鉴定百分表前，应将测头压缩使指针至少转动 1/6 周。

（3）除修理或调整时，不允许拆卸百分表。

百分表检测示意图如图 2 – 1 所示。

3. 方尺

1）精度等级

（1）相邻两测量面垂直度：7μm。

（2）测量面直线度：3μm。

（3）相对测量面平行度：7μm。

2）注意事项

（1）花岗岩属硬性材料，应注意碰伤或断裂，但碰伤不影响精度。

（2）较小的量具使用前应恒温 6h 以上，中等规格的平板应恒温 12h 以上，大规格平板应恒温 24h 以上。

（3）使用中的灰尘，用干净的绸布或干燥干净的手掌擦净即可，对于油污等不要用水洗，最好用汽油、酒精等挥发速度快的清洗剂清洗。

图 2 – 1 百分表检测示意图

（4）花岗岩平板安装时，必须按标定的位置支撑，检定平板精度时，基础应牢固。

二、数控车床几何精度检测与调整

1. 机床调平

（1）检验工具：精密水平仪。

（2）检验方法：将工作台置于导轨行程中间位置，将两个水平仪分别沿 X 和 Z 坐标轴置于工作台中央，调整机床垫铁高度，使水平仪水泡处于读数中间位置；分别沿 X 和 Z 坐标轴全行程移动工作台，观察水平仪读数的变化，调整机床垫铁的高度，使工作台沿 X 和 Z 坐标轴全行程移动时水平仪读数的变化范围小于 2 格，且读数处于中间位置即可。

2. 床身导轨的直线度和平行度

1）纵向导轨调平后，床身导轨在垂直平面内的直线度

（1）检验工具：精密水平仪。

（2）检验方法：如图 2 – 2 所示，水平仪沿 Z 轴向放在溜板上，沿导轨全长等距离地在各位置上检验，记录水平仪的读数，并记入“报告要求”中的表 2 – 1 中，并用作图法计算出床身导轨在垂直平面内的直线度误差。

2）横向导轨调平后，床身导轨的平行度

（1）检验工具：精密水平仪。

（2）检验方法：如图 2 – 3 所示，水平仪沿 X 轴向放在溜板上，在导轨上移动溜板，记录水平仪读数，其读数最大值即为床身导轨的平行度误差。

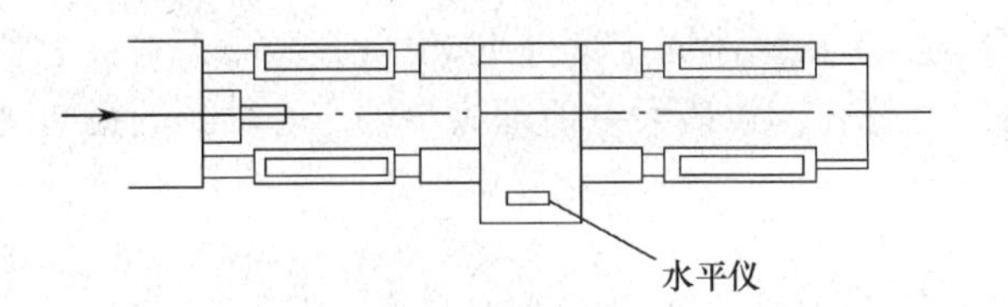

图 2－2　床身导轨在垂直平面内的直线度检测示意图

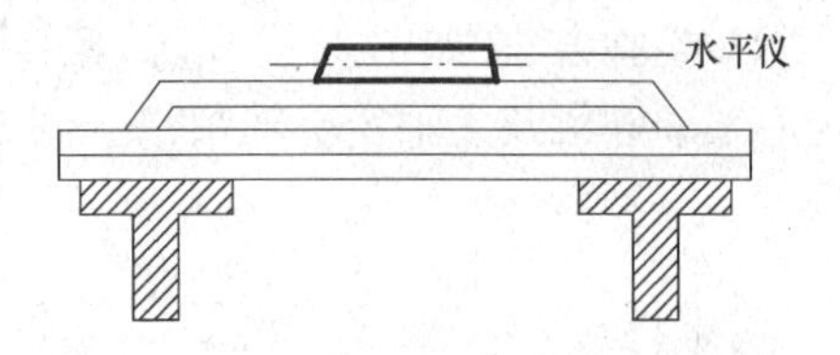

图 2－3　床身导轨两工作面之间的平行度检测示意图

3）溜板在水平面内移动的直线度

（1）检验工具：指示器和检验棒，百分表和平尺。

（2）检验方法：如图 2－4 所示，将直验棒顶在主轴和尾座顶尖上；再将百分表固定在溜板上，百分表水平触及验棒母线；全程移动溜板，调整尾座，使百分表在行程两端读数相等，然后移动溜板检测在水平面内的直线度误差。

3. 尾座移动对溜板移动的平行度

其中主要包括垂直平面内尾座移动对溜板移动的平行度、水平面内尾座移动对溜板移动的平行度。

（1）检验工具：百分表。

（2）检验方法：如图 2－5 所示，将尾座套筒伸出后，按正常工作状态锁紧，同时使尾座尽可能地靠近溜板，把安装在溜板上的第二个百分表相对于尾座套筒的端面调整为零；溜板移动时也要手动移动尾座直至第二个百分表的读数为零，使尾座与溜板相对距离保持不变。按此法使溜板和尾座全行程移动，只要第二个百分表的读数始终为零，则第一个百分表相应指示出平行度误差。或沿行程在每隔 300mm 处记录第一个百分表读数，百分表读数的最大差值即为平行度误差。第一个指示器分别在图 2－5 中 a、b 位置测量，误差单独计算。

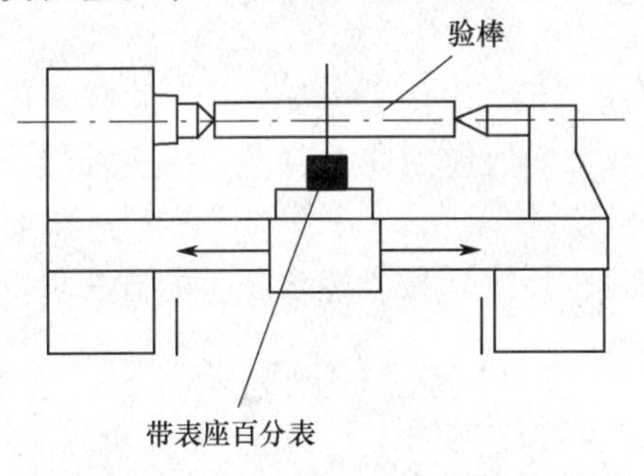

图 2－4　溜板在水平面内移动的直线度检测示意图

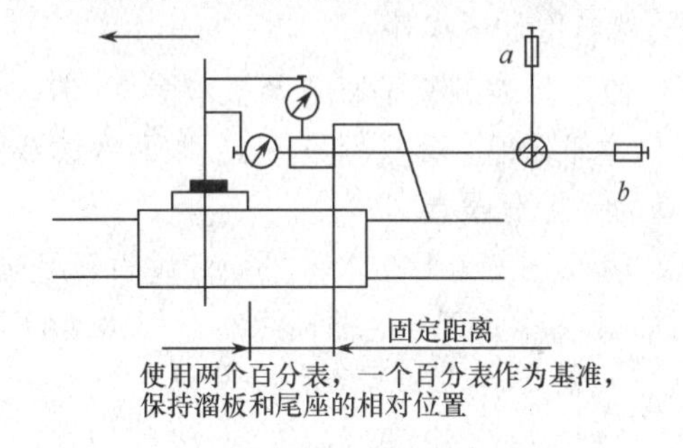

图 2－5　尾座移动对溜板移动的平行度检测示意图

4. 主轴跳动

其中主要包括主轴的轴向窜动、主轴的轴肩支承面的跳动。

（1）检验工具：百分表和专用装置。

（2）检验方法：如图 2－6 所示，用专用装置在主轴线上加力 F（F 的值为消除轴向间隙的最小值），把百分表安装在机床固定部件上，然后使百分表测头沿主轴轴线分别触及专用装置的钢球和主轴轴肩支承面；旋转主轴，百分表读数最大差值即为主轴的轴向窜动误差和主轴轴肩支承面的跳动误差。

5. 主轴定心轴颈的径向跳动

（1）检验工具：百分表。

（2）检验方法:如图 2 - 7 所示,把百分表安装在机床固定部件上,使百分表测头垂直于主轴定心轴颈并触及主轴定心轴颈;旋转主轴,百分表读数最大差值即为主轴定心轴颈的径向跳动误差。

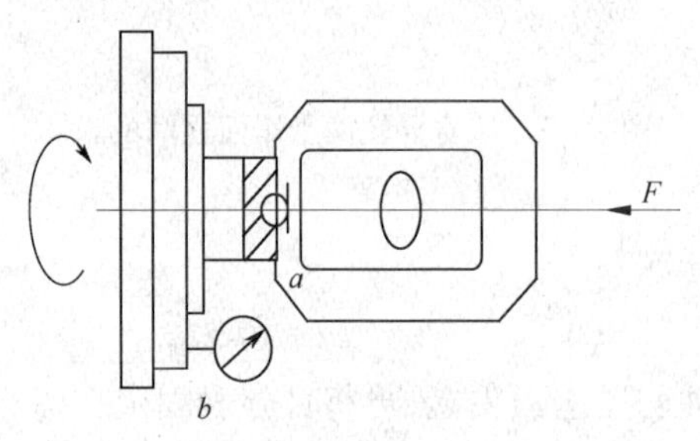

图 2 - 6　主轴跳动检测示意图

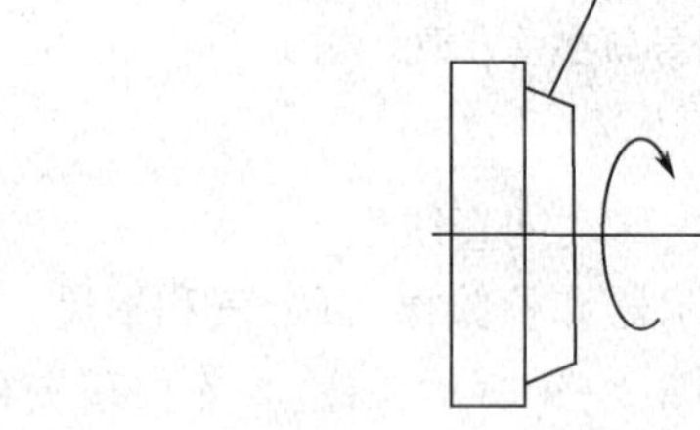

图 2 - 7　主轴定心轴颈的径向跳动检测示意图

6. 主轴锥孔轴线的径向跳动

（1）检验工具:百分表和检验棒。

（2）检验方法:如图 2 - 8 所示,将检验棒插在主轴锥孔内,把百分表安装在机床固定部件上,使百分表测头垂直触及被测表面,旋转主轴,记录百分表的最大读数差值,在 a、b 处分别测量。标记检验棒与主轴的圆周方向的相对位置,取下检验棒,同向分别旋转检验棒 90°、180°、270°后重新插入主轴锥孔,在每个位置分别检测。取 4 次检测的平均值即为主轴锥孔轴线的径向跳动误差。

7. 主轴轴线(对溜板移动)的平行度

（1）检验工具:百分表和检验棒。

（2）检验方法:如图 2 - 9 所示,将检验棒插在主轴锥孔内,把百分表安装在溜板(或刀架)上,然后按如下操作:

① 使百分表测头垂直触及被测表面(验棒),移动溜板,记录百分表的最大读数差值及方向;旋转主轴 180°,重复测量一次,取两次读数的算术平均值作为在垂直平面内主轴轴线对溜板移动的平行度误差。

② 使百分表测头在水平平面内垂直触及被测表面(验棒),按上述步骤①的方法重复测量一次,即得水平平面内主轴轴线对溜板移动的平行度误差。

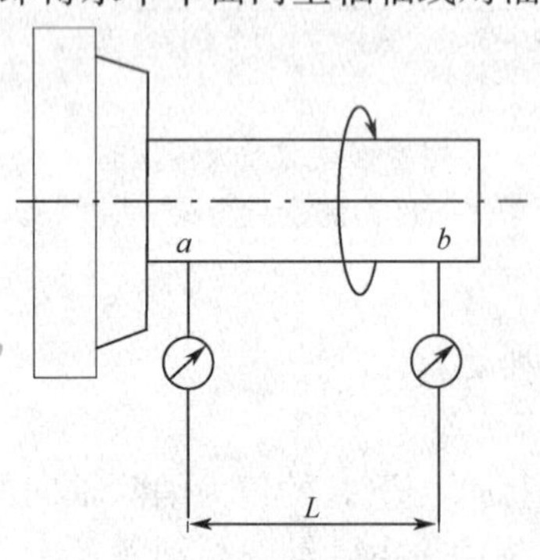

图 2 - 8　主轴锥孔轴线的径向跳动检测示意图

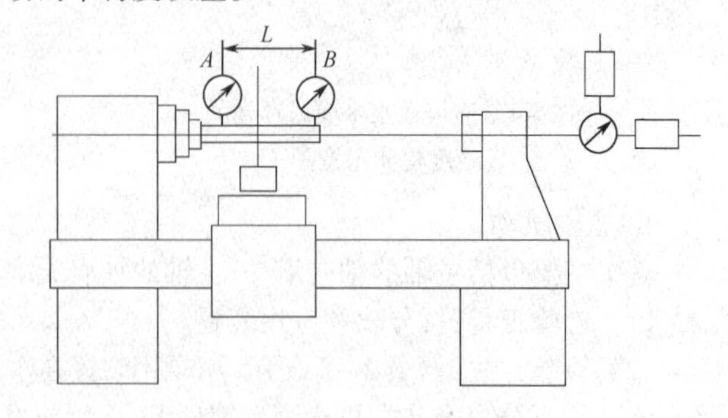

图 2 - 9　主轴轴线的平行度检测示意图

8. 主轴顶尖的跳动

（1）检验工具:百分表和专用顶尖。

（2）检验方法：如图 2-10 所示，将专用顶尖插在主轴锥孔内，把百分表安装在机床固定部件上，使百分表测头垂直触及被测表面，旋转主轴，记录百分表的最大读数差值。

9. 工作精度检验

1）精车圆柱试件的圆度（靠近主轴轴端，检验试件的半径变化）

（1）检测工具：千分尺。

（2）检验方法：精车试件外圆 D，试件材料为 45 钢，正火处理，刀具材料为 YT30，试件如图 2-11 所示，用千分尺测量靠近主轴轴端的检验试件的半径变化，取半径变化最大值近似作为圆度误差；用千分尺测量每一个环带直径之间的变化，取最大差值作为该项误差在直径切削加工中的精度校验值（检验零件的每一个环带直径之间的变化）。

2）精车端面的平面度

（1）检测工具：平尺、量块。

（2）检验方法：精车试件端面，试件材料 HT150，硬度 180～200HBW，刀具材料 YG8，试件如图 2-12 所示，使刀尖回到车削起点位置，把指示器安装在刀架上，指示器测头在水平平面内垂直触及圆盘中间，负 X 轴向移动刀架，记录指示器的读数及方向；用终点时的读数减去起点时读数再除以 2，即 $(\Delta B-\Delta A)/2$，为精车端面的平面度误差。数值为正，则平面是凹的。

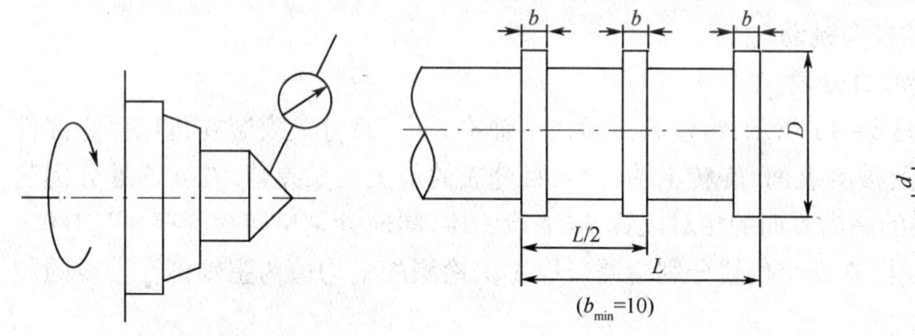

图 2-10　主轴顶尖的跳动检测示意图

图 2-11　车削工件外圆的圆度检测示意图

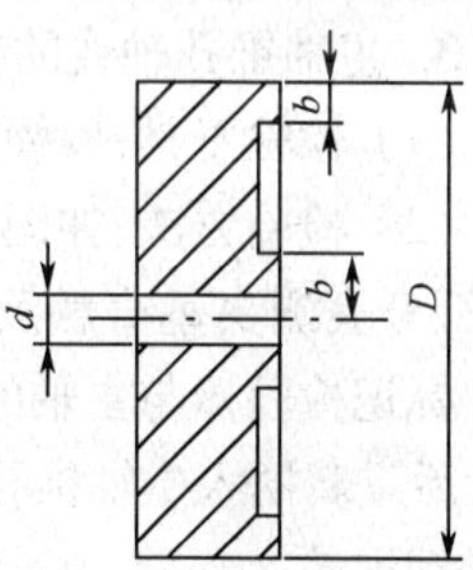

图 2-12　车削工件端面的平面度检测示意图

三、数控铣床几何精度检测与调整

1. 机床调平

（1）检验工具：精密水平仪。

（2）检验方法：如图 2-13 所示，将工作台置于导轨行程中的中间位置，将两个水平仪分别沿 X 和 Y 坐标轴置于工作台中央，调整机床垫铁高度，使水平仪水泡处于读数中间位置；分别沿 X 和 Y 坐标轴全行程移动工作台，观察水平仪读数的变化，调整机床垫铁的高度，使工作台沿 Y 和 X 坐标轴全行程移动时水平仪读数的变化范围小于 2 格，且读数处于中间位置即可。

2. 检测工作台面的平面度

（1）检测工具：百分表、平尺、可调量块、等高块、精密水平仪。

（2）检验方法：用平尺检测工作台面的平面度误差的原理为，在规定的测量范围内，当平面包含的所有点总方向平行，并相距固定值时，则认为该平面是平的。如图 2-14 所示，首先在检验面上选 ABC 点作为零位标记，将三个等高量块放在这三点上，这三个量块的上表面就确定了与被检面作比较的基准面。将平尺置于点 A 和点 C 上，并在检验面点 E 处放一可调量块,使其与平尺的小表面接触。此时,量块的 $ABCE$ 的上表面均在同一表面上。再将平尺放在点 B 和点 E 上,即可找到点 D 的偏差。在点 D 放一可调量块,并将其上表面调到由已经就位的量块上表面所确定的平面上。将平尺分别放在点 A 和点 D 及点 B 和点 C 上,即可找到被检面上点 A 和点 D 及点 B 和点 C 之间的各点偏差。至于其余各点之间的偏差可用同样的方法找到。

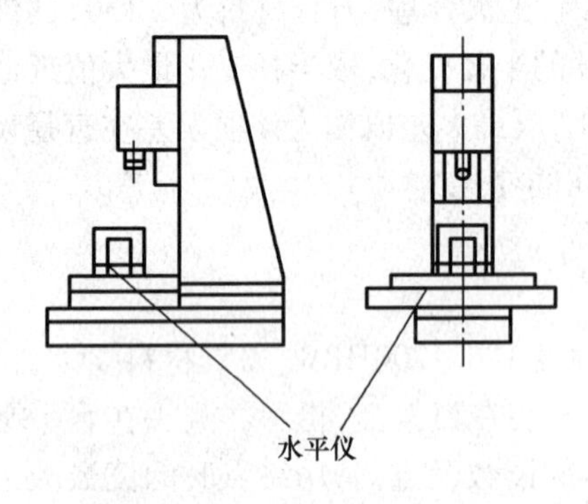

图 2－13　机床调平示意图

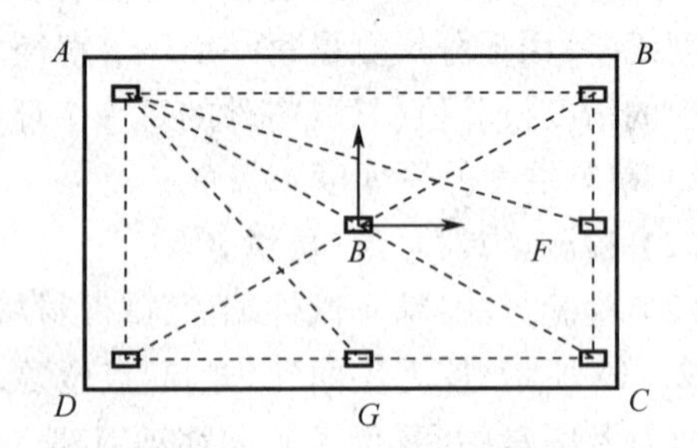

图 2－14　工作台面的平面度检测示意图

3. 主轴锥孔轴线的径向跳动

（1）检验工具:验棒、百分表。

（2）检验方法:如图 2－15 所示,将检验棒插在主轴锥孔内,百分表安装在机床固定部件上,百分表测头垂直触及被测表面,旋转主轴,记录百分表的最大读数差值,在 a、b 处分别测量。标记检验棒与主轴的圆周方向的相对位置,取下检验棒,同向分别旋转检验棒 90°、180°、270°后重新插入主轴锥孔,在每个位置分别检测。取 4 次检测的平均值为主轴锥孔轴线的径向跳动误差。

4. 主轴轴线对工作台面的垂直度

（1）检验工具:平尺、可调量块、百分表、表架。

（2）检验方法:如图 2－16 所示,将带有百分表的表架装在轴上,并将百分表的测头调至平行于主轴轴线,被测平面与基准面之间的平行度偏差可以通过百分表测头在被测平面上摆动的检查方法测得。主轴旋转一周,百分表读数的最大差值即为垂直度偏差。分别在 XZ、YZ 平面内记录百分表在相隔 180°的两个位置上的读数差值。为消除测量误差,可在第一次检验后将验具相对于轴转过 180°再重复检验一次。

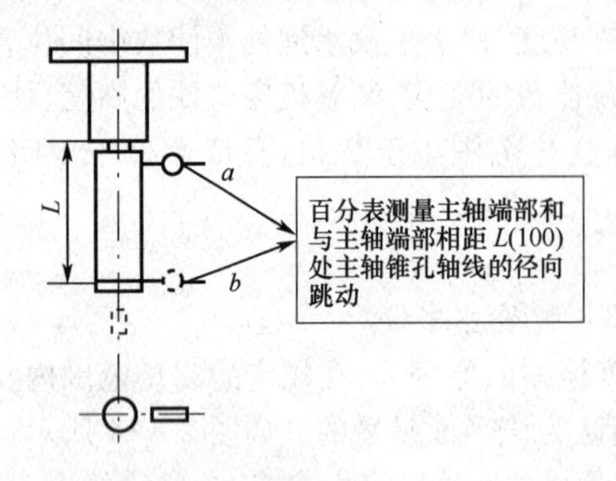

图 2－15　主轴锥孔轴线的径向跳动检测示意图

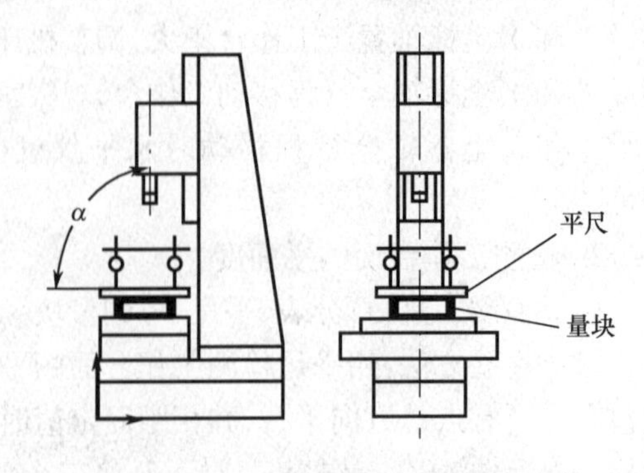

图 2－16　主轴轴线对工作台面的垂直度检测示意图

5. 主轴垂直方向移动对工作台面的垂直度

(1) 检验工具:等高块、平尺、角尺、百分表。

(2) 检验方法:如图 2-17 所示,将等高块沿 Y 轴向放在工作台上,平尺置于等高块上,将角尺置于平尺上(在 $Y-Z$ 平面内),指示器固定在主轴箱上,指示器测头垂直触及角尺,移动主轴箱,记录指示器读数及方向,其读数最大差值即为在 $Y-Z$ 平面内主轴箱垂直移动对工作台面的垂直度误差;同理,将等高块、平尺、角尺置于 $X-Z$ 平面内重新测量一次,指示器读数最大差值即为在 $Y-Z$ 平面内主轴箱垂直移动对工作台面的垂直度误差。

6. 主轴套筒垂直方向移动对工作台面的垂直度

(1) 检验工具:等高块、平尺、角尺、百分表。

(2) 检验方法:如图 2-18 所示,将等高块沿 Y 轴向放在工作台上,平尺置于等高块上,将圆柱角尺置于平尺上,并调整角尺位置使角尺轴线与主轴轴线同轴;百分表固定在主轴上,百分表测头在 $Y-Z$ 平面内垂直触及角尺,移动主轴,记录百分表读数及方向,其读数最大差值即为在 $Y-Z$ 平面内主轴垂直移动对工作台面的垂直度误差;同理,百分表测头在 $X-Z$ 平面内垂直触及角尺重新测量一次,百分表读数最大差值为在 $X-Z$ 平面内主轴箱垂直移动对工作台面的垂直度误差。

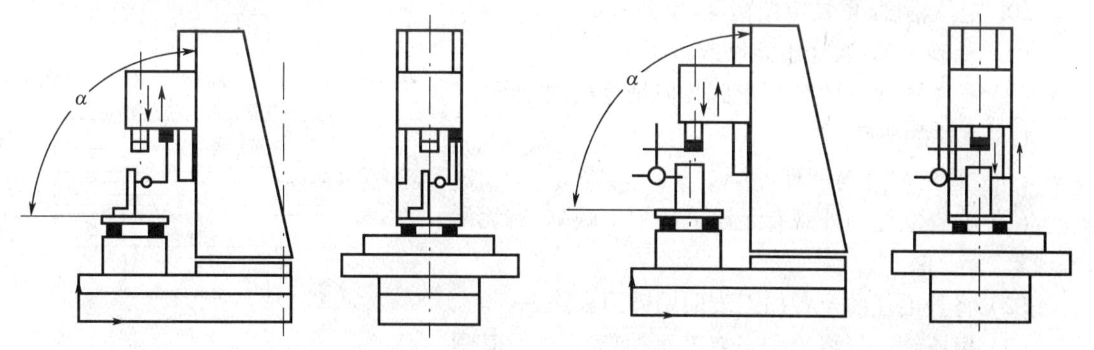

图 2-17 主轴垂直方向移动对工作台面的垂直度检测示意图

图 2-18 主轴套筒垂直方向移动对工作台面的垂直度检测示意图

7. 工作台 X 向或 Y 向移动对工作台面的平行度

(1) 检验工具:等高块、平尺、百分表。

(2) 检验方法:如图 2-19 所示,将等高块沿 Y 轴向放在工作台上,平尺置于等高块上,把指示器测头垂直触及平尺,Y 轴向移动工作台,记录指示器读数,其读数最大差值即为工作台 Y 轴向移动对工作台面的平行度;将等高块沿 X 轴向放在工作台上,X 轴向移动工作台,重复测量一次,其读数最大差值即为工作台 X 轴向移动对工作台面的平行度。

8. 工作台 X 向移动对工作台 T 形槽的平行度

(1) 检验工具:百分表。

(2) 检验方法:如图 2-20 所示,把百分表固定在主轴箱上,使百分表测头垂直触及基准(T 形槽),X 轴向移动工作台,记录百分表读数,其读数最大差值即为工作台沿 X 坐标轴轴向移动对工作台面基准(T 形槽)的平行度误差。

9. 工作台 X 向移动对 Y 向移动的工作垂直度

(1) 检验工具:角尺、百分表。

(2) 检验方法:如图 2-21 所示,工作台处于行程中间位置,将角尺置于工作台上,把百分

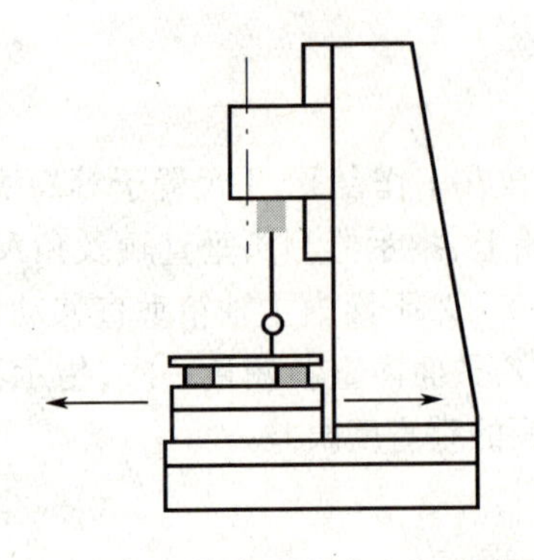

图 2－19 工作台 X 向或 Y 向移动对工作台面的平行度检测示意图

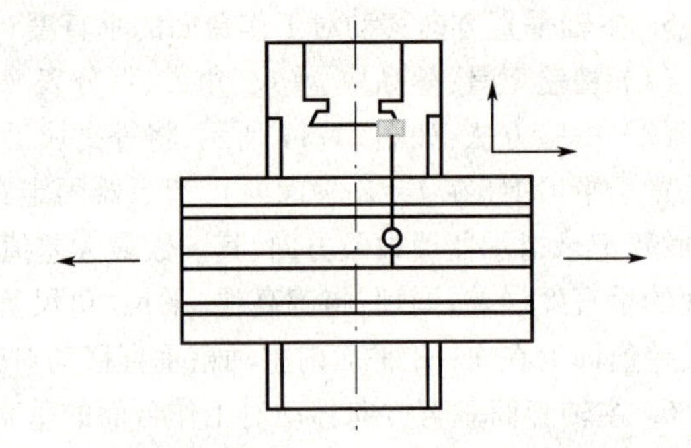

图 2－20 工作台 X 向移动对工作台 T 形槽的平行度检测示意图

表固定在主轴箱上，使百分表测头垂直触及角尺（Y 轴向），Y 轴向移动工作台，调整角尺位置，使角尺的一个边与 Y 轴轴线平行，再将百分表测头垂直触及角尺另一边（X 轴向），X 轴向移动工作台，记录百分表读数，其读数最大差值即为工作台 X 坐标轴向移动对 Y 轴向移动的工作垂直度误差。

10. 定位精度、重复定位精度、反向差值

（1）检验工具：激光干涉仪或步距规。

（2）检验方法：见“数控车床几何精度检测”所述。

11. 立柱的研磨

1）立柱的检查与清理

（1）检查立柱的外观有无铸造或加工缺陷，有无漏序现象。

（2）将其毛坯面及各加工表面用锉刀去除毛刺。

（3）用压缩空气将床身安装表面、加工平面及其螺孔吹干净，各螺孔不许残留铁屑。

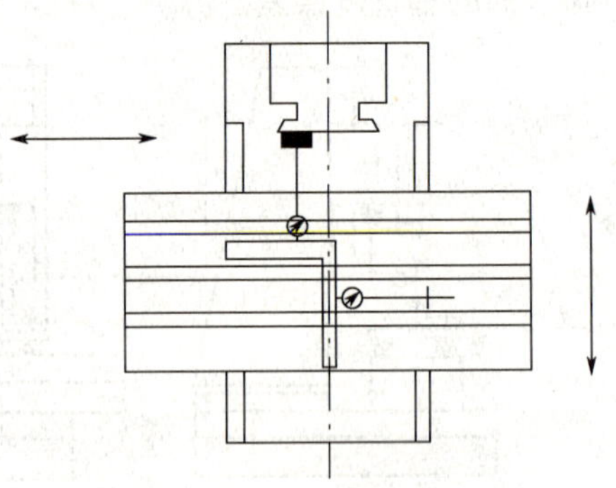

图 2－21 工作台 X 向移动对 Y 向移动的工作垂直度检测示意图

2）立柱的安装水平

（1）将立柱用三块垫铁垫实（不许虚垫），在立柱滑动导轨上放置方筒，在方筒中间位置处放置水平仪（方向与直线导轨垂直）。

（2）立柱滑动导轨上放置水平仪，方向与滑动导轨方向平行。

（3）立柱安装水平，允许误差：0.02mm/1000mm。

（4）分段移动方筒与水平仪，复查直线导轨的综合直线度，允许误差：0.02mm/全长；局部允许误差：在任意 300mm 测量长度上为 0.005mm。

（5）分段移动方筒与水平仪，复查直线导轨的相互平行情况，即扭曲度，允许误差：0.03mm/全长；局部允许误差：在任意 500mm 测量长度上为 0.02mm/1000mm。

12. 主轴箱的研磨

1）主轴箱端面的刮研

（1）安装主轴前检查主轴和主轴箱端面接触情况：要求 0.02mm 塞尺不入。

（2）精度不对时，修刮主轴箱端面，最好用主轴进行配研。

（3）刮研规定：用涂色法检查，刮研点应均匀；按规定的计算面积平均计算，在每 25mm × 25mm 面积内，接触点数不得少于 10 点。

2）刮研主轴箱贴塑面

(1) 将主轴贴塑面进行清根，检查润滑油孔是否相通，然后排花，去除油线边缘加工凸起等。

(2) 在主轴箱的滑动导轨上放置等高块，然后放置方筒。

(3) 在方筒上用垫铁吸住百分表。

(4) 安装气缸座和增压气缸。

(5) 将检查棒插入主轴内。

(6) 刮研主轴箱滑动导轨的贴塑面：将百分表指针指在检查棒的上母线处，推拉主轴箱，拖表检测检查棒上母线的平行度，允许误差为0.01mm/150mm，前端只许加不许减。

精度不对时，修刮主轴箱滑动导轨的贴塑面。

(7) 刮研规定：用涂色法检查，刮研点应均匀；按规定的计算面积平均计算，在每25mm×25mm的面积内，接触点数不得少于10点。

(8) 刮研主轴箱滑动导轨的侧贴塑面：将百分表指针指在检查棒的侧母线处，推拉主轴箱，拖表检测检查棒侧母线的平行度，允许误差为0.01mm/150mm。

精度不对时，进行修刮主轴箱滑动导轨的侧贴塑面。

(1) 刮研规定：用涂色法检查，刮研点应均匀。

(2) 按规定的计算面积平均计算，在每25mm×25mm的面积内，接触点数不得少于10点。

(3) 工艺装备：方筒 CM 73－89－5，规格为80mm×80mm×600mm；百分表；检查 CM 71－1940(BT40)。

3）复查主轴箱固定丝杠螺母端面的垂直情况

(1) 在主轴箱螺母端面装入检查棒并用定位螺钉拧紧。

(2) 将方筒推靠在主轴箱定位面上。

(3) 拖表检测检查棒的平行情况，允许误差为0.01mm/150mm。

(4) 平行度不对时，修刮主轴箱安装丝杠螺母的端面。

(5) 刮研规定：用涂色法检查，刮研点应均匀；按规定的计算面积平均计算，在每25mm×25mm的面积内，接触点数不得少于10点。

(6) 工艺装备：检查棒 CM 71－1978；定位螺钉 CU 89－651(数量2个)。

四、项目实践及数据记录

整理记录实验数据，填写表2－1。

表2－1　数控机床几何精度检测数据记录

机床型号		机床编号	环境温度	检验人	实验日期	
序号	检验项目			允许误差范围/mm	检验工具	实测/mm
G0	机床调平			0.06/1000		
G1	工作台面的平面度			0.08/全长		
G2	① 靠近主轴端部主轴锥孔轴线的径向跳动			0.01		
	② 距主轴端部 L(L=100mm)处主轴锥孔轴线的径向跳动			0.02		

（续）

序号	检验项目	允许误差范围/mm	检验工具	实测/mm
G3	① $Y-Z$ 平面内主轴轴线垂直移动对工作台面的垂直度	0.05/300（$\alpha \leqslant 90°$）		
	② $X-Z$ 平面内主轴轴线垂直移动对工作台面的垂直度			
G4	① $Y-Z$ 平面内主轴箱垂直移动对工作台面的垂直度	0.05/300（$\alpha \leqslant 90°$）		
	② $X-Z$ 平面内主轴箱垂直移动对工作台面的垂直度			
G5	① $Y-Z$ 平面内主轴套筒移动对工作台面的垂直度	0.05/300（$\alpha \leqslant 90°$）		
	② $X-Z$ 平面内主轴套筒移动对工作台面的垂直度			
G6	① 工作台 X 坐标方向移动对工作台面的平行度	0.056（$\alpha \leqslant 90°$）		
	② 工作台 Y 坐标方向移动对工作台面的平行度	0.04（$\alpha \leqslant 90°$）		
G7	工作台沿 X 坐标方向移动对工作台面基准（T 形槽）的平行度	0.03/300		
G8	工作台 X 坐标方向移动对 Y 坐标方向移动的工作垂直度	0.04/300		
P1	① M 面平面度	0.025		
	② M 面对加工基面 E 的平行度	0.030		
	③ N 面和 M 面的相互垂直度	0.030/50		
	④ P 面和 M 面的相互垂直度			
	⑤ N 面对 P 面的垂直度			
	⑥ N 面对 E 面的垂直度			
	⑦ P 面对 E 面的垂直度			
P2	通过 X、Y 坐标的圆弧插补对圆周面进行精铣，检测其圆度	0.04		

模块 2　数控机床主传动系统的故障维修

主传动系统是用来实现机床主运动的，它将主电动机的原动力变成可供主轴上刀具切削加工的切削力矩和切削速度。为适应各种不同的加工，数控机床的主传动系统应具有较大的调速范围，以保证加工时能选用合理的切削用量，同时主传动系统还需要有较高精度及刚度并尽可能降低噪声，从而获得最佳的生产率、加工精度和表面质量。

数控机床的主传动系统包括主轴电动机、传动系统和主轴组件（图 2－22），结构比普通机床的要简单，这是因为变速功能全部或大部分由主轴电动机的无级调速来实现，省去了繁杂的齿轮变速机构，有些只有二级或三级齿轮变速系统，用以扩大电动机无级调速的范围。

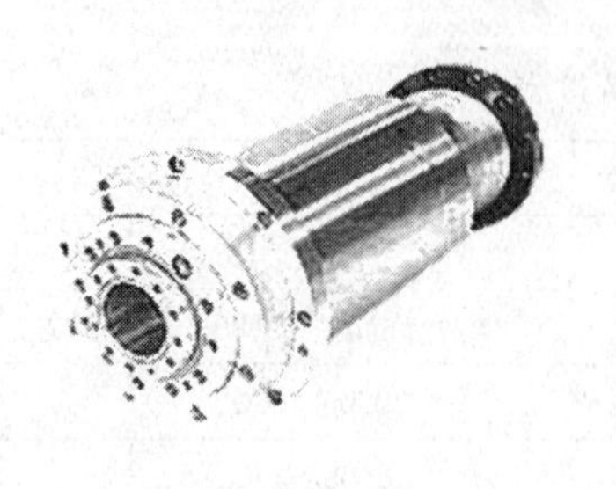

（a）车床主轴

（b）铣床主轴

图 2－22　数控机床主轴示例

一、主轴变速方式

1. 无级变速

数控机床一般采用直流或交流主轴伺服电动机实现主轴无级变速。

交流主轴电动机及交流变频驱动装置(笼型感应交流电动机配置矢量变换变频调速系统),由于没有电刷,不产生火花,所以使用寿命长,且性能已达到直流驱动系统的水平,甚至在噪声方面还有所降低,因此,目前应用较为广泛。

2. 分段无级变速

数控机床在实际生产中,并不需要在整个变速范围内均为恒功率。一般要求在中、高速段为恒功率传动,在低速段为恒转矩传动。为了确保数控机床主轴低速时有较大的转矩和主轴的变速范围尽可能大,有的数控机床在交流或直流电动机无级变速的基础上配以齿轮变速,使之成为分段无级变速,如图 2-23 所示。

1) 带有变速齿轮的主传动(图 2-23(a))

这是大中型数控机床较常采用的配置方式,通过少数几对齿轮传动,扩大变速范围。由于电动机在额定转速以上的恒功率调速范围为 2~5,当需扩大这个调速范围时常用变速齿轮的办法来扩大调速范围,滑移齿轮的移位大都采用液压拨叉或直接由液压缸带动齿轮来实现。

2) 通过带传动的主传动(图 2-23(b))

这种传动主要用在转速较高、变速范围不大的机床。电动机本身的调整就能够满足要求,不用齿轮变速,可以避免由齿轮传动时所引起的振动和噪声。它适用于高速低转矩特性的主轴。常用的是同步齿形带。

3) 用两个电动机分别驱动主轴(图 2-23(c))

这是上述两种方式的混合传动,具有上述两种性能。高速时,由一个电动机通过带传动;低速时,由另一个电动机通过齿轮传动,齿轮起到降速和扩大变速范围的作用,这样就使恒功率区增大,扩大了变速范围,避免了低速时转矩不够且电动机功率不能充分利用的问题。但两

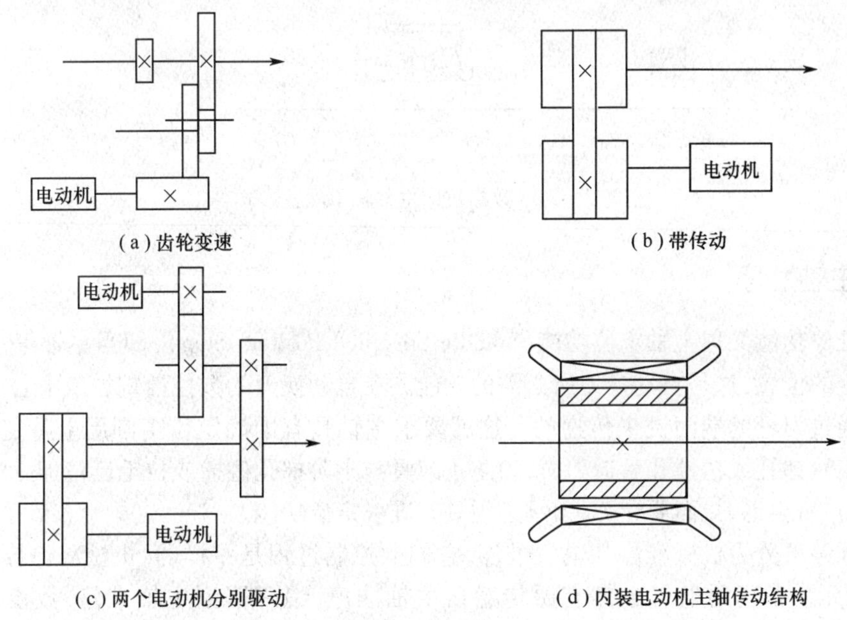

图 2-23 数控机床主传动的四种配置方式

个电动机不能同时工作，也是一种浪费。

4）内装电动机主轴变速（图2－23(d)）

这种方式主轴与电动机转子合为一体，电动机直接带动主轴旋转，大大简化了主轴箱体与主轴的结构，结构紧凑，重量轻，惯量小，可提高启动、停止的响应特性，并利于控制振动和噪声。但电动机运转产生的热量易使主轴产生热变形。

3. 主轴部件的支承

机床主轴带着刀具或夹具在支承中做回转运动，应能传递切削转矩承受切削抗力，并保证必要的旋转精度。机床主轴多采用滚动轴承作为支承，对于精度要求高的主轴则采用动压或静压滑动轴承作为支承。下面着重介绍主轴部件所用的滚动轴承。

在实际应用中，数控机床主轴轴承常见的配置有下列三种形式，如图2－24所示。

图2－24(a)所示的配置形式能使主轴获得较大的径向和轴向刚度，可以满足机床强力切削的要求，普遍应用于各类数控机床的主轴，如数控车床、数控铣床、加工中心等。这种配置的后支承也可用圆柱滚子轴承，进一步提高后支承径向刚度。

图2－24(b)所示的配置没有图2－24(a)所示的主轴刚度大，但这种配置提高了主轴的转速，适合要求主轴在较高转速下工作的数控机床。目前，这种配置形式在立式、卧式加工中心机床上得到广泛应用，满足了这类机床转速范围大、最高转速高的要求。为提高这种形式配置的主轴刚度，前支承可以用四个或更多个的轴承相组配，后支承用两个轴承相组配。

图2－24(c)所示的配置形式能使主轴承受较重载荷（尤其是承受较强的动载荷），径向和轴向刚度高，安装和调整性好。但这种配置相对限制了主轴最高转速和精度，适用于中等精度、低速与重载的数控机床主轴。

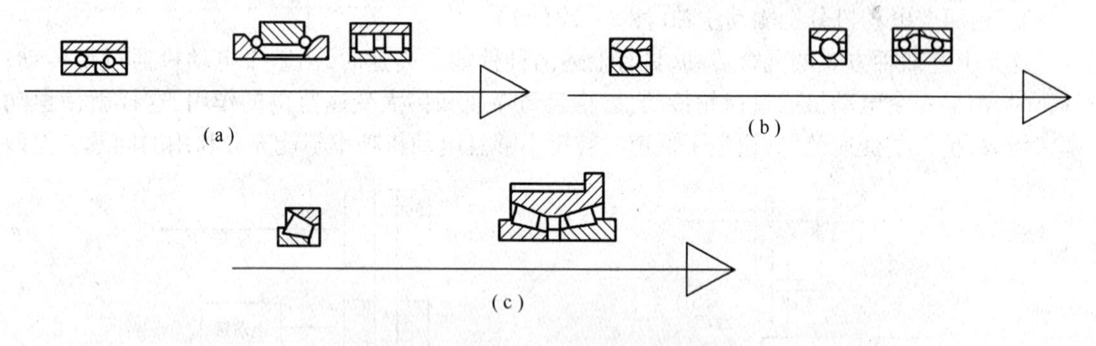

图2－24 数控机床主轴轴承配置形式

二、主轴准停

主轴准停功能又称主轴定位功能（Spindle Specified Position Stop），即当主轴停止时，控制其停于固定的位置，这是自动换刀所必需的功能。在自动换刀的数控镗铣加工中心上，切削转矩通常是通过刀杆的端面键来传递的。这就要求主轴具有准确定位于圆周上特定角度的功能。当加工阶梯孔或精镗孔后退刀时，为防止刀具与小阶梯孔碰撞或拉毛已精加工的孔表面，必须先让刀，后再退刀，而要让刀，刀具必须具有准确定位功能。

主轴准停可分为机械准停与电气准停，它们的控制过程是一样的，机械准停控制过程如图2－25所示。常用的电气准停有磁传感器主轴准停、编码器型主轴准停、数控系统控制准停。

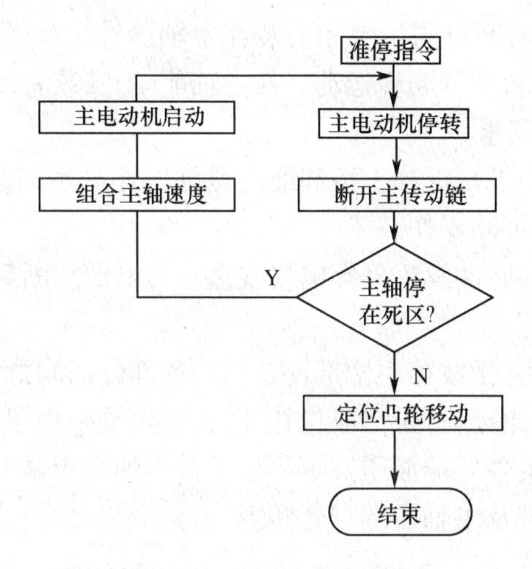

图2－25　主轴准停控制图

三、数控车床主轴部件的结构与调整

1. 主轴部件结构

图2－26为CK7815型数控车床主轴部件结构图,该主轴工作转速范围为15～5000r/min。主轴9前端采用三个角接触球轴承12,通过前支承套14支承,由螺母11预紧。后端采用圆柱滚子轴承15支承,径向间隙由螺母3和螺母7调整。螺母8和螺母10分别用来锁紧螺母7和螺母11,防止螺母7和螺母11的回松。带轮2直接安装在主轴9上(不卸荷)。同步带轮1安装在

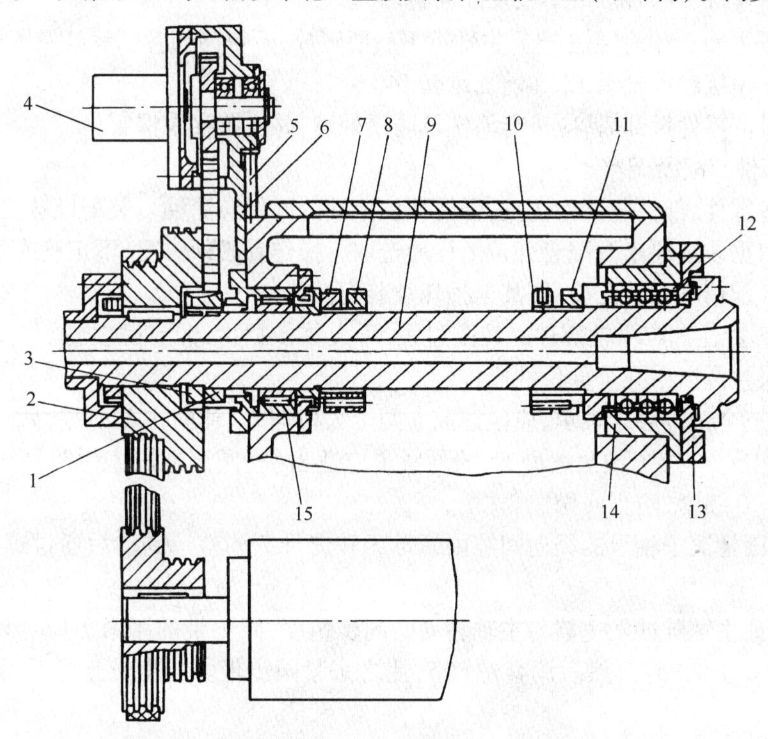

图2－26　CK7815型数控车床主轴部件结构图

1—同步带轮；2—带轮；3、7、8、10、11—螺母；4—主轴脉冲发生器；5—螺钉；6—支架；
9—主轴；12—角接触球轴承；13—前端盖；14—前支承套；15—圆柱滚子轴承。

主轴9后端支承与带轮之间,通过同步带和安装在主轴脉冲发生器4轴上的另一同步带轮相连,带动主轴脉冲发生器4和主轴同步运动。在主轴前端,安装有液压卡盘或其他夹具。

2. 主轴部件的拆卸与调整

主轴部件在维修时需要进行拆卸。拆卸前应做好工作场地清理、清洁工作和拆卸工具及资料的准备工作,然后进行拆卸操作。

(1) 切断总电源及主轴脉冲发生器等电气线路。总电源切断后,应拆下保险装置,防止他人误合闸而引起事故。

(2) 切断液压卡盘油路,排放掉主轴部件及相关各部分的润滑油。油路切断后,应放尽管内余油,避免油溢出污染工作环境,管口应包扎,防止灰尘及杂物侵入。

(3) 拆下液压卡盘及主轴后端液压缸等部件。排尽油管中余油并包扎管口。

(4) 拆下电动机传动带及主轴后端带轮和键。

(5) 拆下主轴后端螺母3。

(6) 松开螺钉5,拆下支架6上的螺钉,拆去主轴脉冲发生器(含支架、同步带)。

(7) 拆下同步带轮1和后端油封件。

(8) 拆下主轴后支承处轴向定位盘螺钉。

(9) 拆下主轴前支承套螺钉。

(10) 拆下(向前端方向)主轴部件。

(11) 拆下圆柱滚子轴承15和轴向定位盘及油封。

(12) 拆下螺母7和螺母8。

(13) 拆下螺母10和螺母11以及前油封。

(14) 拆下主轴9和前端盖13。主轴拆下后要轻放,不得碰伤各部螺纹及圆柱表面。

(15) 拆下角接触球轴承12和前支承套14。

以上各部件、零件拆卸后,应进行清洗及防锈处理,并妥善存放保管。

3. 主轴部件装配及调整

装配前,各零件、部件应严格清洗,需要预先涂油的部件应涂油。装配设备、装配工具以及装配方法,应根据装配要求及配合部位的性质选取。操作者必须注意,不正确或不规范的装配方法,将影响装配精度和装配质量,甚至损坏被装配件。

对CK7815数控车床主轴部件的装配过程,可大体依据拆卸顺序逆向操作。主轴部件装配时的调整,应注意以下几个部位的操作:

(1) 前端三个角接触球轴承,应注意前面两个大口向外,朝向主轴前端,后一个大口向里(与前面两个相反方向)。预紧螺母11的预紧量应适当(查阅制造厂家说明书),预紧后一定要注意用螺母10锁紧,防止回松。

(2) 后端圆柱滚子轴承的径向间隙由螺母3和螺母7调整。调整后通过螺母8锁紧,防止回松。

(3) 为保证主轴脉冲发生器与主轴转动的同步精度,同步带的张紧力应合理。调整时先略微松开支架6上的螺钉,然后调整螺钉5,使之张紧同步带。同步带张紧后,再旋紧支架6上的紧固螺钉。

(4) 液压卡盘装配调整时,应充分清洗卡盘内锥面和主轴前端外短锥面,保证卡盘与主轴短锥面的良好接触。卡盘与主轴连接螺钉旋紧时应对角均匀施力,以保证卡盘的工作定心精度。

(5) 液压卡盘驱动液压缸安装时,应调好卡盘拉杆长度,保证驱动液压缸有足够的、合理的夹紧行程储备量。

四、数控铣床主轴部件的结构与调整

1. 主轴部件结构

图 2-27 为 NT-J320A 型数控铣床主轴部件结构图。该机床主轴可做轴向运动,主轴的轴向运动坐标为数控装置中的 Z 轴,轴向运动由直流伺服电动机 16,经同步齿形带轮 13、15,同步带 14,带动丝杠 17 转动,通过丝杠螺母 7 和螺母支承 10 使主轴套筒 6 带动主轴 5 做轴向运动,同时也带动脉冲编码器 12,发出反馈脉冲信号进行控制。

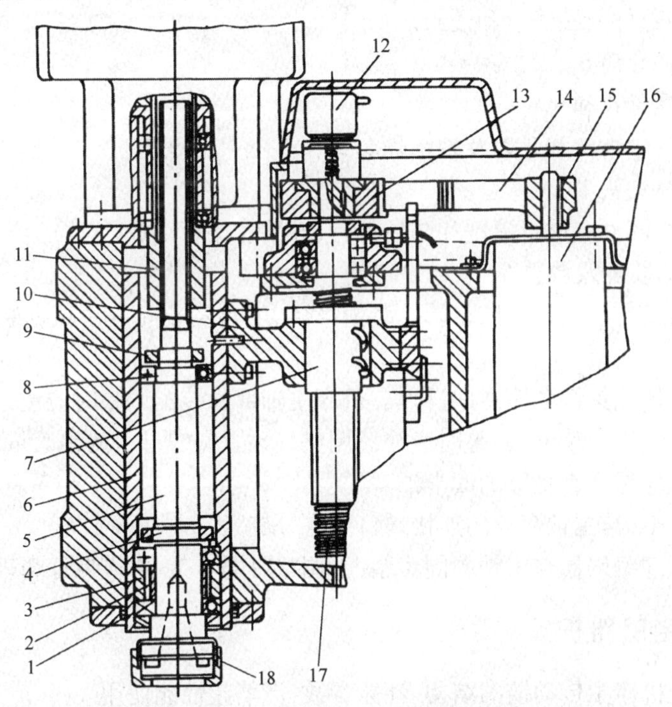

图 2-27　NT-J320A 型数控铣床主轴部件结构图

1—角接触球轴承; 2、3—轴承隔套; 4、9—圆螺母; 5—主轴; 6—主轴套筒; 7—丝杠螺母; 8—深沟球轴承; 10—螺母支承; 11—花键套; 12—脉冲编码器; 13、15—同步齿形带轮; 14—同步带; 16—伺服电动机; 17—丝杠; 18—快换夹头。

主轴为实心轴,上端为花键,通过花键套 11 与变速箱连接,带动主轴旋转,主轴前端采用两个特轻系列角接触球轴承 1 支承,两个轴承背靠背安装,通过轴承内圈隔套 2、外圈隔套 3 和主轴台阶与主轴轴向定位,用圆螺母 4 预紧,消除轴承轴向间隙和径向间隙。后端采用深沟球轴承;与前端组成一个相对于套筒的双支点单固式支承。主轴前端锥孔为 7∶24 锥度,用于刀柄定位。主轴前端端面键,用于传递铣削转矩。快换夹头 18 用于快速松开、夹紧刀具。

2. 主轴部件的拆卸与调整

1) 主轴部件的拆卸

主轴部件维修拆卸前的准备工作与前述数控车床主轴部件拆卸准备工作相同。在准备就绪后,即可进行如下顺序的拆卸工作:

(1) 切断总电源及脉冲编码器12以及主轴电动机等电器的线路。

(2) 拆下电动机法兰盘连接螺钉。

(3) 拆下主轴电动机及花键套11等部件(根据具体情况,也可不拆此部分)。

(4) 拆下罩壳螺钉,卸掉上罩壳。

(5) 拆下丝杠座螺钉。

(6) 拆下螺母支承10与主轴套筒6的连接螺钉。

(7) 向左移动丝杠螺母7和螺母支承10等部件,卸下同步带14和螺母支承10处与主轴套筒连接的定位锁。

(8) 卸下主轴部件。

(9) 拆下主轴部件前端法兰和油封。

(10) 拆下主轴套筒6。

(11) 拆下圆螺母4和9。

(12) 拆下前后轴承1和8以及轴承隔套2和3。

(13) 卸下快换夹头18。

拆卸后的零件、部件应进行清洗和防锈处理,并妥善保管存放。

2) 主轴部件的装配及调整

装配前的准备工作与前述车床相同。装配设备、工具及装配方法根据装配要求和装配部位配合性质选取。

装配顺序可大体按拆卸顺序逆向操作。机床主轴部件装配调整时应注意以下几点:

(1) 为保证主轴工作精度,调整时应注意调整好预紧圆螺母4的预紧量。

(2) 前后轴承应保证有足够的润滑油。

(3) 螺母支承10与主轴套筒的连接螺钉要充分旋紧。

(4) 为保证脉冲编码器与主轴的同步精度,调整时同步带14应保证合理的张紧量。

五、主传动链的维护

(1) 熟悉数控机床主传动链的结构、性能参数,严禁超性能使用。

(2) 主传动链出现不正常现象时,应立即停机排除故障。

(3) 操作者应注意观察主轴油箱温度,检查主轴润滑恒温油箱,调节温度范围,使油量充足。

(4) 使用带传动的主轴系统,需定期观察调整主轴驱动皮带的松紧程度,防止因皮带打滑造成的丢转现象。

(5) 由液压系统平衡主轴箱重量的平衡系统,需定期观察液压系统的压力表,当油压低于要求值时,要进行补油。

(6) 使用液压拨叉变速的主传动系统,必须在主轴停车后变速。

(7) 使用啮合式电磁离合器变速的主传动系统,离合器必须在低于1~2r/min的转速下变速。

(8) 注意保持主轴与刀柄连接部位及刀柄的清洁,防止对主轴的机械碰击。

(9) 每年对主轴润滑恒温油箱中的润滑油更换一次,并清洗过滤器。

(10) 每年清理润滑油池底一次,并更换液压泵滤油器。

(11) 每天检查主轴润滑恒温油箱,使其油量充足,工作正常。

(12) 防止各种杂质进入润滑油箱,保持油液清洁。

(13) 经常检查轴端及各处密封,防止润滑油液的泄漏。

(14) 刀具夹紧装置长时间使用后,会使活塞杆和拉杆间的间隙加大,造成拉杆位移量减少,碟形弹簧张闭伸缩量不够,影响刀具的夹紧,故需及时调整液压缸活塞的位移量。

(15) 经常检查压缩空气气压,并调整到标准要求值;足够的气压才能将主轴锥孔中的切屑和灰尘清理彻底。

六、主传动链故障及诊断方法

主传动链常见故障及排除方法如表2-2所列。

表2-2 主传动链常见故障诊断及排除方法

序号	故障现象	故障原因	排除方法
1	加工精度达不到要求	机床在运输过程中受到冲击	检查对机床精度有影响的各部分,特别是导轨副,并按出厂精度要求重新调整或修复
		安装不牢固、安装精度低或有变化	重新安装调平、紧固
2	切削振动大	主轴箱和床身连接螺钉松动	恢复精度后紧固连接螺钉
		轴承预紧力不够、游隙过大	重新调整轴承游隙。但预紧力不宜过大,以免损坏轴承
		轴承预紧螺母松动,使主轴窜动	紧固螺母,确保主轴精度合格
		轴承拉毛或损坏	更换轴承
		主轴与箱体超差	修理主轴或箱体,使其配合精度、位置精度达到要求
		其他因素	检查刀具或切削工艺问题
		如果是车床,则可能是转塔刀架运动部位松动或压力不够而未卡紧	调整修理
3	主轴箱噪声大	主轴部件动平衡不好	重做动平衡
		齿轮啮合间隙不均或严重损伤	调整间隙或更换齿轮
		轴承损坏或传动轴弯曲	修复或更换轴承,校直传动轴
		传动带长度不一或过松	调整或更换传动带,不能新旧混用
		齿轮精度差	更换齿轮
		润滑不良	调整润滑油量,保持主轴箱的清洁度
4	齿轮和轴承损坏	变挡压力过大,齿轮受冲击产生破损	按液压原理图,调整到适应的压力和流量
		变挡机构损坏或固定销脱落	修复或更换零件
		轴承预紧力过大或无润滑	重新调整预紧力,并使之润滑充足
5	主轴无变速	电气变挡信号是否输出	电气人员检查处理
		压力是否足够	检测并调整工作压力
		变挡液压缸研损或卡死	修去毛刺和研伤,清洗后重装
		变挡电磁阀卡死	检修并清洗电磁阀
		变挡液压缸拨叉脱落	修复或更换
		变挡液压缸窜油或内泄	更换密封圈
		变挡复合开关失灵	更换新开关

（续）

序号	故障现象	故障原因	排除方法
6	主轴不转动	主轴转动指令是否输出	电气人员检查处理
		保护开关没有压合或失灵	检修压合保护开关或更换
		卡盘未夹紧工件	调整或修理卡盘
		变挡复合开关损坏	更换复合开关
		变挡电磁阀体内泄漏	更换电磁阀
7	主轴发热	主轴轴承预紧力过大	调整预紧力
		轴承研伤或损伤	更换轴承
		润滑油脏或有杂质	清洗主轴箱，更换新油
8	液压变速时齿轮推不到位	主轴箱内拨叉磨损	选用球墨铸铁作拨叉材料
			在每个垂直滑移齿轮下方安装塔簧作为辅助平衡装置，减轻对拨叉的压力
			活塞的行程与滑移齿轮的定位相协调
			若拨叉磨损，予以更换
9	主轴在强力切削时停转	电动机与主轴连接的皮带过松	移动电动机座，张紧皮带，然后将电动机座重新锁紧
		皮带表面有油	用汽油清洗后擦干净，再装上
		皮带使用过久而失效	更换新皮带
		摩擦离合器调整过松或磨损	调整摩擦离合器，修磨或更换摩擦片
10	主轴没有润滑油循环或润滑不足	液压泵转向不正确，或间隙太大	改变液压泵转向或修理液压泵
		吸油管没有插入油箱的油面以下	将吸油管插入油面以下2/3处
		油管或滤油器堵塞	清除堵塞物
		润滑油压力不足	调整供油压力
11	润滑油泄漏	润滑油量多	调整供油量
		检查各处密封件是否有损坏	更换密封件
		管件损坏	更新管件
12	刀具不能夹紧	碟形弹簧位移量小	调整碟形弹簧行程长度
		刀具松夹弹簧上的螺母松动	顺时针旋松夹刀弹簧上的螺母使其最大工作载荷为13kN
13	刀具夹紧后不能松开	松刀弹簧压合过紧	顺时针旋松夹刀弹簧上的螺母使其最大工作载荷不得超过13kN
		液压缸压力和行程不够	调整液压力和活塞行程开关位置

模块3　数控机床进给传动系统的故障维修

数控机床的进给传动系统是伺服系统的重要组成部分，它将伺服电动机的旋转运动或直线伺服电动机的直线运动通过机械传动结构转化为执行部件的直线或回转运动。

目前，数控机床进给系统中的机械传动装置常用的有如下几种：滚珠丝杠螺母副、导轨滑块副、直线电动机等。数控机床进给系统中的机械传动装置和器件具有高寿命、高刚度、无间隙、高灵敏度和低摩擦阻力等特点。

一、滚珠丝杠螺母副

滚珠丝杠螺母副是在丝杠和螺母之间以滚珠为滚动体的螺旋传动元件。滚珠丝杠螺母副有多种结构形式。按滚珠循环方式分为外循环和内循环。外循环回珠器用插管式的较多,内循环回珠器用腰形槽嵌块式的较多,如图 2－28 所示。

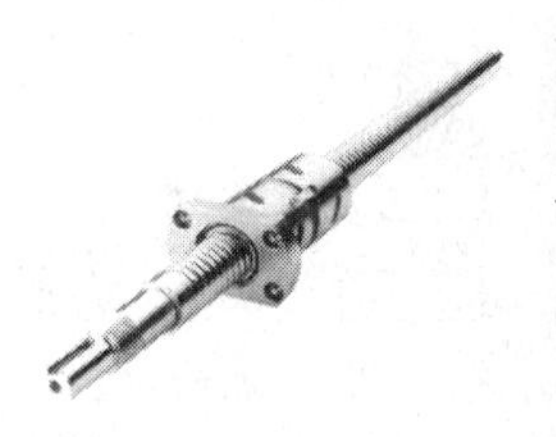
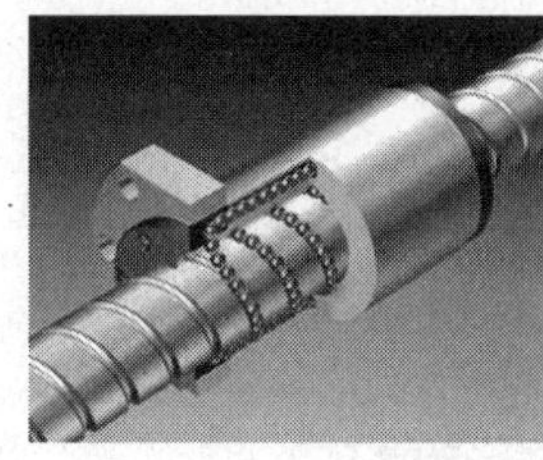

图 2－28　滚珠丝杠螺母副结构图

滚珠丝杠螺母副与滑动丝杠螺母副比较有很多优点:传动效率高,灵敏度高,传动平稳;磨损小,寿命长;可消除轴向间隙,提高轴向刚度等。

滚珠丝杠螺母传动广泛应用于中小型数控机床的进给传动系统。在重型数控机床的短行程(6m 以下)进给系统中也常被采用。

1. 滚珠丝杠螺母副的安装

安装方式对滚珠丝杠螺母副承载能力、刚性及最高转速有很大影响。滚珠丝杠螺母副在安装时应满足以下要求:

(1) 滚珠丝杠螺母副相对工作台不能有轴向窜动。

(2) 螺母座孔中心应与丝杠安装轴线同心。

(3) 滚珠丝杠螺母副中心线应平行于相应的导轨。

(4) 能方便地进行间隙调整、预紧和预拉伸。

2. 滚珠丝杠支撑——滚珠丝杠副的安装形式

滚珠丝杠副的安装方式最常用的通常有以下几种:

1) 固定－自由方式

如图 2－29 所示,丝杠一端固定,另一端自由。

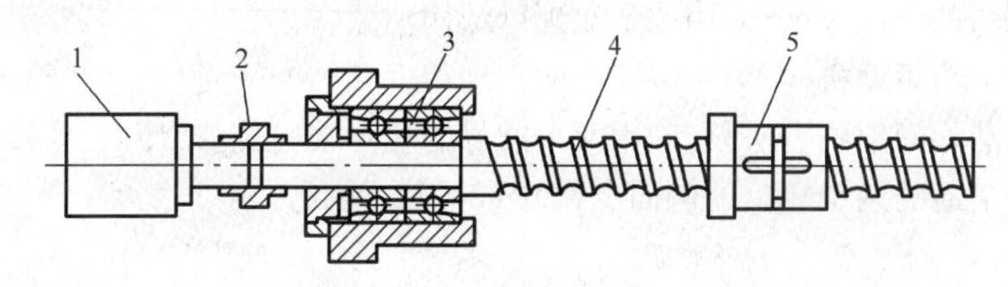

图 2－29　固定—自由方式

1—电动机; 2—弹性联轴器; 3—轴承; 4—滚珠丝杠; 5—滚珠丝杠螺母。

固定端轴承同时承受轴向力和径向力,这种支承方式用于行程小或者全闭环的机型,因为这种结构的机械定位精度是不可靠的,特别是对于长/径比大的丝杠,热变性是很明显的。1.5m 长的丝杠在冷、热的不同环境下变化 0.05～0.10mm 是很正常的。但是由于它的结构简单,安装调试方便,许多高精度机床仍然采用这种结构,但是必须加装光栅,采用全闭环反馈。

如德国马豪的机床大都采用此结构。

2）固定－支承方式

如图2－30所示，丝杠一端固定，另一端支承。固定端同时承受轴向力和径向力；支承端只承受径向力，而且能作微量的轴向浮动，可以减少或避免因丝杠自重而出现的弯曲，同时丝杠热变形可以自由地向一端伸长。这种结构使用最广泛，目前国内中小型数控车床、立式加工中心等均采用这种结构。

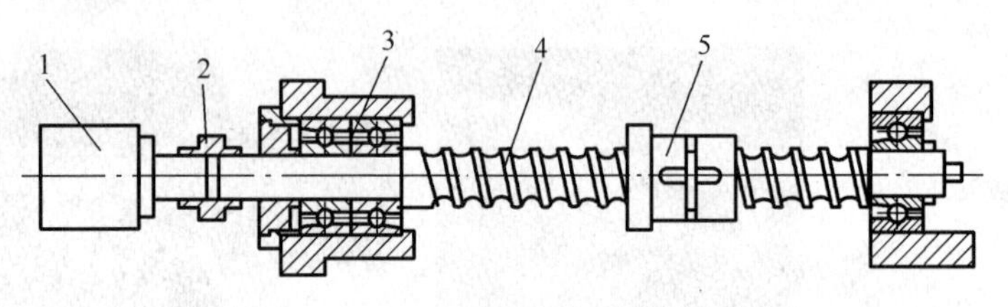

图2－30　固定—支承方式

1—电动机；2—弹性联轴器；3—轴承；4—滚珠丝杠；5—滚珠丝杠螺母。

3）固定－固定方式

如图2－31所示，丝杠两端均固定。固定端轴承都可以同时承受轴向力，这种支承方式，可以对丝杠施加适当的预紧力，提高丝杠支承刚度，可以部分补偿丝杠的热变形。对于大型机床、重型机床，以及高精度机床常采用此种方案。

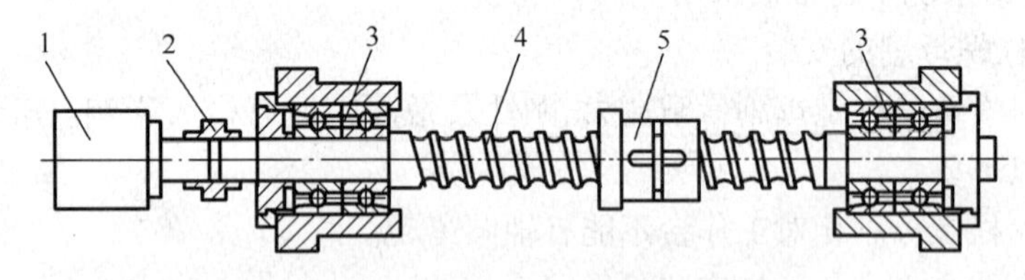

图2－31　固定—固定方式

1—电动机；2—弹性联轴器；3—轴承；4—滚珠丝杠；5—滚珠丝杠螺母。

3. 滚珠丝杠副的预紧

滚珠丝杠螺母副预紧的目的是为了消除丝杠与螺母之间的间隙和施加预紧力，以保证滚珠丝杠反向传动精度和轴向刚度。

在数控机床进给系统中使用的滚珠丝杠螺母副的预紧方法有修磨垫片厚度、锁紧双螺母消隙、齿差式调整方法等。广泛采用的是双螺母结构消隙。

作为高精度进给驱动机构，为了保证反向传动精度和轴向刚度，必须消除轴向间隙。其双螺母滚珠丝杠副消除间隙的方法是，利用两个螺母的相对轴向位移，使两个滚珠螺母中的滚珠分别贴紧在螺旋滚道的两个相反的侧面上，如图2－32所示。

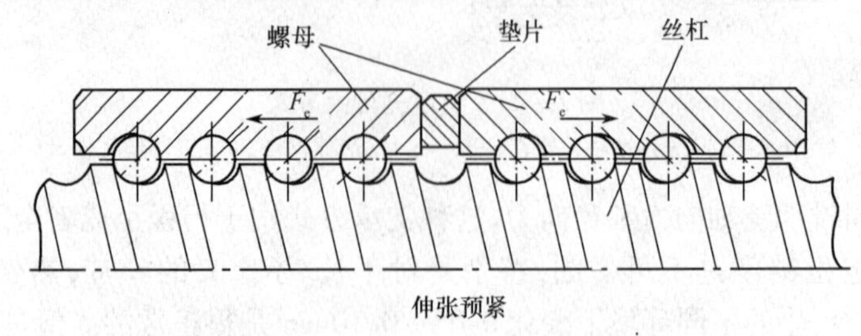

图2－32　双螺母结构调整预紧力

常用的双螺母丝杆间隙的调整方法有：

（1）垫片调隙式结构。如图2－33(a)所示，原理是通过增加垫片厚度，使两个螺母在相对的方向上产生轴向力，克服间隙，增加预紧力。

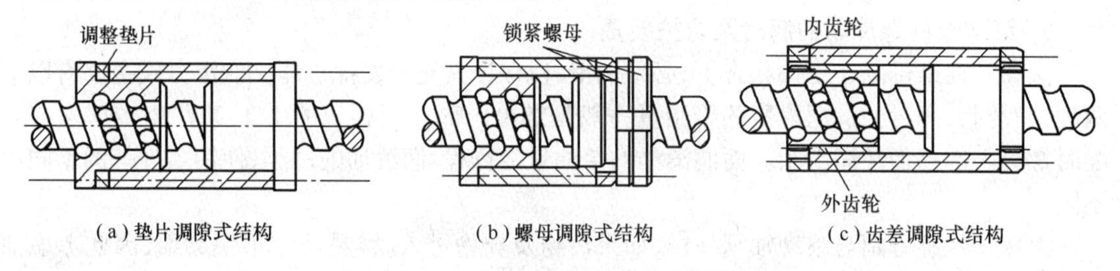

图2－33　常用双螺母丝杠间隙调整方法

（2）螺母调隙式结构。如图2－33(b)所示，原理同上，只是调整的手段不是垫片，而是两个锁紧螺母。

（3）齿差调隙式结构。如图2－33(c)所示，其原理是通过在两个螺母的凸缘上各制有圆柱外齿轮，分别与固紧在套筒两端的内齿圈相啮合，其齿数分别为Z_1、Z_2，并相差一个齿。调整时，先取下内齿圈，让两个螺母相对于套筒同方向都转动一个齿，然后再插入内齿圈，则两个螺母便产生相对角位移，其轴向位移量为

$$S = \left(\frac{1}{Z_1} - \frac{1}{Z_2}\right)P_h$$

式中：Z_1、Z_2为齿轮的齿数；P_h为滚珠丝杠的导程。

4. 双螺母丝杠间隙调整步骤

丝杠间隙调整步骤：首先判断丝杠间隙，如果丝杠无间隙，有一定的预紧力时，转动螺母时会感觉到有一定的阻力，似乎有些“阻尼”，并且全行程均如此，说明丝杠没有间隙，不需要调整。相反，如果丝杠和螺母之间会很松垮地配合，则说明丝杠螺母之间存在间隙了，则需要调整。

步骤1：将螺母上键式定位销固定螺钉松开，取下定位销。注意螺母上相隔180°有两个键式定位销，均需要拆卸下来。

步骤2：将已经分离的前后螺母反方向旋转，将其完全松开，取下两个半月板，如图2－34所示。

步骤3：根据丝杠副之间的空载力矩情况（手感），选择塞尺与半月板同时插入两丝杠螺母之间，并将丝杠螺母锁紧到位。锁紧到位的标志是键销定位槽对齐，这时再转动丝杠螺母，直至手感有些阻力，但同时键销定位槽又能够对齐，说明厚度测好，如图2－35所示。

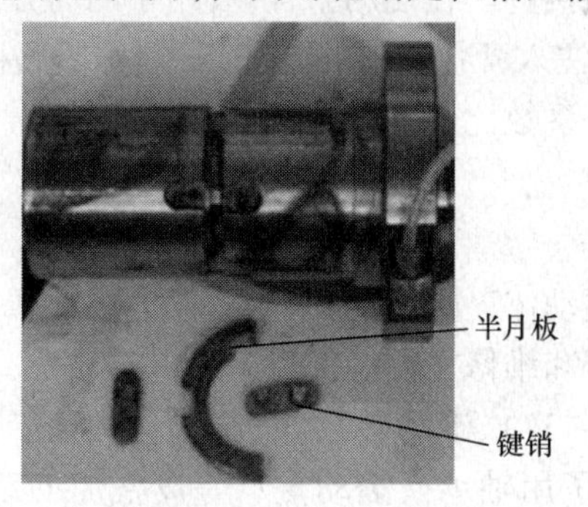

图2－34　半月板与键销

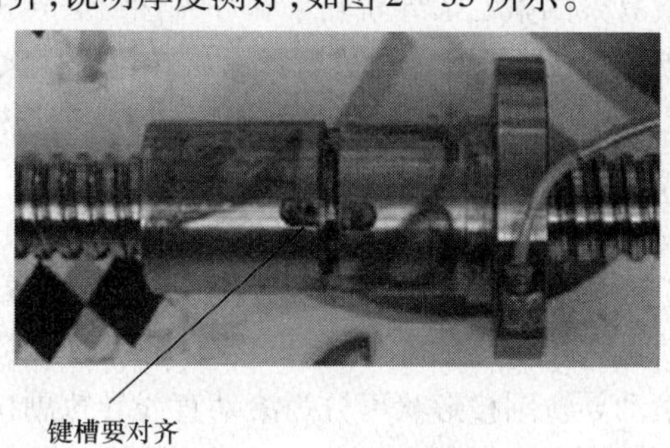

图2－35　键销安装示意图

步骤4:将两螺母松开,测量半月板和所插入塞尺的总厚度,画图重新制作半月板,试装。

步骤5:如果厚度适宜,丝杠和螺母配合良好,安装丝杠螺母上的两个键销,上紧键销固定螺钉。

5. 滚珠丝杠螺母副的润滑及防护装置

滚珠丝杠螺母副在工作状态下,必须润滑,以保证其充分发挥机能。润滑方式主要有以下两种:润滑脂、润滑油。润滑脂的给脂量一般是螺母内部空间容积的1/3,某些生产厂家在装配时螺母内部已加注润滑脂。而润滑油的给油量随行程、润滑油的种类、使用条件等的不同而不同。

滚珠丝杠螺母副与滚动轴承一样,如果污物及异物进入,容易使它很快磨损,因此考虑油污物异物(切削)进入时,必须采用防尘装置,将丝杠轴完全保护起来。防尘装置可采用可随移动部件移动而收展的钢制盖板或柔性卷帘,如图2-36所示。

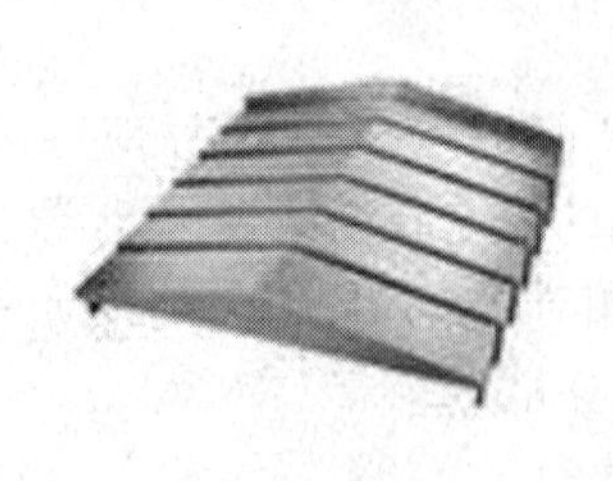

图2-36　防护装置

二、导轨滑块副

导轨主要用来支承和引导运动部件沿一定的轨道运动,从而保证各部件的相对位置和相对位置精度。导轨在很大程度上决定了数控机床的刚度、精度和精度保持性,所以数控机床要求导轨的导向精度要高,耐磨性要好,刚度要大,并具有良好的摩擦特性。常见导轨副有滑动导轨和滚动导轨。

1. 滑动导轨

滑动导轨分为金属对金属的一般类型的导轨和金属对塑料的塑料导轨两类。金属对金属形式,静摩擦系数大,动摩擦系数随速度变化而变化,在低速时易产生爬行现象。而相对于一般导轨,塑料导轨具有塑料化学成分稳定、摩擦系数小、耐磨性好、耐腐蚀性强、吸振性好、密度小、加工成形简单、能在任何液体或无润滑条件下工作等特点,在数控机床中得到了应用。塑料导轨有聚四氟乙烯导轨软带和环氧性耐磨导轨涂层两种。在使用中,前者用粘贴的方法,因此习惯上称为“贴塑导轨”;后者涂层导轨采用涂刮或注入膏状塑料的方法,习惯称为“注塑导轨”。塑料导轨的缺点是耐热性差、热导率低、热膨胀系数比金属大、在外力作用下易产生变形、刚性差、吸湿性大、影响尺寸稳定性。

2. 滚动导轨

滚动导轨是在导轨面间放置滚珠、滚柱、滚针等滚动体,使导轨面间的摩擦为滚动摩擦,滚动导轨具有运动灵敏度高、定位精度高、精度保持性好和维修方便的优点。

滚动导轨副按形状可分为滚动直线导轨副(图2-37)、滚动圆弧导轨副。其中滚动圆弧导轨副可以实现任意直径大小圆弧或圆周运动,克服了用轴承或滚动支承等设备加工而带来的尺寸限制,理论上讲圆弧导轨副在直径越大的场合,设计、制造、安装、维护等就越方便。

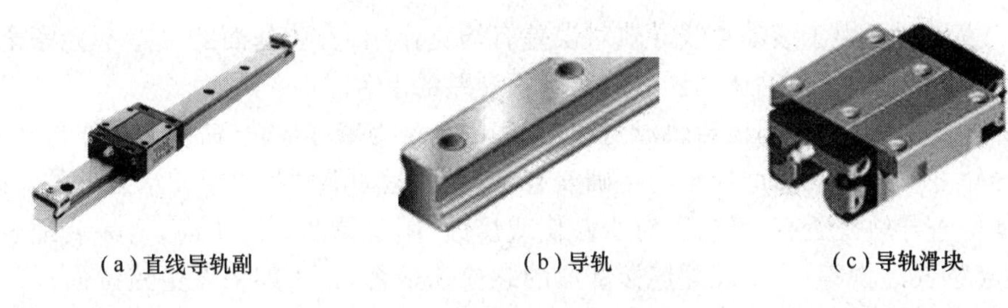

图 2-37　滚动直线导轨副

滚动直线导轨副按导轨与滑块的关系分为整体型和分离型导轨副。对于分离型导轨副，在实际使用中可以任意调整导轨与滑块之间的预加载荷，提高系统的刚性或运动的平稳性；而且导轨副的高度很低，可以在很狭小的空间实现精密直线导向运动。

在机床维修中，如遇机床直线导轨损坏，可以进行更换，因为直线导轨的更换比贴塑面的刮研工艺性好，几何精度相对容易保证，是现场维修技术人员应该掌握的技能。

3. 滚动导轨的安装、预紧

滚动直线导轨副的安装固定方式主要有螺钉固定、压板固定、定位销固定和斜楔块固定，如图 2-38 所示。滚动直线导轨的安装形式可以水平、竖直或倾斜，可以两根或多根平行安装，也可以把两根或多根短导轨接长，以适应各种行程和用途的需要。采用滚动直线导轨副，可以简化机床导轨部分的设计、制造和装配工作。滚动导轨副安装基面的精度要求不太高，通

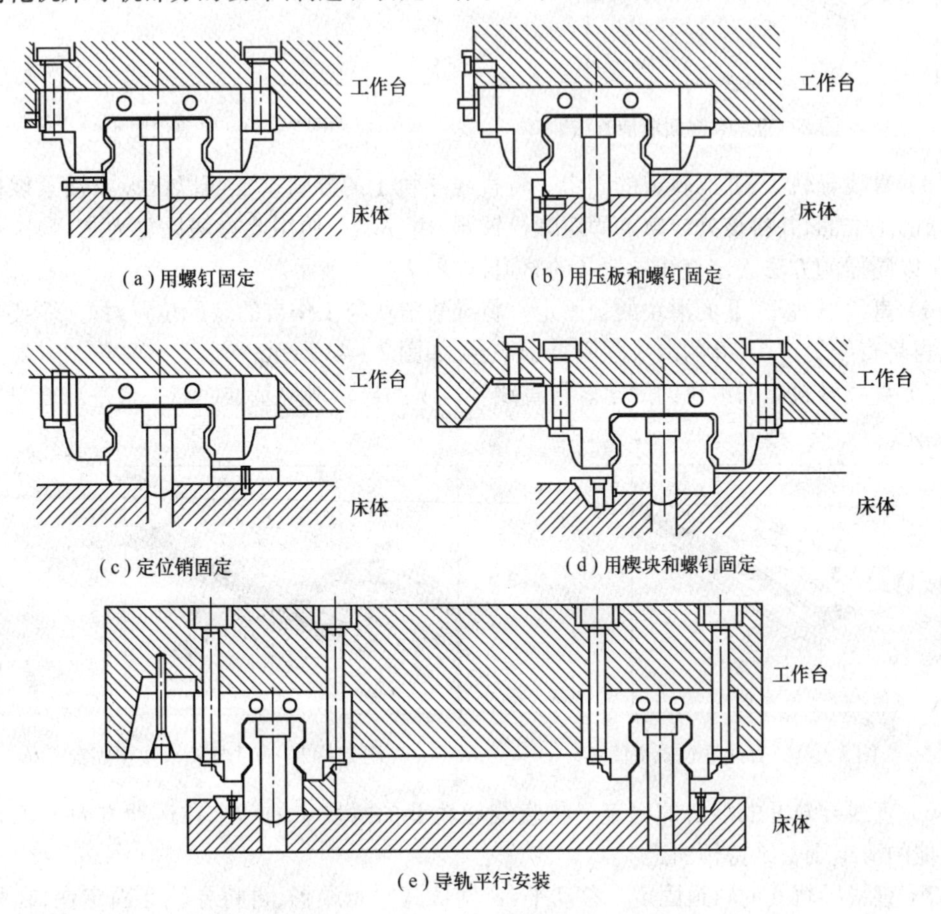

图 2-38　滚动直线导轨副的安装固定方式

常只要精铣或精刨。由于滚动直线导轨对误差有均化作用,安装基面的误差不会完全反映到滑座的运动上来,通常滑座的运动误差约为基面误差的1/3。

在实际使用中,通常是两根导轨成对使用,其中一条为基准导轨,命名为直线导轨Ⅰ,另一条为直线导轨Ⅱ。通过对基准导轨的正确安装,以保证运动部件相对于支承元件的正确导向。安装前必须检查导轨是否有合格证,有否碰伤或锈蚀,用防锈油清洗干净,清除装配表面的毛刺、撞击凸起物及污物等;检查装配连接部位的螺栓孔是否吻合,如果发生错位而强行旋入螺栓,将会降低运行精度。导轨安装步骤如下:

(1) 装配面清洁。将准备装配直线导轨的机械的装配基准面及装配面上的毛刺、划痕用油石除去,再用清洁布擦净。直线导轨的基准面及装配面的防锈油及尘埃需用干净的布擦净,如图2-39所示。

(2) 直线导轨Ⅰ及Ⅱ的轨道的预固定。将直线导轨Ⅰ的轨道装配面与机床的装配面正确配合后给予预固定。此时需确认固定螺栓与装配孔间无干涉存在。将直线导轨Ⅱ的轨道预固定在机床上,如图2-40所示。

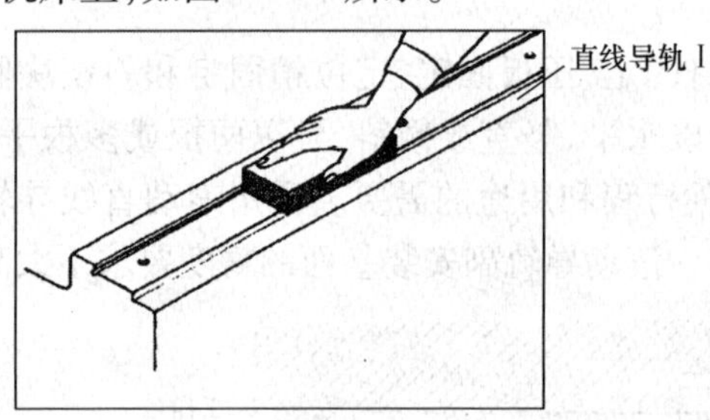

图2-39 装配面清洁方法

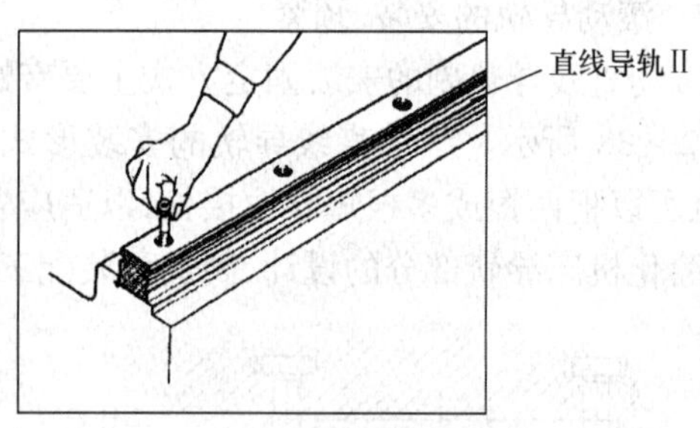

图2-40 轨道预固定

(3) 直线导轨Ⅰ,Ⅱ的轨道的固定。将直线导轨Ⅰ的导轨基准面以压板或锁紧螺栓预紧于机床的基准面,并将该处导轨的固定螺栓锁紧,由一端开始用此方法反复为之,顺次将轨道固定。以同样的方法固定直线导轨Ⅱ的轨道,如图2-41所示。

(4) 直线导轨Ⅰ,Ⅱ的滑块的预固定。将导轨滑块与工作台的装配位置对好,不要再动工作台,再将直线轨道Ⅰ,Ⅱ的滑块预固定于平台,如图2-42所示。

(5) 直线导轨Ⅰ的滑块的固定。将直线导轨Ⅰ的导轨滑块基准面与平台基准面对好后再加以固定。

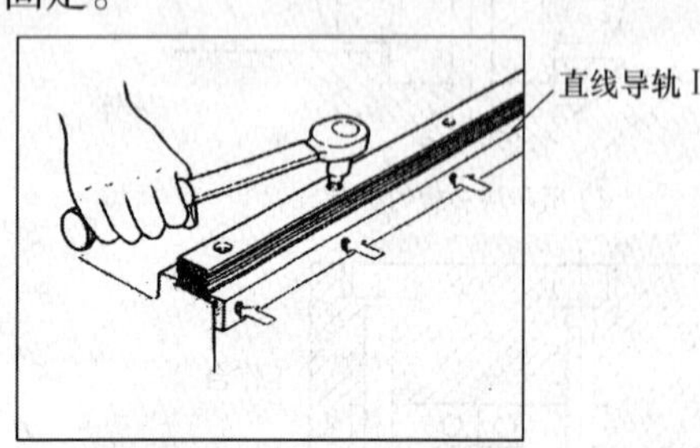

图2-41 直线导轨轨道固定

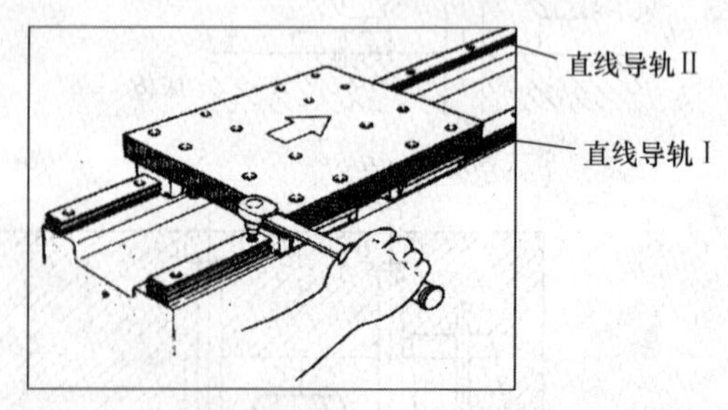

图2-42 直线导轨滑块预固定

(6) 直线导轨Ⅱ的滑块的固定。将直线导轨Ⅱ的滑块中的一个在运动方向上正确地固定,其他的滑组则暂维持预固定。

(7) 直线导轨Ⅱ的轨道固定。移动平台,确认其滑走顺畅,再将导轨Ⅱ固定住,在移动平台通过每一个导轨Ⅱ的滑组时,立即用固定螺钉将其锁紧,由一端开始如此反复进行,顺次将轨道固定。

(8) 直线导轨Ⅱ的滑组固定。直线导轨Ⅱ的其余滑组再予以固定,如图2-43所示。

基准导轨的安装步骤如下:

(1) 用基准面的方法。使用压板或小型虎钳将轨道基准面夹紧,随后将该处的固定螺栓锁紧,由一端开始反复进行,顺次将导轨固定,如图2-44所示。

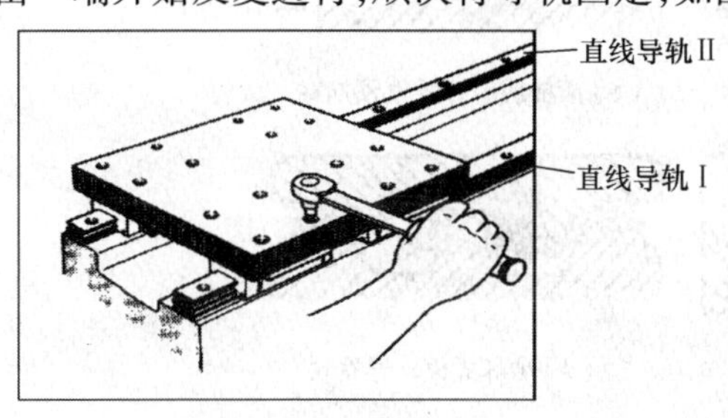

图2-43 滑组固定

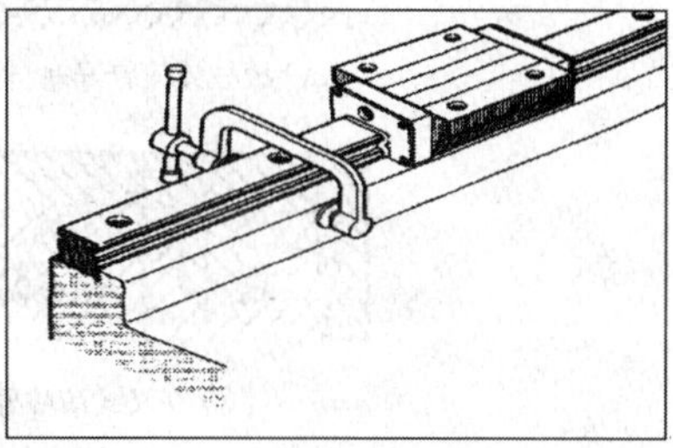

图2-44 基准面方法

(2) 利用设定基准面的方法。在机床的装配面附近设置基准面,在预固定轨道后,依图2-45所示,将测量架固定在滑块上,将杠杆表顶住设置基准面,从轨道的一端开始一边读取其直线度数值,一边顺次固之,如图2-45所示。

(3) 利用直线滑块的方法。将轨道固定后,依图2-46所示的方法将杠杆表靠在轨道的基准面,以直边为基准自轨道的一端开始一边读取其直线度数值,一边将轨道固定,如图2-46所示。

(4) 从动导轨的安装。如图2-47所示,将测量架固定在基准的滑块上面,将杠杆表针顶住随从的轨道的基准面,由轨道的一端开始一面读出平行度一面顺次固定。

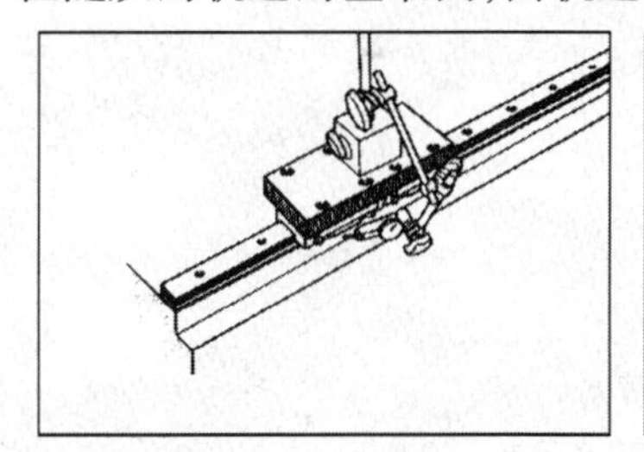

图2-45 设定基准面方法

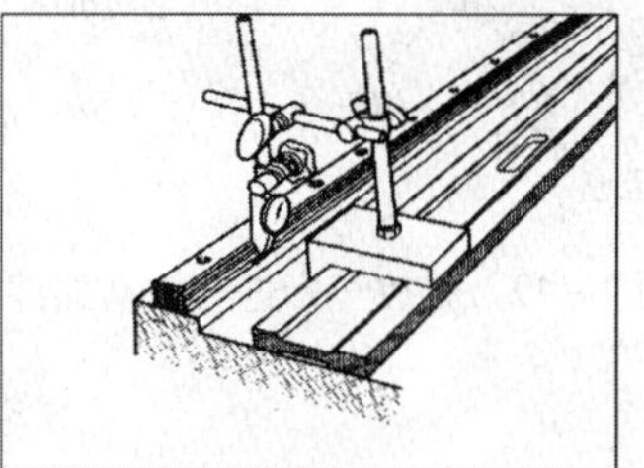

图2-46 直线滑块方法

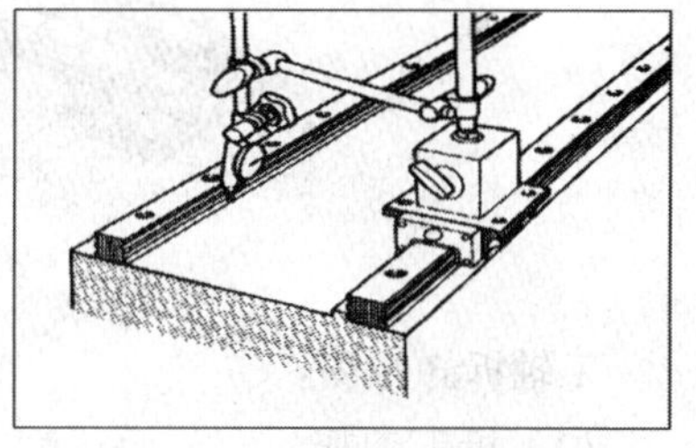

图2-47 从动导轨安装

滑块座安装步骤如下:

(1) 将工作台置于滑块座的平面上,并对准安装螺钉孔,轻轻地压紧。

(2) 拧紧基准侧滑块座侧面的压紧装置,使滑块座基准侧面紧紧靠贴工作台的侧基面。

(3) 按对角线顺序拧紧基准侧和非基准侧滑块座上各个螺钉。

安装完毕后,检查其全行程内运行是否轻便、灵活,有无停顿、阻滞现象;摩擦阻力在全行程内不应有明显的变化。达到上述要求后,检查工作台的运行直线度、平行度是否符合要求。

导轨预紧是为了提高滚动导轨的刚度。预紧可提高接触刚度和消除间隙;在立式导轨上,预紧可防止滚动体脱落和歪斜。常见的预紧方式有采用过盈配合和调整法两种。

(1) 采用过盈配合:预加载荷大于外加载荷,预紧力产生过盈量2~3μm,过大会使牵引力增加。若运动部件较重,其重力可起预加载荷的作用。若刚度满足要求,可不施预加载荷。

(2) 调整法:利用螺钉、斜块或偏心轮调整来进行预紧。图 2 – 48 为滚动导轨的预紧方法。

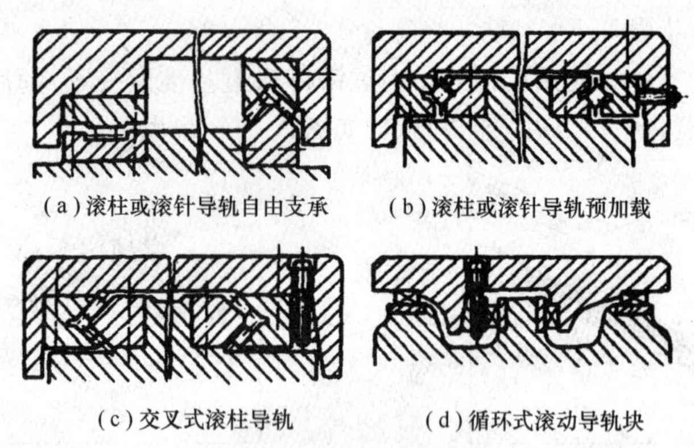
(a) 滚柱或滚针导轨自由支承　(b) 滚柱或滚针导轨预加载

(c) 交叉式滚柱导轨　(d) 循环式滚动导轨块

图 2 – 48　滚动导轨的预紧

三、数控车床进给传动部件的结构与调整

数控车床进给传动部件如图 2 – 49 所示。

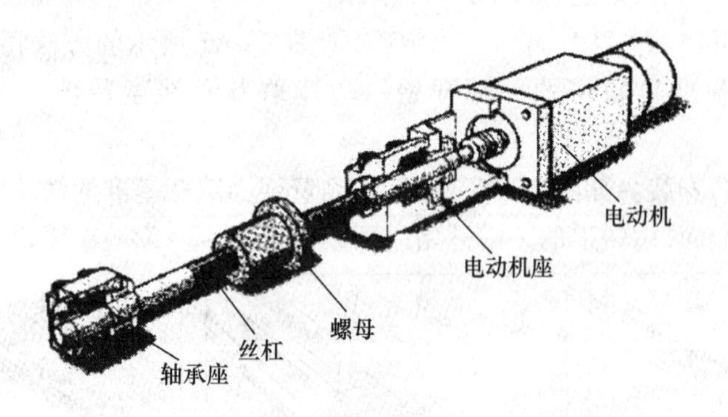

图 2 – 49　数控车床进给传动部件

X 轴拆卸步骤:

(1) 拆下刀架。
(2) 拆下水管 – 灯。
(3) 拆下 X 轴行程开关。
(4) 拆下 X 轴限位挡块。
(5) 拆下 X 轴限位挡块安装槽。
(6) 拆下 X 轴滚珠螺母固定螺钉。
(7) 拆下 X 轴调整螺钉。
(8) 拆下 X 轴镶条。
(9) 拆下 X 轴中托板。
(10) 拆下 X 轴电动机座盖板。
(11) 拆下 X 轴伺服电动机。
(12) 拆下 X 轴联轴器。
(13) 拆下 X 轴锁紧螺母。
(14) 拆下 X 轴圆锥滚子轴承。
(15) 拆下 X 轴电动机固定座。
(16) 拆下 X 轴滚珠螺母。
(17) 拆下 X 轴滚珠丝杠。
(18) 拆下 X 轴深沟球轴承。

四、数控铣床进给传动部件的结构与调整

如果进行实习操作,请在拆卸进给传动链之前,在丝杠端头打表测量,记录拆卸之前的原机床传动链精度——轴向跳动,以便于恢复后进行比较,如图 2 – 50 所示。

1. 拆卸

（1）拆下防护罩(图2－51)。

图2－50　轴向跳动检测

图2－51　拆下防护罩

（2）打开轴承座,拆卸联轴器锁紧螺钉(图2－52)。

（3）松联轴器(图2－53)。

图2－52　拆卸联轴器锁紧螺钉

图2－53　松联轴器

（4）拆伺服电动机(图2－54)。注意:拆卸伺服电动机之前,必须关断电源,否则带电插拔反馈电缆或动力电缆,容易引起接口电路烧损。

（5）取下联轴器(图2－55)。取下联轴器,拆联轴器时,禁止敲打撞击,防止编码器损坏。

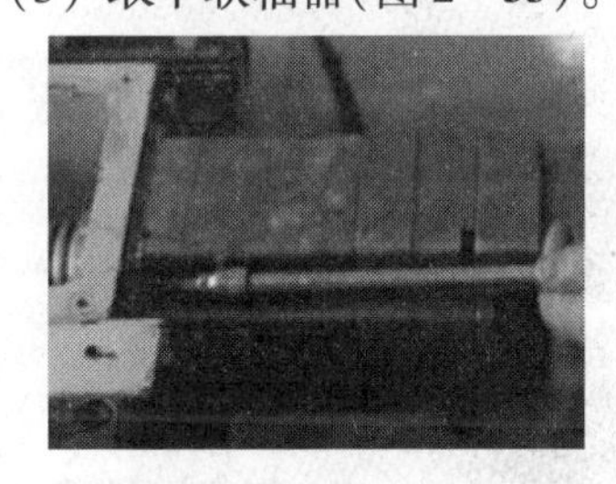

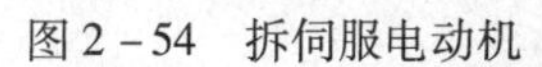

图2－54　拆伺服电动机

图2－55　取下联轴器

（6）拆取丝杠时,应记录原始丝杠锁紧螺纹齿数(图2－56)。

（7）取出轴承(图2－57),并分析其配合。

图2－56　拆取丝杠

图2－57　取出轴承

(8) 拆取另一端时先拆下轴承座后端盖(图2－58)。

(9) 用铜棒将锁母敲打取下(图2－59)。

(10) 用铜棒用力敲打丝杠后端,将丝杠敲打至轴承座外(图2－60)。

图2－58 拆下轴承座后端盖

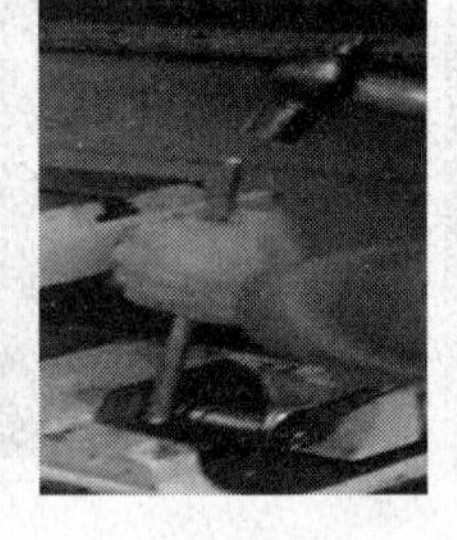

图2－59 取下锁母

图2－60 将丝杠敲打至轴承座外

(11) 用铜棒敲打轴承使力在轴承各点均匀受力取下轴承(图2－61)。

(12) 用铁丝穿起,便于安装。

(13) 拆丝杠螺母副,将六颗螺钉分别拧松后分别取下,就可以取下丝杠(图2－62)。

(14) 打开丝杠螺母,取下垫片(图2－63)。

图2－61 取下轴承

图2－62 取下丝杠

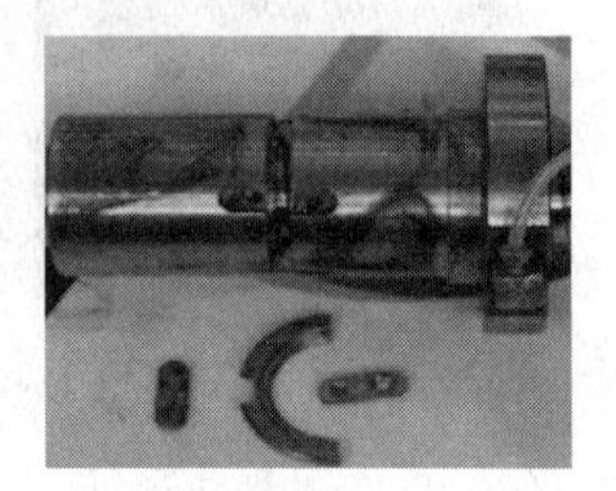

图2－63 取下垫片

2. 安装

(1) 将丝杠安装在机床上(图2－64)。

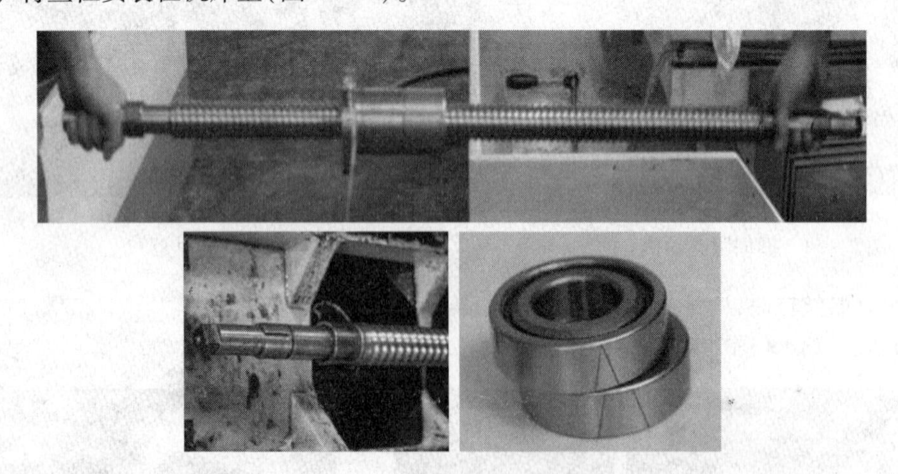

图2－64 将丝杠安装在机床上

(2) 配对轴承出厂前外圈已作标志,以保证安装方向正确。装后端轴承,受力均匀,敲至轴承座(图2－65)。

(3) 紧锁母安装止推片(图2－66),将锁母紧至所记丝杠螺纹齿数。

(4) 装“前”轴承座,装轴承(图2-67)。

(5) 打表测量丝杠的前后蹿动量(图2-68)。

(6) 打表测量丝杠母线的直线度(图2-69)。

(7) 打表测量直线导轨的平行度和直线度(图2-70)。

图2-65　敲至轴承座

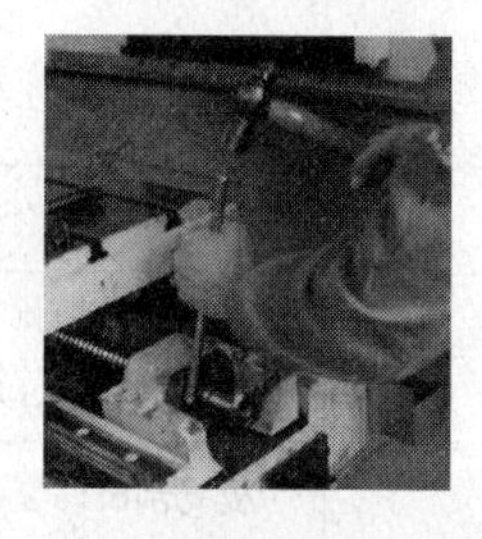

图2-66　紧锁母安装止推片

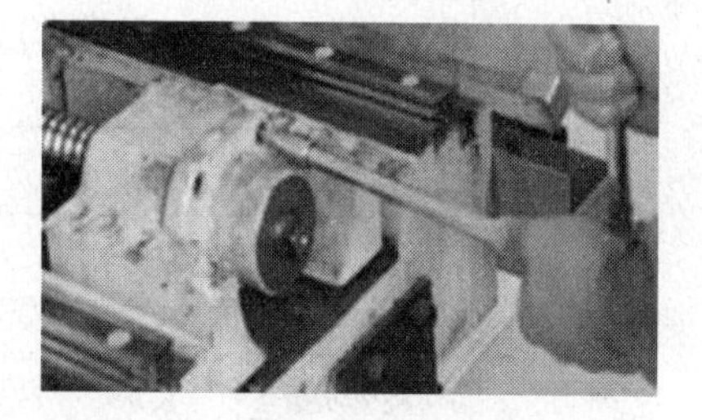

图2-67　装“前”轴承座及轴承

图2-68　测量丝杠的前后蹿动量

图2-69　测量丝杠母线

图2-70　测量直线导轨的平行度和直线度

五、进给传动系统常见故障诊断及维修

表2-3、表2-4分别列举了滚珠丝杠、导轨在使用过程中常见的故障、故障原因及维修方法。

表2-3　滚珠丝杠常见故障、故障原因及维修方法

故障现象	故障原因	维修方法
滚珠丝杠副噪声	丝杠支承轴承的压盖压合情况不好	调整轴承压盖,使其压紧轴承端面
	丝杠支承轴承可能破裂	如轴承破损,更换新轴承
	电动机与丝杠联轴器松动	拧紧联轴器,锁紧螺钉
	丝杠润滑不良	改善润滑条件,使润滑油量充足
	滚珠丝杠副滚珠有破损	更换新滚珠
滚珠丝杠运动不灵活	轴向预加载荷过大	调整轴向间隙和预加载荷
	丝杠与导轨不平行	调整丝杠支座位置,使丝杠与导轨平行
	螺母轴线与导轨不平行	调整螺母座位置
	丝杠弯曲变形	调整丝杠
滚珠丝杠润滑状况不良	丝杠副润滑不良,噪声较大	用润滑脂润滑丝杠,需移动工作台,取下罩套,涂上润滑脂

表2-4　导轨常见故障、故障原因及维修方法

故障现象	故障原因	维修方法
导轨研伤	机床经长时间使用,地基与床身水平度有变化,使导轨局部单位面积负荷过大	定期进行床身导轨的水平度调整,或修复导轨精度
	长期加工短工件或承受过分集中的负荷,使导轨局部磨损严重	注意合理分布短工件的安装位置,避免负荷过分集中
	导轨润滑不良	调整导轨润滑油量,保证润滑油压力
	导轨材质不佳	采用电镀加热自冷淬火对导轨进行处理,导轨上增加锌铝铜合金板,以改善摩擦情况
	刮研质量不符合要求	提高刮研修复的质量
	机床维护不良,导轨里落入脏物	加强机床保养,保护好导轨防护装置
导轨上移动部件运动不良或不能移动	导轨面研伤	用180#砂布修磨机床与导轨面上的研伤
	导轨压板研伤	卸下压板,调整压板与导轨间隙
	导轨镶条与导轨间隙太小,调得太紧	松开镶条防松螺钉,调整镶条螺栓,使运动部件运动灵活,保证0.03mm的塞尺不得塞入,然后锁紧防松螺钉
加工面在接刀处不平	导轨直线度超差	调整或修刮导轨,允许误差为0.015mm/500mm
	工作台镶条松动或镶条弯度太大	调整镶条间隙,镶条弯度在自然状态下小于0.05mm/全长
	机床水平度差,使导轨发生弯曲	调整机床安装水平度,保证平行度、垂直度在0.02mm/1000mm之内

模块4　自动换刀装置的维修与调整

为进一步提高数控机床的加工效率,数控机床正向着工件在一台机床一次装夹即可完成多道工序或全部工序加工的方向发展,因此出现了各种类型的加工中心机床,如车削中心、镗铣加工中心、钻削中心等。这类多工序加工的数控机床在加工过程中要使用多种刀具,因此必须有自动换刀装置,以便选用不同刀具,完成不同工序的加工工艺。自动换刀装置应当具备换刀时间短、刀具重复定位精度高、足够的刀具储备量、占地面积小、安全可靠等特性。

各类数控机床的自动换刀装置的结构取决于机床的类型、工艺范围、使用刀具的种类和数量。数控机床常用的自动换刀装置的类型、特点、适用范围如表2-5所列。

表2-5　自动换刀装置类型

类别型式		特　点	适用范围
转塔式	回转刀架	多为顺序换刀,换刀时间短,结构简单紧凑,容纳刀具较少	各种数控车床、数控车削加工中心
	转塔头	顺序换刀,换刀时间短,刀具主轴都集中在转塔头上,结构紧凑。但刚性较差,刀具主轴数受限制	数控钻、镗、铣床

（续）

类别型式		特　　点	适 用 范 围
刀库式	刀具与主轴之间直接换刀	换刀运动集中，运动部件少，但刀库容量受限	各种类型的自动换刀数控机床。尤其是对使用回转类刀具的数控镗、铣床类立式、卧式加工中心机床。 要根据工艺范围和机床特点，确定刀库容量和自动换刀装置类型
	用机械手配合刀库进行换刀	刀库只有选刀运动，机械手进行换刀运动，刀库容量大	

一、经济型数控车床刀架的结构与调整

1. 经济型数控车床刀架（图2－71）的结构

（a）六工位刀架

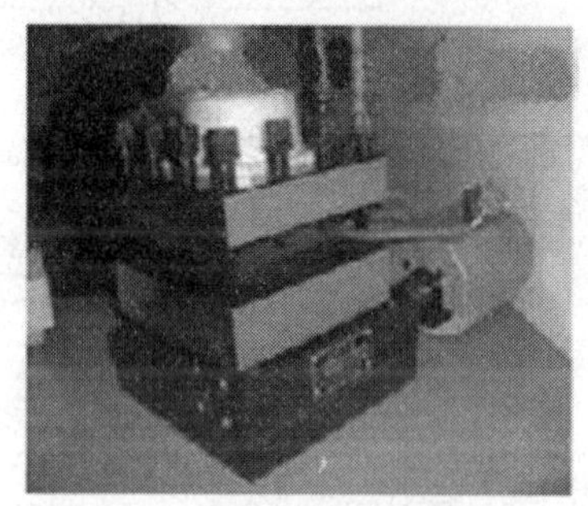
（b）四工位刀架

图2－71　经济型数控车床刀架

经济型数控车床方刀架（图2－72）是在普通车床四方刀架的基础上发展的一种自动换刀装置，功能和普通四方刀架一样，有四个刀位，能装夹四把不同功能的刀具，当方刀架回转90°时，刀具交换一个刀位，但方刀架的回转和刀位号的选择是由加工程序指令控制的。换刀时方刀架的动作顺序是：刀架抬起、刀架转位、刀架定位和夹紧刀架。为完成上述动作要求，要有相应的机构来实现，下面就以WZD4型刀架为例说明其具体结构，如图2－72所示。该刀架可以安装四把不同的刀具，转位信号由加工程序指定。当换刀指令发出后，小型电动机1启动正转，通过平键套筒联轴器2使蜗杆轴3转动，从而带动蜗轮丝杠4转动。蜗轮的上部外圆柱加工有外螺纹，所以该零件称蜗轮丝杠。刀架体7内孔加工有内螺纹，与蜗轮丝杠旋合。蜗轮丝杠内孔与刀架中心轴外圆是滑动配合，在转位换刀时，中心轴固定不动，蜗轮丝杠环绕中心轴旋转。当蜗轮开始转动时，由于刀架底座5和刀架体7上的端面齿处在啮合状态，且蜗轮丝杠轴向固定，这时刀架体7抬起。当刀架体抬至一定距离后，端面齿脱开。转位套9用销钉与蜗轮丝杠4连接，随蜗轮丝杠一同转动，当端面齿完全脱开，转位套正好转过160°（如图2－72中*A*—*A*剖视图所示），球头销8在弹簧力的作用下进入转位套9的槽中，带动刀架体转位。刀架体7转动时带着电刷座10转动，当转到程序指定的刀号时，定位销15在弹簧的作用下进入粗定位盘6的槽中进行粗定位，同时电刷13、14接触导通，使电动机1反转。由于粗定位槽的限制，刀架体7不能转动，使其在该位置垂直落下，刀架体7和刀架底座5上的端面齿啮合，实现精确定位。电动机继续反转，此时蜗轮停止转动，蜗杆轴3继续转动，译码装置由发信体11与电刷13、14组成，电刷13负责发信，电刷14负责位置判断。刀架不定期出现过位或不到位时，可松开螺母12调好发信体11与电刷14的相对位置。随夹紧力增加，转矩不断增大，达到一定值时，在传感器的控制下，电动机1停止转

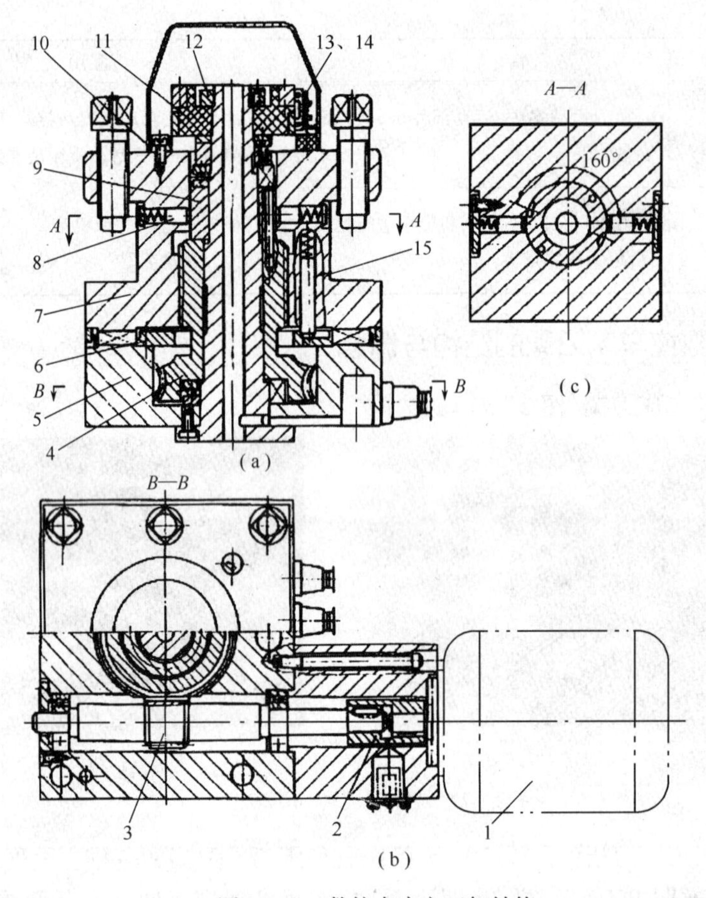

图 2-72　数控车床方刀架结构

1—电动机；2—联轴器；3—蜗杆轴；4—蜗轮丝杠；5—刀架底座；6—粗定位盘；7—刀架体；8—球头销；9—转位套；10—电刷座；11—发信体；12—螺母；13、14—电刷；15—定位销。

动。这种刀架在经济型数控车床及普通车床的数控化改造中得到广泛的应用。

2. 四工位刀架的拆卸与调整

（1）拆下刀具夹紧螺栓。　　（2）拆下防水螺钉。

（3）拆下上罩。　　（4）拆下磁钢座。

（5）拆下小螺母。　　（6）拆下发信盘。

（7）拆下锁紧螺母(注意:先用内六角扳手伸进拆下防水螺钉的地方顺时针旋转蜗杆,使刀架处于松开状态;再拆下锁紧螺母)。

（8）拆下键。　　（9）拆下止退圈。

（10）拆下平面轴承。　　（11）拆下离合盘。

（12）拆下离合销。　　（13）拆下弹簧。

（14）拆下上刀台。　　（15）拆下反靠销。

（16）旋出螺杆。　　（17）拆下外端齿盘。

（18）拆下螺母。　　（19）拆下骨架橡胶密封圈。

（20）拆下蜗轮。　　（21）拆下中轴。

（22）拆下滚针轴承。　　（23）拆下端盖。

（24）拆下调整垫圈。　　（25）拆下电动机。

(26) 拆下右联轴器。

(27) 拆下连接座。

(28) 拆下左联轴器。

(29) 拆下轴承。

(30) 拆下蜗杆。

(31) 最后剩下刀架。

3. 六工位刀架拆卸

(1) 拆下上盖。

(2) 拆下后盖。

(3) 拆下电动机固定座。

(4) 从电动机固定座上拆下电动机。

(5) 从电动机上拆下左联轴器。

(6) 取出调整垫圈。

(7) 拆下八孔固定圈。

(8) 拆下锁紧螺母(注意:此时应该用大小合适的活扳手或其他工具插入右联轴器处旋转,使刀架处于放松位置时再进行拆卸)。

(9) 拆下离合齿盘。

(10) 拆下键1。

(11) 拆下蜗轮。

(12) 拆下平面轴承。

(13) 连同中轴拆下刀架体。

(14) 从刀架体上拆下中轴。

(15) 从中轴上拆下键2。

(16) 拆下粗定位销。

(17) 拆下精定位销。

(18) 拆下底座。

(19) 拆下轴承挡圈。

(20) 拆下端盖挡条。

(21) 拆下端盖。

(22) 拆下圆锥滚子轴承(蜗杆两端各一个)。

(23) 拆下蜗杆。

(24) 拆下斜齿轮。

(25) 拆下右联轴器。

(26) 拆下深沟球轴承。

(27) 拆下斜齿轮轴。

(28) 拆下另一深沟球轴承。

(29) 最后剩箱体。

二、数控加工中心刀库的结构与调整

1. 刀库的形式

刀库用于存放刀具,它是自动换刀装置中的主要部件之一。其容量、布局和具体结构对数控机床的设计有很大影响。根据刀库存放刀具的数目和取刀方式,刀库可设计成多种形式。刀库从形式上分类,可分为盘式刀库、带机械手刀库、鼓式刀库、链式刀库等多种形式,容量从几把到几百把。图2-73为常见的几种刀库形式。

2. 盘式刀库

盘式刀库是立式加工中心中最常见的一种刀库形式,它采用无机械手换刀,主要靠盘式刀库自已的移动与主轴的配合。圆盘式刀库应该称为固定地址换刀刀库,即每个刀位上都有编号,一般从1编到12、18、20、24等,即为刀号地址。操作者把一把刀具安装进某一刀位后,不管该刀具更换多少次,总是在该刀位内。盘式刀库特点:制造成本低。主要部件是刀库体及分度盘,只要这两种零件加工精度得到保证即可,运动部件中刀库的分度使用的是非常经典的"马氏机构",也称斗笠式机构。左、右运动主要选用气缸。装配调整比较方便,维护简单。刀号的计数原理。一般在换刀位置安装一个无触点开关,1号刀位上安装挡板。每次机床开机后刀库必须"回零",刀库在旋转时,只要挡板靠近(距离为0.3mm左右),盘式刀库无触点开关,数控系统就默认为1号刀。并以此为计数基准,"马氏凸轮机构"转过几次,当前就是几号刀。只要机床不关机,当前刀号就被记忆。刀具更换时,一般按最近距离旋转原则,刀号编号按逆时针方向,如果刀库数量是18,当前刀号位8,要换6号刀,按最近距离换刀原则,刀库是

(a) 盘式刀库

(b) 带机械手刀库

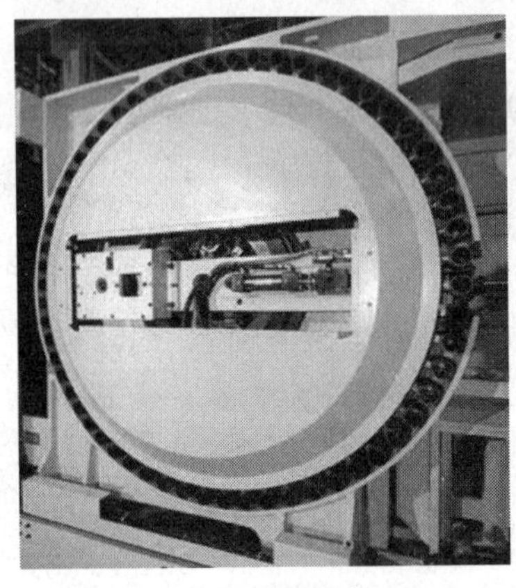

(c) 鼓式刀库

(d) 链式刀库

图 2 – 73　刀库形式

逆时针转;如要换 10 号刀,刀库是顺时针转。机床关机后刀具记忆清零。固定地址换刀刀库换刀时间比较长,国内的机床一般要 8s 以上(从一次切削到另一次切削)。

三、自动换刀装置故障诊断与维修实例

例 2 – 1　一台配套 FANUC 0MC 系统、型号为 XH754 的数控机床,刀库在换刀过程中不停转动。

分析及处理过程:用螺钉旋具将刀库伸缩电磁阀手动钮拧到刀库伸出位置,保证刀库一直处于伸出状态,复位,手动将刀库当前刀取下,停机断电,用扳手拧刀库齿轮箱方头轴,让空刀爪转到主轴位置,对正后再用螺钉旋具将电磁阀手动钮关掉,让刀库回位。再查刀库回零开关和刀库电动机电缆正常,重新开机回零正常,MDI 方式下换刀正常。怀疑系干扰所致,将接地线处理后,故障再未出现过。

例 2 – 2　一台配套 FANUC 0MC 系统、型号为 XH754 的数控机床,在换刀过程中,主轴上移至刀爪时,刀库刀爪有错动,拔插刀时,有明显声响,似乎卡滞。

分析及处理过程:主轴上移至刀爪时,刀库刀爪有错动,说明刀库零点可能偏移,或是由于刀库传动存在间隙,或者刀库上刀具重量不平衡而偏向一边。因为插拔刀别劲,估计是刀库零点偏移;将刀库刀具全部卸下将主轴手摇至 Y 轴第二参考点附近,用塞尺测刀库刀爪与主轴传动键之间间隙,证实偏移;用手推拉刀库,也不能利用间隙使其回正;调整参数 7508 直至刀

库刀爪与主轴传动键之间间隙基本相等。开机后执行换刀正常。

例2-3 某数控机床的换刀系统在执行换刀指令时不动作,机械臂停在行程中间位置上,CRT显示报警号,查阅手册得知,该报警号表示换刀系统机械臂位置检测开关信号为"0"及"刀库换刀位置错误"。

分析及处理过程:根据报警内容,可诊断故障发生在换刀装置和刀库两部分,由于相应的位置检测开关无信号送至PLC的输入接口,从而导致机床中断换刀。造成开关无信号输出的原因有两个:一是由于液压或机械上的原因造成动作不到位而使开关得不到感应;二是电感式开关失灵。

首先检查刀库中的接近开关,用一薄铁片去感应开关,以排除刀库部分接近开关失灵的可能性;接着检查换刀装置机械臂中的两个接近开关:一是"臂移出"开关SQ21,二是"臂缩回"开关SQ22。由于机械臂停在行程中间位置上,这两个开关输出信号均为"0",经测试,两个开关均正常。

机械装置检查:"臂缩回"动作是由电磁阀Y21控制的,手动电磁阀Y21,把机械臂退回至"臂缩回"位置,机床恢复正常,这说明手控电磁阀能换刀装置定位,从而排除了液压或机械上阻滞造成换刀系统不到位的可能性。

由以上分析可知,PLC的输入信号正常,输出动作执行无误。问题在PLC内部或操作不当。经操作观察,两次换刀时间的间隔小于PLC所规定的要求,从而造成PLC程序执行错误引起故障。

对于只有报警号而无报警信息的报警,必须检查数据位,并与正常数据相比较,明确该数据位所表示的含义,以采取相应的措施。

例2-4 换刀臂平移至C时,无拔刀动作。图2-74为某立式加工中心自动换刀控制示意图。

分析及处理过程:数控机床上刀具及托盘等装置的自动交换动作都是按照一定的顺序来完成的,因此,观察机械装置的运动过程,比较正常与故障时的情况,就可发现疑点,诊断出故障的原因。

ATC动作的起始状态是:①主轴保持要交换的旧刀具;②换刀臂在B位置;③换刀臂在上部位置;④刀库已将要交换的新刀具定位。

自动换刀的顺序为:换刀臂左移(B→A)→换刀臂下降(从刀库拔刀)→换刀臂右移(A→B)→换刀臂上升→换刀臂右移(B→C,抓住主轴中刀具)→主轴液压缸下降(松刀)→换刀臂下降(从主轴拔刀)→换刀臂旋转180°(两刀具交换位置)→换刀臂上升(装刀)→主轴液压缸上升(抓刀)→换刀臂左移(C→B)→刀库转动(找出旧刀具位置)→换刀臂左移(B→A返回旧刀具给刀库)→换刀臂右移(A→B)→刀库转动(找下把刀具)。

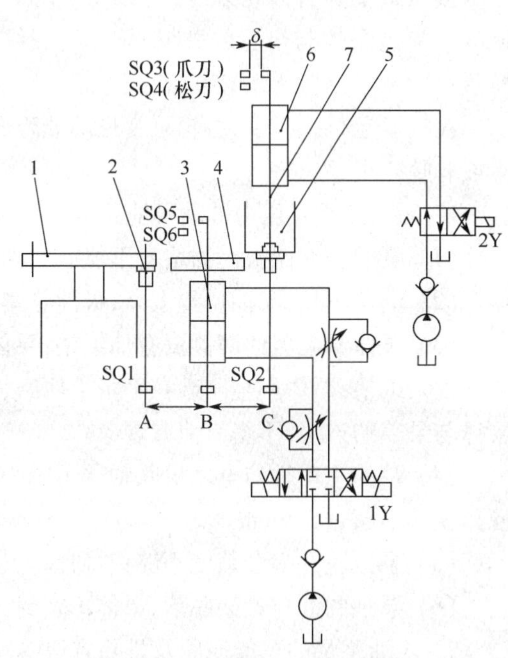

图2-74 自动换刀控制示意图
1—刀库;2—刀具;3—换刀臂升降油缸;4—换刀臂;5—主轴;6—主轴油缸;7—拉杆。

换刀臂平移至 C 位置时,无拔刀动作,分析原因,有几种可能:

(1) SQ2 无信号,使松刀电磁阀 2Y 未得电,主轴仍处于抓刀状态,换刀臂不能下移。

(2) 松开接近开关 SQ4 无信号,则换刀臂升降电磁阀 1Y 状态不变,换刀臂不下降。

(3) 电磁阀有故障,给予信号也不能动作。

逐步检查,发现 SQ4 未发出信号,进一步对 SQ4 检查,发现感应间隙过大,导致接近开关无信号输出,产生动作障碍。

模块 5　数控机床辅助机构的维修与调整

一、数控机床液压回路常见故障及维修

液压传动系统在数控机床中占有很重要的位置,加工中心的刀具自动交换系统(ATC)、托盘自动交换系统、主轴箱的平衡、主轴箱齿轮的变挡以及回转工作台的夹紧等一般都采用液压系统来实现。

机床液压设备是由机械、液压、电气及仪表等组成的统一体,分析系统的故障之前必须弄清楚整个液压系统的传动原理、结构特点,然后根据故障现象进行分析、判断,确定区域、部位以至于某个元件。液压系统的工作总是由压力、流量、液流方向来实现的,可按照这些特征找出故障的原因并及时给予排除。造成故障的主要原因一般有三种情况:一是设计不完善或不合理;二是操作安装有误,使零件、部件运转不正常;三是使用、维护、保养不当。前一种故障必须充分分析研究后进行改装、完善,后两种故障可以用修理及调整的方法解决。

1. 液压泵故障

液压泵主要有齿轮泵、叶片泵等,下面以齿轮泵为例介绍故障及其诊断。齿轮泵最常见的故障是泵体与齿轮的磨损、泵体的裂纹和机械损伤。出现以上情况一般必须大修或更换零件。

在机器运行过程中,齿轮泵常见的故障有:噪声严重及压力波动;输油量不足:液压泵不正常或有咬死现象。

1) 噪声严重及压力波动可能原因及排除方法

(1) 泵的过滤器被污物堵塞不能起滤油作用:用干净的清洗油将过滤器污物去除。

(2) 油位不足,吸油位置太高,吸油管露出油面:加油到油标位,降低吸油位置。

(3) 泵体与泵盖的两侧没有加纸垫;泵体与泵盖不垂直密封;旋转时吸入空气;泵体与泵盖间加入纸垫;泵体用金刚砂在平板上研磨,使泵体与泵盖垂直度误差不超过 0.005mm,紧固泵体与泵盖的连接,不得有泄漏现象。

(4) 泵的主动轴与电动机联轴器不同心,有扭曲摩擦:调整泵与电动机联轴器的同心度,使其误差不超过 0.2mm。

(5) 泵齿轮的啮合精度不够:对研齿轮达到齿轮啮合精度。

(6) 泵轴的油封骨架脱落,泵体不密封:更换合格泵轴油封。

2) 输油不足的可能原因及排除方法

(1) 轴向间隙与径向间隙过大:小于齿轮泵的齿轮两侧端面在旋转过程中与轴承座圈产生相对运动会造成磨损,轴向间隙和径向间隙过大时必须更换零件。

(2) 泵体裂纹与气孔泄漏现象:泵体出现裂纹时需要更换泵体,泵体与泵盖间加入纸垫,紧固各连接处螺钉。

(3) 油液黏度太高或油温过高:用20#全损耗系统用油选用适合的温度,一般用于10~50℃的温度工作,如果三班工作,应装冷却装置。

(4) 电动机反转:纠正电动机旋转方向。

(5) 过滤器有污物,管道不畅通:清除污物,更换油液,保持油液清洁。

(6) 压力阀失灵:修理或更换压力阀。

3) 液压泵运转不正常或有咬死现象的可能原因及排除方法

(1) 泵轴向间隙及径向间隙过小:轴向、径向间隙过小则应调整零件间隙。

(2) 滚针转动不灵活:更换滚针轴承。

(3) 盖板和轴的同心度不好:更换盖板,使其与轴同心。调整轴向或径向间隙。

(4) 压力阀失灵:检查压力阀弹簧是否失灵、阀体小孔是否被污物堵塞、滑阀和阀体是否失灵;更换弹簧,清除阀体小孔污物或换滑阀。

(5) 泵和电动机间联轴器同心度不够:调整泵轴与电动机联轴器同心度,使其误差不超过0.20mm。

(6) 泵中有杂质:可能在装配时有铁屑遗留,或油液中吸入杂质;用细铜丝网过滤全损耗系统用油,去除污物。

2. 整体多路阀常见故障的可能原因及排除方法

1) 工作压力不足

(1) 溢流阀调定压力偏低:调整溢流阀压力。

(2) 溢流阀的滑阀卡死:拆开清洗,重新组装。

(3) 调压弹簧损坏:更换新产品。

(4) 系统管路压力损失太大:更换管路,或在许用压力范围内调整溢流阀压力。

2) 工作油量不足

(1) 系统供油不足:检查油源。

(2) 阀内泄漏量大,作如下处理:如油温过高,黏度下降,则应采取降低油温措施;油液选择不当,则应更换油液;如滑阀与阀体配合间隙过大,则应更换新产品。

3) 复位失灵

复位弹簧损坏与变形,更换新产品。

4) 外部泄漏

(1) Y形圈损坏:更换产品。

(2) 油口安装法兰面密封不良:检查相应部位的紧固和密封。

(3) 各结合面紧固螺钉、调压螺钉背帽松动或堵塞:紧固相应部件。

3. 电磁换向阀常见故障的可能原因和排除方法

1) 滑阀动作不灵活

(1) 滑阀被拉坏:拆开清洗,或修整滑阀与阀孔的毛刺及拉坏的表面。

(2) 阀体变形:调整安装螺钉的压紧力,安装转矩不得大于规定值。

(3) 复位弹簧折断:更换弹簧。

2) 电磁线圈烧损

(1) 线圈绝缘不良:更换电磁铁。

(2) 电压太低:使用电压应在额定电压的90%以上。

(3) 工作压力和流量超过规定值:调整工作压力,或采用性能更高的阀。

(4) 回油压力过高:检查背压,应在规定值16MPa以下。

4. 液压缸故障及排除方法

1) 外部漏油

(1) 活塞杆碰伤拉毛:用极细的砂纸或油石修磨,不能修的,更换新件。

(2) 防尘密封圈被挤出和反唇:拆开检查,重新更新。

(3) 活塞和活塞杆上的密封件磨损与损伤:更换新密封件。

(4) 液压缸安装定心不良,使活塞杆伸出困难:拆下来检查安装位置是否符合要求。

2) 活塞杆爬行和蠕动

(1) 液压缸内进入空气或油中有气泡:松开接头,将空气排出。

(2) 液压缸的安装位置偏移:在安装时必须检查,使之与主机运动方向平行。

(3) 活塞杆全长和局部弯曲:活塞杆全长校正直线度误差应小于等于0.03mm/100mm,或更换活塞。

5. 常用液压回路故障维修实例

例2-5 压力控制回路中溢流不正常。

分析及处理过程:溢流阀主阀芯卡住,如图2-75所示的压力控制回路中,液压泵为定量泵,采用三位四通换向阀,中位机能为Y型。所以,液压缸停止工作运行时,系统不卸荷,液压泵输出的压力油全部由溢流阀溢回油箱。系统中的溢流阀通常为先导式溢流阀,这种溢流阀的结构为三级同心式。三处同轴度要求较高,这种溢流阀用在高压大流量系统中,调压溢流性能较好。将系统中换向阀置于中位,调整溢流阀的压力时发现,当压力值调在10MPa以下时,溢流阀工作正常;而当压力调整到高于10MPa的任一压力值时,系统会发出像吹笛一样的尖锐的声音,此时可看到压力表指针剧烈振动,并发现噪声来自溢流阀。其原因是在三级同轴高压溢流阀中,主阀芯与阀体、阀盖有两处滑动配合,如果阀体和阀盖装配后的内孔同轴度超出规定要求,主阀芯就不能灵活地动作,而是贴在内孔的某一侧做不正常运动。当压力调整到一定值时,就必然激起主阀芯振动。这种振动不是主阀芯在工作运动中出现的常规振动,而是主阀芯卡在某一位置(此时因主阀芯同时承受着液压卡紧力)而激起的高频振动。这种高频振动必将引起弹簧特别是调压弹簧的强烈振动,并出现共振噪声。另外,由于高压油不通过正常的溢流口溢流,而是通过被卡住的溢流口和内泄油道溢回油箱,这股高压油流将发出高频率的流体噪声。而这种振动和噪声是在系统特定的运行条件下激发出来的,这就是为什么在压力低于10MPa时不发出尖锐声音的原因。

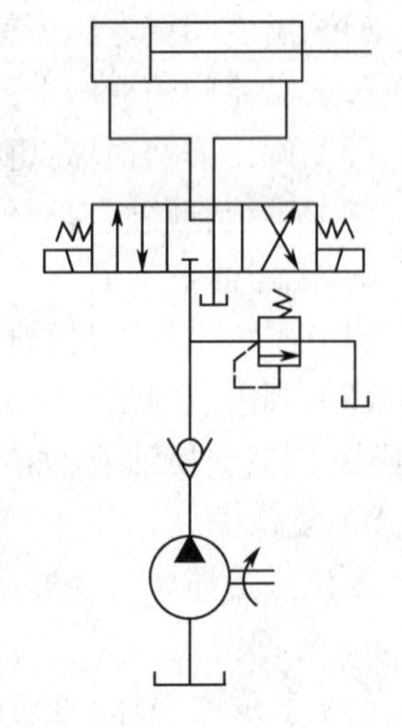

图2-75 压力控制回路

经过分析之后,排除故障就有方向了。首先可以调整阀盖,因为阀盖与阀体配合处有调整余地;装配时,调整同轴度,使主阀芯能灵活运动,无卡紧现象,然后按装配工艺要求,依照一定的顺序用定转矩扳手拧紧,使拧紧力矩基本相同。当阀盖孔有偏心时,应进行修磨,消除偏心。主阀芯与阀体配合滑动面若有污物,应清洗干净,目的就是保证主阀芯滑动灵活的工作状态,避免产生振动和噪声。另外,主阀芯上的阻尼孔,在主阀芯振动时有阻尼作用,当工作油液黏度降低，或温度过高时，阻尼作用将相应减小。因此，选用合适黏度的油液和控制系统温升过高也有利于减振降噪。

例2-6 速度控制回路中速度不稳定。

分析及处理过程：节流阀前后压差小致使速度不稳定，液压泵为定量泵，属于进口节流调速系统（图2-76），采用三位四通电动换向阀，中位机能为O型。系统回油路上设置单向阀以起背压阀作用。系统的故障是液压缸推动负载运动时，运动速度达不到调定值。经检查，系统中各元件工作正常，油液温度属正常范围。但发现溢流阀的调节压力只比液压缸工作压力高0.3MPa，压力差值偏小，即溢流阀的调节压力较低，再加上回路中，油液通过换向阀的压力损失为0.2MPa，这样造成节流阀前后压差值低于0.2～0.3MPa，致使通过节流阀的流量达不到设计要求的数值，于是液压缸的运动速度就不可能达到调定值。提高溢流阀的调节压力，使节流阀的前后压差达到合理压力值后，故障消除。

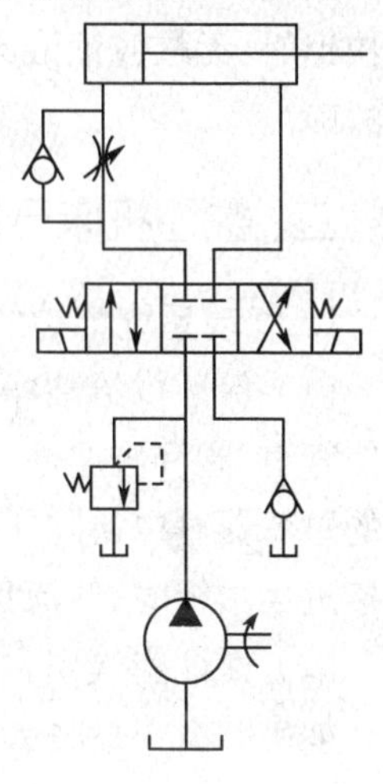

图2-76 进口节流调速回路

例2-7 方向控制回路中滑阀没有完全回位。

分析及处理过程：在方向控制回路中，换向阀的滑阀因回位阻力增大而没有完全回位是最常见的故障，将造成液压缸回程速度变慢。排除故障首先应更换合格的弹簧：如果是由于滑阀精度差，而使径向卡紧，应对滑阀进行修磨或重新配制。一般阀芯的圆度和锥度允许误差为0.003～0.005mm，最好使阀芯有微量的锥度，并使它的大端在低压腔一边，这样可以自动减小偏心量，从而减小摩擦力，减小或避免径向卡紧力。引起卡紧的原因还可能有：脏物进入滑阀缝隙中而使阀芯移动困难：间隙配合过小，以致当油温升高时阀芯膨胀而卡死；电磁铁推杆的密封圈处阻力过大，以及安装紧固电动阀时使阀孔变形等。找到卡紧的原因，则可进一步排除故障。

例2-8 阀换向滞后引起的故障维修。

故障现象：在图2-77(a)所示系统中，液压泵为定量泵，三位四通换向阀中位机能为Y型。系统为进口节流调速。液压缸快进、快退时，二位二通阀接通。系统故障是液压缸在开始完成快退动作时，首先出现向工件方向前冲，然后再完成快退动作。此种现象影响加工精度，严重时还可能损坏工件和刀具。

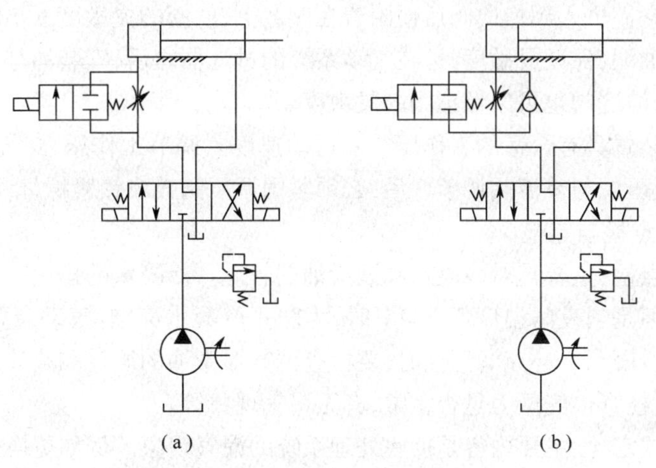

图2-77 液压系统原理图

分析及处理过程：从系统中可以看出，在执行快退动作时，三位四通电动换向阀和二位二通换向阀必须同时换向。由于三位四通换向阀换向时间的滞后，即在二位二通换向阀接通的一瞬间，有部分压力油进入液压缸工作腔，使液压缸出现前冲。当三位四通换向阀换向终了时，压力油才全部进入液压缸的有杆腔，无杆腔的油液才经二位二通阀回油箱。

改进后的系统如图 2-77(b)所示。在二位二通换向阀和节流阀上并联一个单向阀，液压缸快退时，无杠腔油液经单向阀回油箱，二位二通阀处于关闭状态，这样就避免了液压缸前冲的故障。

二、数控机床气压回路常见故障及维修

1. 气动系统维护的要点

(1) 保证供给洁净的压缩空气。压缩空气中通常都含有水分、油分和粉尘等杂质。水分会使管道、阀和缸腐蚀；油分会使橡胶、塑料和密封材料变质；粉尘造成阀体动作失灵。选用合适的过滤器可以清除压缩空气中的杂质，使用过滤器时应及时排除积存的液体，否则当积存液体接近挡水板时，气流仍可将积存物卷起。

(2) 保证空气中含有适量的润滑油。大多数气动执行元件和控制元件都要求适度的润滑。如果润滑不良将会发生以下故障：①由于摩擦阻力增大而造成气缸推力不足，阀芯动作失灵；②由于密封材料的磨损而造成空气泄漏；③由于生锈造成元件的损伤及动作失灵。润滑的方法一般采用油雾器进行喷雾润滑，油雾器一般安装在过滤器和减压阀之后。油雾器的供油量一般不宜过多，通常每 $10m^3$ 的自由空气供 1mL 的油量(即 40~50 滴油)。检查润滑是否良好的一个方法是：找一张清洁的白纸放在换向阀的排气口附近，如果阀在工作 3~4 个循环后，白纸上只有很轻的斑点时，则表明润滑是良好的。

(3) 保持气动系统的密封性。漏气不仅增加了能量的消耗，也会导致供气压力的下降，甚至造成气动元件工作失常。严重的漏气在气动系统停止运行时，由漏气引起的响声很容易发现；轻微的漏气则利用仪表，或用涂抹肥皂水的办法进行检查。

(4) 保证气动元件中运动零件的灵敏性。从空气压缩机排出的压缩空气，包含有粒度为 0.01~0.08μm 的压缩机油微粒，在排气温度为 120~220℃的高温下，这些油粒会迅速氧化，氧化后油粒颜色变深，黏性增大，并逐步由液态固化成油泥。这种微米级以下的颗粒，一般过滤器无法滤除。当它们进入到换向阀后便附着在阀芯上，使阀的灵敏度逐步降低，甚至出现动作失灵。为了清除油泥，保证灵敏度，可在气动系统的过滤器之后，安装油雾分离器，将油泥分离出来。此外，定期清洗阀也可以保证阀的灵敏度。

(5) 保证气动装置具有合适的工作压力和运动速度。调节工作压力时，压力表应当工作可靠，读数准确。减压阀与节流阀调节好后，必须紧固调压阀盖或锁紧螺母，防止松动。

2. 气动系统的点检与定检

(1) 管路系统点检：主要是对冷凝水和润滑油的管理。冷凝水的排放，一般应当在气动装置运行之前进行。但是当夜间温度低于 0℃时，为防止冷凝水冻结，气动装置运行结束后，应开启放水阀门排放冷凝水。补充润滑油时，要检查油雾器中油的质量和滴油量是否符合要求。此外，点检还应包括检查供气压力是否正常，有无漏气现象等。

(2) 气动元件的定检：主要内容是彻底处理系统的漏气现象。例如更换密封元件，处理管接头或连接螺钉松动等，定期检验测量仪表、安全阀和压力继电器等。具体可参见表 2-5。

表 2-5　气动元件的定检

元件名称	定检内容
气缸	活塞杆与端面之间是否漏气； 活塞杆是否划伤、变形； 管接头、配管是否划伤、损坏； 气缸动作时有无异常声音； 缓冲效果是否合乎要求
电磁阀	电磁阀外壳温度是否过高； 电磁阀动作时，工作是否正常； 气缸行程到末端时，通过检查阀的排气口是否有漏气来确诊电磁阀是否漏气； 紧固螺栓及管接头是否松动； 电压是否正常，电线有否损伤； 通过检查排气口是否被油润湿，或排气是否会在白纸上留下油雾斑点来判断润滑是否正常
油雾器	油杯内油量是否足够，润滑油是否变色、混浊，油杯底部是否沉积有灰尘和水； 滴油量是否合适
调压阀	压力表读数是否在规定范围内； 调压阀盖或锁紧螺母是否锁紧； 有无漏气
过滤器	储水杯中是否积存冷凝水； 滤芯是否应该清洗或更换； 冷凝水排放阀动作是否可靠
安全阀 压力继电器	在调定压力下动作是否可靠； 校检合格后，是否有铅封或锁紧； 电线是否损伤，绝缘是否可靠

三、数控车床尾座的结构与调整

1. 数控车床尾座的结构

尾座安装在床身的尾座导轨上，可沿此导轨做纵向调整移动并夹紧在需要的位置上。它的作用是利用套筒安装顶尖，用来支承较长工件的一端。尾座还可以相对于底座做横向位置调整，便于车削小锥度的长锥体。尾座套筒内也可以安装钻头、铰刀等孔加工工具。尾座结构图如图 2-78 所示。

图 2-78　尾座结构

CKA6150 型数控卧式车床的尾座安装在床身的导轨上，分为上下两体结构。尾座整体移动：通过松开尾座上体两个锁紧大螺钉及扳动尾座尾部的扳手，从而松开尾座下端与床身内部结合的压板，压板松开后用手推动尾座体，实现尾座的整体移动。尾座上下体设有尾座中心调整机构。当尾座移动到所需位置时，手动将尾座下体压板固定，锁住尾座。手动尾座套筒移动是通过手动转动手轮，使套筒向前移动达到行程 150mm。尾座上体套筒直径 75mm，套筒内设计为不可旋转的主轴，故尾座套筒顶紧工件后，顶尖是不随着工件的旋转而旋转的，即顶尖与工件的中心孔相对运动；当需要尾座顶尖随工件旋转时，可使用活顶尖。尾座材料采用一级铸铁，并经过时效处理。尾座和床头箱顶尖水平面的位置偏移可通过横向调节螺钉进行调节。

2. 数控车床尾座的拆卸与调整

尾座拆卸步骤如下：

(1) 拆下手柄。
(2) 拆下双螺母。
(3) 拆下上下垫圈。
(4) 拆下压板。
(5) 拆下螺栓。
(6) 连同垫片拆下连接螺栓。
(7) 调节调整螺钉拆下镶条。
(8) 拆下调整螺钉。
(9) 拆下尾座底板。
(10) 拆下密封垫。
(11) 摇动手轮使套筒伸出。
(12) 拆下圆头螺母。
(13) 拆下垫圈。
(14) 拆下手轮。
(15) 拆下键。
(16) 拆下平面轴承。
(17) 拆下丝杠支撑座。
(18) 拆下另一平面轴承。
(19) 拆下丝杠。
(20) 拆下紧定螺钉。
(21) 拆下套筒。
(22) 拆下螺母。
(23) 拆下套筒锁紧手柄。
(24) 拆下导向键。
(25) 最后剩尾座主体,拆卸完毕。

四、拉刀缸的结构与调整

数控机床的主轴大都采用标准锥度 BT40 ~ BT50 的刀柄,这样不论是数控铣床还是立/卧加工中心,装卡刀具非常容易,下面讨论数控机床是如何装卡刀具的,从机床结构上将装卡刀具的装置称为“松拉刀”机构。数控机床的松拉刀机构如图 2 - 79 所示。

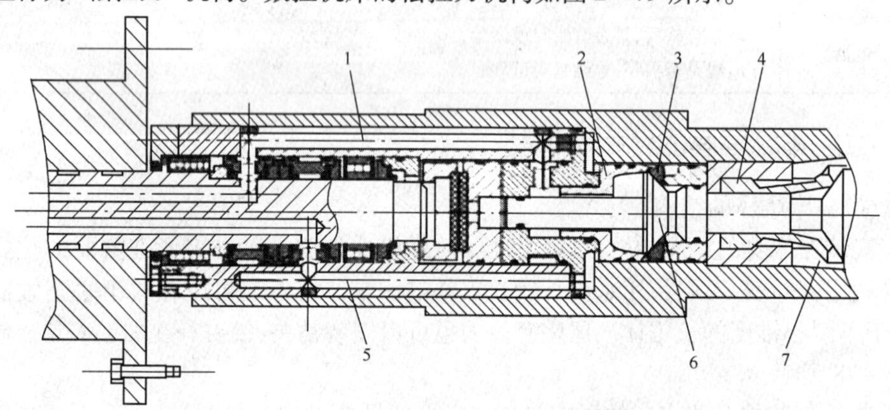

图 2 - 79　主轴松拉刀装置

1—松刀油路; 2—活塞; 3—卡紧环; 4—夹紧夹头; 5—拉刀油路; 6—拉杆; 7—刀柄。

当拉刀油路 5 进油时,液压力推动活塞 2 向右运动,活塞 2 压迫卡紧环 3 径向收缩,卡紧环 3 作用在拉杆 6 的锁紧斜面,拉杆 6 向左运动,位于拉杆 6 末端的顶头使夹紧夹头 4 径向膨胀,从而锁紧刀柄 7,实现刀具锁紧。当松刀油路 1 进油时,活塞 2 朝着反方向运动,卡紧环 3 径向膨胀,拉杆 6 回到原来放松状态,夹紧夹头 4 径向收缩,刀柄 7 被松开,从而松开刀具。

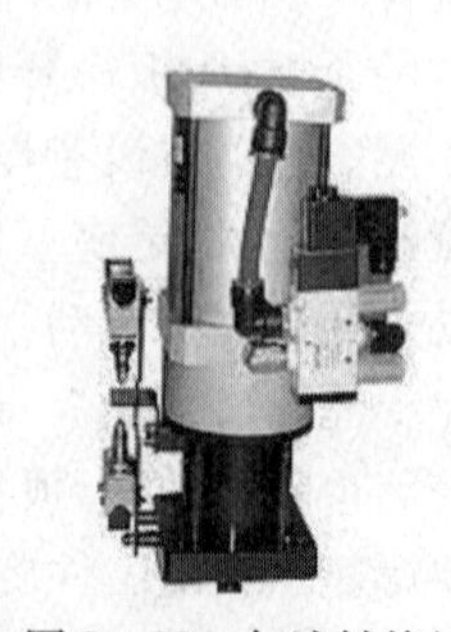

图 2 - 80　气液转换缸

上面将松拉刀的过程做了简要的叙述。图 2 - 80 是典型的液压顶杆的松拉刀机构,但是对于中小型立式加工中心,为了降低成本,没有液压站，而标准工厂气源压力(0.5～0.7MPa)又满足不了松拉刀所需压力(松拉刀油缸压力在4MPa以上)，通常解决方法是采用气液缸来取代液压缸，采用标准的0.5～0.7MPa气源压力切换内部油路，而内部油路压力能够满足松/拉刀顶杆以及碟形弹簧的屈服力。

五、回转工作台的结构与调整

数控回转工作台主要用于数控镗床和铣床，其外形和通用工作台几乎一样，但它的驱动是伺服系统的驱动方式。它可以与其他伺服进给轴联动。常见回转工作台如图2－81所示。

图2－82为自动换刀数控镗床的回转工作台。它的进给、分度转位和定位锁紧都是由给定的指令进行控制的。工作台的运动是由伺服电动机，经齿轮减速后由蜗杆1传给蜗轮2。

为了消除蜗杆副的传动间隙，采用了双螺距渐厚蜗杆，通过移动蜗杆的轴向位置来调整间隙。这种蜗杆的左右两侧面具有不同的螺距，因此蜗杆齿厚从头到尾逐渐增厚。但由于同一侧的螺距是相同的，所以仍然可以保持正常的啮合。

图2－81 数控加工中心的回转工作台

当工作台静止时，必须处于锁紧状态。为此，在蜗轮底部的辐射方向装有8对夹紧瓦4和3，并在底座9上均布同样数量的小液压缸5。当小液压缸的上腔接通压力油时，活塞6便压向钢球8，撑开夹紧瓦，并夹紧蜗轮2。在工作台需要回转时，先使小液压缸的上腔接通回油路，在弹簧7的作用下，钢球8抬起，夹紧瓦将蜗轮松开。

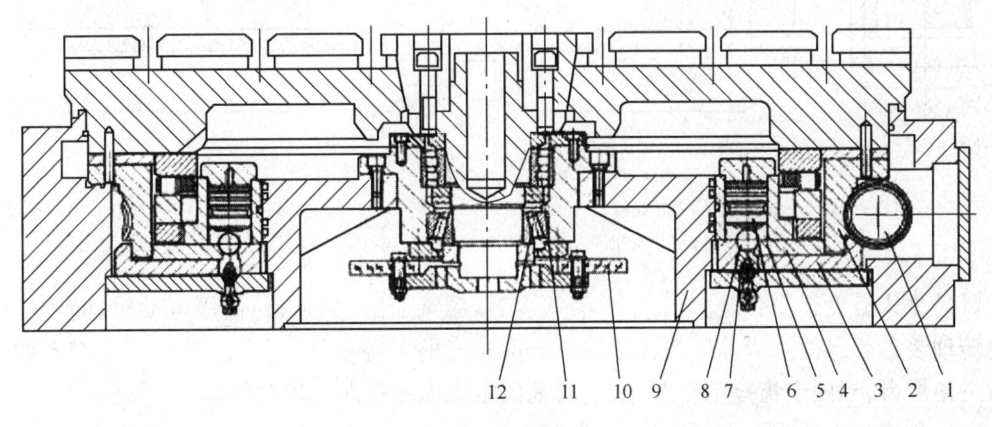

图2－82 自动换刀数控镗床的回转工作台

1—蜗杆；2—蜗轮；3、4—夹紧瓦；5—小液压缸；6—活塞；7—弹簧；8—钢球；9—底座；10—圆光栅；11、12—轴承。

回转工作台的导轨面由大型滚动轴承支承，并由圆锥滚柱轴承12及双列向心圆柱滚子轴承11保持准确的回转中心。数控回转工作台的定位精度主要取决于蜗杆副的传动精度，因而必须采用高精度蜗杆副。在半闭环控制系统中，可以在实际测量工作台静态定位误差之后，确定需要补偿角度的位置和补偿的值，记忆在补偿回路中，由数控装置进行误差补偿。在全闭环控制系统中，由高精度的圆光栅10发出工作台精确到位信号，反馈给数控装置进行控制。

回转工作台设有零点，当它做回零运动时，先用挡铁压下限位开关，使工作台降速，然后由圆光栅或编码器发出零位信号,使工作台准确地停在零位。数控回转工作台可以做任意角度的回转和分度,也可以做连续回转进给运动。

分度工作台只能完成分度运动,不能实现圆周进给。分度工作台的分度只限于某些规定的角度。鼠齿盘式分度工作台(图2-83)是一种应用很广的分度装置。鼠齿盘分度机构的向心多齿啮合应用了误差平均原理,因此能获得较高的分度精度和定心精度,其分度精度可以达1″~3″。

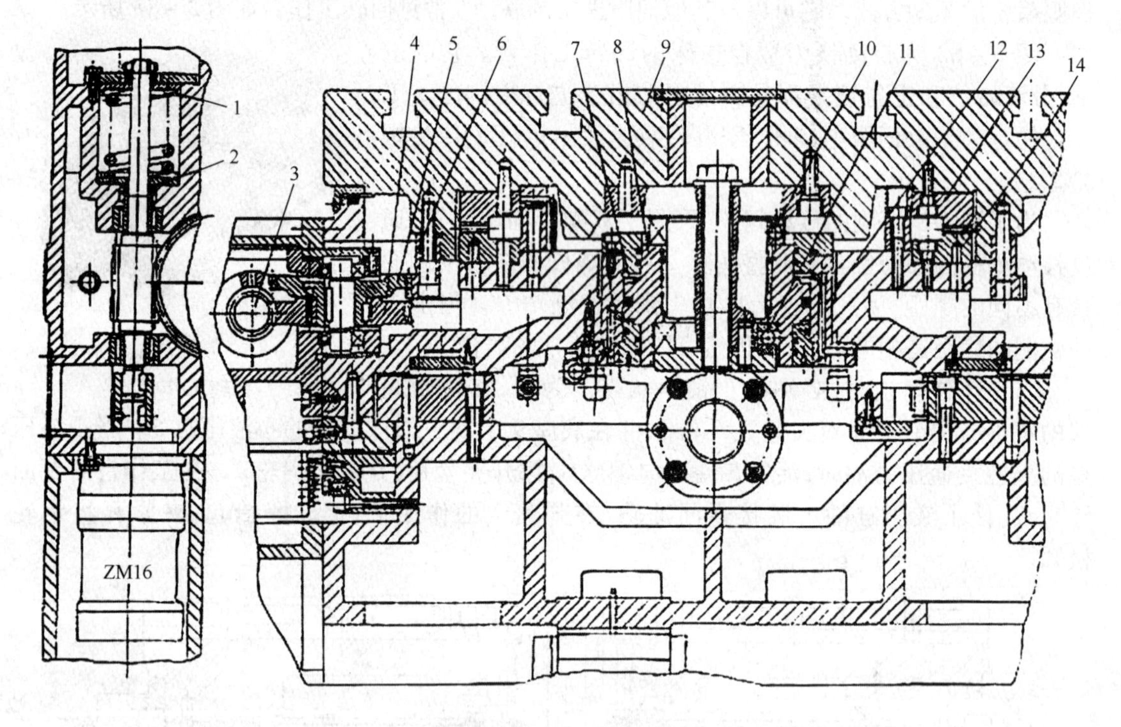

图2-83 鼠齿盘式分度工作台结构

1—弹簧; 2—止推轴承; 3—蜗杆; 4—蜗轮; 5、6—齿轮; 7—支承套; 8—活塞; 9—工作台; 10、11—止推轴承; 12—升夹油缸; 13、14—上、下齿盘。

鼠齿盘式分度工作台是由工作台面、底座、压紧液压缸、鼠齿盘、伺服电动机、同步带轮和齿轮转动装置等零件组成。鼠齿盘是保证分度精度的关键零件,每个齿盘的端面带有数目相同的三角形齿,当两个齿盘啮合时,能够自动确定周向和径向的相对位置。

鼠齿盘式分度工作台做分度运动时,其工作过程分为三个步骤:

(1) 分度工作台抬起。数控装置发出分度指令,工作台中央的压紧液压缸下腔通过油孔进压力油,活塞向上移动,通过钢球将分度工作台抬起,两齿盘脱开。抬起开关发出抬起完成信号。

(2) 工作台回转分度。当数控装置接收到工作台抬起完成信号后,立即发出指令让伺服电动机旋转,通过同步齿形带及齿轮带动工作台旋转分度,直到工作台完成指令规定的旋转角度后,电动机停止旋转。

(3) 分度工作台下降,并定位夹紧。当工作台旋转到位后,由指令控制液压电磁阀换向使压紧液压缸上腔通过油孔进入压力油。活塞带动工作台下降,鼠齿盘在新的位置重新啮合,并定位夹紧。夹紧开关发出夹紧完成信号。液压缸下腔的回油经过节流阀,以限制工作台下降的速度,保护齿面不受冲击。

鼠齿盘式分度工作台做回零运动时,其工作过程基本与上述相同。只是工作台回转挡铁压下工作台零位开关时,伺服电动机减速并停止。

鼠齿盘式分度工作台与其他分度工作台相比,具有重复定位精度高、定位刚度好和结构简单等优点。鼠齿盘的磨损小,而且随着使用时间的延长,定位精度还会有进一步提高的趋势,因此在数控机床上得到了广泛应用。

下面介绍回转工作台故障维修实例。

例 2 -9　故障现象为,某加工中心运行时,工作台分度盘不回落,发出 7035#报警。

分析及处理过程:工作台分度盘不回落与工作台下面的 SQ25、SQ28 传感器有关。由 PLC 输入状态信息知:传感器工作状态 SQ28 即 E10.6 为"1",表明工作台分度盘旋转到位信号已经发出;SQ25 即 E10.0 为"0",说明工作台分度盘未回落,故输出 A4.7 始终为"0",造成 YS06 电磁阀不吸合,工作台分度盘不能回落而发出 7035#报警,即 PLC 输入状态信息 E10.0 为"1"。

检查机床液压系统,发现 YS06 电磁阀已经带电但是阀芯并没有换向,用手动 YS06 电磁阀后,工作台分度盘回落,PLC 输入状态信息 E10.0 为"1",报警解除。

拆换新的换向阀后,故障排除。

例 2 -10　故障现象为,某加工中心运行时,工作台分度盘回落后,不夹紧,发出 7036#报警。

分析及处理过程:工作台分度盘不夹紧与工作台下面的 SQ25 传感器有关。由 PLC 输入状态信息知:传感器工作状态 SQ25 即 E10.0 为"0",表明工作台分度盘落下到位信号未发出,故输出 A4.6 始终为"0",造成 YS05 电磁阀不吸合,而发出 7036#报警。

检查工作台分度盘落下传感器 SQ25 和挡铁,发现挡铁松动,传感器与挡铁间隙太大,因此传感器 SQ2 未发出工作台分度盘落下到位信号。

重新紧固挡铁,调整挡铁与传感器之间间隙为 0.15 ~0.2mm 后,故障排除。

例 2 -11　故障现象为,TH6263 加工中心,开机后工作台回零不旋转且出现 05 号、07 号报警。

分析及处理过程:利用梯形图和状态信息首先对工作台夹紧开关 8Q6 的状态进行检查。138.0 为"1"正常。手动松开工作台时,138.0 由"1"变为"0",表明工作台能松开。回零时,工作台松开了,地址 211.1TABSC 由"0"变为"1",211.2TABSCl 也由"0"变为"1",二者均由"0"变为"1"。211.3TABSC2 也由"0"变为"1",然而经 2000ms 延时后,由"1"变成了"0",致使工作台旋转信号无。是电动机过载,还是工作台液压有问题?经过反复几次试验,发现工作台液压存在问题。其正常工作压力为 4.0 ~4.5MPa,在工作台松开抬起时,液压由 4.0MPa 下降到 2.5MPa 左右,泄压严重,致使工作台未完全抬起,松开延时后,无法旋转,产生过载。

拆开工作台,解体检查,发现活塞支承环 O 形圈均有直线性磨损,其状态能通压力油液。液压缸内壁粗糙,环状刀纹明显,精度太差。更换液压缸套和密封圈,重装调整试车后,运行正常,故障消除。

例 2 -12　故障现象为,TH6363 加工中心,开机后工作台回零不旋转且出现 05 号、07 号报警。

分析及处理过程:此故障完全按例 2 -11 方法检查。检查状态信息同例 2 -11 一样;查液压也正常。故障显示是过载,是电动机问题还是工作台机械故障?首先,检查电动机(此项检查较为容易),将刀库电动机与工作台电动机交换(型号一致),故障仍未消除,故判断故障肯定在机械方面。

将工作台卸开发现鼠齿盘中的6组碟簧损坏不少。更换碟簧后，工作台仍不旋转。仍利用梯形图和状态信息检查，发现139.31NP. M信息由“1”变为了“0”，139.5SALM. M由“0”变为了“1”，即简易定位装置在位信号灯不亮，不在位，且报警。手动旋转电动机使之进入在位区后，“INP”变为“1”，灯亮，故障消除。

例2-13 数控回转工作台回参考点的故障维修。

故障现象：TH6363卧式加工中心数控回转工作台，在返回参考点（正向）时，经常出现抖动现象。有时抖动大，有时抖动小，有时不抖动；如果按正向继续做若干次不等值回转，则抖动很少出现。当做负向回转时，第一次肯定要抖动，而且十分明显，随之会明显减少，直至消失。

分析及处理过程：TH6363卧式加工中心，在机床调试时就出现过数控回转工作台抖动现象，并一直从电气角度来分析和处理，但始终没有得到满意的结果。有可能是机械因素造成的，也可能是转台的驱动系统出了问题。顺着这个思路，从传动机构方面找原因，对驱动系统的每个相关件逐个进行仔细的检查。终于发现固定蜗杆轴向的轴承右边的锁紧螺母左端没有紧靠其垫圈，有3mm的空隙，用手可以往紧的方向转两圈。这个螺母根本就没起锁紧作用，致使蜗杆产生窜动。

通过上述检查分析，转台抖动的原因是锁紧螺母松动造成的。锁紧螺母之所以没有起作用，是因为其直径方向开槽深度及所留变形量不够合理所致，使4个M4×6紧定螺钉拧紧后，不能使螺母产生明显变形，起到防松作用。在转台经过若干次正、负方向回转后，不能保持其初始状态，逐渐松动，而且越松越多，导致轴承内环与蜗杆出现3mm轴向窜动。这样回转工作台就不能与电动机同步动作。这不仅造成工作台的抖动，而且随着反向间隙增大，蜗轮与蜗杆相互碰撞，使蜗杆副的接触表面出现伤痕，影响了机床的精度和使用寿命。为此，将原锁紧螺母所开的宽2.5mm、深10mm的槽开通，与螺纹相切，并超过半径，调整好安装位置后，用2个紧定螺钉紧固，即可起到防松作用。经以上修改后，该机床投入生产使用至今，数控回转工作台再没有出现抖动现象。

例2-14 回转工作台分度的故障维修。

故障现象：在机床使用过程中，回转工作台经常在分度后不能落入鼠牙定位盘内，机床停止执行下面指令。

分析及处理过程：回转工作台在分度后不能落入鼠牙定位盘内，发生顶齿现象，是因为工作台分度不准确所致。工作台分度不准确的原因可能有电气问题和机械问题，首先检查电动机和电气控制部分（因为此项检查较为容易）。检查电气部分正常，则问题出在机械部分，可能是伺服电动机至回转台传动链间隙过大或转动累计间隙过大所致。拆下传动箱，发现齿轮、蜗轮与轴键连接间隙过大，齿轮啮合间隙超差过多。经更换齿轮、重新组装，然后精调回转工作台定位块和伺服增益可调电位器后，故障排除。

模块6　斜床身数控车床的拆装

斜床身数控车床如图2-84所示。

一、斜床身数控车床用途

本模块以大连机床集团公司生产的DL-30斜床身数控车床为例，其主要结构为两轴联

图 2 - 84　斜床身数控车床

动、半闭环控制的数控车床。主机床身采用整体铸造成形，导轨倾斜布局，具备较高的刚性和吸振性及良好的排屑功能，可保证高精度切削加工。由于采用了高速、高刚性主轴和高刚性液压刀塔，使机床具有较高的可靠性和重复定位精度，可对复杂的轴类及盘类零件进行各种车削加工。

斜床身数控车床的导轨是倾斜布置的，如图 2 - 84 所示。其特点是主机床身整体铸造成形，床身导轨采用 45°或 60°倾斜布局，具有较高的刚性和抗热变性，排屑方便，加工精度较高，能进行复杂的轴类及盘类零件的车削加工。

二、斜床身数控车床 $X-Z$ 轴拆卸顺序

斜床身数控车床 $X-Z$ 轴如图 2 - 85 所示。

$X-Z$ 轴拆卸顺序如图 2 - 86 所示。

$X-Z$ 轴安装顺序如图 2 - 87 所示。

图 2 - 85　斜床身数控车床 $X-Z$ 轴

三、斜床身数控车床尾座拆卸顺序

斜床身数控车床尾座如图 2 - 88 所示。

斜床身数控车床尾座拆卸顺序如下：

(1) 拆下两个连接板。　(2) 拆下两个连接螺栓。

(3) 摇动手轮使套筒伸出。　(4) 拆下紧定螺钉。

(5) 拆下 M8 螺钉。　(6) 拆下垫片。

(7) 拆下手轮。　(8) 拆下手轮套筒。

(9) 拆下半圆键。　(10) 拆下滚柱轴承。

(11) 拆下法兰盘。　(12) 拆下滚珠轴承。

(13) 连同丝杠将套筒从尾座体中抽出。　(14) 拆下丝杠螺母。

(15) 将丝杠从丝杠螺母中旋出。

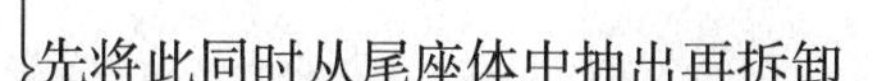

(16) 拆下套筒锁紧手柄。} 可同步
(17) 拆下右旋螺母。}
(18) 拆下左旋螺母。} 先将此同时从尾座体中抽出再拆卸
(19) 剩套筒锁紧手柄螺杆。
(20) 最后剩尾座主体，拆卸完毕。

1.拆下刀架；
2.拆下防护罩固定框；
3.拆下防护罩1、2、3；
4.拆下防护罩支撑；
5.拆下刀架安装板；

（以下两边可同步进行）

6.拆下X轴行程开关；
7.拆下X轴行程开关固定板；

8.拆下X轴限位挡块；
9.拆下X轴限位挡块安装板；

10. 拆下X轴镶条；
11. 拆下X轴滚珠螺母与中托板相连的螺钉；
12.拆下中托板；

（以下两边可同步进行）

13.拆下X轴前支架盖板；
14.拆下X轴伺服电动机；（13、14可同步）
15.拆下X轴电动机调整板；
16.拆下X轴联轴器(左、右)；
17.拆下X轴锁紧螺母（上）；
18.拆下X轴压盖（上）；
19.拆下X轴隔套（上）；
20.拆下两个X轴深沟球轴承（上）；
21.拆下X轴前支撑架；

22.拆下X轴锁紧螺母（下）；
23.拆下X轴压盖（下）；
24.拆下X轴隔套（下）；
25.拆下X轴深沟球轴承（下）；
26.拆下X轴轴承座；

27.拆下X轴滚珠丝杠螺母副（X轴滚珠丝杠和螺母）；
28.拆下X轴侧向固定块；
29.拆下X轴直线导轨副（X轴直线导轨和直线导轨滑块）；
30.拆下Z轴行程开关；
31.拆下Z轴限位挡块；
32.拆下Z轴限位挡块安装板；
33.拆下斜床身大托板和Z轴滚珠螺母相连的螺钉；
34.拆下斜床身大托板；

（以下两边可同步进行）

35. 拆下Z轴前支架盖板；
36. 拆下Z轴伺服电动机；（35、36可同步）
37.拆下Z轴电动机调整板；
38. 拆下Z轴联轴器（左、右）；
39. 拆下Z轴锁紧螺母；
40.拆下Z轴压盖；
41.拆下Z轴隔套；
42.拆下两个Z轴深沟球轴承6205（Z轴前支架内部）；
43.拆下Z轴U形橡胶垫；
44.拆下Z轴前支架；

45.拆下轴用弹性挡圈；
46.拆下深沟球轴承；
47.拆下Z轴轴承座；

48.拆下Z轴滚珠丝杠螺母副（Z轴滚珠丝杠和螺母）；
49.拆下Z轴侧向固定块；
50.拆下Z轴直线导轨副（Z轴直线导轨和直线导轨滑块）；
51. $X-Z$轴拆卸完毕。

图2-86　斜床身数控车床$X-Z$轴拆卸顺序

1. 安装 Z 轴直线导轨副 (Z 轴直线导轨和直线导轨滑块);
2. 安装 Z 轴侧向固定块;
3. 安装 Z 轴滚珠丝杠螺母副 (Z 轴滚珠丝杠和螺母);
(以下两边可同步进行)

4. 安装 Z 轴轴承座;
5. 安装深沟球轴承;
6. 安装轴用弹性挡圈;

7. 安装 Z 轴前支架;
8. 安装 Z 轴 U 形橡胶垫;
9. 安装 Z 轴深沟球轴承 6205(Z 轴前支架内部)
10. 安装 Z 轴隔套;
11. 安装 Z 轴压盖;
12. 安装 Z 轴锁紧螺母;
13. 安装 Z 轴联轴器 (左、右);
14. 安装 Z 轴电动机调整板;
15. 安装 Z 轴伺服电动机;
16. 安装 Z 轴前支架盖板; (15、16 可同步)

17. 安装斜床身大托板;
18. 安装斜床身大托板和 Z 轴滚珠螺母相连的螺钉;
19. 安装 Z 轴限位挡块安装板;
20. 安装 Z 轴限位挡块;
21. 安装 Z 轴行程开关;
22. 安装 X 轴直线导轨副 (X 轴直线导轨和直线导轨滑块);
23. 安装 X 轴侧向固块块;
24. 安装 X 轴滚珠丝杠螺母副 (X 轴滚珠丝杠和螺母);
(以下两边可同步进行)

25. 安装 X 轴轴承座;
26. 安装 X 轴深沟球轴承 (下);
27. 安装 X 轴隔套 (下);
28. 安装 X 轴压盖 (下);
29. 安装 X 轴锁紧螺母 (下);

30. 安装 X 轴前支撑架;
31. 安装两个 X 轴深沟球轴承 (上);
32. 安装 X 轴隔套 (上);
33. 安装 X 轴压盖 (上);
34. 安装 X 轴锁紧螺母 (上);
35. 安装 X 轴联轴器 (左、右);
36. 安装 X 轴电动机调整板;
37. 安装 X 轴伺服电动机;
38. 安装 X 轴前支架盖板; (37、38 可同步)

39. 安装中托板;
40. 安装 X 轴滚珠螺母与中托板相连的螺钉;
41. 安装 X 轴镶条;
(以下两边可同步进行)

42. 安装 X 轴限位挡块安装板;
43. 安装 X 轴限位挡块;

44. 安装 X 轴行程开关固定板;
45. 安装 X 轴行程开关;

46. 安装刀架安装板;
47. 安装防护罩支撑;
48. 安装防护罩 1、2、3;
49. 安装防护罩固定框;
50. 安装刀架;
51. X–Z 轴安装完毕。

图 2-87 斜床身数控车床 X-Z 轴安装顺序

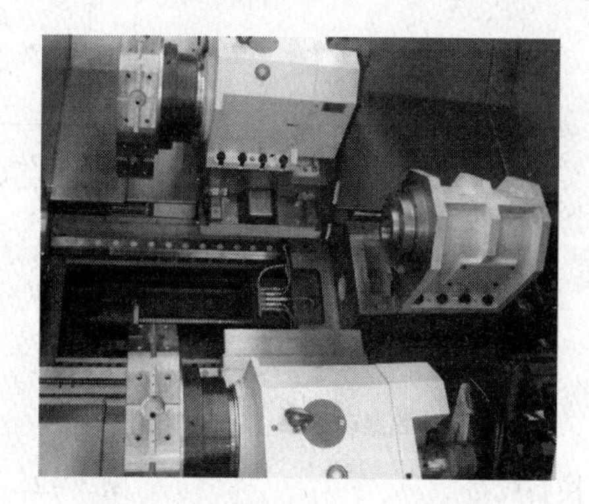

图 2-88 斜床身数控车床尾座

项目3　数控机床强电回路故障诊断与维修

模块1　数控机床启动停止控制线路故障诊断与维修

数控机床中的启动停止控制线路主要是指主轴三相异步电动机的控制。三相异步电动机具有结构简单、运行可靠、坚固耐用、价格便宜、维修方便等一系列优点。与同容量的直流电动机相比，异步电动机还具有体积小、重量轻、转动惯量小的特点。因此，在数控机床中异步电动机得到了广泛的应用。三相异步电动机的控制线路大多由接触器、继电器、空气开关、按钮等有触点电器组合而成。

一、全压启动控制线路

直接启动即启动时把电动机直接接入电网，加上额定电压，一般来说，电动机的容量不大于直接供电变压器容量的20%～30%时，都可以直接启动。

三相异步电动机分为鼠笼式异步电动机和绕线式异步电动机，二者的构造不同，启动方法也不同，其启动控制线路差别很大。

1. 点动控制

如图3－1所示线路，合上开关S，三相电源被引入控制电路，但电动机还不能启动。按下按钮SB，接触器KM线圈通电，衔铁吸合，常开主触点接通，电动机定子接入三相电源启动运转。松开按钮SB，接触器KM线圈断电，衔铁松开，常开主触点断开，电动机因断电而停转。

2. 单向运行控制线路

在数控机床中，鼠笼式异步电动机应用较多。在变压器容量允许的情况下，鼠笼式异步电动机应尽可能采用全电压直接启动，既可以提高控制线路的可靠性，又可以减少电器的维修工作量。

图3－2是电动机单向启动控制线路的电气原理图。这是一种最常用、最简单的控制线路，能实现对电动机的启动、停止的自动控制、频繁操作等。

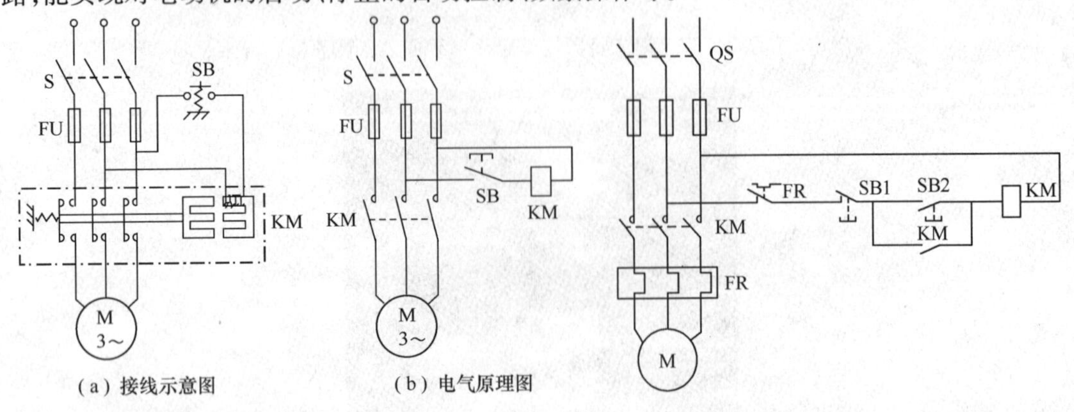

图3－1　点动控制线路

图3－2　单向运行电气控制线路

在图 3 - 2 中,主电路由隔离开关 QS、熔断器 FU、接触器 KM 的常开主触点,热继电器 FR 的热元件和电动机 M 组成。控制电路由启动按钮 SB2、停止按钮 SB1、接触器 KM 线圈和常开辅助触点、热继电器 FR 的常闭触头构成。

1) 启动电动机

合上三相隔离开关 QS,按启动按钮 SB2,按触器 KM 的吸引线圈得电,3 对常开主触点闭合,将电动机 M 接入电源,电动机开始启动。同时,与 SB2 并联的接触器 KM 的常开辅助触点闭合,即使松手断开 SB2,吸引线圈 KM 通过其辅助触点可继续保持通电,维持吸合状态。凡是接触器(或继电器)利用自己的辅助触点来保持其线圈带电的,称为自锁(自保)。这个触点称为自锁(自保)触点。由于 KM 的自锁作用,当松开 SB2 后,电动机 M 仍能继续启动,最后达到稳定运转。

2) 停止电动机

按停止按钮 SB1,接触器 KM 的线圈失电,其主触点和辅助触点均断开,电动机脱离电源,停止运转。这时,即使松开停止按钮,由于自锁触点断开,接触器 KM 线圈不会再通电,电动机不会自行启动。只有再次按下启动按钮 SB2 时,电动机才能再次启动运转。

工作过程也可描述为:合上开关 QS→启动→KM 主触点闭合→电动机 M 得电启动、运行→按下 SB2→KM 线圈得电→KM 常开辅助触点闭合→实现自保→停车→KM 主触点复位→电动机 M 断电停车→按下 SB1→KM 线圈失电→ KM 常开辅助触点复位→自保解除。

3) 线路保护环节

(1) 短路保护。线路短路时通过熔断器 FU 的熔体熔断切开主电路。

(2) 过载保护。通过热继电器 FR 实现。由于热继电器的热惯性比较大,即使热元件上流过几倍额定电流的电流,热继电器也不会立即动作。因此在电动机启动时间不太长的情况下,热继电器经得起电动机启动电流的冲击而不会动作。只有在电动机长期过载时 FR 才动作,断开控制电路,接触器 KM 失电,切断电动机主电路,电动机停转,实现过载保护。

(3) 欠压和失压保护。当电动机运行时,如果电源电压由于某种原因消失,那么在电源电压恢复时,电动机就会自行启动,这就可能造成生产设备的损坏,甚至造成人身事故。对电网来说,同时有许多电动机及其他用电设备自行启动也会引起不允许的过电流及瞬间网络电压下降。为了防止电压恢复时电动机自行启动的保护称为失压保护或零压保护。

当电动机正常运转时,电源电压过度地降低将引起一些电器释放动作,造成控制线路不正常工作,可能产生事故;电源电压过度降低也会引起电动机转速下降甚至停转。因此需要在电源电压降到一定允许值以下时将电源切断,这就是欠压保护。

欠压和失压保护是通过接触器 KM 的自锁触点来实现的。在电动机正常运行中,由于某种原因使电网电压消失或降低,当电压低于接触器线圈的释放电压时,接触器释放,自锁触点断开,同时主触点断开,切断电动机电源,电动机停转。如果电源电压恢复正常,由于自锁解除,电动机不会自行启动,避免了意外事故发生。只有操作者再次按下 SB2 后,电动机才能启动。控制线路具备了欠压和失压的保护能力以后,可防止电压严重下降时电动机在重负载情况下的低压运行,避免电动机同时启动造成线路电压严重下降,防止电源电压恢复时电动机突然启动运转。

3. 行程限位控制

如图 3 - 3 所示电路,当数控机床的工作台到达预定的位置时压下行程开关的触杆,将常闭触点断开,接触器线圈断电,使电动机断电而停止运行。

4. 两台电动机顺序启动、逆序停止控制电路

顺序启动、逆序停止控制电路是在一台电动机启动之后另一台电动机启动的一种控制方法，常用于主、辅设备之间的控制，如加工中心的主轴电动机和冷却电动机。如图 3－4 所示线路，辅助设备电动机的接触器 KM1 启动之后，主要设备电动机的接触器 KM2 才能启动，主设备电动机 KM2 不停止，辅助设备电动机 KM1 也不能停止。辅助设备电动机在运行中因某种原因停止运行（如 FR1 动作），主设备电动机也随之停止运行。

1）工作过程

如图 3－4 所示电路，合上开关 QF 使线路的电源引入；按辅助设备控制按钮 SB2，接触器 KM1 线圈得电吸合，主触点闭合辅助设备运行，并且 KM1 辅助常开触点闭合实现自保；按主设备控制按钮 SB4，接触器 KM2 线圈得电吸合，主触点闭合主电动机开始运行，并且 KM2 的辅助常开触点闭合实现自保；KM2 的另一个辅助常开触点将 SB1 短接，使 SB1 失去控制作用，无法先停止辅助设备 KM1；停止时只有先按 SB3 按钮，使 KM2 线圈失电辅助触点复位（触点断开），SB1 按钮才起作用；主电动机的过流保护由 FR2 热继电器来完成；辅助设备的过流保护由 FR1 热继电器来完成，但 FR1 动作后控制电路全断电，主、辅设备全停止运行。

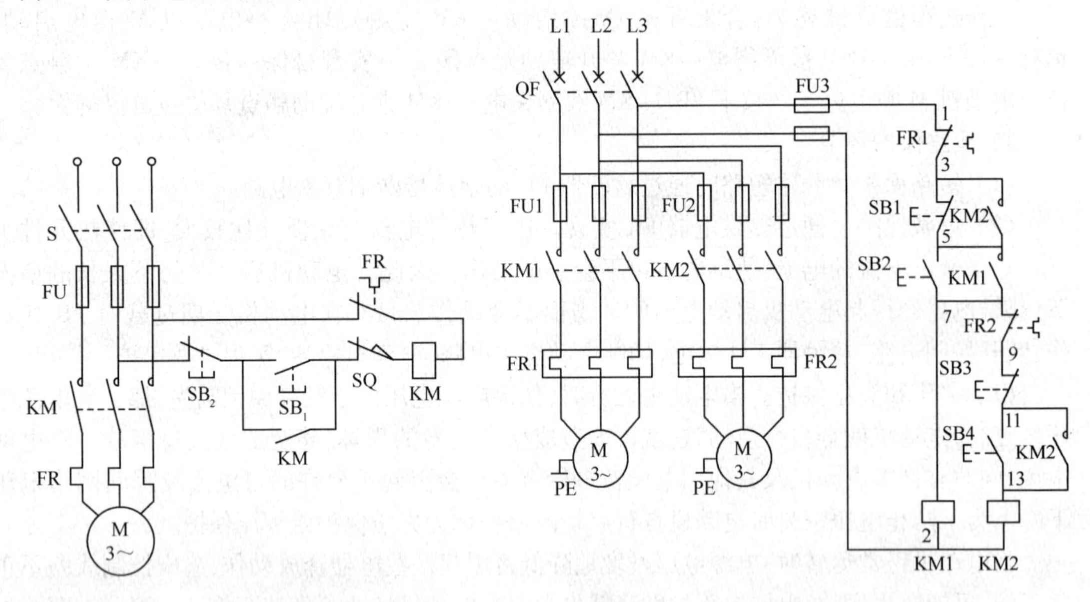

图 3－3　限位控制　　　　图 3－4　顺序启动逆序停止控制线路

2）常见故障分析

（1）KM1 不能实现自锁。

分析处理：KM1 的辅助触点接错，接成常闭触点，KM1 吸合常闭断开，所以没有自锁；KM1 常开和 KM2 常闭位置接错，KM1 吸合时 KM2 还未吸合，KM2 的辅助常开触点是断开的，所以 KM1 不能自锁。

（2）不能顺序启动，但 KM2 可以先启动。

分析处理：KM2 先启动说明 KM2 的控制电路有电，检查 FR2 有电，这可能是 FR2 触点上口的 7 号线错接到 FR1 上口的 3 号线位置上了，这就使得 KM2 不受 KM1 控制而可以直接启动。

（3）KM1 能先停止但不能顺序停止。

分析处理：KM1 能停止说明 SB1 起作用，并接的 KM2 常开触点没起作用。分析原因有两种：

并接在 SB1 两端的 KM2 辅助常开触点未接;并接在 SB1 两端的 KM2 辅助触点接成了常闭触点。

(4) SB1 不能停止。

分析处理:检查线路发现 KM1 接触器用了两个辅助常开触点,KM2 只用了一个辅助常开触点,SB1 两端并接的不是 KM2 的常开触点而是 KM1 的常开触点,由于 KM1 自锁后常开触点闭合,导致 SB1 不起作用。

二、降压启动控制线路

鼠笼式异步电动机采用全压直接启动时,控制线路简单,维修工作量较少。但是,并不是所有异步电动机在任何情况下都可以采用全压启动。这是因为异步电动机的全压启动电流一般可达额定电流的 4 ~7 倍。过大的启动电流会降低电动机寿命,致使变压器二次电压大幅度下降,降低电动机本身的启动转矩,甚至使电动机根本无法启动,还会影响同一供电网路中其他设备的正常工作。如何判断一台电动机能否全压启动呢? 一般规定,电动机容量在 10kW 以下的,可直接启动。10kW 以上的异步电动机是否允许直接启动,要根据电动机容量和电源变压器容量的比值来确定。对于给定容量的电动机,一般用下面的经验公式来估计:

$$I_q/I_e \leqslant 3/4 + \text{电源变压器容量(kV·A)}/[4 \times \text{电动机容量(kV·A)}]$$

式中,I_q为电动机全电压启动电流(A);I_e为电动机额定电流(A)。

若计算结果满足上述经验公式,一般可以全压启动,否则不能全压启动,应考虑采用降压启动。有时,为了限制和减少启动转矩对机床的冲击作用,允许全压启动的电动机也多采用降压启动方式。

鼠笼式异步电动机降压启动的方法有定子电路串电阻(或电抗)降压启动、自耦变压器降压启动、Y-△降压启动、△-△降压启动等。使用这些方法都是为了限制启动电流(一般降低电压后的启动电流为电动机额定电流的 2 ~3 倍),减小供电干线的电压降落,保障每台电气设备正常运行。

1. 串电阻(或电抗)降压启动控制线路

在电动机启动过程中,常在三相定子电路中串接电阻(或电抗)来降低定子绕组上的电压,使电动机在降低了的电压下启动,以达到限制启动电流的目的。一旦电动机转速接近额定值时,切除串联电阻(或电抗),使电动机进入全电压正常运行。通常,这种线路的设计思想是采用时间原则按时切除启动时串入的电阻(或电抗)以完成启动过程。在具体线路中可采用人工手动控制或时间继电器自动控制来加以实现。

图 3-5 是定子串电阻降压启动控制线路。电动机启动时在三相定子电路中串接电阻,使电动机定子绕组电压降低,启动后再将电阻短路,电动机仍然在正常电压下运行。这种启动方式由于不受电动机接线形式的限制,设备简单,因而在中小型机床中应用。数控机床中也常用这种串接电阻的方法限制点动调整时的启动电流。

图 3-5(a)控制线路的工作过程:按 SB2,KM1 得电(电动机串电阻启动);KT 得电(延时),KM2 得电(短接电阻,电动机正常运行);按 SB1,KM2 断电,其主触点断开,电动机停车。

只要 KM2 得电就能使电动机正常运行。但线路图 3-5(a)在电动机启动后 KM1 与 KT 一直得电动作,这是不必要的。线路图 3-5(b)就解决了这个问题,接触器 KM2 得电后,其常闭触点将 KM1 及 KT 断电,KM2 自锁。这样,在电动机启动后,只要 KM2 得电,电动机便能正常运行。

串电阻启动的优点是控制线路结构简单,成本低,动作可靠,提高了功率因数,有利于保证

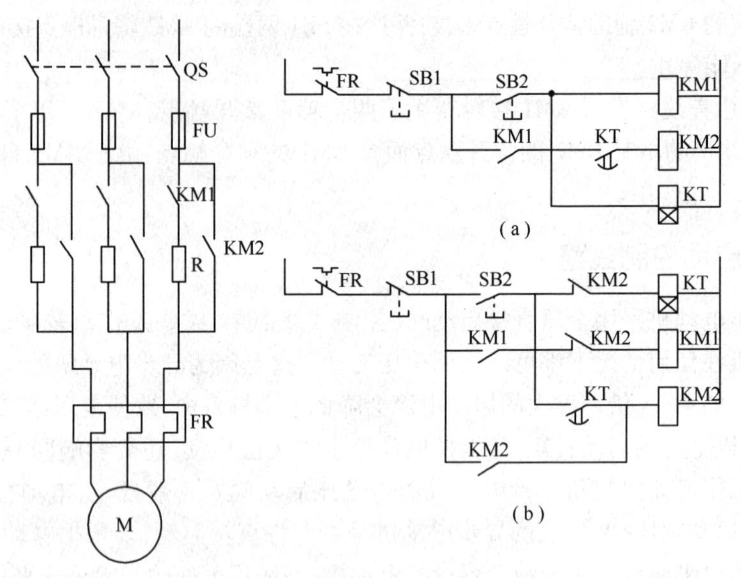

图 3-5　定子串电阻降压启动控制线路

电网质量。但是,由于定子串电阻降压启动,启动电流随定子电压成正比下降,而启动转矩则按电压下降比例的平方下降。同时,每次启动都要在串入的电阻上消耗大量的电能。因此,三相鼠笼式异步电动机采用电阻降压的启动方法,仅适用于要求启动平稳的中小容量电动机以及启动不频繁的场合。大容量电动机多采用串电抗降压启动。

2. 串自耦变压器降压启动控制线路

如图 3-6 所示电路,在自耦变压器降压启动的控制线路中,限制电动机启动电流是依靠自耦变压器的降压作用来实现的。自耦变压器的初级和电源相接,自耦变压器的次级与电动机相联。自耦变压器的次级一般有 3 个抽头,可得到 3 种数值不等的电压。使用时,可根据启动电流和启动转矩的要求灵活选择。电动机启动时,定子绕组得到的电压是自耦变压器的二次电压,一旦启动完毕,自耦变压器便被切除,电动机直接接至电源,即接到自耦变压器的一次电压,电动机进入全电压运行。此线路的设计思想和串电阻启动线路基本相同,都是按时间原

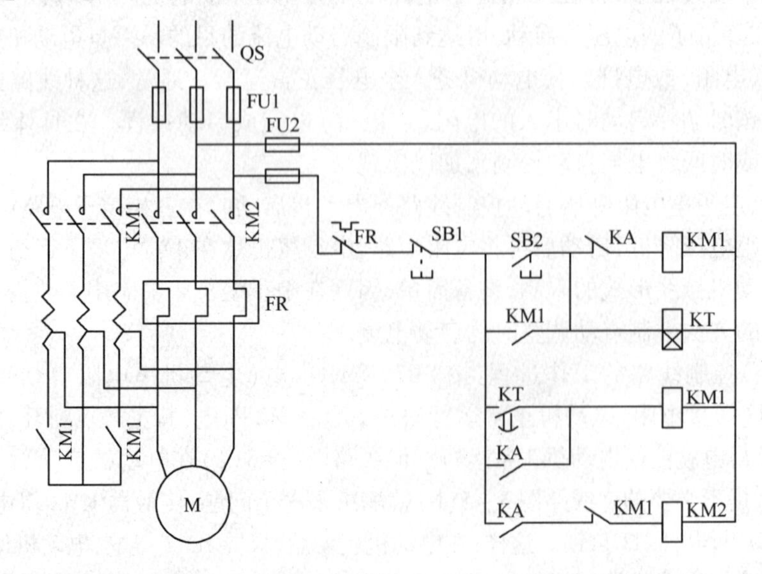

图 3-6　定子串自耦变压器降压启动控制电路

则来完成电动机启动过程的。

（1）启动。闭合开关 QS，按下按钮 SB2，KM1 和时间继电器 KT 同时得电，KM1 常开主触点闭合，电动机经星形连接的自耦变压器接至电源降压启动。时间继电器 KT 经一定时间到达延时值，其常开延时触点闭合，中间继电器 KA 得电并自锁，KA 的常闭触点断开，使接触器 KM1 线圈失电，KM1 主触点断开，将自耦变压器从电网切除，KM1 常开辅助触点断开，KT 线圈失电，KM1 常闭触点恢复闭合，在 KM1 失电后，使接触器 KM2 线圈得电，KM2 的主触点闭合，将电动机直接接入电源，使之在全电压下正常运行。

（2）停止。按下按钮 SB1，KM2 线圈失电，电动机停止转动。在自耦变压器降压启动过程中，启动电流与启动转矩的比值按变比的平方倍降低。在获得同样启动转矩的情况下，采用自耦变压器降压启动从电网获取的电流，比采用电阻降压启动要小得多，对电网电流冲击小，功率损耗小。因此，自耦变压器被称为启动补偿器。换而言之，若从电网取得同样大小的启动电流，采用自耦变压器降压启动会产生较大的启动转矩。这种启动方法常用于容量较大、正常运行为星形接法的电动机。其缺点是自耦变压器价格较贵，相对电阻结构复杂，体积庞大，且是按照非连续工作制设计制造的，故不允许频繁操作。

3. Y—△降压启动控制线路

Y—△降压启动也称为星形－三角形降压启动，简称星三角降压启动。这一线路的设计思想仍是按时间原则控制启动过程。所不同的是，在启动时将电动机定子绕组接成星形，每相绕组承受的电压为电源的相电压（220V），减小了启动电流对电网的影响。而在其启动后期则按预先设定的时间换接成三角形接法，每相绕组承受的电压为电源的线电压（380V），电动机进入正常运行。凡是正常运行时定子绕组接成三角形的鼠笼式异步电动机，均可采用此线路。

定子绕组接成 Y—△降压启动的自动控制电路如图 3－7 所示。

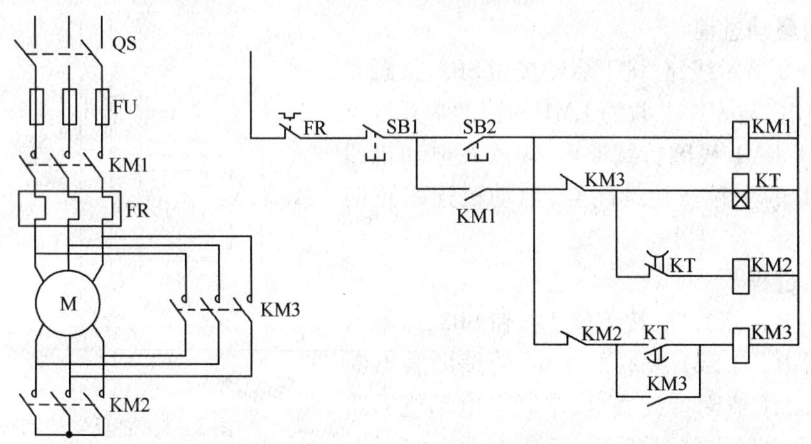

图 3－7　Y—△降压启动控制电路

按下启动按钮 SB2，接触器 KM1 线圈得电，电动机 M 接入电源。同时，时间继电器 KT 及接触器 KM2 线圈得电。接触器 KM2 线圈得电，其常开主触点闭合，电动机 M 定子绕组在星形连接下运行。KM2 的常闭辅助触点断开，保证接触器 KM3 不得电，形成保护措施。

时间继电器 KT 的常开触点延时闭合；常闭触点延时继开，切断 KM2 线圈电源，其主触点断开而常闭辅助触点闭合。接触器 KM3 线圈得电，其主触点闭合，使电动机 M 由星形启动切换为三角形运行。

按 SB1，辅助电路断电，各接触器释放，电动机断电停车。线路在 KM2 与 KM3 之间设有辅助触点联锁，防止它们同时动作造成短路；此外，线路转入三角形连接运行后，KM3 的常闭触点分断，切除时间继电器 KT、接触器 KM2，避免 KT、KM2 线圈长时间运行而空耗电能，并延长其寿命。

模块 2 数控机床电动机正反转线路故障诊断与维修

电动机要实现正反转控制，将其电源的相序中任意两相对调即可（简称换相），通常是 V 相不变，将 U 相与 W 相对调，为了保证两个接触器动作时能够可靠调换电动机的相序，接线时应使接触器的上口接线保持一致，在接触器的下口调相。由于将两相相序对调，故需确保 2 个 KM 线圈不能同时得电，否则会发生严重的相间短路故障，因此必须采取联锁。为安全起见，常采用按钮联锁（机械）和接触器联锁（电气）的双重联锁正反转控制线路；使用（机械）按钮联锁，即使同时按下正反转按钮，调相用的两接触器也不可能同时得电，机械上避免了相间短路。另外，由于应用的（电气）接触器间的联锁，所以只要其中一个接触器得电，其常闭触点（串接在对方线圈的控制线路中）就不会闭合，这样在机械、电气双重联锁的应用下，电动机的供电系统不可能相间短路，有效地保护电动机，同时也避免在调相时相间短路造成事故，烧坏接触器。

接触器联锁正反转控制线路虽工作安全可靠但操作不方便；而按钮联锁正反转控制线路虽操作方便但容易产生电源两相短路故障。双重联锁正反转控制线路则兼有两种联锁控制线路的优点，操作方便，工作安全可靠。控制按钮按用途和触头的结构不同分停止（常闭按钮）、启动按钮（常开按钮）和复合按钮（常开和常闭组合按钮）。按钮的颜色有红、绿、黑等，一般红色表示“停止”，绿色表示“启动”。接线时红色按钮作停止用，绿色或黑色表示启动或通电。

一、正反转控制线路

1. 正向启动过程

如图 3－8 所示线路，按下启动按钮 SB1，接触器 KM1 线圈通电，与 SB1 并联的 KM1 的辅助常开触点闭合，以保证 KM1 线圈持续通电，串联在电动机回路中的 KM1 的主触点持续闭合，电动机连续正向运转。

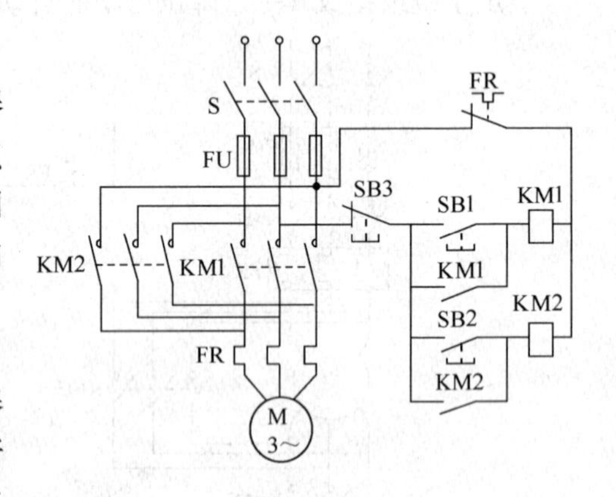

图 3－8 正反转控制线路

2. 停止过程

如图 3－8 所示线路，按下停止按钮 SB3，接触器 KM1 线圈断电，与 SB1 并联的 KM1 的辅助触点断开，以保证 KM1 线圈持续失电，串联在电动机回路中的 KM1 的主触点持续断开，切断电动机定子电源，电动机停转。

3. 反向启动过程

按下启动按钮 SB2，接触器 KM2 线圈通电，与 SB2 并联的 KM2 的辅助常开触点闭合，以保证线圈持续通电，串联在电动机回路中的 KM2 的主触点持续闭合，电动机连续反向运转。

本电路存在严重的缺陷，由于 KM1 和 KM2 线圈不能同时通电，因此不能同时按下 SB1 和 SB2，也不能在电动机正转时按下反转启动按钮，或在电动机反转时按下正转启动按钮。如果操作错误，将引起主回路电源短路，在机床中很少使用。

二、带电气互锁正反转控制线路

如图 3 - 9 所示线路，将接触器 KM1 的辅助常闭触点串入 KM2 的线圈回路中，从而保证在 KM1 线圈通电时 KM2 线圈回路总是断开的；将接触器 KM2 的辅助常闭触点串入 KM1 的线圈回路中，从而保证在 KM2 线圈通电时 KM1 线圈回路总是断开的。这样接触器的辅助常闭触点 KM1 和 KM2 保证了两个接触器线圈不能同时通电，这种控制方式称为互锁或者联锁，这两个辅助常开触点称为互锁或者联锁触点。

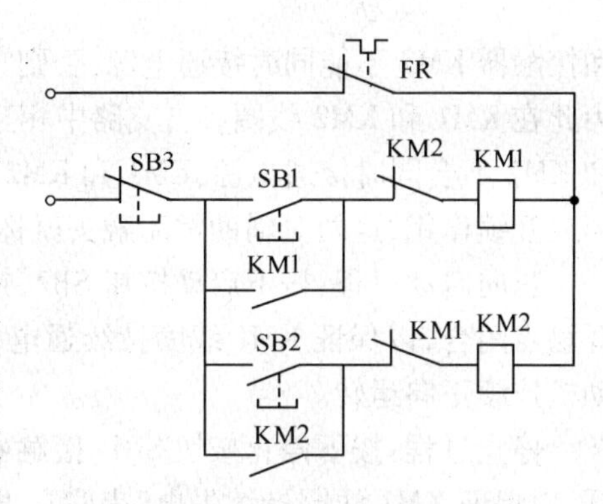

图 3 - 9　带电气互锁正反转控制线路

本线路也存在缺陷，电路在具体操作时，若电动机处于正转状态要反转时必须先按停止按钮 SB3，使互锁触点 KM1 闭合后按下反转启动按钮 SB2 才能使电动机反转；若电动机处于反转状态要正转时必须先按停止按钮 SB3，使互锁触点 KM2 闭合后按下正转启动按钮 SB1 才能使电动机正转。

三、机械互锁正反转控制线路

如图 3 - 10 所示电路，按下正向启动按钮 SB1，电动机正向启动运行，带动工作台向前运动。当运行到 SQ2 位置时，挡块压下 SQ2，接触器 KM1 断电释放，KM2 通电吸合，电动机反向启动运行，使工作台后退。工作台退到 SQ1 位置时，挡块压下 SQ1，KM2 断电释放，KM1 通电吸合，电动机又正向启动运行，工作台又向前进，如此一直循环下去，直到需要停止时按下 SB3，KM1 和 KM2 线圈同时断电释放，电动机断开电源停止转动。

如图 3 - 10 所示为接触器联锁的正反转控制线路，图中主回路采用两个接触器，即正转接触器 KM1 和反转接触器 KM2。当接触器 KM1 的三对主触头接通时，三相电源的相序按 U — V — W 接入电动机。当接触器 KM1 的三对主触头断开，接触器 KM2 的三对主触头接通时，三相电源的相序按 W — V — U 接入电动机，电动机就向相反方向转动。电路要求接触器 KM1

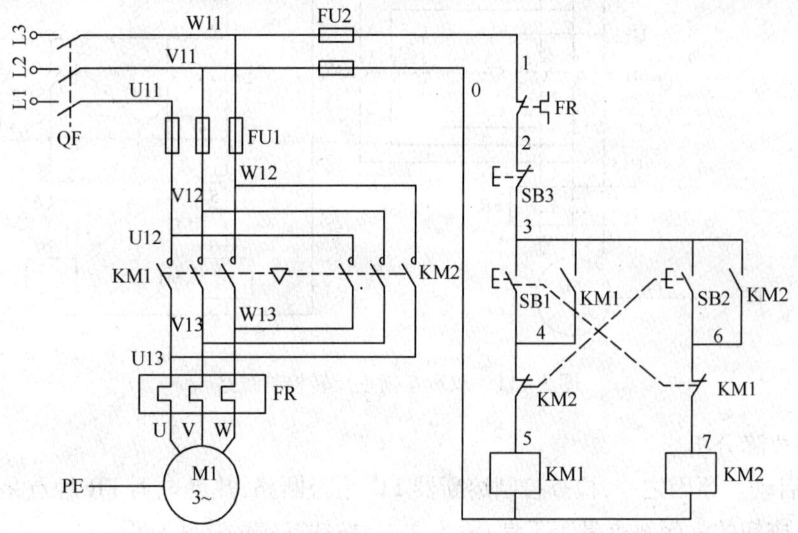

图 3 - 10　机械互锁正反转控制线路

和接触器 KM2 不能同时接通电源,否则它们的主触头将同时闭合,造成 U、W 两相电源短路。为此在 KM1 和 KM2 线圈各自支路中相互串联对方的一对辅助常闭触头,以保证接触器 KM1 和 KM2 不会同时接通电源,KM1 和 KM2 的这两对辅助常闭触头在线路中所起的作用称为联锁或互锁作用,这两对辅助常闭触头就称为联锁或互锁触头。

正向启动过程:按下启动按钮 SB2,接触器 KM1 线圈通电,与 SB2 并联的 KM1 的辅助常开触点闭合,以保证 KM1 线圈持续通电,串联在电动机回路中的 KM1 的主触点持续闭合,电动机连续正向运转。

停止过程:按下停止按钮 SB1,接触器 KM1 线圈断电,与 SB2 并联的 KM1 的辅助触点断开,以保证 KM1 线圈持续失电,串联在电动机回路中的 KM1 的主触点持续断开,切断电动机定子电源,电动机停转。

反向启动过程:按下启动按钮 SB3,接触器 KM2 线圈通电,与 SB3 并联的 KM2 的辅助常开触点闭合,以保证 KM2 线圈持续通电,串联在电动机回路中的 KM2 的主触点持续闭合,电动机连续反向运转。

对于这种控制线路,当要改变电动机的转向时,就必须先按停止按钮 SB1,再按反转按钮 SB3,才能使电动机反转。如果不先按 SB1,而是直接按 SB3,电动机是不会反转的。

四、双重互锁正反转控制线路

如图 3－11 所示双重联锁正反转控制线路,采用复式按钮,将 SB1 按钮的常闭触点串接在 KM2 的线圈电路中,将 SB2 的常闭触点串接在 KM1 的线圈电路中。这样,无论何时,只要按下反转启动按钮,在 KM2 线圈通电之前就首先使 KM1 断电,从而保证 KM1 和 KM2 不同时通电;从反转到正转的情况也是一样。这种由机械按钮实现的互锁也叫机械或按钮互锁。

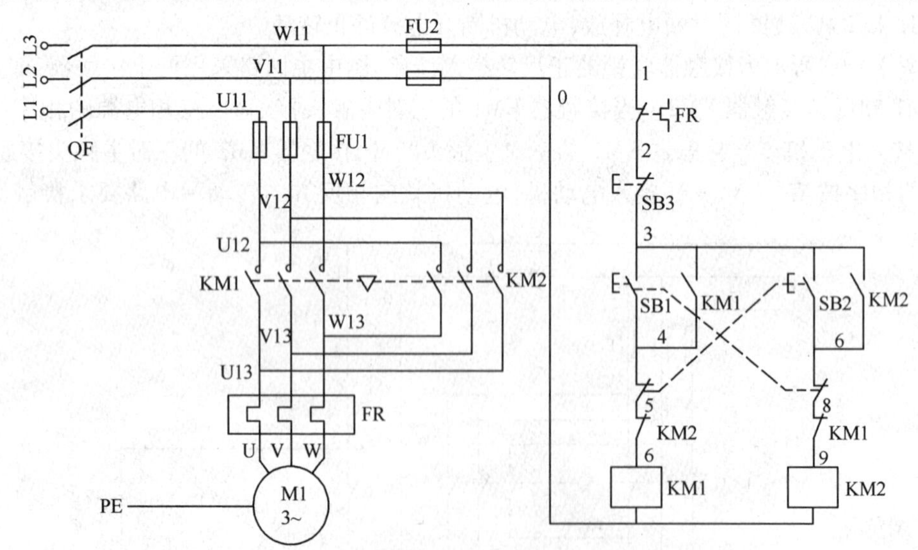

图 3－11　双重互锁正反转控制线路

1. 线路故障分析

(1) 不启动。原因之一,检查控制熔断器 FU 是否断路,热继电器 FR 触点是否用错或接触不良,SB1 按钮的常闭触点是否不良;原因之二,按钮互锁的接线有误。

(2) 启动时接触器"叭哒"响且吸不上。这是因为接触器的常闭触点互锁接线有错,将互锁触点接成了自己锁自己了，启动时常闭触点是通的，接触器线圈得电吸合，接触器吸合后常闭触点又断开，接触器线圈又断电释放，释放常闭触点又接通接触器又吸合，触点又断开，所以会出现“叭哒”声及接触器不吸合的现象。

（3）不能够自锁，一抬手接触器就断开，这是因为自锁触点接线有误。

2. 故障检修步骤

在数控机床整机电气故障检修时，一般大致分为检修前的故障调查、分析故障范围、选择合适的检测方法确定故障点、故障点修复及最后通电试车等几个步骤。

1）检修前的故障调查

在检修前，一般通过问、看、听、摸、闻来了解故障前后的操作情况和故障发生后出现的故障现象，以便能根据故障现象快速判断出故障发生的部位，进而准确地排除故障。

问：询问操作者故障前后电路的操作、运行状况及故障发生后的异常现象，如机床是否有异常的响声、冒烟、火花等。故障发生前有无违规、错误操作和频繁地启动、停止、制动等情况；有无经过保养检修或更改线路等。

看：观察故障发生后是否有明显的外观灼伤痕迹；熔断器是否熔断；保护电器是否有脱扣动作；接线有无脱落；触头是否烧蚀或熔焊；线圈是否过热烧毁等。

听：在不扩大线路故障范围，不损坏电器、机床的前提下可以通电试车，细听电动机、接触器和继电器等电器的声音是否正常；观察各电器动作顺序是否正确。

摸：在刚切断电源后，尽快触摸检查电动机、变压器、电磁线圈及熔断器等，看是否有过热现象。

闻：在故障发生后可以闻一闻，电动机、接触器和继电器线圈绝缘漆以及导线的橡胶塑料层是否因过载或短路等故障而发出烧焦味。

2）分析故障范围

根据电气设备的工作原理和故障现象，采用逻辑分析法结合外观检查法、通电试验法等来缩小故障可能发生的范围。

3）选择合适的检测方法确定故障点

常用的检测方法有：直观法、电压测量法、电阻测量法、短接法等。查找故障必须在确定的故障范围内，顺着检修思路逐点检查，直到找出故障点。

4）故障点修复

针对不同故障情况和部位应采取合适的方法修复故障。对于不能修复的，在更换新的电气元件时要注意尽量使用相同的规格、型号，并进行性能检测，确认性能完好后方可替换，在故障排除中还要注意周围的元件、导线等，不可再扩大故障。

5）通电试车

故障修复后，还应重新通电试车，检查数控机床的各项操作是否符合各项技术要求。

模块3　数控机床制动控制线路故障诊断与维修

机床制动即要求电动机迅速停车，以提高停车位置的准确度，这也是金属加工工艺及安全生产对机床提出的要求。此外，停车时若不加制动，停车时间会延长，影响机床的工作效率。

三相异步电动机切断电源后，由于惯性，总要经过一段时间才能完全停止。为缩短停车时间、提高生产效率和加工精度，要求机床能迅速准确地停车。通过采取一定措施使三相异步电动机在切断电源后迅速准确地停车的过程，称为三相异步电动机制动。三相异步电动机的制动方法分为机械制动和电气制动两大类。机械制动是利用机械装置使电动机迅速停转，其特点是停车准确、不受电气故障或断电影响，缺点是安装麻烦，有电磁抱闸制动、电液闸制动、带式制动、盘式制动等。电气制动是指产生一个与原电动机转动方向相反的力矩，迫使电动机迅速停转，有反接制动、能耗制动、阻容制动、发电制动等。机床中应用较多的为反接制动和能耗制动。其中，能耗制动具有制动平稳、冲击小等优点，在制动次数频繁和功率较大的电动机控制电路中多被采用。

一、机械制动控制线路

电磁抱闸制动结构如图 3－12 所示，电磁抱闸电控原理图如图 3－13 所示。

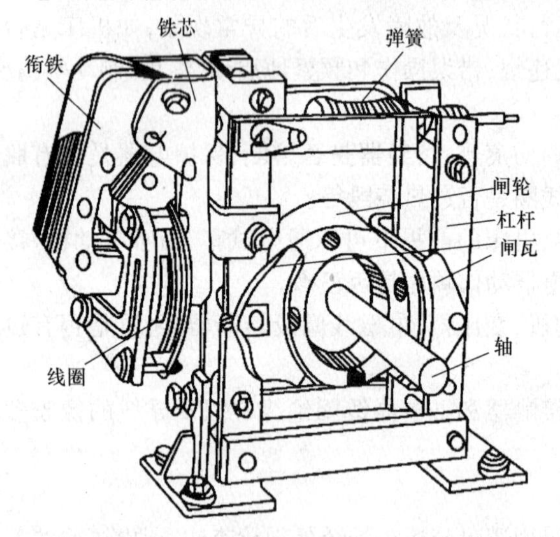

图 3－12　电磁抱闸制动结构示意图

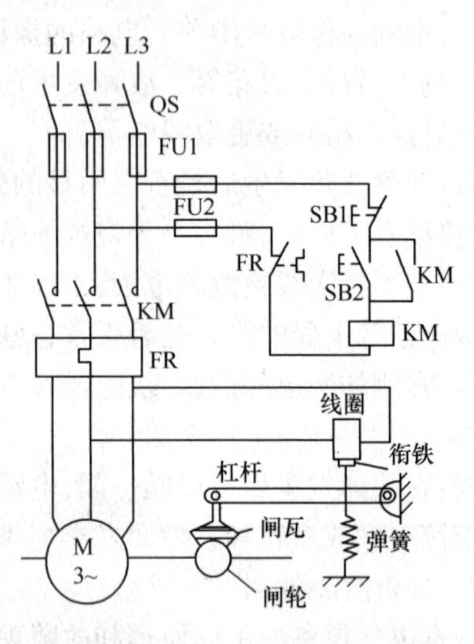

图 3－13　电磁抱闸电控原理图

1．断电制动控制电路

如图 3－14（a）所示电路，断电时制动闸处于“抱住”状态。按下按钮 SB2，KM 通电，YA 通电吸合，电磁抱闸松闸，完成启动。按下按钮 SB1，KM 断电，YA 断电，电磁抱闸抱闸，完成制动。

2．通电制动控制电路

如图 3－14（b）所示电路，断电时制动闸处于“松开”状态。按下按钮 SB2，KM1 通电，完成启动。按下按钮 SB1，KM1 断电，KM2 通电，YA 通电，电磁抱闸抱闸，完成制动。

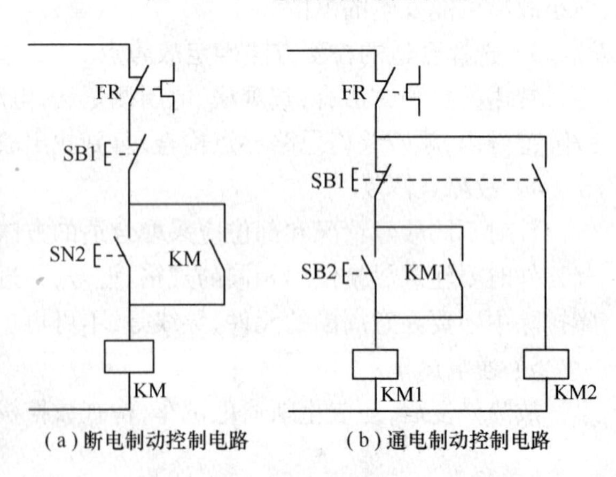

（a）断电制动控制电路　（b）通电制动控制电路

图 3－14　电磁制动控制电路

二、反接制动控制线路

反接制动是通过改变电动机电源相序，使定子绕组产生的旋转磁场与转子惯性旋转的方向相反，因而产生制动作用，使电动机转速迅速下降，直至停止。如果当电动机转速 $n=0$ 时仍未把反向电源断开，则电动机反转。反接制动控制的任务就是恰到好处地把握 $n\to0$ 的瞬间，及时切断反向电源。

反接制动时在定子中施加反相序电压,在转子中产生一个反向力矩,使电动机迅速停止。由于旋转磁场和转子两倍于同步转速,反接时电流为启动时的2倍,因此需串联反接制动电阻,减小电流。反接制动有一个最大的缺点,即当电动机转速为0时,如果不及时撤除反相后的电源,电动机会反转。解决此问题的方法有以下两种:

(1) 在电动机反相电源的控制回路中,加入一个时间继电器,当反相制动一段时间后,断开反相后的电源,从而避免电动机反转。但由于此种方法制动时间难于估算,因而制动效果并不精确。

(2) 在电动机反相电源的控制回路中加入一个速度继电器,当传感器检测到电动机速度为0时,及时切掉电动机的反相电源。由于此种方法中速度继电器实时监测电动机的转速,因而制动效果较上一种方法要好得多。

正是由于反接制动有此缺点,在不允许反转的车床中,制动方法不能采用反接制动,只能采用能耗制动或机械制动。

1. 单向启动反接制动控制线路

单向反接制动控制线路如图3－15所示。它是由速度继电器来实现自动反接制动的。由于速度继电器能反映电动机的速度变化,在转速接近零时发出信号,使控制电路的反接制动接触器断电释放。在制动过程中,定子绕组串联了电阻R,以限制电流。电动机启动时,按启动按钮SB1,接触器KM1吸合并自锁,电动机启动。随着转速的逐步升高,受电动机机械部分控制的速度继电器常开触点KS闭合,为接触器KM2工作做好了准备。需要停车时,按住停止按钮SB2不放,KM1断电释放,其常闭触点接通,使接触器KM2通电吸合,将电动机反转电路接通。电动机在反接制动状态下转速迅速下降。当转速接近于零(约120r/min)时,速度继电器触点KS自动断开并释放,制动结束。

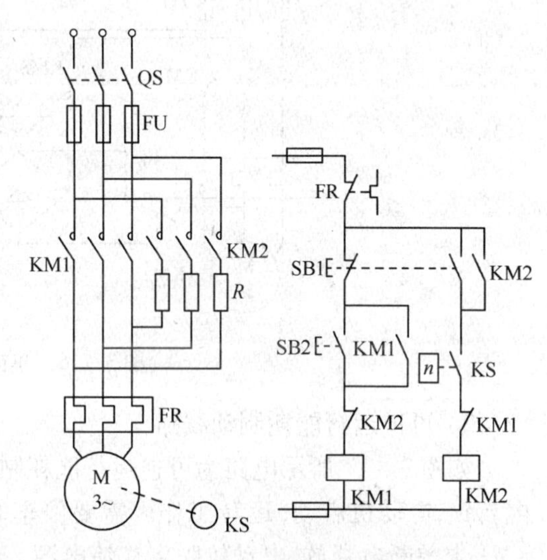

图3－15　单向反接制动控制电路

2. 单向启动反接制动控制线路故障分析

按下停止按钮电动机不制动的原因有:停止按钮按的时间太短或没有按到底,其常开触点没有闭合,KM2没有闭合或短时闭合;接触器KM1的常闭触点接触不良或KM2电路断路。接触器KM2本身有故障不能吸合;速度继电器失灵,触点KS不能闭合;KM2主触点接触不良。

三、能耗制动控制线路

能耗制动就是在运行中的三相异步电动机停车时,在切除三相交流电源的同时,将一直流电源接入电动机定子绕组中的任意两个绕组中,以获得大小和方向都不变化的恒定磁场,从而产生一个与电动机原来的转矩方向相反的电磁转矩以实现制动。当电动机转速下降到零时,再切除直流电源。根据制动控制的原则,一般分为时间继电器控制与速度继电器控制两种形式。

1. 按时间原则控制能耗制动线路

1) 单向能耗制动线路

如图3－16所示线路为单向能耗制动线路。按下启动按钮SB2,接触器KM1通电自锁,电动机启动，运转工作。需要停车时，按下停止按钮 SB1，其动断触点断开，接触器 KM1 电源断电释放，电动机脱离交流电源。与此同时，停止按钮 SB1 动合触点又将时间继电器 KT 和 KM2 的电源接通，直流电接入旋转磁场，产生能耗制动作用。松开 SB1 后，KM2 实现自锁。该线路选用的时间继电器是通电延时，时间继电器 KT 的动断触点经过一段时间后打开。到达定时时间后，KT 的动断触点将接触器 KM2 线圈断电，KM2 释放，制动结束。

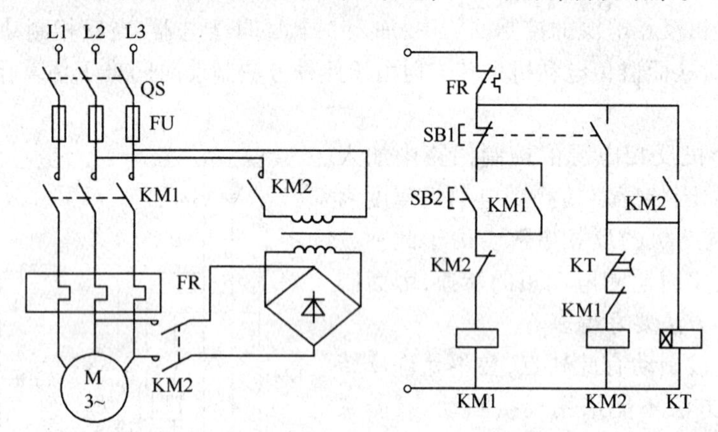

图 3-16　单向能耗制动控制线路

2）可逆运行能耗制动线路

如图 3-17 所示电路为可逆运行能耗制动线路。按下正向启动按钮 SB2，接触器 KM1 通电自锁，电动机启动，运转工作。需要停车时，按下停止按钮 SB1，其动断触点断开，接触器 KM1 电源断电释放，电动机脱离交流电源。与此同时，停止按钮 SB1 动合触点又将时间继电器 KT 和 KM3 的电源接通，直流电接入旋转磁场，产生能耗制动作用。松开 SB1 后，KM3 和 KT 实现自锁。该线路选用的时间继电器是通电延时，时间继电器 KT 的动断触点经过一段时间后打开。到达定时时间后，KT 的动断触点将接触器 KM3 线圈断电，KM3 释放，制动结束。同理，按下反向启动按钮 SB3，接触器 KM2 通电自锁，电动机启动，运转工作。需要停车时，按下停止按钮 SB1，其动断触点断开，接触器 KM2 电源断电释放，电动机脱离交流电源。与此同时，停止按钮 SB1 动合触点又将时间继电器 KT 和 KM3 的电源接通，直流电接入旋转磁场，产生能耗制动作用。松开 SB1 后，KM3 和 KT 实现自锁。该线路选用的时间继电器是通电延时，

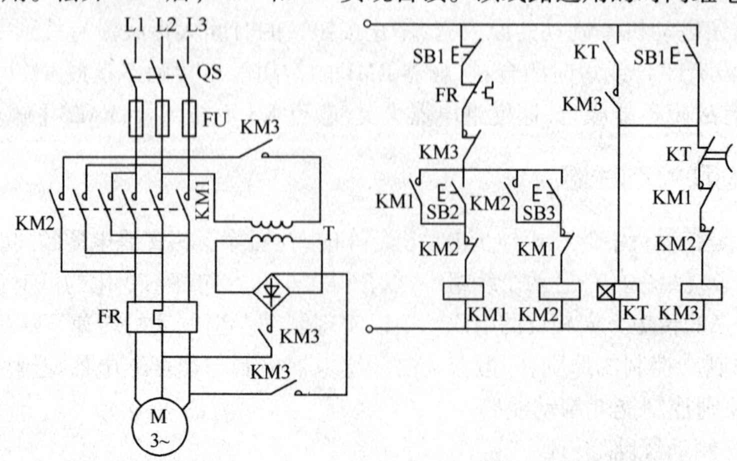

图 3-17　可逆运行能耗制动线路

时间继电器 KT 的动断触点经过一段时间后打开。到达定时时间后,KT 的动断触点将接触器 KM3 线圈断电,KM3 释放,制动结束。

2. 按速度原则控制能耗制动线路

1)单向能耗制动线路

如图 3-18 所示电路为单向能耗制动线路。按下启动按钮 SB2,接触器 KM1 通电自锁,电动机启动,运转工作。需要停车时,按下停止按钮 SB1,其动断触点断开,接触器 KM1 电源断电释放,电动机脱离交流电源。与此同时,当速度传感器 KS 接通时,停止按钮 SB1 动合触点又将接触器 KM2 的电源接通,直流电接入旋转磁场,产生能耗制动作用。松开 SB1 后,KM2 实现自锁。速度降到设定值后,KS 断开,KM2 线圈断电,KM2 释放,制动结束。

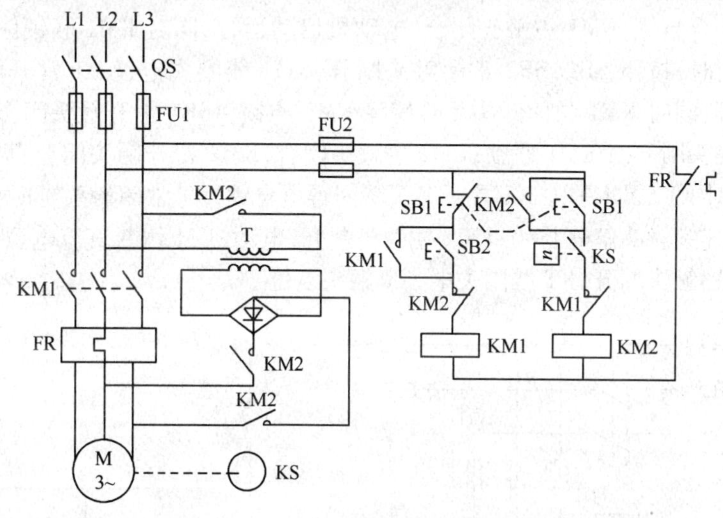

图 3-18 单向能耗制动控制线路

2)可逆运行能耗制动线路

如图 3-19 所示电路为可逆运行能耗制动线路。按下正向启动按钮 SB2,接触器 KM1 通电自锁,电动机启动,运转工作。需要停车时,按下停止按钮 SB1,其动断触点断开,接触器 KM1 电源断电释放,电动机脱离交流电源。与此同时,当速度传感器 KS 接通时,停止按钮

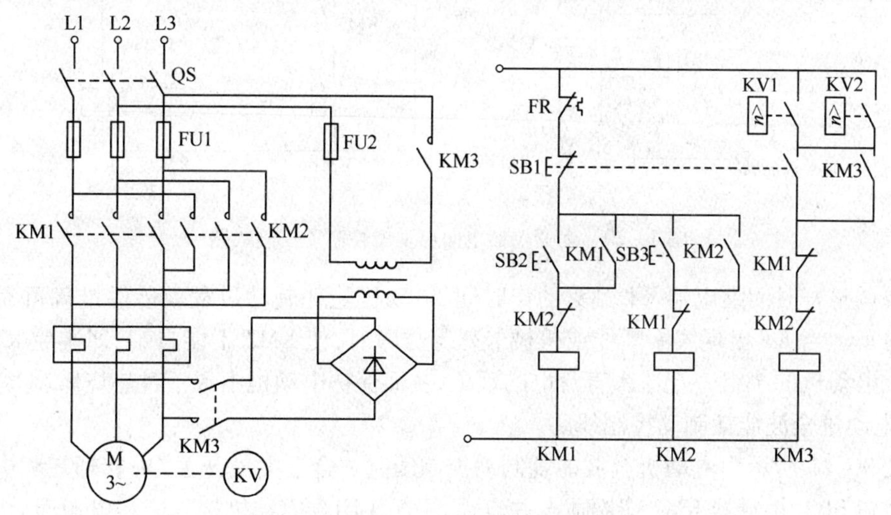

图 3-19 可逆运行能耗制动线路

SB1 动合触点又将接触器 KM3 的电源接通，直流电接入旋转磁场，产生能耗制动作用。松开 SB1 后，KM3 实现自锁。速度降到设定值后，KS 断开，KM3 线圈断电，KM3 释放，制动结束。同理，按下反向启动按钮 SB3，接触器 KM3 通电自锁，电动机启动，运转工作。需要停车时，按下停止按钮 SB1，其动断触点断开，接触器 KM2 电源断电释放，电动机脱离交流电源。与此同时，当速度传感器 KS 接通时，停止按钮 SB1 动合触点又将接触器 KM3 的电源接通，直流电接入旋转磁场，产生能耗制动作用。松开 SB1 后，KM3 实现自锁。速度降到设定值后，KS 断开，KM3 线圈断电，KM3 释放，制动结束。

3. 无变压器单向启动能耗制动控制线路

如图 3－20 为无变压器单向启动能耗制动控制线路。启动时，按下 SB1，KM1 线圈得电，KM1 自锁触头闭合自锁，KM1 主触头闭合，电动机启动运行，同时 KM1 联锁触头分断对 KM2 联锁。能耗制动时，按下 SB2，SB2 常闭触头断开，KM1 线圈失电，KM1 常开触头解除自锁，KM1 主触头断开，同时 KM1 常闭触头闭合解除 KM2 连锁→SB1 常开触头闭合→KM2 线圈得电→KM2 常闭触头断开对 KM1 联锁；KM2 主触头闭合，KM2 常开触头闭合自锁，M 接入直流电能耗制动，同时 KT 线圈得电，KT 常开触头瞬间得电自锁，KT 常闭触头延时分断，同时 KM2 线圈失电，KM2 连锁触头解除自锁；KM2 主触头断开，电动机 M 切断直流电源并停转，能耗制动结束；KM2 自锁触头断开，KT 线圈失电，KT 触头复位。

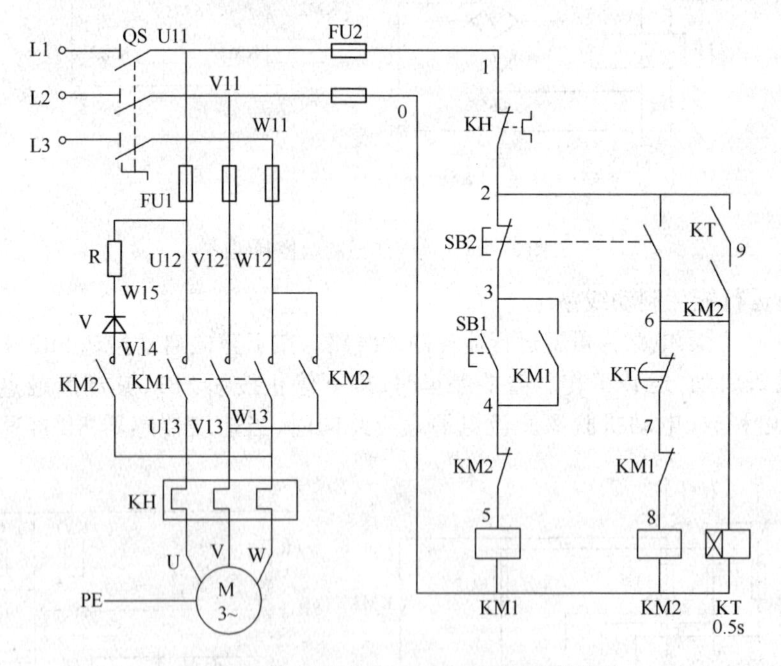

图 3－20　无变压器单向启动能耗制动控制线路

只要调整好时间继电器 KT 触头动作时间，电动机能耗制动过程就能够准确可靠完成制动控制停车。当 KT 出现线圈断线或机械卡死等故障时，使 KM2 不能自锁，即避免 KM2 一直得电导致电动机的绕组一直通入直流电的现象，从而保护电动机不致于过热烧坏。

4. 电动机全波能耗制动控制线路

如图 3－21 所示为电动机全波能耗制动控制线路。合上空气开关 QF 接通三相电源。按下启动按钮 SB2，接触器 KM1 线圈通电并自锁，主触头闭合电动机接入三相电源而启动运行。当需要停止时，按下停止按钮 SB1，KM1 线圈断电，其主触头全部释放，电动机脱离电源。此

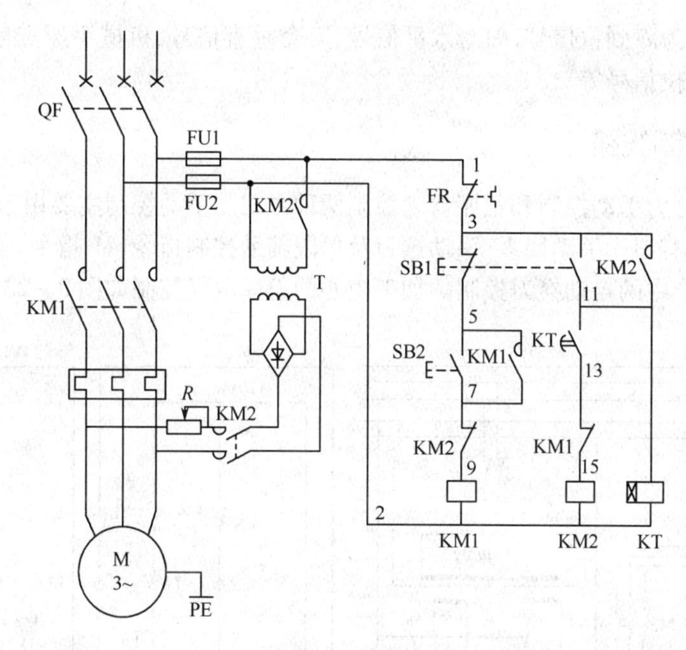

图 3-21　电动机全波能耗制动控制线路

时，接触器 KM2 和时间继电器 KT 线圈通电并自锁，KT 开始计时，KM2 主触点闭合将直流电源接入电动机定子绕组，电动机在能耗制动下迅速停车。另外，时间继电器 KT 的常闭触点延时断开时接触器 KM2 线圈断电，KM2 常开触点断开直流电源，脱离电源并脱离定子绕组，能耗制动及时结束，保证了停止准确。

KM2 常闭触点与 KM1 线圈回路串联，KM1 常闭触点与 KM2 线圈回路串联，从而实现互锁，保证了 KM1 与 KM2 线圈不可能同时通电，也就是在电动机没脱离三相交流电源时，直流电源不可能接入定子绕组。按钮 SB1 的常闭触点接入 KM1 线圈回路，SB1 的常开触点接入 KM2 线圈回路，这时按钮互锁也保证了 KM1、KM2 不可能同时通电，与上面的互锁触点起到同样的作用。直流电源采用二极管单相桥式整流电路，电阻 R 用来调节制动电流大小，改变制动力的大小。

模块 4　数控机床刀库电动机线路故障诊断与维修

近年来，随着机械制造业的不断发展，数控加工技术得到了迅速的普及和应用，为提高数控机床的生产效率、压缩非切削时间，现代数控机床正朝着在一台机床上经一次装夹工件可完成多道工序的加工方向发展，因此出现了各种类型的加工中心机床。为了完成不同的加工工序，加工中心需要使用多种刀具，在这类数控机床上必须具有自动换刀装置（ATC），称为刀库。自动换刀装置应满足换刀时间短、刀具重复定位精度高、刀具存储量足够、结构紧凑及安全可靠等要求。

与电气设计相关的机械手部件主要包括刀库电动机，机械手电动机，倒刀气缸及一些传感器。其中刀库电动机为三相异步电动机并带制动机构，用于驱动刀库正转和反转；机械手电动机为三相异步电动机，单方向旋转，带动凸轮控制机械手完成“扣刀”“交换刀具”“机械手回原点”等动作；倒刀气缸，控制刀库中换刀位置的刀套进入水平，或垂直状态。传感器采集的信号包括刀库计数、刀库到位信号、刀套水平信号、刀套垂直信号、机械手原点信号、机械手电机停止信号、扣刀到位信号等。

一、刀库控制线路

刀库的控制分为手动控制和程序自动控制两种方式。手动控制主要用于刀库的安装与调试或维护等，主要有刀库手动回零、手动选刀及单段辅助控制指令（M 指令）操作等；程序自动控制主要用于生产中的自动换刀控制。加工中心的刀库电气控制如图 3－22 所示。

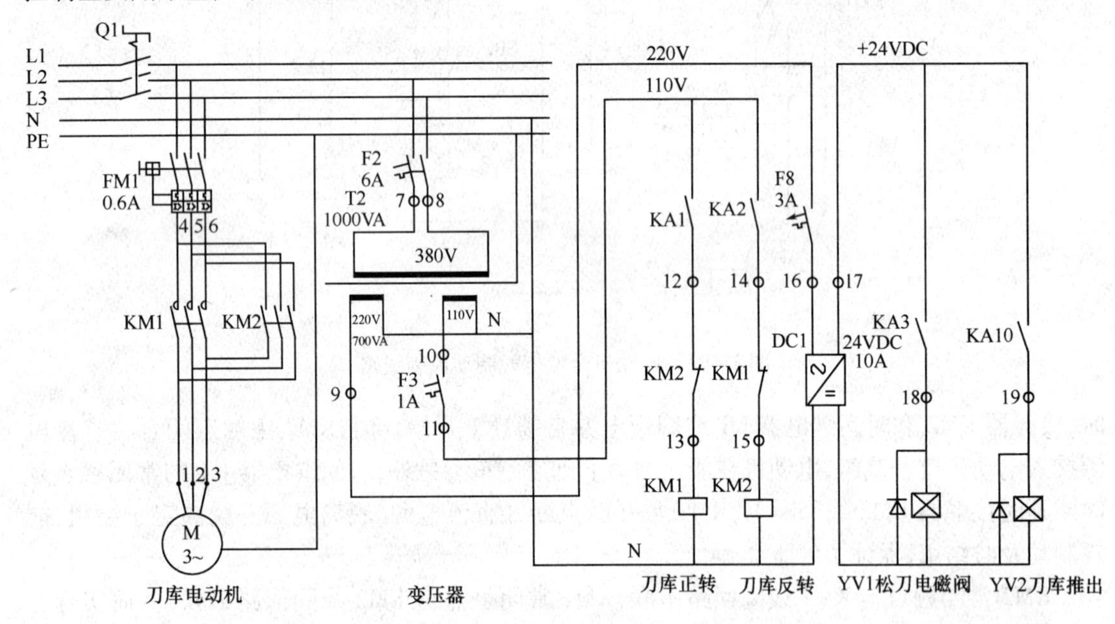

图 3－22　某加工中心刀库电气控制线路

二、换刀装置常见故障及维修

加工中心刀库自动换刀装置常见故障及维修可参考表 3－1。

表 3－1　刀库自动换刀装置常见故障及维修

故障现象	原因分析	故障处理方法
刀库电动机过热烧坏	检查电动机线	关闭电源后，取下配线，检查并排除故障点后更换新电动机
	刀具的质量是否过大	
	刀库是否有阻碍而过载	
刀库无法运转	电源是否良好（电压是否正常）	检查电源、气源
	气源是否供应良好（压力是否足够）	
	检测开关是否正常工作	检查每一个开头是否正常发信号
	电线是否接好	检查电线是否连接完好
换刀时无法回归	电线接触不良	先用换刀命令来换，如果刀没被卡住，表示电线故障
	夹刀及释刀的信号无法被传递	调整感应器的感应装置

项目4 华中数控系统的连接与调试

本项目以项目驱动的形式，介绍了基于华中数控“世纪星”系列数控系统装调的理论知识以及实践操作方法，内容主要包括华中数控系统软、硬件结构，接口连接信息，参数配置，主轴系统，伺服进给系统，检测系统，PLC 系统等。

模块1 华中数控系统的连接与调试

本模块中主要介绍了华中数控系统的特点、基本组成和数控系统常用部件的原理及作用。要求读者通过熟悉数控系统综合实验台，了解华中数控系统综合实验台的连接和基本操作；熟悉华中 HED-21S 数控系统综合实验台各个组成部件的接口；懂电气原理图，通过电气原理图能独立地进行数控系统各部件之间的互连；可以掌握数控系统的调试及运行方法。

一、HED-21S 数控系统硬件组成

HED-21S 数控系统综合实验台集成了数控装置、变频主轴及三相异步电动机、交流伺服及交流伺服电动机、步进电动机驱动器及步进电动机、测量装置、十字工作台。具体组成如图 4-1所示。图 4-1(a)为综合实验台外观，图 4-1(b)为综合实验台组成框图。

下面介绍 HED-21S 数控系统组成及接口。

1) 数控装置

数控装置采用华中数控股份有限公司的“世纪星”HNC-21S 车床数控装置。“世纪星”HNC-21S 车床数控装置采用先进的开放式体系结构，内置嵌入式工业 PC 机，配置 7.7 英寸[①]彩色液晶显示屏和通用工程面板，全汉字操作界面、故障诊断与报警、多种形式的图形加工轨迹显示和仿真，操作简便，易于掌握和使用。集成进给轴接口、主轴接口、手持单元接口、内嵌式 PLC 接口于一体。可自由选配各种类型的脉冲接口、模拟接口的交流伺服单元或步进电动机驱动器。内部已提供标准车床控制的 PLC 程序，用户也可自行编制 PLC 程序。采用国际标准 G 代码编程，与各种流行的 CAD/CAM 自动编程系统兼容，具有直线、圆弧、螺纹切削、刀具补偿、宏程序等功能。支持硬盘、电子盘等程序存储方式以及软驱、DNC、以太网等程序交换功能。具有低价格、高性能、配置灵活、结构紧凑、易于使用、可靠性高的特点。图 4-2 为 HNC-21S 数控装置接口框图；图 4-3 为 HNC-21S 数控装置与其他装置、单元连接的总体框图和连线图。

图 4-3 中：

XS1：电源接口。　　XS2：外接 PC 键盘接口。

XS3：以太网接口。　　XS4：软驱接口。

---

① 1 英寸 = 25.4mm。

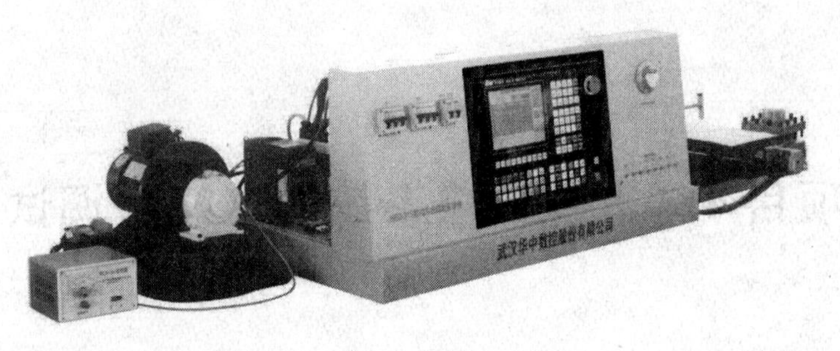

(a)

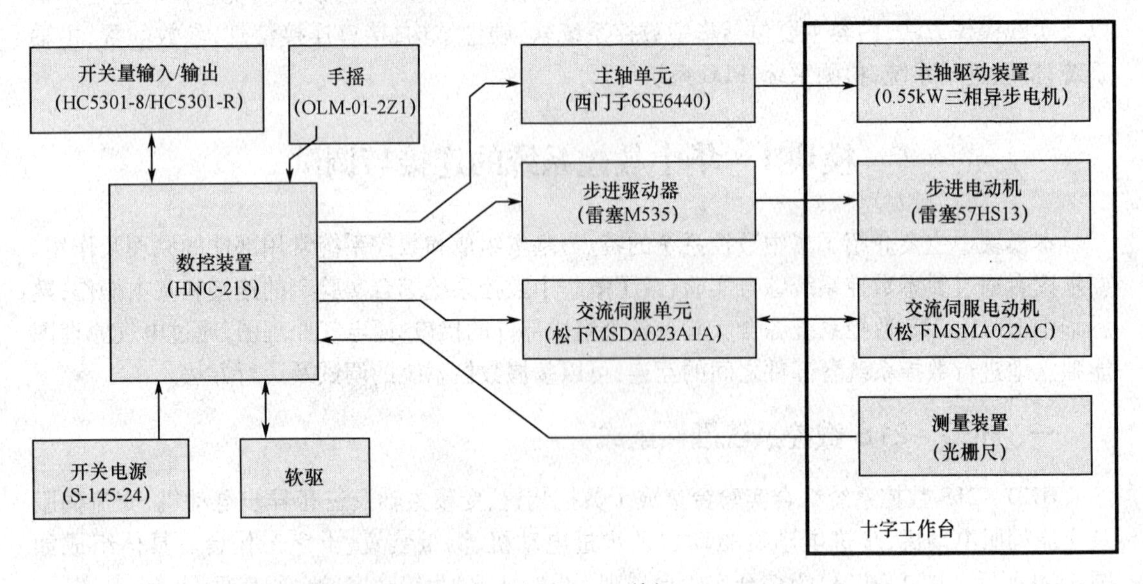

(b)

图 4-1　HED-21S 数控系统综合实验台

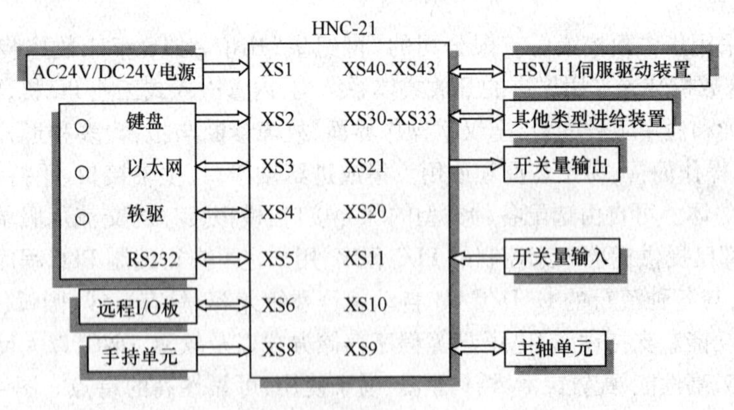

图 4-2　HNC-21S 数控装置接口总体框图

注:图中除电源接口外,其他接口都不是必须使用的。

XS5:RS232 接口。　　XS6:远程 I/O 板接口。

XS8:手持单元接口。　　XS9:主轴控制接口。

XS10、XS11:输入开关量接口。　　XS20,XS21:输出开关量接口。

XS30~XS33:模拟式、脉冲式(含步进式)进给轴控制接口。

XS40~XS43:串行式 HSV-11 型伺服轴控制接口。

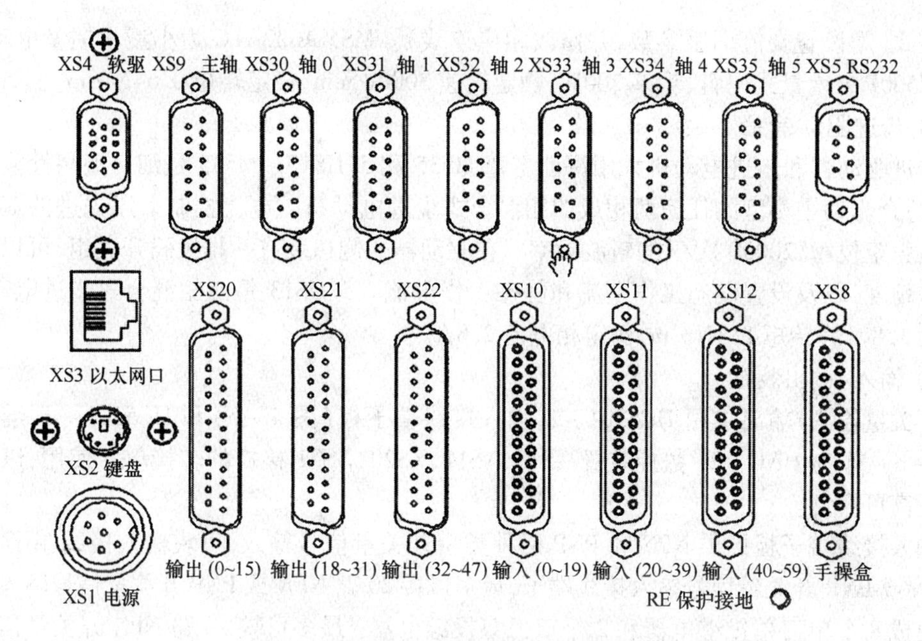

图 4-3　HNC-21S 数控装置接口图

若使用软驱单元则 XS2、XS3、XS4、XS5 为软驱单元的转接口，如图 4-4 所示。软驱单元提供 3.5 英寸软盘驱动器、RS232 接口、PC 键盘接口、以太网接口。需要通过转接线与 HNC-21 数控装置连接使用。

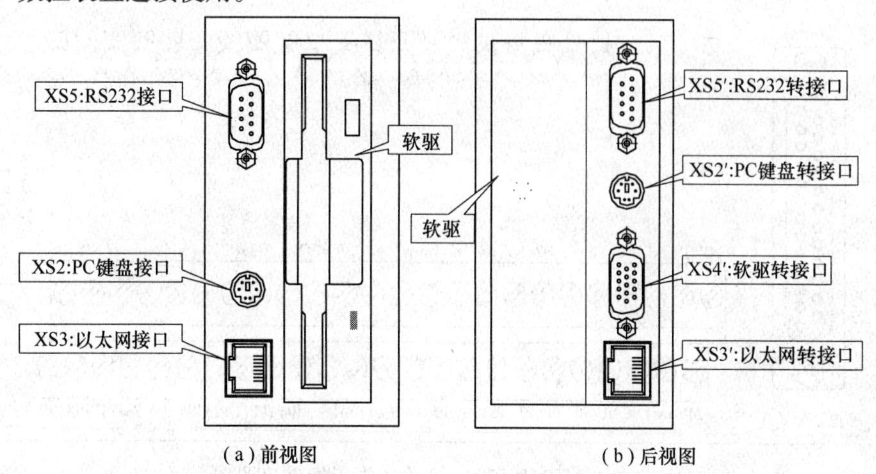

图 4-4　软驱单元接口图

2）变频主轴单元

变频主轴采用西门子 MICROMASTER 440 系列的 6SE6440-2UD21-5AA0 变频器配三相异步电动机。变频器采用矢量控制，三相交流 380V 电源，功率范围（恒转矩）1.5kW，输入电流（恒转矩）3.9A，最大输出电流（恒转矩）4.0A，两个模拟量输入 0~10V，0~20mA 或 -10V~10V，0~20mA。电动机采用普通三相异步电动机，功率 0.55kW，转速 1390r/min。

3）交流伺服驱动单元

交流伺服和交流伺服电动机采用松下 MINAS A 系列的 MSDA023A1A 和 MSMA022A1C。MSDA023A1A 与 MSMA022A1C 构成闭环控制系统，提供位置控制、速度控制、转矩控制三种控制方式(需设置交流伺服参数,并修改相应连线)。MSMA022A1C 为小型小惯量电动机,配 11 线 2500P/r 增量式码盘,功率 200W,额定转速 3000r/min,额定转矩 0.64N·m。

4) 步进驱动单元

步进驱动器和步进电动机采用深圳雷塞 M535 和 57HS13。M535 是细分型高性能步进驱动器,适合驱动中小型的任何两相或四相混合式步进电动机。电流控制采用先进的双极性等角度恒力矩技术,20000 次/s 的斩波频率。在驱动器的侧边装有一排拨码开关组,可以用来选择细分精度,以及设置动态工作电流和静态工作电流。57HS13 是四相混合式步进电动机,步进角为 1.8°,静转矩 1.3N·m,额定相电流 2.8A。

5) 输入/输出装置

开关量输入/输出采用 HC5301-8 输入接线端子板(图 4-5)和 HC5301-R 继电器板(图 4-6),作为 HNC-21 数控装置 XS10、XS11、XS20、XS21 接口的转接单元使用,以方便连接及提高可靠性。

输入接线端子板提供 NPN 和 PNP 两种类型开关量信号输入,每块输入接线端子板有 20 个 NPN 或 PNP 开关量信号输入接线端子,最多可接 20 路 NPN 或 PNP 开关量信号输入。继电器板集成 8 个单刀单投继电器和 2 个双刀双投继电器,最多可接 16 路 NPN 开关量信号输出及急停(两位)与超程(两位)信号,其中 8 路 NPN 开关量信号输出用于控制 8 个单刀单投继电器,剩下的 8 路 NPN 开关量信号输出通过接线端子引出,可用来控制其他电器,2 个双刀双投继电器可由外部单独控制。

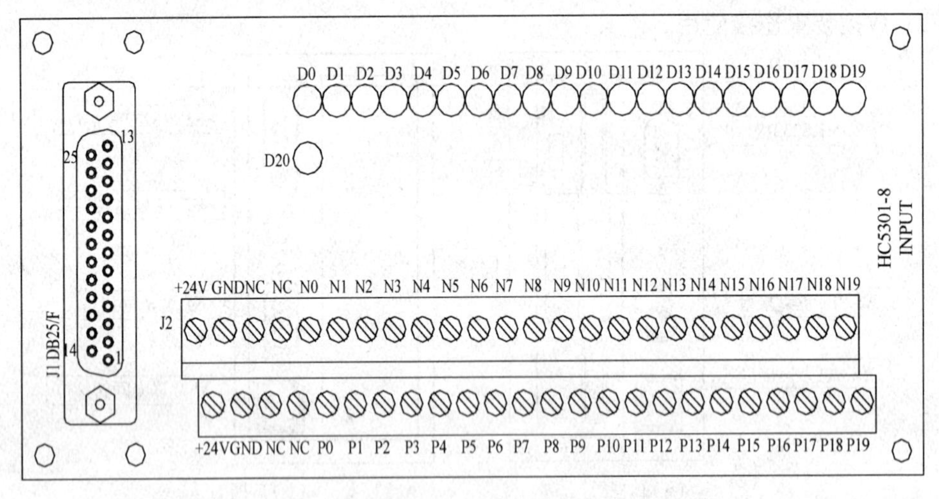

图 4-5 HC5301-8 输入端子板接口图

6) 工作台

XY 工作台集成了雷塞 57HS13 四相混合式步进电动机、MSMA022A1C 交流伺服电动机,光栅尺、笔架。机械部分采用滚珠丝杠传动的模块化十字工作台,用于实现目标轨迹和动作。*X* 轴执行装置采用四相混合式步进电动机,步进电动机没有传感器,不需要反馈,用于实现开环控制。*Y* 轴执行装置采用交流伺服电动机,交流伺服和交流伺服电动机组成一个速度闭环控制系统。安装在交流伺服电动机轴上的增量式码盘充当位置传感器,用于间接测量机械部分的移动距离,可构成一个位置半闭环控制系统;也可用安装在十字工作台上的光栅尺直接测量机械部分移动距离,构成一个位置全闭环控制系统。笔架可绘出工作台的运动轨迹,便于观察数控编程的结果。

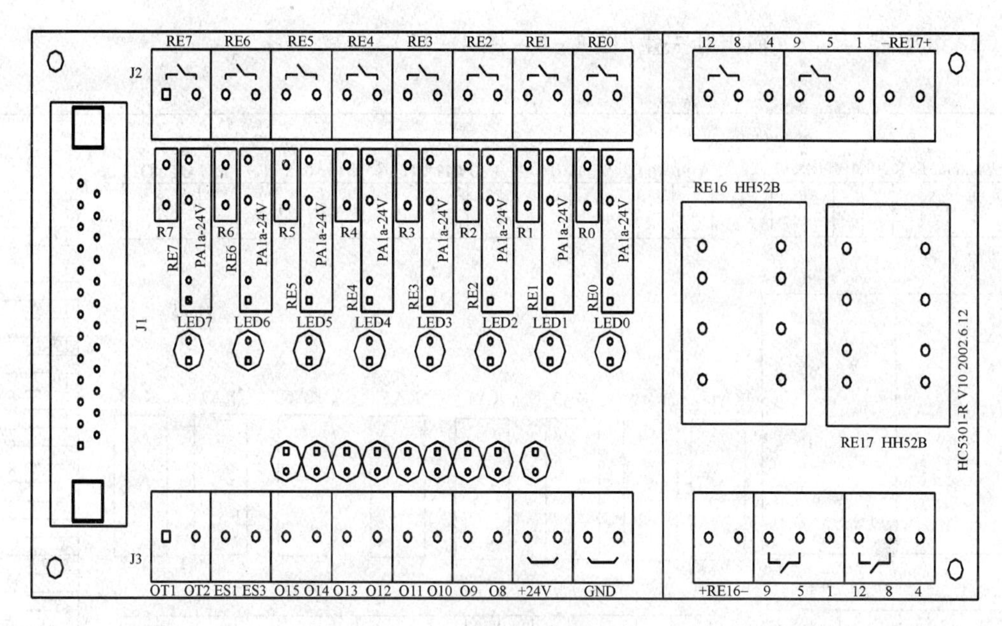

图 4－6　HC5301－R 继电器板

二、华中数控系统实验台的基本连接

利用 HED－21S 数控系统综合实验台，设计一套数控系统，其中包括数控装置、变频器和三相异步电动机构成的主轴驱动系统、交流伺服和交流伺服电动机构成的进给伺服驱动系统、步进电动机驱动器和步进电动机构成的进给伺服驱动系统。这样的数控系统可实现主轴驱动系统的速度控制，进给伺服驱动系统的开环、半闭环控制。数控系统各组成部分电气原理图如图 4－7～图 4－17 所示。

1. 电源部分（图 4－7）

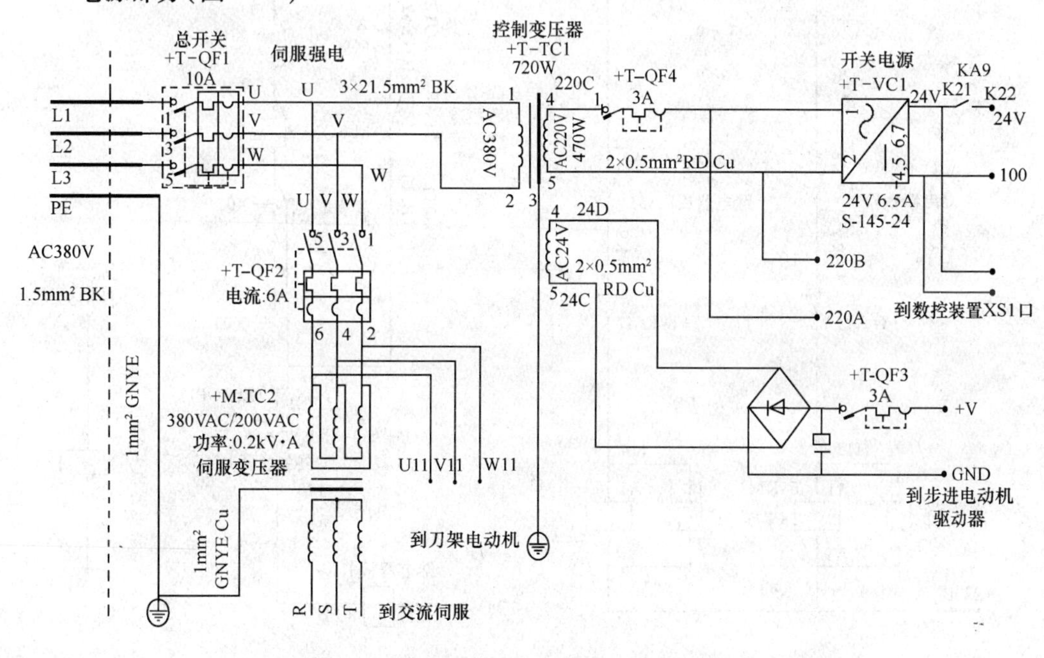

图 4－7　数控系统电气原理图——电源部分

2. 继电器与输入/输出开关量(图4-8~图4-11)

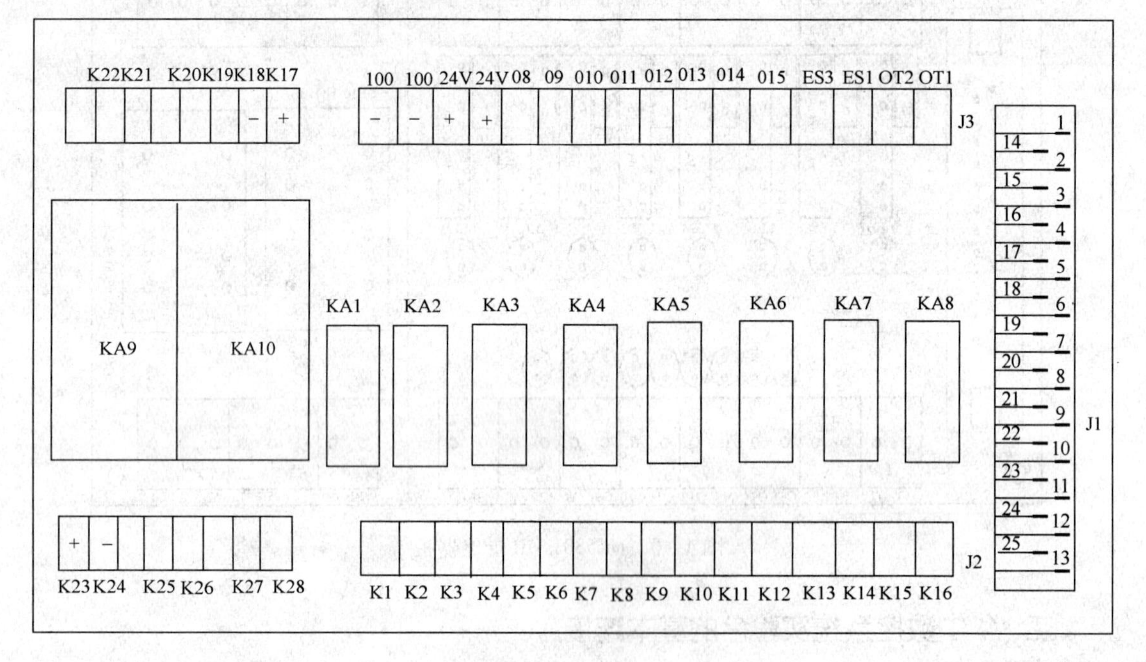

图4-8 数控系统电气原理图——继电器部分

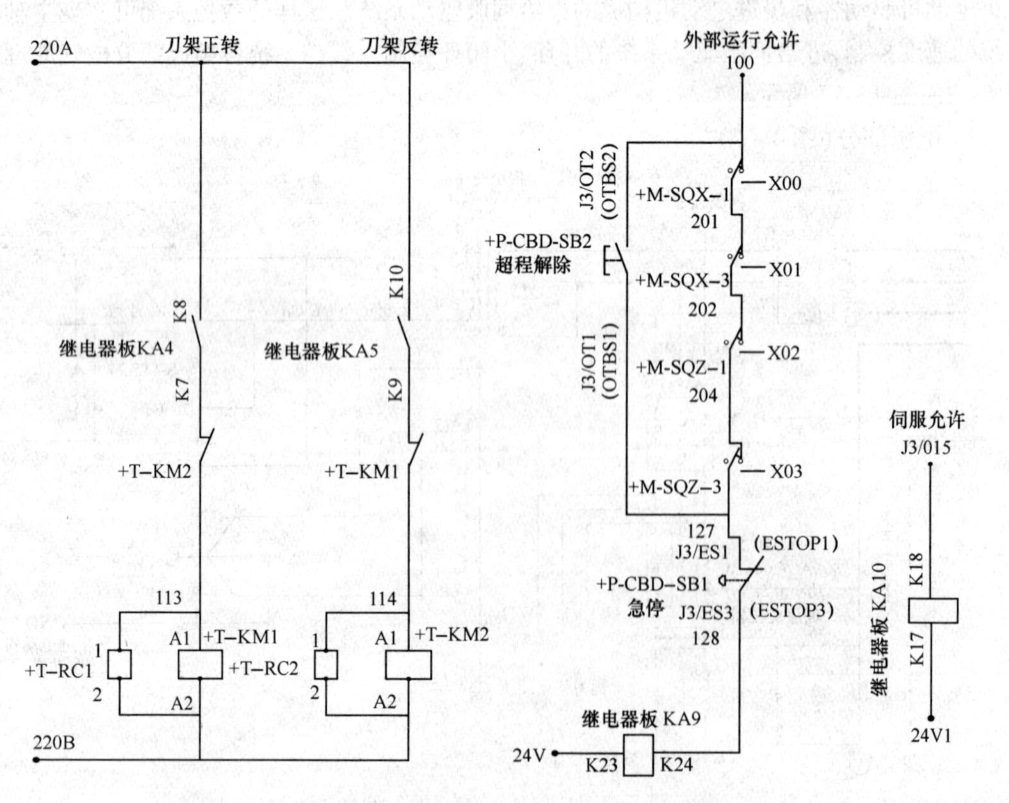

图4-9 数控系统电气原理图——继电器板图

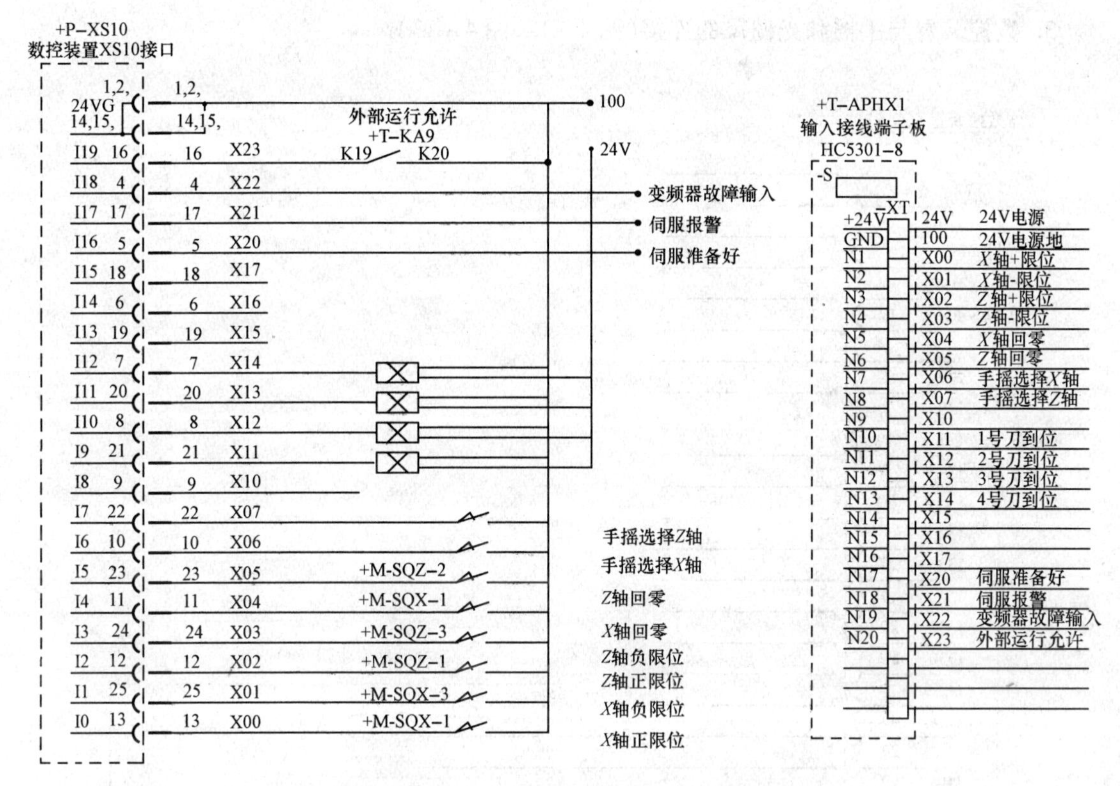

图 4–10 数控系统电气原理图——输入开关量

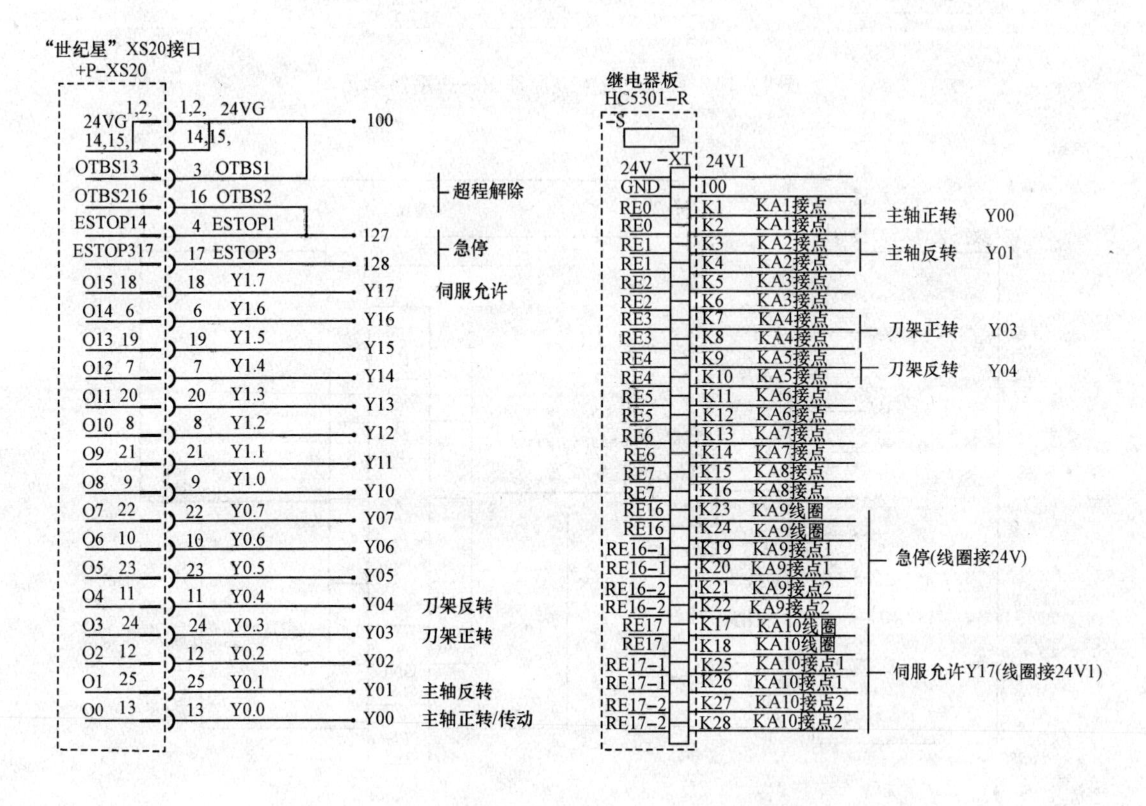

图 4–11 数控系统电气原理图——输出开关量

3. 数控装置与手摇和光栅尺的连接(图 4－12、图 4－13)

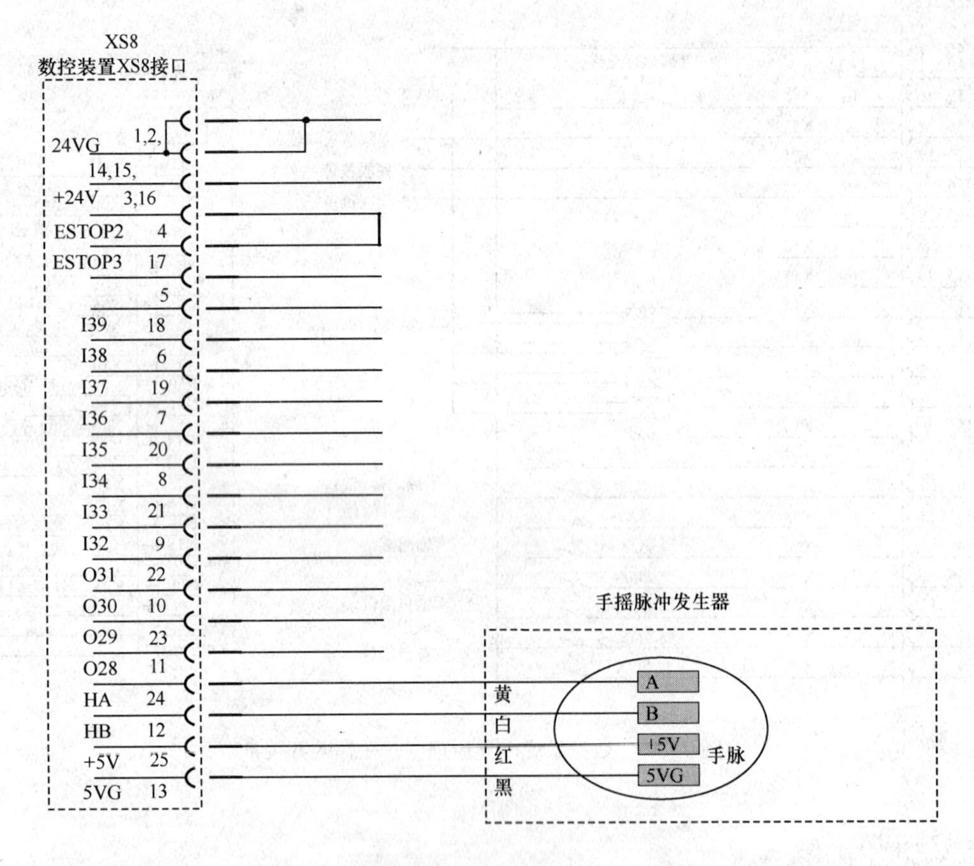

图 4－12　数控系统电气原理图——手摇单元

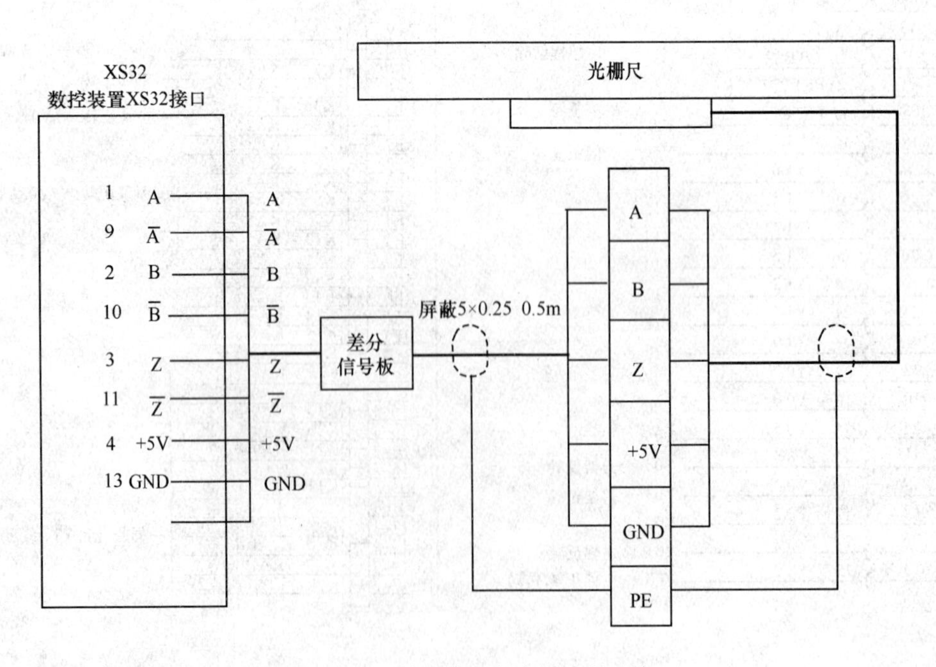

图 4－13　数控装置与光栅尺的连接

4. 数控装置与主轴的连接(图 4-14)

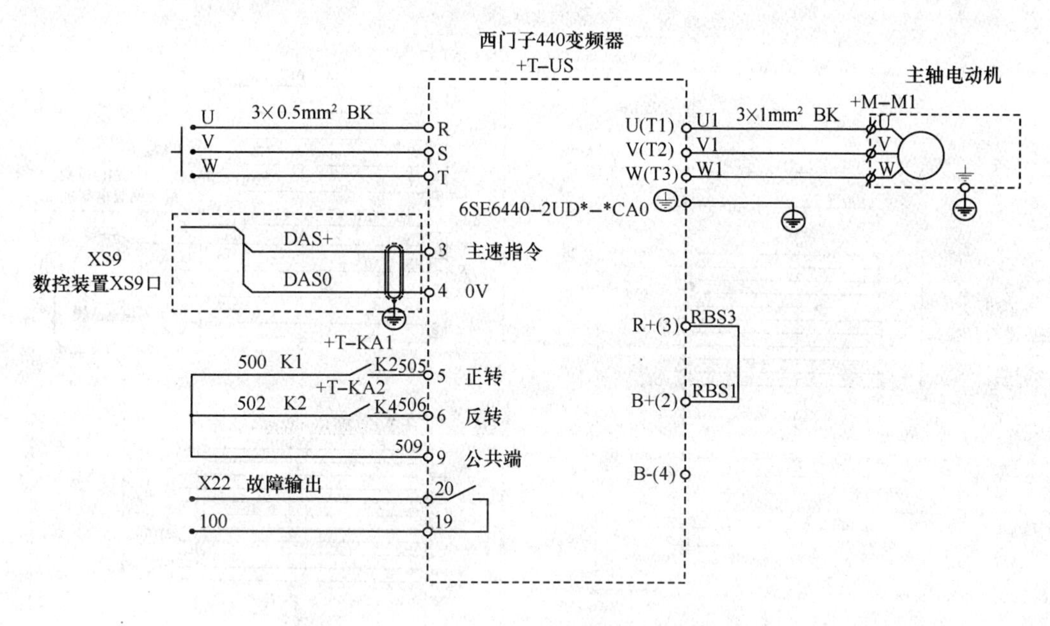

图 4-14 数控系统电气原理图——主轴单元

5. 数控装置与步进驱动器的连接(图 4-15)

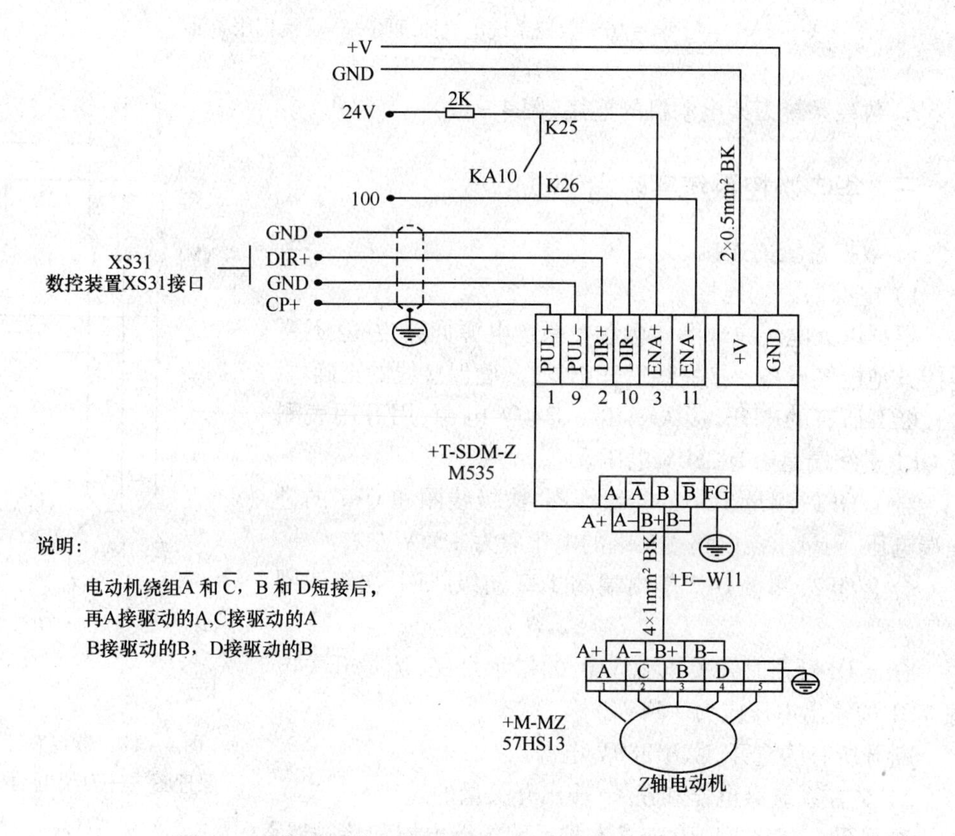

图 4-15 数控系统电气原理图——步进驱动单元

6. 数控装置与交流伺服的连接(图 4－16)

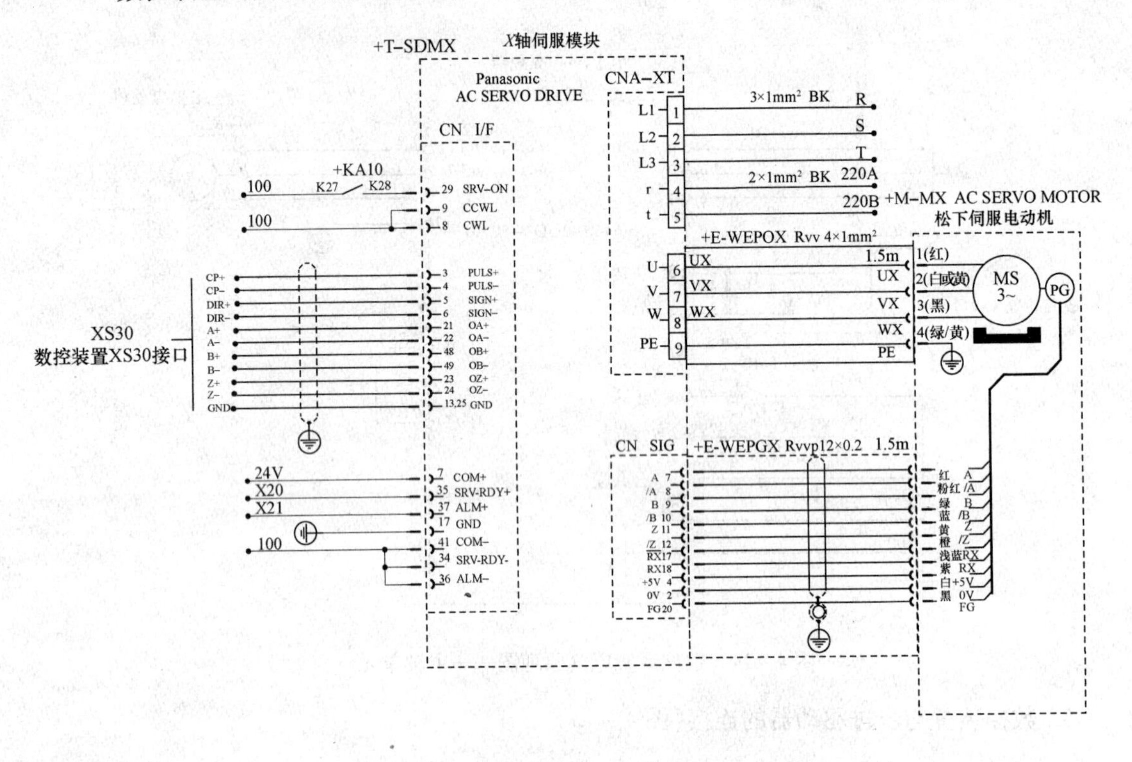

图 4－16　数控系统电气原理图——交流伺服单元

7. 数控系统刀架电动机的连接(图 4－17)

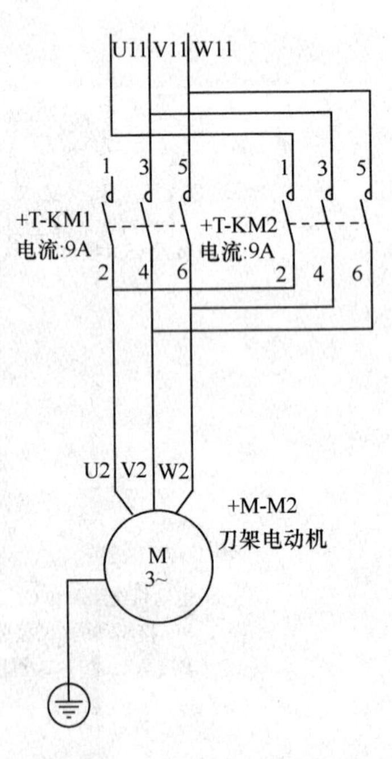

图 4－17　数控系统电气原理图——刀架电动机部分

三、华中数控系统实验台调试

1. 数控系统的连接

1）电源回路的连接

根据以上电气原理图连接数控系统电源回路,注意不要连接其他电气设备。接完线后仔细复查,确保接线的正确。

断开所有的空开,接入三相 AC380V 电源,用万用表测量 QF1 进线端是否有 380V 电压。

合上 QF1,测量 TC1 的初级线圈、次级线圈和 QF2 的进线端电压,测量整流电路输出端的电压应为 +35V 左右。

合上 QF2,测量 QF2 输出端和 TC2 初级线圈、次级线圈电压。

合上 QF4,这时开关电源 VC1 的指示灯亮,测量开关电源 VC1 的输出电压应为 +24V。

断开所有的空开,断开 380V 电源。

2）数控系统继电器和输入/输出开关量的连接

参照图 4－8、图 4－9 连接数控系统的继电器和接触器。

参照图4－10连接数控系统的输入开关量。参照图4－11连接数控系统的输出开关量。

3）数控装置和手摇的连接

首先参照图4－12连接数控装置和手摇。然后参照图4－13连接数控装置和光栅尺。

4）数控装置和变频主轴的连接

参照图4－14连接主轴变频器和主轴电动机强电电缆。

连接数控装置和主轴变频器信号线。

地线可靠且正确地连接。

5）数控装置和步进电动机驱动器的连接

参照图4－15连接步进电动机驱动器和步进电动机，然后连接步进电动机驱动器的电源，最后连接数控装置和步进电动机驱动器。连接过程中要注意保证地线可靠且正确地连接。

6）数控装置和交流伺服的连接

参照图4－16连接交流伺服和交流伺服电动机的强电电缆和码盘信号线。连接交流伺服的电源。连接数控装置和交流伺服信号线，同样也要保证地线可靠且正确地连接。

7）数控系统刀架电动机的连接

参照图4－17连接刀架电动机。

2. 线路检查

由强到弱，按线路走向顺序检查，首先检查变压器规格和进出线的方向和顺序是否正确，然后检查主轴电动机、伺服电动机强电电缆的相序、DC24V电源极性连接是否正确，最后检查步进驱动器直流电源极性连接是否正确。保证所有地线都可靠且正确地连接。

3. 系统调试

系统通电。按下急停按钮，断开系统中所有空气开关。

合上空气开关QF1后检查变压器TC1电压是否正常。合上控制DC24V的空开QF4，检查DC24V电源是否正常。HNC－21数控装置通电，检查面板上的指示灯是否点亮、HC5301－8开关量接线端子和HC5301－R继电器板的电源指示灯是否点亮。

用万用表测量步进驱动器直流电源＋V和GND两脚之间电压，其值应为DC＋35左右，合上控制步进驱动器直流电源空开QF3。合上空气开关QF2。检查变压器TC1电压是否正常，检查设备用到的其他部分电源是否正常。最后通过查看PLC状态，检查输入开关量是否和原理图一致。

4. 系统功能检查

左旋并拔起操作台右上角的“急停”按钮使系统复位，系统默认进入“手动”方式，软件操作界面的工作方式变为“手动”。

按压“＋X”或“－X”按键（指示灯亮），*X*轴应产生正向或负向连续移动。松开“＋X”或“－X”按键（指示灯灭），*X*轴即减速停止。用同样的操作方法，使用“＋Z”或“－Z”按键可使*Z*轴产生正向或负向连续移动。

在手动工作方式下，以低速分别点动*X*、*Z*轴，使之压限位开关，仔细观察是否压得到限位开关，若到位后压不到限位开关，应立即停止点动；若压到限位开关，仔细观察轴是否立即停止运动，软件操作界面是否出现急停报警，这时一直按压“超程解除”按键，使该轴向相反方向退出超程状态后松开“超程解除”按键，若显示屏上运行状态栏“运行正常”取代了“出错”，表示恢复正常，可以继续操作。

检查完*X*、*Z*轴正、负限位开关后，手动将工作台移回中间。

按一下“回零”按键，软件操作界面的工作方式变为“回零”。按一下“+X”和“+Z”按键，检查X、Z轴是否回参考点。回参考点后，“+X”和“+Z”指示灯应点亮。

在手动工作方式下，按一下“主轴正转”按键（指示灯亮），主轴电动机以参数设定的转速正转，检查主轴电动机是否运转正常，按压“主轴停止”，使主轴停止正转。按一下“主轴反转”按键（指示灯亮），主轴电动机以参数设定的转速反转，检查主轴电动机是否运转正常，按压“主轴停止”，使主轴停止反转。

在手动工作方式下，按一下刀号选择按键，选择所需的刀号，再按一下“刀位转换”按键，转塔刀架应转动到所选的刀位。

调入一个演示程序自动运行，观察十字工作台运动情况。

5. 关机步骤

(1) 按下控制面板上的“急停”按钮。

(2) 断开空开 QF2、QF3。

(3) 断开空开 QF4。

(4) 断开空开 QF1，断开 380V 电源。

6. 实验报告

(1) 画出 HED－21S 数控系统综合实验台的结构框图。

(2) 列举 HED－21S 数控系统综合实验台的主要部件并简述其作用。

(3) 简述 HED－21S 数控系统综合实验台的连接及基本操作。

(4) 画出本实验数控系统的电气控制回路连接、电源回路连接的电气原理图。

(5) 如果实验过程中出现故障，写出故障现象及采取措施的处理报告。

(6) 假如用 HNC－21S 车床数控装置、松下 MSDA023A1A 交流伺服、MSM1022AC 交流伺服电动机与光栅尺设计一个全闭环控制系统，该怎样连接？并画出电气原理图。

7. 实验总结

(1) 简述数控系统的组成及原理。

(2) 列举一些数控系统应用实例。

(3) 数控系统连接、调试的一般步骤和方法。

(4) 简述交流伺服驱动系统、步进驱动系统采用何种控制方式，这两种控制方式有何区别和特点。

(5) 根据实验过程中出现的问题，写出数控系统故障一般分析和判断的方法。

模块2　华中数控系统参数设置与调整

本模块主要介绍华中数控系统参数的定义及设置方法，并通过实验系统的实际操作来说明参数设置对数控系统运行的作用及影响。

一、华中数控 HED－21S 系统参数介绍

数控系统的正确运行，必须保证各种参数的正确设定，不正确的参数设置与更改可能造成严重的后果。因此，必须理解参数的功能和熟悉设定值。

按功能和重要性划分了参数的不同级别，数控装置设置了三种级别的权限，允许用户修改不同级别的参数。通过权限口令的限制，对重要参数进行保护，防止因误操作而引起故障和事

故。查看参数和备份参数不需要口令。

1. **常用名词和按键说明**

部件:HNC－21数控装置中的各种控制接口或功能单元。

权限:HNC－21数控装置中,设置了三种级别的权限,即数控厂家、机床厂家、用户;不同级别的权限,可以修改的参数是不同的。数控厂家权限级别最高,机床厂家权限其次,用户权限的级别最低。

主菜单与子菜单:在某一个菜单中,用“Enter”键选中某项后,出现另一个菜单,则前者称主菜单,后者称子菜单。菜单可以分为两种:弹出式菜单和图形按键式菜单,如图4－18所示。

参数树:各级参数组成参数树,如图4－19所示。

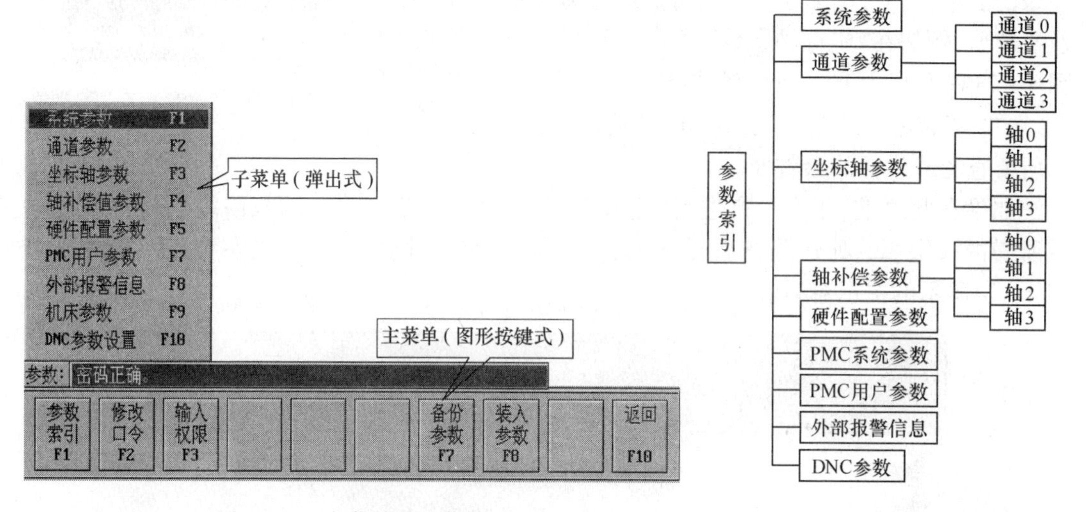

图4－18　主菜单和子菜单

图4－19　数控装置的参数树

2. **参数设置操作方法**

1)参数查看与设置(“F3”→“F1”)

在图4－20所示的主操作界面下,按“F3”键进入参数功能子菜单。命令行与菜单条的显示如图4－20所示。

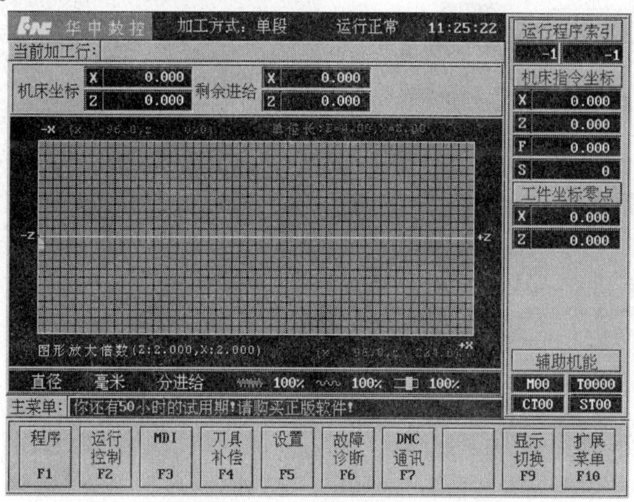

图4－20　主操作界面

参数查看与设置的具体操作步骤如下：

(1) 在参数功能子菜单下，按“F1”键，系统将弹出如图4－21所示的“参数索引”子菜单；

(2) 用“↑”、“↓”选择要查看或设置的选项，按“Enter”键进入下一级菜单或窗口；

(3) 如果所选的选项有下一级菜单，例如“坐标轴参数”，系统会弹出该“坐标轴参数”选项的下一级菜单，如图4－22所示。

图4－21 “参数索引”子菜单

用同样的方法选择、确定选项，直到所选的选项没有更下一级的菜单，此时，图形显示窗口将显示所选参数块的参数名及参数值，例如在“坐标轴参数”菜单中选择“轴0”，则显示如图4－23右上所示的“坐标轴参数→轴0”窗口；用“↑”、“↓”、“←”、“→”、“Pgup”、“Pgdn”等键移动蓝色光标条，到达所要查看或设置的参数处。

如果在此之前，用户没有进入“输入权限F3”菜单，或者输入的权限级别比待修改的参数所需的权限低，则只能查看该参数。若按“Enter”键试图修改该参数，系统将弹出如图4－24所示的提示对话框。

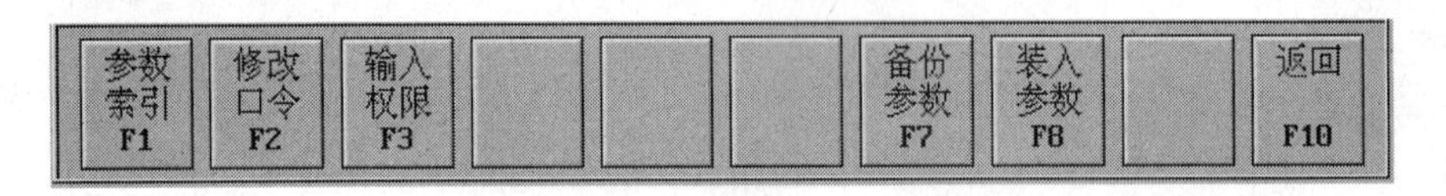

图4－22 “坐标轴参数”菜单

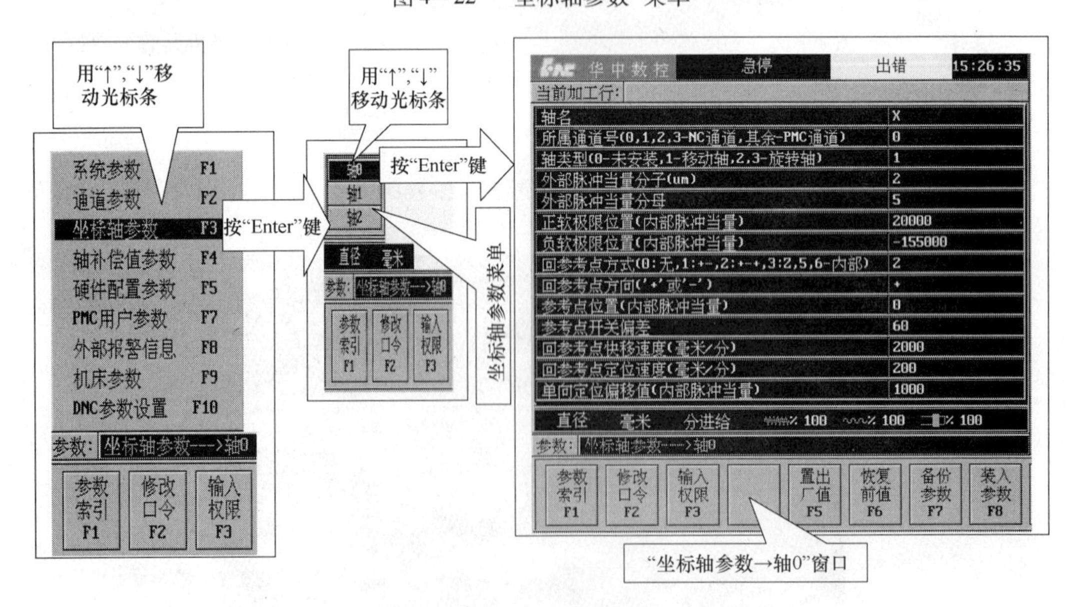

图4－23 “坐标轴参数→轴0”窗口

如果完成了权限设置，输入了修改此项参数所需的权限口令，则若用户按“Enter”键，则进入参数设置状态。在输入完参数值后，按“Enter”键确认（或按“Esc”键取消）刚才的输入或修改，此时光标消失（图4－25）。

参数: 请输入修改权限
参数 索引 F1
输入 权限 F3

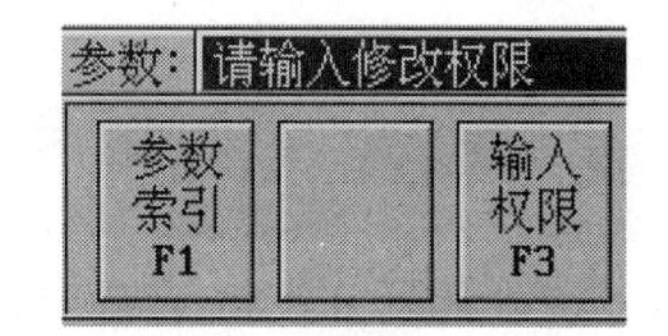

图 4-24　系统提示:修改参数前应先输入权限

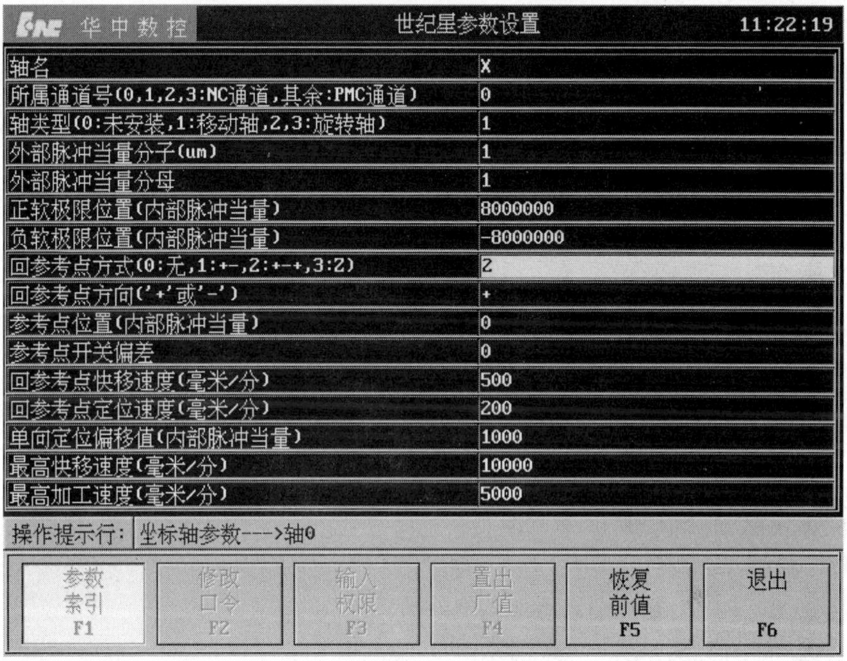

华中数控
世纪星参数设置
11:22:19
轴名 X
所属通道号(0,1,2,3:NC通道,其余:PMC通道) 0
轴类型(0:未安装,1:移动轴,2,3:旋转轴) 1
外部脉冲当量分子(um) 1
外部脉冲当量分母 1
正软极限位置(内部脉冲当量) 8000000
负软极限位置(内部脉冲当量) -8000000
回参考点方式(0:无,1:+-,2:+-+,3:2) 2
回参考点方向('+'或'-') +
参考点位置(内部脉冲当量) 0
参考点开关偏差 0
回参考点快移速度(毫米/分) 500
回参考点定位速度(毫米/分) 200
单向定位偏移值(内部脉冲当量) 1000
最高快移速度(毫米/分) 10000
最高加工速度(毫米/分) 5000
操作提示行: 坐标轴参数--->轴0
参数 索引 F1
修改 口令 F2
输入 权限 F3
置出 厂值 F4
恢复 前值 F5
退出 F6

图 4-25　修改参数

继续用"↑"、"↓"、"←"、"→"、"Pgup"、"Pgdn"等键在本窗口内移动蓝色光标条,到达需要查看或设置的其他参数处,直至完成窗口中各项参数的查看和修改。

按"Esc"或"F1"键,退出本窗口。如果本窗口中,有参数被修改,系统将提示是否保存所修改的值,如图 4-26 所示,按"Y"键存盘,按"N"键不存盘;然后,系统提示是否将修改值作为缺省值保存,如图 4-27 所示。按"Y"键确认,按"N"键取消。

系统回到"参数索引"菜单,可以继续进入其他的菜单或窗口,查看或修改其他参数;若连续按"Esc"键,将最终退回到参数功能子菜单。如果有参数已被修改,则需要重新启动系统,以便使新参数生效。此时,系统将出现如图 4-28 所示的提示。

参数: 是否保存所修改的值Y/N?(Y)
参数 索引 F1
修改 口令 F2
输入 权限 F3

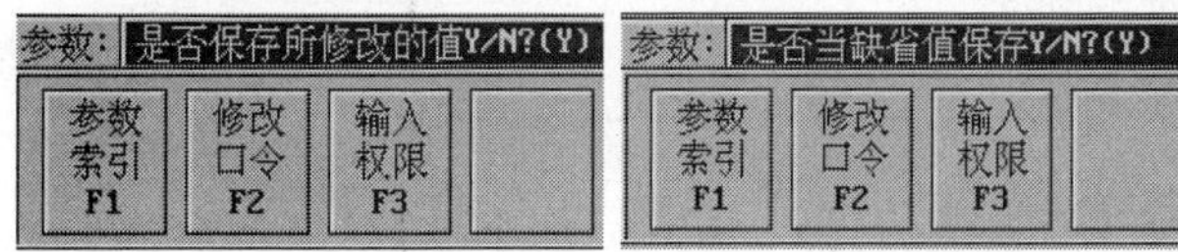

图 4-26　系统提示:是否保存参数修改值

参数: 是否当缺省值保存Y/N?(Y)
参数 索引 F1
修改 口令 F2
输入 权限 F3

图 4-27　系统提示:是否当缺省值保存

参数: 要参数设置立刻生效,请关闭电源重新启动系统。
参数 索引 F1
修改 口令 F2
输入 权限 F3

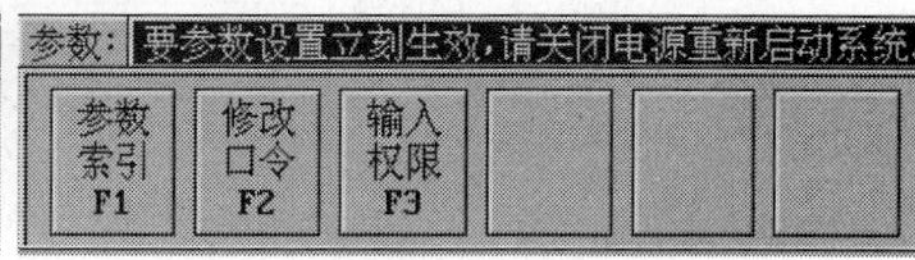

图 4-28　系统提示:参数修改后重新启动系统

2) 输入权限口令("F3"→"F3")

数控装置的运行,严格依赖于系统参数的设置,因此,对参数修改的权限分三级予以规定:

(1) 数控厂家:最高级权限,能修改所有参数。

(2) 机床厂家：中间级权限，能修改机床调试时需设置的参数。

(3) 用户厂家：最低级权限，仅能修改用户使用时需改变的参数。

数控机床在最终用户处安装调试后，一般不需修改参数。在特殊的情况下，如需要修改参数，首先应输入参数修改的权限口令，如图 4－29 所示。具体操作步骤如下：

(1) 在参数功能子菜单下按“F3”键，系统会弹出权限级别选择窗口。

(2) 用“↑”、“↓”选择权限，按“Enter”键确认，系统将弹出输入口令对话框。

(3) 在口令对话框中输入相应的权限口令，按“Enter”键确认。

若所输入的权限口令正确，则可进行此权限级别的参数修改；否则，系统会提示权限口令输入错。

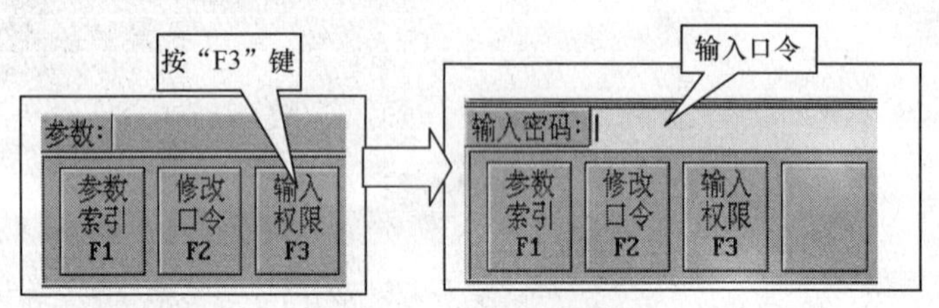

图 4－29　输入权限口令

二、华中数控 HED－21S 系统参数调试说明

逻辑轴：X、Y、Z、A、B、C、U、V、W。在某一通道中，逻辑轴不可同名。在不同通道中，逻辑轴可以同名。例如，每个通道都可以有 X 轴。

实际轴：轴 0～轴 15，在整个系统中是唯一的，不能重复。

参数相互之间的关系如图 4－30 所示。

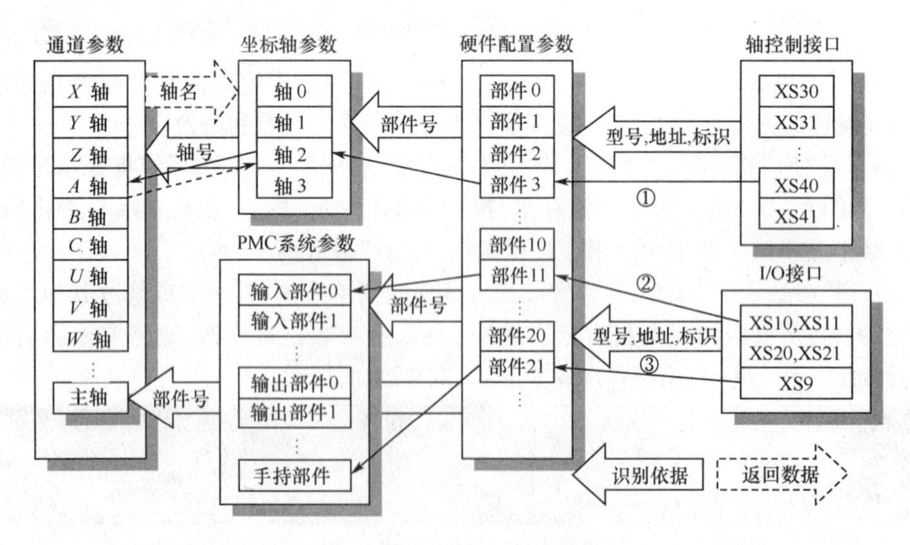

图 4－30　HNC－21 主要参数关系图

以①为例：在硬件配置参数中通过将部件 3 的型号设为 5301，标识设为 49，配置[0]设为 0，将由 XS40 控制的 11 型伺服分配到系统硬件清单中的 3 号部件；

在坐标轴参数中通过将轴 2 的部件号设为 3，而使得系统实际轴 2 控制的轴为部件 3 指定的轴，即 XS40 控制的 11 型伺服轴；

在通道参数中通过将 A 轴的轴号设为 2，使得轴 2 成为逻辑 A 轴，相应的轴 2 的名称即为 A。

1. 硬件 PLC 地址定义

在系统程序、PLC 程序中,机床输入的开关量信号定义为 X(即各接口中的 I 信号);输出到机床的开关量信号定义为 Y(即各接口中的 O 信号),如图 4-31 所示。

将各个接口(HNC-21 本地、远程 I/O 端子板)中的 I/O(输入/输出)开关量定义为系统程序中的 X、Y 变量,需要通过设置参数中的"硬件配置参数"和"PMC 系统参数"实现。

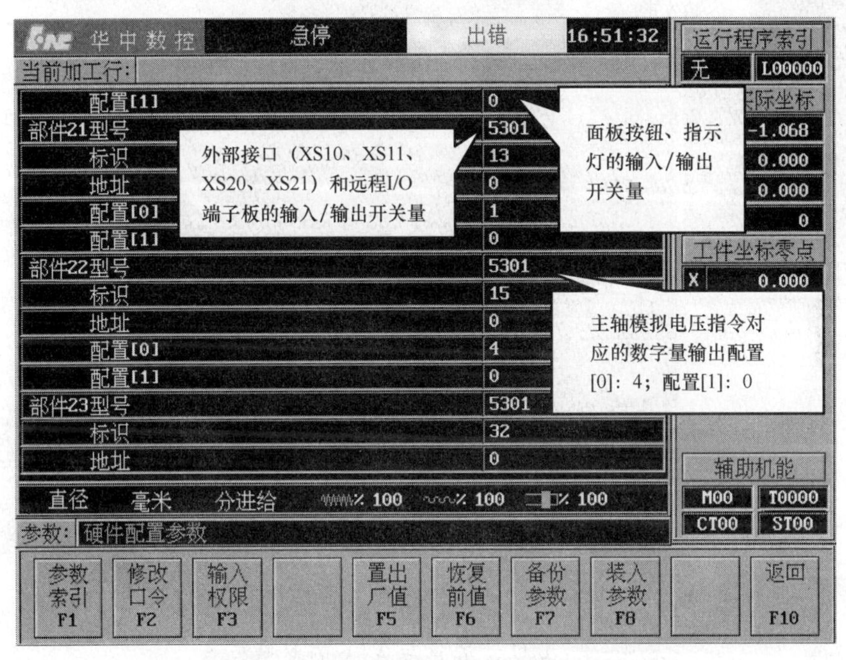

图 4-31 硬件配置参数中关于输入/输出开关量的设置

主轴模拟电压指令输出的过程为:PLC 程序通过计算给出数字量,数字量由专用的硬件电路转化为模拟电压。PLC 程序处理的是数字量,共 16 位占用两个字节,即两组输出信号。

因此主轴模拟电压指令也作为开关量输出信号处理。

HNC-21 数控装置的输入/输出开关量占用中的三个部件(一般设为:部件 20、部件 21、部件 22),如图 4-32 所示。

开关量分配占用的 X、Y 地址,即确定接口中各 I/O 信号与 X/Y 的对应关系,如图 4-31 所示。

部件 21 中的开关量输入信号设置为"输入模块 0",共 30 组,则占用 X[00]~X[29]。

部件 20 中的开关量输入信号设置为"输入模块 1",共 16 组,则占用 X[30]~X[45]。

输入开关量总组数即为 30+16=46 组。

部件 21 中的开关量输出信号设置为"输出模块 0",共 28 组,则占用 Y[00]~Y[27]。

部件 22 中的开关量输出信号设置为"输出模块 1",共 2 组,则占用 Y[28]~Y[29]。

部件 20 中的开关量输出信号设置为"输出模块 2",共 8 组,则占用 Y[30]~Y[37]。

输出开关量总组数即为 28+2+8=38 组。

其中,在 PMC 系统参数中所涉及的部件号与硬件配置参数中是一致的。输入/输出开关量每 8 位一组占用一个字节。例如,HNC-21 数控装置 XS10 接口的 I0~I7 开关量输入信号占用 X[00]组,I0 对应于 X[00]的第 0 位,1 对应于 X[00]的第 1 位。

按以上参数设置,I/O 开关量与 X/Y 的对应关系如表 4-1 所列。

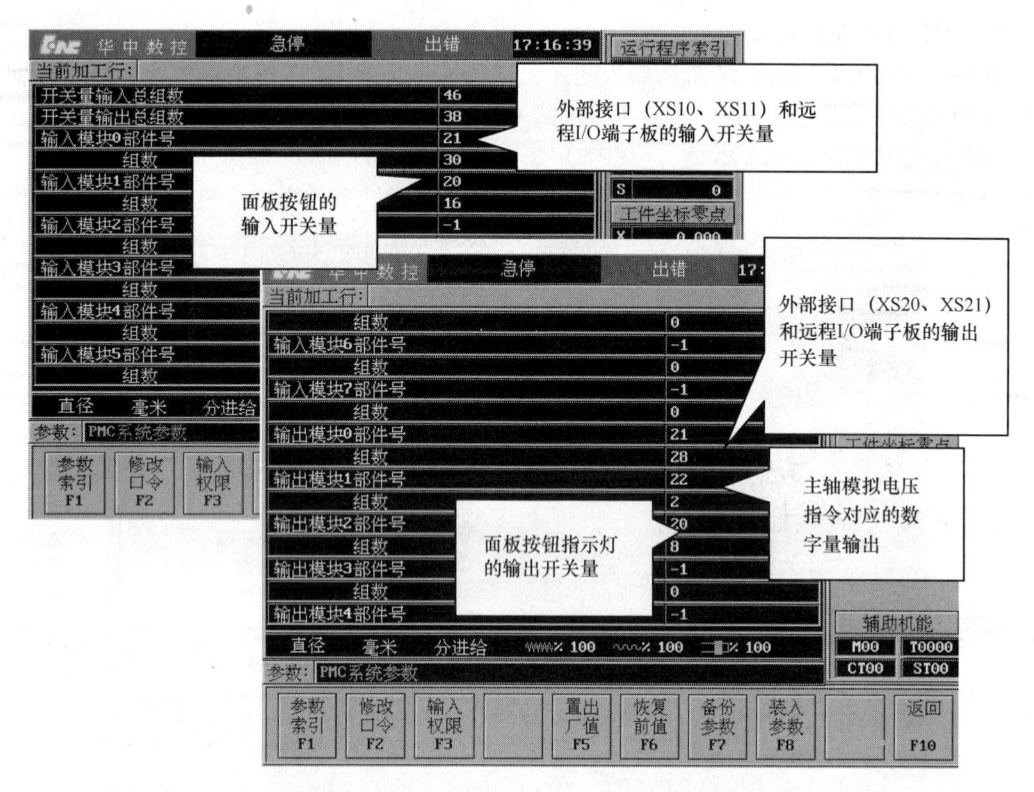

图 4-32　PMC 系统参数中关于输入/输出开关量的设置

表 4-1　I/O 开关量与 X/Y 的对应关系

信号名	X/Y 地址	部件号	模块号	说　明
输入开关量地址定义				
I0 ~ I39	X[00] ~ X[04]	21	输入模块 0	XS10、XS11 输入开关量
I40 ~ I47	X[05]			保留
I48 ~ I175	X[06] ~ X[21]			保留
I176 ~ I239	X[22] ~ X[29]			保留
I240 ~ I367	X[30] ~ X[45]	20	输入模块 1	面板按钮输入开关量
输出开关量地址定义				
O0 ~ O31	Y[00] ~ Y[03]	21	输出模块 0	XS20、XS21 输出开关量
O32 ~ O159	Y[04] ~ Y[19]			保留
O160 ~ O223	Y[20] ~ Y[27]			保留
O224 ~ O239	Y[28] ~ Y[29]	22	输出模块 1	主轴模拟电压指令数字量输出
O240 ~ O303	Y[30] ~ Y[37]	20	输出模块 2	面板按钮指示灯输出开关量

2. 与手摇单元相关的参数设置

手摇单元上的坐标选择输入开关量与其他部分的输入/输出开关量的参数统一设置，不需要单独设置参数。

手摇单元上的手摇脉冲发生器需要设置相关的“硬件配置参数”和“PMC 系统参数”，如图 4-33 所示。

通常在“硬件配置参数”中部件 24 被标识为手摇脉冲发生器（标识为 31，配置[0]为 5），并在“PMC 系统参数”中引用，如图 4 - 34 所示。

华中数控　世纪星参数设置　11:07:47

参数	值
部件24型号	5301
标识	31
地址	0
配置[0]	5
配置[1]	0
部件25型号	0
标识	0
地址	0
配置[0]	0
配置[1]	0
部件26型号	0
标识	0
地址	0
配置[0]	0
配置[1]	0
部件27型号	0

部件24的标识设为31，配置[0]设为5，即指定该部件为手摇脉冲发生器

操作提示行：硬件配置参数

参数索引 F1　修改口令 F2　输入权限 F3　置出厂值 F4　恢复前值 F5　退出 F6

图 4 - 33　手持单元硬件配置参数的设置

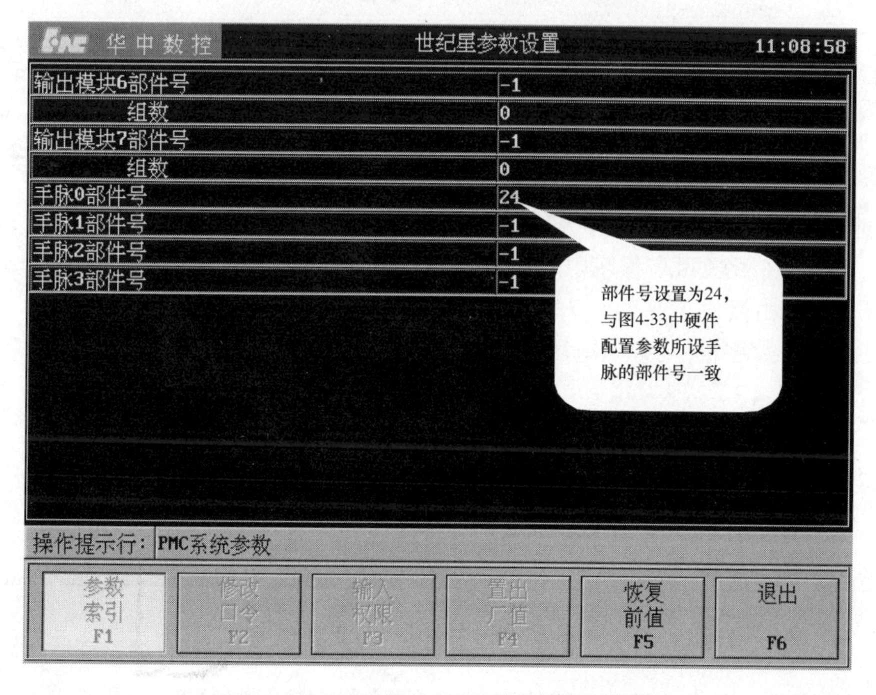

图 4 - 34　手持单元 PMC 系统参数的设置

三、华中数控 HED - 21S 主轴类参数调试

与主轴控制相关的输入/输出开关量与数控装置其他部分的输入/输出开关量的参数统一设置，不需要单独设置参数。相关的输入/输出开关量的功能需要 PLC 程序的支持才能实现，请参见 PLC 编程手册。

主轴控制接口(XS9)中包含两个部件:主轴速度控制输出(模拟电压)和主轴编码器输入。需要在“硬件配置参数”、“PMC 系统参数”和“通道参数”中设定。通常在“硬件配置参数”中部件 22 被标识为主轴模拟电压输出(标识为 15,配置[0]为 4),并在“PMC 系统参数”中引用,如图 4－35 所示。

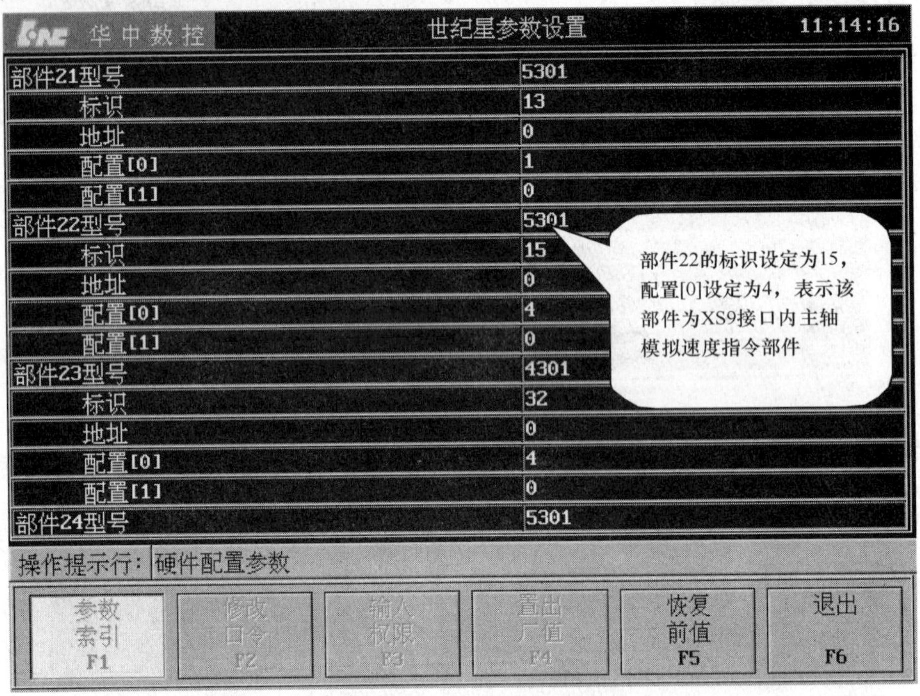

华中数控 世纪星参数设置 11:14:16

部件21型号	5301
标识	13
地址	0
配置[0]	1
配置[1]	0
部件22型号	5301
标识	15
地址	0
配置[0]	4
配置[1]	0
部件23型号	4301
标识	32
地址	0
配置[0]	4
配置[1]	0
部件24型号	5301

部件22的标识设定为15,配置[0]设定为4,表示该部件为XS9接口内主轴模拟速度指令部件

操作提示行:硬件配置参数

参数索引 F1 | 修改口令 F2 | 输入权限 F3 | 置出厂值 F4 | 恢复前值 F5 | 退出 F6

图 4－35 主轴部件设置

主轴速度控制信号对应的数字量占用 PLC 开关量输出(Y)中两个字节共 16 位,将占用 Y[28]和 Y[29]。在用户 PLC 程序中对该端口设定的两个字节输出开关量(数字量),将转换为模拟电压指令,由接口 XS9 的 6、7、8、14、15 脚输出(其中 7、8、15 脚为信号地)。

输出控制量(数字量)与模拟电压的对应关系如表 4－2 所列。

表 4－2 数字量(十六进制表示)输出与模拟电压的对应关系

数字量 / 模拟电压/V	0x0000 ~ 0x7FFF	0x800 ~ 0xFFFF
6 脚	0 ~ +10	－10 ~ 0
14 脚	0 ~ +10	

四、华中数控 HED－21S 系统步进电动机参数调试

使用步进电动机时有关参数设置如表 4－3 所列。硬件配置参数的设置如表 4－4 所列。

表 4－3 坐标轴参数的设置

参数名		参数说明	参数范围
伺服驱动型号	不带反馈	步进电动机不带反馈代码为 46	46
伺服驱动器部件号		该轴对应的硬件部件号	0 ~ 3
位置环开环增益($0.01s^{-1}$)		不使用	0

（续）

参数名		参数说明	参数范围
位置环前馈系数(1/10000)		不使用	0
速度环比例系数		不使用	0
速度环积分时间常数/ms		不使用	0
最大力矩值		不使用	0
额定力矩值		不使用	0
最大跟踪误差	不带反馈	0	0
电动机每转脉冲数		电动机转动一圈对应的输出脉冲当量数	10~60000
伺服内部参数[0]	不带反馈	步进电动机拍数	1~60000
伺服内部参数[1]	不带反馈	0	0
伺服内部参数[2]	不带反馈	0	0
伺服内部参数[3]		不使用	0
伺服内部参数[4]		不使用	0
伺服内部参数[5]		不使用	0

表4-4　硬件配置参数的设置

参数名	型号	标识	地址	配置[0]	配置[1]
部件0	5301	不带反馈　46	0	①	②
部件1					
部件2					
部件3					

① D0~D3(二进制)：轴号，0000~1111；
　D4~D5(二进制)：00—(缺省)单脉冲输出，01—单脉冲输出，10—双脉冲输出，11—A B 相输出
② 0：编码器 Z 脉冲边沿；
　8：编码器 Z 脉冲高电平；
　-8：编码器 Z 脉冲低电平；
　其他：以开关量代替 Z 脉冲

五、华中数控 HED-21S 系统伺服驱动参数调试

使用脉冲接口伺服驱动时有关参数设置如表4-5~表4-6所列。

表4-5　坐标轴参数的设置

参数名	参数说明	参数范围
伺服驱动型号	脉冲接口伺服驱动型号代码为45	45
伺服驱动器部件号	该轴对应的硬件部件号	0~3
位置环开环增益($0.01s^{-1}$)	请在伺服驱动装置上设置	0
位置环前馈系数(1/10000)	请在伺服驱动装置上设置	0
速度环比例系数	请在伺服驱动装置上设置	0
速度环积分时间常数/ms	请在伺服驱动装置上设置	0
最大力矩值	请在伺服驱动装置上设置	0

（续）

参 数 名	参 数 说 明	参数范围
额定力矩值	请在伺服驱动装置上设置	0
最大跟踪误差	本参数用于“跟踪误差过大”报警，设置为0时无“跟踪误差过大报警”功能。使用时应根据最高速度和伺服环路滞后性能合理选取，一般有关可按下式选取（近似公式）： 最高速度×（10000－位置环前馈系数×0.7）/位置环比例系数/3 单位：最大跟踪误差，μm； 最高速度，mm/min； 位置环前馈系数，1/10000； 位置环比例系数，$0.01s^{-1}$	0～60000
电动机每转脉冲数	电动机转动一圈对应的输出脉冲当量数	10～60000
伺服内部参数[0]	设置为0	0
伺服内部参数[1]	反馈电子齿轮分子	±1～±32000
伺服内部参数[2]	反馈电子齿轮分母	±1～±32000
伺服内部参数[3]	不使用	0
伺服内部参数[4]	不使用	0
伺服内部参数[5]	不使用	0

表4－6　硬件配置参数的设置

参数名	型号	标识	地址	配置[0]	配置[1]
部件0	5301	45	0	①	0
部件1					
部件2					
部件3					
① D0～D3（二进制）：轴号，0000～1111； D4～D5（二进制）：00—（缺省）单脉冲输出，01—单脉冲输出，10—双脉冲输出，11—A B 相输出； D6～D7（二进制）：00—（缺省）A B 相反馈，01—单脉冲反馈					

使用模拟接口伺服驱动时的有关参数设置如表4－7～表4－8所列。

表4－7　坐标轴参数的设置

参 数 名	参 数 说 明	参数范围
伺服驱动型号	模拟接口伺服驱动型号代码为41或42	41，42
伺服驱动器部件号	该轴对应的硬件部件号	0～3
位置环开环增益（$0.01s^{-1}$）	本参数应根据机械惯性大小和需要的伺服刚性选择，设置值越大增益越高，刚性越高，相同速度下位置动态误差越小。但太大会造成位置超调甚至不稳定。请在1～10000（单位：$0.01s^{-1}$）范围内选择，一般可选择3000	1～10000

(续)

参数名	参数说明	参数范围
位置环前馈系数(1/10000)	本参数决定位置前馈增益,用于改善位置跟踪特性,减少动态跟踪误差,但太大会产生震荡甚至不稳定,请在 0 ~ 10000(单位:1/10000)范围内选择,设定为 0 时无前馈作用(通常不要求特别高的动态性能时可设为 0);设定为 10000 时表示 100% 前馈,理论上动态误差为 0,但不容易稳定	0 ~ 10000
速度环比例系数	请在伺服驱动装置上设置	—
速度环积分时间常数/ms	请在伺服驱动装置上设置	—
最大力矩值	请在伺服驱动装置上设置	—
额定力矩值	请在伺服驱动装置上设置	—
最大跟踪误差	本参数用于"跟踪误差过大"报警,设置为 0 时无"跟踪误差过大报警"功能。使用时应根据最高速度和伺服环路滞后性能合理选取,一般可按下式选取(近似公式): 最高速度 × (10000 - 位置环前馈系数 × 0.7)/位置环比例系数/3 单位:最大跟踪误差,μm; 最高速度,mm/min; 位置环前馈系数,1/10000; 位置环比例系数,$0.01s^{-1}$	0 ~ 60000
电动机每转脉冲数	电动机转动一圈对应的输出脉冲当量数	10 ~ 60000
伺服内部参数[0]	1000r/min 时对应速度给定 D/A 数值	1 ~ 30000
伺服内部参数[1]	速度给定最小 D/A 数值	1 ~ 300
伺服内部参数[2]	速度给定最大 D/A 数值	1 ~ 32000
伺服内部参数[3]	位置环延时时间常数/ms	0 ~ 8
伺服内部参数[4]	位置环零漂补偿时间/ms	0 ~ 32000
伺服内部参数[5]	不使用	0

表 4-8 硬件配置参数的设置

参数名	型号	标识	地址	配置[0]	配置[1]
部件 0	5301	41 反馈极性正常 42 反馈极性取反	0	①	0
部件 1					
部件 2					
部件 3					
D0 ~ D3(二进制):轴号,0000 ~ 1111; D6 ~ D7(二进制):00—(缺省)A B 相反馈,01—单脉冲反馈; 10—双脉冲反馈,11—A B 相反馈					

六、华中数控系统参数调试实践

华中数控系统的 XS30 接口可以用来连接松下交流伺服,作为数控系统的 *X* 轴,指令脉冲形式为单脉冲,交流伺服电动机转动一圈码盘反馈 2500 个脉冲,脉冲形式为 A、B 相脉冲。通常部件号为 0,轴号为 0。

数控系统 XS31 口接步进电动机驱动器 M535，作为数控系统的 Z 轴。指令脉冲形式为单脉冲，步进电动机转动一圈对应的脉冲数为 1600，步进电动机的拍数为 4。通常部件号为 1，轴号为 1。

数控系统 XS32 口接光栅尺。光栅尺反馈的是脉冲信号，脉冲形式为 A、B 相脉冲。通常部件号为 2，轴号为 2。

数控系统 XS8 口接手摇脉冲发生器。通常部件号为 24，标识为 31。

数控系统 XS9 口接变频器。通常部件号为 22，标识为 15。

数控系统 XS10 口接输入开关量。通常部件号为 21，标识为 13。

数控系统 XS20 口接输出开关量。通常部件号为 21，标识为 13。

数控系统面板按钮的输入/输出量通常部件号为 20，标识为 13。

1. 硬件配置参数的设置

在“硬件配置参数”中设置数控系统各部件的硬件配置参数，并将参数设置填入表 4－9 中。

表 4－9　硬件配置参数的设置

参数名	型号	标识	地址	配置[0]	配置[1]
部件 0	5301	45			
部件 1	5301	46			
部件 2	5301	45			
部件 20	5301	13			
部件 21	5301	13			
部件 22	5301	15			
部件 24	5301	31			

2. PMC 系统参数的设置

在“PMC 系统参数”中设置数控系统 PMC 系统参数，并将参数设置填入表 4－10 中。

表 4－10　PMC 系统参数的设置

参 数 名	参 数 说 明	参数设置
开关量输入总组数	开关量输入总字节数	
开关量输出总组数	开关量输入总字节数	
输入模块 0 部件号	XS10 输入的开关量部件号	
组数	XS10 输入的开关量字节数	
输入模块 1 部件号	面板按钮输入开关量部件号	
组数	面板按钮输入开关量字节数	
输出模块 0 部件号	XS20 输出的开关量部件号	
组数	XS20 输出的开关量字节数	
输出模块 1 部件号	主轴模拟电压指令对应的数字量输出	
组数	主轴模拟电压指令对应的数字量字节数	
输出模块 2 部件号	面板按钮输出开关量部件号	
组数	面板按钮输出开关量字节数	
手脉 0 部件号	手摇脉冲发生器的部件号	

3. 坐标轴参数的设置

（1）X 坐标轴参数的设置如表 4－11 所列。

表 4－11　X 坐标轴参数的设置

参 数 名	参 数 说 明	参数范围
伺服驱动型号	脉冲接口伺服驱动型号代码为 45	45
伺服驱动器部件号	该轴对应的硬件部件号	0
最大跟踪误差	—	10000
电动机每转脉冲数	电动机转动一圈对应的输出脉冲当量数	2500
伺服内部参数[0]	设置为 0	0
伺服内部参数[1]	反馈电子齿轮分子	1
伺服内部参数[2]	反馈电子齿轮分母	1

（2）Y 坐标轴参数的设置。光栅尺占用了一个轴接口，作为数控系统的 Y 轴，因此光栅尺相当于电动机码盘的作用，但不是用来控制，而是用来显示坐标轴的实际位置。注意定位公差、最大跟踪误差必须设置为 0，否则坐标轴一移动，系统就会报警。Y 坐标轴参数的设置如表 4－12所列。

表 4－12　Y 坐标轴参数的设置

参 数 名	参 数 说 明	参数范围
伺服驱动型号	脉冲接口伺服驱动型号代码为 45	45
伺服驱动器部件号	该轴对应的硬件部件号	2
定位公差	—	0
最大跟踪误差	—	0
伺服内部参数[0]	设置为 0	0

Z 坐标轴参数的设置如表 4－13 所列。

表 4－13　Z 坐标轴参数的设置

参 数 名	参 数 说 明	参数范围
伺服驱动型号	步进电动机不带反馈代码为 46	46
伺服驱动器部件号	该轴对应的硬件部件号	1
电动机每转脉冲数	电动机转动一圈对应的输出脉冲当量数	1600
伺服内部参数[0]	步进电动机拍数	4

4. 通道参数的设置

标准设置选“0 通道” 其余通道不用，参数设置如表 4－14 所列。

表 4－14　通道参数的设置

参数名	值	说明	参数名	值	说明
通道使能	1	“0 通道”使能	移动轴拐角误差	20	禁止更改
X 轴轴号	0	X 轴部件号	旋转轴拐角误差	20	禁止更改
Y 轴轴号	2	光栅尺部件号	通道内部参数	0	禁止更改
Z 轴轴号	1	Z 轴部件号			

5. 数控系统参数的调整

1）与主轴相关的参数的调整

确认主轴 D/A 相关参数的设置(在“硬件配置参数”和“PMC 系统参数”中)的正确性。

检查主轴变频驱动器的参数是否正确。

用主轴速度控制指令(S 指令)改变主轴速度,检查主轴速度的变化是否正确。

调整设置主轴变频驱动器的参数,使其处于最佳工作状态。

2）使用步进电动机时有关参数的调整

确认步进驱动单元接收脉冲信号的类型与 HNC－21 所发脉冲类型的设置是否一致,参考“硬件配置参数”设置说明。

确认步进电动机拍数(伺服内部参数 P[0])的正确性。

在手动或手摇状态下,控制电动机慢速转动。然后,控制电动机快速转动。若电动机转动时,有异常声音或堵转现象,应适当增加“快移加减速时间常数”、“快移加速度时间常数”、“加工加减速时间常数”、“加工加速度时间常数”。

3）使用脉冲接口伺服驱动时有关参数的调整

确认脉冲接口式伺服单元接收脉冲信号的类型与 HNC－21 所发脉冲类型的设置是否一致,参考“硬件配置参数”设置说明。

确认坐标轴参数设置中的电动机每转脉冲数的正确性。该参数应为电动机或伺服反馈到 HNC－21 数控装置的每转脉冲数。

确认电动机移动时反馈值与数控装置的指令值的变化趋势是否一致。控制电动机移动一小段距离,根据指令值和反馈值的变化,修改“伺服内部参数 P[1]”或“伺服内部参数 P[2]”的符号,直至指令值和反馈值的变化趋势一致。

控制电动机移动一小段距离(如 0.1mm),观察坐标轴的指令值与反馈值是否相同。如果不同应该调整伺服单元内部的指令倍频数(通常有指令倍频分子和指令倍频分母两个参数)直到 HNC－21 数控装置屏幕上显示的指令值与反馈值相同。使调试的坐标轴运行 10mm 或 10mm 的整数倍的指令值,观察电动机是否每 10mm 运行一周,如果不是,应该同时调整“轴参数”中的“伺服内部参数[1]”、“伺服内部参数[2]”和伺服单元内部的指令倍频数参数。

例 4－1 已知数控装置给出 64mm 的指令电动机运行一周:

“伺服内部参数[1]”: “伺服内部参数[2]”＝1:4

伺服单元内部的指令倍频数参数＝4: 1

则调整后的参数为

“伺服内部参数[1]”: “伺服内部参数[2]”＝10:64

伺服单元内部的指令倍频数参数＝64: 10

通过以上参数调整,使得坐标轴的指令值与反馈值相同,并且 HNC－21 数控装置每发出 10mm 的运行指令,伺服电动机运转一周。

此后连接工作台时为适应丝杠螺距、传动比的变化,还需要调整“轴参数”中的“外部脉冲”“当量分子(μm)”和“外部脉冲当量分母”两个参数。

4）实践总结

(1）列举几个常用数控装置参数组成和分类。

(2）参数设置对数控系统运行的作用及影响。

(3）简述 HNC－21T 数控装置参数设置及调整方法。

(4) 填写表4-9、表4-10,思考如果 X 轴接步进电动机驱动器,Z 轴接交流伺服,那么数控装置的硬件配置参数、坐标轴参数、通道参数该怎样设置。

(5) 如用 HNC-21S 车床数控装置、松下 MSDA023A1A 交流伺服电动机、MSMA022A1C 交流伺服电动机、光栅尺设计一个全闭环控制系统,思考该怎样设置和调整数控系统交流伺服轴参数。

模块3　可编程控制器与调试

本模块在介绍可编程控制器(PLC)基本原理和结构的基础上,介绍了华中数控系统的内置式 PLC 实现原理,举例说明了使用 C 语言编写 PLC 程序的方法,着重说明了数控系统 PLC 调试方法。

一、华中数控系统 PLC 基本原理介绍

1. 华中数控内置式 PLC 基本原理

华中数控 PLC 采用 C 语言编程,具有灵活、高效、使用方便等特点。

1) 华中数控内置式 PLC 的结构及相关寄存器的访问

华中数控铣削数控系统的 PLC 为内置式 PLC,其逻辑结构如图 4-36 华中“世纪星”,内置式 PLC 所示,其中:

X 寄存器为机床输出到 PLC 的开关信号,最大可有 128 组(或称字节,下同);

Y 寄存器为 PLC 输出到机床的开关信号,最大可有 128 组;

R 寄存器为 PLC 内部中间寄存器,共有 768 组;

G 寄存器为 PLC 输出到计算机数控系统的开关信号,最大可有 256 组;

F 寄存器为计算机数控系统输出到 PLC 的开关信号,最大可有 256 组;

P 寄存器为 PLC 外部参数,可由机床用户设置(运行参数子菜单中的 PMC 用户参数命令即可设置),共有 100 组;

B 寄存器为断电保护信息,共有 100 组。

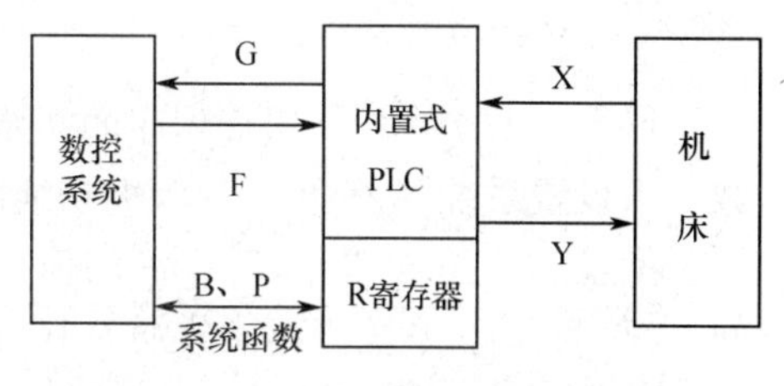

图 4-36　华中“世纪星”内置式 PLC

X、Y 寄存器会随不同的数控机床而有所不同,主要和实际的机床输入/输出开关信号(如限位开关、控制面板开关等)有关。但 X、Y 寄存器一旦定义好,软件就不能更改其寄存器各位的定义;如果要更改,必须更改相应的硬件接口或接线端子。

R 寄存器是 PLC 内部的中间寄存器,可由 PLC 软件任意使用。

G、F 寄存器是由数控系统与 PLC 事先约定好的,PLC 硬件和软件都不能更改其寄存器各位(bit)的定义。

P 寄存器可由 PLC 程序与机床用户任意自行定义。

对于各寄存器,系统提供了相关变量供用户灵活使用。

首先,介绍访问中间继电器 R 的变量定义。对于 PLC 来说,R 寄存器是一块内存区域,系统定义如下指针对其进行访问:

```
extern unsigned char    R[];        //以无符号字符型存取 R 寄存器
```

注:对于C语言,数组即相当于指向相应存储区的地址指针。

同时,为了方便对R寄存器内存区域进行操作,系统定义了如下类型指针(无符号字符型、字符型、无符号整型、整型、无符号长整型、长整型)对该内存区进行访问。即这些地址指针在系统初始化时被初始化为指向同一地址。

```
extern unsigned char    R_uc[];    //以无符号字符型存取R寄存器
extern char             R_c[];     //以字符型存取R寄存器
extern unsigned         R_ui[];    //以无符号整型存取R寄存器
extern int              R_i[];     //以整型存取R寄存器
extern unsigned long    R_ul[];    //以无符号长整型存取R寄存器
extern long             R_l[];     //以长整型存取R寄存器
```

同理,和R寄存器一样,系统提供如下类似数组指针变量供用户灵活操作各类寄存器:

```
extern unsigned char    X_uc[], Y_uc[], * F_uc[], * G_uc[], P_uc[], B_uc[];
extern char             X_c[],  Y_c[],  * F_c[],  * G_c[],  P_c[],  B_c[];
extern unsigned         X_ui[], Y_ui[], * F_ui[], * G_ui[], P_ui[], B_ui[];
extern int              X_i[],  Y_i[],  * F_i[],  * G_i[],  P_i[],  B_i[];
extern unsigned long    X_ul[], Y_ul[], * F_ul[], * G_ul[], P_ul[], B_ul[];
extern long             X_l[],  Y_l[],  * F_l[],  * G_l[],  P_l[],  B_l[];
extern unsigned char    X[], Y[];
extern unsigned         * F[],  * G[],  P[],   B[ ];
```

2) 华中数控内置式PLC的软件结构及其运行原理

和一般C语言程序都必须提供main()主函数一样,用户编写内置式PLC的C语言程序必须提供如下系统函数定义及系统变量值:

```
extern void init(void);            //初始化PLC
extern unsigned plc1_time;         //函数plc1()的运行周期,单位:ms
extern void plc1(void);            //PLC程序入口1
extern unsigned plc2_time;         //函数plc2()的运行周期,单位:ms
extern void plc2(void);            //PLC程序入口2
```

其中:

函数init()是用户PLC程序的初始化函数,系统将只在初始化时调用该函数一次。该函数一般设置系统M、S、B、T等辅助功能的响应函数及系统复位的初始化工作;

变量plc1_time及plc2_time的值分别表示plc1()、plc2()函数被系统周期调用的周期时间,单位为ms。系统推荐值分别为16ms及32ms,即plc1_time = 16, plc2_time = 32;

函数plc1()及plc2()分别表示数控系统调用PLC程序的入口,其调用周期分别由变量plc1_time及plc2_time指定。

系统初始化PLC时,将调用PLC提供的init()函数(该函数只被调用一次)。在系统初始化完成后,数控系统将周期性地运行如下过程:

(1) 从硬件端口及数控系统成批读入所有X、F、P寄存器的内容。

(2) 如果plc1_time所指定的周期时间已到,调用函数plc1()。

(3) 如果plc2_time所指定的周期时间已到,调用函数plc2()。

(4) 系统成批输出G、Y、B寄存器。

一般地,plc1_time总是小于plc2_time,即函数plc1()较plc2()调用的频率要高。因此,华中数控称函数plc1()为PLC高速扫描进程、plc2()为低速扫描进程。因而,用户提供的plc1

()函数及 plc2()函数必须根据 X 及 F 寄存器的内容正确计算出 G 及 Y 寄存器的值。

3) 华中数控 PLC 程序的编写及其编译

华中数控 PLC 程序的编译环境为:Borland C ++ 3.1 + MSDOS6.22。数控系统约定 PLC 源程序后辍为“. CLD”,即“ * . CLD”文件为 PLC 源程序。

最简单的 PLC 程序只要包含系统必需的几个函数和变量定义即可编译运行,当然它什么事也不能做。

在 DOS 环境下,进入数控软件 PLC 所安装的目录,如 C:\HNC - 21\PLC,在 DOS 提示符下敲入如下命令:

```
C:\HNC-21\plc> edit plc_null.cld <回车>
```

建立一个文本文件并命名为 plc_null. cld,其文件内容为:

```
//
//plc_null.cld:
//          PLC 程序空框架,保证可以编译运行,但不提供任何功能
//
//          版权所有© 2000,武汉华中数控系统有限公司,保留所有权利
// http://huazhongcnc.com          email: market@ huazhongcnc.com

#include "plc.h" //PLC 系统头文件

void init()//PLC 初始化函数
{
}

void plc1(void) //PLC 程序入口 1
{
    plc1_time = 16;          // 系统将在 16ms 后再次调用 plc1()函数
}

void plc2(void); //PLC 程序入口 2
{
    plc2_time = 32;          // 系统将在 32ms 后再次调用 plc1()函数
}
```

在数控系统的 PLC 目录下,输入如下命令(在车床标准 PLC 系统中,需自行编写 makeplc. bat 文件):

```
C:\HNC-21\plc> makeplc plc_null.cld <回车>
```

系统会响应:

```
        1 file(s) copied
MAKE Version 3.6   Copyright (c) 1992 Borland International

Available memory 64299008 bytes

bcc +plc.CFG -S plc.cld
Borland C++   Version 3.1 Copyright (c) 1992 Borland International
```

```
plc.cld:

        Available memory 4199568
        TASM /MX /O plc.ASM,plc.OBJ
Turbo Assembler  Version 3.1  Copyright (c) 1988, 1992 Borland International

Assembling file:    plc.ASM
Error messages:     None
Warning messages:   None
Passes:             1
Remaining memory:   421k

        tlink /t/v/m/c/Lc:\BC31\LIB @ MAKE0000. $ $ $
Turbo Link  Version 5.1 Copyright (c) 1992 Borland International
Warning: Debug info switch ignored for COM files
        1 file(s) copied
```

并且又回到 DOS 提示符下：

```
C:\HNC - 21\plc >
```

这时表示 PLC 程序编译成功。编译结果为文件 plc_null. com。然后，更改数控软件系统配置文件 NCBIOS. CFG，并加上如下一行文本让系统启动时加载最新编写的 PLC 程序：

```
device = C:\HNC - 21 \plc\plc_null.com
```

例如，当按下操作面板的"循环启动"键时，点亮" +X 点动"灯。假定"循环启动"键的输入点为 X0.1，" +X 点动"灯的输出点位置为 Y2.7。

更改 plc_null. cld 文件的 plc1( )函数如下：

```
void plc1(void) //PLC 程序入口 1
{
    plc1_time = 16;      // 系统将在 16ms 后再次调用 plc1()函数
    if ( X[0] & 0x02 )      // "循环启动"键被按下
      Y[2] |= 0x80;      // 点亮" +X 点动"灯
    else                      // "循环启动"键没有被按下
      Y[2] &= ~0x80;      // 灭掉" +X 点动"灯
}
```

重新输入命令 makeplc plc_null，并将编译所得的文件 plc_null. com 放入 NCBIOS. CFG 所指定的位置，重新启动数控系统后，当按下"循环启动"键时，" +X 点动"灯应该被点亮。

更复杂的 PLC 程序，可参考数控系统 PLC 目录下的" *. CLD"文件。

4）华中数控 PLC 程序的安装

PLC 源程序编译后，将产生一个 DOS 可执行". COM"文件。要安装写好的 PLC 程序，必须更改华中数控系统的配置文件 NCBIOS. CFG。

在 DOS 环境下，进入数控软件所安装的目录，如 C:\HNC -21，在 DOS 提示符下敲入如下命令：

```
C:\HNC - 21 > edit ncbios.cfg < 回车 >
```

可编辑数控系统配置文件。一般情况下，配置文件的内容如下（具体内容因机床的不同

而异,分号后面是为说明方便添加的注释):

```
DEVICE = .\DRV\HNC - 21.DRV                ;"世纪星"数控装置驱动程序
DEVICE = .\DRV\SV_CPG.DRV                  ;伺服驱动程序
DEVICE = C:\HNC - 21 \plc\plc_null.com     ;PLC 程序
PARMPATH = .\PARM                          ;系统参数所在目录
DATAPATH = .\DATA                          ;系统数据所在目录
PROGPATH = .\PROG                          ;数控 G 代码程序所在目录
BINPATH = .\BIN                            ;系统 BIN 文件所在目录
TMPPATH = .\TMP                            ;系统临时文件所在目录
HLPPATH = .\HLP                            ;系统帮助文件所在目录
NETPATH = X:                               ;网络路径
DISKPATH = A:                              ;软盘
```

用粗体突出的第三行即设置好了上文编写的 PLC 程序 plc_null. com。

二、华中数控标准 PLC 系统

为了简化 PLC 源程序的编写,减轻工程人员的工作负担,华中数控开发了标准 PLC 系统。车床标准 PLC 系统主要包括 PLC 配置系统和标准 PLC 源程序两部分。其中,PLC 配置系统可供工程人员进行修改,它采用的是友好的对话框填写模式,运行于 DOS 平台下,与其他高级操作系统兼容,可以方便、快捷地对 PLC 选项进行配置。配置完以后生成的头文件加上标准 PLC 源程序就可以编译成可执行的 PLC 执行文件了。

基本操作说明如下。

在图 4 - 37 主菜单所示的主操作界面下,按"F10"键进入扩展功能子菜单。菜单条的显示如图 4 - 38 所示。

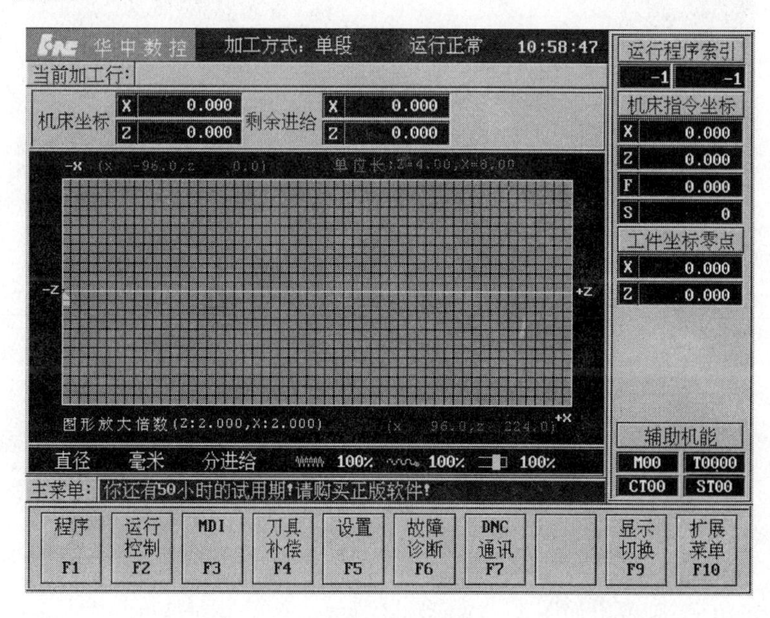

图 4 - 37 主菜单

在扩展功能子菜单下,按"F1"键,系统将弹出如图 4 - 39 所示的 PLC 子菜单。

在 PLC 子菜单下,按"F2"键,系统将弹出如图 4 - 40 所示的输入口令对话框,在口令对话

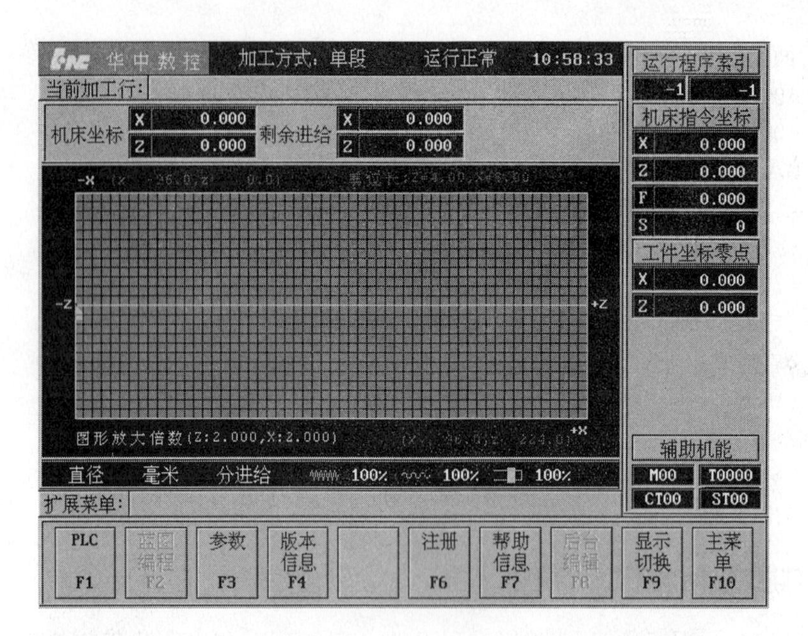

图 4－38　扩展功能子菜单

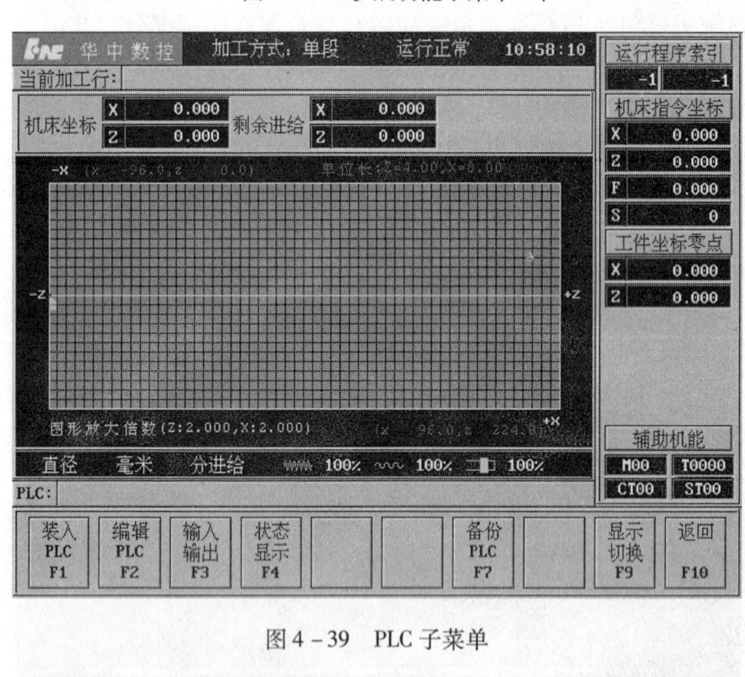

图 4－39　PLC 子菜单

图 4－40　输入权限口令

框输入初始口令 HOG，则弹出如图 4－41 所示的输入口令确认对话框，按“Enter”确认，便进入如图 4－42 所示的标准 PLC 配置系统。

按“F2”键，便进入车床标准 PLC 系统；“Pgup”、“Pgdn”为五大功能项相邻界面间的切换键；同一功能界面中用“Tab”键切换输入点；用“←”、“↑”、“→”、“↓”键移动蓝色亮条选择要

图 4－41　确认输入权限口令

图 4－42　标准 PLC 配置系统

编辑的选项；按“Enter”键编辑当前选定的项；编辑过程中，按“Enter”键表示输入确认，按“Esc”键表示取消输入；无论输入点还是输出点，字母“H”表示为高电平有效，即为“1”，字母“L”表示低电平有效，即为“0”；在任何功能项界面下，都可按“Esc”键退出系统。

在查看或设置完车床标准 PLC 系统后，按“Esc”键，系统将弹出如图 4－43 所示的系统提示，按“Enter”键确认后，系统将自动重新编译 PLC 程序，并返回系统主菜单，如图 4－44 所示，新编译的 PLC 程序生效。

标准PLC配置系统
版权所有(c)武汉华中数控股份有限公司，保留所有权利
09:48:43

功能名称	是否支持	功能名称	是否支持
主轴系统选项		进给驱动选项	
是否机械调速	N	支持广州机床	N
换档是否需要正反转	N	X轴是否带抱闸	N
支持星三角		…波动开关	N
支持抱闸			N
主轴有编码器			N
是否支持正负10伏D…			N
刀架功…		…他功能选项	
采用Duplomatic伺服…		…动卡盘	N
支持双向选刀	N	是否支持防护门	N
有刀架锁紧定位销	N	是否支持尾座套筒	N
有插销到位信号	N	支持联合点位	N
有刀架锁紧到位信号	N	保留	N

华中数控
是否生成标准PLC头文件plc_map.h?
是[Y]　否[N]

主要功能键: 退出(Esc) 移动(↑、↓、←、→) 翻页(PgUp、PgDown) 切换(TAB)

图 4－43　系统提示

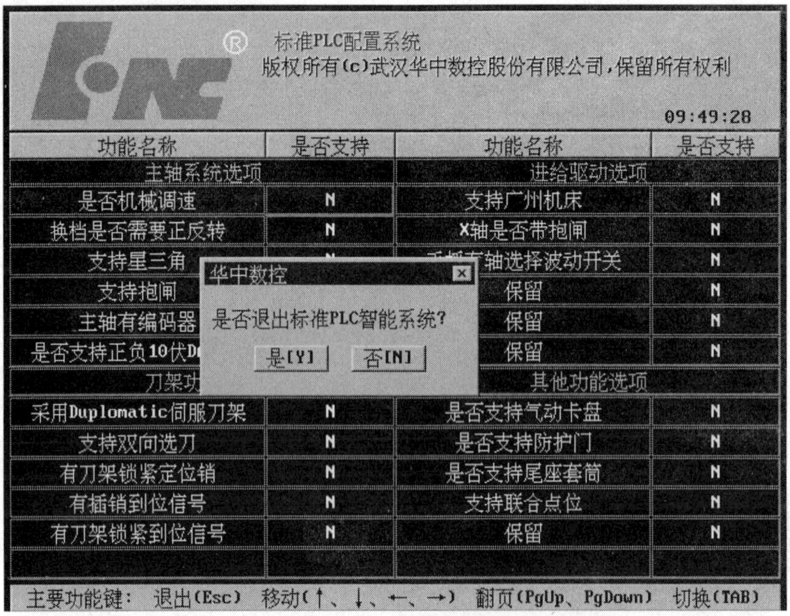

标准PLC配置系统
版权所有(c)武汉华中数控股份有限公司,保留所有权利
09:49:28

功能名称	是否支持	功能名称	是否支持
主轴系统选项		进给驱动选项	
是否机械调速	N	支持广州机床	N
换档是否需要正反转	N	X轴是否带抱闸	N
支持星三角		手摇有轴选择波动开关	N
支持抱闸		保留	N
主轴有编码器		保留	N
是否支持正负10伏D		保留	N
刀架功		其他功能选项	
采用Duplomatic伺服刀架	N	是否支持气动卡盘	N
支持双向选刀	N	是否支持防护门	N
有刀架锁紧定位销	N	是否支持尾座套筒	N
有插销到位信号	N	支持联合点位	N
有刀架锁紧到位信号	N	保留	N

华中数控
是否退出标准PLC智能系统?
是[Y] 否[N]

主要功能键: 退出(Esc) 移动(↑、↓、←、→) 翻页(PgUp、PgDown) 切换(TAB)

图4-44 系统退出提示

三、配置参数详细说明

车床标准PLC配置系统涵盖大多数车床所具有的功能,具体有以下五大功能项:机床支持选项配置,主轴输出点定义(主要用于电磁离合器输入点配置),刀架输入点定义,面板输入/输出点定义,外部输入/输出点定义。

机床支持选项配置主画面如图4-45所示,在本PLC配置界面中,字母"Y(Yes)"表示支持该功能,字母"N(No)"表示不支持该功能。

标准PLC配置系统
版权所有(c)武汉华中数控股份有限公司,保留所有权利
09:44:39

功能名称	是否支持	功能名称	是否支持
主轴系统选项		进给驱动选项	
是否机械调速	N	支持广州机床	N
换档是否需要正反转	N	X轴是否带抱闸	N
支持星三角	N	手摇有轴选择波动开关	N
支持抱闸	N	保留	N
主轴有编码器	Y	保留	N
是否支持正负10伏DA输出	N	保留	N
刀架功能选项		其他功能选项	
采用Duplomatic伺服刀架	N	是否支持气动卡盘	N
支持双向选刀	N	是否支持防护门	N
有刀架锁紧定位销	N	是否支持尾座套筒	N
有插销到位信号	N	支持联合点位	N
有刀架锁紧到位信号	N	保留	N

图4-45 机床支持选项配置主画面

系统支持功能选项每一项所代表的含义如下：

1. 进给系统选项

步进驱动器——指的是系统使用的是步进电动机作进给系统。

11 型数字式伺服——指的是系统使用的驱动器是华中数控开发的 HSV_11 型数字交流伺服作进给系统驱动。

16 型全数字式伺服——指的是系统使用的驱动器是华中数控开发的 HSV_16 型全数字交流伺服作进给系统驱动。

模拟伺服——指的是系统使用的驱动是由其他厂家生产的伺服驱动器作进给系统驱动，如 Panasonic、FANUC、SIEMENS 等。

X 轴抱闸——指的是系统是否有 *X* 轴抱闸功能。如果没有此项功能，则要选"N"屏蔽此项功能。

2. 主轴系统选项

变频换挡——指的是系统带有变频器，通过调节 DA 值的方式来调节系统主轴的转速。

手动换挡——指的是通过手工换挡方式，既没有变频器，也不支持电磁离合器自动换挡，是一种纯手工换挡方式。

自动换挡——指的是电磁离合器换挡，如："重庆第二机床厂"的八挡位电磁离合器自动换挡，"诸暨机床厂"通过高、低速线圈切换来换挡，这种方式称高低速自动换挡。

支持星三角——是指主轴电动机在正转或反转时，先用星形线圈启动电动机正转或反转，过一段时间后切换成三角线圈来转动电动机。

支持抱闸——指的是系统是否支持主轴抱闸功能。如果没有此项功能，则要选"N"屏蔽此项功能。

3. 刀架系统选项

支持双向选刀——指的是系统的刀架既可以正转又可以反转，如果既可以正转又可以反转，在选刀时就可以根据当前使用刀号判断出选中目标刀号是要正转还是反转，以使刀架旋转的最小角度就能选中目标刀。

刀架锁紧定位销——指的是当前要选用的目标刀号已经旋转到位，此时刀架停止转动，然后刀架打出一个锁紧定位销锁住刀架。一般的刀架是锁紧定位销打出一段时间后反转刀架来锁紧刀架。

插销到位信号——指的是刀架锁紧定位销打出以后，刀架会反馈一个插销到位信号给系统，当系统收到此信号后才能反转刀架来锁紧刀架。

刀架锁紧到位信号——指的是换刀后刀架会给系统回送一个刀架是否锁紧的信号。

4. 其他功能选项

气动卡盘——指的是车床的卡盘松紧是不是自动的，是否通过外接输入信号来松紧卡盘。

防护门——指的是车床的防护门是否外接输入信号，来检测门的开和关以确保安全加工。

保留——系统暂时不用的选项，用户可以不对此项进行任何配置操作。

在以上配置项中，进给系统选项中有些选项是互斥的，在步进驱动器、11 型数字式伺服、16 型全数字式伺服、模拟伺服四项中同时生效的只有一项。主轴系统选项中的自动换挡、手动换挡、变频换挡三项中同时生效的只有一项。

四、PLC 参数配置方法

可以使用"←"、"↑"、"→"、"↓"按键移动蓝色亮条选择要编辑的选项；按"Enter"键，蓝色亮条所指选项的颜色和背景都发生变化,同时有一光标在闪烁;用“←”、“→”、“Back-Space”、“Del”键对其进行编辑修改;修改完毕,按“Enter”键确认;若输入正确,图形显示窗口相应位置将显示修改过的值,否则原值不变。若当前系统支持模拟伺服驱动,按照上面所介绍的方法对其修改。一切功能设好以后,按“Pgdn”进入主轴输入点定义界面。

1. 主轴输出点定义(主要用于电磁离合器输入点配置)

如图4-46所示配置界面,主要是用在电磁离合器换挡和高低速自动换挡,高低速自动换挡是指通过高、低速线圈切换来换高挡或低挡。主轴输出点定义如图4-47所示,主轴速度调节:自动换挡选项为“Y”,本配置界面中定义的输出点才有效。在变频换挡或手动换挡选项为“Y”时,应关闭此菜单选项中的所有输出点。

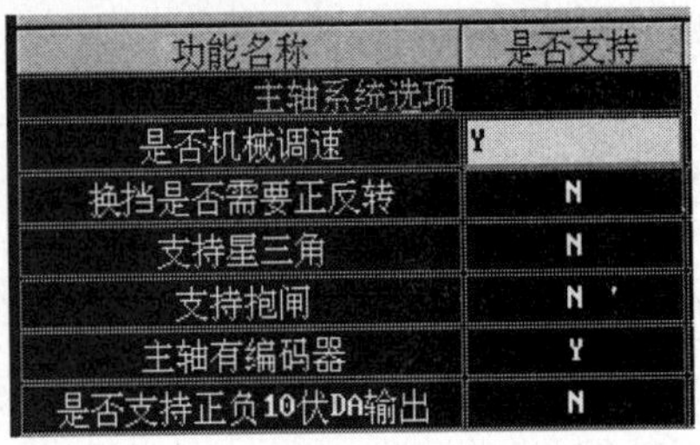

功能名称	是否支持
主轴系统选项	
是否机械调速	Y
换挡是否需要正反转	N
支持星三角	N
支持抱闸	N
主轴有编码器	Y
是否支持正负10伏DA输出	N

图4-46 主轴速度自动换挡调节

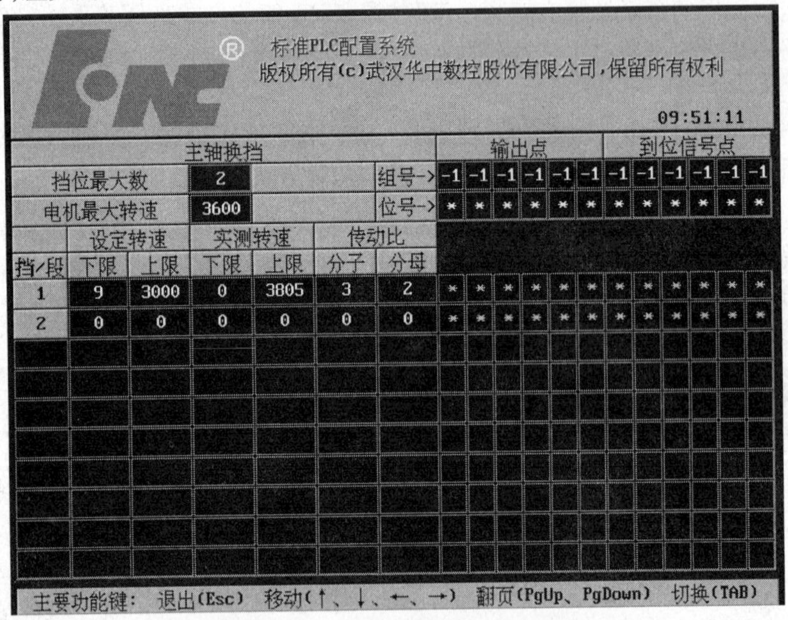

标准PLC配置系统
版权所有(c)武汉华中数控股份有限公司,保留所有权利
09:51:11

主轴换挡							输出点						到位信号点					
挡位最大数		2				组号->	-1	-1	-1	-1	-1	-1	-1	-1	-1	-1	-1	-1
电机最大转速		3600				位号->	*	*	*	*	*	*	*	*	*	*	*	*
	设定转速		实测转速		传动比													
挡/段	下限	上限	下限	上限	分子	分母												
1	9	3000	0	3805	3	2	*	*	*	*	*	*	*	*	*	*	*	*
2	0	0	0	0	0	0	*	*	*	*	*	*	*	*	*	*	*	*

主要功能键: 退出(Esc) 移动(↑、↓、←、→) 翻页(PgUp、PgDown) 切换(TAB)

图4-47 主轴速度电磁离合器换挡

2. 刀架输入点定义

如图4-48所示配置界面,主要是对刀具的输入点进行定义,在位编辑行对应的编辑框中输入“-1”表示此输入点无效。在刀号输入点编辑框中输入“1”表示对应的输入点在此刀位中有效,为“0”表示对应的输入点在此刀位中无效。

假设当前系统刀架支持刀具总数为4把,输入的组为第3组(本配置系统只支持刀具的所有输入点在同一个组),输入的有效位为4位,分别是X3.2、X3.3、X3.4、X3.5,1号刀对应的输入点是X3.2,2号刀对应的输入点是X3.3,3号刀对应的输入点是X3.4,4号刀对应的输入点是X3.5。

3. 输出点定义

输入/输出点的定义分为操作面板定义和外部IO定义,其设置的界面如图4-49所示。

如图4-49所示,该表格主要由功能名称和功能定义组成。在表格里用汉字标注的表示的是功能名称,如“冷却开停”“Z轴锁住”等。根据其功能定义可分为输入点和输出点。以输

标准PLC配置系统
版权所有(c)武汉华中数控股份有限公司，保留所有权利
09:51:41

刀库				刀架到位点							
刀具总数	4		组->	3	3	3	3	-1	-1	-1	-1
			位->	2	3	4	5	*	*	*	*
功能名称	组	位									
刀架正转(Y)	0	6	1号刀	1	0	0	0	*	*	*	*
刀架反转(Y)	0	7	2号刀	0	1	0	0	*	*	*	*
			3号刀	0	0	1	0	*	*	*	*
			4号刀	0	0	0	1	*	*	*	*

主要功能键：退出(Esc) 移动(↑、↓、←、→) 翻页(PgUp、PgDown) 切换(TAB)

图 4-48 刀具输入点定义

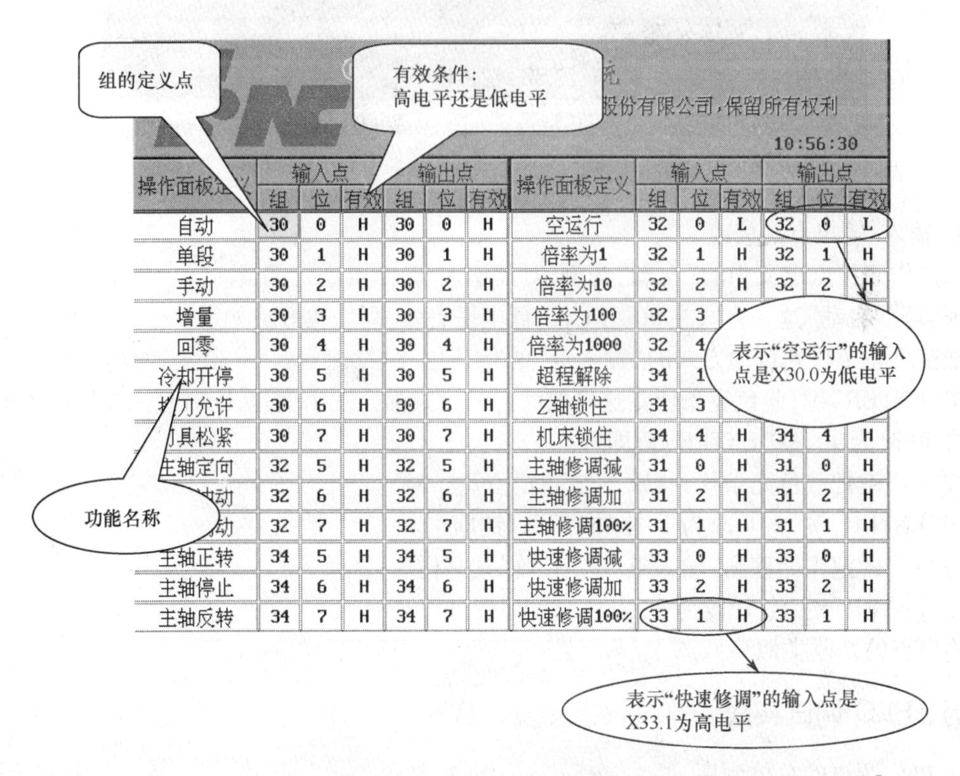

操作面板定义	输入点			输出点			操作面板定义	输入点			输出点		
	组	位	有效	组	位	有效		组	位	有效	组	位	有效
自动	30	0	H	30	0	H	空运行	32	0	L	32	0	L
单段	30	1	H	30	1	H	倍率为1	32	1	H	32	1	H
手动	30	2	H	30	2	H	倍率为10	32	2	H	32	2	H
增量	30	3	H	30	3	H	倍率为100	32	3	[illegible]	[illegible]	[illegible]	[illegible]
回零	30	4	H	30	4	H	倍率为1000	32	4	[illegible]	[illegible]	[illegible]	[illegible]
冷却开停	30	5	H	30	5	H	超程解除	34	1	[illegible]	[illegible]	[illegible]	[illegible]
[illegible]刀允许	30	6	H	30	6	H	Z轴锁住	34	3	[illegible]	[illegible]	[illegible]	[illegible]
[illegible]具松紧	30	7	H	30	7	H	机床锁住	34	4	H	34	4	H
主轴定向	32	5	H	32	5	H	主轴修调减	31	0	H	31	0	H
[illegible]动	32	6	H	32	6	H	主轴修调加	31	2	H	31	2	H
[illegible]动	32	7	H	32	7	H	主轴修调100%	31	1	H	31	1	H
主轴正转	34	5	H	34	5	H	快速修调减	33	0	H	33	0	H
主轴停止	34	6	H	34	6	H	快速修调加	33	2	H	33	2	H
主轴反转	34	7	H	34	7	H	快速修调100%	33	1	H	33	1	H

图 4-49 输入/输出点界面

入点为例，包含三个部分：组、位和有效。

组——指的是该项功能在电气原理图中所定义的组号，当该功能不需要时，可以按照后面的修改方法将其设置为 -1，则可将其屏蔽掉。

位——是指该项功能在组里的有效位，一个字节共有 8 个数据位，所以该项的有效数字为 0~7，若该项被屏蔽掉则会显示“ * ”，如图 4-50 所示。

有效——是指在何种情况下该位处于有效状态，一般是指高电平有效还是低电平有效，如

果是高电平有效,则填“H”,否则填“L”,当该功能被屏蔽掉时,该项同样也会显示“ * ”。

注意:要避免同一个输入点被重复定义,如“自动”定义为X40.1,其他方式就不要再定义为X40.1了。

标准PLC配置系统
版权所有(c)武汉华中数控股份有限公司,保留所有权利

09:53:27

外部IO点定义	输入点			输出点			外部IO点定义	输入点			输出点		
	组	位	有效	组	位	有效		组	位	有效	组	位	有效
C轴负限位	-1	*	*	*	*	*	手持倍率X10	*	*	*	*	*	*
保留	*	*	*	*	*	*	手持倍率X100	*	*	*	*	*	*
保留	*	*	*	*	*	*	手持倍率X1K	*	*	*	*	*	*
保留	*	*	*	*	*	*	绿色巡视灯	*	*	*	*	*	*
保留	*	*	*	*	*	*	黄色巡视灯	*	*	*	*	*	*
X回零参考点	1	0	H	*	*	*	红色巡视灯	*	*	*	*	*	*
Z回零参考点	1	1	H	*	*	*	保留	0	0	L	0	0	L
C回零参考点	*	*	*	*	*	*	保留	0	0	L	0	0	L
手持轴选择X	*	*	*	*	*	*	保留	0	0	L	0	0	L
手持轴选择Y	*	*	*	*	*	*	保留	0	0	L	0	0	L
手持轴选择Z	*	*	*	*	*	*	保留	0	0	L	0	0	L
手持轴选择A	*	*	*	*	*	*	保留	0	0	L	0	0	L
手持倍率X1	*	*	*	*	*	*	保留	0	0	L	0	0	L

主要功能键: 退出(Esc) 移动(↑、↓、←、→) 翻页(PgUp、PgDown) 切换(TAB)

图4-50 输入点被屏蔽显示

4. 输入/输出点的修改

以操作面板点定义中的“自动”为例,对其输入/输出点进行编辑。

现假设“自动”这一方式在30组1位,低电平有效,则修改方法如下:

把蓝色亮条移到自动方式的“输入点”的“组”这一栏。

按“ENTER”键,蓝色亮条所指选项的颜色和背景都会发生变化,同时有一光标在闪烁。

将30改为40,按“ENTER”键即可。

按“→”键把蓝色光条移到“输入点”的“位”这一栏。

按“ENTER”键,将0改为1,按“ENTER”键即可。

按“→”键把光标移到“输入点”的“有效”这一栏。

按“ENTER”键,将H改为L,按“ENTER”键即可。

输出点的修改类似。

五、PLC调试实践

1. PLC调试的总体顺序

(1) 操作数控装置,进入输入/输出开关量显示状态,对照机床电气原理图,逐个检查PLC输入/输出点的连接和逻辑关系是否正确。

在主操作界面下,按“F10”键进入扩展功能子菜单。在扩展功能子菜单下,按“F1”键,系统将弹出如图4-51所示的PLC子菜单;在PLC子菜单下,按“F4”键,系统将弹出如图4-51所示的操作界面,按“F1”键,便进入如图4-52所示机床输入到PMC状态的界面。

输入/输出开关量显示状态X、Y默认为二进制显示。每8位一组,每一位代表外部一位开关量输入或输出信号,例如,通常X[00]的8位数字量从右往左依次代表开关量输入的

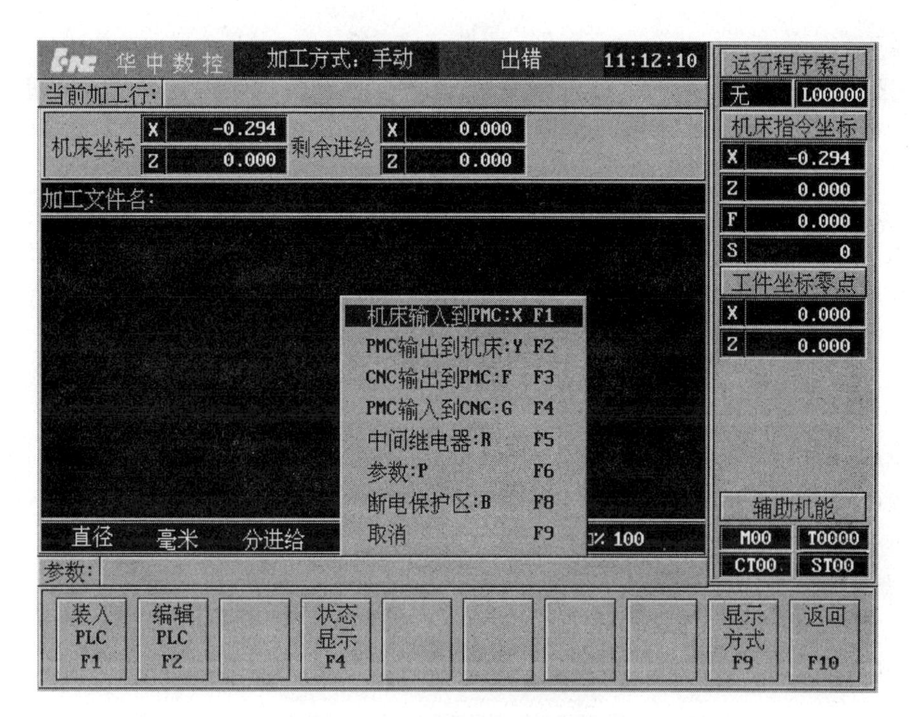

图 4－51　输入到 PMC 操作界面

华中数控　加工方式：单段　运行正常　09:55:38

当前加工行：

机床输入到PMC:X

X[00]	00000000B	X[14]	00000000B	X[28]	00000000B
X[01]	00000000B	X[15]	00000000B	X[29]	00000000B
X[02]	00000000B	X[16]	00000000B	X[30]	00000000B
X[03]	00000000B	X[17]	00000000B	X[31]	00000000B
X[04]	00000000B	X[18]	00000000B	X[32]	00000000B
X[05]	00000000B	X[19]	00000000B	X[33]	00000000B
X[06]	00000000B	X[20]	00000000B	X[34]	00000000B
X[07]	00000000B	X[21]	00000000B	X[35]	00000000B
X[08]	00000000B	X[22]	00000000B	X[36]	00000000B
X[09]	00000000B	X[23]	00000000B	X[37]	00000000B
X[10]	00000000B	X[24]	00000000B	X[38]	00000000B
X[11]	00000000B	X[25]	00000000B	X[39]	00000000B
X[12]	00000000B	X[26]	00000000B	X[40]	00000000B
X[13]	00000000B	X[27]	00000000B	X[41]	00000000B

运行程序索引　-1　-1
机床指令坐标　X 0.000　Z 0.000　F 0.000　S 0
工件坐标零点　X 0.000　Z 0.000
辅助机能　M00　T0000　CT00　ST00

直径　毫米　分进给　100%　100%　100%

PLC：

状态显示 F4　二进制 F5　十进制 F6　十六进制 F7　显示切换 F9　返回 F10

图 4－52　机床输入到 PMC 状态

I0～I7,X[01]代表开关量输入的 I8～I15,以此类推。同样 Y[00]即通常代表开关量输出的 O0～O7,Y[01]代表开关量输出的 O8～O15,以此类推。

各种输入/输出开关量的数字状态显示形式,可以通过“F6”、“F7”键在二进制、十进制和十六进制之间切换。若所连接的输入元器件的状态发生变化(如行程开关被压下),则所对应的开关量的数字状态显示也会发生变化。由此可检查输入/输出开关量电路的连接是否正确。

(2) 检查机床超程限位开关是否有效,报警显示是否正确(各坐标轴的正负超程限位开关的一个常开触点,已经接入输入开关量接口)。完成以上检查后通常按下列步骤调试、检查 PLC。

① 在 PLC 状态中观察所需的输入开关量(X 变量)或系统变量(R、G、F、P、B 变量)是否正确输入,若没有则检查外部电路;对于 M、S、T 指令,应该编写一段包含该指令的零件程序,用自动或单段的方式执行该程序,在执行的过程中观察相应的变量(因为在 MDI 方式正在执行的过程中是不能观察 PLC 状态的)。

② 在 PLC 状态中观察所需的输出开关量(Y 变量)或系统变量(R、G、F、P、B 变量)是否正确输出。若没有则检查 PLC 源程序。

③ 检查由输出开关量(Y 变量)直接控制的电子开关或继电器是否动作,若没有动作,则检查连线。

④ 检查由继电器控制的接触器等开关是否动作,若没有动作,则检查连线。

⑤ 检查执行单元,包括主轴电动机、步进电动机、伺服电动机等。

2. PLC 编程实践

(1) 用华中数控系统内置 PLC 实现如图 4-53 所示线路的逻辑。

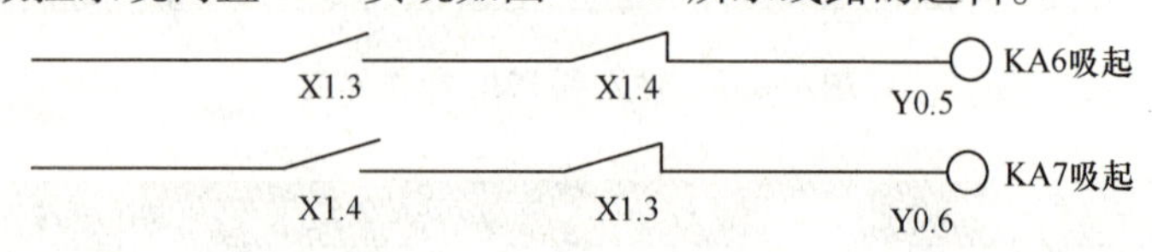

图 4-53　逻辑操作实例

X1.3、X1.4 采用两个乒乓开关输入低电平(在系统过线中,线号为 100)实现。而 KA5、KA6 在 HC5301-R 输出继电器板上。

用键盘在 DOS 提示符下敲入如下命令:

```
C:\HNC-21\PLC\EDIT PLCTEST.CLD <回车>
```

建立一个文本文件并命名为 PLCTEST. CLD,其文件内容如下:

```
#pragma inline
#include "PLC.h"
void init ( )
     {
     }
void plc1(void)
   { plc1_time = 16;
     if (((X[1]&0X08) = =0X08)&&((X[1]&0X10) = =0))
        { Y[1]& = ~0X40;
          Y[1] = 0X20;
        }
else
     if (((X[1]&0X08) = =0)&&((X[1]&0X10) = =0X10))
        { Y[1]& = ~0X20;
          Y[1] = 0X40;
```

```
        }
    else Y[1]&= ~0X60;
     }
void plc2(void)
    { plc_time=32;
    }
```

再在 DOS 提示符下输入如下命令:

```
C:\HNC-21\PLC>EDIT MAKEPLC.BAT<回车>
```

建立一个批处理文件 TEST.BAT,其内容如下:

```
copy  PLCTEST.CLD  plc.cld<回车>
mack -fplc<回车>
copy  plc.com  PLCTEST.COM
del  *.obj
del  plc.com
del  plc.cld
```

然后运行:

```
TEST<回车>
```

如编译过程不报错误,则编译成功;否则就要查编译错误。

编译成功后,需在 DOS 提示符下输入:

```
C:\HNC-21>EDIT  NCBIOS.CFG<回车>
```

将其中一行 plc-21.com 换成 PLCTEST.COM。

完成后在 DOS 提示符下输入:

```
C:\HNC-21>N<回车>;进入数控系统
C:\HNC-21\PLC>makeplc plctest.cld<回车>
```

如编译过程不报错误,则编译成功;否则就要查编译错误。

编译成功后,需在 DOS 提示符下输入:

```
C:\HNC-21>EDIT  NCBIOS.CFG<回车>
```

将其中一行 plc-21.com 换成 PLCTEST.COM。

完成后在 DOS 提示符下输入:

```
C:\HNC-21>N<回车>;进入数控系统
```

此时即可按上述逻辑进行操作,并观察最终结果是否实现上述逻辑关系。

注意:实验 plc 完成后,应将 ncbios.cfg 中的内容还原。

模块 4　华中数控系统位置测量装置连接与应用

在本模块中主要介绍华中数控系统连接位置测量装置的基本概念以及几种常用的位置测量装置(增量式光电编码器、光栅尺等)的使用方法,要求掌握数控系统开环、闭环控制的原理和应用及机床误差测量和补偿方法。

一、数控系统位置测量方法介绍

1. 数控机床对位置检测装置的要求

不同类型的数控机床,对位置检测元件,检测系统的精度要求和被测部件的最高移动速度各不相同。现在检测元件与系统的最高水平是：被测部件的最高移动速度高至240m/min时，其检测位移的分辨率（能检测的最小位移量）可达1μm，如24m/min时可达0.1μm。最高分辨率可达到0.01μm。

数控机床对位置检测装置有如下要求：

(1) 受温度、湿度的影响小，工作可靠，能长期保持精度，抗干扰能力强。

(2) 在机床执行部件移动范围内，能满足精度和速度的要求。

(3) 使用维护方便，适应机床工作环境。

(4) 成本低。

2. 位置检测装置的分类

对于不同类型的数控机床，因工作条件和检测要求不同，可以采用以下不同的检测方式。

1) 增量式和绝对式测量

增量式检测方式只测量位移增量，并用数字脉冲的个数来表示单位位移（即最小设定单位）的数量，每移动一个测量单位就发出一个测量信号。其优点是检测装置比较简单，任何一个对中点都可以作为测量起点。但在此系统中，移距是靠对测量信号累积后读出的，一旦累计有误，此后的测量结果将全错。另外在发生故障时（如断电）不能再找到事故前的正确位置，事故排除后，必须将工作台移至起点重新计数才能找到事故前的正确位置。脉冲编码器、旋转变压器、感应同步器、光栅、磁栅、激光干涉仪等都是增量检测装置。

绝对式测量方式测出的是被测部件在某一绝对坐标系中的绝对坐标位置值，并且以二进制或十进制数码信号表示出来，一般都要转换成脉冲数字信号以后，才能送去进行比较和显示。采用此方式，分辨率要求愈高，结构也愈复杂。这样的测量装置有绝对式脉冲编码盘、三速式绝对编码盘（或称多圈式绝对编码盘）等。

2) 数字式和模拟式测量

数字式检测是将被测量单位量化以后以数字形式表示。测量信号一般为电脉冲，可以直接把它送到数控系统进行比较、处理。这样的检测装置有脉冲编码器、光栅。数字式检测有以下三个特点。

(1) 被测量转换成脉冲个数，便于显示和处理。

(2) 测量精度取决于测量单位，与量程基本无关；但存在累计误码差。

(3) 检测装置比较简单，脉冲信号抗干扰能力强。

模拟式检测是将被测量用连续变量来表示，如电压的幅值变化、相位变化等。在大量程内做精确的模拟式检测时，对技术有较高要求，数控机床中模拟式检测主要用于小量程测量。模拟式检测装置有测速发电机、旋转变压器、感应同步器和磁尺等。模拟式检测的主要特点有以下几个：

(1) 直接对被测量进行检测，无需量化。

(2) 在小量程内可实现高精度测量。

(3) 能进行直接检测和间接检测。

位置检测装置安装在执行部件（即末端件）上直接测量执行部件末端件的直线位移或角位移，都可以称为直接测量，可以构成闭环进给伺服系统，测量方式有直线光栅、直线感应同步器、磁栅、激光干涉仪等测量执行部件的直线位移。由于此种检测方式是采用直线型检测装置对机床的直线位移进行的测量，其优点是直接反映工作台的直线位移量，缺点是要求检测装置与行程等长，对大型的机床来说，这是一个很大的限制。

位置检测装置安装在执行部件前面的传动元件或驱动电动机轴上,测量其角位移,经过传动比变换以后才能得到执行部件的直线位移量,称为间接测量,可以构成半闭环伺服进给系统。如将脉冲编码器装在电动机轴上。间接测量使用可靠方便,无长度限制;其缺点是在检测信号中加入了直线转变为旋转运动的传动链误差,从而影响测量精度。一般需对机床的传动误差进行补偿,才能提高定位精度。

除了以上位置检测装置,伺服系统中往往还包括检测速度的元件,用以检测和调节发动机的转速。常用的测速元件是测速发动机。

数控机床常见的位置检测装置如表 4-15 所列。

表 4-15　常见的位置检测装置

类型	增量式	绝对式
回转型	脉冲编码器、旋转变压器、圆感应同步器、圆光栅、圆磁栅	多速旋转变压器、绝对脉冲编码器、三速圆感应同步器
直线型	直线感应同步器、计量光栅、磁尺激光干涉仪	三速感应同步器、绝对值式磁尺

二、主轴编码器与华中数控系统的连接与调试

主轴脉冲编码器在数控机床上用作位置检测装置,将检测信号反馈给数控系统。其反馈给数控系统有两种方式:一是适应带加减计数要求的可逆计数器,形成加计数脉冲和减计数脉冲;二是适应有计数控制和计数要求的计数器,形成方向控制信号和计数脉冲。

1. 主轴编码器工作原理

主轴编码器是一种旋转式脉冲发生器,把机械转角变成电脉冲,是一种常用的角位移传感器,同时也可作速度检测装置。

脉冲编码器分为光电式、接触式和电磁感应式三种。光电式的精度与可靠性都优于其他两种,因此数控机床上只使用光电式脉冲编码器。光电脉冲编码器按每转发出脉冲数的多少来分,有多种型号。数控机床上最常用的光电脉冲编码器如表 4-16 所列。脉冲编码器的选用根据数控机床滚珠丝杠的螺距确定。

光电式脉冲编码器的结构如图 4-54 所示。在一个圆盘的圆周上刻有等间距线纹,分为透明和不透明的部分,称为圆光栅。圆光栅与工作轴一起旋转。与圆光栅相对,平行放置一个固定的扇形薄片,称为指示光栅,上面制有相差 1/4 节距的两个狭缝(辨向狭缝)。此外,还有一个零位狭缝(每转发出一个脉冲)。脉冲发生器通过十字连接头或键与伺服电动机相连。当圆光栅旋转时,光线透过这两光栅的线纹部分,形成明暗相间的条纹,被光电元件接收,并变换成测量脉冲,其分辨率取决于圆光栅的一圈线纹数和测量电路的细分倍数。脉冲编码器主要技术性能如表 4-17 所列。

表 4-16　光电脉冲发生器

脉冲编码器/(P/r)	每转移动量/mm
2000	2,3,4,6,8
2500	5,10
3000	3,6,12

表 4-17　脉冲编码器主要技术性能

电　源	(5±5%)V,≤0.35A	温度范围/℃	0~60
输出信号	$A,\overline{A};B,\overline{B};Z,\overline{Z}$	轴向频动/mm	0.02
每转脉冲数	2000,2500,3000	转子惯量/(kg·m²)	<5.7
电源	(5±5%)V,≤0.35A	温度范围/℃	0~60
最高转速/(r/min)	2000	阻尼转矩/(N·cm)	<8

当圆光栅与工作轴一起转动时，光线透过两个光栅的线纹部分，形成明暗相间的条纹。光电元件接收这些明暗相间的光信号，并转换为交替变换的电信号。该电信号为两组近似于正弦波的电流信号 A 和 B，如图 4－55 所示。A 和 B 信号相位相差 90°，经放大和整形变成方形波。通过两个光栅的信号，还有一个"每转脉冲"，称为 Z 相脉冲，该脉冲也是通过上述处理得来的。Z 脉冲用来产生机床的基准点。后来的脉冲被送到计数器，根据脉冲的数目和频率可测出工作轴的转角及转速。其分辨率取决于圆光栅的圈数和测量线路的细分倍数。

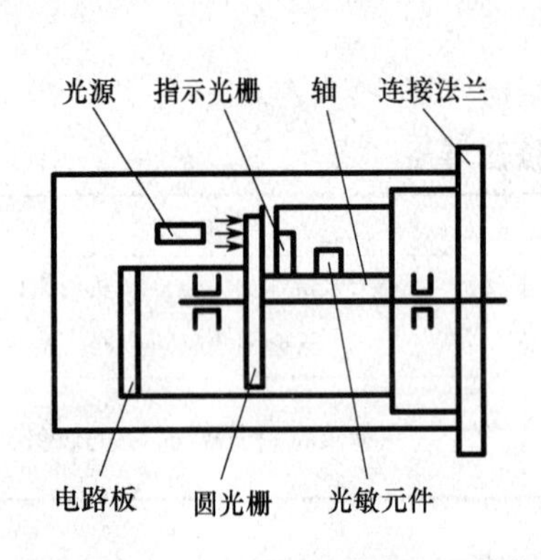

图 4－54　光电式脉冲编码器的结构

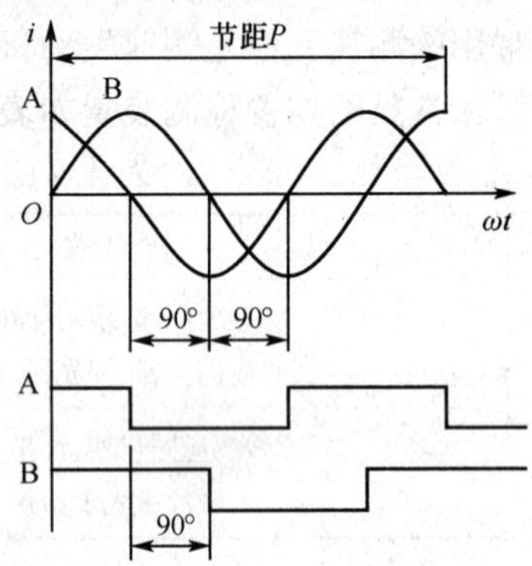

图 4－55　脉冲编码器输出波形

与增量式脉冲编码器不同，绝对值编码器是通过读取编码盘上的图案确定轴的位置。码盘的读取方式有接触式、光电式和电磁式等几种。最常用的是光电式编码器。

光电绝对值编码器的编码盘原理图和结构图如图 4－56 所示。图 4－56（a）中，码盘上有四条码道。码道就是码盘上的同心圆。按照二进制分布规律，把每条码道加工成透明和不透明相间的形式。码盘的一侧安装光源，另一侧安装一排径向排列的光电管，每个光电管对准一条码道。当光源照射码盘时，如果是透明区，则光线被光电管接收，并转变成电信号，输出信号为"1"；如果不是透明区，光电管接收不到光线，输出信号为"0"。被测轴带动码盘旋转时，光电管输出的信息就代表了轴的相应位置，即绝对位置。

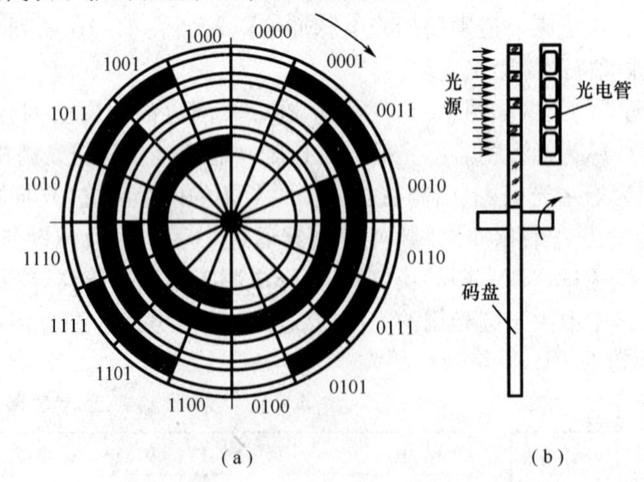

图 4－56　光电绝对值编码器

光电编码盘大多采用格雷码编码盘，格雷码数码如表 4－18 所列。格雷码的特点是每一相邻数码之间仅改变一位二进制数，这样，即使制作和安装不十分准确，产生的误差最多也只是最低位的一位数。四位二进制码盘能分辨的最小角度（分辨率）为 $\alpha = 360°/2^4 = 22.5°$

码道越多，分辨率越小。目前，码盘码道可以做到18条，能分辨的最小角度为 $\alpha = 360°/2^{18} = 0.0014°$。

表4－18　编码盘的数码

角度	二进制	格雷码	十进制	角度	二进制	格雷码	十进制
0	0000	0000	0	8α	1000	1100	8
α	0001	0001	1	9α	1001	1101	9
2α	0010	0011	2	10α	1010	1111	10
3α	0011	0010	3	11α	1011	1110	11
4α	0100	0110	4	12α	1100	1010	12
5α	0101	0111	5	13α	1101	1011	13
6α	0110	0101	6	14α	1110	1001	14
7α	0111	0100	7	15α	1111	1000	15

2. 编码器与华中数控的连接

通过主轴接口XS9可外接主轴编码器，用于螺纹切割、攻丝等，华中HNC－21数控装置可接入两种输出类型的编码器，即差分TTL方波或单极性TTL方波。一般使用差分编码器，确保长的传输距离的可靠性及提高抗干扰能力。华中HNC－21数控装置与主轴编码器的接线图如图4－57所示。

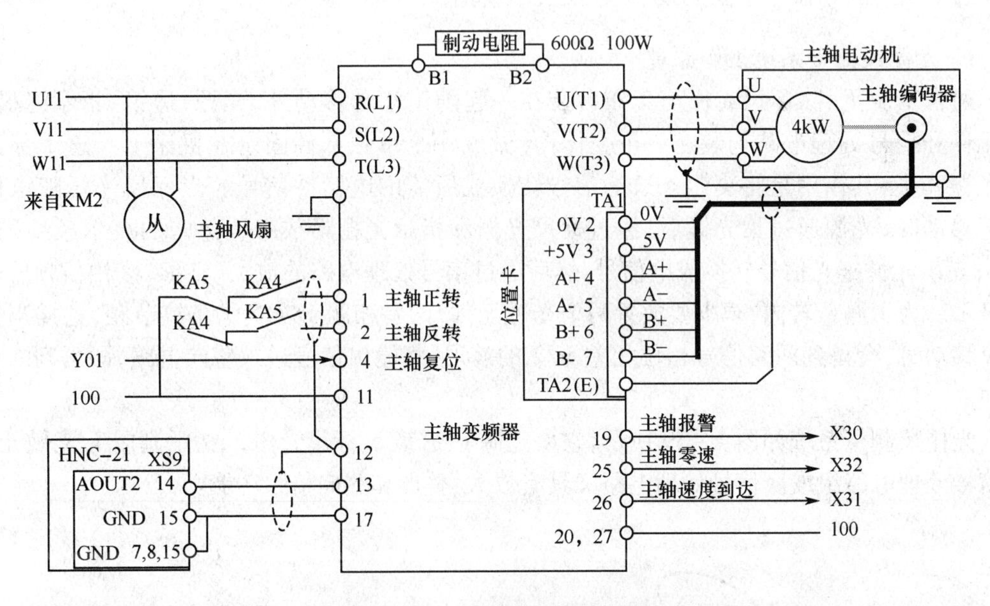

图4－57　主轴编码器连接图

(1) 参照图4－57连接数控系统，此时光栅尺位置反馈信号只是用来显示坐标轴的实际位置，并没有用来作为位置的闭环控制。仔细检查接线，保证接线正确。

(2) 设置数控系统的主轴参数。

(3) 设置交流伺服的参数，使之工作在位置控制方式下。

(4) 观察光电编码盘。

① 将编码器的A、B相信号分别接入数字示波器的两个通道。

② 在数控装置中用MDI方式下M03指令使交流伺服轴低速进给运动。按压进给修调右

侧的“+”按键，修调倍率默认是递增10%，按一下“+”按键，轴进给速度递增10%。

③ 调整示波器，使两个通道同步，观察主轴由低速逐渐加速运动后，两个通道的信号波形，并以图4－58的格式绘制波形。

④ 让电动机反向，观察两个通道的信号波形，并以图4－58的格式绘制波形。

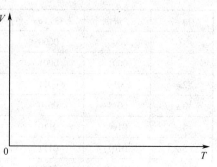

图4－58　绘制波形格式

⑤ 将编码器的Z相信号接入数字示波器的一个通道。

⑥ 在数控装置中用MDI方式下M04指令使交流伺服轴低速进给运动。

⑦ 调整示波器，观察Z相信号波形，并以图4－58的格式绘制波形。

（5）观察手摇波形。

① 将编码器的A、B相信号分别接入数字示波器的两个通道。

② 用手摇控制进给坐标轴正向或负向移动。

③ 调整示波器，使两个通道同步，观察并绘制两个通道的信号波形。

三、光栅尺与华中数控系统的连接与调试

1. 光栅尺测量系统工作原理

通常情况下，除标尺光栅与工作台装在一起随工作台移动外，光源、透镜、指示光栅、光敏元件和信号处理电路均装在一个壳体内，做成一个单独部件固定在机床上。这个部件称为光栅读头，其作用是将莫尔条纹的信号转换成所需的电脉冲信号。当标尺光栅随工作台一起移动时，光源通过聚光镜后，透过标尺光栅和指示光栅形成忽明忽暗的莫尔条纹（光信号）；光敏元件把光信号转换成电信号，然后通过信号处理电路的放大、整形、鉴相倍频后输出或显示。为了测量转向，至少要放置两个光敏元件，两者相距1/4莫尔条纹节距，这样当莫尔条纹移动时，会得到两路信号相位相差π/2的波形；将输出信号送入鉴向电路，即可判断移动方向。

光栅尺测量系统如图4－59所示，它由光源1、透镜2、标尺光栅3、指示光栅4、光敏元件5和信号处理电路组成。信号处理电路又具有放大、整形和鉴向倍频功能。

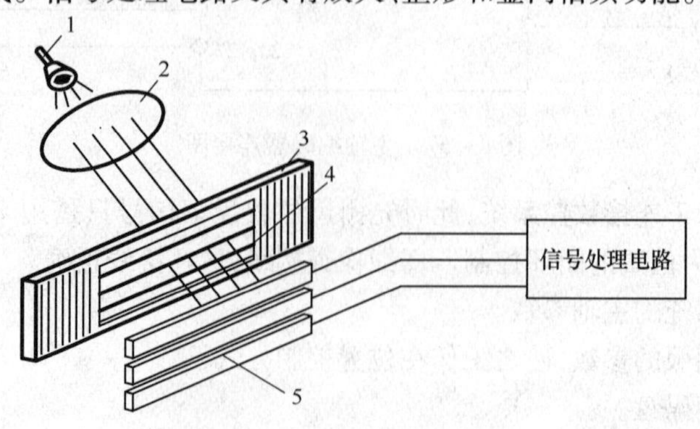

图4－59　光栅尺测量系统

1—光源；2—透镜；3—标尺光栅；4—指示光栅；5—光敏元件。

为了提高光栅的分辨率，通常还用4倍频的方法细分。所谓4倍频细分，就是将莫尔条纹原来的每个脉冲信号，变为在0、$\pi/2$、π、$3\pi/2$时都有脉冲输出，从而使精度提高了4倍。若光栅栅距0.01mm，则工作台每移动0.0025mm，系统就会送出一个脉冲，即分辨率为0.0025mm。由此可见，光栅尺测量系统的分辨率不仅取决于光栅尺的栅距，而且取决于鉴相倍频的倍数n，即

$$分辨率 = 栅距/n \tag{4-1}$$

2. 常用光栅工作原理与结构

根据光栅的工作原理分为透射直线式和莫尔条纹式光栅两类。

1）透射直线式光栅

透射直线式光栅的结构如图4-60所示，它是用光电元件把两块光栅移动时产生的明暗变化转变为电流变化的方式。长光栅装在机床移动部件上，称为标尺光栅；短光栅装在机床固定部件上，称为指示光栅。标尺光栅和指示光栅均由窄矩形不透明的线纹和与其等宽的透明间隔组成。当标尺光栅相对线纹垂直移动时，光源通过标尺光栅和指示光栅再由物镜聚焦射到光电元件上，若指示光栅的线纹与标尺光栅透明间隔完全重合，光电元件接收到的光通量最小。若指示光栅的线纹与标尺光栅的线纹完全重合，光电元件接收到的光通量最大。因此，标尺光栅移动过程中，光电元件接收到的光通量忽大忽小，产生了近似正弦波的电流。再用电子线路转变为数字以显示位移量。为了辨别运动方向，指示光栅的线纹错开1/4栅距，并通过鉴向线路进行辨别。

由于这种光栅只能透过透明间隔，所以光强度较弱，脉冲信号不强，往往在光栅线较粗的场合使用。

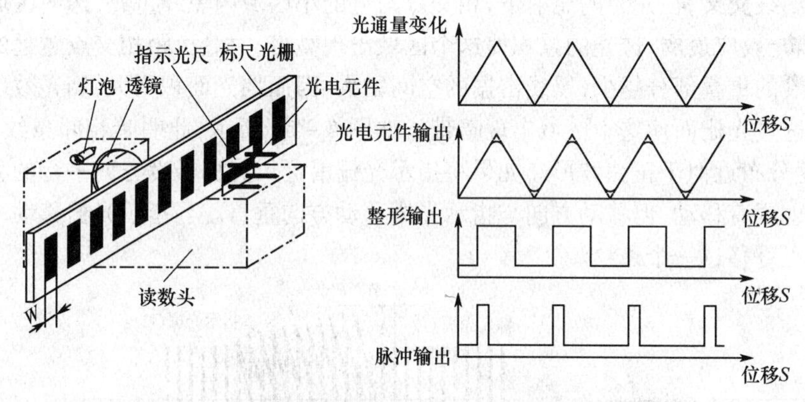

图4-60　透射直线式光栅原理图

圆光栅是另外一种透射式光栅。圆光栅是在玻璃圆盘的外环端面上，做成黑白间隔条纹，根据不同的使用要求，在圆周上的线纹数也不相同。圆光栅的结构如图4-61所示。圆光栅一般有三种形式。

（1）六十进制，如10800、21600、32400、64800等。

（2）十进制，如1000、2500、5000等。

（3）二进制，如512、1024、2048等。

2）莫尔条纹式光栅

用得较普遍的是莫尔条纹式光栅，是将栅距相同的标尺光栅与指示光栅互相平行的叠放并保持一定的间隙（0.1mm），然后将指示光栅在自身平面内转过一个很小的角度θ，那么两块

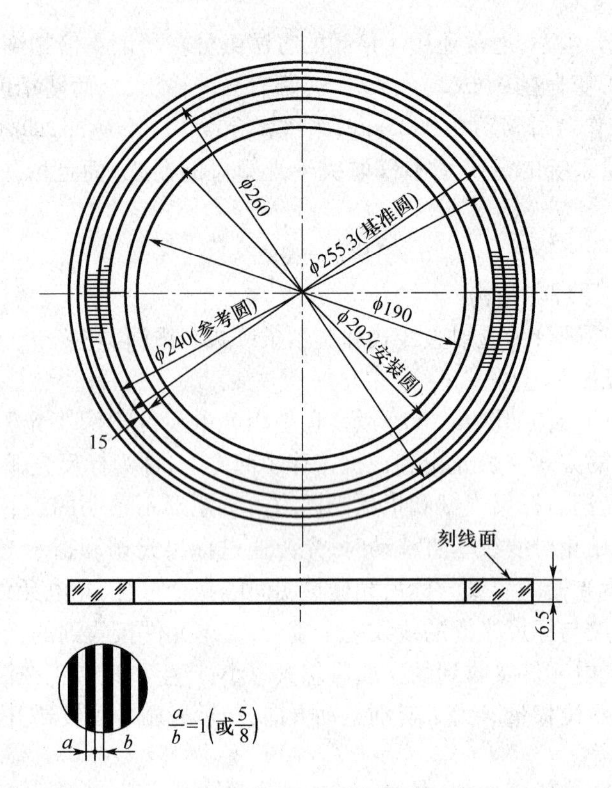

图 4-61　圆光栅

光栅尺上的刻线交叉，在光源的照射下，相交点附近的小区域内黑线重叠，透明区域变大，挡光面积最小，挡光效应最弱，透光的累积使这个区域出现亮带。相反，距相交点越远的区域，两光栅不透明黑线的重叠部分越少，黑线占据的空间增大，因而挡光面积增大，挡光效应增强，只有较少的光线透过光栅而使这个区域出现暗带。如图 4-62 所示，此明暗相间条纹称为莫尔条纹，其光强度分布近似于正弦波形。如果将指示光栅沿标尺光栅长度方向平行的移动，则可看到莫尔条纹也跟着移动，但移动方向与指示光栅移动方向垂直。当指示光栅移动一条刻线时，莫尔条纹也正好移过一个条纹。

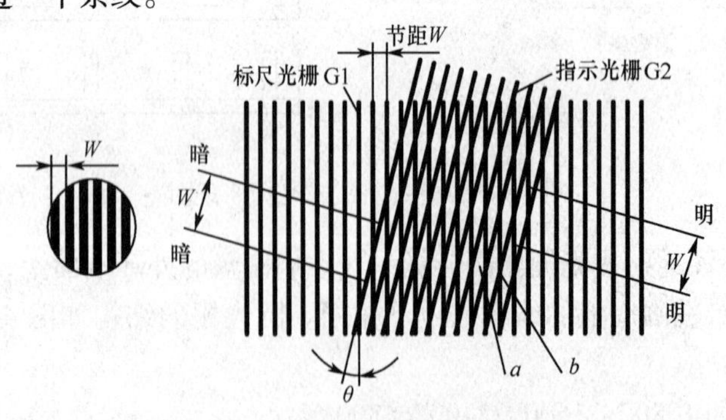

图 4-62　莫尔条纹式光栅

3. 光栅尺与数控系统的接线

全闭环数控系统的位置采样点如图 4-63 所示，是从机床运动部件（常用光栅尺，如图 4-64所示）直接引出，通过采样运动部件的实际位置进行检测。因此，可以消除整个放大和传动环节的误差、间隙和失动，具有很高的位置控制精度。但由于位置环内的许多机械传动环节的摩擦特性、刚性和间隙都是非线性的，故很容易造成系统的不稳定，闭环系统的设计、安装和调试都相当困难。全闭环控制系统—光栅尺的连接如图 4－63 所示。光栅实物图如图 4－64 所示。

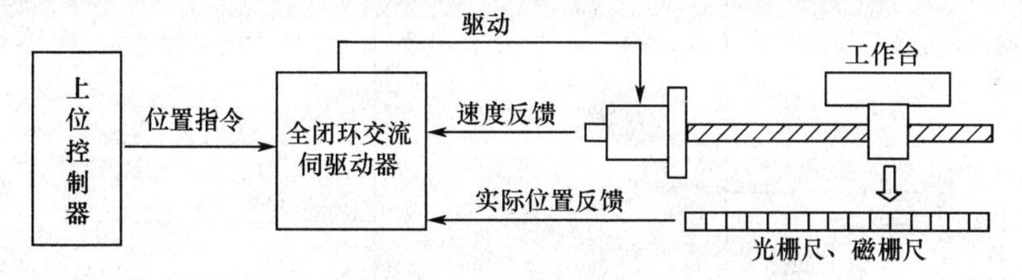

图 4－63　光栅测量系统安装简图

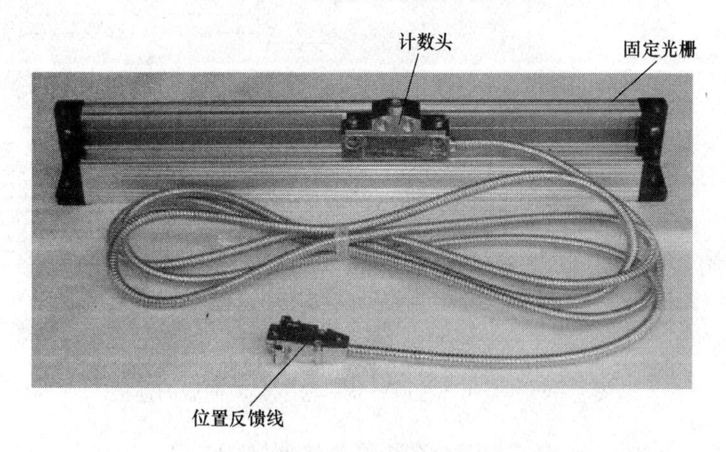

图 4－64　光栅尺实物

四、光栅位置检测系统连接调试实践

首先参照图 4－65、图 4－66 所示连接数控系统，此时光栅尺位置反馈信号用来作为位置的闭环控制。仔细检查接线，保证接线正确。按表 4－19 及表 4－20 设置数控系统的交流伺服轴参数。

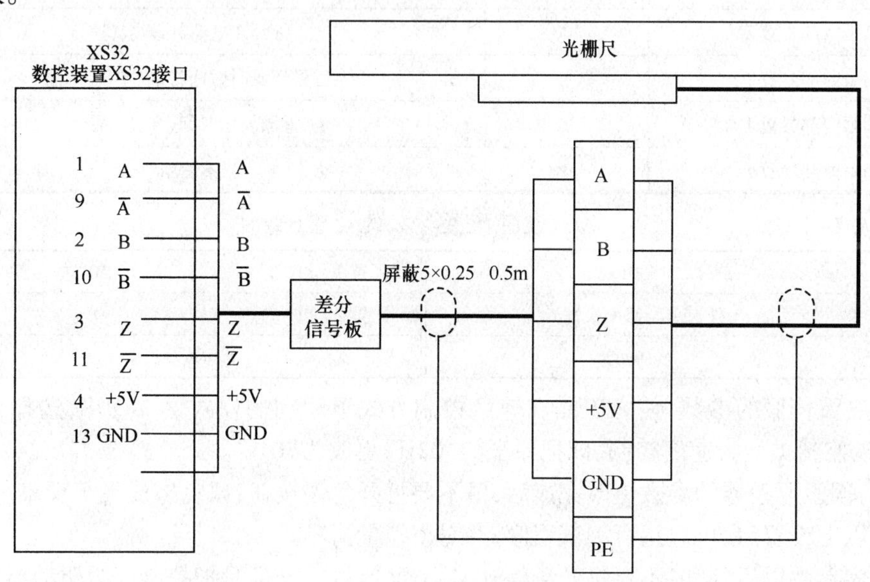

图 4－65　光栅尺闭环系统与华中数控系统接线图

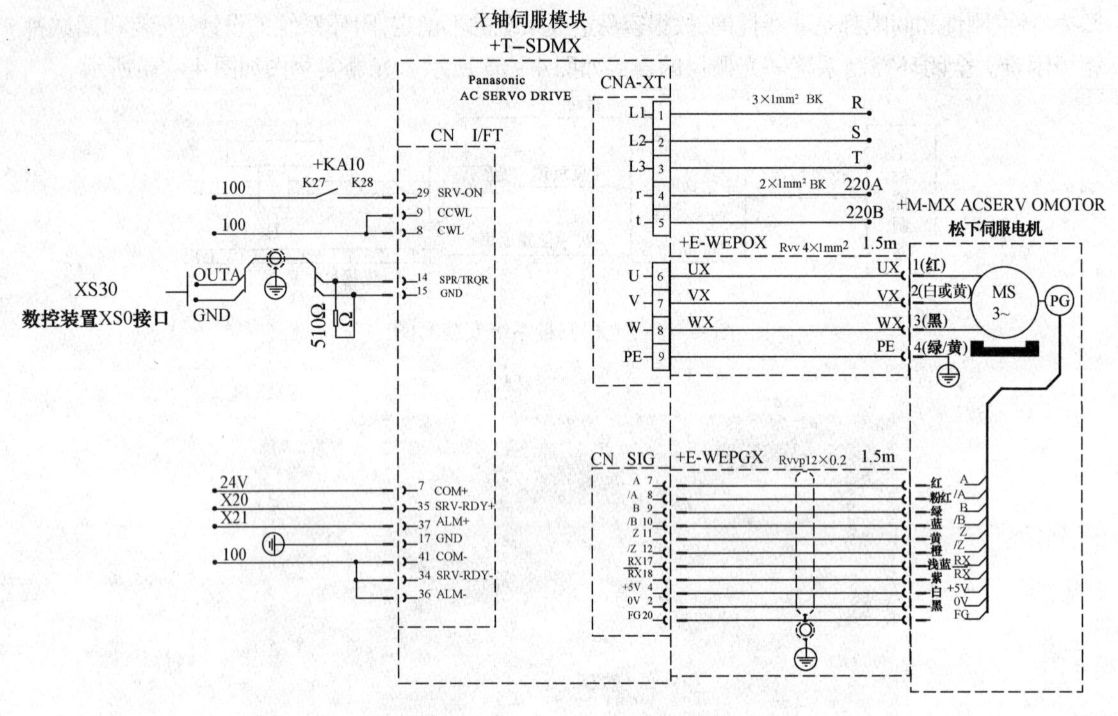

图4－66　全闭环控制系统—松下交流伺服的连接

表4－19　*Z*轴参数的设置(轴2)

参数名称	数 值	备　　注
伺服驱动型号	41	此处只能为41
电动机每转脉冲数	2000	电动机转动一圈对应的输出脉冲当量数
伺服内部参数0	32000	速度给定最大 D/A 值
伺服内部参数1	100	零速对应速度给定 D/A
伺服内部参数2	400	所允许电动机最高转速
伺服内部参数3	8	位置环延时时间常数(单位:ms)
伺服内部参数4	20	零漂补偿时间(单位:ms)
伺服内部参数5	0	不使用

表4－20　硬件配置参数的设置(部件2)

型号	5301	配置1	50
标识	41 或 42(修调极性)	配置2	0
地址	0		

设置交流伺服的参数,使之工作在速度控制方式下。利用模式键 MODE,选择系统参数 sys08,更改控制类型为速度控制,即把原来的“02H”更改为“0H”。

注意:伺服驱动器的参数更改完成后,请不要打开急停按钮,以免造成飞车现象。

完成以上设置后,可以运行测试程序,并对模拟量清零。

修改完参数以后,此时不要打开急停开关,下面要做的任务是把控制伺服驱动器的模拟指令进行清零。具体步骤如下:

1）取消系统位置环

用 ALT + X 退回到 DOS 命令提示符，在系统文件的根目录下用“EDIT”编辑系统配置文件 ncbios. cfg，把位置环驱动程序“sv_wzh. drv”用“:”或“REM”屏蔽掉。

2）运行底层软件

进入“TESTWZH”文件夹以后，运行 ncbios（注：TESTWZH 相当于代替原来的 TCNC99. EXE/LATHE60. EXE/HCNC99. EXE）。

3）清除模拟指令电压

运行下列文件：testwzh　2　0　2000，其中“testwzh”是一个可执行文件：其中“2”表示为 2 号轴；“0”表示为 D/A 数字量：“2000”表示伺服电动机的每转脉冲数。

4）恢复系统中的 ncbios. cfg

在系统文件的根目录下，取消“;”或“REM”把位置环驱动程序“sv_wzh. drv”重新加载。

5）测试运行

完成上面的步骤以后，进入系统，缓慢打开急停按钮，注意机床状态，如果出现飞车或其他现象，立即拍下急停。如果一切正常，手动运行 Z 轴是否正常。

在 MDI 方式下，控制轴移动一小段距离（如 0. 1mm），观察坐标轴的指令值与反馈值是否相同。

在手动或手摇状态下，控制轴慢速移动。然后，控制轴快速移动。适当调整伺服内部参数，使其稳定运行。

编制一段程序，在全闭环状态下自动运行。

6）回零的实现

（1）由于光栅尺的零点在光栅尺的中间位置，减速开关安装在 Z 轴正方向的末端，所以 Z 轴在回零时，如果工作台处在 Z 轴正半轴的位置，会找不到零点或超程。

（2）可以利用工作台上的乒乓开关，在系统回零时人为给系统提供减速信号及定位信号，让系统能够正确回零。

（3）设置好乒乓开关以后，可以利用不同的回零方式进行回零，观察不同的回零方式机床的动作及运行状态。

7）注意事项

（1）解决零漂。

如果系统上电后，在没有任何指令发出的情况下，此时 Z 轴有很缓慢的移动，原因可能是模拟量的初始电压可能不为零，可以修调“世纪星”数控系统电路板上的电位器来调节模拟量的初始电压：解决零漂现象（此处为 Z 轴，即修调 Z 轴所对应的电位器）。

（2）修调电子齿轮比：根据前面所提供的公式进行计算或查表可得（推荐值 5:1 或 25:4，仅供参考）。

（3）在 MDI 方式下，控制轴移动一小段距离（如 1mm）观察坐标轴的指令值与反馈值是否相同。

五、半闭环控制误差测量及补偿实践

1. 反向间隙误差测量及补偿

（1）在回零工作方式下，使交流伺服进给轴执行回零操作。

（2）将交流伺服进给轴的轴补偿参数内所有参数置 0。

(3) 记录下光栅尺反馈的位置数据 A,在 MDI 方式下用 G01 指令使轴正向移动 1mm,然后 G01 指令使轴反向移动 1mm,记录下光栅尺反馈的位置数据 B,如图 4-67 所示。

(4) 计算反向间隙误差补偿值 = |数据 A - 数据 B|,单位是内部脉冲当量(内部脉冲当量为 1μm)。

(5) 将轴补偿参数内反向间隙参数设置为反向间隙误差补偿值。比较第二次计算的误差值和第一次计算的误差值,看有何变化。

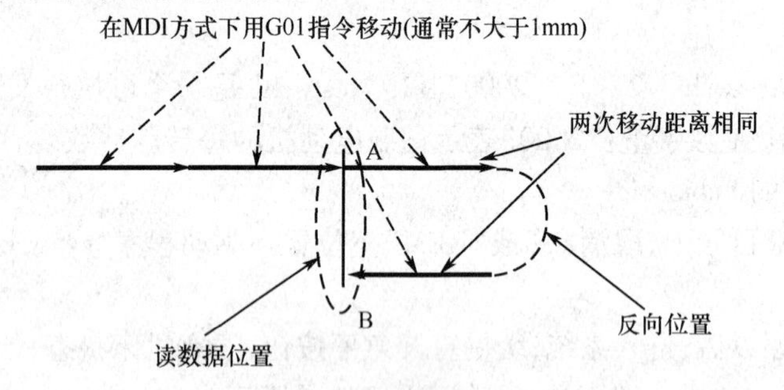

图 4-67 反向间隙测量方法示意图

2. 螺距误差测量及补偿(图 4-68)

(1) 在回零工作方式下,使交流伺服进给轴执行回零操作。

(2) 将交流伺服进给轴的轴补偿参数内将所有与螺距误差有关的参数置 0。

(3) 在交流伺服进给轴 150mm 的有效行程内,补偿间隔为 10mm,共(150/10) +1 个补偿点,各补偿点的坐标依次为 -150, -140, -130, -120, -110, -100, -90, -80, -70, -60, -50, -40, -30, -20, -10, 0。

(4) 调入测量螺距误差的程序,将各补偿点处光栅尺位置反馈数据记录在表 4-21 里,根据螺距误差补偿值 = 机床指令坐标 - 机床实际测量位置,计算螺距误差,单位:内部脉冲当量。

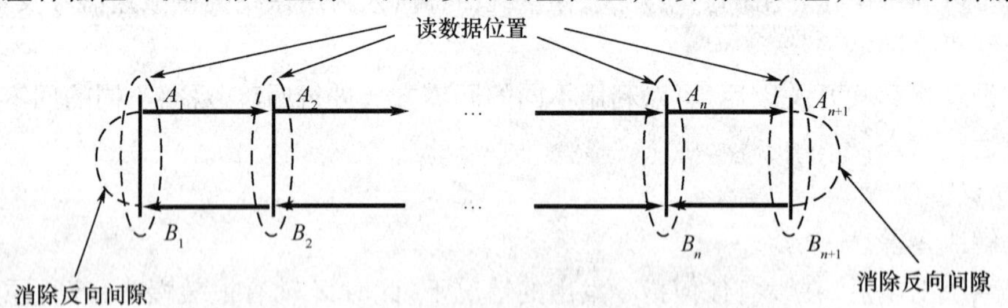

图 4-68 螺距误差测量方法示意图

表 4-21 误差补偿表

补偿点 项目	-150	-140	-130	-120	-110	-100	-90	-80	-70	-60	-50	-40	-30	-20	-10
负向测量数据															
实际坐标															
负向偏差值															
正向测量数据															
实际坐标															
正向偏差值															

程序的内容如下：

```
% 0110                ;文件头
G92 X0 Y0 Z0          ;建立临时坐标,应该在参考点位置开始。
WHILE [TRUE]          ;循环次数不限,即死循环。
G91 G01 X1 F1500      ;X轴正向移动 1mm。
G04 P5                ;暂停 5s。
G01 X-1               ;X轴负向移动 1mm,返回测量位置,并消除反向间隙。
G04 P5                ;暂停 5s,记录光栅尺位置反馈数据。
M98 P1111 L15         ;调用负向移动子程序 15 次,程序号为 1111。
G01 X-1 F1000         ;X轴负向移动 1mm。
G04 P5                ;暂停 5s。
G01 X1                ;X轴正向移动 1mm,返回测量位置,并消除反向间隙。
G04 P4                ;暂停 5s,记录光栅尺位置反馈数据。
M98 P2222 L15         ;调用正向移动子程序 15 次,程序号为 2222。
ENDW                  ;循环程序尾。
M30                   ;停止返回。
% 1111                ;X轴负向移动子程序名为 1111。
G91 G01 X-10 F1000    ;X轴负向移动 10mm。
G04 P5                ;暂停 5s,记录光栅尺位置反馈数据。
M99                   ;子程序结束。
% 2222                ;X轴正向移动子程序名为 2222。
G91 G01 X10 F500      ;X轴正向移动 10mm。
G04 P5                ;暂停 5s,记录光栅尺位置反馈数据。
M99                   ;子程序结束。
A1~An+1:              进给轴正向移动时测得的实际机床位置。
B1~Bn+1:              进给轴负向移动时测得的实际机床位置。
```

(5) 设置轴补偿参数内与螺距误差有关的参数,采用单向螺距误差补偿时,"偏差值[0]"到"偏差值[15]"依次在 -150、-140、-130、-120、-110、-100、-90、-80、-70、-60、-50、-40、-30、-20、-10、0 处,坐标轴沿负向移动时的偏差值,如表 4-22 所列。

表 4-22 螺距补偿表

参数名	数据	说明
螺补类型	1	单向螺距误差补偿
补偿点数	16	
参考点偏差号	15	
补偿间隔(内部脉冲当量)	10000	10mm
偏差值(内部脉冲当量)[0]		采用负向测量数据 因为参考点为起始位置 所以单向补偿时该点偏差值一般为零
偏差值(内部脉冲当量)[1]		
偏差值(内部脉冲当量)[2]		
偏差值(内部脉冲当量)[3]		
偏差值(内部脉冲当量)[4]		
偏差值(内部脉冲当量)[5]		

（续）

参数名	数据	说　明
偏差值(内部脉冲当量)[6]		采用负向测量数据 因为参考点为起始位置 所以单向补偿时该点偏差值一般为零
偏差值(内部脉冲当量)[7]		
偏差值(内部脉冲当量)[8]		
偏差值(内部脉冲当量)[9]		
偏差值(内部脉冲当量)[10]		
偏差值(内部脉冲当量)[11]		
偏差值(内部脉冲当量)[12]		
偏差值(内部脉冲当量)[13]		
偏差值(内部脉冲当量)[14]		
偏差值(内部脉冲当量)[15]		

(6) 重复步骤(4),将数据记录在表4-23中,比较第二次计算的误差值和第一次计算的误差值,看有何变化。

表4-23　补偿后表

补偿点 项目	-150	-140	-130	-120	-110	-100	-90	-80	-70	-60	-50	-40	-30	-20	-10
负向测量数据															
负向偏差值															
正向测量数据															
正向偏差值															

模块5　步进电动机驱动系统的构成、调试及使用

本模块目主要介绍步进电动机驱动系统的构成及运行原理,结合步进电动机性能特性及其与驱动器与数控系统的连接关系说明步进电动机驱动系统的调试方法与步骤。

一、步进电动机的工作原理

步进电动机是一种能将数字脉冲输入转换成旋转增量运动的电磁执行元件,每输入一个脉冲,转轴步进一个步距角增量,因此,步进电动机能很方便地将电脉冲转换为角位移,具有较好的定位精度、无漂移和无积累定位误差的优点。能跟踪一定频率范围的脉冲列,可作同步电动机使用,广泛地应用于各种精度要求不高的经济型数控机床。

步进电动机按转矩产生的原理可分为反应式、永磁式及混合式步进电动机;从控制绕组数量上可分为二相、三相、四相、五相、六相步进电动机;从电流的极性上可分为单极性和双极性步进电动机;从运动的形式上可分为旋转、直线、平面步进电动机。

由于混合式步进电动机综合了永磁式及反应式步进电动机两者的优点,因而得到广泛的应用。图4-69为混合式步进电动机结构原理图,定子与反应式步进电动机类似,磁极上有控制绕组,极靴表面有小齿。均布8个磁极,A_1、A_2、A_3、A_4为A相,B_1、B_2、B_3、B_4为B相。同相磁极的线圈串联构成一相控制绕组,并使A_1、A_3与A_2、A_4极性相反,B_1、B_3与B_2、B_4极性相

反。每个定子磁极上均有三个齿,齿间夹角 12°。转子上没有绕组,均布 30 个齿,齿间夹角也为 12°转子铁芯分成两段,中间夹有环形永磁体,充磁方向为轴向,如图 4-69 所示。两段转子铁芯长度相同,它们的相对位置沿圆周方向相互错开 1/2 齿距(6°),即两段铁芯的齿与槽相对。

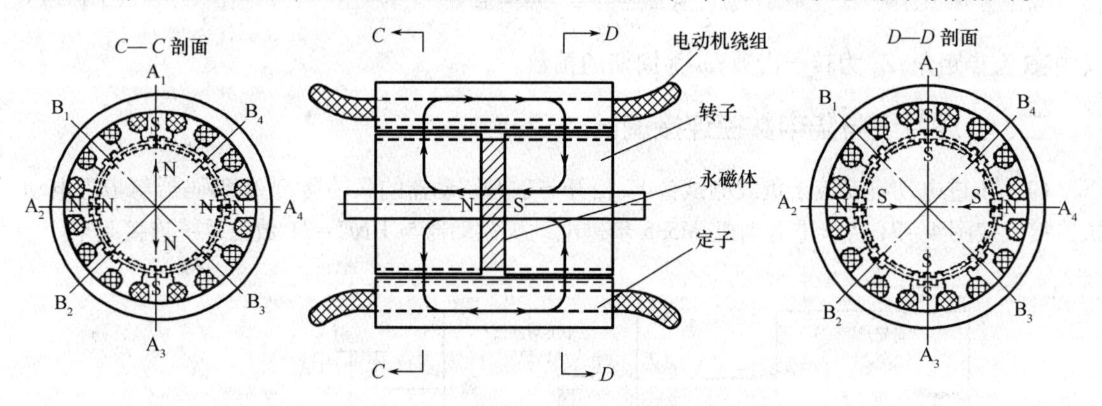

图 4-69　二相混合式步进电动机结构原理图

若以转子左段铁芯作参考,当 A_1、A_3 极上的齿与转子齿对齐时,则有 A_2、A_4 极上的齿与转子槽相对,B_1、B_3 极上的齿沿顺时针方向超前转子齿 1/4 齿距,B_2、B_4 极上的齿沿顺时针方向超前转子齿 3/4 齿距;在转子右段铁芯,则 A_1、A_3 极上的齿与转子槽相对,A_2、A_4 极上的齿与转子齿对齐,B_1、B_3 极上的齿沿顺时针方向超前转子 3/4 齿距,B_2、B_4 极上的齿沿顺时针方向超前转子齿 1/4 齿距,如图 4-70 所示。

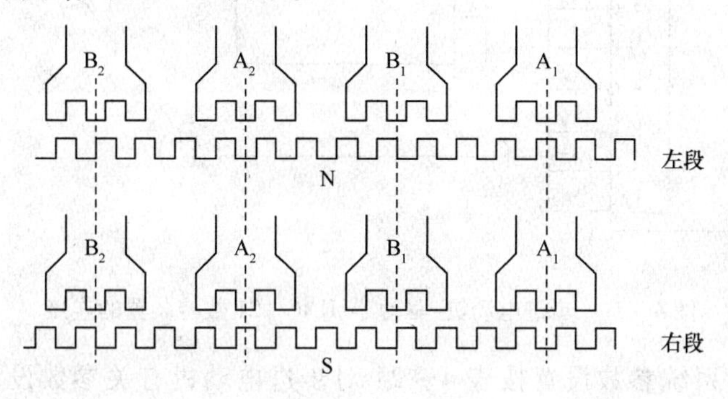

图 4-70　磁极上的齿与左、右段转子齿的相对位置

由于永磁体的作用,左段转子齿为 N 极性,右段转子齿为 S 极性。若 A 相通以正向电流,假定 A_1、A_3 极为 S 极性,A_2、A_4 极为 N 极性,则 A_1、A_3 极的齿与左段转子齿相吸引,A_2、A_4 极的齿与左段转子齿相排斥,同理,A_1、A_3 极的齿与右段转子齿相斥,而 A_2、A_4 极的齿与右段转子齿相吸引,最后转子停留在左段转子齿与 A_1、A_3 极的齿相对齐的位置上。磁路的走向如图 4-69中箭头所示的方向,即从永磁体 N 极出发,沿轴向穿过转子左段,径向从转子齿经气隙至右段转子齿,沿右段转至轴向至永磁体的 S 极。若 B 相能通以正向电流,断开 A 相,B_1、B_3 极为 S 极性,B_2、B_4 极为 N 极性,此时 B_1、B_3 极的定子齿与左段转子齿相吸引,B_2、B_4 极的定子齿与左段转子齿排斥,转子将沿顺时针方向转过 1/4 个齿距(即 3′);断开 B 相,A 相通以负电流,A_2、A_4 极为 S 极性,A_1、A_3 极为 N 极性,转子将顺时针方向转过 1/4 齿距,停留在 A_2、A_4 磁极的定子齿与左段转子齿对齐的位置;再断开 A 相,B 相通以负流,B_2、B_4 为 S 极性,B_1、B_3 为 N 极性,转子将顺时针方向转过 1/4 齿距,达到 B_2、B_4 极的定子齿与左段转子齿对齐的

位置。若改变电流通电顺序，步进电动机将变成逆时针方向旋转。上述步进电动机的通电循环周期为 4 拍，故可获得步距角为

$$\beta=\frac{360^\circ}{mZ_2}=\frac{360^\circ}{4\times30}=3^\circ \tag{4-2}$$

式中：β 为步距角；Z_2 为转子齿数；m 为周期的拍数。

二、步进系统与华中数控连接调试

（1）步进电动机安装于负载测试台上，松开与磁粉制动器的联轴器，光电编码器与步进电动机连接。按图 4－71 将步进电动机、M535 步进电动机驱动器与 HNC－21 数控系统连接起来。

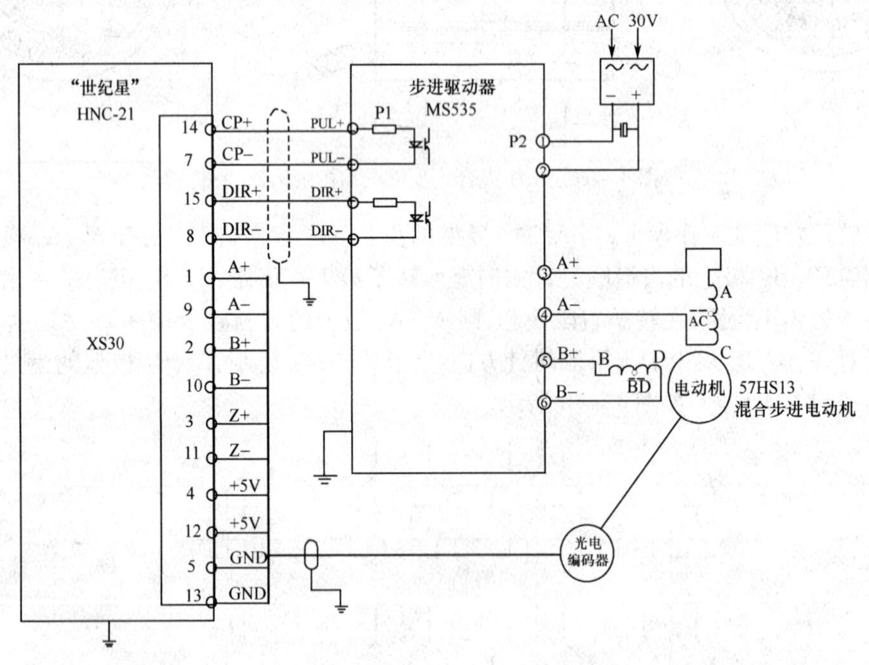

图 4－71　步进电动机、驱动器、HNC－21 数控装置的连接

（2）HNC－21 系统参数设置按表 4－24 对步进电动机有关参数设置坐标轴参数，按表 4－25步进设置参数表设置硬件参数。

表 4－24　步进设置参数表

参　数　名	参数值	参　数　名	参数值
伺服驱动型号	46	伺服内部参数[2]	0
伺服驱动器部件号	0	伺服内部参数[3][4][5]	0
最大跟踪误差	0	快移加减速时间常数	0
电动机每转脉冲数	400	快移加速度时间常数	0
伺服内部参数[0]	步进电动机拍数 8	加工加减速时间常数	0
伺服内部参数[1]	0	加工加速度时间常数	0

表 4－25　硬件配置参数

参数名	型号	标识	地址	配置[0]	配置[1]
部件 0	5301	不带反馈 46	0	0	0

(3) M535 步进电动机驱动器参数设置。按驱动器前面板表格将细分数设置为 2,将电动机设置为 57HS13 步进电动机的额定电流。

(4) 在线路和电源检查无误后,进行通电试运行,用手动或手摇发送脉冲,控制电动机慢速转动和正反转,在没有堵转等异常声音情况下,逐渐控制电动机快速转动。

(5) 测定步进电动机的步距角

用手动方式发送单脉冲,从数控系统显示屏上记录工件实际坐标值,计算步进电动机的步距角:

$$\beta = \frac{\text{实际坐标} \times 360°}{\text{脉冲数}(n) \times \text{光电编码器线数}(n > 20)}(\text{取最接近整数})$$

$$\beta_n = \frac{\text{单脉冲实际坐标增量值} \times 360°}{4 \times \text{光电编码器线数}}$$

由 β 和 β_n 计算出步距精度 $\Delta\beta = (\beta_n - \beta)/\beta$。将记录和计算数据填入表 4-26。

表 4-26 计算数据

脉冲列	1	2	3	4	5	6	7	8	9	10
坐标值										
实际步距										
步距精度										
脉冲列	11	12	13	14	15	16	17	18	19	20
坐标值										
实际步距										
步距精度										

(6) 测定步进电动机的静转矩特性。步进电动机处于锁定状态(即不发送脉冲给驱动器),用测力扳手或悬挂砝码给步进电动机施加外加转矩 T,并读取对应的转子轴偏转角 θ(从记录工件实际坐标值换算),记录一组转矩 T 与偏转角数据,直至最大转矩点。计算步进电动机的静态刚度:

$$\text{静态刚度} = \mathrm{d}T/\mathrm{d}\theta = \Delta T(\mathrm{N} \cdot \mathrm{m}/\Delta\theta(\text{弧度}))$$

注意:由于在锁定状态时,驱动器电流自动地减半,实际静态刚度还可能增大 1 倍。将记录和计算数据填入表 4-27。

表 4-27 驱动器参数

坐标值								
角位移								
转矩值								
静态刚度								

模块 6 交流伺服系统的构成、调整及使用

本模块主要介绍了交流伺服系统的构成以及伺服电动机、驱动器、数控系统的互连关系,着重分析了交流伺服电动机及驱动器的性能、特性。通过实践操作可以掌握交流伺服系统的动态特性及其参数调整。

一、交流伺服系统介绍

1. 交流伺服电动机的分类

交流伺服电动机可依据电动机运行原理的不同,分为永磁同步电动机、永磁无刷直流电动机、感应(或称异步)电动机和磁阻同步电动机。这些电动机具有相同的三相绕组的定子结构。

感应式交流伺服电动机,其转子电流由滑差电势产生,并与磁场相互作用产生转矩,其主要优点是无刷,结构坚固,造价低,免维护,对环境要求低,其主磁通用激磁电流产生,很容易实现弱磁控制,高转速可以达到4~5倍的额定转速;缺点是需要激磁电流,内功率因数低,效率较低,转子散热困难,要求较大的伺服驱动器容量,电动机的电磁关系复杂,要实现电动机的磁通与转矩的控制比较困难,电动机非线性参数的变化影响控制精度,必须进行参数在线辨识才能达到较好的控制效果。

永磁同步交流伺服电动机,气隙磁场由稀土永磁体产生,转矩控制由调节电枢的电流实现,转矩的控制较感应电动机简单,并且能达到较高的控制精度;转子无铜、铁损耗,效率高,内功率因数高,也具有无刷免维护的特点,体积和惯量小,快速性好;在控制上需要轴位置传感器,以便识别气隙磁场的位置;价格较感应电动机贵。

无刷直流伺服电动机,其结构与永磁同步伺服电动机相同,借助较简单的位置传感器(如霍耳磁敏开关)的信号,控制电枢绕组的换向,控制最为简单;由于每个绕组的换向都需要一套功率开关电路,电枢绕组的数目通常只采用三相,相当于只有三个换向片的直流电动机,因此运行时电动机的脉动转矩大,造成速度的脉动,需要采用速度闭环才能运行于较低转速,该电动机的气隙磁通为方波分布,可降低电动机制造成本。有时,将无刷直流伺服系统与同步交流伺服混为一谈,外表上很难区分,实际上两者的控制性能是有较大差别的。

磁阻同步交流伺服电动机,转子磁路具有不对称的磁阻特性,无永磁体或绕组,也不产生损耗;其气隙磁场由定子电流的激磁分量产生,定子电流的转矩分量则产生电磁转矩;内功率因数较低,要求较大的伺服驱动器容量,也具有无刷、免维护的特点;并克服了永磁同步电动机弱磁控制效果差的缺点,可实现弱磁控制,速度控制范围可达到0.1~10000r/min,也兼有永磁同步电动机控制简单的优点,但需要轴位置传感器,价格较永磁同步电动机便宜,但体积较大些。

目前市场上的交流伺服电动机产品主要是永磁同步伺服电动机及无刷直流伺服电动机。

2. 永磁同步伺服电动机工作原理

交流伺服驱动因其无刷、响应快、过载能力强等优点,已全面替代了直流驱动。交流伺服电动机则以永磁同步电动机响应更快、控制更简单而被广泛地应用。永磁同步电动机的定子有三相绕组,由三相电流产生定子合成旋转磁场 F_S,转子由稀土永磁材料产生转子磁场 F_R,F_S 和 F_R 相互作用产生电磁转矩 $T \equiv F_S F_R \sin\theta_{SR}$,如图4-72所示,若保持 $\theta_{SR}=90°$,$T \equiv F_S F_R$。

在电磁转矩作用下,转子以逆时针方向转动,由驱动控制器读取转子位置传感器PS给出的转子移动量 $\Delta\theta_R$,控制定子绕组三相电流的相位,使其合成磁场的 F_S 沿转子旋转方向也移动相同的角度,$\Delta\theta_R=\Delta\theta_S$,仍保持 θ_{SR} 不变。电磁转矩的大小,则由控制三相电流 i_A,i_B,i_C 的幅值 I_m 来实现,即 $T \equiv I_m$,当 $I_m=0$,$T=0$。当需要反方向旋转时,只要将三相电流改变符号(即180°),使其合成磁场 F_S 也改变180°,(即 F'_S),从而产生顺时针的转矩。上述这种控制方式称为矢量控制,这时同步电动机运行于自同步状态。

3. 交流伺服系统的组成

交流伺服系统主要由下列几个部分构成,如图4-73所示。

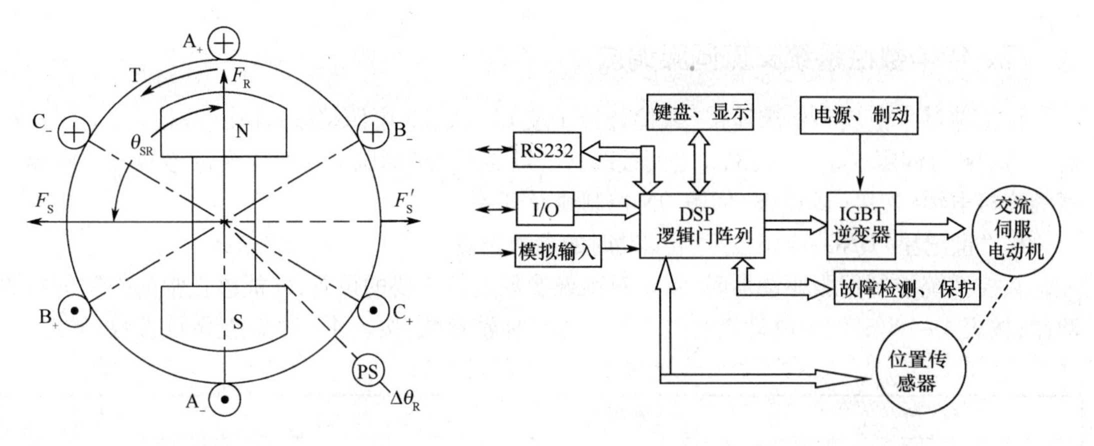

图 4－72　永磁同步电动机结构原理　　　　图 4－73　交流伺服系统组成

（1）交流伺服电动机：可分为永磁交流同步伺服电动机、永磁无刷直流伺服电动机、感应伺服电动机及磁阻式伺服电动机。

（2）PWM 功率逆变器：可分为功率晶体管逆变器、功率场效应管逆变器、IGBT 逆变器（包括智能型 IGBT 逆变器模块）等。

（3）微处理器控制器及逻辑门阵列：可分为单片机、DSP 数字信号处理器、DSP＋CPU、多功能 DSP（如 TMS320F240）等。

（4）位置传感器（含速度）：可分为旋转变压器、磁性编码器、光电编码器等，其中光电编码器最常用，伺服电动机常用的增量式编码器接线图如图 4－74 所示。

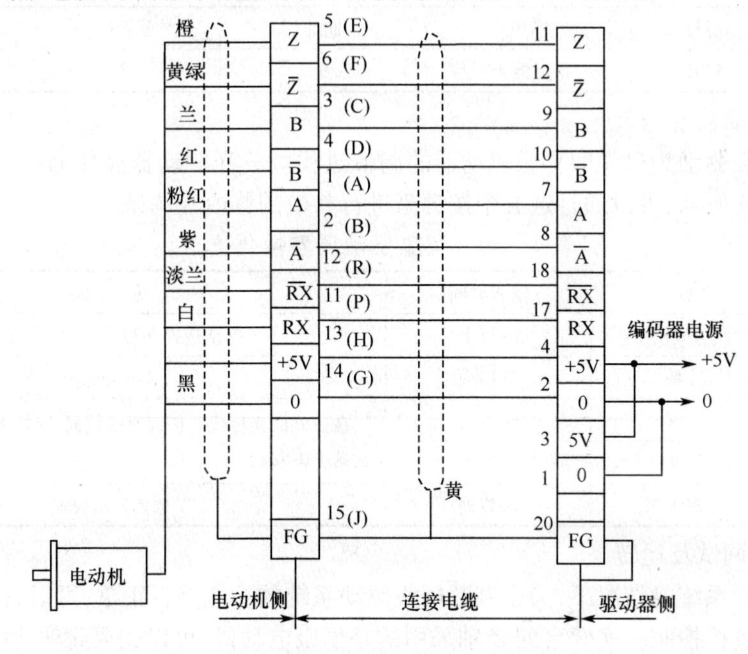

图 4－74　增量式编码器接线图

（5）电源及能耗制动电路。

（6）键盘及显示电路。

（7）接口电路：包括模拟电压、数字 I/O 及串口通信电路。

（8）故障检测，保护电路。

二、华中数控系统交流伺服调试

根据项目 4 模块 1 要求连接（或检查）r、t 及 L1、L2、L3 电源接线；连接（或检查）伺服驱动器 U、V、W 与伺服电动机 A、B、C 之间接线；连接（或检查）伺服电动机位置传感器与伺服驱动器的连接电缆；连接（或检查）伺服 ON 控制线及开关。

1. “世纪星”HNC－21S 配伺服驱动时的参数设置

数控系统控制伺服驱动器时，需要对系统参数进行必要的设置，才能够正常的控制伺服驱动器，按表 4－28 对伺服电动机有关参数设置坐标轴参数，按表 4－29 设置硬件参数。

表 4－28　坐标轴参数

参　数　名	参数值	参　数　名	参数值
外部脉冲当量分子	5	伺服内部参数[1]	1
外部脉冲当量分母	2	伺服内部参数[2]	1
伺服驱动型号	45	伺服内部参数[3][4][5]	0
伺服驱动器部件号	2	快移加减速时间常数	100
最大定位误差	20	快移加速度时间常数	64
最大跟踪误差	12000	加工加减速时间常数	100
电动机每转脉冲数	2000	加工加速度时间常数	64
伺服内部参数[0]	0		

表 4－29　硬件配置参数

参数名	型号	标识	地址	配置[0]	配置[1]
部件 0	5301	带反馈 45	0	50	0

2. 伺服驱动器的调节

以三洋伺服驱动为例说明伺服驱动器的调节过程。三洋驱动器操作面板有五个按键，其功能如表 4－30 所列，可以通过这五个按键来进行参数的修改和调试。

表 4－30　伺服驱动调整操作方法

键名	标志	输入时间	功　　能
确认键	WR	1s 以上	确认选择和写入后的编辑数据
光标键	►	1s 以内	选择光标位
上键	▲	1s 以内	在正确的光标位置按键改变数据，当按下 1s 或更长时间，数据上下移动
下键	▼	1s 以内	
模式键	MODE	1s 以内	选择显示模式

3. 空载下调试及运转

在没有控制系统的情况下，为了判断伺服驱动系统的功能是否正常，可以直接利用伺服驱动器对电动机进行控制。实验台的 Z 轴采用的是伺服电动机，可以完成此项功能的测试。

具体调试步骤如下：

（1）按下 MODE 键显示测试模式 < Ad— >，然后选择页面屏幕 < Ad　0 >，通过上下键来增加和减少数值。

（2）按下 WR 键 1s。显示起初屏幕页面。当按下 MODE 键，返回到页面选择屏幕。当再次按下 MODE 键，转换到下一组模式。

(3) 监控模式各页码说明如表 4－31 所列。

表 4－31 监控模式代码说明

AdXX	功能描述	AdXX	功能描述
00	执行 JOG 运转	03	执行编码器清零
01	执行报警复位	04	执行报警记录清零
02	写入自动调谐的结果		

(4) 进入选择测试调整模式“Ad00”手动操作，按 WR 键 1s 以上，D 数码显示为“y__n”后选择 yes。D 数码显示为“rdy”。然后按 up 键电动机按正方向运转，按 down 键时电动机按反方向运转，松开手电动机则停止运转。

三、交流伺服系统动态特性调试

1. GR102 位置比例增益(30)

(1) 设定位置环调节器的比例增益。

(2) 设置值越大，增益越高，刚度越大，相同频率指令脉冲条件下，位置滞后量越小。但数值太大可能会引起振荡或超调。

(3) 参数数值由具体的伺服系统型号和负载情况确定。

下面可以对驱动器的位置比例增益进行更改，然后让系统以一个固定的频率给驱动器发送脉冲，既让 *Z* 轴以一个固定的速度运行，然后选择系统跟踪误差显示模式，记录下运行稳定时的跟踪误差值，填入表 4－32。

表 4－32 位置比例增益

位置比例增益值	5	20	30	500	1000	1500
系统跟踪误差值						
Z 轴运行状态						

2. GR113 速度比例增益(50)

(1) 设定速度调节器的速度增益。

(2) 设置值越大，增益越高，刚度越大。参数数值根据具体的伺服驱动系统型号和负载值情况确定。一般情况下，负载惯量越大，设定值越大。

(3) 在系统不产生振荡的条件下，尽量设定较大的值(表 4－33)。

表 4－33 速度比例增益参数表

速度比例增益值	5	20	30	500	1000	1500
系统跟踪误差值						
Z 轴运行状态						

3. GR114 速度积分时间常数(20)

(1) 设定速度调节器的积分时间常数。

(2) 设置值越小，积分速度越快。参数数值根据具体的伺服驱动系统型号和负载情况确定。一般情况下，负载惯量越大，设定值越大。

(3) 在系统不产生振荡的条件下，尽量设定较小的值(表 4－34)。

通过修改参数，观察电动机的运行性能，观察什么情况下电动机会出现抖动、啸叫、超调，在参数不同的情况下，电动机运转时观察系统坐标的变化情况、系统跟踪误差的大小、回零时的不同现象，将电动机调节到比较理想的状态，观察电动机动作时的不同现象。

表 4 - 34　速度积分时间参数表

速度积分时间常数	800	400	20	6	1
系统跟踪误差值					
Z 轴运行状态					

综合调整比例增益参数、速度比例常数和速度积分时间常数,可得到不同的效果。可以根据表 4 - 35 对伺服进行调试,把观察到的工作台的运行状态、伺服电动机的运行状态及系统的状态填入表 4 - 35。

表 4 - 35　位置环参数表

位置环比例增益值	5	15	30	150	600	1200	1500
速度环比例增益值	5	20	50	140	300	400	800
速度积分时间常数	1000	500	20	12	7	5	1
系统跟踪误差							
Z 轴运行状态							
伺服电动机运行状态							

四、伺服系统脉冲匹配实践

数控系统可以提供三种脉冲指令形式:单脉冲、双脉冲与 AD 相脉冲的指令控制类型,数控系统和伺服驱动器要使用相匹配的指令类型。

综合实验台所提供的伺服驱动器可以接收的指令为单脉冲、双脉冲与 AB 相脉冲,所以可以通过调节数控系统与伺服驱动器的参数,来对数控系统与伺服系统的指令类型进行匹配。具体的做法如下:

(1) 系统参数的修改。定义系统控制指令类型的参数是硬件配置参数中的配置 0,配置 0 的大小是一个字节,这个字节用二进制表示共有八位,每一位都有不同的功能定义:

D7	D6	D5	D4	D3	D2	D1	D0

对于脉冲接口伺服驱动器来说:

D0 ~ D3 是指步进电动机的轴号,在这里定义它为 2 号轴,数值为 0010。

D4 ~ D5 指数控系统脉冲指令形式:

00——(默认)单脉冲输出　　01——单脉冲输出

10——双脉冲输出　　11——AB 相输出

D6 ~ D7 是数控系统接收反馈脉冲的指令形式

00——(默认)AB 相反馈　　01——单脉冲反馈

10——双脉冲反馈　　11——AB 相反馈

伺服驱动器运行指令与反馈指令都采用的是 AB 相脉冲,那么配置 0 的数值为:

0	0	1	1	0	0	1	0

或换算成:

1	1	1	1	0	0	1	0

十进制为:50 或 242。将其输入到配置 0 中,数控系统输出指令与反馈指令脉冲形式为 AB 相脉冲。

(2) 伺服参数的修改。伺服可以通过修改参数 GR8.11 的数值来改变伺服驱动器的指令脉冲接收形式，如表 4-36 所列。

表 4-36　脉冲接收形式表

数　值	功　能
00	双脉冲
01	AB 相脉冲
02	单脉冲

模块 7　变频调速系统的构成、调整及使用

本模块主要介绍感应电动机的工作原理、变频器、控制系统的接线，介绍了常用变频器数字操作键盘和参数设置。应掌握感应电动机在变频供电下的输出特性、压频比控制和矢量控制的特点。

一、感应电动机工作原理简介

图 4-76 为三相鼠笼型感应电动机的原理图。在定子铁芯内放置着由空间位置上互差 $2\pi/3$ 的三组线圈构成的三相绕组。转子铁芯里安置的是自成回路的"短路绕组"。当三相定子绕组通以对称三相电流时，会在定转子间的气隙中产生一个合成的旋转磁场，并以同步转速 $n_1 = 60f_1/p$ 旋转（f_1 电流频率，p 电动机极对数），其旋转方向由电流的相序决定，若以 $i_A \to i_B \to i_C$ 轮流达到其正峰值，其转向则为逆时针，如图 4-75 中 n_1 所示。

三相对称电流为

$$i_A = I_m \sin\omega t$$
$$i_B = I_m \sin(\omega t - 2\pi/3)$$
$$i_C = I_m \sin(\omega t - 4\pi/3)$$

三相磁势的空间分布为（w_1 为电动机每相有效匝数）

$$F_A = w_1 I_m \cos\alpha \sin\omega t$$
$$F_B = w_1 I_m \cos(\alpha - 2\pi/3)\sin(\omega t - 2\pi/3)$$
$$F_C = w_1 I_m \cos(\alpha - 4\pi/3)\sin(\omega t - 4\pi/3)$$

三相合成空间磁势为

$$F = F_A + F_B + F_C = 3/2 w_1 I_m \sin(\omega t - \alpha)$$

上式为行波方程式。合成磁势的幅值不论任何时刻均相等，其矢量轨迹为圆形，故称为圆形旋转磁势。合成磁势矢量在空间转过的电角度等于电流在时间上经过的电角度。

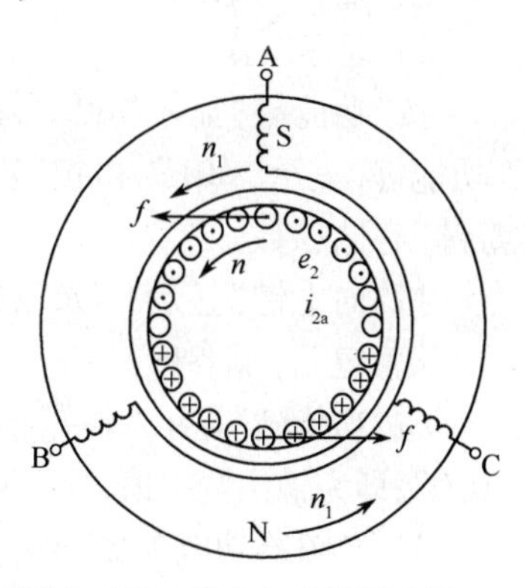

图 4-75　感应电动机原理图

感应电动机转子绕组里的电流不是从外部通入的，而是如图 4-75 所示，绕组本身因切割了旋转磁场的磁力线而产生感应。这是由于转子的转速较旋转磁场的转速慢，转子上的导体与旋转磁场之间便存在相对运动，因而产生感应电动势 e_2，方向由右手定则判定，如图 4-75 所示。在电势作用下，导体内产生电流，电流相位因电感的存在将落后于电势的相位，若将电流分解为与电势同相位的有功分量 i_{2a} 及与电势正交的无功分量，则

有功分量 i_{2a}将与磁场相互作用产生电磁力 f,方向由左手定则确定,如图 4-75 所示。转子在该电磁力作用下转动起来,其转向与旋转磁场 n_1 相同。在空载稳态下,转速达到 n_0,转速 n_0 应小于 n_1,因为一旦 $n_0 = n_1$ 时,转子导体与旋转磁场 n_1 不存在相对运动,电势、电流、电磁力也不会产生。若定义 $S = (n_1 - n)/n_1$ 称为转差率,感应电动机的转速可表示为:$n = (1 - S) \times 60f_1/p$。

二、华中数控系统与变频系统连接

1. SJ100 变频器面板(图 4-76)的认识实验

该变频器内部参数已经设定,出厂时设定为"本地"操作,但只需简单的调试就能实现"本地/远程"的操作转换。

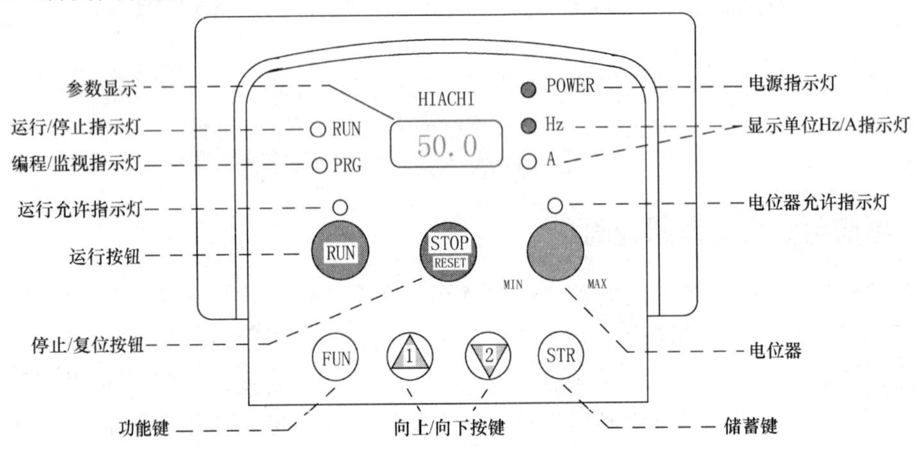

图 4-76　SJ100 变频器面板

1）本地操作

按"功能键"显示"d01",按"向下键"显示"H -",继续按"向下键"直至显示"A -",按"功能键"显示"A01",再按"功能键"显示"01",按"向下键"显示"00",电位器控制转速,按"储蓄键",电位器允许指示灯亮。

按"向上键"显示"A02",按"功能键"显示"01",再按"向上键"显示"02",键盘操作,按"储蓄键",运行允许指示灯亮。

按"功能键"显示"A -",按"向上键"直至显示"d01",输出频率监视,再按"功能键",显示"0.0",即为输出频率值,就地操作设定完毕。

按"运行"按钮,电动机运行,按"停止/复位按钮",电动机停止。

2）远程操作

按"功能键"显示"d01",按"向下键"显示"H -",继续按"向下键"直至显示"A -",按"功能键"显示"A01",再按"功能键"显示"00",按"向上键"显示"01",控制端子操作,按"储蓄键"存储参数。

按"向上键"显示"A02",按"功能键"显示"02",再按"向下键"显示"01",控制端子操作,按"储蓄键"存储参数。

按"功能键"显示"A -" ,按"向上键"直至显示"d01",输出频率监视,再按"功能键",显示"0.0",即为输出频率值,现在频率的高低由 DCS 系统 4~20mA 信号控制,集控操作设定完毕。

3）变频器功能参数介绍

变频器常见功能参数很多,一般都有数十甚至上百个参数供用户选择设定。实际应用中,没必要对每一参数都进行设置和调试,多数采用出厂设定值即可。但有些参数由于和实际使用情况有很大关系,且有的还相互关联,因此要根据实际进行设定和调试。

因各类型变频器功能有差异,而相同功能参数的名称也不一致,为叙述方便,以日立变频器参数名称为例。由于各类型变频器参数区别并不是太大。有可能名称有区别,但是其功能基本一致,只要对一种变频器的参数熟悉精通以后,完全可以做到触类旁通。日立 SJ-100 变频器参数主要分为下面几组:

D 组——监视功能参数,无论变频器处在运行或者是停止状态,都可以使用本组参数来获取系统的重要参数,如电动机电流、输出频率、旋转方向等。

F 组——主要常用参数:用来设定变频器的常用参数,如加减速时间常数、电动机的输出频率等。

A 组——标准功能参数的设定,这些参数的设定直接影响到变频器输出的最基本的特性,如变频器控制方式的选择、输出最大频率的限定、控制特性的选择等。

B 组——微调功能参数,可以调节变频器控制系统与电动机匹配上的一些细微的功能,如重启的方式、报警功能的设置等。

C 组——智能端子功能,对变频器所提供的智能端子功能进行定义,如主轴正反转、多段速度选择等功能端子的定义等。

H 组——电动机相关参数设置及无传感器矢量功能参数设置:可以设置电动机的一些特征参数及采用无传感器矢量功能所需要的一些参数。

4）变频器的初始化

一般来说,变频器的参数出厂时都已设置好,不需要改动,如果在调节变频器的过程中参数出现紊乱,可以利用此方法将参数恢复到出厂值,具体的操作过程如下:

(1) 接通变频器三相(380V)输入电源,用基本操作面板(OPE-S)进行调试。把变频器所有参数复位为出厂时的默认设置值。设置时首先将 B85 设置为 01(选择初始化模式),将 B84 设置为 01(初始化有效)。

(2) 首先同时按下“FUNC”“▲”与“▼”不放。

(3) 按住上述各键不放,然后再按下“STOP/RESET”达 3s 以上。

(4) 只松开 STOP/RESET,直至显示 D01 并闪烁为止。

(5) 现在松开“FUNC”“▲”键与“▼”键,001 显示功能开始闪烁。

(6) 闪烁完成后,显示出一个游动的浮标,最后停止游动,显示“D01”,表示初始化完成。

注意:变频器的参数在进行初始化完成以后,请勿运行变频器与电动机,需要将变频器的参数重新设置,使变频器中的参数与所带负载电动机的各种参数相匹配,然后再运行电动机。

5）设置变频驱动器的初始参数

设置变频驱动器一些必要的参数以供给定时调用,不同变频器可能设置参数的代码不一样,但参数功能大致相同,下面列举了本实验所用电动机的参数,将其输入到变频器 ROM 中。

电动机额定电压:A82 = 380V。

电动机额定功率:H03 = 0.55kW。

电动机的磁极数:H04 = 4 极。

电动机额定频率:A03 = 50Hz。

电动机最小频率:A15 = 01(0Hz)。

电动机最大频率:A04 = 60Hz。

斜坡上升时间:F02 = 10s。

斜坡下降时间:F03 = 10s。

变频器详细参数列表见 SJ100 变频器使用手册。

2. 变频器控制三相异步电动机操作

变频器是通过调节频率来调节电动机转速的,所谓频率给定方式,就是通过何种方式来调节变频器的输出频率,从而调节电动机转速的。简单地说,就是调节频率的方法。日立变频器的三种频率调节方式:

1) 手操键盘给定

这种方式是通过变频器的操作键盘以及变频器本身提供的控制参数来对变频器进行控制。具体操作步骤如下:

(1) 将参数 A01 设为“02”,A02 设为“02”。

(2) 通过“▲”或“▼”键改变参数 F01(变频器频率给定)的参数值来增加或减小给定频率。

(3) 完成上述步骤后,变频器已经进入待命状态。按“RUN”键,电动机运转。

(4) 按“STOP/RESET”键,停止电动机。

(5) 设置参数 F04 的参数值为“00”(正转)或“01”(反转)改变电动机的旋转方向。

(6) 按“RUN”键,电动机运转,但方向已经改变。

2) 电位器给定

SJ100 日立变频器面板上配有调速电位器,可通过其旋钮来调节变频器所需要的指令电压,来控制变频器的输出频率,改变电动机的运行速度。采用这种控制方式的具体操作步骤如下:

(1) 将参数 A01 设为“00”,A02 设为“02”,A04 设为“60”。

(2) 通过调节电位器来控制电动机运行的转速,将电位器旋过一定的角度。

(3) 按“RUN”键,这时电动机应该可以旋转,通过改变电位器的旋转角度来改变变频器的输出频率,控制电动机的旋转速度。

3) 数控系统给定

数控机床常见的控制方式是通过变频器上的控制端子进行控制,变频器上的频率给定与运行指令给定都是利用数控系统进行控制,图 4 - 77 为日立变频器与“世纪星”数控系统的连接图,采用数控系统控制时具体做法如下:

(1) 根据电气图进行线路连接,并确认无误后,接通各部分电源。

(2) 参照手操键盘给定方式的步骤,将参数 A01 和 A02 均恢复为 01(默认值)。

(3) 通过由华中“世纪星”的主轴控制命令,控制变频器的运行。例如,在 MDI 下执行 M03S500,电动机就会以 500r/min 正转。

3. 变频器智能端子的使用

对于一般变频器来说,都具备一些智能端子,方便变频器在控制的时候使用,日立SJ - 100 变频器提供了 6 位智能端子,现在只使用了第 1、2 个端子作为主轴正反转的控制端子,图 4 - 78为变频器的控制端子图,其中 1 ~ 6 控制端子就是变频器的智能端子,各端子的功能都可以通过 C 组参数进行定义,参数 C01 ~ C06 分别对应端子 1 ~ 6,我们可以通过修改 C01 参数的数值来改变端子 1 的功能。

1) 利用智能端子控制主轴正反转运行

变频器具有六个智能端子,可以利用其中任意的两个提供正反转信号。

例如,若想使用端子 1 和 2 来进行控制,那么可以把参数 C01 和 C02 的数值分别修改成

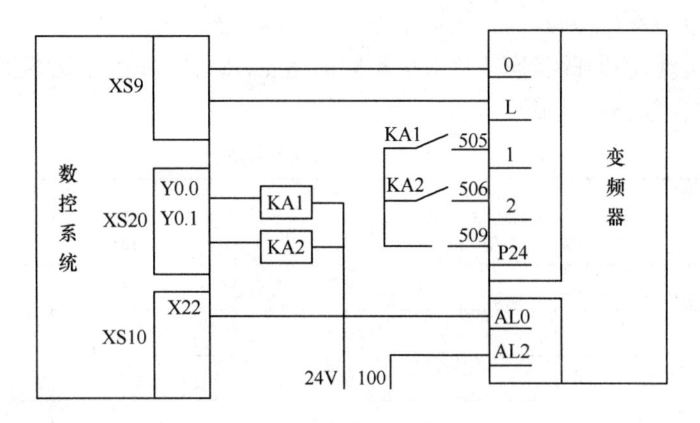

图 4－77 变频器连接图

00 和 01，然后将控制主轴正反转的信号线 505、506 接到端子 1 和 2 上，如图 4－79 所示。当 505 接通时，主轴正转；506 接通时，主轴反转。

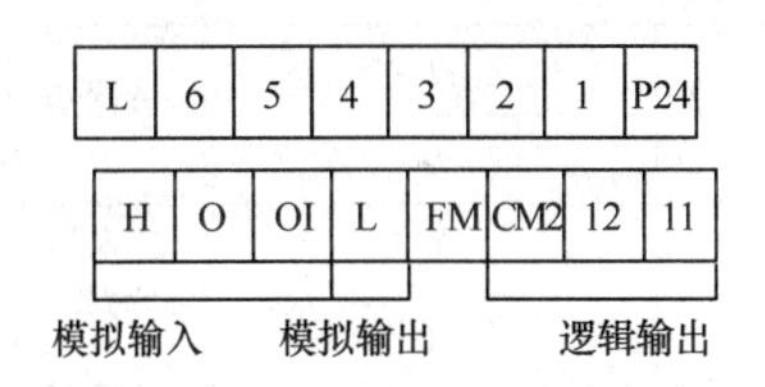

图 4－78 端子接线图

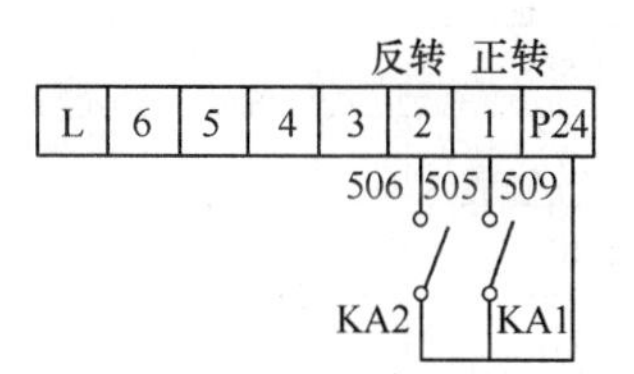

图 4－79 正反转接线图

如果想利用智能端子 5 和 6 来控制主轴正反转，那么把参数 C05 和 C06 分别设为 00 和 01，然后将控制主轴正反转的信号线 505、506 接到端子 1 和 2 上，如图 4－80 所示。当 505 接通时，主轴正转；506 接通时，主轴反转。

2）利用智能端子控制变频器的速度

变频器一般情况下是通过模拟电压或模拟电流来对变频器的输出频率进行调节，也可以通过调节变频器的参数来对变频器的输出频率进行控制，来改变电动机的控制速度。这里再介绍另外一种速度控制方式，利用变频器的智能端子来对变频器的速度进行控制。

变频器利用 4 个智能端子提供 16 个目标频率进行选择，这 16 个目标频率由参数 A20 ~ A35 进行设定，参数 A20 ~ A35 分别对应速度 1 ~ 速度 16；选择哪个速度由控制速度的智能端子的状态进行确定：

（1）将智能端子 C01 ~ C03 的数值分别设为 02、03、04、05，这四个智能端子就可以对速度进行选择控制了。

（2）利用参数 A20 ~ A35，设定 16 种不同的速度。

（3）按照图 4－81 所示，利用实验台所提供的乒乓开关进行接线。

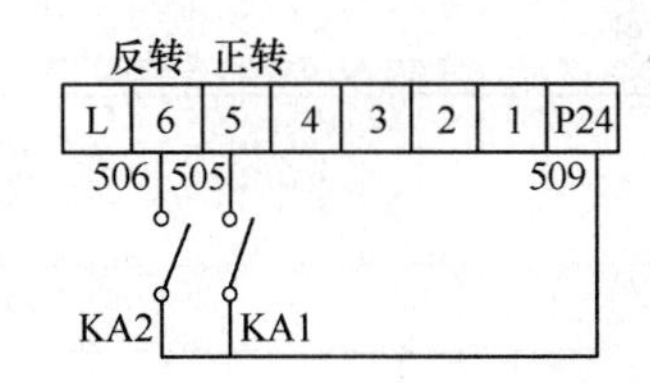

图 4－80 智能端子接线图

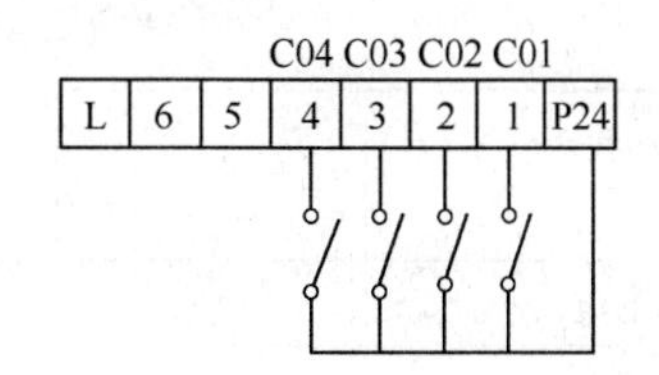

图 4－81 乒乓开关接线图

3）利用乒乓开关给变频器的智能端子提供不同的状态

如表 4－37 所列，不同的状态应该对应不同的速度，进行实际操作观察变频器的输出频率是否和智能端子给定的频率一致。

表 4－37　端子控制表

多段速度	输入端子状态			
	C04	C03	C02	C01
速度 1	0	0	0	0
速度 2	0	0	0	1
速度 3	0	0	1	0
速度 4	0	0	1	1
速度 5	0	1	0	0
速度 6	0	1	0	1
速度 7	0	1	1	0
速度 8	0	1	1	1
速度 9	1	0	0	0
速度 10	1	0	0	1
速度 11	1	0	1	0
速度 12	1	0	1	1
速度 13	1	1	0	0
速度 14	1	1	0	1
速度 15	1	1	1	01
速度 16	1	1	1	1

三、变频系统性能测试实践

变频器控制方式为压频比时的机械特性测试：

（1）将感应电动机与磁粉制动器用联轴器连接起来，接通三相输入电源，参考上述参数设置步骤，设置参数 A44 为“00”，用手操键盘给定方式启动电动机使其进入运转状态，改变参数 F01 的参数值，调节给定频率至 2Hz。

（2）当电动机旋转起来以后，给磁粉制动器增加励磁电流，磁粉制动器就可以提供一定的扭矩，励磁电流与扭矩的对应曲线见附录。

（3）输出频率为 2Hz 的时候，逐渐增加电动机的负载扭矩，利用显示参数 d02 观察输出相电流的变化，并填入表 4－38。

表 4－38　转矩特性测试表

所加转矩/（N · m） 所测项目	1	2	3	4	5
输出电流					
运行状态					
结论					

注意:测试时电动机如果出现堵转现象,时间不能过长,应及时将负载降下来,以免对变频器或电动机造成损坏,且所加负载最大不能超过 7N·m。

(4) 最大输出扭矩的测试,测试变频器在不同频率下所能够提供的最大扭矩,表4-39给定了几组频率,在给定的固定频率下逐渐加大负载,直到电动机堵转为止。

注意:在增加负载时,电动机所加负载最大不能超过 7N·m,且电动机过载时间不能过长。

表 4-39 最大输出扭矩测试

输出频率/Hz 所测项目	1	2	5	10	20
输出电流					
电动机最大扭矩					
结论					

(5) 矢量控制时电动机低频时的机械特性测试。

① 设置参数"A44 = 02",变频器的控制方式为"无传感器矢量控制"。

② 用手操键盘给定方式启动电动机,改变参数 F01 的参数值,调节变频器的给定频率。

③ 当电动机旋转起来以后,给磁粉制动器增加励磁电流,磁粉制动器就可以提供一定的扭矩。

④ 输出频率为 2Hz 的时候,逐渐增加电动机的负载扭矩,利用显示参数 d02 观察输出相电流的变化,并填入表 4-40。

注意:测试时电动机如果出现堵转现象,时间不能过长,应及时将负载降下来,以免对变频器或电动机造成损坏。且所加负载最大不能超过 7N·m。

表 4-40 转矩测试结果表

所加转矩/(N·m) 所测项目	1	2	3	4	5
输出电流					
运行状态					
结论					

(6) 最大输出扭矩的测试,测试变频器在不同频率下所能够提供的最大扭矩,表4-41给定了几组频率,在给定的固定频率下逐渐加大负载,直到电动机堵转为止。

注意:在增加负载时,电动机所加负载最大不能超过 7N·m,且电动机过载时间不能过长。

表 4-41 最大扭矩测试表

输出频率/Hz 所测项目	1	2	5	10	20
输出电流					
电动机最大扭矩					
结论					

项目5　FANUC数控系统的连接与调试

模块1　FANUC数控系统基本操作

一、数控机床操作面板介绍

对于相同系统的数控车床,其操作方法基本相同。数控车床的操作面板由上下两部分组成,上半部分为数控系统操作面板,下半部分为机床操作面板。

1. 数控系统操作面板

数控车床的数控系统操作面板如图5-1所示。其中,系统功能键主要由软件键、系统操作键、数据输入键、光标移动键和翻页键、编辑键、NC功能键等组成。

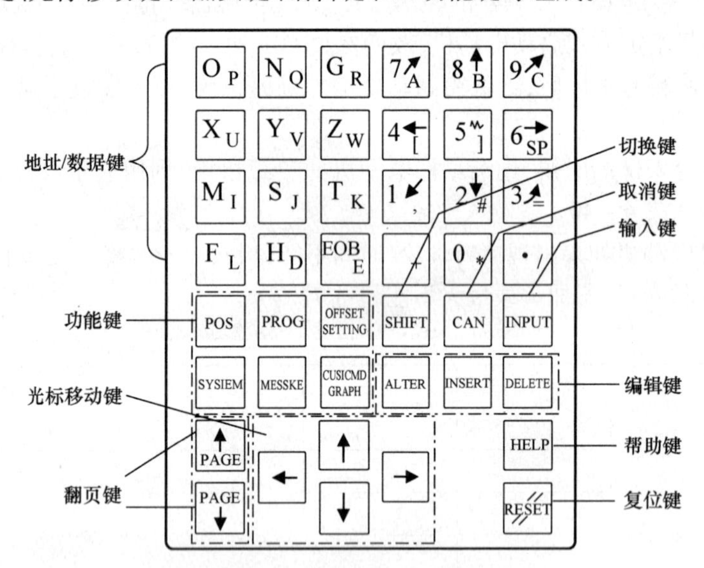

图5-1　数控系统操作面板

1）软件键

该部分位于LCD显示屏的下方,除了左右两个箭头键外,键面上没有任何标识。这是因为各键的功能都被显示在LCD显示屏的下方的对应位置,并随着LCD显示的页面不同而有着不同的功能,这就是该部分被称为软件键的原因。

2）系统操作键

这一组有两个键,分别为右下角RESET键和HELP键,其中的RESET为复位键,HELP键为系统帮助键。

3）数据输入键

该部分包括了机床能够使用的所有字符和数字。可以看到,字符键都具有两个功能,较大的字符为该键的第一功能,即按下该键可以直接输入该字符,较小的字符为该键的第二功能,要输入该字符需先按“SHIFT”键(按“SHIFT”键后,屏幕上相应位置会出现一个“^”符号),然后再按该键。另外,键“6/SP”中“SP”是“空格”的英文缩写(Space),也就是说,该键的第二功能是空格。

4）光标移动键和翻页键

在 MDI 面板的下方的上下箭头键(“↑”和“↓”)和左右箭头键(“←”和“→”)为光标前后移动键,标有“PAGE”的上下箭头键为翻页键。

5）编辑键

这一组有五个键:CAN、INPUT、ALTER、INSERT 和 DELETE,位于 MDI 面板的右上方,这几个键为编辑键,用于编辑加工程序。

6）NC 功能键

该组的六个键(标准键盘)或八个键(全键式)用于切换 NC 显示的页面以实现不同的功能。详细解释如表 5-1 所列。

表 5-1　MDI 面板上各键的详细说明

编号名称	按键	详细说明
1. 复位键	 RESET	按下这个键可以使 CNC 复位或者取消报警等
2. 帮助键	 HELP	当对 MDI 键的操作不明白时,按下这个键可以获得帮助(帮助功能)
3. 空白软键		根据不同的画面,软键有不同的功能。软键功能显示在屏幕的底端
4. 地址和数字键	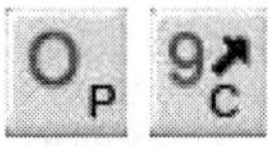 O P　9 C	按下这些键可以输入字母、数字或者其他字符
5. 切换键	 SHIFT	在该键盘上,有些键具有两个功能。按下“SHIFT”键可以在这两个功能之间进行切换。当一个键右下角的字母可被输入时,就会在屏幕上显示一个特殊的字符“^”
6. 输入键	 INPUT	当按下一个字母键或者数字键时,再按该键数据被输入到缓冲区,并且显示在屏幕上。要将输入缓冲区的数据拷贝到偏置寄存器中,请按下该键。这个键与软键中的“INPUT”键是等效的
7. 取消键	 CAN	按下这个键删除最后一个进入输入缓冲区的字符或符号。当键输入缓冲区后显示为: > G01X20. 5_,当按下该键时,5 被取消并且显示如下: > G01X20. _
8. 程序编辑键	 ALTER　INSERT　DELETE	  按下如下键进行程序编辑:  ALTER:替换　INSERT:插入　DELETE:删除
9. 功能键	 POS　PROG　OFS/SET SYSTEM　MESSAGE　CSTM/GR	 POS:按下该键以显示位置画面  PROG:按下该键以显示程序画面

（续）

编号名称	按键	详细说明
9. 功能键	POS PROG OFS/SET SYSTEM MESSAGE CSTM/GR	OFS/SET：按下该键以显示偏置/设置(SETTING)画面 SYSTEM：按下该键以显示系统画面 MESSAGE：按下该键以显示信息画面 CSTM/GR：按下该键以显示图形显示画面
10. 光标移动键	↑ ← → ↓	↑：此键用于光标向上移动 ↓：此键用于光标向下移动 →：此键用于光标向右移动 ←：此键用于光标向左移动
11. 翻页键	↑PAGE PAGE↓	↑PAGE：该键用于将屏幕显示的页面向回翻页 PAGE↓：该键用于将屏幕显示的页面往下翻页

2. 数控机床操作面板

机床操作面板主要是对机床进行控制的按钮，以下对常用的操作面板上各开关及按钮的功能与使用作简单介绍，面板示意图如图 5－2 所示。

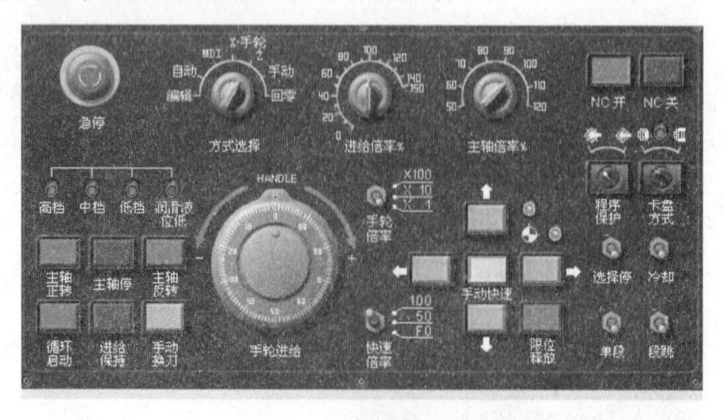

图 5－2　机床操作面板

1）“循环启动”按钮

用于自动方式下自动运行的启动。其上指示灯亮显示自动运行状态。

2）“进给保持”按钮

在自动运行状态下，暂停进给（滑板停止移动），但 M、S、T 功能仍然有效，其上指示灯亮，显示机床处于暂停进给状态，按“程序启动”按钮，可恢复自动运行。

3）“方式选择”旋转开关

用于选择机床的某一种工作方式，将开关旋至所要求的工作方式时，才能操作机床。

（1）编辑方式。可将工件程序手动输入到存储器中，可以对存储器内的程序进行修改、插入和删除，输入或输出穿孔带程序。

（2）自动方式。机床执行存储器中的程序，自动加工工件。

（3）MDI 方式。用 MDI 键盘直接将程序段输入到存储器内，并立即运行，此方法称为 MDI 工作方式。用 MDI 键盘将加工程序输入到存储器内，此方法称为手动数据输入。

（4）手摇轮方式。处于此位置可选择移动轴，每按一次按钮，刀具移动一步的当量，或可转动手摇轮使滑板移动，每次只能移动一个坐标轴。在“手轮”方式下，可以选择多种滑板移动的速度。

（5）手动方式。可用“JOG”按钮使滑板移动，摇动速度由进给倍率开关设定。

（6）回零点方式。

4）单段开关

开关置于“ON”位置，在自动运行方式下，执行一个程序段后自动停止；开关置于“OFF”位置，则连续运行程序。

5）段跳开关

开关置于“ON”位置，对于程序开关有“/”符号的程段被跳过不执行，将开关置于“OFF”位置，“/”符号无效。

6）返回参考点指示灯

使 X、Z 轴返回机床参考点，对应的参考点指示灯亮。

7）快速倍率

选择快速进给的倍率量。

8）“急停”按钮

当出现异常情况时，按下此按钮机床立即停止工作，待故障排除恢复机床工作时，需按照按钮上的箭头方向转动，按钮即可弹起。

9）进给倍率

在自动运行中，由 F 代码指定的进给速度可以用此开关来调整，调整范围 0～150%，每格增量为 10%。在点动方式下，进给速度可以在 0～1260mm/min 范围内调整，但是在车削螺纹时，不允许调进给率。

10）手动轴选择

选择手动移动的轴，摇动手轮，可移动该轴方向。

11）手轮倍率

选择手轮进给中，一个刻度移动量的倍率。

12）主轴倍率

用于调整主轴转速。

13）“程序保护”开关

此开关接通，可进行加工程序的编辑、存储，此开关断开，存储器内的程序不能改变。

14）程序选择停止

开关置于“ON”位置，当程序运行到 M01 时，暂停运行，且主轴停转，冷却停止，其上指示灯亮，按下“CYCLE STAR”按钮，继续执行下面的程序，开关置于“OFF”位置，M 代码功能无效。

15）机床限位释放

即超程解除。

二、手动连续进给的操作

手动连续进给的操作需要首先选择手动模式。在此模式下，按下任意坐标轴运动键即可实现该轴的连续进给（进给速度可以设定），释放该键，运动停止。在操作时，同时按下坐标轴和快速移动键，则可实现该轴的快速移动，运动速度为 G00 速度。

手动连续进给根据操作方式的不同，又可以分成以下几种形式：

1. 点动进给

按一下手动按键，指示灯亮，系统处于点动运行方式。在此方式下，可点动移动机床坐标轴（下面以点动移动 X 轴为例进行说明）。

（1）按压“ $+X$”或“ $-X$”软键，指示灯亮，X 轴将产生正向或负向连续移动。

（2）松开“ $+X$”或“ $-X$”软键，指示灯灭，X 轴即减速停止。

用同样的操作方法使用“ $+Z$”“ $-Z$”软键可使 Z 轴产生正向或负向连续移动。在点动运行方式下，同时按压 X、Z 方向的手动按键，能同时手动连续移动 X、Z 坐标轴。

2. 点动快速移动

在点动进给时，若同时按压快进按键，则产生相应轴的正向或负向快速运动。在进行点动快速移动时需要注意以下两项操作：

（1）在点动进给时，进给速率为系统参数最高快移速度乘以进给修调选择的进给倍率。

（2）点动快速移动的速率为系统参数最高快移速度乘以快速修调选择的快移倍率。按压进给修调或快速修调右侧的“100%”按键，指示灯亮，进给或快速修调倍率被置为 100%。

三、手轮进给的操作

通过手轮的操作可以使操作者接近工件，可方便地进行诸如对刀、去毛刺等操作。当手持单元的坐标轴选择波段开关置于“X”“Z”挡有效时，按一下控制面板上的“增量”按键，指示灯亮，系统处于手摇进给方式。

首先将手轮的坐标轴选择波段开关置于“X”挡，然后顺时针/逆时针旋转手摇脉冲发生器。一格可控制 X 轴向正向或负向移动一个增量值。用同样的操作方法使用手持单元可以控制 Z 轴向正向或负向移动一个增量值。手摇进给方式每次只能增量进给 1 个坐标轴。手摇脉冲发生器每转一格的移动量由手持单元的增量倍率波段开关控制。

四、MDI 运行的操作

通过 MDI 操作，即在 MDI 方式下可以从 CRT/MDI 面板上直接输入并执行单个程序段，被输入并执行的程序段不被存入程序存储器。具体的操作步骤可以总结为：首先按下“MDI”软键，系统进入 MDI 运行方式，然后按下系统面板上的“程序”软件键，打开程序屏幕。系统会自动显示“PROGRAM MDI”，如图 5－3 所示。

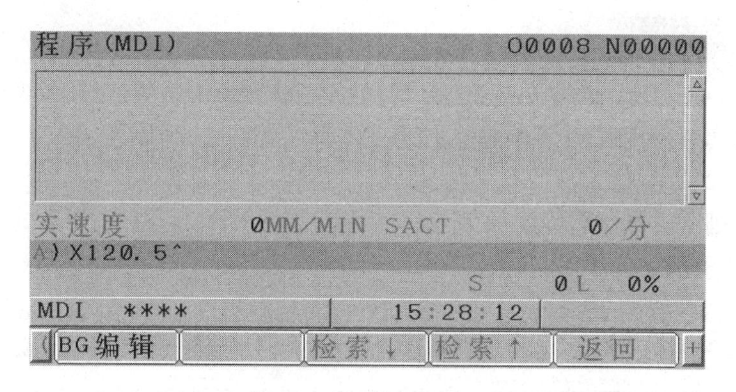

图5-3　MDI界面

用程序编辑操作编制一个要执行的程序,使用光标键,将光标移动到程序头;按“循环启动”键,程序开始运行。当执行程序结束语句(M02或M30)或者“%”后,程序自动清除并且运行结束,例如要在MDI方式下输入并执行程序段“X-17.5 Y26.7”,操作方法如下:

将方式选择开关置为MDI。

按“PROGRAM”软键使CRT显示屏显示程序页面。

依次按“X”、“-”、“1”、“7”、“.”、“5”软键。

按“INPUT”软键输入。

按“Y”、“2”、“6”、“.”、“7”软键。

按“INPUT”软键输入。

按“循环启动”按钮使该指令执行。

在MDI方式下输入指令只能一个词一个词地输入。如果需要删除一个地址后面的数据,只需键入该地址,然后按“CAN”软键,再按“INPUT”键即可。如果需要停止或者是中断操作可以按如下方法进行:

(1)停止:如果要中途停止,可以按下“循环启动”键左侧的“进给保持”键,这时机床停止运行,并且“循环启动”键的指示灯灭,进给暂停指示灯亮。再按“循环启动”键,就能恢复运行。

(2)中断:按下数控系统面板上的“复位”软键,可以中断MDI运行。

例5-1　主轴正转500r/min。

依次输入:“S500　INPUT　M04　INPUT”。

例5-2　*Z*轴以0.1mm/r的速度负方向移动20mm。

依次输入:“G01　INPUT　VO INPUT　F0.1　INPUT　W-20.0　INPUT”。

例5-3　机械原点自动回归。

依次输入:“G28　INPUT　U0　INPUT　W0　INPUT”。

例5-4　自动调用3号刀具。

依次输入:“T0303　INPUT”。

在输入过程中如输错,需重新输入,请按“RESET”软键,上面的输入全部消失,重新开始输入。如需取消其中某一输错字,按“CAN”软键即可;按下“循环启动”按钮即可运行;如需停止运行,按“RESET”软键取消。

五、回参考点操作

控制机床运动的前提是建立机床坐标系,为此系统接通电源复位后,首先应进行机床各轴回参考点操作。如果系统显示的当前工作方式不是回零方式,确保系统处于回零方式。

打开机床以后首先做机械原点回归,机械原点回归操作有以下三种情况:

1) 刀架在机床机械原点位置,但是原点回归指示灯不亮

将进给模式开关选为“手动”。

用手动脉冲发生器将刀架沿 X 轴和 Z 轴负方向移动小段距离,约 20mm。

将模式开关选择为“回零”模式,进给分辨力可以设为 25% 、50% 或 100% 。

操作手动进给操作柄沿 X、Z 轴正方向回机床机械原点,直至指示灯变亮。

2) 刀架远离机床机械原点

将模式开关选择选为“回零”模式。

将进给模式开关选为 25% 、50% 或 100% 。

用手动快速进给手柄将刀架先沿 X 轴,后沿 Z 轴的正方向回归机床机械原点,直至两轴原点回归指示灯变亮。

3) 刀架台超出机床限定行程的位置

按下“超程解除”键,同时用手动脉冲进给手柄将刀架负方向移动约 20mm。

重复“刀架远离机床机械原点”的操作,完成机械原点回归。

六、超程报警的排除方法

在伺服轴行程的两端各有一个极限开关,其作用是防止伺服机构被碰撞而损坏。每当伺服机构碰到行程极限开关时,就会出现超程。当某轴出现超程,并且超程解除按键内指示灯亮时,系统视其状况为急停。要退出超程状态,必须松开“急停”按钮,置工作方式为手动或手摇方式。只要一直按压着“超程解除”按键,控制器会暂时忽略超程的紧急情况。在手动方式下使该轴向相反方向退出超程状态。接着松开超程解除按键,可以继续操作。

注意:在操作机床退出超程状态时请务必注意移动方向及移动速率以免发生撞机。

七、报警信息的查看方法

数控系统可对其本身以及其相连的各种设备进行实时的自诊断。数控机床可以通过数控系统强大的功能,对其数控系统自身及所连接的各种设备进行实时的自诊断。当数控机床出现不能满足保证正常运行的状态或异常时,数控系统就会报警,并将在屏幕中显示相关的报警信息及处理方法。这样,就可以根据屏幕上显示的内容采取相应的措施。

一般情况下,系统出现报警时,屏幕显示就会跳转到报警显示屏幕,显示出报警信息,如图 5 - 4所示,某些情况下,出现故障报警时,不会直接跳转到报警显示屏幕。

FANUC 0i 数控系统提供了报警履历显示功能,其最多可存储并在屏幕上显示 50 个最近出现的报警信息,大大方便了对机床故障的跟踪和统计工作。显示报警履历的操作如图 5 - 5 ~ 图 5 - 7 所示。

此外,对 FANUC 0i 数控系统报警进行分类可以更快地查找相应的报警信息,FANUC 0i 数控系统的报警信息很多,可以归纳为以下类别,便于查找,如表 5 - 2 所列。

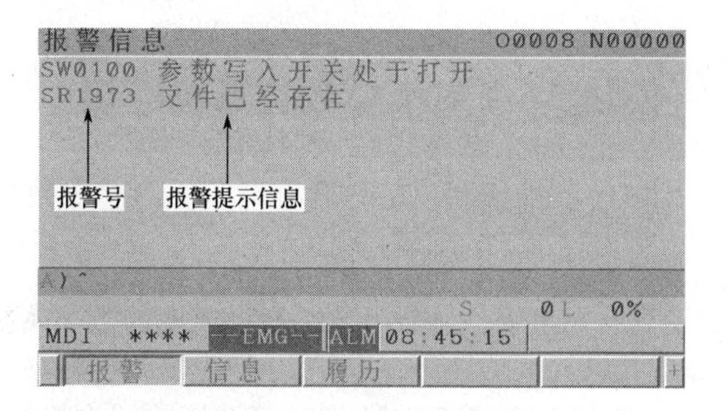

图 5-4 报警界面

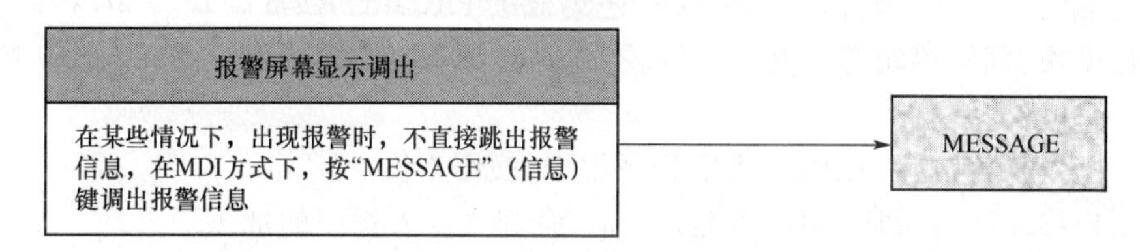

图 5-5 报警履历操作

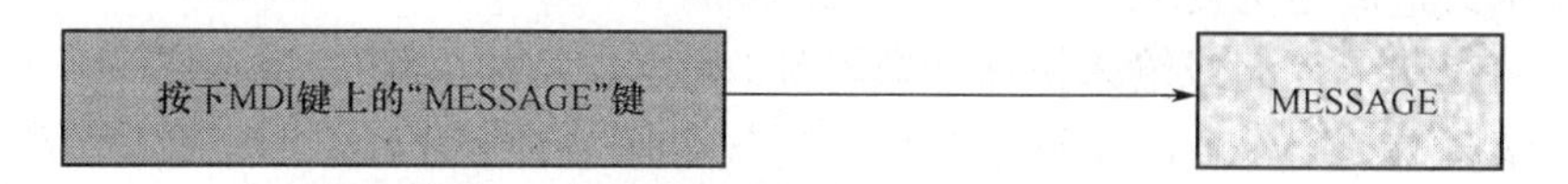

图 5-6 按“MESSAGE”键

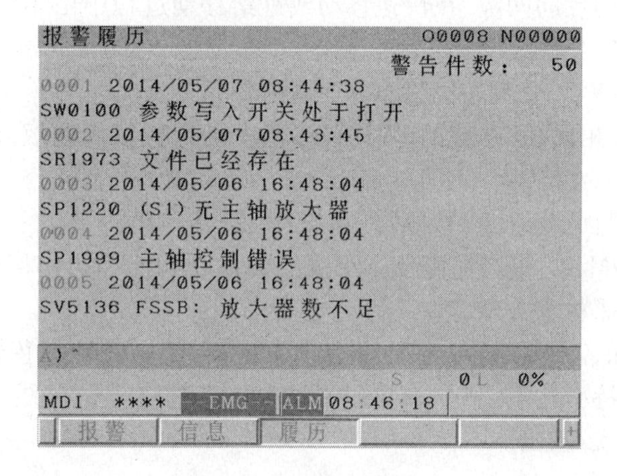

图 5-7 报警信号履历

表 5-2 FANUC 0i 数控系统报警分类

错误代码	报警分类	错误代码	报警分类
000～255	P/S 报警(参数错误)	750～799	主轴报警
300～349	绝对脉冲编码器(APC)报警	900～999	系统报警
350～399	串行脉冲编码器(SPC)报警	1000～1999	机床厂家根据实际情况 PMC 中编制的报警
400～499	伺服报警	200～2999	机床厂家根据实际情况 PMC 中编制的报警值息
500～599	超程报警		
700～749	过热报警	5000 以上	P/S 报警(编程错误)

模块 2　FANUC 数控系统连接

一、基本硬件

1. FANUC 0i 数控系统概述

FANUC 的 0i 系统是具有高可靠性、高性价比、高集成度的数控系统。FANUC 0i 系列的主要功能及特点有以下几点：

(1) FANUC 0i MD 系统与 FANUC 30i/31i/32i 等系统的结构相似，均为模块化结构。主 CPU 板上除了主 CPU 及外围电路之外，还集成了 PROM&SRAM 模块、PMC 控制模块、存储器和主轴模块、伺服模块等。其集成度较 FANUC 0 系统的集成度更高，因此 0i 控制单元的体积更小，便于安装排布。

(2) 采用全字符键盘，可用 B 类宏程序编程，使用方便。

(3) 用户程序区容量比 0MD 系统大 1 倍，有利于较大程序的加工。

(4) 使用编辑卡编写或修改梯形图，携带与操作都很方便，特别是在用户现场扩充功能或实施技术改造时更为便利。

(5) 使用存储卡存储或输入机床参数、PMC 程序以及加工程序，操作简单方便。

(6) 系统具有 HRV(高速矢量相应)功能，伺服增益设定比 0MD 系统高 1 倍，理论上可使轮廓加工误差减少 1/2。

(7) 机床运动轴的反向间隙，在快速移动或进给移动过程中由不同的间隙补偿参数自动补偿。

(8) 0i 系统可预读 12 个程序段，比 0MD 系统多。

(9) 与 0MD 系统相比，0i 系统的 PMC 程序基本指令执行周期短，容量大，功能指令更丰富，使用更方便。

(10) 0i 系统的界面、操作、参数等与 30i、31i、32i 基本相同。

(11) 0i 系统比 0M、0T 等产品配备了更强大的诊断功能和操作信息显示功能，给机床用户使用和维修带来了极大方便。

(12) 在软件方面，0i 系统比 0 系统也有很大提高，特别在数据传输上有很大改进，如 RS-232 串行通信波特率达 19200b/s，可以通过 HSSB(高速串行总线)与 PC 机相连，使用存储卡实现数据的输入/输出。

2. FANUC 数控系统接口

对于系统外部，系统的各接口如图 5-8 所示，接口的功能如表 5-3 所列。

表 5-3　系统接口说明

连接器号	用途	连接器号	用途
COP10A	伺服放大器(FSSB)	CP1	DC21C-LN
JA2	MDI	JGA	后面板接口
JD36A	RS-232-C 串行端口 1	CA79A	视频信号接口
JD36B	RS-232-C 串行端口 2	CA88A	PCMCIA 接口
JA40	模拟主轴/高速 DI	CA122	软键
JD51A	I/O Link	CA121	变频器
JA41	串行主轴/位置编码器	CD38A	以太网

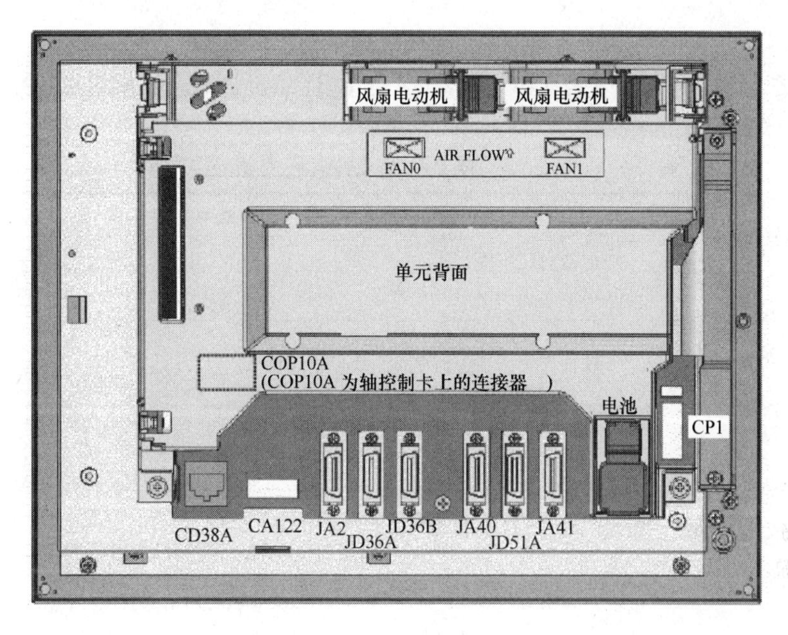

图 5－8　FANUC 系统接口图

3. 数控系统指示灯

数控系统背面的指示灯主要用来指示系统的运行状态，根据 LED 灯不同的表现形式可以表达不同的系统状态，在系统调试及运行过程当中可以起到故障诊断及信息表达的作用。电源接通时，LED 状态如图 5－9 所示。

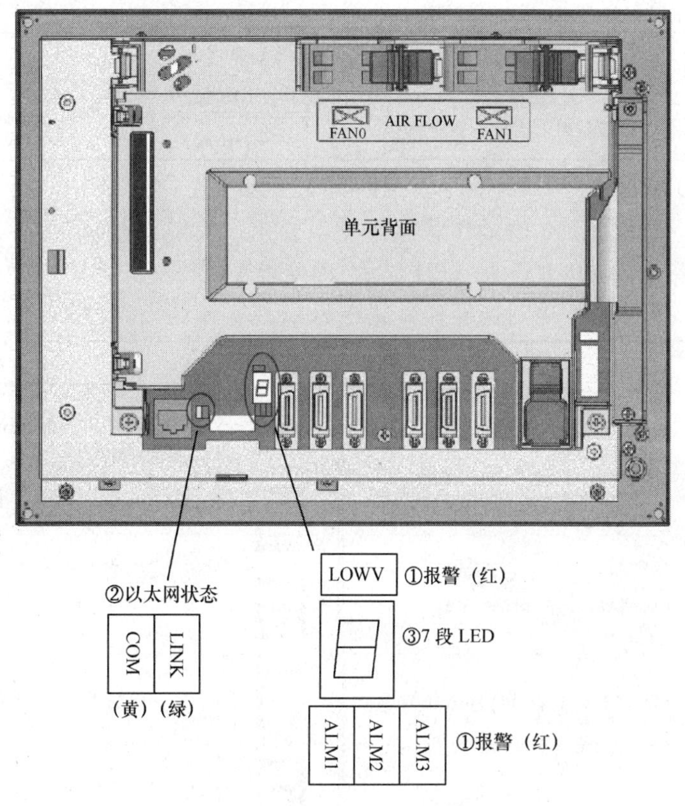

图 5－9　电源接通时，LED 状态

1）报警灯

当发生系统报警时的报警 LED 显示，这些 LED 点亮时，说明硬件发生故障。红色的 LED 指示灯状态如表 5－4、表 5－5 所列。

表 5－4　红色 LED 状态表

序号	状态 LED	状态
1	□■□	电池电压下降 可能是因为电池寿命已尽
2	■■□	软件检测出错误而使得系统停止运行
3	□□■	硬件检测出系统内故障
4	■□■	轴卡上发生了报警 可能是由于轴卡不良、伺服放大器不良、FSSB 断线等原因所致
5	□■■	FROM/SRAM 模块上的 SRAM 的数据中检测出错误 可能是由于 FROM/SRAM 模块不良、电池电压下降、主板不良所致
6	■■■	电源异常 可能是由于噪声的影响或电源单元不良所致
■:点亮，□:熄灭		

2）以太网状态 LED（表 5－6）

表 5－5　LOWV 报警灯状态

LED 名称	LED 的含义
LOWV	可能是由于主板不良所致

表 5－6　以太网状态 LED

LED 名称	LED 的含义
LINK（绿）	与 HUB 正常连接时点亮
COM（黄）	收发数据时点亮

3）7 段 LED

7 段 LED 显示根据 CNC 的动作状态而发生变化。从接通电源到进入可以动作的状态之前，以及发生系统错误时的 7 段 LED 显示，详见表 5－7、表 5－8。

表 5－7　从电源接通到能够动作状态的 LED 显示的含义（LED 灯点亮状态）

报警 LED	含义	报警 LED	含义
（全熄灭）	尚未通电的状态（全熄灭）	4	任务初始化
0	初始化结束、可以动作	5	系统配置参数的检查，可选板等待 2
1	CPU 开始启动（BOOT 系统）	6	各类驱动程序的安装，文件全部清零
2	各类 G/A 初始化（BOOT 系统）	7	标头显示，系统 ROM 测试
3	各类功能初始化	8	通电后，CPU 尚未启动的状态（BOOT 系统）

（续）

报警 LED	含义	报警 LED	含义
9	BOOT 系统推出，NC 系统启动（BOOT 系统）	F	文件清零 可选板卡等待 1
A	FROM 初始化	H	BASIC 系统软件的加载（BOOT 系统）
b	内装软件的加载	J	可选板卡等待 3，可选板卡等待 4
C	用于可选板的软件的加载	L	系统操作最后检查
c	IPL 监控执行中	P	显示器初始化（BOOT 系统）
d	DRAM 测试错误（BOOT 系统、NC 系统）	U	FROM 初始化（BOOT 系统）
E	BOOT 系统错误（BOOT 系统）	u	BOOT 监控执行中（BOOT 系统）

表 5－8　从电源接通到能够动作状态 LED 显示的含义（LED 灯闪烁状态）

报警 LED	含义
	ROM PARITY 错误 可能是由于 SRAM/FROM 模块的故障所致
2	不能创建用于程序存储器的 FROM 通过 BOOT 确认 FROM 上的用于程序存储器的文件的状态，执行 FROM 的整理，确认 FROM 的整理
3	软件检测的系统报警，启动时发生的情形：通过 BOOT 确认 FROM 上的内装软件的状态和 DRAM 的大小
4	DRAM/SRAM/FROM 的 ID 非法，可能是由于 CPU 卡、SRAM/FROM 模块的故障所致
5	发生伺服 CPU 超时，通过 BOOT 确认 FROM 中的伺服软件的状态，可能是由于伺服卡的故障所致
6	在安装内装软件时发生错误，通过 BOOT 确认 FROM 上的内装软件的状态
7	显示器没有能够识别，可能是由于显示器的故障所致
8	硬件检测的系统报警，通过报警界面确认错误并采取对策
9	没有能够加载可选项的软件，通过 BOOT 确认 FROM 上的用于可选板的软件的状态
A	在与可选板进行等待的过程中发生了错误，可能是由于可选板、PMC 错误的故障所致

（续）

报警 LED	含义
	BOOT FROM 被更新，重新接通电源
	显示器的 ID 非法，确认显示器
	DRAM 测试错误，可能是由于 CPU 卡的故障所致
	BASIC 系统软件和硬件的 ID 不一致，确认 BASIC 系统软件和硬件的组合

二、FANUC 数控系统基本连接

FANUC 公司针对中国数控机床市场的迅速发展、数控机床的水平和使用特点，2008 年在中国市场推出了新的 CNC 系统 0i－D/0i Mate－D。该系统源自于 FANUC 目前在国际市场上销售的高端 CNC 30i/31i/32i 系列，性能上比 0i－C 系列提高了许多，包括：硬件上采用了更高速的 CPU，提高了 CNC 的处理速度；标配了以太网；控制软件根据用户的需要增加了一些控制与操作功能，特别是一些适于模具加工和汽车制造行业应用的功能，如纳米插补、用伺服电动机做主轴控制、电子齿轮箱、存储卡上程序编辑、PMC 的功能块等。2010 年初对 0i－D/0i Mate－D 功能进行了提升，如：0i－D 增加了分离型和开放式结构；增加了控制轴数；配备了 AI 轮廓控制Ⅱ和纳米平滑控制；刀具管理功能等。0i Mate－D 配备了纳米插补；增加了磨床功能；新开发了 βiSC 伺服电动机和 βiIC 主轴电动机。

因此该系统是高性价比、高可靠性、高集成度的小型化系统，代表了目前国内常用 CNC 的最高水平。

下面主要介绍 FANUC 0i MD 系统的连接。

对于 FANUC 0i MD 数控系统，如果没有主轴电动机，伺服放大器是单轴型（SVU），如果包括主轴电动机，放大器是一体型（SVPM），下面仅介绍数控系统相关的硬件连接，图 5－10 为 FANUC 0i MD 系统硬件配置图。

1. CNC 的结构形式

0i－D 有两种结构形式：一体型和开放式，如图 5－11、图 5－12 所示。

0i Mate－D 无分离型与开放式，只有一体型。

2. 以太网接口

0ic 系统与 0id 系统以太网接口比较，如表 5－9 所列，示意图如图 5－13 所示。

表 5－9　以太网接口比较

内容	FS 0i－C	FS 0i－D
内装以太网	—	100 BASE－TX 基本内装（仅限 0i－D）
快速以太网	100 BASE－TX 卡（Option）	100 BASE－TX 卡（Option）

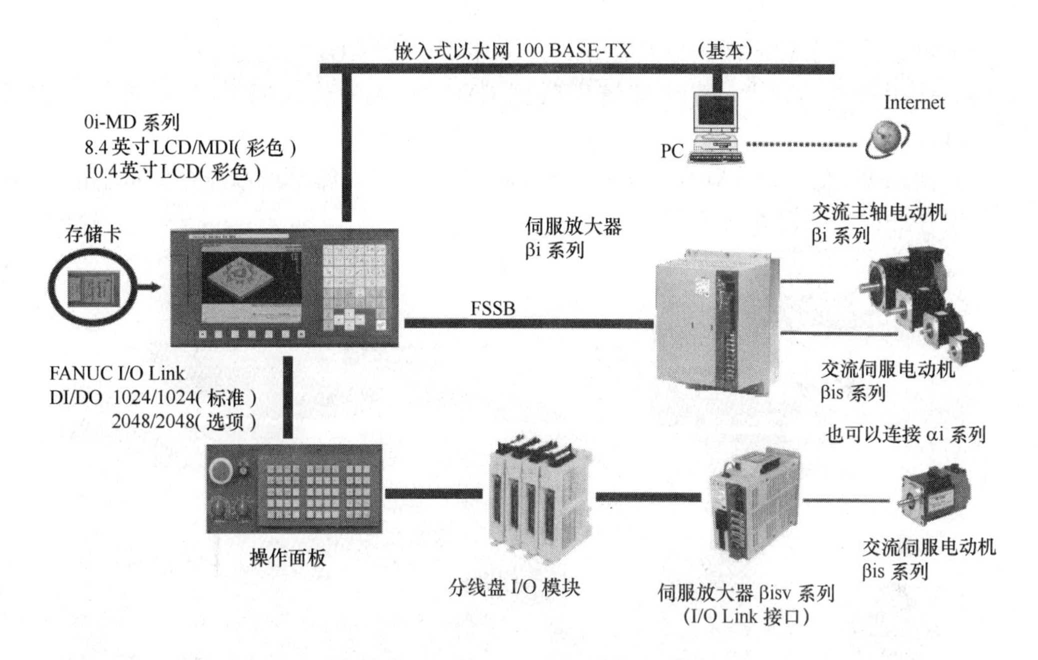

图 5－10　FANUC 0i MD 系统配置图

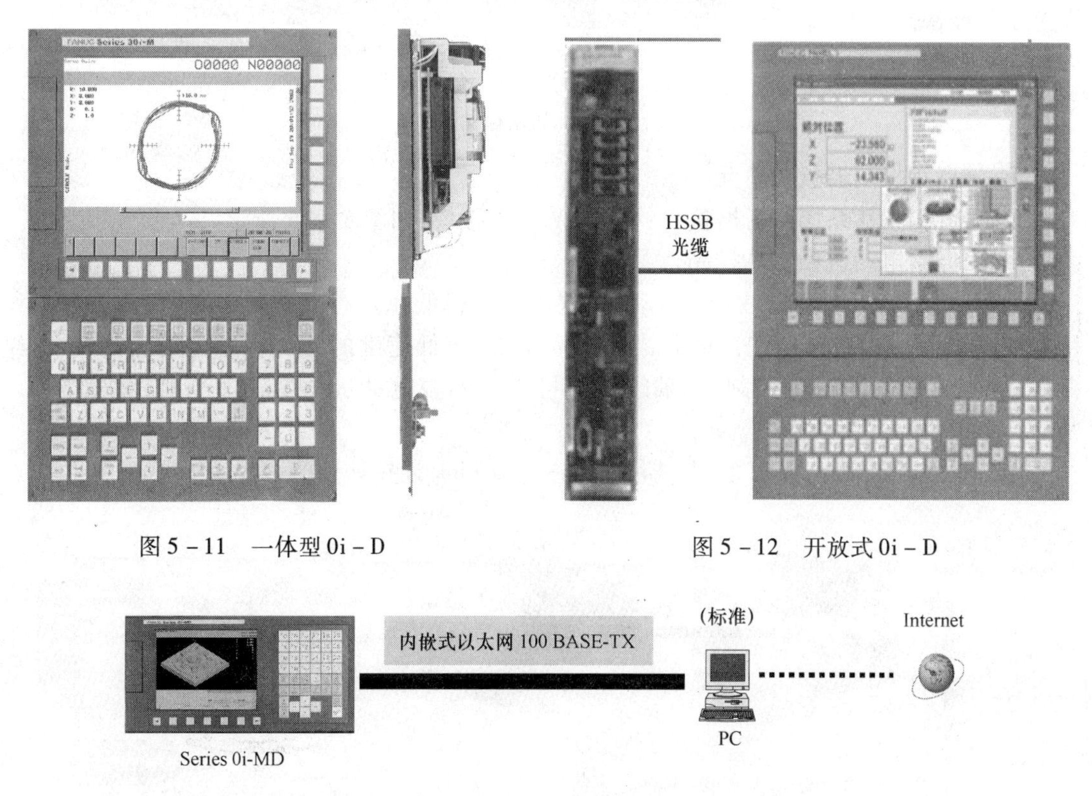

图 5－11　一体型 0i－D

图 5－12　开放式 0i－D

图 5－13　FANUC 0i MD 系统以太网接口图

3. 数据服务器/存储卡操作

特点：

(1) CNC 内置程序存储容量大幅度扩充，标配 512KB。

(2) 最大 2MB(0i－D)，在大容量存储卡或数据服务器上编辑加工程序(类似 31i)。

(3) 可以使用子程序调用以及在用户宏程序中使用“GOTO”命令。

(4) 使用微型闪存卡,CF 卡能够安装到 CNC 中,无需使用固定卡具,并且可以进行 DNC 加工。

(5) 使用 PC 软件(FANUC Program Transfer Tool),可以简单地添加存储卡上的文件。

数据存储操作如图 5-14 所示。

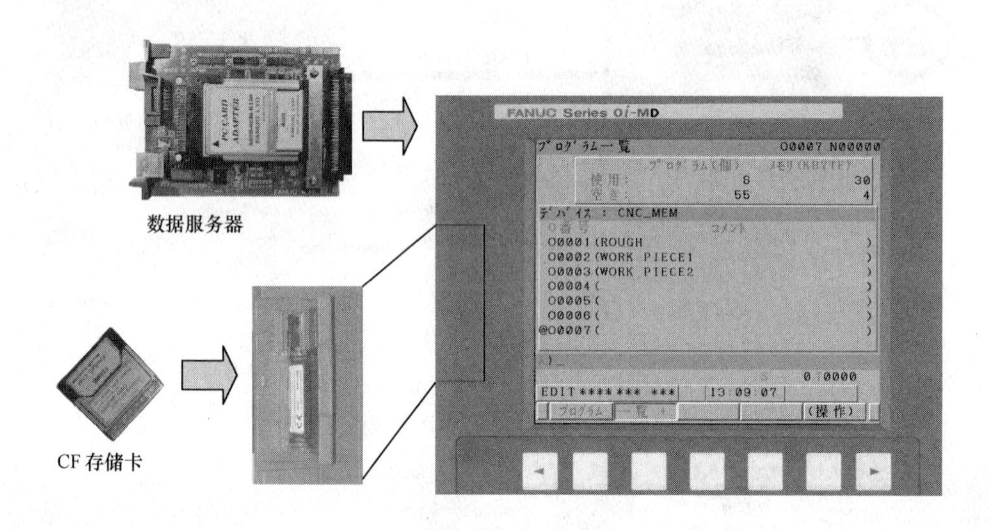

图 5-14　数据存储操作

4. 分离型检测器接口单元

FANUC 0i MD 系统新新增接口:模拟 1Vp-p 接口,如图 5-15 所示。

5. 用伺服电动机做主轴控制

FANUC 的伺服电动机是同步电动机,这种电动机低速具有大扭矩,并且有非常好的控制特性,跟随精度好,反应快。因此当要求高精度、较低速度的 C_s 轴控制、刚性攻丝、螺纹加工、恒定表面切削速度控制、主轴定位时可以用伺服电动机做主轴电动机,如图 5-16 所示。

具体的系统连接图如图 5-17 所示,其中 I/O Link 连接如图 5-18 所示。

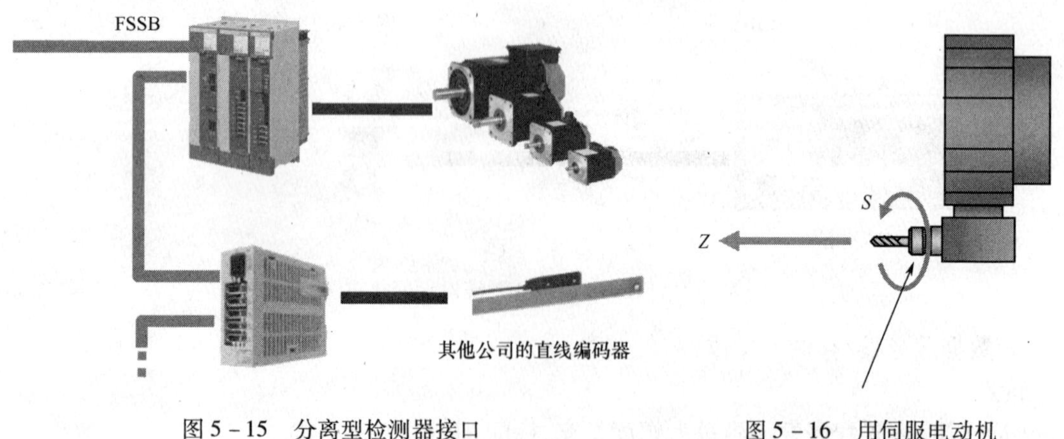

图 5-15　分离型检测器接口

图 5-16　用伺服电动机驱动旋转刀具

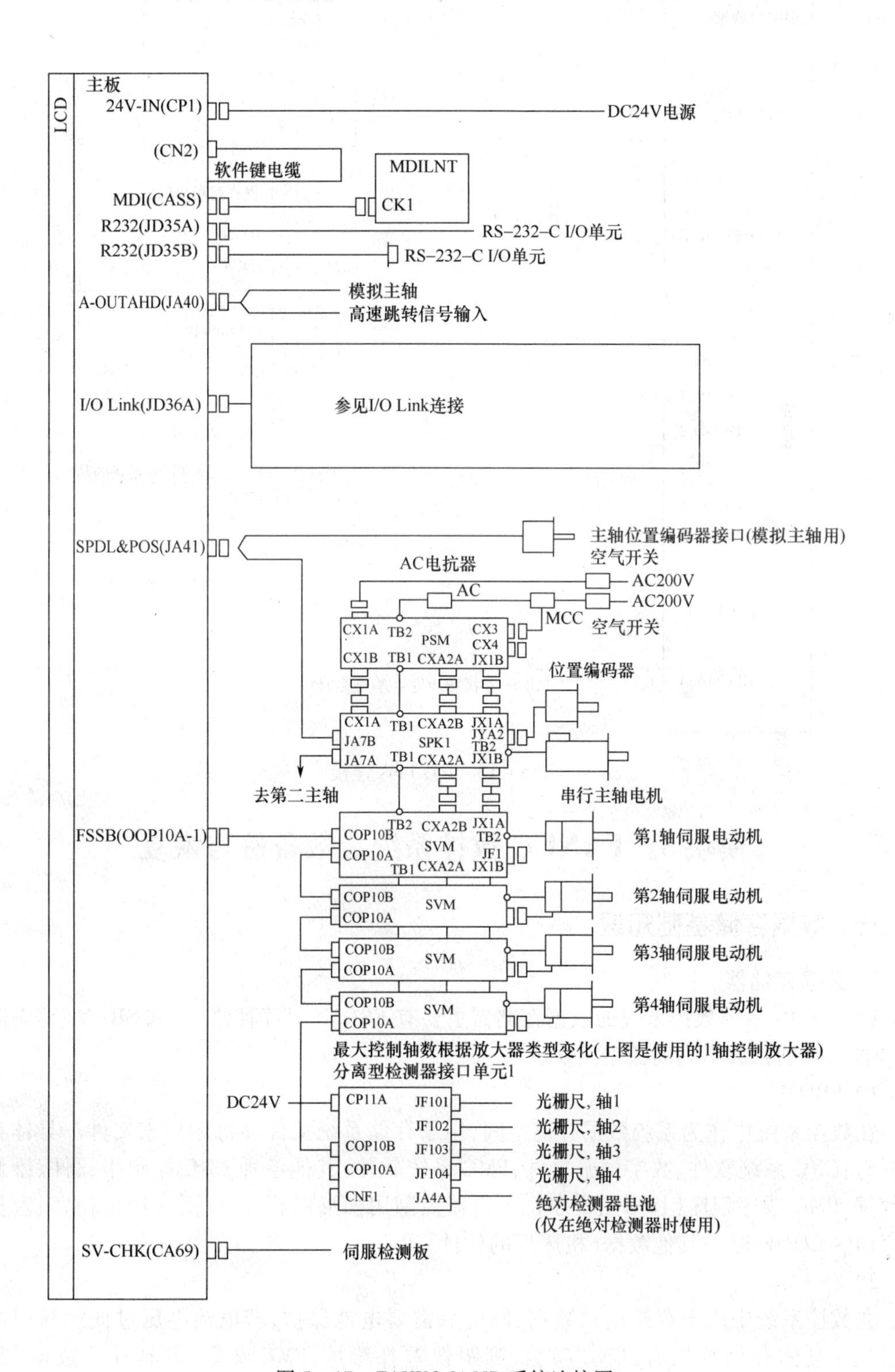

图 5－17　FANUC 0i MD 系统连接图

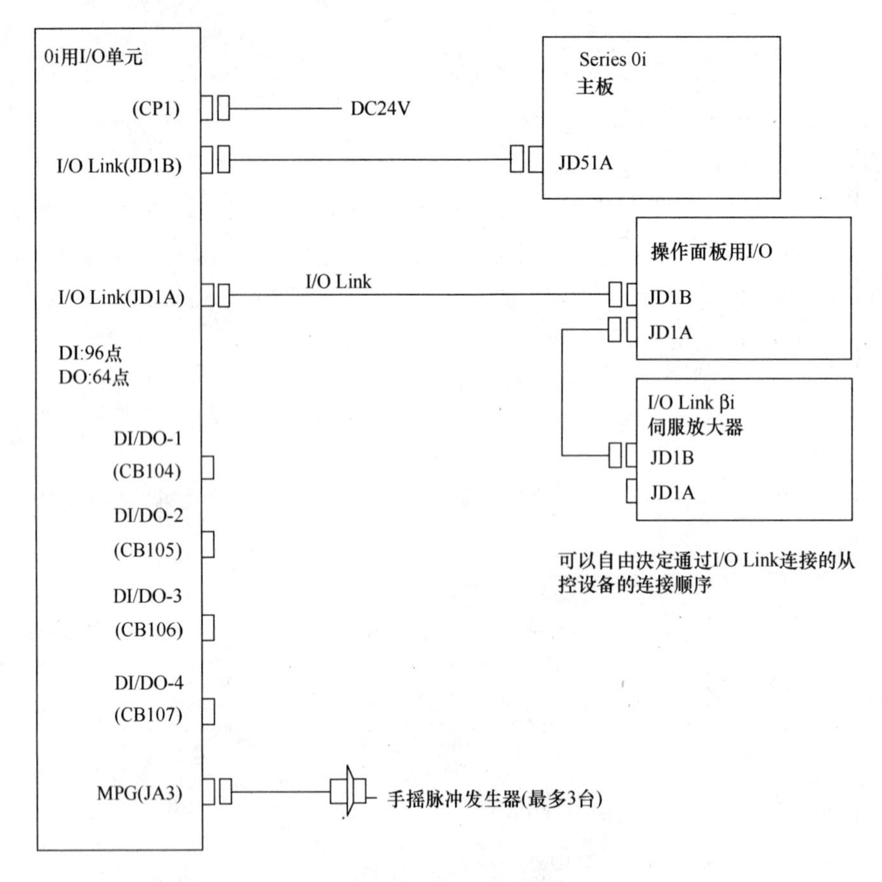

图 5 – 18　I/O Link 连接

模块 3　FANUC 数控系统参数备份与恢复

一、数据存储基础知识

1. 数据存储器

FANUC 0i 系列数控系统的数据存储器主要有 FROM(只读存储器)和 SRAM(静态随机存储器),分别存放不同的数据文件。

1) FROM

在数控系统中作为系统数据存储空间,用于存储系统文件和机床厂家文件。具体存储数据有:CNC 系统软件、数字伺服软件、PMC 系统软件、其他各种 CNC 控制用软件、维修信息数据、PMC 顺序程序(梯形图程序)、上料器控制用梯形图程序、C 语言执行程序、宏执行程序(P – CODE 宏)、其他数据(机床厂的软件)等。

2) SRAM

在数控系统中用于存储用户数据,断电后需要电池保护,若电池电压过低容易引起数据丢失。具体存储数据有:CNC 参数、螺距误差补偿量、PMC 参数、刀具补偿数据(补偿量)、宏变量数据(变量值)、加工程序、对话式(CAP)数据(加工条件、刀具数据等)、操作履历数据、伺服波形诊断数据、最后使用的程序号、切断电源时的机械坐标值、报警履历数据、刀具寿命管理数据、软操作面板的选择状态、PMC 信号解析(分析)数据、其他设定(参数)数据等。

需要注意的是,FROM 除了存有系统厂家 FANUC 提供的系统文件外,还存有机床厂家开发的 PMC 梯形图程序。

2. 数据文件的分类

数据文件主要分为系统文件、数控机床制造厂家文件和用户文件。

(1) 系统文件:FANUC 提供的 CNC 和伺服控制软件,称为系统软件、PMC 系统软件等。

(2) 数控机床制造厂家文件:PMC 程序、机床厂编辑的宏程序执行器等。

(3) 用户文件:系统参数、PMC 参数、螺距误差补偿值、加工程序、宏程序、刀具补偿值、工件坐标系数据等。

3. 数据备份意义

在 SRAM 中的数据由于断电后需要电池保护,有易失性,所以数据备份非常必要。此类数据需要通过用 BOOT 引导系统操作方式或者在 ALL I/O 画面操作方式进行保存。用 BOOT 引导系统方式备份的是系统数据的整体,下次恢复或调试其他相同机床时,可以迅速地完成恢复。但是数据为机器码且为打包形式,不能在计算机上打开。但是通过 ALL I/O 画面操作方式得到的数据可以通过写字板或 WORD 文件打开,而通过 ALL I/O 画面操作方式又分为 CF(Compact Flash)卡方式和 RS232C 串行口方式,CF 卡方式操作方便,还可免去计算机及通信线缆的准备、连接等工作。三种备份特点如图 5-19 所示。

在 F-ROM 中的数据相对稳定,一般情况下不易丢失,但是如果遇到更换 CPU 板或存储器板时,在 F-ROM 中的数据均有可能丢失,其中 FANUC 的系统文件在购买备件或修复时会由 FANUC 公司恢复,但是机床厂文件——PMC 程序等软件也会丢失,因此机床厂数据的保留也是必要的。

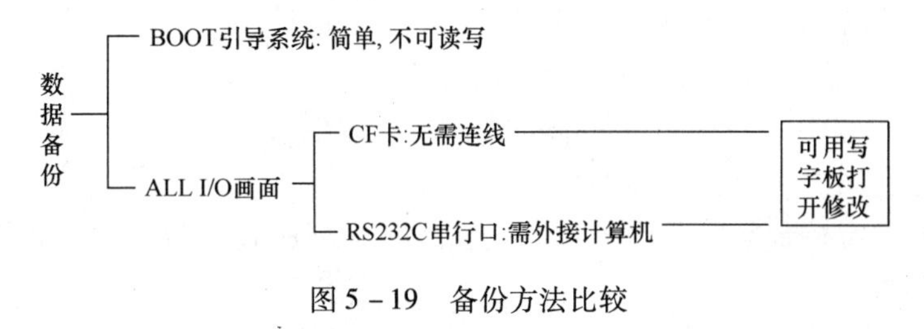

图 5-19　备份方法比较

二、CF 存储卡基本操作

FANUC 0i MateC 数控系统有 CF 存储卡(Compact Flash 卡)插槽,可以应用 CF 存储卡完成各种数据备份、恢复工作。通过 CF 卡读卡器可以实现 CF 存储卡与计算机之间的通信连接,计算机对 CF 存储卡中数据进行提取存档或回传,对于系统自动生成相同文件名的备份中,用计算机再存档很有必要。CF 存储卡及其读卡器各计算机配件商城有售,方便可靠,是专业维修人员的必备工具。

1. 引导系统(BOOT SYSTEM)启动

机床通电后,FANUC 0i MD 数控系统会自动启动引导系统,并读取 NC 软件到 DRAM 中去运行。而在一般正常情况下,引导系统屏幕画面是不会有显示的。当使用存储卡在引导系统屏幕画面中进行数据备份和恢复的操作时,必须调出引导系统屏幕画面,具体步骤如下:

（1）将存储卡插入到 CNC 数控系统的存储卡接口（MEMORY CARD），如图 5－20 所示。

（2）同时按住右翻页键和相邻的软键，然后打开机床电源。

（3）调出引导系统屏幕画面主菜单，如图 5－21 所示。

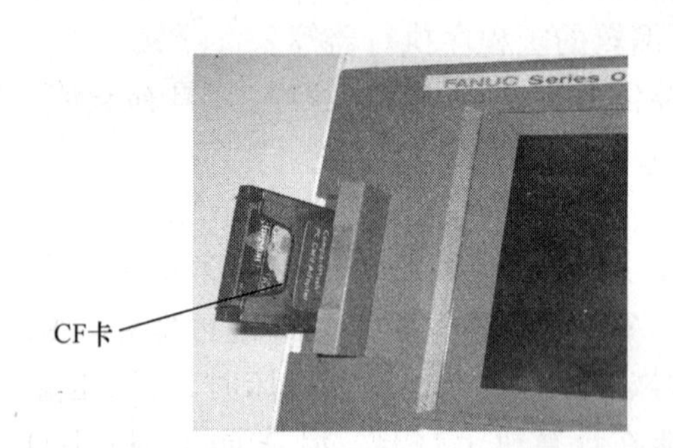

图 5－20　存储卡接口

SYSTEM MONITOR MAIN MENU

1.END
2.USER DATA LOADING
3.SYSTEM DATA LOADING
4.SYSTEM DATA CHECK
5.SYSTEM DATA DELETE
6.SYSTEM DATA SAVE
7.SRAM DATA UTILITY
8.MEMORY CARD FORMAT

* * *MESSAGE* * *
SELECT MENU AND HIT SELECT KEY.

[SELECT] [YES] [NO] [UP] [DOWS]

图 5－21　引导系统屏幕画面主菜单

① END：结束 BOOT，启动 CNC。

② USER DATA LOADING：用户数据加载。

③ SYSTEM DATA LOADING：FROM 数据装载（写入到 FROM）。

④ SYSTEM DATA CHECK：系统文件列表。

⑤ SYSTEM DATA DELETE：删除 FROM 用户文件。

⑥ SYSTEM DATA SAVE：FROM 数据备份。

⑦ SRAM DATA UTILITY：SRAM 数据备份和恢复。

⑧ MEMORY CARD FORMAT：CF 卡格式化。

⑨ 信息提示：操作方法和错误信息。

当前信息提示：选择需要操作的项目，然后按下“SELECT”（选择）软键可完成相应操作。

（4）引导系统屏幕画面操作。按软键“UP”或“DOWN”移动光标，选择 1～8 等功能项，按“SELECT”（选择）软键执行操作，根据信息提示内容按“YES”确定，按“NO”退出。操作流程如图 5－22 所示。

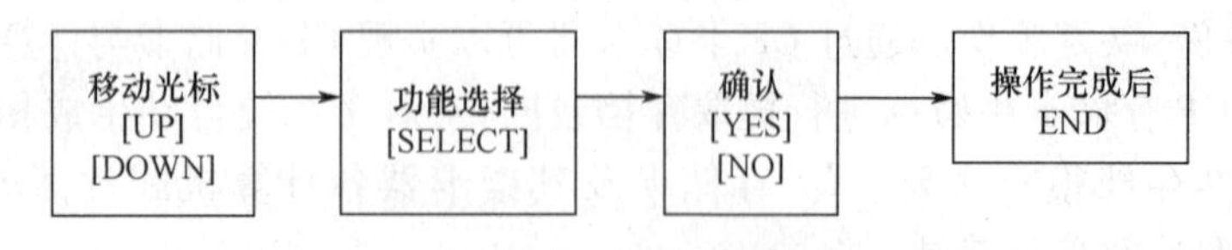

图 5－22　引导系统屏幕画面操作

2. 存储卡初始化

存储卡第一次使用时需要进行格式化。对存储卡进行格式化后，存储卡上的内容将会被全部删除。

对存储卡进行格式化的具体操作步骤如下：

（1）按软键“UP”或“DOWN”，选择第 8 项“8. MEMORY CARD FORMAT”，然后按“SELECT”软键。

（2）信息提示：“是否进行存储卡格式化?”，按“YES”确定，按“NO”退出。

```
*** MESSAGE ***
MEMORY CARD FORMAT OK ? HIT YES OR NO.
```

（3）按“YES”软键，确认对存储卡进行格式化。

```
*** MESSAGE ***
FORMATTING MEMORY CARD.
```

（4）存储卡格式化完成，按“SELECT”软键退出。

```
*** MESSAGE ***
FORMAT COMPLETE. HIT SELECT KEY.
```

3. CNC 画面拷屏

CNC 画面拷屏功能，是把 CNC 显示的画面信息输出到存储卡的功能。但是，对于 FS160i/180i/210i 有内置 PC 功能的 CNC 上，没有画面硬拷贝功能。这些系统，使用 PC 的普通硬拷贝功能。

1）相关参数设定

PARAM 3301

#7	#6	#5	#4	#3	#2	#1	#0
HDC							H16

#7(HDC)：画面硬拷贝功能。

0：无效；

1：有效。

#0(H16)：画面硬拷贝的位图数据为。

0：256 色；

1：16 色。

PARAM 0020

设定 I/O 通道

0，1：RS232 串行端口 1。

2：RS232 串行端口 2。

4：使用存储卡接口。

5：数据服务器接口。

6：通过 FOCAS2/Ethernet 进行 DNC 运行或 M198 指令。

9：嵌入式以太网接口。

本参数也可在 SETTING 画面的“I/O 通道”项上设定。

2）CNC 画面拷屏操作

① 显示想要制取硬拷贝的画面。

② 持续按“SHIFT”键 5s 以上，经过 5s 后，拷屏结束。期间，画面处于静止状态。在进行硬拷贝过程中，按“CAN”键时，立即中断硬拷贝。

拷屏输出文件直接存储到 CF 卡中，文件名命名自动完成如下：

HDCPY000. BMP 接通电源后的第 1 次的数据。

HDCPY001. BMP 接通电源后的第 2 次的数据。

⋮

HDCPY999. BMP 接通电源后的第 999 次的数据。

所以 CF 卡中前次开机完成的拷屏输出文件以及拷屏次数超过 1000 次时均会出现“HD-CPY000. BMP”等文件被覆盖问题,但是,与执行画面硬拷贝时输出的文件名相同的文件已经存在于存储卡上时,会有报警(SR1973)发出。

三、用引导系统的数据输入/输出操作

机床通电后,BOOT 引导系统把存放在 FROM 存储器中的软件装载到系统运行用的 DROM(动态存储器)中。由于 BOOT 引导系统在 CNC 启动之前就先启动了,所以除非 CPU 和存储器的外围电路发生异常,都可由 BOOT 引导系统进行数据输入/输出操作。

1. SRAM 中的数据备份

通过此功能,可以将数控系统 SRAM 存储器中存储的数据全部储存到 CF 存储卡中做备份用,或将 CF 卡中的数据恢复到数控系统 SRAM 存储器中。

(1) 将存储卡插入到 CNC 数控系统的存储卡接口。

(2) 同时按住右翻页键和相邻的软键上电,启动 BOOT 引导系统,按软键“UP”或“DOWN”,选择第 7 项“7. SRAM DATA UTILITY”,然后按“SELECT”软键,显示如图 5-23 所示画面。

① SRAM BACKUP:SRAM 备份(CNC→CF 存储卡)。

② RESTORE SRAM:恢复 SRAM(CF 存储卡→CNC)。

③ AUTO BACK RESTORE:自动备份数据恢复。

```
SRAM DATA BACKUP

1.SRAM BACKUP   (CNC→MEMORY CARD)
2.RESTORE SRAM  (MEMORY CARD→CNC)
3.AUTO BKUP RESTORE    (F-ROM→CNC)
4.END



* * *MESSAGE* * *
SELECT MENU AND HIT SELECT KEY.

[SELECT] [ YES ] [ NO ] [ UP ] [DOWN]
```

图 5-23　SRAM 数据备份画面

④ END:结束,返回系统。

⑤ 信息提示(当前提示:选择菜单并按“SELECT”键)。

(3) 按软键“UP”或“DOWN”移动光标,选择“1. SRAM BACKUP”。

(4) 显示把 SRAM 数据输入存储卡的文件名,并有信息提示是否备份 SRAM 数据,按“YES”键确认,开始往 CF 卡保存数据。

(5) 如果要备份的文件已经存在于存储卡上,系统就会提示是否忽略或覆盖原文件。

如果进行覆盖时,按软键“YES”后就开始覆盖并写入。

不进行覆盖时,按软键“NO”,换新的存储卡,再次进行操作写入。

(6) 写入过程中,在“FILE NAME:”处显示的是现在正在写入的文件名。

(7) SRAM 备份完成后,显示“SRAM BACKUP COMPLETE. BIT SELECT KEY”,按软键“SELECT”确认。

(8) 把光标移到如图 5-23 所示的“END”上,然后按软键“SELECT”,退到系统的“SYSTEM MONITOR”(系统监控)画面。

2. SRAM 中的数据恢复

将 CF 卡中的数据恢复到数控系统，操作前同样需插入 CF 存储卡，启动引导系统等。

（1）在上述 SRAM DATA BACKUP 画面中选择“2. RESTORE SRAM”，按软键“SELECT”，显示如图 5－23 所示从存储卡读入的文件名。

（2）根据信息提示，按“YES”键，开始从 CF 卡写入 SRAM 存储器。

（3）“RESTOR COMPLETE”（恢复结束）后，按软键“SELECT”确认。

（4）把光标移到如图 5－23 所示“4. END”按软键“SELECT”确认，退到“SYSTEMMONITOR”（系统监控）画面。

在 BOOT 引导系统中，需要把全部 SRAM 区域的数据读出保存到存储卡中，如果在 CNC 系统未使用的 SRAM 存储区存在垃圾数据，使用 BOOT 引导系统进行 SRAM 备份时就会有奇偶报警，不能正常工作，处于一种挂断状态。

这种情况下，可使用“ALL I/O”画面把 SRAM 存储器内有用的数据全部取出后，把 SRAM 存储器全部清除（上电时，同时按 MDI 面板上 RESET + DEL）。再把之前由“ALL I/O”画面取出的数据送回 SRAM 存储器即能正常工作。此时使用 BOOT 引导系统备份 SRAM 存储器数据便可进行。

四、I/O 方式的数据输入/输出操作

本功能可以用 CF 存储卡对 CNC 的各种数据以文本格式进行输入/输出。无需经 RS232C 接口连接电缆、外部计算机，操作及数据保存简便易行，并且非常安全，不会因为带电插拔烧坏 RS232C 接口芯片。可以输入/输出的数据有以下几种：

（1）CNC 参数。

（2）PMC 程序（梯形图）。

（3）PMC 参数。

（4）加工程序。

（5）刀具补偿数据。

（6）螺距误差补偿数据。

（7）用户宏程序变量数据。

用 CF 存储卡进行 I/O 方式的数据输入/输出操作需要完成相关参数设置：当 PRM20 等于 4 时，I/O 输入/输出设备类型定义为 CF 卡，操作如下：

（1）机床操作方式选择“MDI”方式。

（2）按功能键“OFFSET SETTING”，选择如图 5－24 所示的 SETTING（设定）的画面。

（3）把光标移到“参数写入”输入“1”，按“INPUT”功能键。再把光标移到“I/O 通道”上，输入“4”，按“INPUT”键（此参数等同于 PRM20）。

1. CNC 参数的输入/输出

1）输出 CNC 参数

CNC 参数的文本格式数据输出到 CF 存储卡步骤如下：

（1）确认 CF 存储卡已经准备好。

（2）使系统处于 EDIT 状态。

（3）按下功能键“SYSTEM”。

（4）按软键“PARAM”，出现参数画面。

（5）按下软键“OPRT”或“操作”键。

（6）按下最右边的菜单扩展软键。

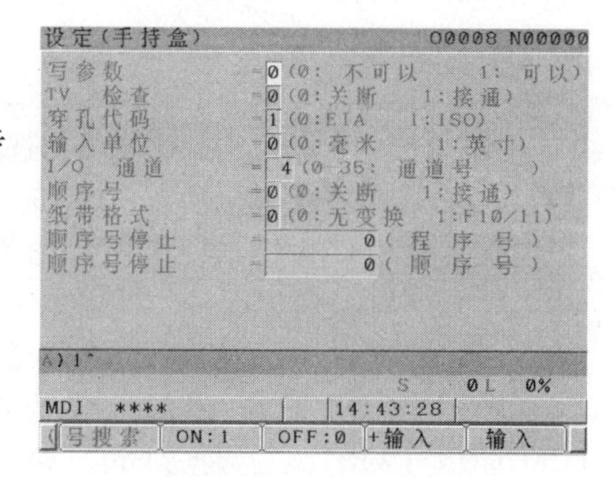

图 5－24 SETTING（设定）画面

（7）按下软键“PUNCH”或“输出”。

（8）若按下“ALL”软键，可以输出所有的参数，输出文件名为 ALL PARAMETER；若按下“NON 0”软键，可以输出参数值为非 0 的参数，输出文件名为 NON－0. PARAMETER。

（9）按下软键“EXEC”或“执行”软键，将完成参数的文本格式输出。

文本输出格式如下：

N... P... ;

N... A1P. A2P.. AnP.. ;

其中，N 为参数号；A 为轴号（n 为控制轴的号码）；P 为参数设置值。

2）输入 CNC 参数

CNC 参数的文本格式数据从 CF 存储卡输入到 SRAM 的步骤如下：

（1）确认 CF 存储卡已插好，SETTING 画面 I/O 通道参数设定 I/O＝4。

（2）使系统处于急停状态。

（3）按下功能键“OFFSET SETTING”。

（4）按软键“SETING”，出现 SETTING 画面。

（5）在 SETTING 画面中，将数据写入参数 PWE＝1。出现报警 P/S 100（表明参数可写）。

（6）按下功能键“SYSTEM”。

（7）按软键“PARAM”，出现参数画面。

（8）按下软键“OPRT”或“操作”键。

（9）按下最右边的菜单扩展软键。

（10）按下软键“READ”或“读入”然后按“EXEC”或“执行”。参数被读到内存中。输入完成后，在画面的右下角出现的“INPUT”字样会消失。

（11）按下功能键“OFFSET SETTING”。

（12）按软键[SETING]。

（13）在 SETTING 画面中，设置 PARAMETER WRITE（PWE）＝0。

（14）切断 CNC 电源后再通电。

2. PMC 程序（梯形图）和 PMC 参数的输出和输入

1）输出 PMC 程序（梯形图）和 PMC 参数

（1）确认 CF 存储卡已经插好，SETTING 画面 I/O 通道参数设定 I/O＝4。

（2）使系统处于编辑（EDIT）方式（是否必要）。

（3）按下功能键“SYSTEM”。

（4）按下软键“PMC”。

（5）按下最右边的菜单扩展软键。

（6）然后按下软键“I/O”，出现输出选项画面，PMC 程序或 PMC 参数输出时的选项设定分别如图 5－25 和图 5－26 所示。图中选项说明如下：

DEVICE ＝M－CARD：输入/输出设备为 CF 存储卡；
＝FLASH ROM：输入/输出设备为 FROM；
＝软驱：输入/输出设备为软盘；
＝OTHER：输入/输出设备为计算机接口（RS232）；

FUNCTION＝WRITE：写数据到外设（输出）；
＝READ：从外设读数据（输入）；

=DELETE:删除外设数据;

=FORMAT:格式化

DATA KIND =LADDER:输出数据为梯形图;

=PARAM:输出数据为参数;

FILE NO.=@ PMC1_LAD.000:梯形图文件名@PMC1_LAD.000;

=@ PMC1_PRM.000 :参数文件名@PMC1_PRM.000。

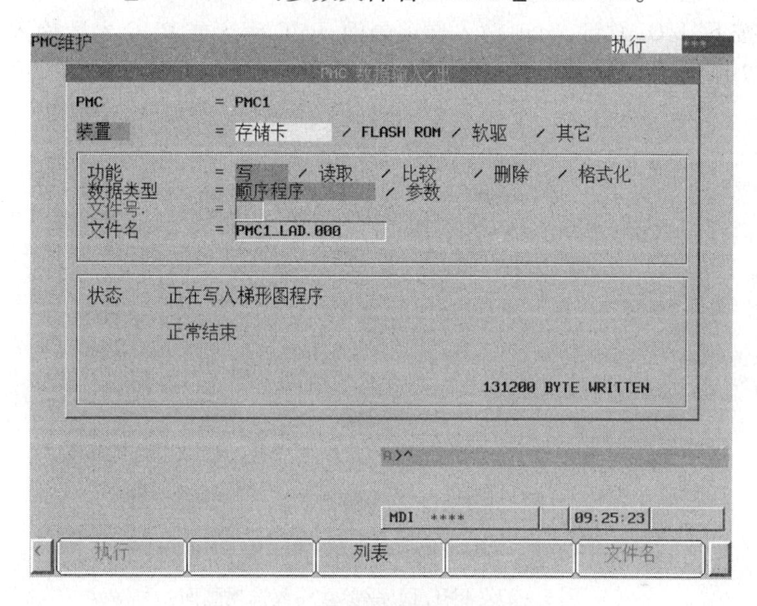

图 5-25 PMC 程序输出选项画面

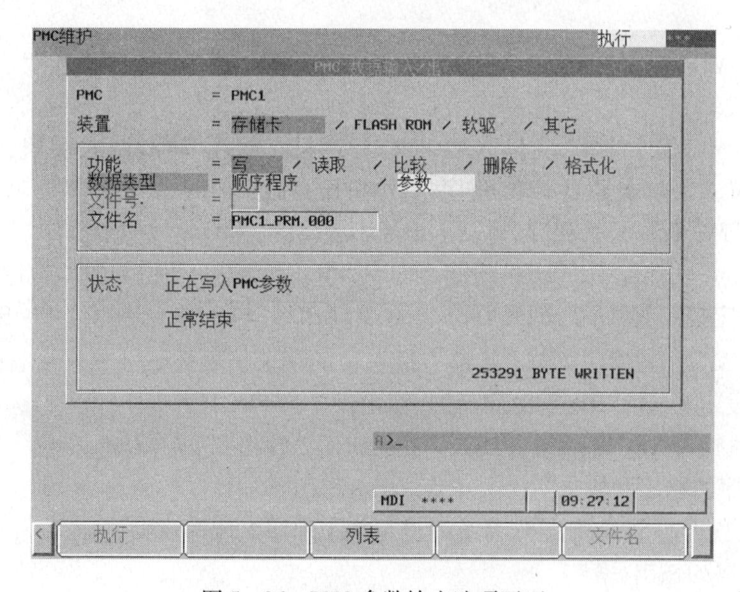

图 5-26 PMC 参数输出选项画面

(7) 按下“执行(EXEC)”软键,输出 PMC 程序或参数到 CF 卡。

在 CF 卡目录显示中,PMC 参数输出文件的名称为 PMC1_LAD.000,PMC 程序输出文件的名称为 PMC1_PRM.000。

2）输入 PMC 程序（梯形图）和 PMC 参数

（1）确认 CF 存储卡已经插好，SETTING 画面 I/O 通道参数设定为 I/O=4。

（2）使系统处于编辑“EDIT”方式。

（3）按下“SYSTEM”功能键。

（4）按下扩展软键。

（5）按下最右边的菜单扩展软键。

（6）然后按下“I/O”软键，出现输入选项画面，PMC 程序或 PMC 参数输入时的选项设定分别如图 5-27 所示。

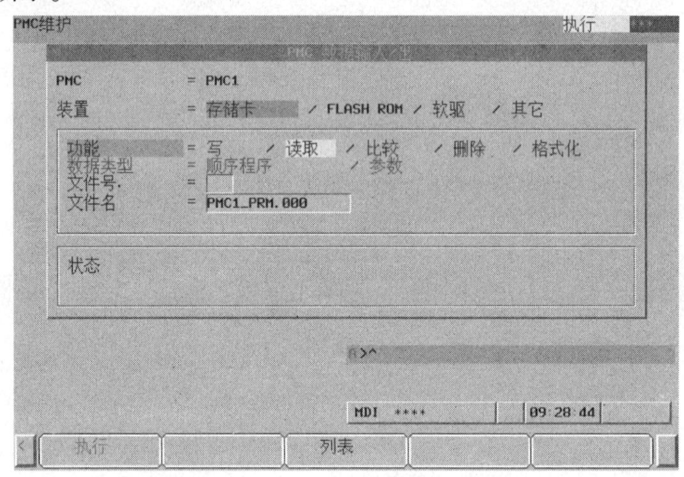

图 5-27　PMC 程序/参数输入选项画面

（7）按下“执行（EXEC）”软键，输入 PMC 程序到 DRAM（动态随机存储器）或输入 PMC 参数到 SRAM。

新输入的 PMC 参数存储到由电池供电保存的 SRAM 中，再上电不会丢失，PMC 参数输入操作已全部完成。

但是对于 PMC 程序来说，新输入的 PMC 程序只存储在 DRAM 中，关机再上电之后，由 FROM 向 DRAM 重新加载原有 PMC 程序，上述操作存储到 DRAM 中的 PMC 程序被清除。因此若要输入的 PMC 程序长久保存，重新上电后不被清除，还需完成如下操作。

① “SYSTEM”功能键→“PMC”软键→“PMCPRM”软键→“SETTING”软键，调出 PMC 参数设定画面，设定控制参数“WRITE TO F-ROM（EDIT）=1”，使允许写入 F-ROM。

② “SYSTEM”功能键→“PMC”软键→最右边的菜单扩展软键“▷”→“I/O”软键，出现的画面中选项设定为：DEVICE=ROM，输入输出设备为 FROM。

③ 按下“执行（EXEC）”软键，PMC 程序由 DROM 输出到 F-ROM。

3. 加工程序的输出和输入

本操作实现 CF 存储卡和 CNC 系统间进行加工程序的传送。

1）加工程序的输出

（1）确认 CF 存储卡已经插好，SETTING 画面 I/O 通道参数设定 I/O=4。

（2）选定输出文件格式，通过 SETTING 画面，指定文件代码类别（ISO 或 EIA）。

（3）使系统处于编辑“EDIT”方式。

（4）按下功能键“PROG”，显示程序内容画面或者程序目录画面。

（5）按下“操作（OPRT）”软键。

（6）按下最右边的菜单扩展软键。

（7）输入程序号地址“O＊＊＊＊”。

若不指定程序号，会自动默认一个程序号。若程序号输入 -9999，则所有存储在内存中的加工程序都将被输出。还可指定程序号范围如下：

“O＊＊＊＊，OΔΔΔΔ”

则程序号“＊＊＊＊”~“ΔΔΔΔ”范围内的加工程序都将被输出。

（8）按下“输出（PUNCH）”软键后按“执行（EXEC）”指定的一个或多个加工程序就被输出到 CF 存储卡。

2）加工程序的输入

（1）确认 CF 存储卡已经插好，SETTING 画面 I/O 通道参数设定为 I/O=4。

（2）使系统处于编辑“EDIT”方式。

（3）计算机侧准备好所需要的程序画面（相应的操作参照所使用的通信软件说明书），如果使用 C-F 卡，在系统编辑画面翻页（最右边的菜单扩展软键“▷”），在软键菜单下选择“卡”，可察看 C-F 卡状态。

（4）按下功能键“PROG”，显示程序内容画面或者程序目录画面。

（5）按下“操作（OPRT）”软键。

（6）按下最右边的菜单扩展软键。

（7）输入程序号地址“O＊＊＊＊”。若不指定程序号，会自动默认一个程序号；如果输入的程序号与 CNC 系统中的程序号相同，则会出现 073# P/S 报警，并且该程序不能被输入。

（8）按下“输出（PUNCH）”软键后按“执行（EXEC）”，指定的加工程序就被输入到 CNC 系统。

4. 刀具补偿数据的输出和输入

1）刀具补偿数据的输出

（1）确认 CF 存储卡已经插好，SETTING 画面 I/O 通道参数设定为 I/O=4；

（2）选定输出文件格式，通过 SETTING 画面，指定文件代码类别（ISO 或 EIA）。

（3）使系统处于编辑“EDIT”方式。

（4）按下“OFFSET SETTING”功能键，显示刀具补偿画面。

（5）按下“操作（OPRT）”软键。

（6）按下最右边的菜单扩展软键。

（7）按下“输出（PUNCH）”软键后按“执行（EXEC）”，刀具补偿数据就被输出到 CF 存储卡。

在 CF 卡目录显示中，输出文件的名称为 TOOLOFST. DAT。

2）刀具补偿数据的输入

（1）确认 CF 存储卡已经插好，SETTING 画面 I/O 通道参数设定为 I/O=4。

（2）使系统处于编辑“EDIT”方式。

（3）按下“OFFSET SETTING”功能键，显示刀具补偿画面。

（4）按下“操作（OPRT）”软键。

（5）按下最右边的菜单扩展软键。

（6）按下“输出（PUNCH）”软键后按“执行（EXEC）”。

5. 螺距误差补偿数据的输出

1）螺距误差补偿数据的输出

（1）确认 CF 存储卡已经插好，SETTING 画面 I/O 通道参数设定为 I/O =4。

（2）选定输出文件格式，通过 SETTING 画面，指定文件代码类别（ISO 或 EIA）。

（3）使系统处于编辑“EDIT”方式。

（4）按下“SYSTEM”功能键。

（5）按下最右边的菜单扩展软键。

（6）按下“螺距（PITCH）”软键。

（7）按下“操作（OPRT）”软键。

（8）按下最右边的菜单扩展软键。

（9）按下“输出（PUNCH）”软键后按“执行（EXEC）”，螺距误差补偿数据按指定的格式输出到 CF 存储卡。在 CF 卡目录显示中，输出文件的名称为 PITCHERR. DAT。

输出格式如下：

N 10000 P……；

……

N 11023 P……；

其中，N 后数据为螺距误差补偿点；P 后数据为螺距误差补偿值。

五、使用外接计算机进行数据的备份与恢复

使用外接计算机（PC）进行数据备份与恢复，是一种非常普遍的做法。这种方法比前面一种方法用得更多，在操作上也更为方便。操作步骤如下：

1. CNC 侧输入/输出用参数的设定

设定如下系统参数：

（1）PRM0000。

						ISO	

ISO =0：用 EIA 代码输出；

1：用 ISO 代码输出。

PRM0000 设定为 00000010。

（2）PRM0020：选择 I/O 通道。

PRM0020 设定为 0 或 1。

（3）PRM0101。

NFD				ASI			SB2

ASI =0：输入/输出时，用 EIA 或 ISO 代码。

1：用 ASCII 代码。

SB2 =0：停止位是 1 位。

1：停止位是 2 位。

PRM0101 设定为 00000001。

（4）PRM0102：输入/输出设备的规格号。

PRM0102 设定为 0，输入/输出设备的规格号为 RS232C（使用代码 DC1 – DC4）。

（5）PRM0103：波特率（设定传送速度）。

PRM0103 设定为 11，波特率为 9600。

2. 计算机侧的设定

以计算机 Windows 系统自带的通信程序——超级终端为例。

（1）选择计算机“开始”→“附件”→“通信”→“超级终端”，并执行。该程序运行后显示如图 5－28 所示。

（2）设定新建连接的名称为 CNC（或其他），并选择连接的图标，如图 5－29 所示。

图 5－28　新建连接

图 5－29　新建连接命名

（3）单击“确定”按钮，出现图 5－30 画面，根据使用计算机的资源情况设定连接时使用的串口，如本例使用笔记本的“com3”。

（4）单击“确定”按钮，出现图 5－31 画面，即设置串行通信的参数。波特率可根据系统设定的参数而定，数据位有 7 位（不含奇偶校验位）、8 位（含奇偶校验位），一般选择 8，奇偶校验有不校验、偶校验、奇校验，一般选不校验。停止位为 2 位。流量控制为 Xon/Xoff 控制。

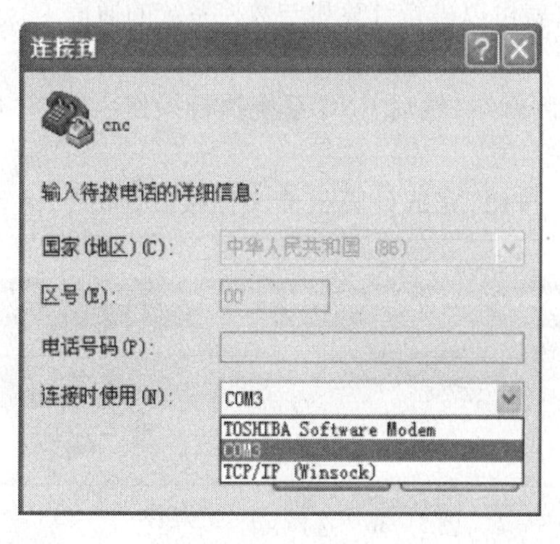

图 5－30　设置串口

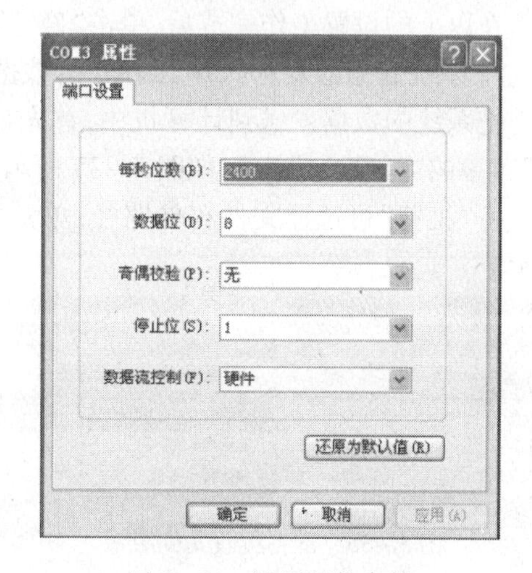

图 5－31　设置通信参数

（5）单击“确定”按钮后，选择 CNC“文件”中的“属性”（图 5－32），并进行设置，如图 5－33 所示。

（6）单击“ASCII 码设置”按钮，进行如图 5－34 所示设置。

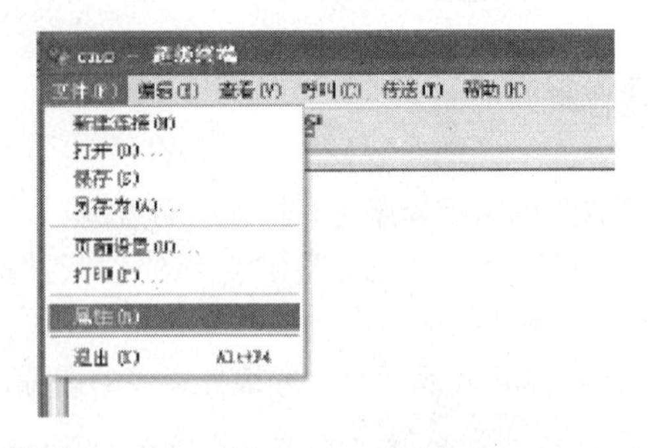

图 5-32　设置 CNC 文件属性

图 5-33　CNC 属性界面

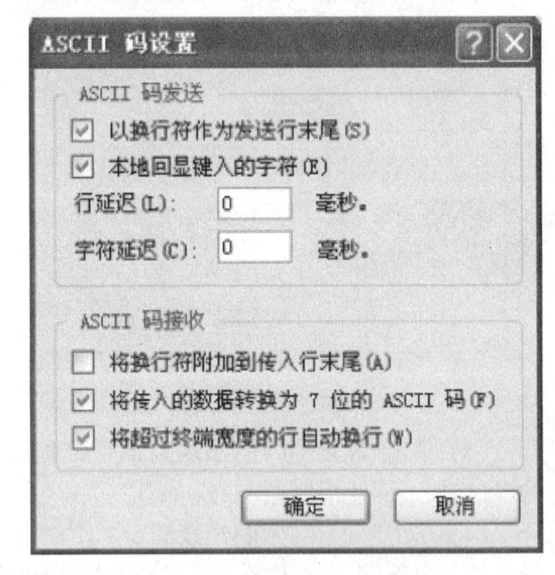

图 5-34　ASCⅡ设置界面

在以上的设置工作完成后，单击“确定”按钮，就可以进行计算机与数控系统的通信了。

3. 系统数据的发送(CNC 到 PC 的数据传送)

把系统的数据发送到计算机中，首先计算机侧就绪，然后 CNC 系统执行操作。选择“传送”菜单的“捕获文字”项，如图 5-35 所示。

按“浏览”可选择文件存储路径，单击“启动”按钮，完成计算机侧文件接收，如图 5-36 所示。

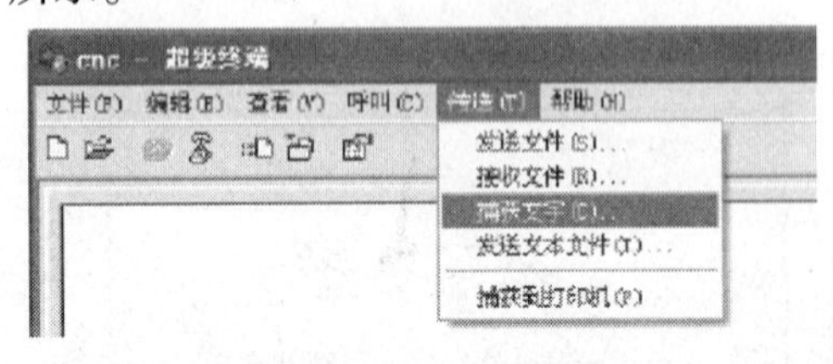

图 5-35　准备接收文件图

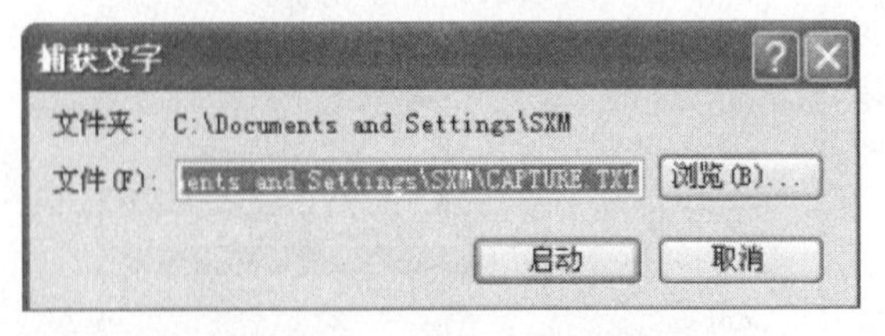

图 5-36　选择文件保存路径

4. 系统数据的接收(PC 到 CNC 的数据传送)

把计算机中备份中备份好的机床数据传送到系统时，首先 CNC 系统侧就绪，然后计算机执行操作。通过选择“传送”菜单的“发送文本文件”，打开要发送的数据文件。具体操作如图 5-37和图 5-38 所示。

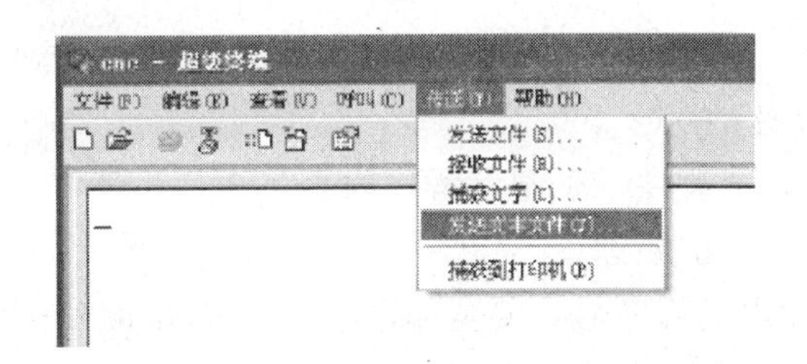

图 5-37　准备发送文件

图 5-38　选择发送文件路径

5. 输出 CNC 参数

(1) 选择 EDIT(编辑)方式。

(2) 按“SYSTEM”键,再按“PARAM”软键,选择参数画面。

(3) 按“OPRT”软键,再按连续菜单扩展键。

(4) 启动计算机侧的传输软件处于等待输入状态。

(5) 系统侧按“PUNCH”软键,再按“EXEC”软键,开始输出参数。同时画面下部的状态显示中的“OUTPUT”闪烁,直到参数输出停止,按“RESET”键可停止参数的输出。

6. 输入 CNC 参数

(1) 进入急停状态。

(2) 按数次“SETTING”键,可显示设定画面。

(3) 确认“参数写入 = 1”。

(4) 按菜单扩展键。

(5) 按“READ”软键,再按“EXEC”软键后,系统处于等待输入状态。

(6) 计算机侧的找到相应数据,启动传输软件,执行输出,系统就开始输入参数。同时画面下部的状态显示上的“INPUT”闪烁,直到参数输入停止,按“RESET”键可停止参数的输入。

(7) 输入完参数后,关断一次电源,再打开。

7. 输出零件程序

(1) 选择"EDIT"(编辑)方式。

(2) 按"PROG"键,再按"程序"键,显示程序内容。

(3) 先按"操作"键,再按扩展键。

(4) 用 MDI 输入要输出的程序号。要全部程序输出时,按键 O－9999。

(5) 启动计算机侧的传输软件,处于等待输入状态。

(6) 按"PUNCH"键、"EXEC"键后,开始输出程序。同时画面下部的状态显示中的"OUTPUT"闪烁,直到程序输出停止,按 RESET 键可停止程序的输出。

8. 输入零件程序

(1) 选择 EDIT(编辑)方式。

(2) 将程序保护开关置于 ON 位置。

(3) 按"PROG"键,再按"程序"软键,选择程序内容显示画面。

(4) 按"OPRT"软键,连续菜单扩展键。

(5) 按"READ"软键,再按"EXEC"软键后,系统处于等待输入状态。

(6) 在计算机侧找到相应程序,启动传输软件,执行输出,系统就开始输入程序。同时画面下部的状态显示上的"INPUT"闪烁,直到程序输入停止,按 RESET 键可停止程序的输入。

9. 系统 PMC 参数输出

(1) 选择 EDIT(编辑)方式。

(2) 在 MDI 面板上按下"SYSTEM"键→"PMC"键→扩展软键→"I/O"键,设置 EDVICE 为"OTHERS",FUNCTION 为"WHITE"。

(3) 按下"EXEC"键。

10. 系统 PMC 参数恢复

(1) 选择 EDIT(编辑)方式。

(2) 确认"参数写入＝1"。

(3) 按功能键"SYSTEM"→"参数"软键→"操作"软键→扩展软键→"I/O"软键,设置 FUNCTION 为"READ",后按下"执行"键。

11. 系统螺距误差补偿参数的备份

(1) 选择 EDIT(编辑)方式。

(2) 依次按"SYSTEM"→扩展键→"间距"→"操作"→"PUNCH"→"执行"。

12. 系统螺距误差补偿参数的恢复

(1) 选择 EDIT(编辑)方式。

(2) 依次按"SYSTEM"→扩展键→"间距"→"操作"→"READ"→"执行"。

其他系统数据的输入/输出操作方法基本相同。

模块 4　模拟主轴连接与调试

一、通用变频器工作原理及端子功能

1. 通用变频器的工作原理

变频器即电压频率变换器,是一种将固定频率的交流电变换成频率、电压连续可调的交流电,以供给电动机运转的电源装置。交流电动机变频调速与控制技术已经在数控机床、纺织、印刷、造纸、冶金、矿山以及工程机械等各个领域得到了广泛应用,特别是在数控机床领域,变频的使用使得主轴系统的控制更加简便与可靠。

目前,通用变频器几乎都是交—直—交型变频器,因此本模块以交—直—交电压型变频器为例,介绍变频器的基本构成。变频器主要由整流器和逆变器、控制电路组成,如图 5 - 39 所示。

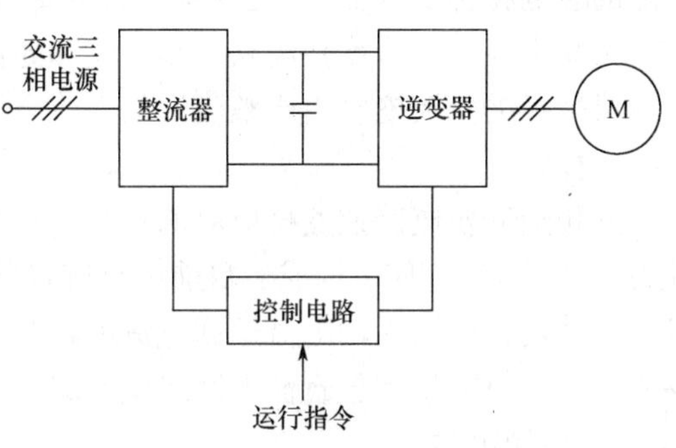

图 5 - 39　变频器的基本构成

1) 主电路

电压型交—直—交变频器的主电路由整流电路、中间直流电路和逆变器电路三部分组成。主电路的基本结构如图 5 - 40 所示。

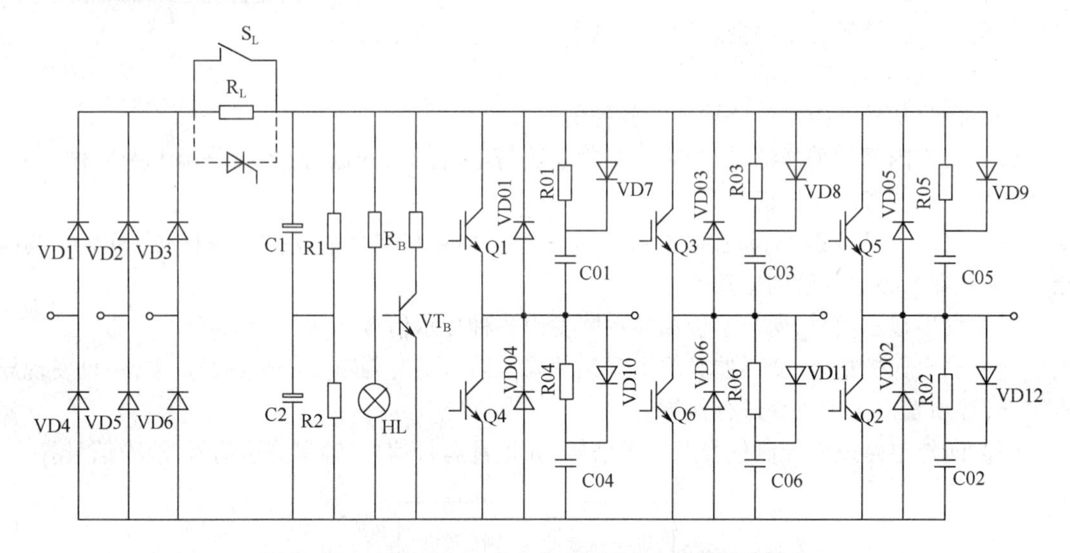

图 5 - 40　电压型交—直—交变频器主电路的基本结构

(1) 整流部分。作用是将频率固定的三相交流电变换成直流电,由整流电路和滤波环节组成。主电路首选可以采用桥式全波整流电路来进行。在中、小容量的变频器中,整流器件采用不可控的整流二极管或二极管模块,如图 5 - 40 中的 VD1 ~ VD6 所示。当三相线电压为 380V 时,整流后的峰值电压为 537V,平均电压为 515V。

由于受到电解电容的电容量和耐压能力的限制,滤波电路通常由若干个电容器并联成一组,可以将两个电容器组 C1 和 C2 串联而成。为了使 U_{D1} 和 U_{D2} 相等,在 C1 和 C2 旁备并联一个阻值相等的均压电阻 R1 和 R2。

(2) 控制电路。主要任务是完成对逆变器开关元件的开关控制和提供多种保护功能。控制方式分为模拟控制和数字控制两种。目前已广泛采用了以微处理器为核心的全数字控制技术。硬件电路尽可能简单,各种控制功能主要靠软件来完成。

如果整流电路中电容的容量很大,还会使电源电压瞬间下降而形成对电网的干扰。限流电阻 R_L 就是为了削弱该冲击电流而串接在整流桥和滤波电容之间的。短路开关 SL 的作用是:限流电阻 R_L 如长期接在电路内,会影响直流电压和变频器输出电压的大小。所以,当增大到一定程度时,令短路开关 S_L 接通,把 R_L 切出电路。S_L 大多由晶闸管构成,在容量较小的变频器中,也常由接解器或继电器的触点构成。

(3) 逆变部分。逆变的基本工作原理:将直流电变换为交流电的过程称为逆变,完成逆变功能的装置称为逆变器,它是变频器的重要组成部分。

交直变换交 - 直变换电路就是整流和滤波电路,其任务是把电源的三相(或单相)交流电变换成平稳的直流电。由于整流后的直流电压较高,且不允许再降低,因此,在电路结构上具有特殊性。

三相逆变桥电路逆变桥电路的功能是把直流电转换成三相交流电,逆变桥电路由图中的开关器件 VD7 ~ VD12 构成。目前中小容量的变频器中,开关器件大部分使用 IGBT 管,并可以为电动机绕组的无功电流返回直流电路时提供通路,当频率下降从而同步转速下降时,为电动机的再生电能反馈至直流电路提供通路。

2) 控制电路

控制电路的基本结构如图 5 - 41 所示,它主要由电源板、主控板、键盘与显示板、外接控制电路等构成。主控板是变频器运行的控制中心,其主要功能如下。

(1) 接收从键盘输入的各种信号。

(2) 接收从外部控制电路输入的各种信号。

(3) 接收内部的采样信号,如主电路中电压与电流的采样信号、各部分温度的采样信号、各逆变管工作状态的采样信号等。

(4) 完成 SPWM 调制,将接收的各种信号进行判断和综合运算,产生相应的 SPWM 调制指令,并分配给各逆变管的驱动电路。

(5) 发出显示信号,向显示板和显示屏发出各种显示信号。

(6) 发出保护指令,变频器必须根据各种采样信号随时判断其工作是否正常,一旦发现异常工况,必须发出保护指令进行保护。

(7) 向外电路发出控制信号及显示信号,如正常运行信号、频率到达信号、故障信号等。

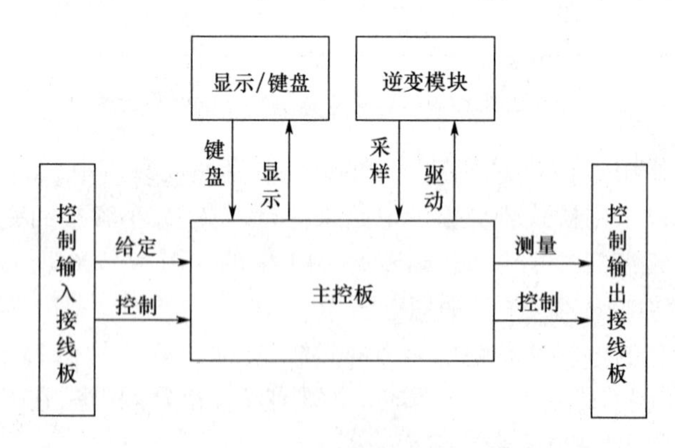

图 5 - 41 通用变频器的控制框图

2. 变频器的端子功能

小功率变频电源产品的外形如图 5 - 42 所示。一般三相输入、三相输出变频电源的基本电气接线原理图如图 5 - 43 所示。

1) 主接线端子

主接线端子是变频器与电源及电动机连接的接线端子,主接线端子示意图如图 5 - 44 所示。

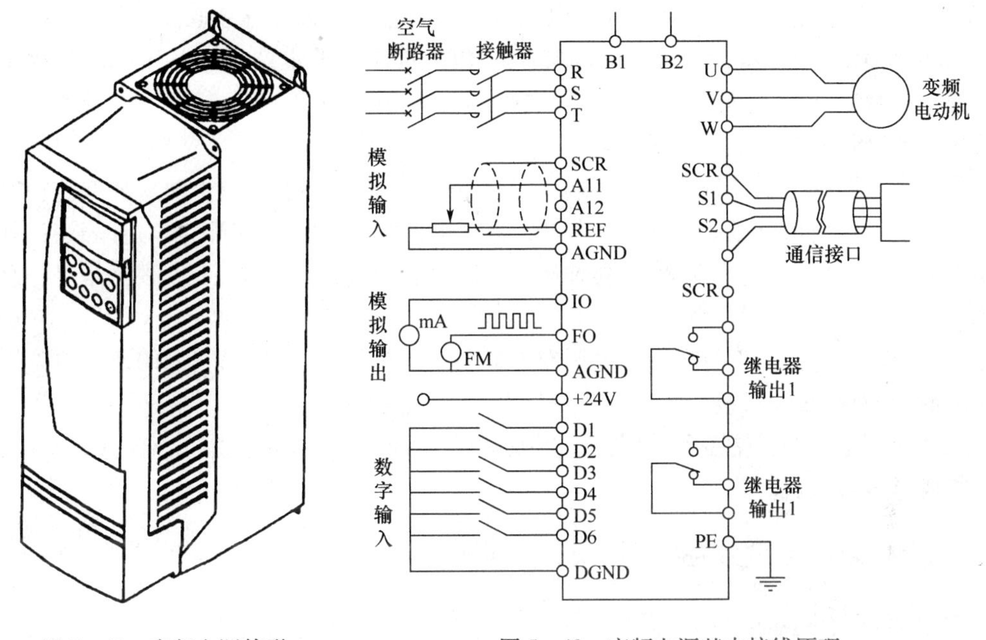

图 5－42　变频电源外形　　　　图 5－43　变频电源基本接线原理

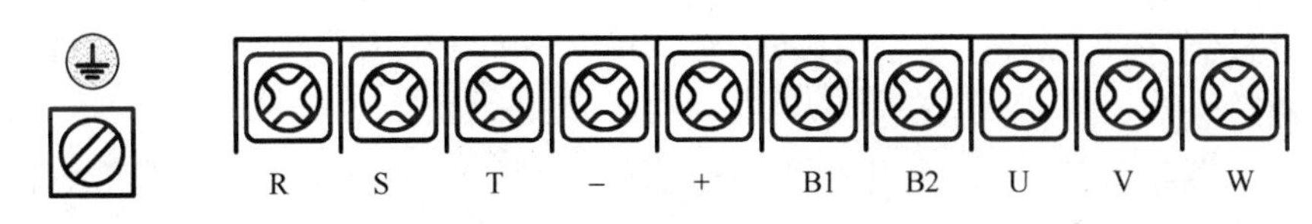

图 5－44　主接线端子的示意图

主接线端子的功能主要是用来接通主电路和制动电路。主接线端子功能如表 5－10 所列。

表 5－10　主回路端子的功能表

目的	使用端子	目的	使用端子
主回路电源输入	R、S、T	直流电抗器连接	＋、B1(去掉短接片)
变频器输出	U、V、W	制动电阻连接	B1、B2
直流电源输入	－、＋	接地	⏚

主电路接入口 R、S、T 处应按常规动力线路的要求预先串接符合该电动机功率容量的空气断路器和交流接触器，以便对电动机工作电路进行正常的控制和保护。经过变频后的三相动力接出口为 U、V、W，在它们和电动机之间可安排热继电器，以防止电动机过长时间过载或单相运行等问题。电动机的转向仍然靠外部的线头换相来确定或控制。

B1、B2 用来连接外部制动电阻，改变制动电阻值的大小可调节制动的程度。

2）控制端子

控制端子的功能主要是为了实现变频器的控制功能，包括指令电压的输入、报警信息的输入与输出等，它是数控系统对变频实现控制功能的端子，也是变频将运行信息输入到数控系统的纽带。

工作频率的模拟输入端为 A11 和 A12，模拟量地端 AGND 为零电位点。电压或电流模拟方式的选择一般通过这些端口的内部跳线来确定。电压模拟输入也可以从外部接入电位器实现(有的变频电源将此环节设定在内部),电位器的参考电压从 REF 端获取。

工作频率挡位的数字输入由 D3、D4、D5 的三位二进制数设定,“000”认定为模拟控制方式。另外三个数字端可分别控制电动机电源的启动、停止,启动及制动过程的加、减速时间选定等功能。数字量的参考电位点是 DGND。

一般变频电源都提供模拟电流输出端 IO 和数字频率输出端 FO,便于建立外部的控制系统。如需要电压输出可外接频压转换环节获得。继电器输出 KM1 和 KM2 可对外表述诸如变频电源有无故障、电动机是否在运转、各种运转参数是否超过规定极限、工作频率是否符合给定数据等种种状态,便于整个系统的协调和正常运行。

通信接口可以选择是否将该变频电源作为某个大系统的终端设备,它们的通信协议一般由变频电源厂商规定,不可改变。

为保证变频电源的正常工作,其外壳 PE 应可靠地接入大地零电位。所有与信号相关的接线群都要有屏蔽接点。

二、CNC 系统与变频器接线

1. 数控装置与模拟主轴连接信号原理

数控装置通过主轴控制接口和 PLC 输入/输出接口,连接各种主轴驱动器,实现正反转、定向、调速等控制,还可以外接主轴编码器,实现螺纹车削和铣床上的刚性攻丝功能。

1) 主轴启停

以 FANUC 系统为例,假如使用数控系统的输出信号 Y1.0、Y1.1 输出即可控制主轴装置的正、反转及停止,一般定义接通有效;当 Y1.0 接通时,可控制主轴装置正转;Y1.1 接通时,主轴装置反转;二者都不接通时,主轴装置停止旋转。在使用某些主轴变频器或主轴伺服单元时,也用 Y1.0、Y1.1 作为主轴单元的使能信号。

部分主轴装置的运转方向由速度给定信号的正、负极性控制,这时可将主轴正转信号用作主轴使能控制,主轴反转信号不用。

部分主轴控制器有速度到达和零速信号,由此可使用主轴速度到达和主轴零速输入,实现 PLC 对主轴运转状态的监控。

2) 主轴速度控制

数控系统通过主轴接口中的模拟量输出可控制主轴转速,当主轴模拟量的输出范围为 -10 ~ +10V,用于双极性速度指令输入主轴驱动单元或变频器,这时采用使能信号控制主轴的启、停。当主轴模拟量的输出范围为 0 ~ +10V 时,用于单极性速度指令输入的主轴驱动单元或变频器,这时采用主轴正转、主轴反转信号控制主轴的正、反转。模拟电压的值由用户 PLC 程序送到相应接口的数字量决定。

3) 主轴编码器连接

通过主轴接口可外接主轴编码器,用于螺纹切割、攻丝等,数控装置可接入两种输出类型的编码器,即差分 TTL 方波或单极性 TTL 方波。一般使用差分编码器,确保长的传输距离的可靠性及提高抗干扰能力。数控装置与主轴编码器的接线图如图 5-45 所示。

2. 数控装置与三菱变频器的连接

下面以数控机床(系统为 FANUC 0i MD)为例,具体说明 CNC 系统、数控机床与变频器的信号流程及其功能。图 5-46 为数控车床的主轴驱动装置(三菱变频器)的接线图。

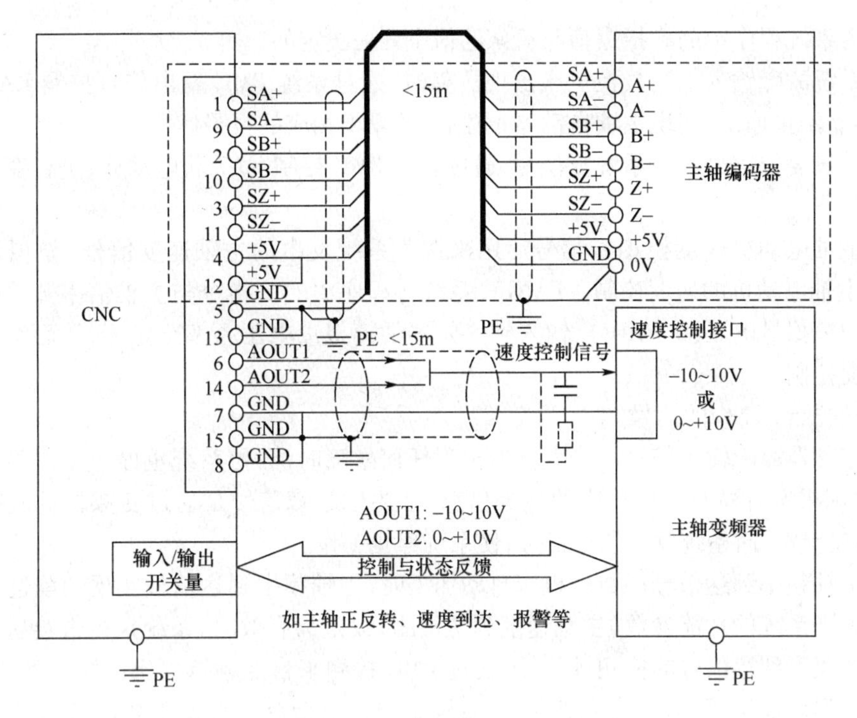

图 5 – 45 主轴编码器的连接

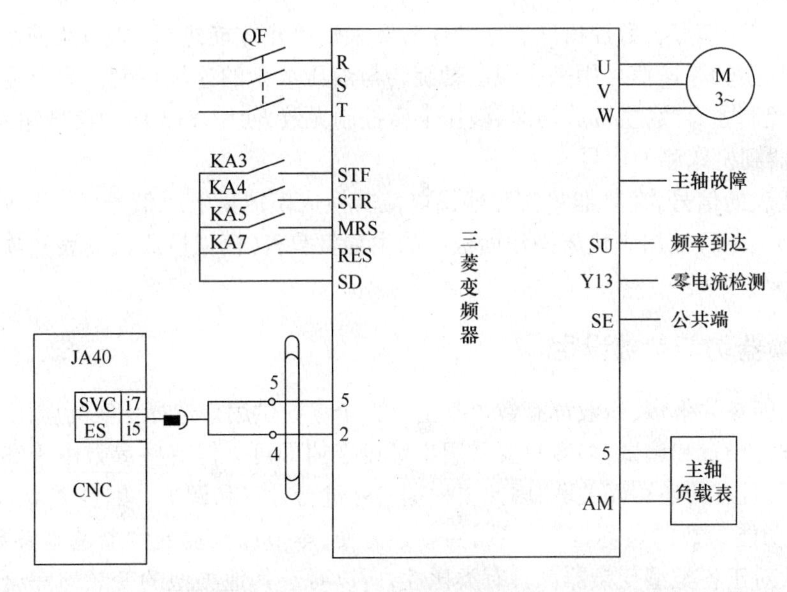

图 5 – 46 数控机床主轴驱动系统的接线图

1）CNC 到变频器的信号

（1）主轴正转信号、主轴反转信号。用于手动操作（JOG 状态）和自动状态（自动加工 M03、M04、M05）中，实现主轴的正转、反转及停止控制。系统在点动状态时，利用机床面板上的主轴正转和反转按钮发出主轴正转或反转信号，通过系统 PMC 控制 KA3、KA4 的通断，向变频器发出信号，实现主轴的正、反转控制，此时主轴的速度是由系统存储的 S 值与机床主轴的倍率开关决定的。系统在自动加工时，通过对程序辅助功能代码 M03、M04、M05 的译码，利用系统的 PMC 实现继电器 KA3、KA4 的通断控制，从而达到主轴的正反转及停止控制，此时的主轴速度是由系统程序中的S指令值与机床的倍率开关决定的。

（2）系统故障输入。当数控机床出现故障时，通过系统PMC发出信号控制KA6获电动作，使变频器停止输出，实现主轴自动停止控制，并发出相应的报警信息。

（3）系统复位信号。当系统复位时，通过系统PMC控制KA7获电动作，进行变频器的复位控制。

（4）主轴电动机速度模拟量信号。用来接收系统发出的主轴速度信号（模拟量电压信号），实现主轴电动机的速度控制。FANUC系统将程序中的S指令与主轴倍率开关的乘积转换成相应的模拟量电压（0～10V），输入到变频器的模拟量电压频率给定端，从而实现主轴电动机的速度控制。

2）变频器到CNC的信号

（1）变频器故障输入信号。当变频器出现任何故障时，数控系统也停止工作并发出相应的报警（机床报警灯亮及发出相应的报警信息）。主轴故障信号是通过变频器的故障输出端发出，再通过PMC向系统发出急停信号，使系统停止工作。

（2）主轴频率到达信号。数控机床自动加工时，主轴频率到达信号实现切削进给开始条件的控制。当系统的功能参数（主轴速度到达检测）设定为有效时，系统执行进给切削指令前要进行主轴速度到达信号的检测，即系统通过PMC检测来自变频器发出的频率到达信号，系统只有检测到该信号，切削进给才能开始，否则系统进给指令一直处于待机状态，使用SU作为信号的输入。

（3）主轴零速信号。数控机床有些动作需要主轴停止才能进行，如当数控车床的卡盘采用液压控制时，主轴零速信号用来实现主轴旋转与液压卡盘的连锁控制。只有主轴速度为零时，液压卡盘控制才有效；主轴旋转时，液压卡盘控制无效，使用Y13作为信号输入。

3）变频器到机床侧的信号

主轴负载表的信号，变频器将实际输出电流转换成模拟量电压信号（0～10V），通过变频器输出接口（5－AM）输出到机床操作面板上的主轴负载表（模拟量或数显表），实现主轴负载监控。

三、变频器功能参数设定

变频器功能参数很多，一般都有数十甚至上百个参数供用户选择。实际应用中，没必要对每一参数都进行设置和调试，多数只要采用出厂设定值即可。但有些参数由于和实际使用情况有很大关系，且有的还相互关联，因此要根据实际进行设定和调试。因各类型变频器功能有差异，而相同功能参数的名称也不一致，为叙述方便，本节以三菱变频器基本参数名称为例。由于基本参数对于各类型变频器都具有类比性，所以对于其他类型的变频器完全可以做到触类旁通。

1. 变频器参数设定项概述

1）加减速时间

加速时间就是输出频率从0上升到最大频率所需时间，减速时间是指从最大频率下降到0所需时间。通常用频率设定信号上升、下降来确定加减速时间。在电动机加速时须限制频率设定的上升率以防止过电流，减速时则限制下降率以防止过电压。加速时间设定要求：将加速电流限制在变频器过电流容量以下，不使过流失速而引起变频器跳闸；减速时间设定要点是：防止平滑电路电压过大，不使再生过压失速而使变频器跳闸。加减速时间可根据负载计算出来，但在调试中常采取按负载和经验先设定较长加减速时间，通过启、停电动机观察有无过电流、过电压报警；然后将加减速设定时间逐渐缩短，以运转中不发生报警为原则，重复操作几次，便可确定出最佳加减速时间。

2）转矩提升

此参数是为补偿因电动机定子绕组电阻所引起的低速时转矩降低，而把低频率范围 f/V 增大的方法。设定为自动时，可使加速时的电压自动提升以补偿启动转矩，使电动机加速顺利进行。如采用手动补偿时，根据负载特性，尤其是负载的启动特性，通过试验可选出较佳曲线。对于变转矩负载，如选择不当会出现低速时的输出电压过高，而浪费电能的现象，甚至还会出现电动机带负载启动时电流大、而转速上不去的现象。

3）电子热过载保护

本功能为保护电动机过热而设置，它是变频器内 CPU 根据运转电流值和频率计算出电动机的温升，从而进行过热保护。本功能只适用于"一拖一"场合，而在"一拖多"时，则应在各台电动机上加装热继电器。电子热保护设定值(%) = [电动机额定电流(A)/变频器额定输出电流(A)] × 100%。

4）频率限制

即变频器输出频率的上、下限幅值。频率限制是为防止误操作或外接频率设定信号源出故障，而引起输出频率的过高或过低，以防损坏设备的一种保护功能。在应用中按实际情况设定即可。此功能还可作限速使用，如有的皮带输送机，由于输送物料不太多，为减少机械和皮带的磨损，可采用变频器驱动，并将变频器上限频率设定为某一频率值，这样就可使皮带输送机运行在一个固定、较低的工作速度上。

5）偏置频率

有的又叫偏差频率或频率偏差设定。其用途是当频率由外部模拟信号(电压或电流)进行设定时，可用此功能调整频率设定信号最低时输出频率的高低。

有的变频器当频率设定信号为0%时，偏差值可作用在 $0 \sim f_{max}$ 范围内，有的变频器还可对偏置极性进行设定。如在调试中当频率设定信号为0%时，变频器输出频率不为0Hz，而为 xHz，则此时将偏置频率设定为负的 xHz 即可使变频器输出频率为0Hz。

6）频率设定信号增益

此功能仅在用外部模拟信号设定频率时才有效。它用来弥补外部设定信号电压与变频器内电压(+10V)的不一致问题；同时方便模拟设定信号电压的选择。设定时，当模拟输入信号为最大时(如10V、5V或20mA)，求出可输出 f/V 图形的频率百分数并以此为参数进行设定即可；如外部设定信号为0~5V时，若变频器输出频率为0~50Hz，则将增益信号设定为200%即可。

7）转矩限制

可分为驱动转矩限制和制动转矩限制两种。它是根据变频器输出电压和电流值，经 CPU 进行转矩计算，其可对加减速和恒速运行时的冲击负载恢复特性有显著改善。转矩限制功能可实现自动加速和减速控制。假设加减速时间小于负载惯量时间时，也能保证电动机按照转矩设定值自动加速和减速。驱动转矩功能提供了强大的启动转矩，在稳态运转时，转矩功能将控制电动机转差，而将电动机转矩限制在最大设定值内，当负载转矩突然增大时，甚至在加速时间设定过短时，也不会引起变频器跳闸。在加速时间设定过短时，电动机转矩也不会超过最大设定值。驱动转矩大对启动有利，以设置为80%~100%较妥。制动转矩设定数值越小，其制动力越大，适合急加减速的场合,如制动转矩设定数值设置过大会出现过压报警现象。如制动转矩设定为0%,可使加到主电容器的再生总量接近于0,从而使电动机在减速时,不使用制动电阻也能减速至停转而不会跳闸。但在有的负载上,如制动转矩设定为0%时,减速时会出现短暂空转现象,造成变频器反复启动,电流大幅度波动,严重时会使变频器跳闸,应引起注意。

8)加减速模式选择

它又称加减速曲线选择。一般变频器有线性、非线性和S三种曲线,通常大多选择线性曲线;非线性曲线适用于变转矩负载,如风机等;S曲线适用于恒转矩负载,其加减速变化较为缓慢。设定时可根据负载转矩特性,选择相应曲线,但也有例外,笔者在调试一台锅炉引风机的变频器时,先将加减速曲线选择非线性曲线,一启动运转变频器就跳闸,调整改变许多参数无效果,后改为S曲线后就正常了。究其原因是:启动前引风机由于烟道烟气流动而自行转动,且反转而成为负向负载,这样选取了S曲线,使刚启动时的频率上升速度较慢,从而避免了变频器跳闸的发生,当然这是针对没有启动直流制动功能的变频器所采用的方法。

9)转矩矢量控制

矢量控制理论上认为:异步电动机与直流电动机具有相同的转矩产生机理。矢量控制方式就是将定子电流分解成规定的磁场电流和转矩电流,分别进行控制,同时将两者合成后的定子电流输出给电动机。因此,从原理上可得到与直流电动机相同的控制性能。采用转矩矢量控制功能,电动机在各种运行条件下都能输出最大转矩,尤其是电动机在低速运行区域。现在的变频器几乎都采用无反馈矢量控制,由于变频器能根据负载电流大小和相位进行转差补偿,使电动机具有很硬的力学特性,对于多数场合已能满足要求,不需在变频器的外部设置速度反馈电路。这一功能的设定,可根据实际情况在有效和无效中选择一项即可。

与之有关的功能是转差补偿控制,其作用是为补偿由负载波动而引起的速度偏差,可加上对应于负载电流的转差频率。这一功能主要用于定位控制。

2. 三菱变频器参数

三菱变频器的参数比较复杂,但在应用中有些参数厂家设定好后就不需改变,下面介绍部分比较常用的参数。

1)Pr. 1"上限频率"/Pr. 2"下限频率"

这两个参数用来设定变频器的运行范围,限制变频器的上、下限频率是为防止无操作或外接频率设定信号源出故障,而引起输出频率过高或过低,以防损坏设备。Pr. 2的设定范围为0~120Hz,如果需要超出120Hz运行,就需要设置Pr. 18,当Pr. 18设置成大于120Hz时,Pr. 1 = Pr. 18。

2)Pr. 7"加速时间"/Pr. 8"减速时间"

在电动机加速时需限制频率设定的上升率以防止过电流,减速时则限制频率设定的下降率以防过电压,设定关系如图5-47所示。

(1)用Pr. 7设定从0Hz到Pr. 20(加减速基准频率)设定频率的加速时间。

(2)用Pr. 8设定从Pr. 20设定频率到0Hz的减速时间。

加减速时间设置不当会引起报警,加速时间设定要求:将加速电流限制在变频器过电流容量以下,不使过流失速而使变频器跳闸;减速时间设定要点:防止平滑电路电压过大,不使再生过压失速而使变频器跳闸。加减速时间可根据负载计算出来,但在调试中常按负载和经验先设定较长加减速时间,通过启停电动机观察有无过电流、过电压报警;然后将加减速设定时间逐渐缩短,以运转中不发生报警为原则,重复操作几次,便可确定出最佳加减速时间。

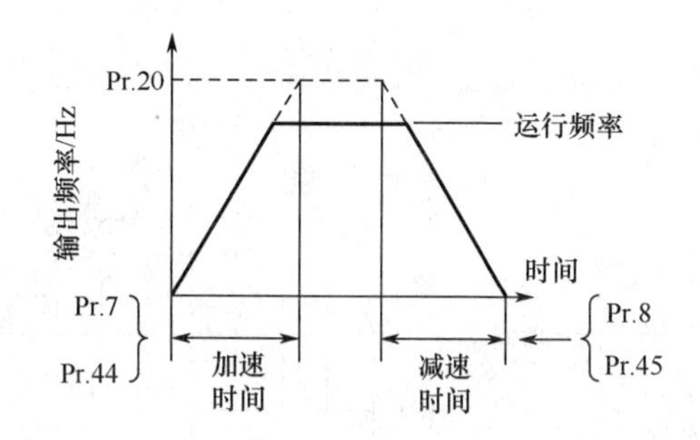

图 5－47　加减速时间的设定

3）Pr. 9“电子过电流保护”

通过设定电子过电流保护的电流值可防止电动机过热，可以得到的最优保护特性，即使在低速运行电动机冷却能力降低时。变频器内 CPU 根据运转电流值和频率计算出电动机温升，从而进行过热保护。仅使用于一台变频器驱动一台电动机。

（1）设定电动机的额定电流单位为“A”。

（2）当设定为“0”时，电子过电流保护（电动机保护功能）无效（变频器的保护功能动作）。

（3）当变频器和电动机容量相差过大和设定过小时，电子过电流保护特性将恶化，在此情况下，需在外部安装热继电器。

（4）特殊电动机不能使用电子锅电流保护，需在外部安装热继电器。

4）Pr. 79“操作模式选择”

它可用来切换变频器的操作模式：

（1）设定 Pr. 79 = 0 时为外部操作模式，根据外部启动信号和频率设定信号进行的运行方法。

（2）设定 Pr. 79 = 1 时为 PU 操作模式，用选件的操作面板，参数单元运行的方法。

（3）设定 Pr. 79 = 2 时为系统操作模式，由数控系统给定信号运行。

（4）设定 Pr. 79 = 3 时为组合操作模式 1，启动信号是外部启动信号，频率设定由选件的操作面板，参数单元设定的方法。

（5）设定 Pr. 79 = 4 时为组合操作模式 2，启动信号是选件的操作面板的运行指令键，频率设定是外部频率设定信号的运行方法。

5）Pr. 180 ~ Pr. 183“多功能输入端子功能设定”/Pr. 190 ~ Pr. 192“多功能输出端子的功能设定”

它可用来设定多功能输入端子 RH、RM、RL、MRS 和多功能输出端子 A、B、C、RUN、FU、SE 的功能。

6）多段速运行（Pr. 4，Pr. 5，Pr. 6，Pr. 24 ~ Pr. 27，Pr. 232 ~ Pr. 239）

可通过开启、关闭接点信号（RH，RM，RL，REX 信号），选择各种速度，如图 5－48 变频器的多段速设定所示。用 Pr. 1“上限频率”、Pr. 2“下限频率”的组合，最多可以设定 17 种速度。

7）关于电动机的参数设置

Pr. 3 基准频率电压，当使用标准电动机时通常设为电动机的额定电压，Pr. 80“电动机容量”设定时，电动机容量与变频器的容量相等或低一级，Pr. 19“基准频率电压”通常设为电动机的额定电压。

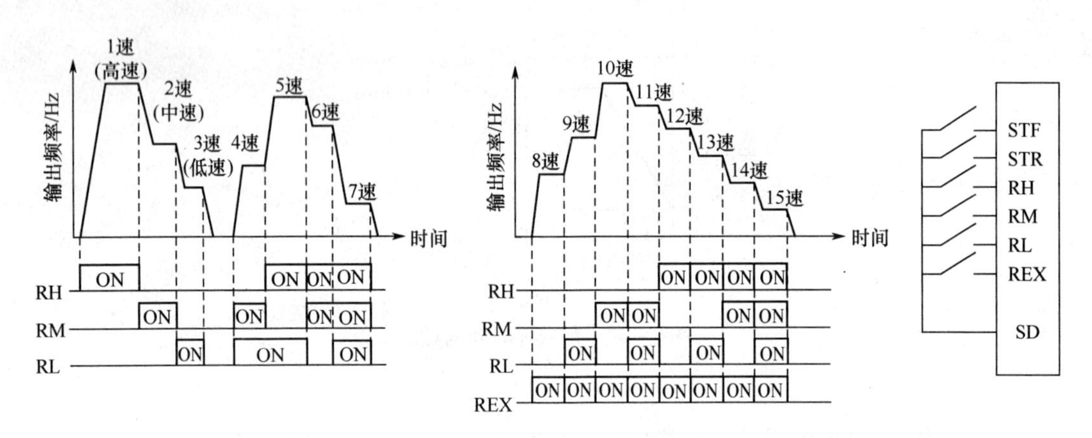

图 5－48　变频器的多段速设定

模块 5　进给伺服系统连接与伺服调整

一、进给伺服硬件连接

分析了伺服的工作原理之后，本模块将对伺服系统的硬件进行介绍。按主电路电源输入是交流还是直流，伺服驱动装置可分为伺服单元(SVU)和伺服模块(SVM)两种。伺服单元的输入电源通常为三相交流电(200V,50Hz)，电动机的再生能量通过伺服单元中的制动电阻消耗掉。一般主轴为模拟量控制驱动装置时，采用伺服单元驱动进给轴电动机。伺服模块的工作原理与伺服单元基本相同，区别在于伺服模块输入电源为直流电源(标准型为 DC 300V，高压型为 DC 600V)，电动机的再生能量通过电源模块反馈到电网中。一般主轴驱动装置为串行数字控制装置时，进给轴驱动装置采用伺服模块。

这里参数配置主要以 FANUC 0i MD 为实验对象，对伺服控制系统进行研究。FANUC 0i MD 系统采用的是 βiS 系列的伺服单元，它是 FANUC 公司推出的最新的可靠性高、性能价格比好的进给伺服驱动装置。一般用于小型数控机床的进给轴的伺服驱动及大中型加工中心数控机床的附加伺服轴的驱动。

1. βiS 系列伺服单元端子的功能

端子名称	端子功能	端子名称	端子功能
L1、L2、L3：	主电源输入端接口，三相交流电源 200V，50/60Hz。	U、V、W：	伺服电动机的动力线接口。
CX3：	主电源 MCC 控制信号接口。	CX4：	急停信号(*ESP)接口。
CXA2C：	24VDC 电源输入。	COP10B：	伺服高速串行总线(HSSB)接口。
CX5X：	绝对脉冲编码器电池。	JF1：	脉冲编码器，L 轴。
JF2：	脉冲编码器，M 轴。	JF3：	脉冲编码器，N 轴。
JX6：	后备电池模块。	JY1：	负载表，速度表，模拟倍率。
JA7A：	主轴接口输出。	JA7B：	主轴接口输入。
JYA2：	主轴传感器：Mi，Mzi。	JYA3：	α 位置编码器，外部一转信号。

JYA4：	未使用。	TB3：	DC Link 接口端子。
TB1：	主电源接线端子板。	CZ2L：	伺服电动机动力线，*L* 轴。
CZ2M：	伺服电动机动力线，*M* 轴。	CZ2N：	伺服电动机动力线，*N* 轴。
TB2：	主轴电动机动力线。		

2. βiS 系列伺服单元的连接

下面以 FANUC－0i MD 系统的数控机床为例说明 βiS 伺服单元的连接，具体连接如图 5－49所示。

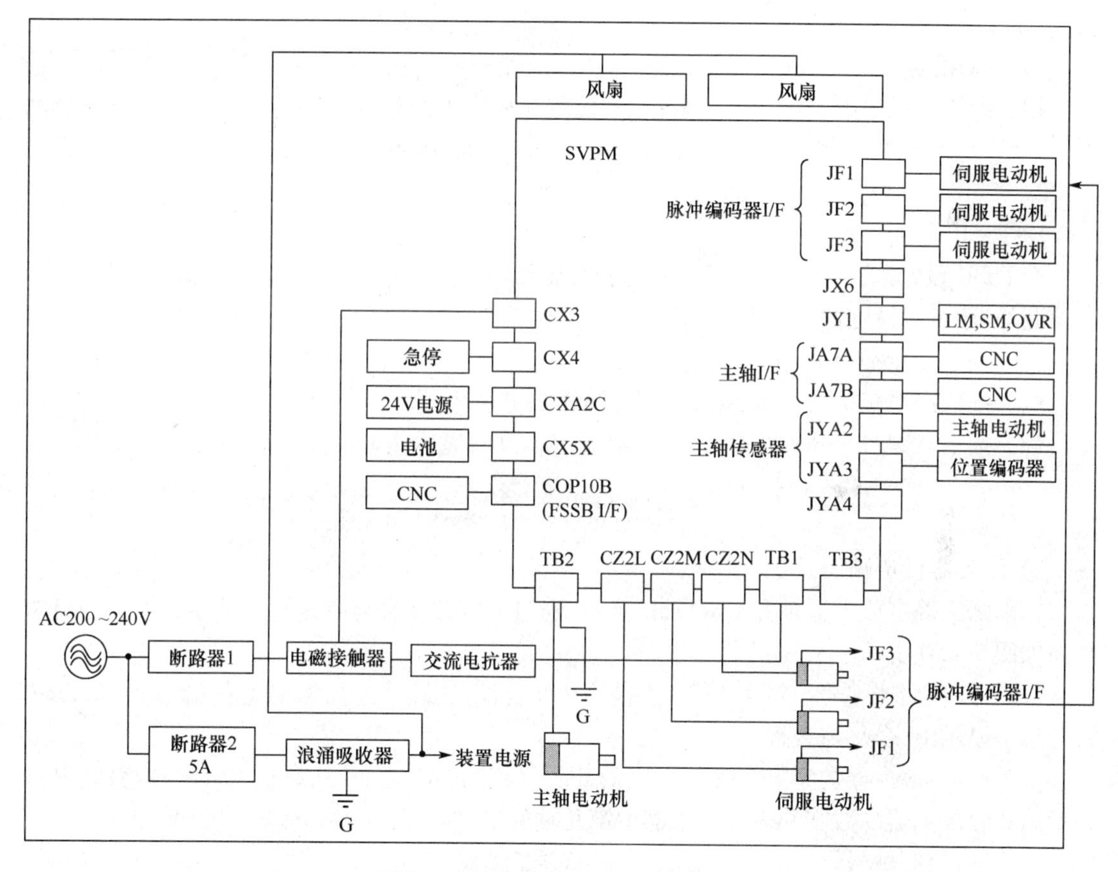

图 5－49　βiS 伺服单元图连接图

动力电源 380V 经过伺服变压器转换成 200～230V 后分别连接到 *X* 轴、*Y* 轴、*Z* 轴伺服单元的 L1、L2、L3 端子，作为伺服单元的主电路的输入电源。外部 24V 直稳压电源连接到伺服单元的 CXA2C。JF1 连接到相应的伺服电动机内装编码器的接口上，作为 *X* 轴、*Y* 轴、*Z* 轴的速度和位置反馈信号控制。

二、FSSB 设定

经过 FSSB(串行伺服总线)参数设定，可以建立起系统控制轴与伺服轴的对应关系，从而完成主控制器(CNC)与从控制器(伺服放大器和光栅)之间的数据传输。FSSB 只用一条光缆，这样可大大减少机床电气部分的接线。使用 FSSB 的系统，必须设定下列定义伺服轴的参数：参数 No. 1023、No. 1905、No. 1910～1919、No. 1936 和 No. 1937。

1. FSSB 设定方式

1）手工设定 1

手工设定 1 的有效条件为：参数 1902#0 = 1，#1 = 0，参数 1910 ~ 1919 全为 0。

使用手工设定 1 时，分离型位置检测装置不能使用，系统控制轴与伺服轴的对应关系直接由参数 1023 决定，适用于不使用光栅作全闭环控制的数控机床。

2）手工设定 2

手工设定 2 的有效条件为：参数 1902#0 = 1。

使用手工设定 2 时，需要手工设定参数 No. 1023、No. 1905、No. 1910 ~ 1919、No. 1936 和 No. 1937。

3）自动设定

轴的设定将根据由 FSSB 设定画面输入的轴和放大器的相互关系自动计算。用该计算结果，自动设定参数 No. 1023、No. 1905、No. 1910 ~ 1919、No. 1936 和 No. 1937。

2. FSSB 自动设定

1）FSSB 画面显示

在 FSSB 设定画面上，将基于 FSSB 的放大器和轴的信息显示在 FSSB 设定画面。

此外，还可以设定放大器和轴的信息。

（1）按下功能键“SYSTEM”。

（2）按数次系统扩展软键，显示软键“FSSB”。

（3）按下软键“FSSB”，切换到“放大器设定”画面，显示如下界面：

2）放大器设定画面设定

在本画面确定放大器轴和 CNC 轴的连接，通过设定控制轴号确定对应关系。放大器设定画面如图 5 – 50 所示。

（1）号：从属器编号。对由 FSSB 连接的从控装置，从最靠近 CNC 数起的编号，每个 FSSB 线路最多显示 10 个从控装置。

（2）放大：放大器类型。在表示放大器开头字符的“A”后面，从靠近 CNC 一侧数起显示表示第几台放大器的数字和表示放大器中第几轴的字母（L：第 1 轴；M：第 2 轴；N：第 3 轴）。

（3）轴：控制轴号。

（4）名称：控制轴名称。显示对应于控制轴号的参数（No. 1020）的轴名称。控制轴号为“0”时，显示“ – ”。

（5）作为放大器信息，显示下列项目的信息。

系列：伺服放大器系列；单元：伺服放大器单元的种类；电流：最大电流值。

3. 轴设定画面

在轴设定画面上显示轴信息，如图 5 – 51 所示，轴设定画面上显示如下项目。

（1）轴：控制轴号，表明 NC 控制轴的安装位置。

（2）名称：控制轴名称。

（3）放大器：连接在每个轴上的放大器的类型。

（4）M1：分离型检测器接口单元 1 的连接器号，在参数 1931 中设定。

（5）M2：分离型检测器接口单元 2 的连接器号，在参数 1932 中设定。

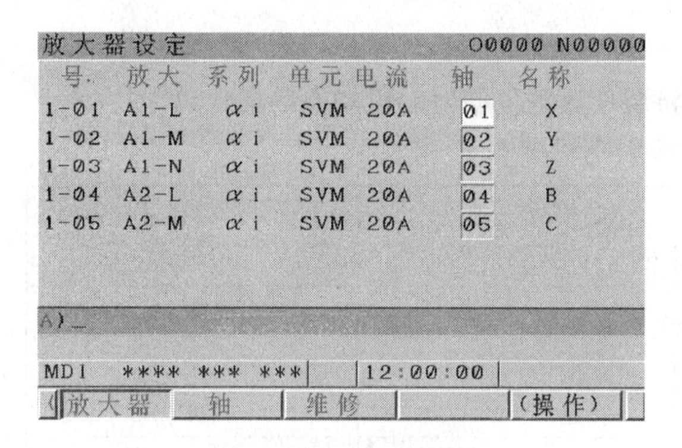

图5-50　放大器设定画面

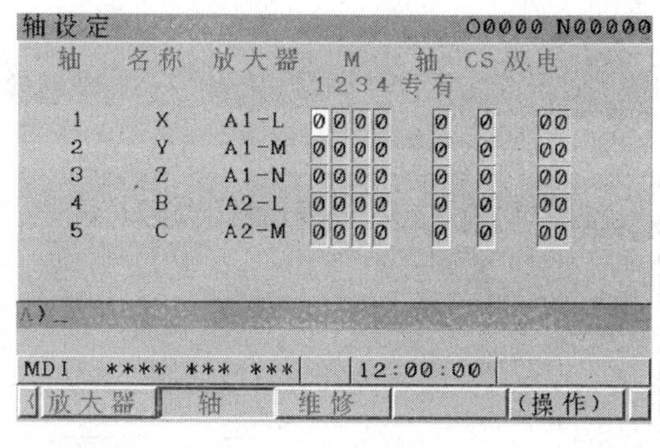

图5-51　轴设定画面

(6) CS:CS轮廓控制轴,应设为1。

(7) 双电:在参数1934中的指定值,0i系统不用。

三、伺服参数初始化设置

数字伺服控制是通过软件方式进行运算控制的,而控制软件是存储在伺服ROM中。通电时数控系统根据所设定的电动机规格号和其他适配参数——如齿轮传动比、检测倍乘比、电动机方向等,加载所需的伺服数据到工作存储区(伺服ROM中写有各种规格的伺服控制数据),而初始化设定中写有各种规格的伺服控制数据),伺服初始化参数设定是对电动机规格号和其他适配参数进行设定,为数字伺服控制软件提供具体配置参数。

(1) 在紧急停止状态,接通电源。

(2) 设定用于显示伺服设定画面的参数,如图5-52所示。

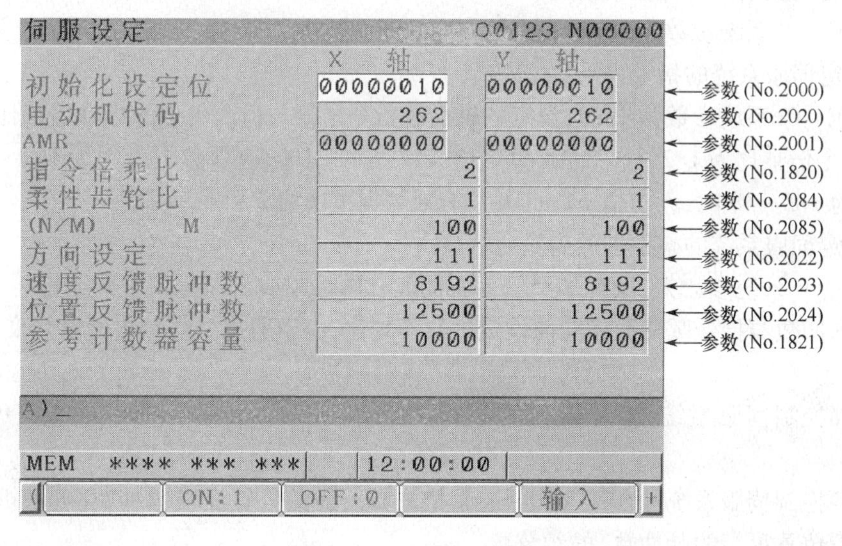

图5-52　伺服设定画面

参数3111:SVS表示是否显示伺服设定画面,值为0表示不予显示;值为1表示予以显示。

(3) 暂时将电源断开,然后再接通电源。

(4) 按下功能键 SYSTEM 、功能菜单键 ▷ 、软键"SV设定"。

(5) 利用光标翻页键,输入初始设定所需的参数。

1）设定电动机代码

根据电动机型号图号，从表5－10中选择将要使用的伺服电动机的电动机代码。

表5－10 βiS系列伺服电动机

电动机型号	电动机图号	驱动放大器	电动机代码
βiS 0.2/5000	0111	4A	260
βiS 0.3/5000	0112	4A	261
βiS 0.4/5000	0114	20A	280
βiS 0.5/6000	0115	20A	281
βiS 1/6000	0116	20A	282
βiS 2/4000	0061	20A	253
		40A	254
βiS 4/4000	0063	20A	256
		40A	257
βiS 8/3000	0075	20A	258
		40A	259
βiS 12/2000	0075	20A	269
		40A	268
βiS 12/3000	0078	40A	272
βiS 22/2000	0085	40A	274
βiS 22/3000	0082	80A	2313

2）设定伺服系统的电枢倍增比AMR

FANUC－0i系统参数为2001，设定为00000000，与电动机类型无关。

3）设定伺服系统的指令倍乘比CMR

FANUC－0i系统参数为1820，设定各轴最小指令增量与检测单位的指令倍乘比。参数设定值：①指令倍乘比为1/2～1/27时，设定值＝1/CMR＋100，有效数据范围为102～107；②指令倍乘比为1/2～48时，设定值＝2×CMR，有效数据范围为2～96。

4）设定伺服系统的柔性进给齿轮比N/M

FANUC 0i系统参数为2084、2085。对不同丝杠的螺距或机床运动有减速齿轮时，为了使位置反馈脉冲数与指令脉冲数相同而设定进给齿轮比，由于通过系统参数可以修改，又称柔性进给齿轮比。

半闭环控制伺服系统：N/M＝（伺服电动机一转所需的位置反馈脉冲数/100万）的约分数。

全闭环控制伺服系统：N/M＝（伺服电动机一转所需的位置反馈脉冲数/电动机一转分离型检测装置位置反馈的脉冲数）的约分数。

5）设定电动机旋转移动方向

FANUC 0i系统参数为2022，111为正方向（从脉冲编码器端看为顺时针方向旋转）；－111为负方向（从脉冲编码器端看为逆时针方向旋转）。

6）设定速度反馈脉冲数

FANUC 0i系统参数为2023，串行编码器设定为8192。

7）设定位置反馈脉冲数

FANUC 0i 系统参数为2024，半闭环控制系统中，设定为12500，全闭环系统中，按电动机一转来自分离型检测装置的位置脉冲数设定。

8）设定参考计数器

FANUC 0i 系统参数为1821，参考计数器用于在栅格方式下返回参考点的控制。必须按电动机一转所需的位置脉冲数或按该数能被整数整除的数来设定。

四、伺服参数调整

伺服参数的调整，包括基本伺服参数的设定以及按机床的机械特性和加工要求进行的优化调整。基本伺服参数的设定包括FSSB（串行伺服总线）参数设定和伺服参数初始化设定，这里介绍伺服优化调整部分内容。

1. 伺服调整画面的显示

系统功能键、“SYSTEM”、软键“SYETEM”、系统扩展软键“SV－PRM”、软键“SV－TUN”，伺服电动机调整画面如图5－53所示。

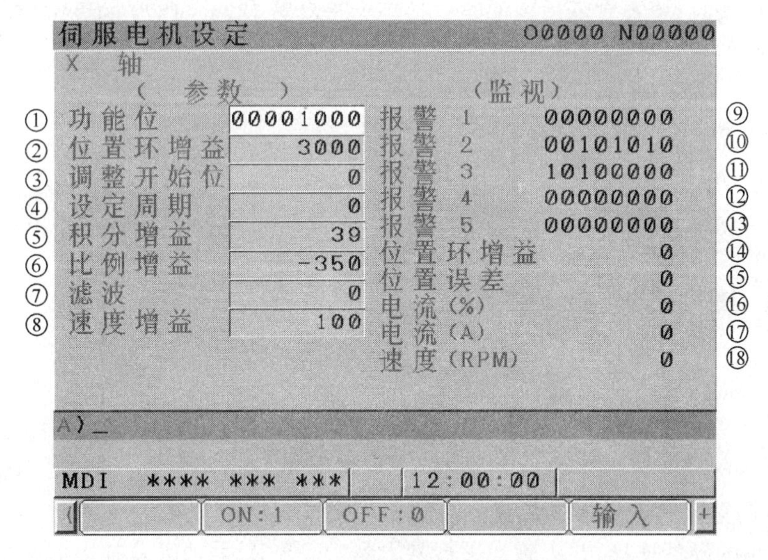

图5－53 伺服电动机调整画面

① 功能位：参数（No. 2003）；② 位置环增益：参数（No. 1825）；③ 调整开始位：（无参数）；④ 设定周期：（无参数）；⑤ 积分增益：参数（No. 2043）；⑥ 比例增益：参数（No. 2044）；⑦ 滤波：参数（No. 2067）；⑧ 速度增益：设定值 =｛（参数 No. 2021）+256）/256×100；⑨ 报警1：诊断号200号；⑩ 报警2：诊断号201号；⑪ 报警3：诊断号202号；⑫ 报警4：诊断号203号；⑬ 报警5：诊断号204号；⑭ 位置环增益：表示实际环路增益；⑮ 位置误差：表示实际位置误差值（诊断号300）；⑯ 电流（%）：以相对于电动机额定值的百分比表示电流值；⑰ 电流（A）：以A（峰值）表示实际电流；⑱ 速度（RPM）：表示电动机实际转速。

经过上述操作如不能显示伺服画面，查看参数3111#0，设定SVS（#0）＝1，显示伺服画面。

2. 伺服电动机调整画面应用

1）“⑯电流（%）”和“⑰电流（A）”应用

实际负载电流百分比“电流（A）”，一般工作条件下，FANUC 伺服电动机的负载电流百分比应该在30%～40%，短时可以在100%的状态下工作，但仅仅是暂时的，否则电动机将发热并出现过载、过热报警。如果电动机长期工作在60%～70%电流负载状态，伺服电动机虽然不会报警，但是影响机床的伺服刚性，高精度定位性能差，会导致到位检测时间长（与参数1826有关）或不得不放大移动及停止到位宽度（参数1827～1829有关）。

通过读取伺服运转画面中的“⑯电流（%）”和“⑰电流（A）”实际数值，当机床出现爬行、过载、过热等于外围机械有关的报警时，观察机床移动过程中的实际负载电流变化，判断故障点是机械部分还是电气部分，因而可用于系统的维护及故障的预防。

2）“⑭位置环增益”应用

“⑭位置环增益”是实际值，“②位置环增益”是FANUC系统标准设定值（3000）。在机床运行过程中如果实时检测到的“⑭位置环增益”接近或超过3000，说明机床的跟踪精度非常好；如果实际检测到的“⑭位置环增益”小于2000，甚至小于1500时，即使当时机床不报警，但是机床移动中或停止时的控制精度已经大大降低。

3）“⑮位置偏差量”应用

位置偏差量为指令值与反馈值的差，该值存放在图5－54所示的误差寄存器中。当出现伺服误差过大报警时，检查实际位置偏差量是否大于参数1823～1829的设定值。

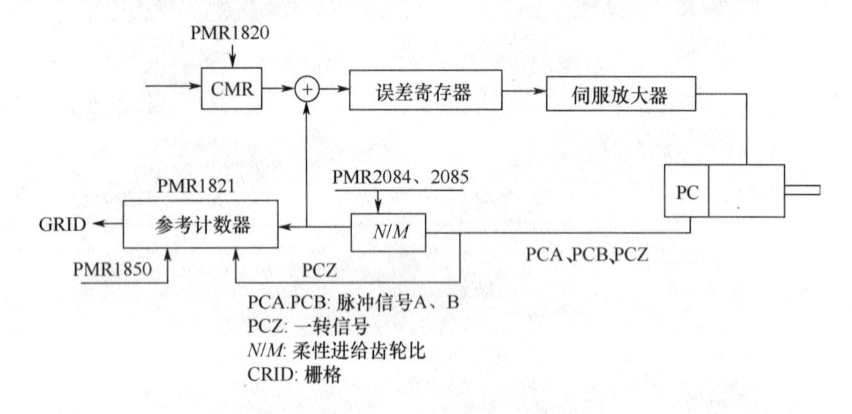

图5－54　位置偏差框图

3. 用伺服调整软件进行伺服调整

在完成系统的硬件连接，并正确地进行基本参数、FSSB、主轴以及基本伺服参数的初始化设定后，系统即能够正常地工作了。为了更好地发挥控制系统的性能、提高加工的速度和精度，还要根据机床的机械特性和加工要求进行伺服参数的优化调整。本节的内容即结合Servo Guide软件说明伺服参数的调整方法。

1）Servo Guide软件的设定

（1）打开伺服调整软件后，出现图5－55菜单画面。

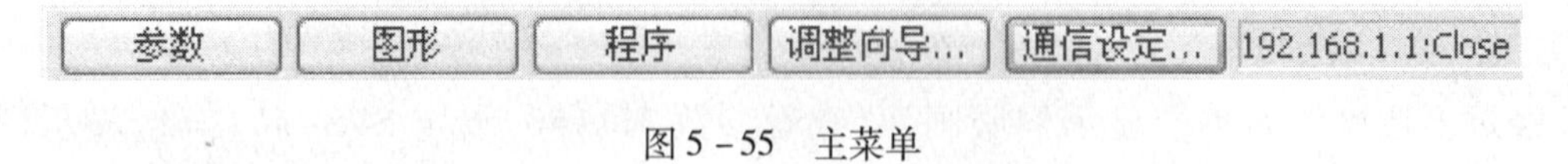

图5－55　主菜单

（2）单击图5－55的“通信设定”，出现图5－56所示画面。

画面中的“IP地址”为NC的IP地址，NC的IP地址检查如图5－57所示。

PC端的IP地址设定如图5－58所示。

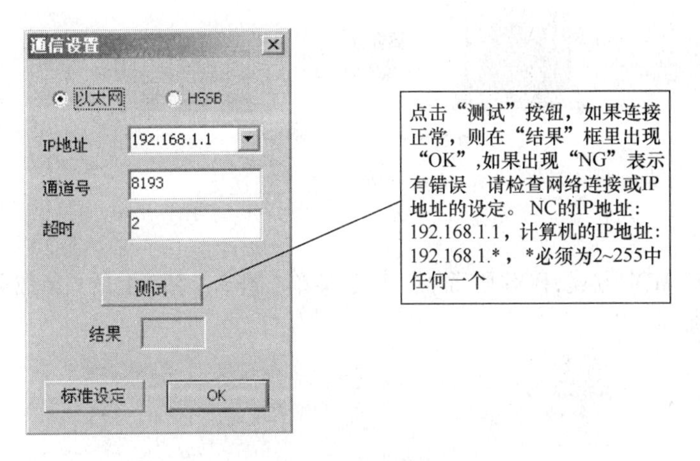

图 5－56　通信设定

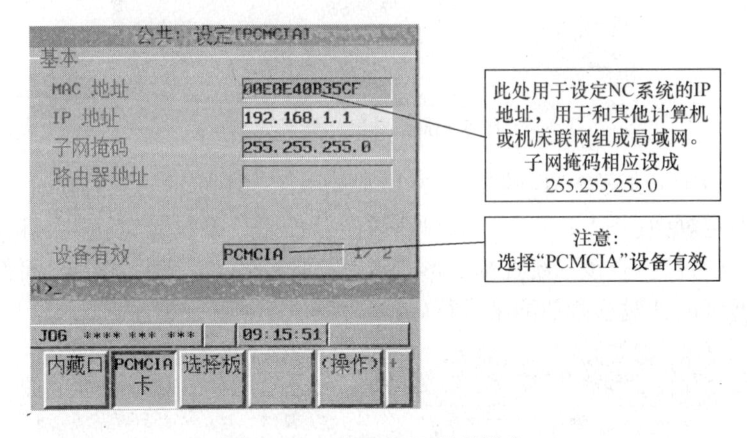

图 5－57　CNC 的 IP 地址设定

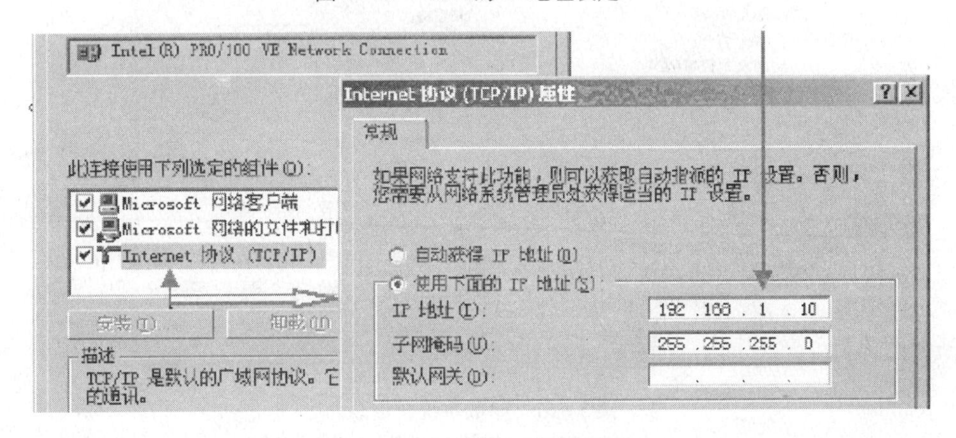

图 5－58　PC 端 IP 地址设定

如果以上设定正确，在点击“测试”后还没有显示 OK，请检查网络连接是否正确。

对于现在的新型笔记本电脑，内置网卡可以自动识别网络信号，则图 5－59 中的耦合器和交叉网线可以省去，直接连接就可以了。

PCMCIA 卡型号：A15B－0001－C106（带线），如果系统有以太网接口，则不需要此卡。

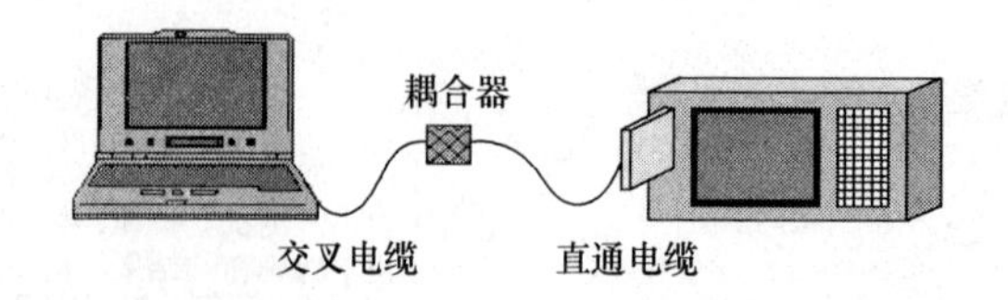

图 5－59　NC－PC 正确连接

2）参数画面

将 NC 切换到 MDI 方式，POS 画面，点击主菜单（图 5－55）上的“参数”菜单，则弹出如图 5－60所示画面。

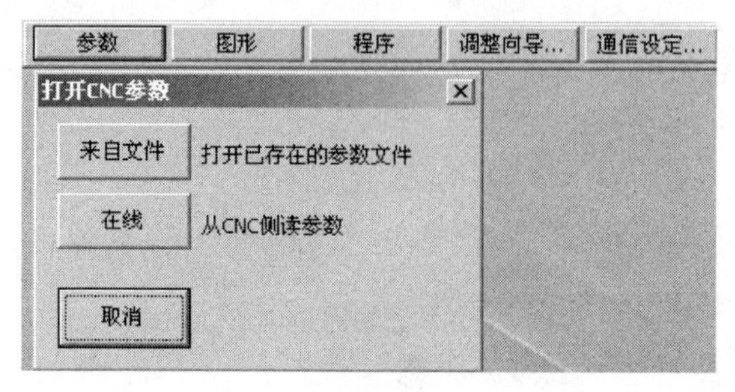

图 5－60　参数初始画面

单击“在线”，则自动读取 NC 的参数，并显示如图 5－61 所示的参数画面。

（1）系统设定画面（图 5－61）。参数画面打开后进入“系统设定”画面，该画面的内容不能进行改动，但是可以检查该系统在抑制形状误差、加减速以及轴控制等方面都有哪些功能，后面的参数调整可以针对这些功能来进行。

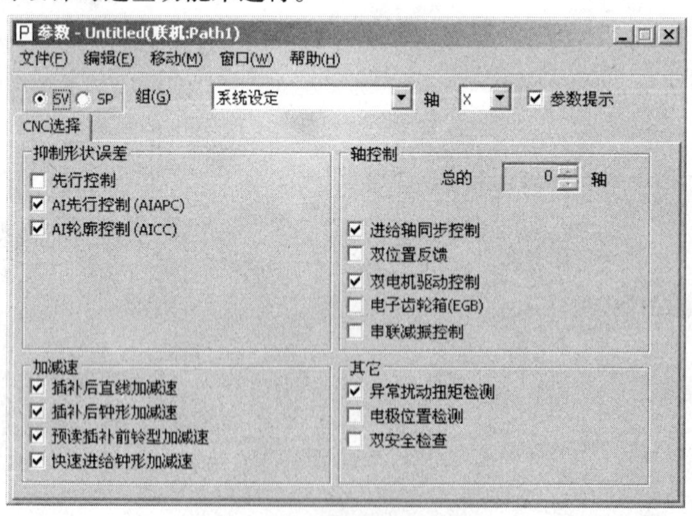

图 5－61　参数系统设定画面

（2）轴设定（图 5－62）。轴设定画面如图 5－62 所示，主要用于分离式检测器的有无、旋转电动机/直线电动机、CMR、柔性进给齿轮比等的设定。这些内容在前面已经基本设定完毕，此处只需要检查以下几项：

① 电动机代码是否按 HRV3 初始化（电动机代码大于 250）。

② 电动机型号与实际安装的电动机是否一致。

③ 放大器(安培数)是否与实际的一致。

④ 检查系统的诊断 700#1 是否为 1(HRV3 OK),如果不为 1,则重新初始化伺服参数并检查 2013#0 = 1(所有轴)。

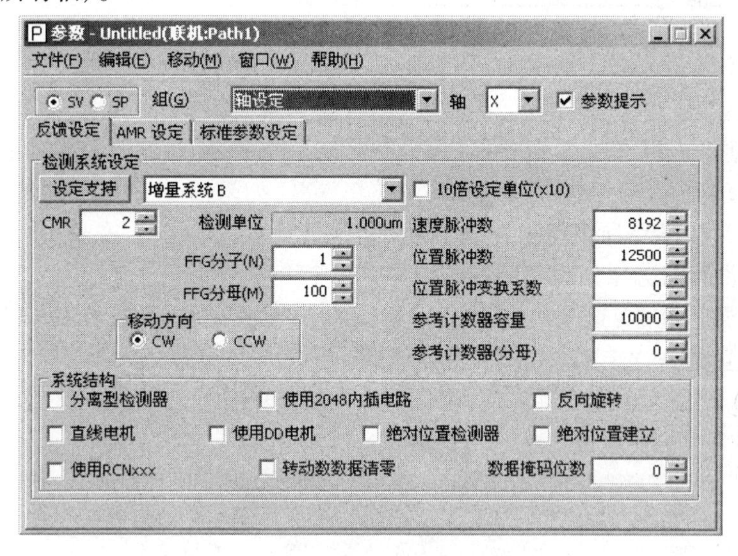

图 5-62　轴设定画面

(3) 加减速——一般控制。用于设定各伺服轴在一般控制时的加减速时间常数和快速移动时间常数,如图 5-63 所示。一般情况下,时间常数选择直线形加减速,快速进给选择铃形加减速,即 T1、T2 都进行设定。如果不设定 T2,只设定 T1,则快速进给为直线形加减速,冲击可能比较大。

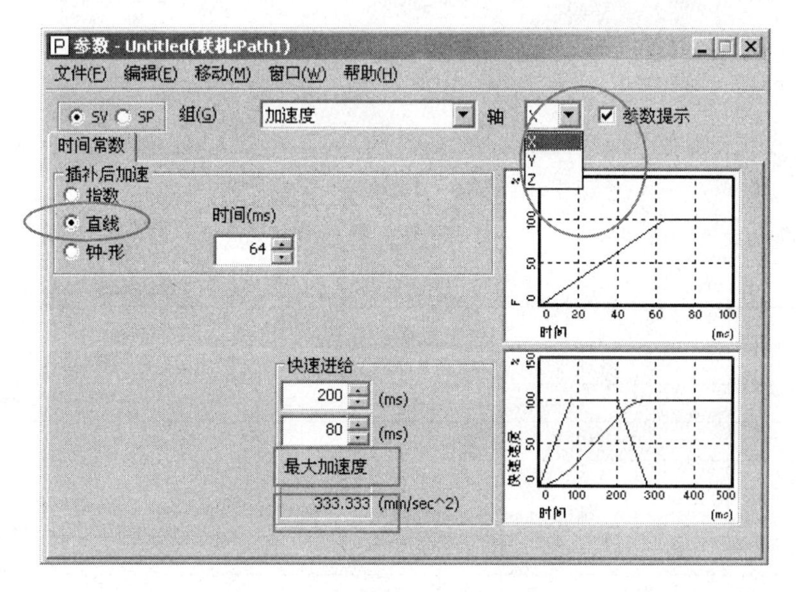

图 5-63　一般控制的时间常数

注意各个轴要分别进行设定,各个轴的时间常数一般设定为相同的数值。

相关参数如表 5-11 所列。

表 5-11　一般控制相关参数

参数号	意义	标准值	调整方法
1610	插补后直线形加减速	1	
1622	插补后时间常数	50~100	走直线
1620	快速移动时间常数 T1	100~500	走直线
1621	快速移动时间常数 T2	50~200	走直线

(4) 加减速——AI 先行控制/AI 轮廓控制。如果系统有 AI 轮廓控制功能(AICC)(可通过图 5-56 检查是否具备),则按照 AICC 的菜单调整,如果没有 AICC 功能,则可以通过"AI 先行控制"(AIAPC)菜单项来调整。二者的参数号及画面基本相同,在这里合在一起介绍(斜体表示 AIAPC 没有的选项),在实际调试过程中需要注意区别。

① 时间常数。注意:这里的时间常数和图 5-63 不同,当系统在执行 AICC 或 AIAPC (G5.1Q1 指令生效)时才起作用。

图 5-64 中的最大加速度计算值,是作为检查加减速时间常数设定是否对出现加速度过大现象,一般计算值不要超过 500。

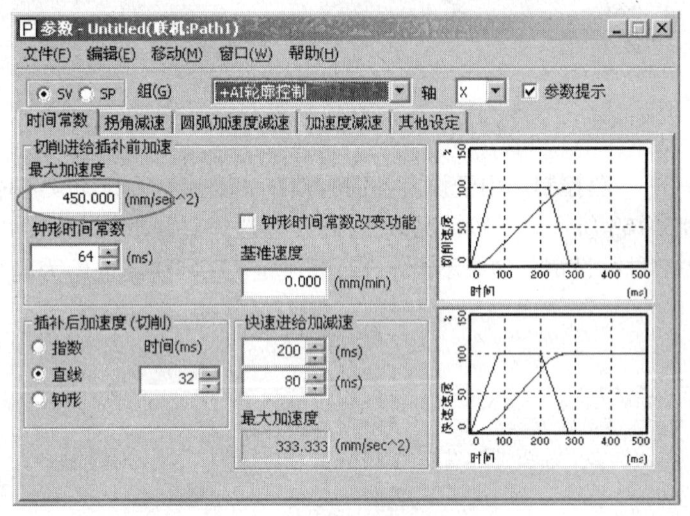

图 5-64　AICC 的时间常数

相关参数如表 5-12 所列。

表 5-12　加减速——AI 先行控制/AI 轮廓控制

参数号	意义	标准值	调整方法
1660	各轴插补前最大允许加速度	700	
1769	各轴插补后时间常数	32	方带 1/4 圆弧
1602#6	插补后直线形加减速有效	1	
1602#3	插补后铃形加减速有效	1	
7055#4	钟形时间常数改变功能	1/0	
1772	钟形加减速时间常数 T2	64	AICC 走直线
7066	插补前铃形加减速时间常数改变功能参考速度	10000	

② 拐角减速。拐角减速设置画面如图 5-65 所示。通过设定拐角减速可以进行基于方形轨迹加工的过冲调整。允许速度差设定过小,会导致加工时间变长。如果对拐角要求不高或者加工工件曲面较多,应该适当加大设定值。

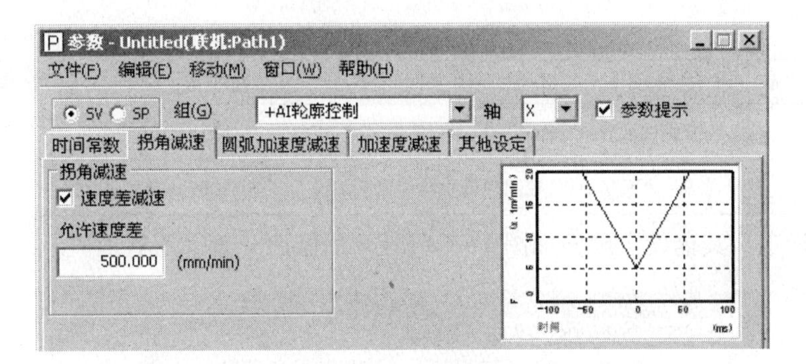

图 5－65　拐角减速画面

相关参数如表 5－13 所列。

表 5－13　拐角减速相关参数

参数号	意义	标准值	调整方法
1783	允许的速度差	200～1000	AICC 走方

③ 圆弧加速度减速。圆弧加速度减速设置画面如图 5－66 所示，相关参数如表 5－14 所列。

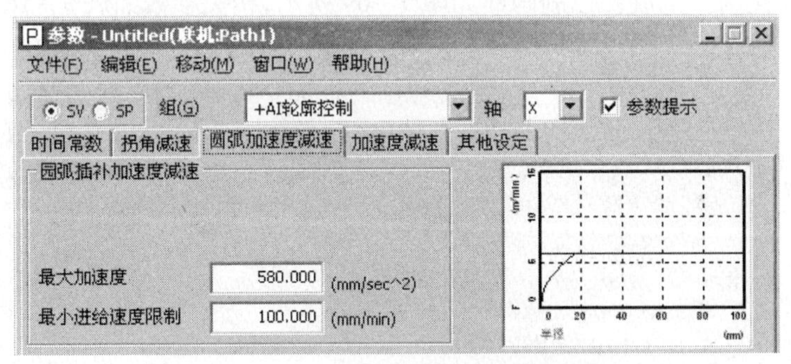

图 5－66　圆弧加速度减速画面

表 5－14　圆弧加速度减速相关参数

参数号	意义	标准值	调整方法
1735	各轴圆弧插补时最大允许加速度	525	方带 1/4 圆弧
1732	各轴圆弧插补时最小允许速度	100	

④ 加速度减速。加速度减速设置画面如图 5－67 所示，相关参数如表 5－15 所列。

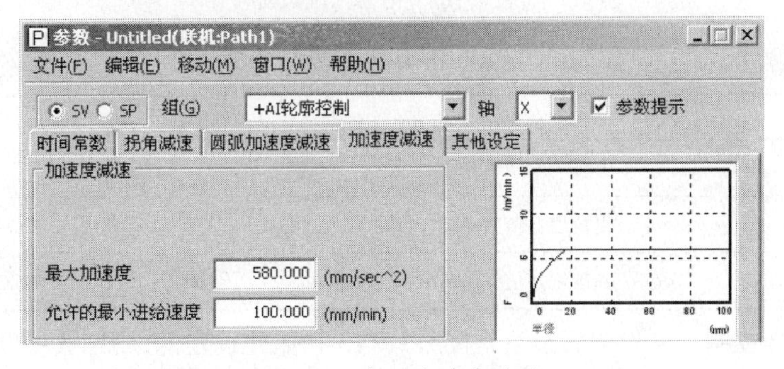

图 5－67　加速度减速画面

表 5－15　加速度减速相关参数

参数号	意义	标准值	调整方法
1737	各轴 AICC/AIAPC 控制中最大允许加速度	525	方带 1/4 圆弧
1738	各轴 AICC/AIAPC 控制中最小允许速度	100	

⑤ 其他设定。其他设定画面如图 5－68 所示，此画面一般采用默认值。

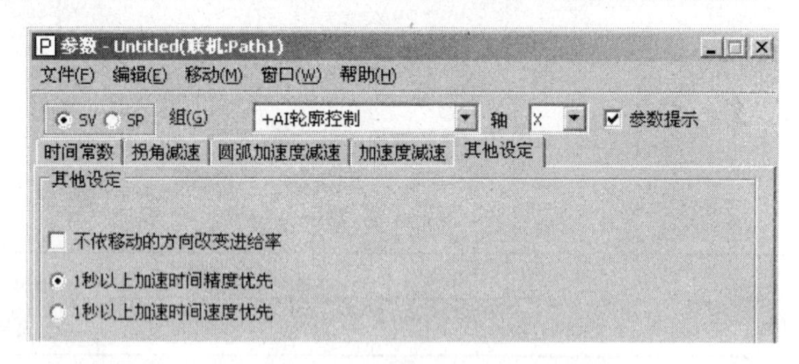

图 5－68　其他设定画面

（5）电流环控制。电流环控制画面如图 5－69 所示，相关参数如表 5－16 所列。

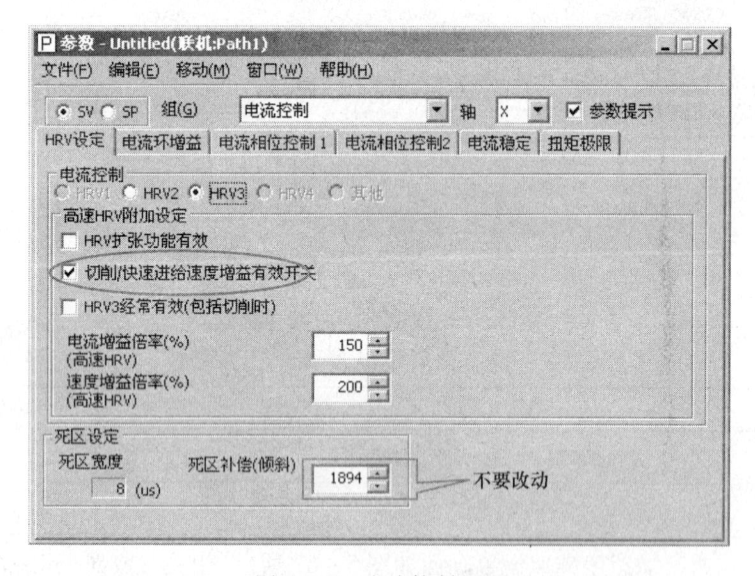

图 5－69　电流控制画面

表 5－16　电流环控制相关参数

参数号	意义	标准值	调整方法
2202#1	切削/快速 VG 切换	1	
2334	电流增益倍率提高	150	AICC/HRV3 走直线
2335	速度增益倍率提高	200	AICC/HRV3 走直线

（6）速度环控制。如果伺服参数是按照 HRV3 初始化设定的，则图 5－70 中圈出的部分已经设定好了，不需要再设定，只要检查一下就可以了。速度增益和滤波器在后面的频率响应

和走直线程序时需要重新调整。相关参数如表5-17所列。停止时的振动已知功能如图5-71所示。

注:这些参数都是需要各个轴分别设定。对于比例积分增益参数不需要修改,按标准设定(初始化后的标准值)。

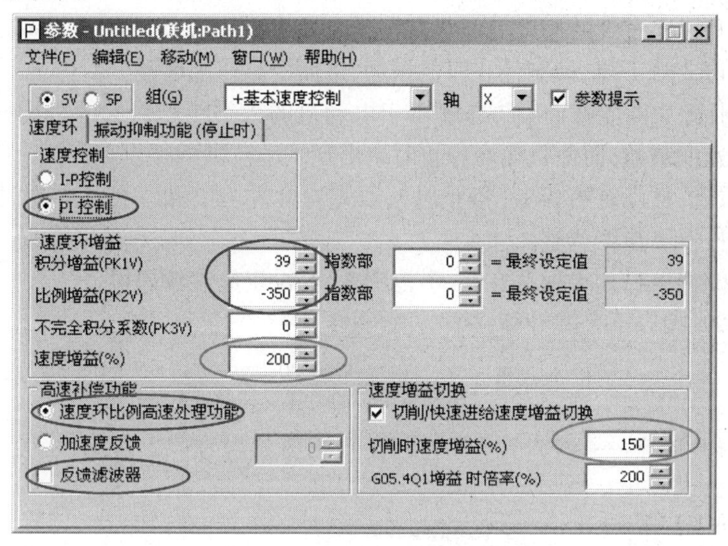

图5-70 速度控制画面

表5-17 速度控制相关参数

参数号	意义	标准值	调整方法
(2021对应)	速度环增益	200	走直线,频率响应
2202#1	切削/快速进给速度增益切换	1	
2107	切削增益提高/%	150	走直线

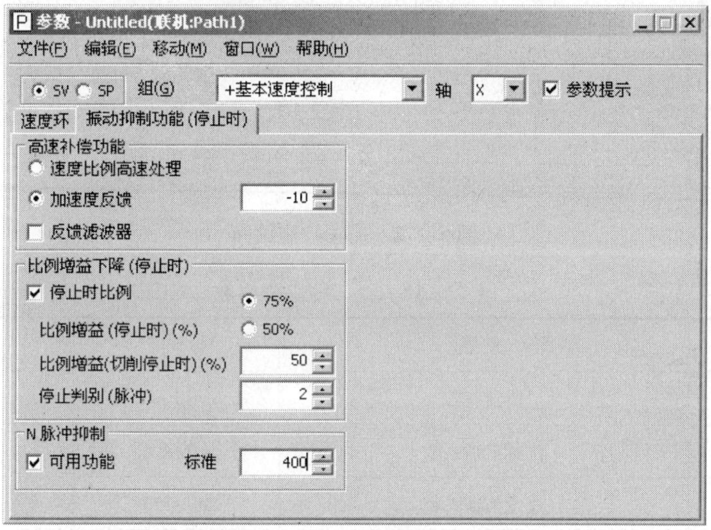

图5-71 停止时的振动抑制画面

加速度反馈:此功能把加速度反馈增益乘以电动机速度反馈信号的微分值,通过补偿转矩指令 TCMD,来达到抑制速度环的振荡。电动机与机床弹性连接,负载惯量比电动机的惯量要大,在调整负载惯量比时候(大于512),会产生 50~150Hz 的振动,此时,不要减小负载惯量比的值,可设定此参数进行改善。参数 2066 设定在 -10~-20 之间,一般设为 -10。

比例增益下降:通常为了提高系统响应特性或者负载惯量比较大时,应提高速度增益或者负载惯量比,但是设定过大的速度增益会在停止时发生高频振动。此功能可以将停止时的速度环比例增益(PK2V)下降,抑制停止时的振动,进而提高速度增益。

N 脉冲抑制:此功能能够抑制停止时由于电动机的微小跳动引起的机床振动。当在调整时,由于提高了速度增益,而使机床在停止时也出现了小范围的振荡(低频),从伺服调整画面的位置误差可看到,在没有给指令(停止时),误差在 0 左右变化。使用单脉冲抑制功能可以将此振荡消除,按以下步骤调整:

① 参数 2003#4 =1,如果振荡在 0~1 范围变化,设定此参数即可。

② 参数 2099,按以下公式计算,标志设定 400。

$$设定值=\frac{4000000}{电动机1转的位置反馈脉冲数}$$

(7) 形状误差消除——前馈。前馈控制设置画面如图 5-72 所示,相关参数如表 5-18 所列。

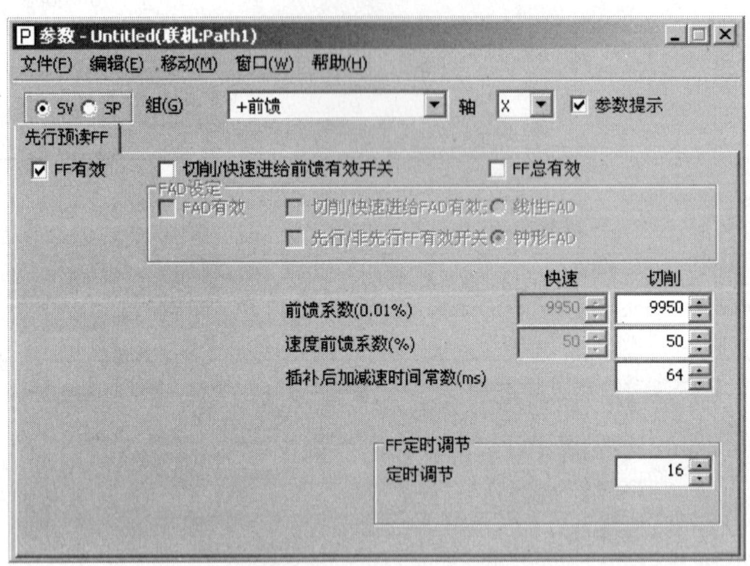

图 5-72　前馈控制画面

表 5-18　前馈相关参数

参数号	意义	标准值	调整方法
2005#1	前馈有效	1	
2092	位置前馈系数	9900	走圆弧
2069	速度前馈系数	50~150	走直线,圆弧

(8) 形状误差消除——背隙加速。背隙补偿参数设置画面如图 5-73 所示,相关参数如表 5-19所列。

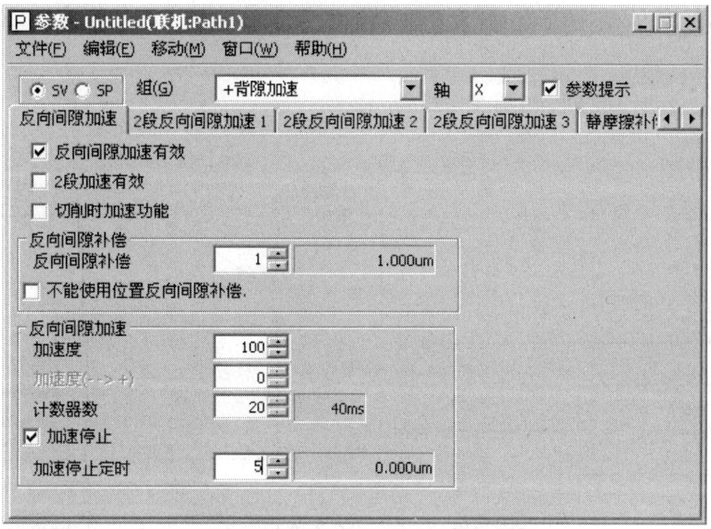

图 5－73　背隙补偿参数画面

表 5－19　背隙补偿相关参数

参数号	意义	标准值	调整方法
2003#5	背隙加速有效	1	
1851	背隙补偿	1	调整后还原
2048	背隙加速量	100	走圆弧
2071	背隙加速计数	20	走圆弧
2048	背隙加速量	100	走圆弧
2009#7	加速停止	1	
2082	背隙加速停止量	5	

注意:对于背隙补偿(1851)的设定值是通过实际测量机械间隙所得,在调整的时候为了获得的圆弧(走圆弧程序)直观,可将该参数设定为1,调整完成后再改回原来设定值。

(9) 超调补偿。超调补偿设置画面如图 5－74 所示。

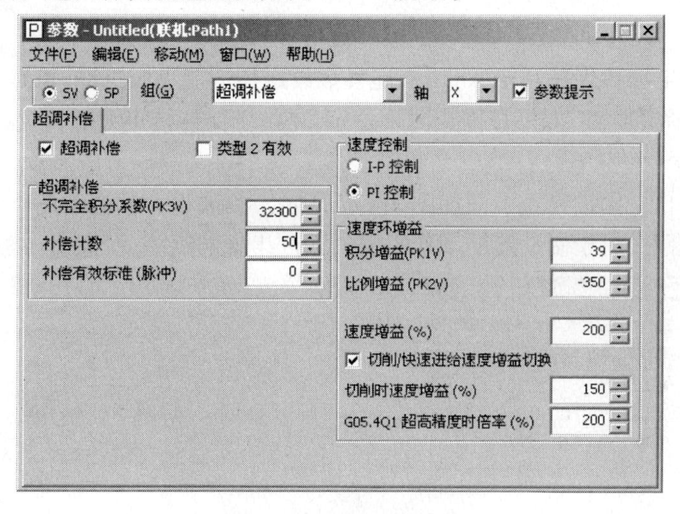

图 5－74　超调补偿画面

在手轮进给或其他微小进给时，发生过冲（指令 1 脉冲，走 2 个脉冲，再回来一个脉冲），可按如下步骤调整。

① 单脉冲进给动作原理，如图 5 – 75 所示。

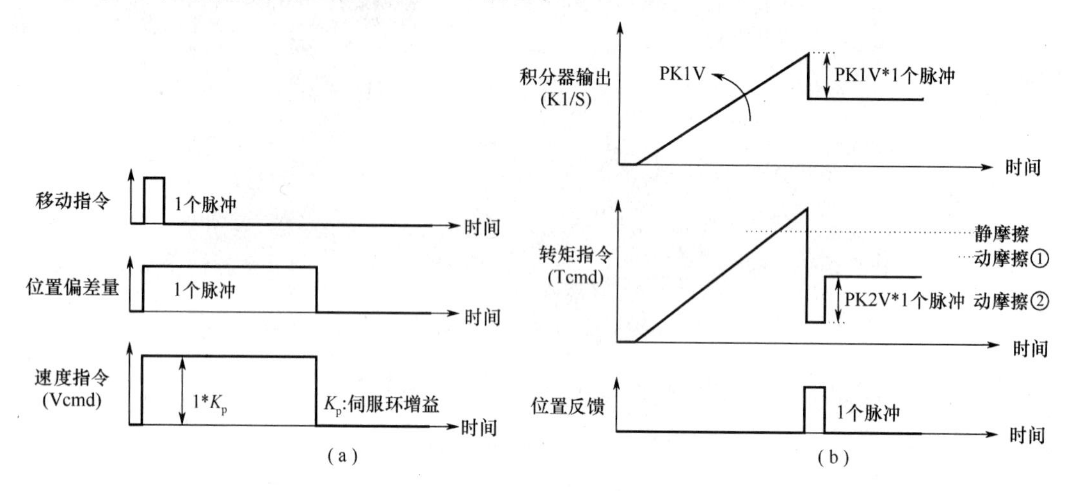

图 5 – 75　单脉冲动作原理

注：(1) 在积分增益 PK1V 稳定的范围内尽可能取大值。(2) 从给出 1 个脉冲进给的指令到机床移动的响应将提高。(3) 根据机床的静摩擦和动摩擦值，确定是否发生过冲。(4) 机床的动摩擦①大于电动机的保持转矩时，不发生过冲。

② 使用不完全积分 PK3V 调整 1 个脉冲进给移动结束时的电动机保持转矩，如图 5 – 76 所示。

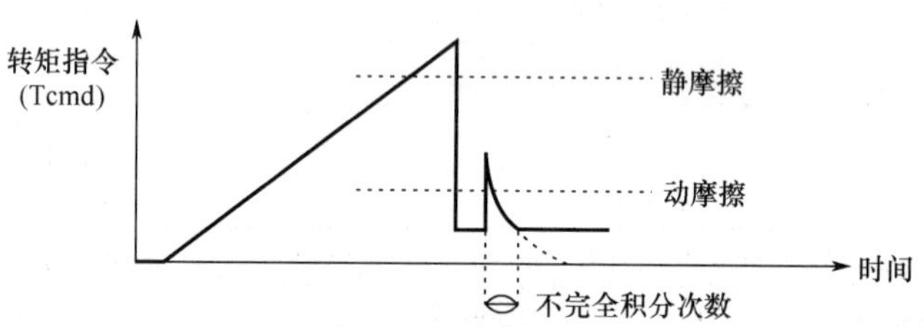

图 5 – 76　电动机保持转矩

③ 参数：2003#6 = 1，2045 = 32300 左右，2077 = 50 左右。

注：如果因为电动机保持转矩大，用上述参数设定还不能克服过冲，可增加 2077 的设定值（以 10 为单位逐渐增加）。如果在停止时不稳定，是由于保持转矩太低，可减小 2077（以 10 为倍数）。

(10) 保护停止。保护停止画面如图 5 – 77 所示。一般重力轴的电动机都带有制动器，在按急停或伺服报警时，由于制动器的动作时间长而产生轴的跌落，可通过参数调整来避免。

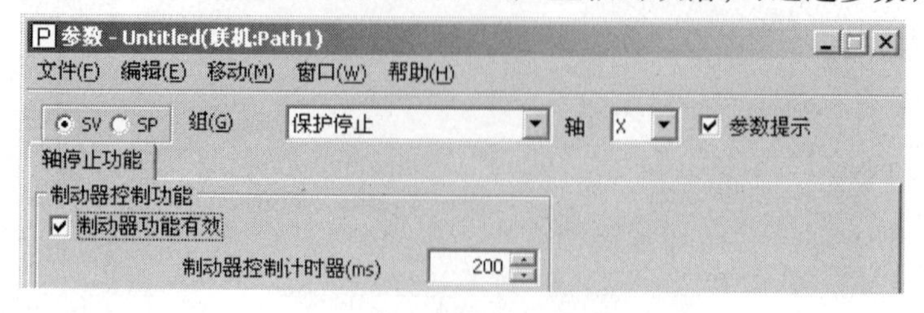

图 5 – 77　保护停止画面

参数调整:2005#6 = 1;2083 设定延时时间(ms),一般设定为 200 左右,具体要看机械重力的大小。如果该轴的放大器是 2 或 3 轴放大器,每个轴都要设定。时序图如图 5 – 78 所示。

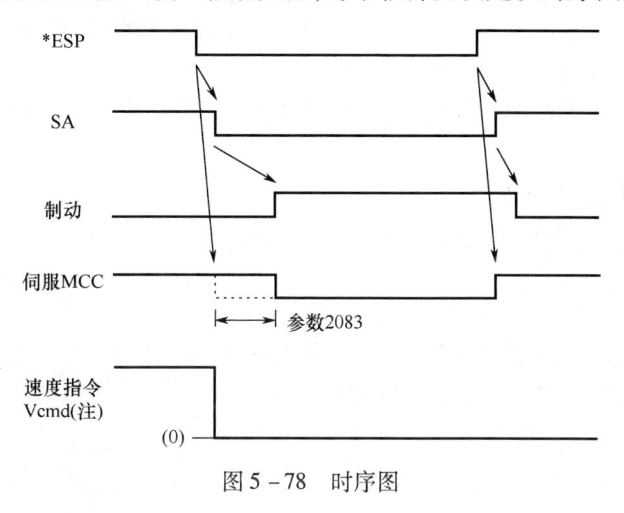

图 5 – 78　时序图

五、程序画面

利用程序画面可以自动生成典型的测试程序,包括 1 轴的直线加减速、圆弧、方、方带 1/4 圆弧、刚性攻丝和 CS 轮廓,然后可以将相应的子程序和主程序发送到 NC,通过 NC 运行该程序,由图形画面采集相应的数据以对调试结果进行分析。

1. 直线加减速

选择程序画面,按图 5 – 79 所示步骤(1 ~ 10)完成一个程序生成并传送到 NC 中。

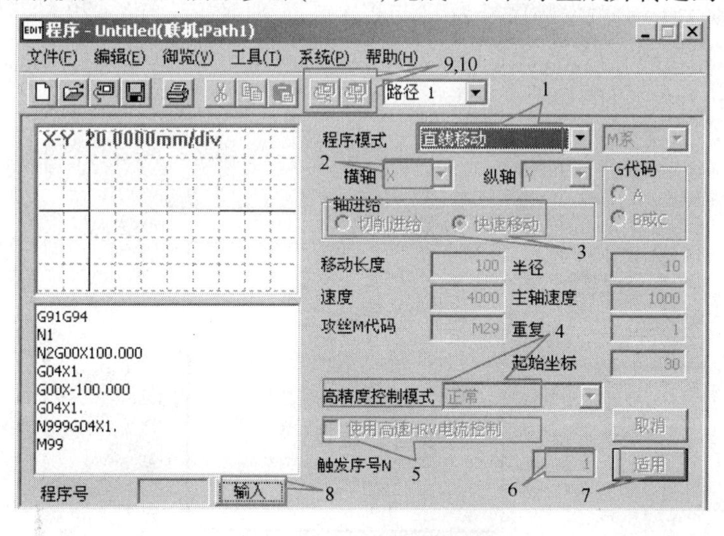

图 5 – 79　直线移动程序画面

例如:选择 X 轴,切削进给,高精度模式(AICC 有效),使用 HRV3 控制(图 5 – 79),脉冲序号 N = 1(即程序中的 N1 触发采样,对应图形画面下的通道设定的触发序号)。这些设定正确后,单击“适用”(7),则在右边出现程序文本,通过单击“输入”(8),出现对话框,显示 NC 中存储的程序号,输入一个里面没有出现的号码(比如:111,以后每次新程序可以都是这个号)。发送该程序到 NC 中(9),NC 把这个程序作为子程序,由于是在 MDI 方式下调试,所以主程序只是 MDI 方式下调用一个子程序,程序运行一遍后就没有了,所以每次执行程序时,都需要重新发送一遍主程序。而只要不修改程序,子程序就不需要重新发送。

注意在程序发送时必须是 MDI 方式,POS 画面,且后台编辑方式关闭。如果修改程序后再发送到相同的程序号,程序保护开关必须打开。

对于直线运动程序测试最好分为:各个轴快速移动,切削一般控制,切削 AICC,切削 AICC + HRV3 四种情况。

图形画面的通道设定如图 5-80 所示(XTYT 方式)。

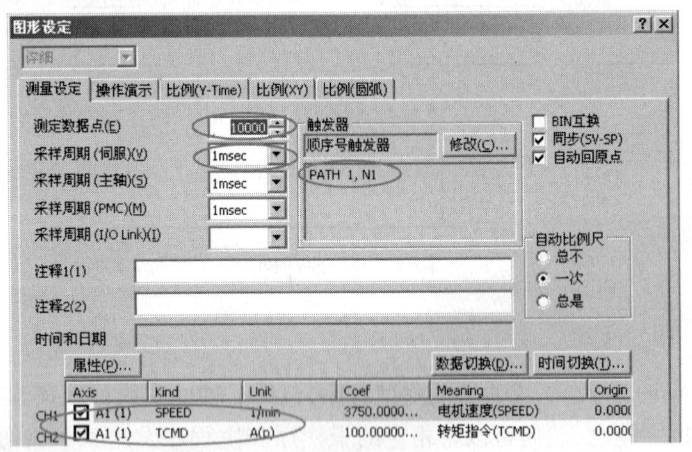

图 5-80 直线移动图形设定画面

对于测定数据点,主要是看采集的点是否足够,但太多会影响采集时间,一般设定为 10000。采样周期为 1ms,触发顺序号为 1(与程序画面 N1 对应,图 5-79 的步骤 6),通道 1、2 的数据类型按照图 5-80 设定,注意换算系数和换算基准不要修改。

设定完成后,开始采样,如图 5-81 所示。

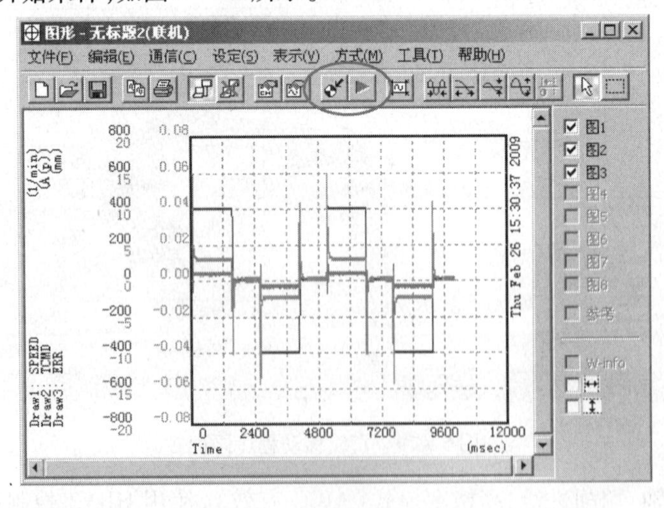

图 5-81 直线移动数据测定

先按“”,再按“”开始采样,如果主程序没有发送,这时候再到图形界面按主程序发送按钮“”发送完毕,直接按机床面板上的“循环启动”按钮,当 NC 程序运行到 N1 时自动采样数据(TCMD,SPEED)。

数据采集后自动显示出所采样的波形，如果波形显示异常，可通过按“A”或画面中的“ ”将图形显示出来，再按“ ”来调整波形大小，用来直观地检查加减速或增益(速度，位置)设定是否合适。

走直线程序主要观察 TCMD、SPEED、ERR 的波形。如果加减速时间常数太小或者增益设定太高，则图 5-82 中的 TCMD 波形会有较大的冲击或波动，好的波形为：在加减速的地方电流波形平滑过渡，而在直线部分从头到尾幅度应该相同，如果逐渐变粗，表示增益太高。

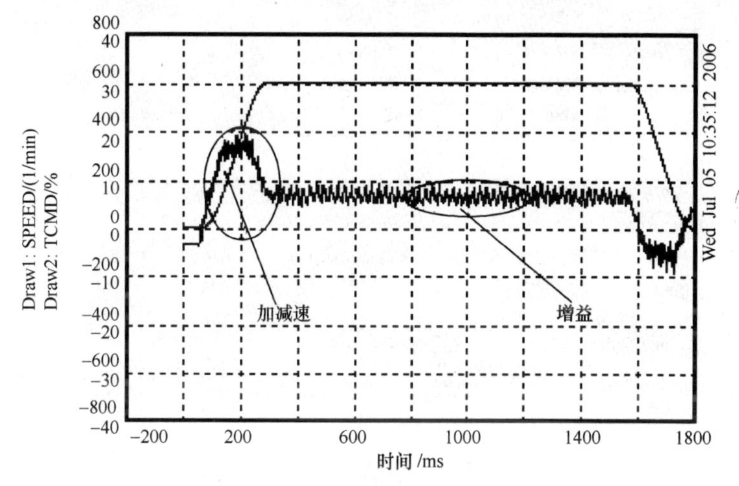

图 5-82　直线移动波形显示

2. 圆弧程序

一般如果对于直线移动调整得比较好，则圆弧的调整相对来说就简单多了，程序生成如图 5-83所示。

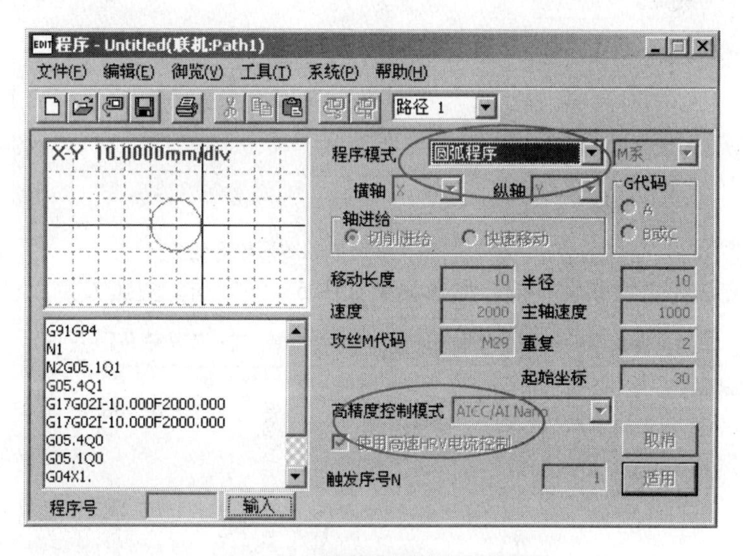

图 5-83　圆弧程序的程序生成

操作步骤和上述直线移动差不多，图形模式选择“Circle”，注意横轴和纵轴的选择。假如横轴 X，纵轴 Y，则 X 轴中心为 -10。

对于通道的设定，注意换算系数为 0.001，基准为 1，如图 5-84 所示，不能错，否则圆弧不能正常显示。另外，对于中心点的设定，由于程序横轴中心点在 -10 处，所以应该设定如图 5-85 所示。

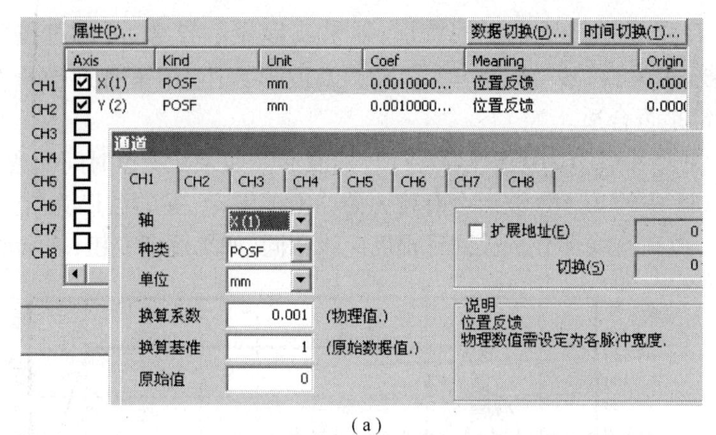

(a)

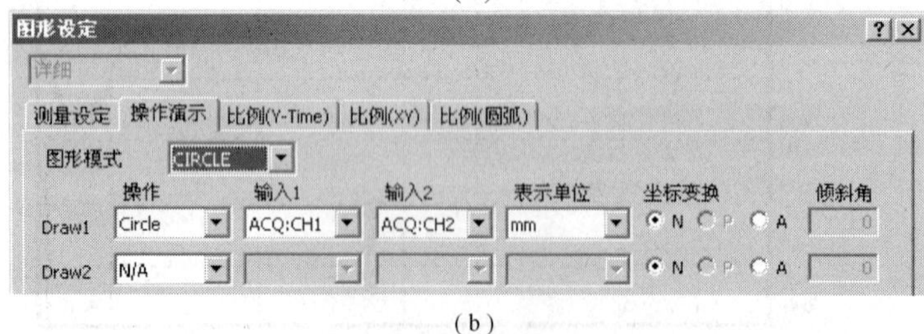

(b)

图 5－84　圆弧程序通道设定

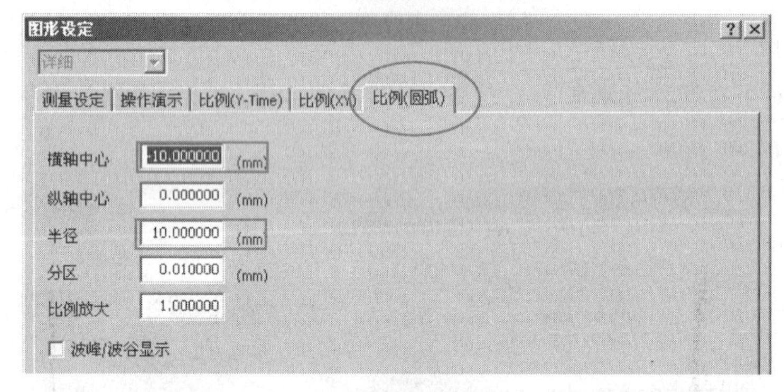

图 5－85　圆弧程序通道的图形中心设定

其他操作方法和直线移动一样。图形显示如图 5－86 所示(圆弧方式)。

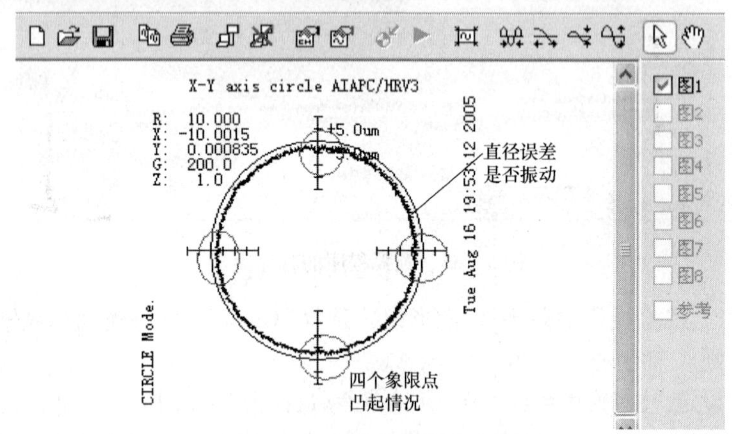

图 5－86　圆弧测试程序结果显示

如果圆弧显示变形，可能是由于背隙补偿造成，可在测试前将参数 1851 改为 1；如果圆弧的半径误差比较大，可以设定前馈系数利用前馈功能来缩短由于伺服系统的跟踪延迟导致的误差；如果象限有凸起或者过切，可以通过调整速度增益和背隙加速等参数来调整。注意对于静态摩擦较大的机床，不要仅仅通过 SERVO GUIDE 的图形来判断象限凸起的程度，而应该和 DDB(球感仪)同时考虑。

3. 走方程序

方形程序主要是进行四角的调整，对于那些对拐角要求较高的用户，可以通过该程序来检查参数设定是否合适，走方程序设置如图 5－87 所示。

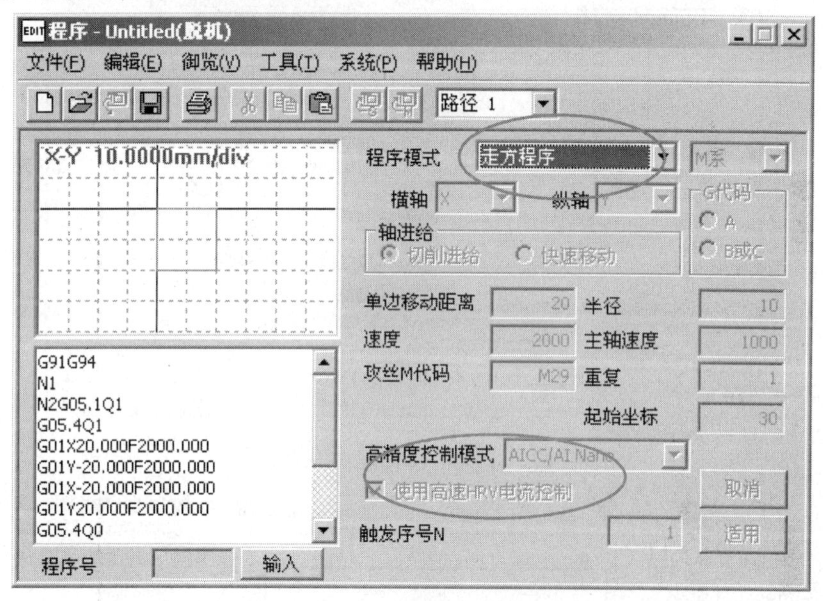

图 5－87　走方程序的程序生成

将需要观看的拐角放到图形的中心，然后连续按“u”，则显示如图 5－88 所示。

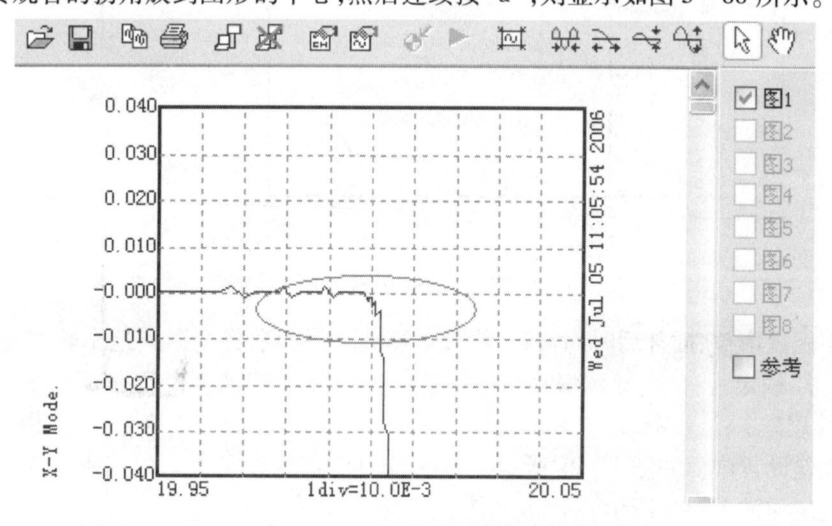

图 5－88　走方程序的图形显示

对于走方程序，主要从拐角减速允许速度差、切削进给时间常数和速度前馈三方面着手进行调整。对于对拐角要求不太高的加工，没有必要追求拐角误差精度，因为片面地追求减小拐角误差，会影响加工速度。

图形模式选择“XY”，通道的设定与图5－87相同。

4. 方带1/4圆弧

图形模式设定为CONTOUR(轮廓)方式。通道设定与图5－89相同，波形显示如图5－90所示。

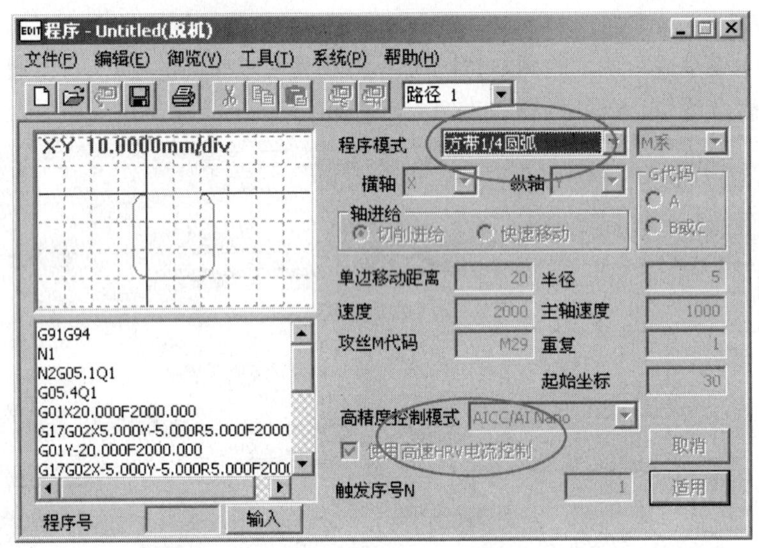

图5－89　方带1/4圆弧程序的程序生成

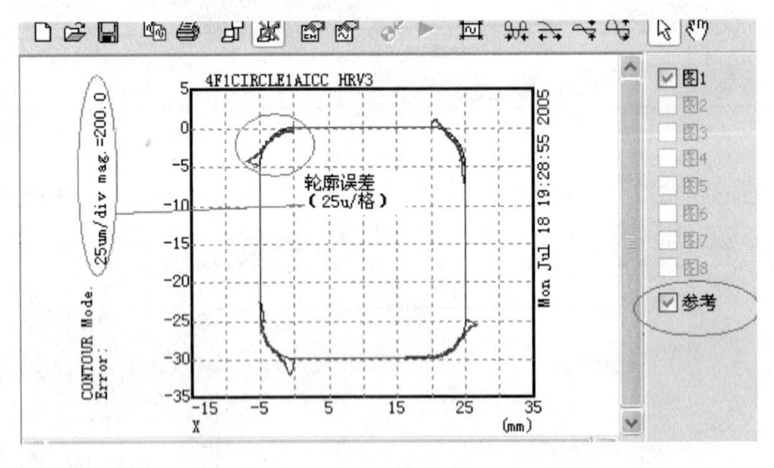

图5－90　方带1/4圆弧程序的图形显示

速度和位置增益、插补后时间常数、圆弧半径减速等参数都会影响这个轮廓误差。注意：右边的“参考”设定为有效(显示编程轨迹)，通过按“u”或“d”来改变显示刻度(放大或缩小)。

5. 刚性攻丝

刚性攻丝设置画面如图5－91所示。参数3700#5需要设定为1，输出刚性攻丝同步误差。图形方式设定如图5－92所示。

运行测试程序，显示图形如图5－93所示。

原则上，误差不能大于200，对于皮带传动的主轴，由于传动误差(特别是在底部的加减速)不能完全监测到，所以，在实际调试中，应尽量减小这个误差值(小于60左右)。

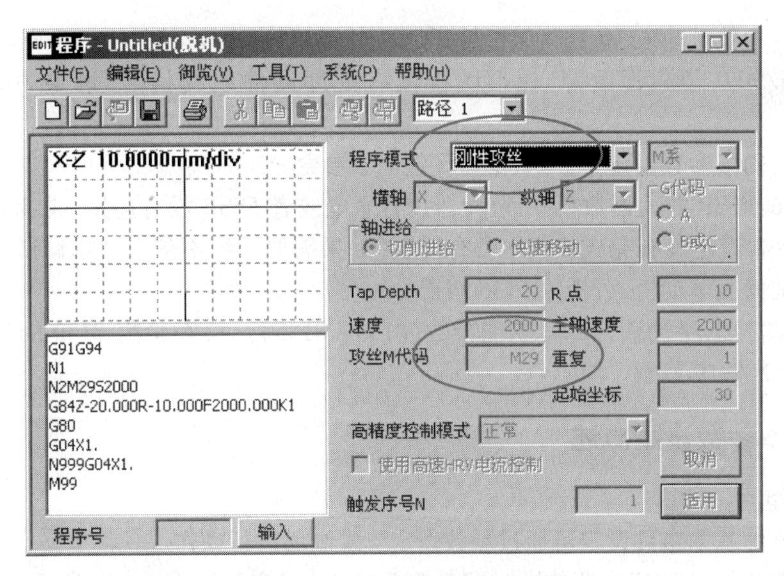

图 5-91　刚性攻丝程序生成

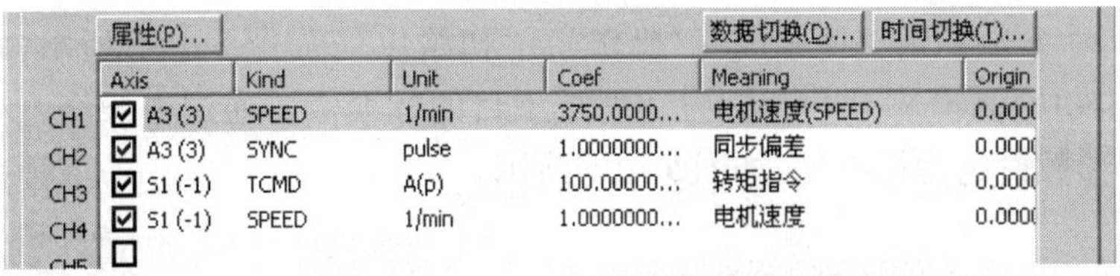

属性(P)…　　数据切换(D)…　时间切换(T)…

	Axis	Kind	Unit	Coef	Meaning	Origin
CH1	☑ A3 (3)	SPEED	1/min	3750.0000…	电机速度(SPEED)	0.0000
CH2	☑ A3 (3)	SYNC	pulse	1.0000000…	同步偏差	0.0000
CH3	☑ S1 (-1)	TCMD	A(p)	100.00000…	转矩指令	0.0000
CH4	☑ S1 (-1)	SPEED	1/min	1.0000000…	电机速度	0.0000
CH5	☐					

图 5-92　刚性攻丝测量设定

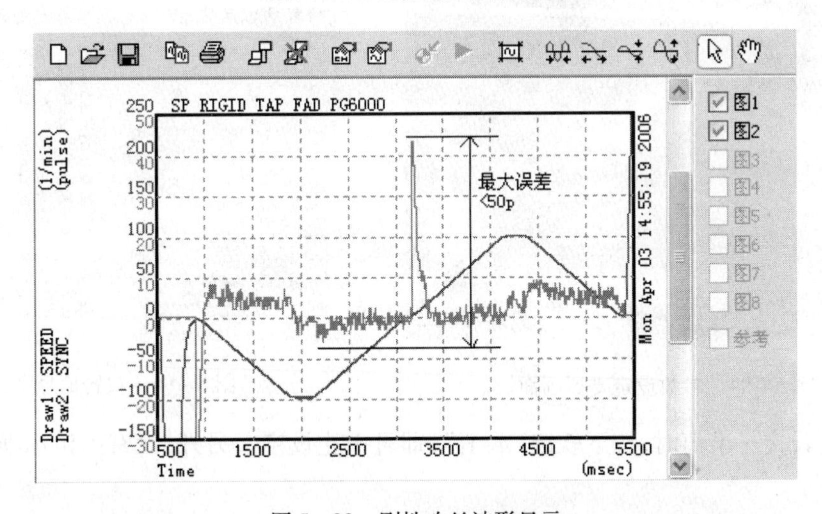

图 5-93　刚性攻丝波形显示

模块 6　FANUC 数控系统基本参数设定

一、启动准备

当系统第一次通电时，需要进行全清处理（上电时，同时按 MDI 面板上 RESET + DEL）。全清后一般会出现如下报警：

（1）100：参数可输入，参数写保护打开（设定（SETTING）画面第一项 PWE = 1）。

（2）506/507：硬超程报警，梯形图中没有处理硬件超程信号，设定 3004#5OTH 可消除。

（3）417：伺服参数设定不正确，重新设定伺服参数。

（4）5136：FSSB 放大器数目少，放大器没有通电或者 FSSB 没有连接，或者放大器之间连接不正确，FSSB 设定没有完成或根本没有设定（如果需要系统不带电动机调试时，把 1023 设定为 -1，屏蔽伺服电动机，可消除 5136 报警）。

（5）根据需要，手动输入基本功能参数（8130 ~ 8135）。检查参数，8130 的设定是否正确（一般车床为 2，铣床 3/4）。

二、基本参数设定概述

1. 基本组

（1）系统的基本参数设定可通过参数设定支援画面进行操作。

操作步骤：“SYSTEM”→菜单键“ + ”数次→“PRM 设定”，如图 5 - 94 所示。

（2）一般的参数都有进行标准值设定，即执行“初始化”。

操作步骤：在参数设定支援画面→“操作”→“初始化”（如图 5 - 95 所示，此时，显示警告信息“是否设定初始值？”）→“执行”，设定所选项目的标准值。通过本操作，自动地将所选项目中所包含的参数设定为标准值，如图 5 - 96 所示。

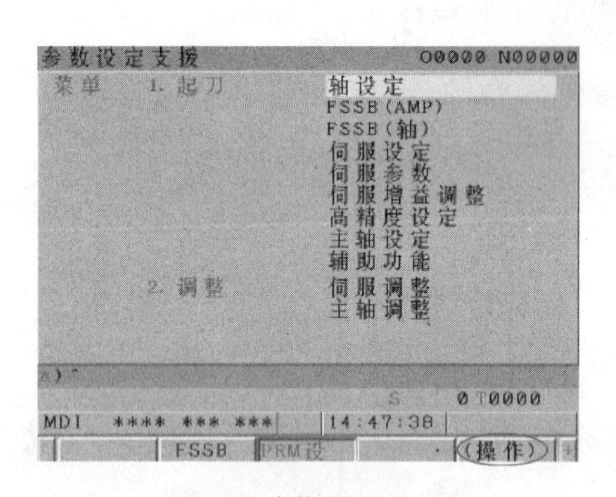

图 5 - 94 参数设定支援画面

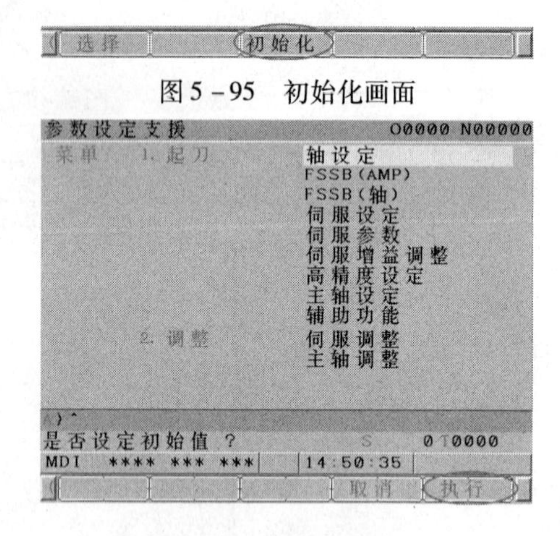

图 5 - 95 初始化画面

图 5 - 96 报警信息画面

不希望设定标准值时，按下软键“取消”，即可中止设定。另外，没有提供标准值的参数，不会被变更。

（3）基本组的参数要进行“GR 初期”设定。

操作步骤：进入参数设定支援画面→“操作”→软键“选择”，出现参数设定画面，如图 5 - 97 所示。此后的参数设定，就在该画面进行。按菜单键“ + ”数次，显示出基本组画面，而后按下软键“GR 初期”。

画面上出现“是否设定初始值？”提示信息。按下软键“执行”，如图 5 - 98 所示。

至此，基本组参数的标准值设定完成。

（4）没有标准值的参数设定（表 5 - 20）。

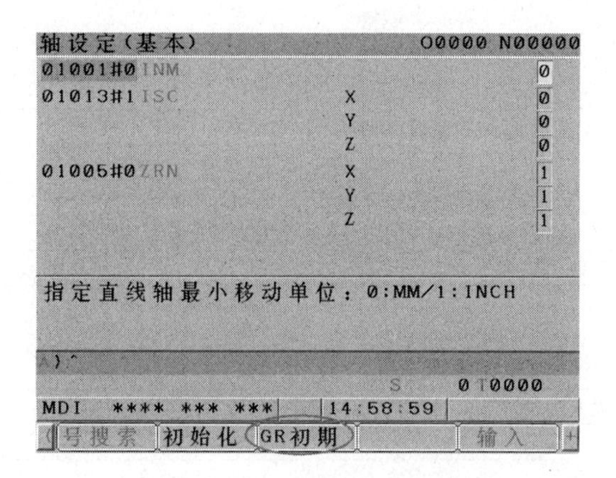

图 5-97　参数设定画面

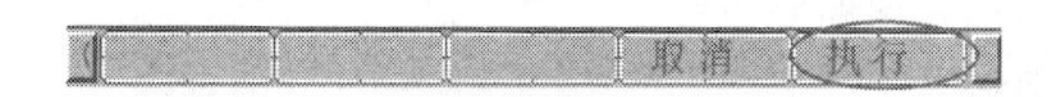

图 5-98　执行画面

表 5-20　没有标准值的参数设定

参数	设定值例	含义	类型
1005#1	0:无效 1:有效	无挡块参考点返回	各轴
1006#0	0:直线轴 1:回转轴	直线轴或回转轴	各轴
1006#3	0:半径指令 1:直径指令	各轴的移动指令	各轴
1006#5	0:正方向 1:负方向	手动返回参考点方向	各轴
1815#1	0:不使用 1:使用	是否使用外置脉冲编码器	各轴
1815#4	0:尚未结束 1:已经结束	机械位置和绝对位置检测器的位置对应	各轴
1815#5	0:非绝对位置检测器 1:绝对位置检测器	位置检测器类型	各轴
1825	5000	伺服位置环增益	各轴
1826	10	到位宽度	各轴
1828	7000	移动中位置偏差极限值	各轴
1829	500	停止时位置偏差极限值	各轴

2. 主轴组

进行标准值设定后进行主轴组设定(表 5-21)。

表 5-21　主轴组设定

3716#0	主轴电动机的种类 0:模拟电动机 1:串行主轴	各轴

3. 坐标组(表 5 - 22)

表 5 - 22　坐标组设定

参数	含义	类型	数据单位
1240	第 1 参考点的机械坐标	各轴	设定单位
1241	第 2 参考点的机械坐标	各轴	设定单位
1320	存储行程检测 1 的正向边界的坐标值	各轴	设定单位
1321	存储行程检测 1 的负向边界的坐标值	各轴	设定单位

4. 进给速度组(表 5 - 23)

表 5 - 23　进给速度组设定

参数	设定值例	含义	类型
1410	1000	空运行速度	所有轴
1420	8000	快速移动速度	各轴
1421	1000	快速移动速度倍率 F0 速度	各轴
1423	1000	JOG 进给速度	各轴
1424	5000	手动快速移动速度	各轴
1425	150	返回参考点时的 FL 速度	各轴
1428	5000	返回参考点速度	各轴
1430	3000	最大切削进给速度	各轴

5. 进给控制组

设定切削进给、空运行、JOG 进给时的加减速的类型(表 5 - 24)。

表 5 - 24　进给控制组设定

<table>
<tr><td rowspan="2">1610#0</td><td>切削进给、空运行的加减速</td><td rowspan="2">各轴</td></tr>
<tr><td>0:指数函数型加减速
1:插补后直线加减速</td></tr>
<tr><td rowspan="2">1610#4</td><td>JOG 进给的加减速</td><td rowspan="2">各轴</td></tr>
<tr><td>0:指数函数型加减速
1:与切削进给相同加减速</td></tr>
</table>

然后设定下列参数,如表 5 - 25 所列。

表 5 - 25　其他参数

参数	设定值例	含义	类型
1620	100	快速移动的直线型加减速时间常数	各轴
1622	32	切削进给的加减速时间常数	各轴
1623	0	切削进给插补后加减速的 FL 速度	各轴
1624	100	JOG 进给的加减速时间常数	各轴
1625	0	JOG 进给的指数函数型加减速的 FL 速度	各轴

设定完后重启 CNC。看看系统还有哪些报警,根据报警有目的性地设置参数。

三、伺服参数设定步骤

本小节按照模块 5 的三进行设置。

模块 7　FANUC PMC 基本操作

一、PMC 屏幕画面结构

PMC 屏幕画面结构如图 5 - 99 所示。

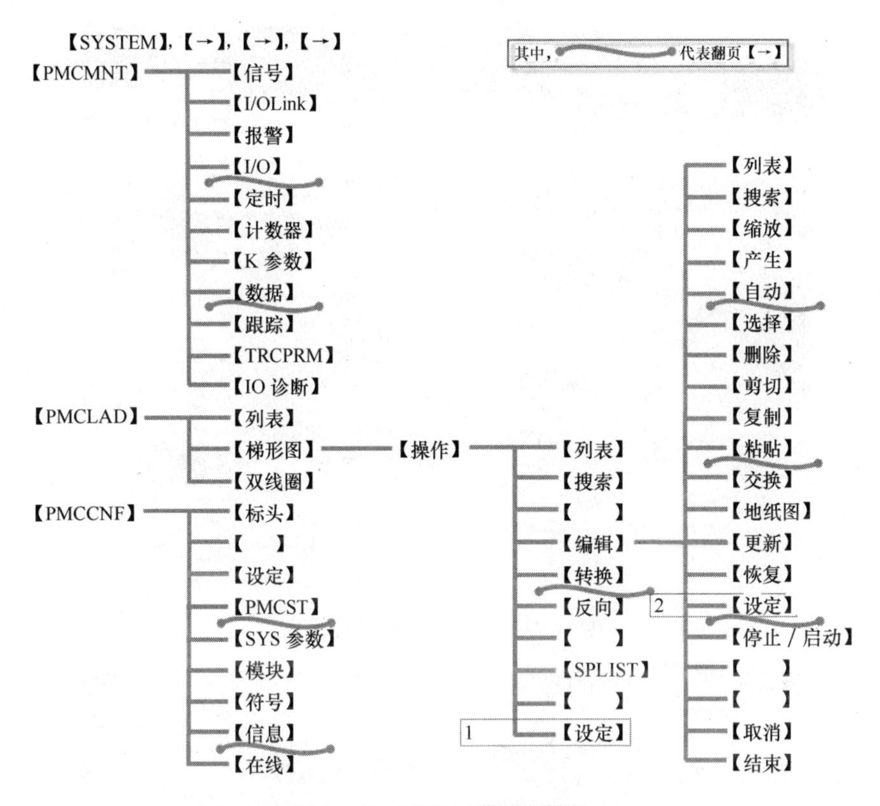

图 5－99　PMC 屏幕画面结构

(1) 梯图显示设定(设定显示中地址/符号,是否显示线圈注释等选项)。0I－D/Mate D:"PMCLAD"→"操作"→"设定"。

(2)"PMCST"PMC 状态:显示 PMC 当前状态。

(3)"双线圈":双线圈菜单是用来方便地检查梯图编写中出现的重复地址错误。这种错误如果是因为整个程序段复制了一遍则影响不大,否则可能会导致该信号输出不定,产生不期望的逻辑错误,如图 5－100、图 5－101、图 5－102 中的信号 R21.0。

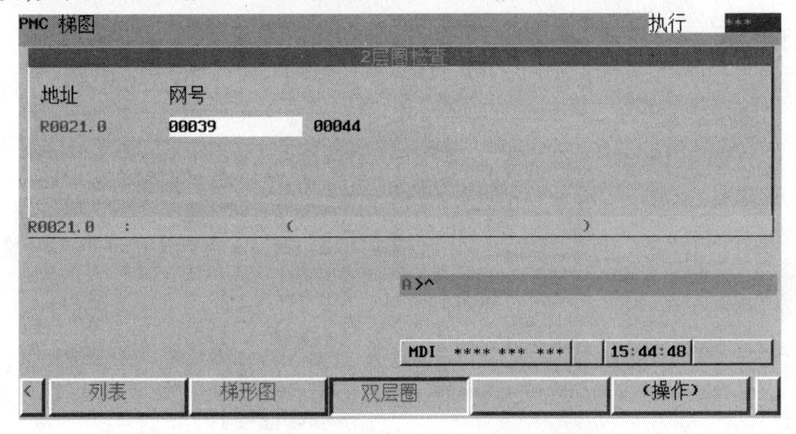

图 5－100　检测 R21.0 的出现的网号

(4) 两个显示设定画面,菜单结构如图 5－103 所示。

在"梯形图"的"操作"子菜单里的是设定 1,为梯形图显示设定,如图 5－104 所示;另一个

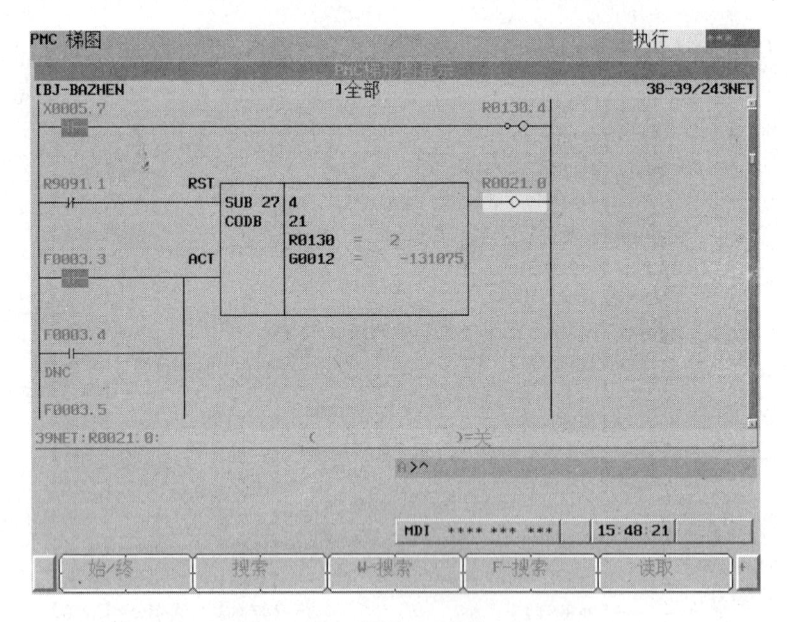

图 5 - 101　网号 39 中的 R21.0

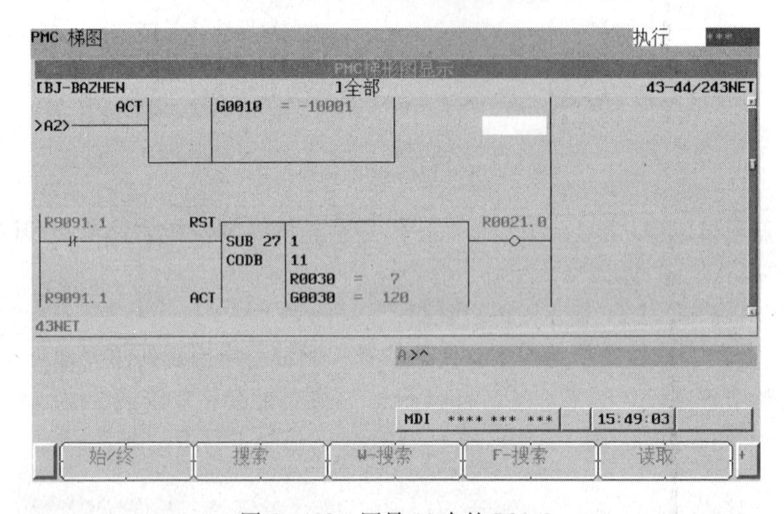

图 5 - 102　网号 44 中的 R21.0

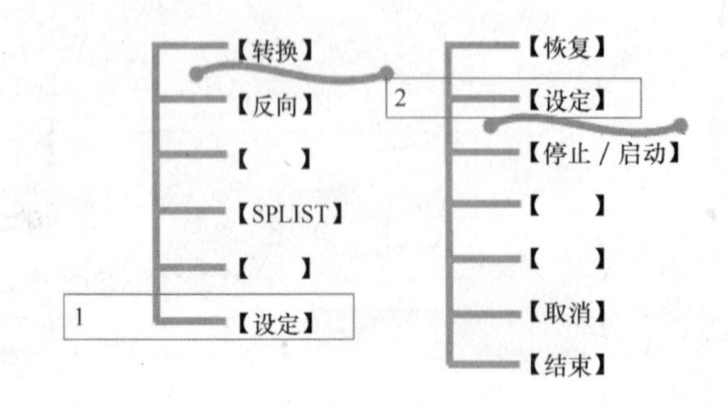

图 5 - 103　菜单结构图

在“操作”子菜单“编辑”的子菜单里的是设定 2，如图 5 - 105 所示，为梯形图编辑设定。很相似，但有区别。

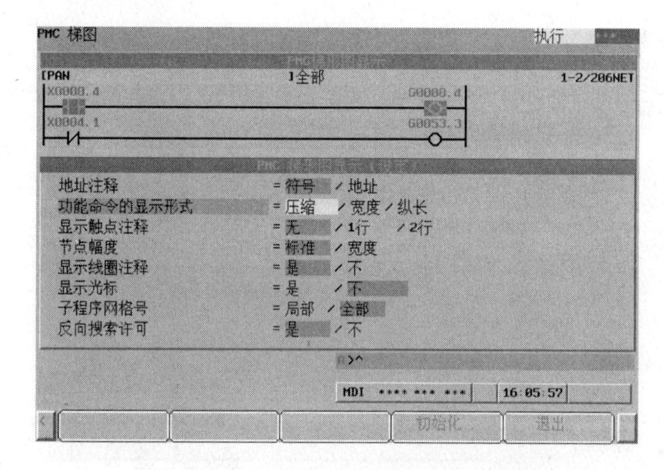

图 5－104 “操作”子菜单里的设定画面

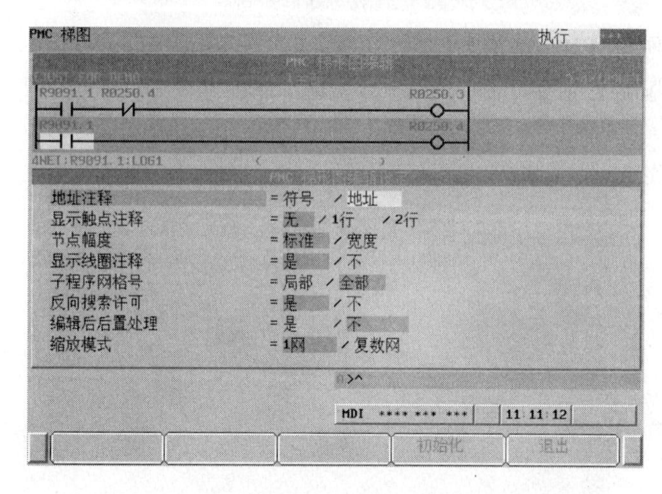

图 5－105 “操作”子菜单“编辑”子菜单里的设定画面

二、PMC 屏幕画面

1. PMC 画面

(1) 按“OFFSETTING”功能键，出现如图 5－106 画面。

(2) 按下扩展软键，显示 PMC 画面如图 5－107 所示。

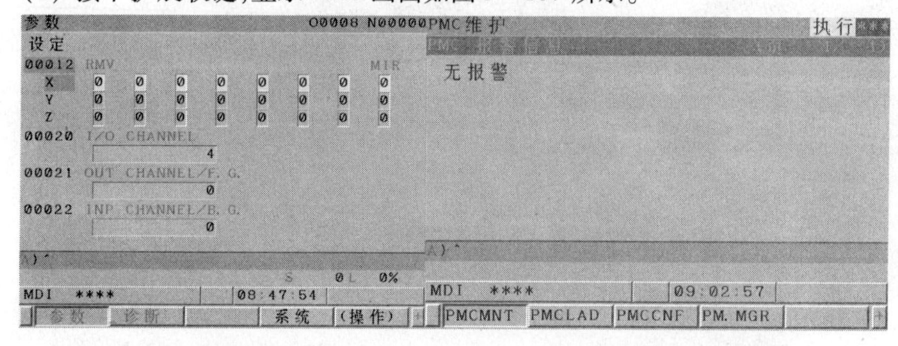

图 5－106 参数设定画面　　　图 5－107 PMC 画面

2. 梯形图画面(PMCLAD)

在 PMC 画面基础上选择“PMCLAD”软键，显示画面如图 5－108 所示。

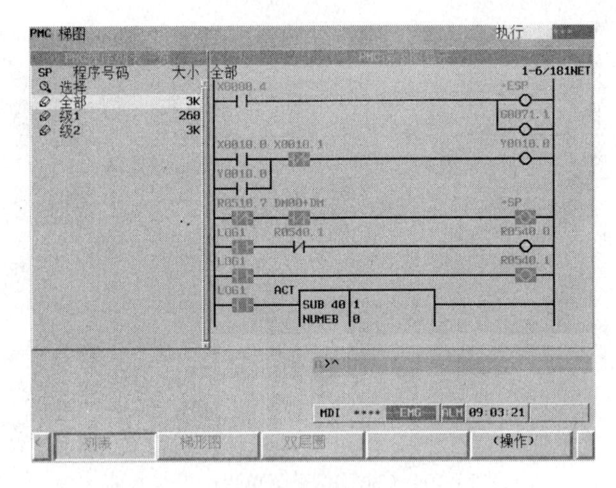

图 5-108 梯形图画面

3. PMC 监控画面(PMCMNT)

在 PMC 画面基础上选择“PMCMNT”软键，显示画面如图 5-109 所示。

PMC维护 执行

地址	7	6	5	4	3	2	1	0	16进
A0000	0	0	0	0	0	0	0	0	00
A0001	0	0	0	0	0	0	0	0	00
A0002	0	0	0	0	0	0	0	0	00
A0003	0	0	0	0	0	0	0	0	00
A0004	0	0	0	0	0	0	0	0	00
A0005	0	0	0	0	0	0	0	0	00

A0000 : ( )

MDI **** 09:01:51

信号 I/OLNK 报警 I/O (操作)

图 5-109 PMCMNT 画面

4. PMC 监控画面(PM. MGR)

在 PMC 画面基础上选择“PM. MGR”软键，显示画面如图 5-110 所示。

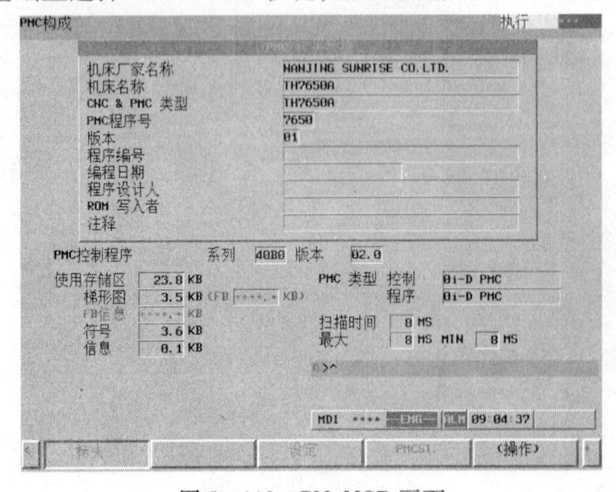
PMC构成 执行

机床厂家名称	NANJING SUNRISE CO.LTD.
机床名称	TH7650A
CNC & PMC 类型	TH7650A
PMC程序号	7650
版本	01
程序编号	
编程日期	
程序设计人	
ROM 写入者	
注释	

PMC控制程序 系列 40B0 版本 02.0

使用存储区 23.8 KB
梯形图 3.5 KB (FB ****.* KB)
FB信息 ****.* KB
符号 3.6 KB
信息 0.1 KB

PMC 类型 控制 0i-D PMC
程序 0i-D PMC

扫描时间 8 MS
最大 8 MS MIN 8 MS

MDI **** EMG ALM 09:04:37

标题 设定 PMCST. (操作)

图 5-110 PM. MGR 画面

项目6 西门子数控系统的连接与调试

模块1 数控系统硬件构成

SINUMERIK 810D/840D 是由数控及驱动单元(CCU 或 NCU)、MMC、PLC 模块三部分组成的。由于在集成系统时,总是将 SIMODRIVE 611D 驱动和数控单元(CCU 或 NCU)并排放在一起,并用设备总线互相连接,因此在说明时将二者划归一处。

MMC(Man Machine Communication)包括 OP(Operation Panel)单元、MMC、MCP(Machine Control Panel)三部分;PLC 模块包括电源模块(PS)、接口模块(IM)和信号模块(SM)。它们并排安装在一根导轨上,图 6-1 为 SINUMERIK 810D/840D 实物图。

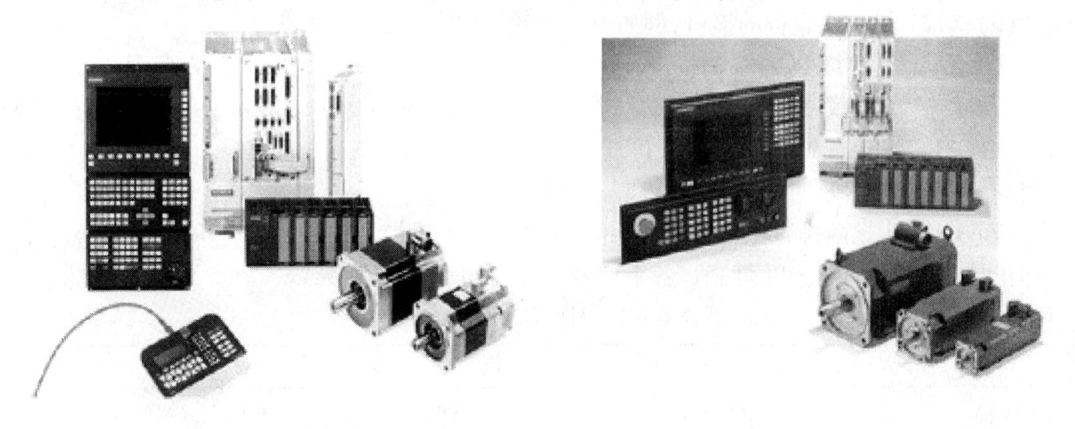

图 6-1 SINUMERIK 810D/840D 实物图

一、SINUMERIK 810D/840D 数控单元

1. SINUMERIK 840D 与 NCU

SINUMERIK 840D 的数控单元被称作 NCU(Numerical Control Unit)单元。根据选用硬件如 CPU 芯片等和功能配置的不同,NCU 分为 NCU561.2、NCU571.2、NCU572.2 、NCU573.2(12 轴)和 NCU573.2(31 轴)等若干种。同样地,NCU 单元中也集成 SINUMERIK 840D 数控 CPU 和 SIMATIC PLC CPU 芯片,包括相应的数控软件和 PLC 控制软件,并且带有 MPI 或 Profibus 接口、RS232 接口、手轮及测量接口、PCMCIA 卡插槽等(图 6-2),所不同的是 NCU 单元很薄,所有的驱动模块均排列在其右侧。

图 6-2 中各个接口的作用如下:

(1) X101 是操作面板接口,简称 OPI 接口,通信速率为 1.5MBaud,用于 NCU、MMC(或 PCU)和 MCP 的连接通信。

(2) X102 是用于工业现场总线(Profibus)的联网,即多台 CNC 的 PLC 通信。

(3) X111 和 PLC 的接口模块(IM361)连接,再由接口模块所在的机架上的 I/O 模块与要控制的外设相连。

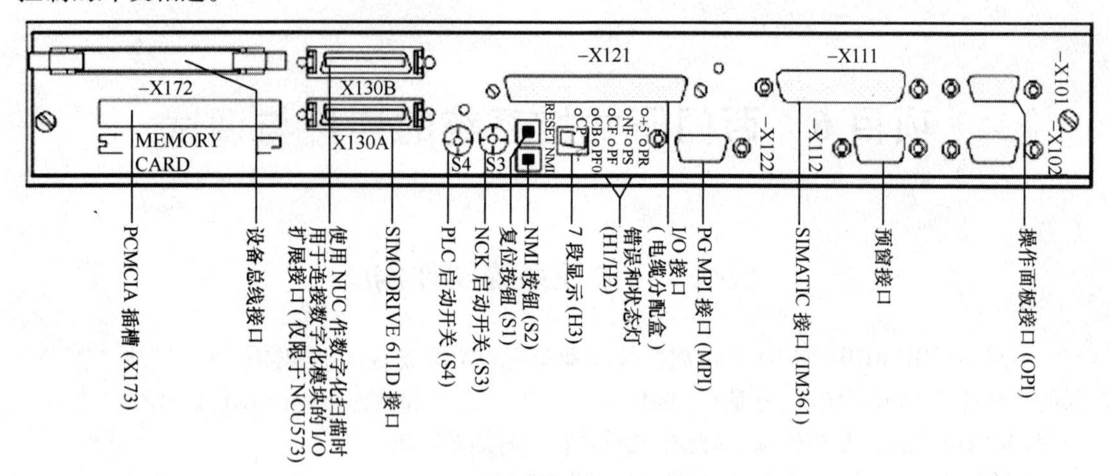

图 6－2　8400 NCU 单元接口图

（4）X112 是预留接口。

（5）X121 是 I/O 设备的接口，例如电子手轮、手持单元等。

（6）X122 是连接 PG/PC 的接口，PG 是西门子的专用编程器，连接用 MPI（Multipoint Interface 多点接口）电缆；如果是连接 PC，则要用 PC 适配器（其中 7 端口和 2 端口要连接 ±24V 直流），PG/PC 上装有 Step7 软件时，可通过该接口对内装的 S7－300 PLC 进行编程、修改和监控。

（7）H1/H2 是两排各种出错和状态的 LED 灯，H1 是综合信号，H2 是 PLC 的信号。CNC 工作正常时，+5V、PR、OPI 灯亮。各个信号的含义如表 6－1 所列。

表 6－1　H1/H2 LED 灯信号

H1		H2	
+5V	工作电源（绿色）	PR	PLC 运行（绿色）
NF	NCK 启动过程中，其监控器被触发时，此灯亮（红色）	PS	PLC 停止（红色）
CF	通信故障（红色）	PF	PLC 故障（红色）
CB	OPI 通信（黄色）	PFO	PLC 强制（黄色）
CP	MPI 通信（黄色）	—	工业现场总线激活

（8）H3 是 7 段 LED 显示，正常时应为“6”。

（9）S1 是 NC 复位按钮（RESET）。

（10）S2 是非屏蔽按钮。

（11）S3 是 NC 启动开关。

① 位置 0：正常运行；②位置 1：NCK 总清；③位置 2：NCK 从内存卡软件升级；④位置 3～7：预留。

（12）S4 是 PLC 启动开关。

① 位置 0：PLC 运行编程；②位置 1：PLC 运行；③位置 2：PLC 停止；④位置 3：模块复位。

（13）X130B 是与数字模块连接的接口，该模块可通过探针或激光探针对零件进行测量后，然后自动生成加工程序，但仅限于 NCU573。

(14) X130A 是连接 SIMODRIVE 611D 数字驱动模块的接口,又称驱动总线,传送驱动控制信号。

(15) X172 是设备总线接口,传送驱动使能信号和弱电系统供电。

(16) X173 是 PCMCIA 接口(个人计算机存储卡),上面插入 840D 的 NCU 系统软件。

2. SIEMENS 810D 与 CCU

数控单元是 SINUMERIK 810D 的核心,它被称为 CCU 单元,CCU 分为 CCU1 和 CCU3,目前使用的是 CCU3 单元。

CCU 单元内部集成了数控核心 CPU 和 SIMATIC PLC 的 CPU,包括 SINUMERIK 810D 数控软件和 PLC 软件,带有 MPI 接口、手轮及测量接口,更集成了 SIMODRIVE 驱动的功率模块,体现了数控及驱动的完美统一。

CCU 单元有两轴版和三轴版两种规格:两轴版用于带两个最大不超过 11N · m (9/18A) 进给电动机的驱动,即 2 × 11N · m;三轴版用于带两个最大不超过 9N · m(6/12A)进给电动机的驱动和一个 9kW(18/36A→FDD 或 24/32A→ MSD)的主轴,即 2 × 9N · m + 1 × 9kW (主轴)。

CCU 单元上有 6 个反馈接入口,最大可带 6 轴,包括 1 主轴(带位置环),根据需要可在 CCU 单元右侧扩展 SIMODRIVE 611D 模块,使用户配置有更大的灵活性。如图 6 - 3 所示为 SINUMERIK 810D CCU 的接口图。

在图 6 - 3 中,X411 ~ X416 是系统的 6 路位置测量,这些测量可以是直接的(即测量系统二),也可以是间接的(即测量系统一)。所谓直接的就是位置信号取自丝杠上光栅尺的位置反馈信号,即全闭环控制;而间接的就是位置信号取自电动机上的旋转编码器。

(1) X121 是 I/O 接口,可连接电子手轮和手持单元(HHU)。电动机编码器的位置反馈信号属于半闭环控制。要注意的是 X411 用于进给轴或主轴的位置反馈,与 A1 端子连接的电动机对应,X412、X413 只能用于进给轴的位置反馈,分别对应 A2 端子连接的电动机、A3 端子连接的电动机,其余的 X414 ~ X416 则可留给扩展轴或其他用途。

(2) X102 是西门子的工业现场总线接口(Profibus DP)。

(3) X111 是连接 S7 - 300 PLC 的接口模块 IM361 或紧凑型外设模块(EFP,Single I/O Module),这些模块都是连接外设 I/O 的。

(4) X122 是 MPI 接口,用于连接 MMC、MCP、PG 等,810D 系统无 OPI 接口,这与 840D 不同。

(5) H1/H2、H3、S1、S3、S4 的功能基本与 840D 相同,但有一点不同,即 H1 排的第三个 LED 灯是 SF,而不是 CF,该红色灯反映了驱动的故障,而且 810D 无 S2。

(6) X351(DAC1)、X352(DAC2)、X353(DAC3)是系统的 3 路 D/A 信号输出测试口,具体的物理量可在 MMC 的菜单中选择,X342 是信号的地。

(7) X431 是终端块,其中 663 是脉冲使能终端,必须和端子 9 相连,断开时控制使能失效,电动机制动开关释放。AS1、AS2 的内部有一副常闭触点,启动后打开,B 端子(BERO)可输入外部零点标记。

(8) X151 是设备总线。

(9) X304 ~ X306 是轴扩展模块的接口,X304 与 X414 相对应,X305 与 X415 相对应,X306 与 X416 相对应。

(10) PCMCIA 是个人计算机存储卡,可存放 810D 系统软件。

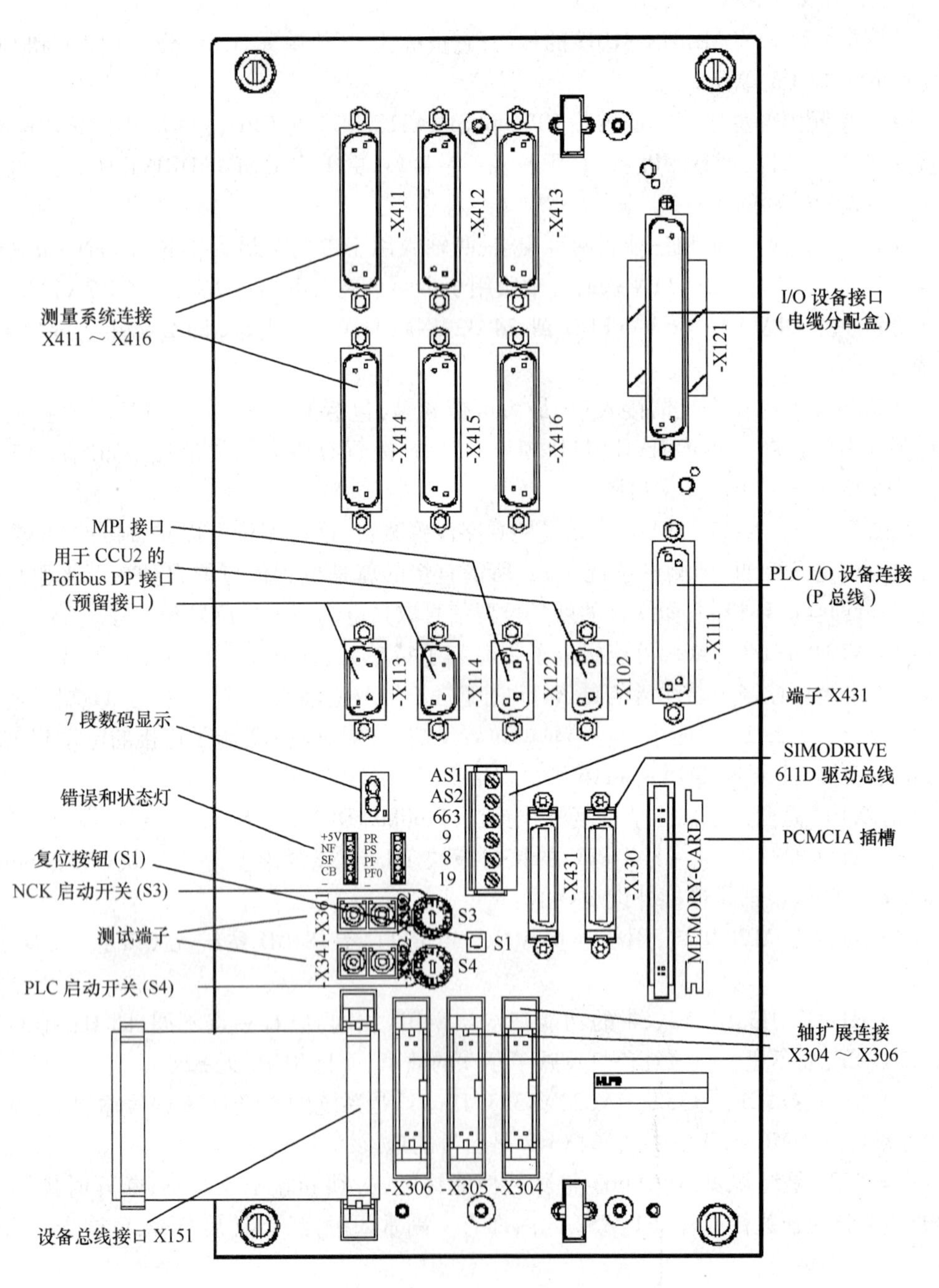

(a) SINUMERIK 810D CCU1/2 接口图

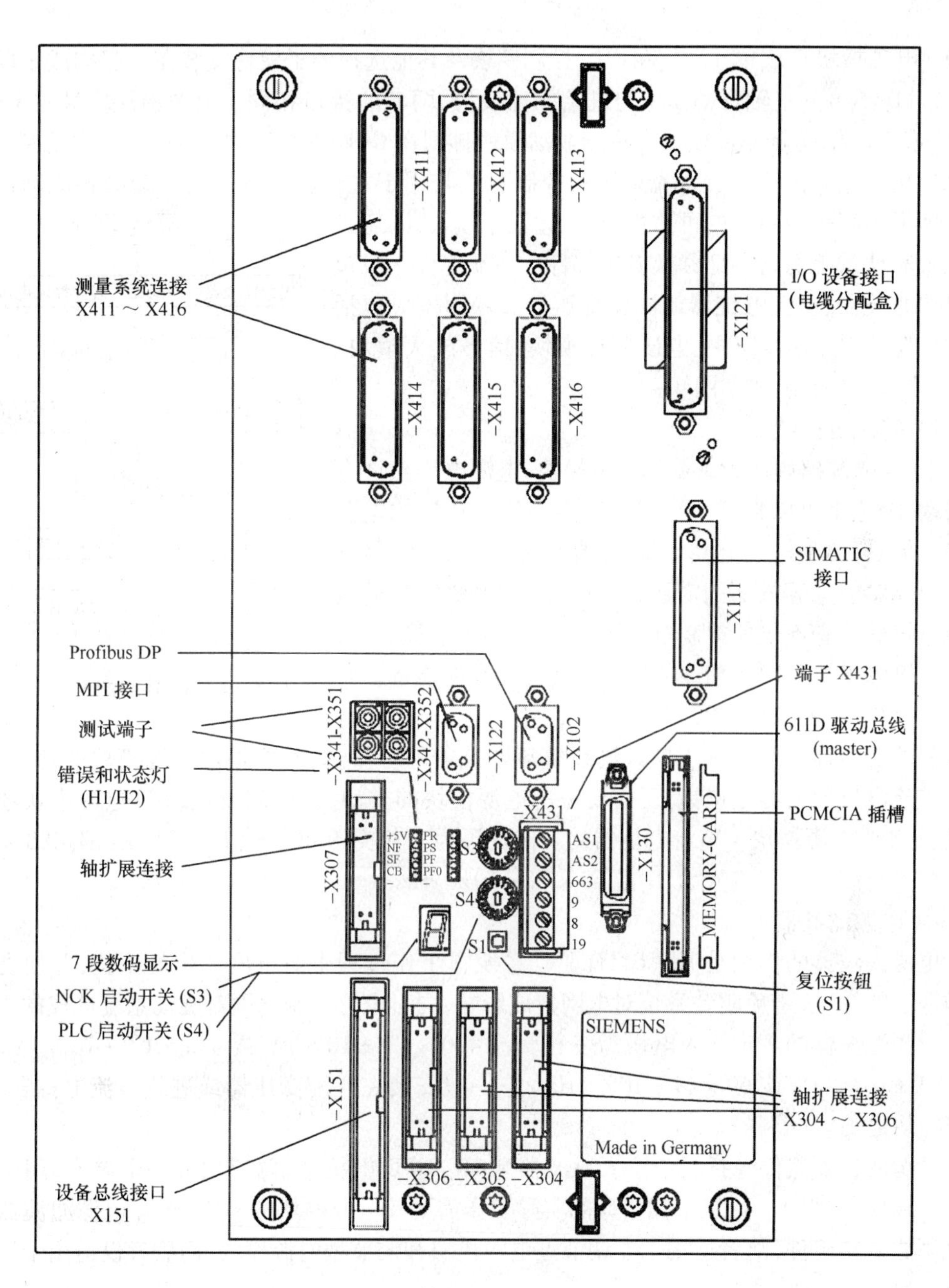

(b) SINUMERIK 810D CCU3 接口图

图 6-3　SINUMERIK 810D 接口图

二、SINUMERIK 810D/840D 数字驱动系统

西门子的驱动模块有模拟型的 611A、数字型的 611D 和通用型的 611U，这些都是模块化的结构。SIMODRIVE 611D 是 840D 的数字驱动模块，有 1 轴的 FDD/MSD 模块和 2 轴 FDD 模块两种（FDD，Feed Drive，进给轴驱动；MSD，Main Spindle Drive，主轴驱动），模块内各控制环的参数设置均在 NCU 中。

1. SIMODRIVE 611D 驱动系统的组成

611D 数字驱动系统基本组成包括前端部件、电源模块 UI 或 I/RF、驱动模块 MSD 或

FDD。电源模块自成单元，功率模块、控制模块及其他选择的子模块安装在一起构成了驱动模块。611D 不再分主轴驱动模块与进给驱动模块，两者的接口相同。电源模块安装在 CCU 或 NCU 模块左侧，主轴驱动模块和进给驱动模块排列在 CCU 或 NCU 的右侧，所有驱动模块公用电源模块。电源模块通过直流母线和控制总线与用于主轴驱动或进给驱动的各驱动模块连接。为了提高驱动系统的可靠性，除上述三个模块外，还必须配置驱动系统的前端部件及专用部件。前端部件一般包括电源滤波器、整流电抗器或匹配变压器。专用模块包括脉冲电阻模块、电容模块、电压监控模块、信号放大模块。611D 驱动系统的组成如图 6－4 所示。

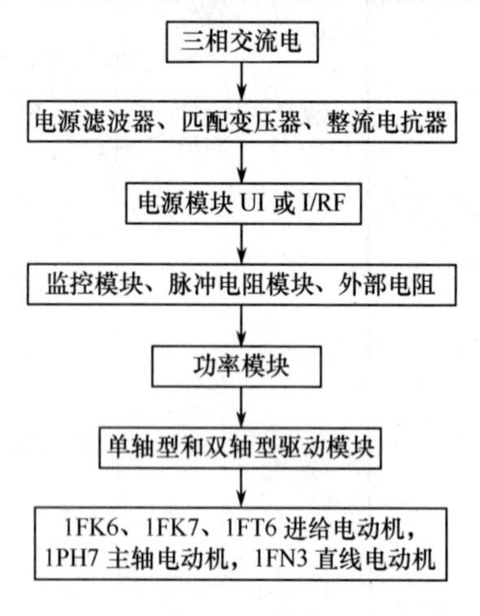

图 6－4　611D 驱动系统的组成

1）整流电抗器

611D 电源模块作为系统的供电模块，电源电压允许有所波动，理论上可以直接与我国的三相 380V/50Hz 的电源相连。但是，出于抑制电网干扰，提高可靠性，以及满足电源模块存储能量等方面的需要，主回路通常需要安装进线整流电抗器。它不仅能抑制电压干扰、提高系统的稳定性，而且与电源模块共同为相连的增压型变频器存储能量。对于电网电压不为 380V/400V/415V 的应用场合，则必须选配匹配的变压器。匹配变压器或进线整流电抗器的容量选择，要根据电源模块的功率配置。进线整流电抗器的容量选择，还需要考虑电源模块的类型，是非调节型（UI）电源模块还是调节型（I/RF）电源模块。整流电抗器的工作电源为三相交流 400×(1－10%)V 或 480×(1＋6%)V，频率 50×(1±10%)Hz 或 60×(1±10%)Hz。

2）电源滤波器

电源滤波器的作用是消除 611D 驱动系统在工作过程中对电网产生的干扰，并使之符合电磁兼容的标准，避免驱动系统对电网造成影响，同时也可抑制电网对驱动系统造成的不良影响。电源滤波器的额定输入电压为三相交流 400×(1±10%)V 或 415×(1±10%)V，频率 50×(1±10%)Hz 或 60×(1±10%)Hz。它一般安装在匹配变压器或进线整流电抗器之后，电源模块之前。

电源滤波器组件包括一个输入滤波器和 HF/HFD 电抗器，两者构成一个单元，用于调节型电源模块（I/RF）。可以根据机床的实际工作需要及电源模块的不同，选择电源滤波器或选择电源滤波器组件，前者适用于非调节型电源模块和调节型电源模块，而后者仅适用于调节型电源模块。

3）电容模块

电容模块用于增大直流母线连接线路的电容容量，一方面可以缓冲驱动系统的动态能量，另一方面能使短暂的电源故障得以克服。2.8mF 和 4.1mF 的电容模块直接与直流母线电路连接，存储动态能量。20mF 的电容模块可以缓冲由于电源故障而导致的直流母线电压的下降，为线路提供能量，在较短的时间内保持直流母线电压不变。

4）电源模块

611D 电源模块的作用是为数控装置和驱动模块提供电源，包括驱动电源和工作电源。它将输入的三相交流 380V 的电压通过整流电路转换为 600VDC 或 625VDC 直流母线电压，又称 DC 连接电压，供给驱动模块，同时还产生驱动模块控制所需要的辅助控制电源，如 ±24V DC、

±15V DC 与 5V DC 直流电源。辅助控制电源还可以作为数控系统 CCU 或 NCU 的电源。电源模块具有对主电源电压、直流母线电压、弱电电源电压进行集中监控的功能。电源模块分为非调节型电源模块和调节型电源模块。常用的非调节型电源模块有 5kW、10kW、28kW 三种规格，调节型电源模块有 16kW、36kW、55kW、80kW、120kW 五种规格。

5）驱动模块

611D 驱动模块一般由功率模块、数字闭环控制模块和驱动电缆组成，带有驱动系统总线接口。把数字闭环控制模块插入功率模块中，实现伺服位置或速度的闭环控制。驱动模块主要由逆变器主回路（功率放大电路）、速度调节器、电流调节器、使能控制电路、监控电路等部分组成。根据控制轴数的不同，可分为单轴型和双轴型两种基本结构。功率模块的作用是直流母线电压转化为可调制的三相交流电压，驱动进给电动机和主轴电动机。功率模块的规格主要取决于电动机的电流，与电动机的类型无关，可用于多种电动机的驱动。

6）脉冲电阻模块

脉冲电阻模块可实现直流母线电路的快速放电，从而把直流母线电路中的能量转化为热能损失掉，起到保护设备的作用。当与非调节型电源模块连接时，增大脉冲电阻器的额定值，或当主电源有故障时，在制动过程中降低直流母线电压。外部脉冲电阻器可以将热量转移到控制柜以外，28kW 的 UI 电源模块需要安装外部脉冲电阻器。所有与脉冲电阻器的连接都应使用屏蔽电缆。

7）过压限制模块

在接通感性负载或变压器时，可能会产生过压，这时需要过压限制模块，以保证驱动系统安全可靠地工作。对于功率大于 10kW 的功率模块，过压限制模块可以直接插入电源模块的 X181 接口。

8）监控模块

监控模块包含一套完整的电源，由三相交流 380V 电网供电，其功能是用来对一独立的驱动组进行集中监控，当驱动组中有较多的驱动模块，超过了电源模块的功率时，就需要一个监控模块。

9）电动机

611D 驱动系统可以配套的电动机很多，常见的有 1FT6、1FK6 和 1FK7 系列交流伺服电动机，1FN 系列直线电动机，1PH6 和 1PH7 系列主轴电动机等。输出功率为 0.2630kW，提供了多种选择。在常见的数控机床上，目前以配套 1FK7 系列交流伺服电动机、1PH7 系列主轴电动机的情况较多。

2. 电源模块

电源模块主要为 NC 和给驱动装置提供控制和动力电源，产生母线电压，同时监测电源和模块状态。根据容量不同，凡小于 15kW 均不带馈入装置，记为 U/E 电源模块。凡大于 15kW 均需带馈入装置，记为 I/RF 电源模块。通过模块上的订货号或标记可识别。

1）电源模块的构成

电源模块由整流电抗器（内置式）、整流模块、预充电控制电路、制动电阻、主接触器、检测电路及监控电路组成。其中监控电路对电源模块的直流母线电压、辅助控制电源电压、主电源电压进行监控。电源模块带有预充电控制浪涌电流限制环节，预充电完成后，主接触器自动闭合。电源模块的正常工作，是整个驱动系统“准备好”的先决条件。电源模块控制原理框如图 6－5所示。

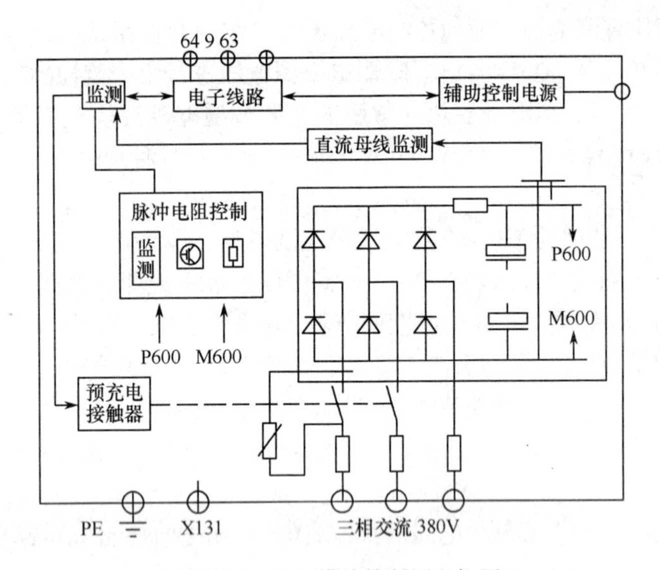

图 6-5 电源模块控制原理框图

2）电源模块的接线端子

图 6-6 是 10~55kW 的 UE(不可调节电源)和 I/RF(馈入/再生反馈电源)模块,前者采用能耗制动,功率小于 15kW;后者采用反馈制动,功率大于 15kW,不过此时应在输入处加接三相电抗器。

在电源模块上,除了有各种功能的接口外,还有 6 个 LED 信号指示灯,分别指示模块的故障和工作状态,各 LED 点亮所代表的含义如表 6-2 所列。电源模块正常工作的使能条件:电源模块接口 48、112、63、64 接高电平,NS1 和 NS2 短接,显示为一个黄灯亮,其他灯都不亮。直流母线电压应在 600V 左右。

611D 电源模块接线端子如图 6-7 所示。

(1) X111:驱动“准备好/故障”信号输出端子。电源模块状态信号,继电器输出,一般与机床的电气控制电路连接,作为系统正常工作的条件,端子的作用如下。

① 端子 74/73.2:电源模块“准备好”信号的“常闭”触点输出,触点驱动能力为 250V/2A AC 或者 50V/2A DC。

② 端子 72/73.1:电源模块“准备好”信号的“常开”触点输出,触点驱动能力为 250V/2A AC 或者 50V/2A DC。

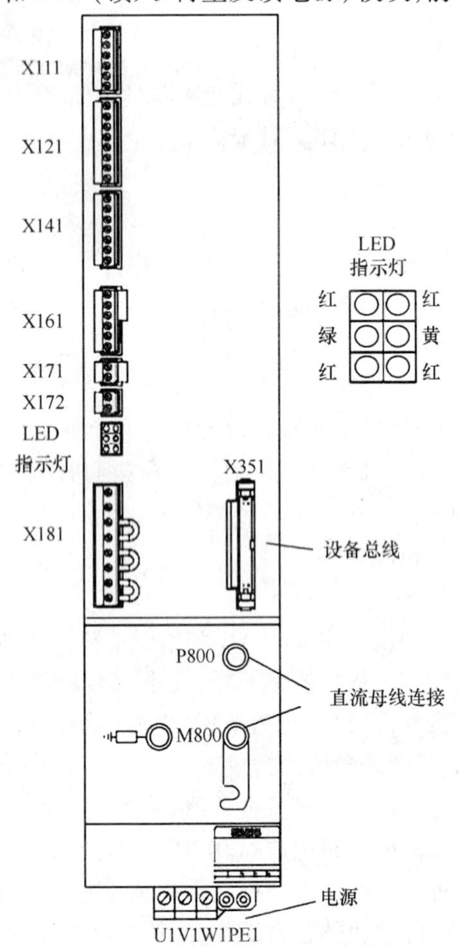

图 6-6 10~55kW 的 UE 和 I/RF 模块

表 6-2 电源模块上的 LED 指示灯点亮的含义

编号	LED 颜色	含义
1	红色	15V 电子电源故障
2	红色	5V 电子电源故障
3	绿色	使能信号丢失(63 和 64),没有外部使能信号
4	黄色	直流母线已充电,600V 直流电压已经达到系统正常工作的允许值,模块准备就绪
5	红色	电源进线故障
6	红色	直流母线过电压

(2) X121:电源模块"使能"控制端子。

① 端子 63/9:电源模块"脉冲使能"信号输入,当 63 与 9 间的触点闭合时,驱动系统各坐标轴的控制回路开始工作,输入信号的电压范围为 13~30V DC。

② 端子 64/9:电源模块"控制使能"信号输入,当 64 与 9 间的触点闭合时,驱动系统各坐标轴的调节器开始工作,输入信号的电压范围为13~30V DC。

③ 端子 19:电源模块"使能"辅助输出电压 0V DC 端。

④ 端子 9:电源模块"使能"辅助输出电压 24V DC 端。

⑤ 端子 52/51:电源模块过流继电器"常开"触点输出,触点驱动能力为 50V/500mA DC。

⑥ 端子 53/51:电源模块过流继电器"常闭"触点输出,触点驱动能力为 50V/500mA DC。

(3) X141:辅助电源接线端子。该连接端子一般与外部控制回路连接,各端子的作用如下。

① 端子 7:电源模块 +24V DC 辅助电压输出,电压范围为 +20.4~ +28.8V,电流 50mA。

② 端子 10:电源模块 -24V DC 辅助电压输出,电压范围为 -20.4~ -28.8V,电流 50mA。

③ 端子 44:电源模块 -15V DC 辅助电压输出,电流 10mA。

④ 端子 45:电源模块 +15V DC 辅助电压输出,电流 10mA。

⑤ 端子 15:使能电压参考端,即 0V 公共端。

⑥ 端子 RESET:模块的报警复位信号,当与端子 15 短接时驱动系统复位。

(4) X161:主回路输出控制端子。该连接端子一般与强电控制回路连接,各端子的作用如下。

① 端子 9:电源模块"使能"辅助电压 +24V 连接端。

② 端子 112:电源模块调整与正常工作转换信号,正常使用时,一般直接与 9 端子短接,将电源模块设定为正常工作状态,输入信号的电压范围为 13~30V DC。

③ 端子 48:电源模块主接触器控制端,输入信号的电压范围为 13~30V DC。

④ 端子 213/111:主回路接触器辅助"常闭"触点输出,触点的驱动能力为 250V/2A AC 或者 50V/2A DC。

⑤ 端子 113/111:主回路接触器辅助"常开"触点输出,触点的驱动能力为 250V/2A AC 或者 50V/1A DC。

(5) X171:预充电控制端子。NS1 为 24V 输出端子,NS2 为输入端子,NS1 与 NS2 一般直接"短接"。当 NS1 与 NS2 断开时,电源模块内部的直流母线预充电电路的接触器将无法接通,预充电回路不能工作,电源模块无法正常启动。

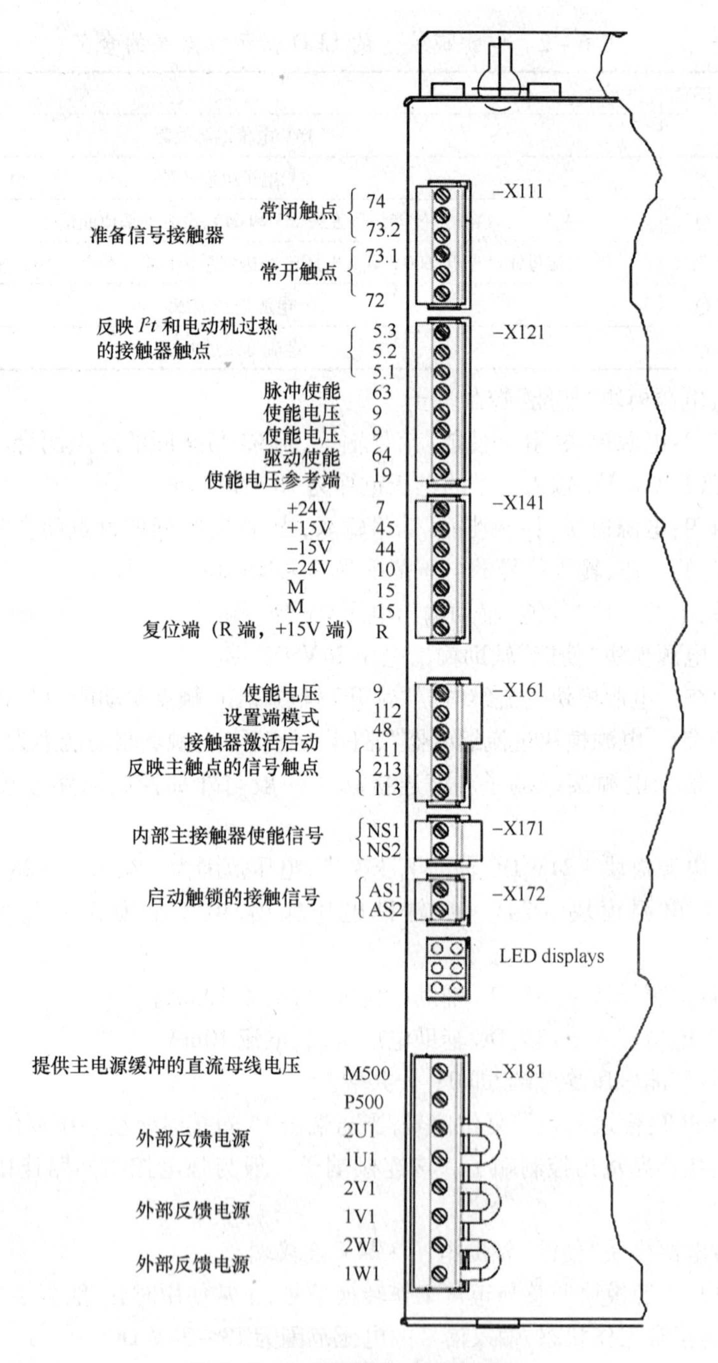

图 6－7　主电源模块接线端子图

（6）X172：启动/禁止输出端子。该连接端子的 AS1 与 AS2 为驱动系统内部“常闭”触点，触点状态受“调整与正常工作转换”信号 112 控制，可以作为外部安全电路的“互锁”信号使用，AS1 与 AS2 间触点驱动能力为 250V/1A AC 或者 50V/2A DC。

（7）X181：辅助电源端子。

① 端子 P500/M500：直流母线电源辅助供给，一般不使用。

② 1U1、1V1、1W1：主回路电压输出，在电源模块的内部，它与主电源输入 U1、V1、W1 直接相连，在大多数情况下通过与 2U1、2V1、2W1 的连接，直接作为电源模块控制回路的电源输入。

（8）X351：设备总线接口。X351 为电源模块设备总线接口，但该设计是 810D 系统，则与它的设备总线接口 X151 连接（840D 系统应与 X172 连接，同时连接到驱动模块设备总线接口 X151）。

（9）P600、M600：直流母线电压输出端子。电源模块正常工作时，在端子 P600 与 M600 之间输出 600V 的直流电压，供给驱动模块。

3）典型电源模块电路

正常使用时，63、64 端子要和 9 端子短接；112、48 端子要和 9 端子短接；NS1 要和 NS2 短接。典型电源模块电路如图 6－8 所示。

三相电源在主开关闭合后，经熔断器、电抗器进入电源模块，此时 NS1 和 NS2 若短接，那么内部接触器线圈得电，其触点闭合，AS1 和 AS2 打开，三相电进入电源模块的强电整流部分。如果 112、48 端子和 9 端子短接，直流母线开始充电，再加上 63、64 端子要和 9 端子短接，那么电源模块就完成上电的准备工作。直流母线的输出电压是 600V，由 P600、M600 输出，若 100kΩ 电阻器接在 M600 和 PE 之间，那么 P600、M600 输出电压为 ±300V。要注意的是，48 端子在主开关的主触点断开之前 10ms 断开（这由主开关的引导触点来完成）。

另外电源模块的上电/下电顺序是由 PLC 的输出来控制其顺序的，一般上电顺序为：打开主电源开关→释放急停开关→端子 48 上电→端子 63 上电→端子 64 上电。一般下电顺序为：打开主电源开关→主轴停后，按急停开关→端子 64 下电→端子 63 下电→端子 48 下电→关断主电源开关。

注意每两个步骤之间应为 0.5s。

3. 611D 数字驱动模块

1）SIMODRIVE 611D 接口

SIMODRIVE 611D 是新一代数字控制总线驱动的交流驱动，它分为双轴模块和单轴模块两种。其连接如图 6－9 所示。

611D 驱动模块就是驱动系统的数字闭环控制单元，包括功率模块和数字闭环控制模块，通过驱动总线和设备总线与系统连接。驱动模块上有测量系统反馈接口、驱动使能端子。这里以双轴型驱动模块的接口为例进行介绍。

（1）X411/X412、X421/X422：测量数据接口（位置/速度反馈）。X411/X412 用于间接测量，常用来连接伺服电动机上编码器的反馈信号。X421/X422 用于直接测量，常用来连接直接位置测量装置，如光栅尺等。

（2）X431：继电器触点脉冲使能端子。X431 接口的主要作用是驱动模块的启动/停止状态输出、脉冲使能输入，各端子的定义如下：

① AS1、AS2（输出）：启停继电器输出，由使能端子 663 控制。

② 663（输入）：为 FDD 或 MSD 脉冲使能，端子 663 开/关“启停继电器”，断开时，控制脉冲无使能。

③ 9（输出）：使能电压 24V，相对于 19 端子。

（3）X432：外部开关控制端子（BERO）。

① 端子 B1（BERO1）：+24V 电压输入，轴 1 的外部零标志信号输入，如接近开关信号，常用于同步驱动控制。

② 端子 B2（BERO2）：+24V 电压输入，轴 2 的外部零标志信号输入，如接近开关信号，B2 在双轴驱动模块中有效，与 B1 一样用于同步驱动控制。

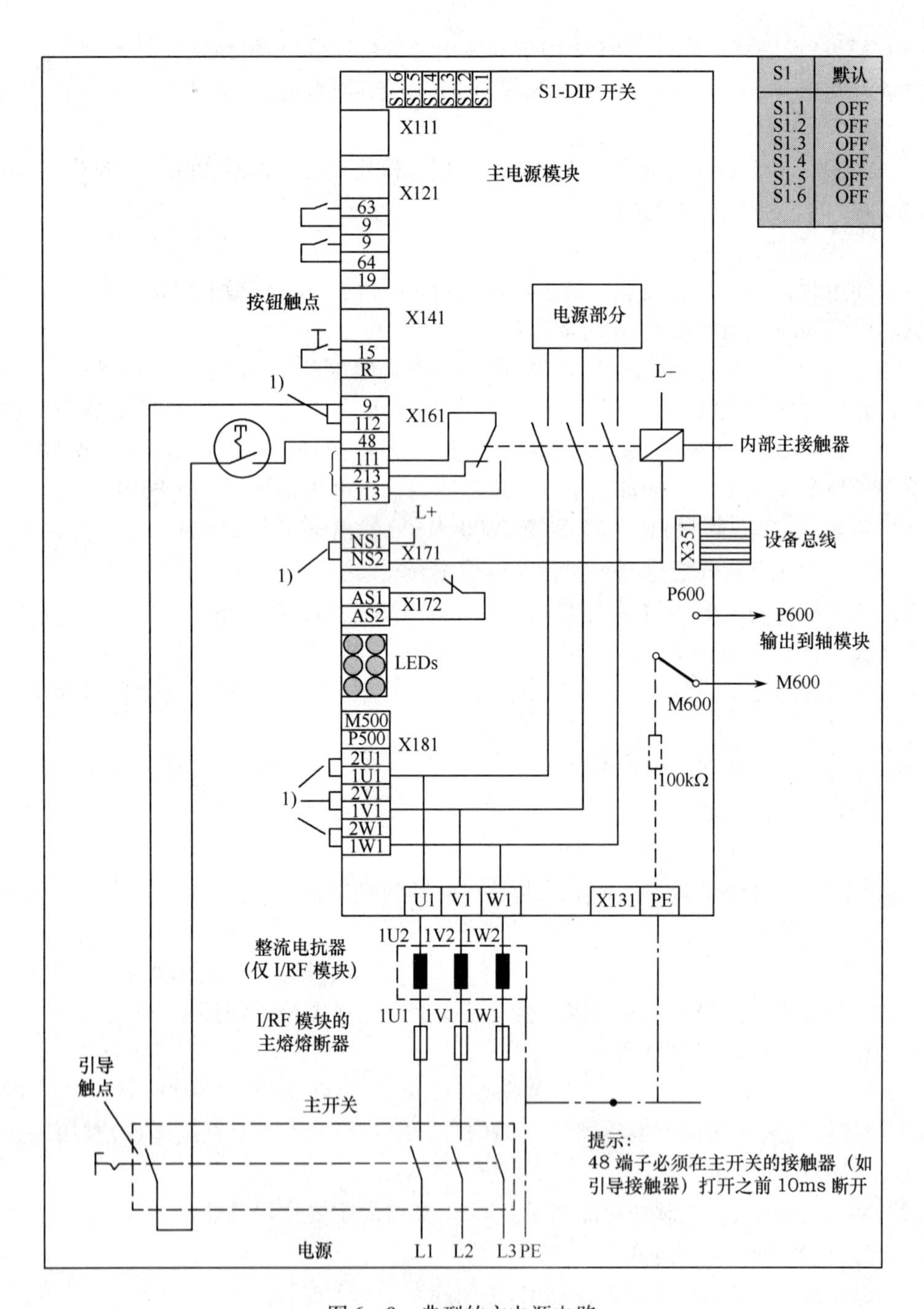

图 6-8 典型的主电源电路

③ 端子 19:BERO 信号的参考地。它是使能电压端子 9 和所有使能信号的参考地(0V),如果使能信号来自外部电压,外部电压的参考地(0V)必须连接端子 19。

④ 端子 9:使能电压 +24V(相对于端子 19)。

(4) X141、X341:驱动总线接口。驱动总线接口 X141 连接左侧驱动模块的驱动接口 X341,而该模块上的 X341 连接右侧驱动模块的 X141。如果是第 1 驱动模块,可连接 CCU 模块的 X130 或连接 NCU 模块的 X130A 驱动总线接口。

(5) X151、X351:设备总线接口。设备总线接口 X151 连接电源模块的 X351、左侧驱动模

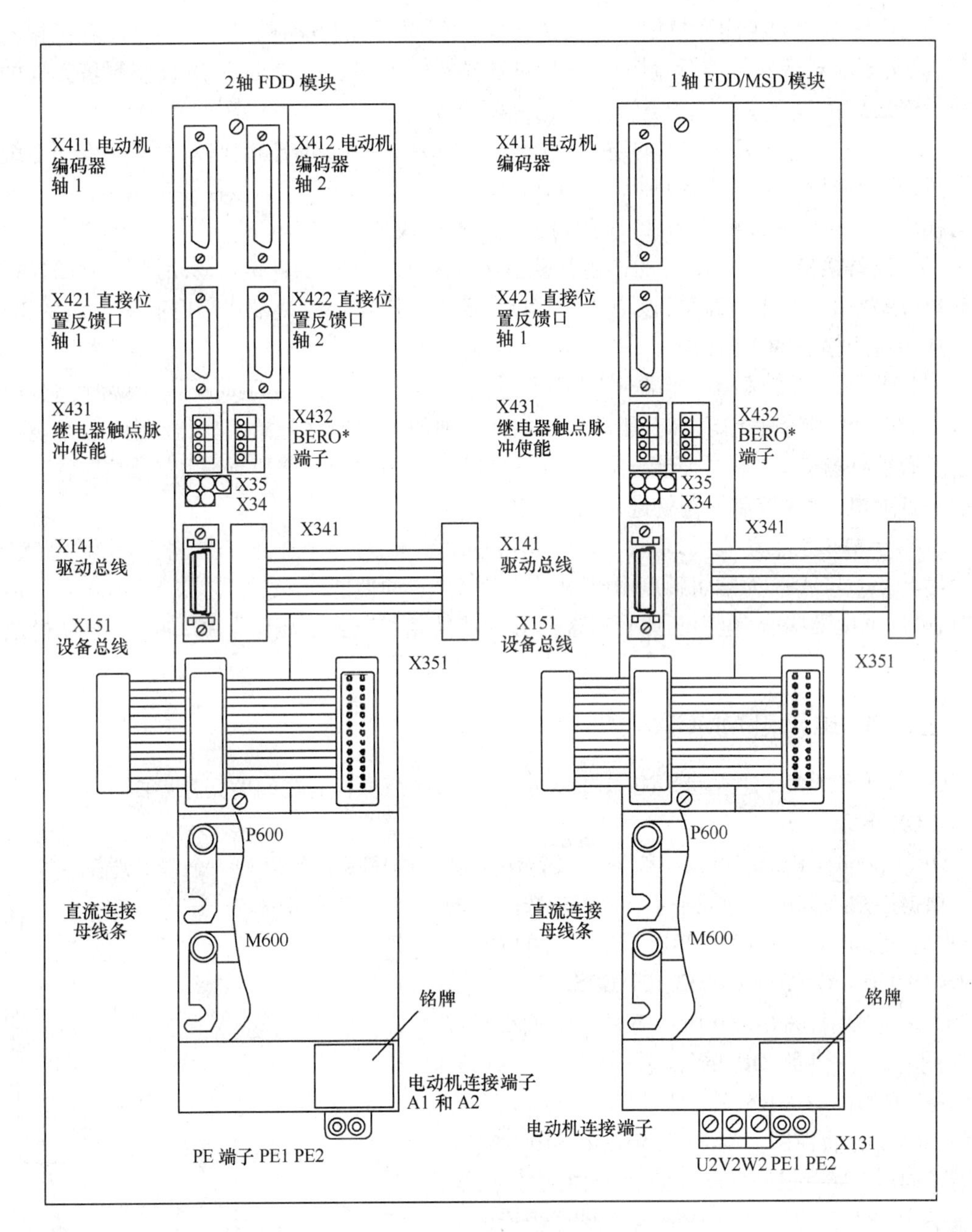

图 6－9　611D 驱动模块接口图

块的 X351、CCU 模块的 X151 或 NCU 模块的 X172；而该模块上的 X351 用于连接右侧驱动模块的 X151。

（6）X34、X35：D/A 输出测量端子。X34、X35 为 D/A 输出测量端子，与 CCU 模块上的 X341、X342、X351、X352 功能相同。

2）驱动模块连接

（1）测量接口的连接。驱动模块上的每个驱动轴都有两个测量接口 X411 和 X412，当位置或速度控制回路没有对坐标轴进行直接测量，或电动机直接安装在坐标轴上，中间无其他机械传动装置时，就可以利用电动机上的脉冲编码器，把位置或速度反馈信号直接连接到接口

X411 上,用于系统的半闭环控制。当位置或速度控制回路的电动机与坐标轴之间有机械转动环节,但又要求对坐标轴进行直接测量时,可在坐标轴上安装位置元件,把直接测量元件的测量信号连接到接口 X421 上,常用于系统的全闭环控制。

(2) 驱动接口 X141/X341 的连接。驱动接口 X141/X341 的连接比较简单,用专用电缆连接即可,驱动接口专用电缆的订货号为 6SN1 161—1CA00—0 * * * 。该模块的 X141 接口连接左边模块的 X341,而该模块的 X341 接口连接右边模块的 X141。

(3) 设备接口 X151/X351 的连接。设备接口 X151/X351 的连接与驱动接口一样,连接比较简单,用专用电缆连接即可,该模块的 X151 接口连接左边模块的 X351,而该模块的 X351 接口连接右边模块的 X151。

(4) 继电器触点脉冲使能端子 X431 的连接。端子 663 与 9 是驱动模块“脉冲使能”信号输入,当 663/9 间的触点闭合时,驱动模块各进给轴的控制回路开始工作,控制信号对该模块上的所有轴都有效。“脉冲使能”信号由 PLC 控制,有条件地使能驱动模块。如果直接短路,系统一旦上电,模块控制回路就进入工作状态。

AS1 与 AS2 是驱动模块“启动/禁止”信号输出端子,可用于外部安全电路,作为“互锁”信号使用。AS1 与 AS2 为常闭触点输出,触点状态受“脉冲使能”信号控制。端子 663 有使能信号时,内部继电器吸合,电力晶体管有选通脉冲使能信号,触点 AS1 与 AS2 断开,驱动模块可以启动。

三、OP 单元和 MMC

OP 单元和 MMC 建立起 SINUMERIK 810D/840D 与操作者之间的交互界面。

1. OP 单元

OP(Operator Panel)单元一般包括一个 10.4 英寸的 TFT 显示屏和一个 NC 键盘。

根据用户不同的要求,西门子为用户选配不同的 OP 单元,早期的 810D/840D 系统配置的 OP 单元有 OP030、OP031、OP032、OP032S 等,其中,OP031 最为常用,图 6-10 所示为 OP031 面板后视接口图。新一代的 OP 单元有 OP010、OP010S、OP010C、OP012、OP015 等。如图 6-11 所示为 OP010 面板的前视图。对 SINUMERIK 810D/840D 应用了 MPI(Multiple Point Interface)总线技术,传输速率为 187.5 Kb/s,OP 单元为这个总线构成的网络中的一个节点。为提高人机交互的效率,又有 OPI(Operator Panel Interface)总线,它的传输速率为 1.5 Mb/s。

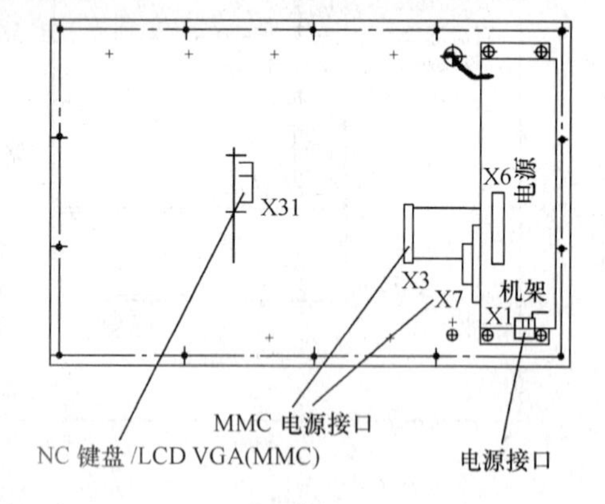

图 6-10 OP031 面板后视接口图

2. MMC

MMC 实际上就是一台计算机。它有自己独立的 CPU,还可以带硬盘,带软驱。OP 单元正是这台计算机的显示器,而西门子 MMC 的控制软件也在这台计算机中。有不同档次的 MMC,最常用的有两种:MMC100.2 及 MMC103,其中 MMC100.2 的 CPU 为 486,不能带硬盘;而 MMC103 的 CPU 为奔腾,可以带硬盘。一般地,用户为 SINUMERIK 810D 配 MMC100.2,如图 6-12所示;而为 SINUMERIK 840D 配 MMC103,如图 6-13 所示。

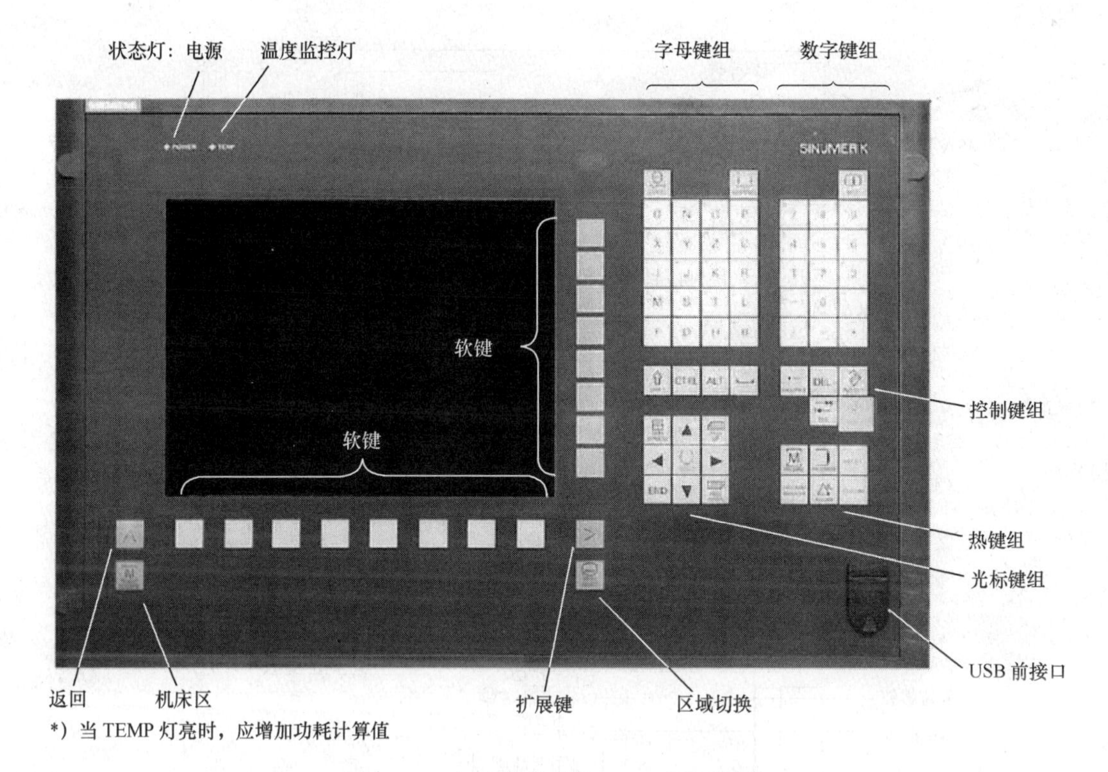

图 6－11　用户操作面板 OP010 正面视图

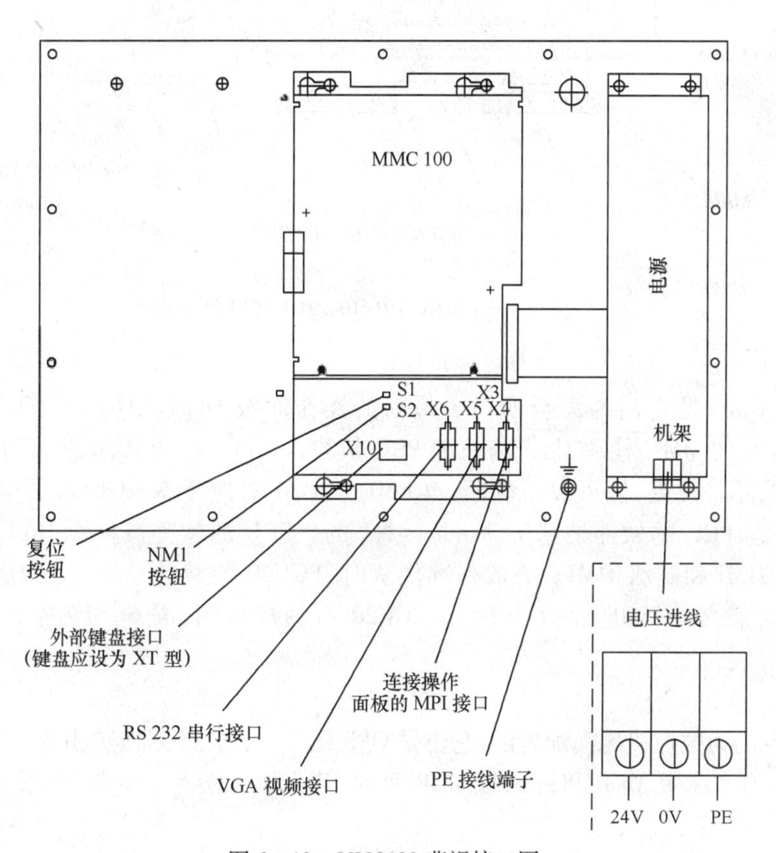

图 6－12　MMC100 背视接口图

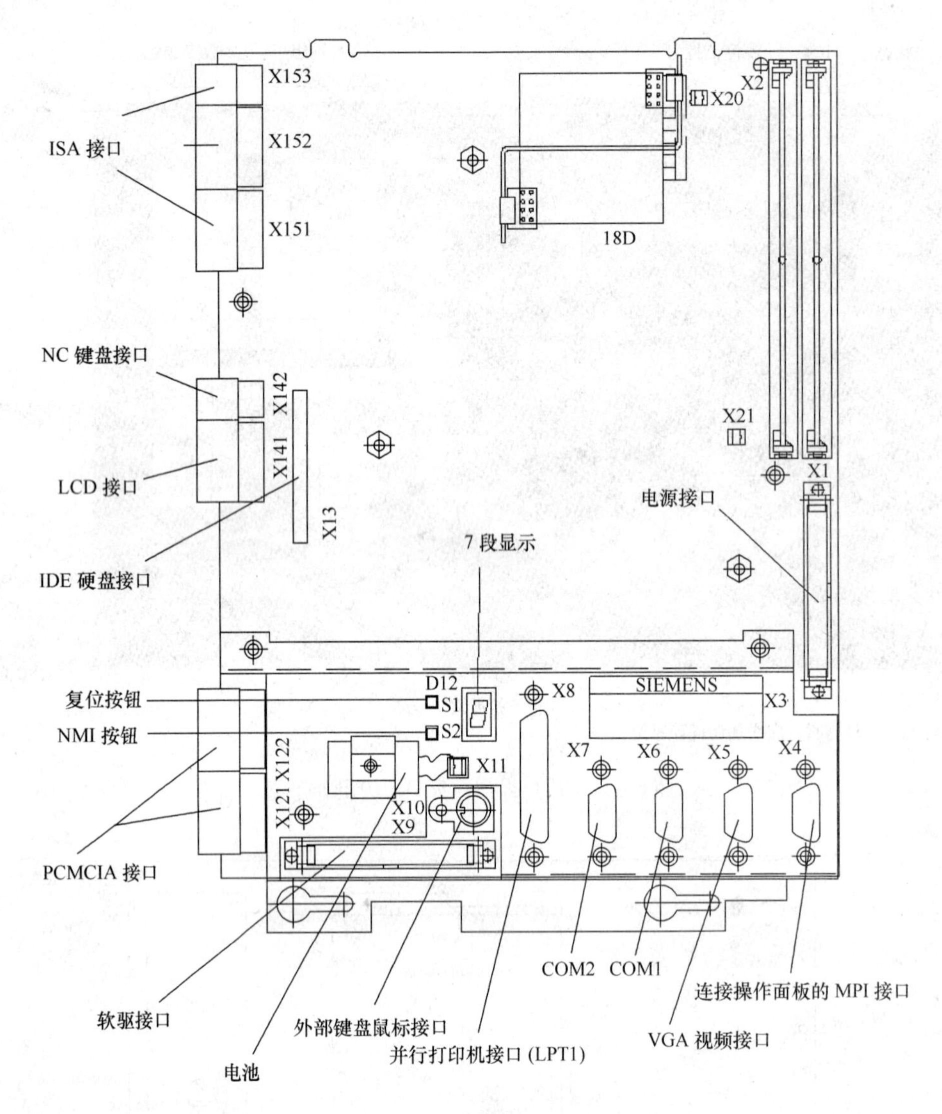

图 6-13　MMC 101/102/103 接口图

3. PCU

PCU(PC Unit)是专门为配合西门子最新的操作面板 OP010、OP010s、OP010c、OP012、OP015 等而开发的 MMC 模块,目前有三种 PCU 模块——PCU20、PCU50、PCU70,PCU20 对应于 MMC100.2,不带硬盘,但可以带软驱;PCU50、PCU70 对应于 MMC103,可以带硬盘。与 MMC 不同的是,PCU 的软件是基于 Windows NT 的。PCU 的软件被称作 HMI,HMI 又分为两种:嵌入式 HMI 和高级 HMI。一般标准供货时,PCU20 装载的是嵌入式 HMI,而 PCU50 和 PCU70 则装载高级 HMI。图 6-14 为 PCU20 右侧接口图,图 6-15 为 PCU50 右侧接口图。

4. MCP

MCP 是专门为数控机床而配置的,它也是 OPI 上的一个节点,根据应用场合不同,其布局也不同,目前,有车床版 MCP 和铣床版 MCP 两种,其正面如图 6-16 所示,反面如图 6-17 所示。

对于 810D 和 840D,MCP 的 MPI 地址分别为 14 和 6,用 MCP 后面的 S3 开关设定。S3 开

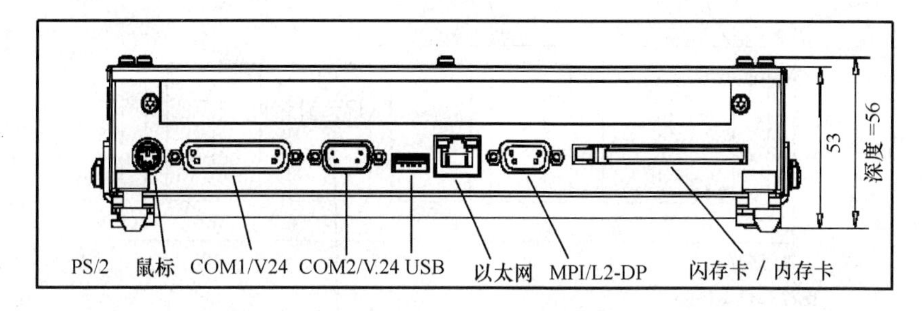

图 6 - 14　PCU20 右侧接口图

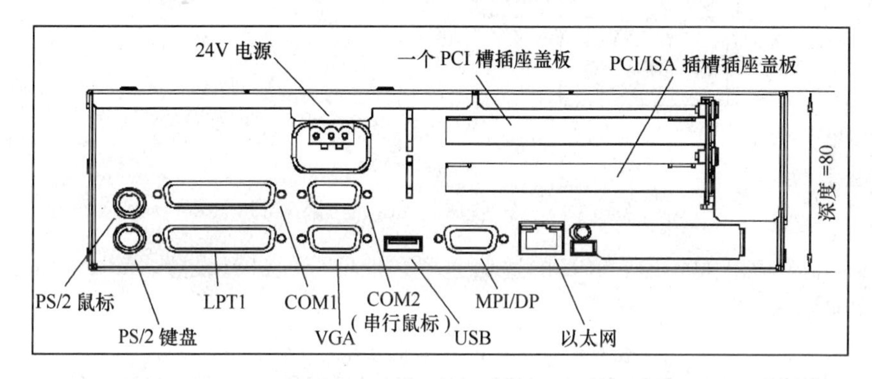

图 6 - 15　PCU50 右侧接口图

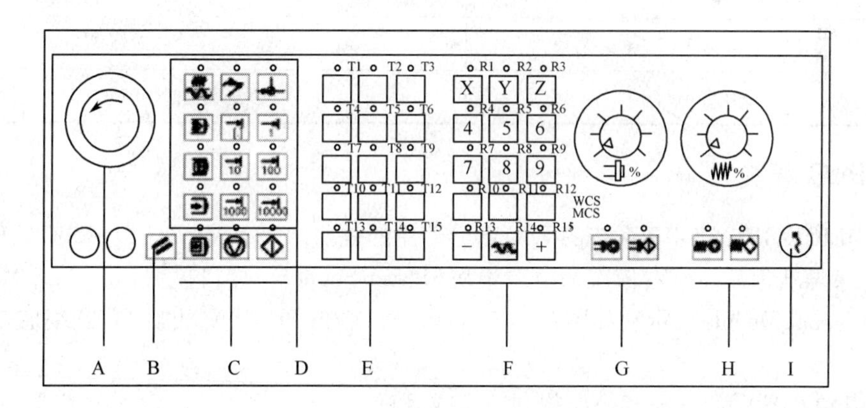

(a) 铣床版 MCP 正面图

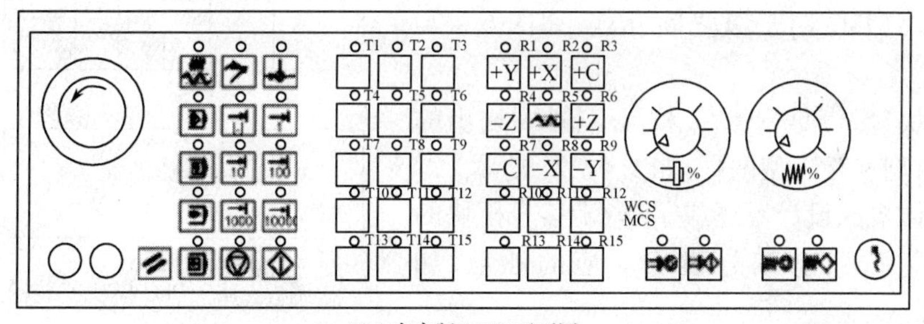

(b) 车床版 MCP 正面图

图 6 - 16　车床版 MCP 和铣床版 MCP 正面图

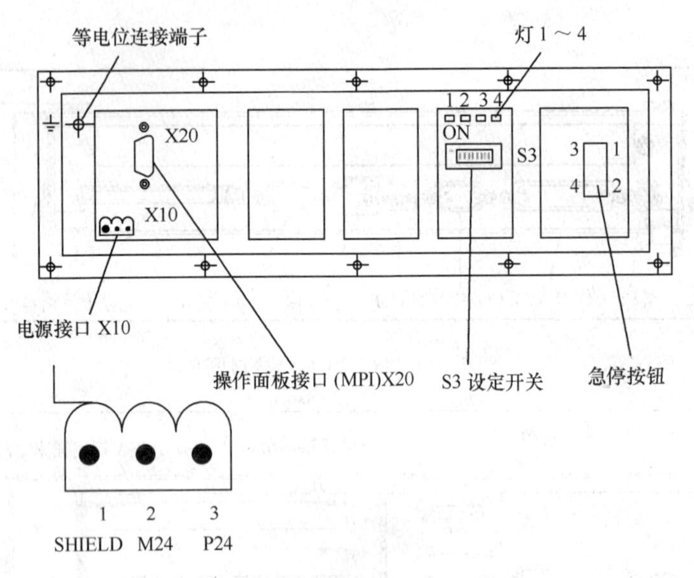

图 6－17　车/铣床版 MCP 反面图接口

关可对 X20 口与 MCP、MMC 或 NCU 的通信速率和地址分配进行设置。MCP 背面的 LED 灯 1～4的含义见表 6－3。

表 6－3　MCP 背面的 LED 灯含义

名称	说明
LED 灯 1 和 2	保留
LED 灯 3	当有 24V 电压时灯亮
LED 灯 4	发送数据时灯闪烁

四、PLC 模块

SINUMERIK 810D/840D 系统的 PLC 部分使用的是西门子 SIMATIC S7－300 的软件及模块，在同一条导轨上从左到右依次为电源模块（Power Supply）、接口模块（Interface Module）及信号模块（Signal Module），示意如图 6－18 所示。PLC 的 CPU 与 NC 的 CPU 是集成在 CCU 或 NCU 中的。

电源模块（PS）为 PLC 和 NC 提供＋24V 和＋5V的电源，如图 6－19 所示。

接口模块（IM）用于级之间互连，如图 6－20 所示。

信号模块（SM）是用于机床 PLC 输入/输出的模块，有输入型和输出型两种，如图 6－21 所示。

对于具体机床设计者还应了解：①信号模块的接线（图 6－21）；②信号模块对应的地址，如表6－4所列。

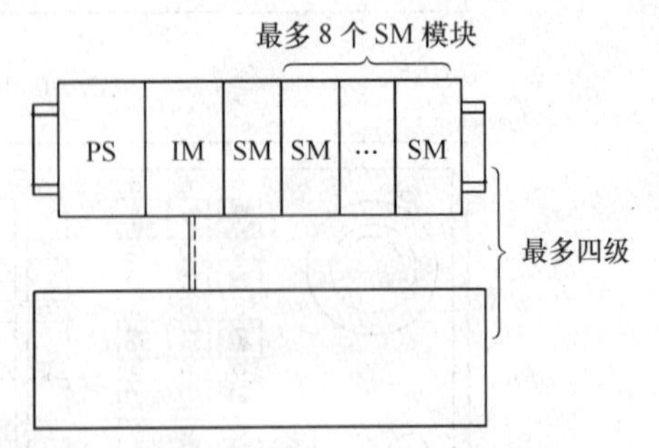

图 6－18　PLC 模块安装示意图

如果 PLC 的 CPU 为 315、315－2DP、316－2DP 和 318－2 型，则信号地址可任意排定，但不能与 MCP 等地址冲突。

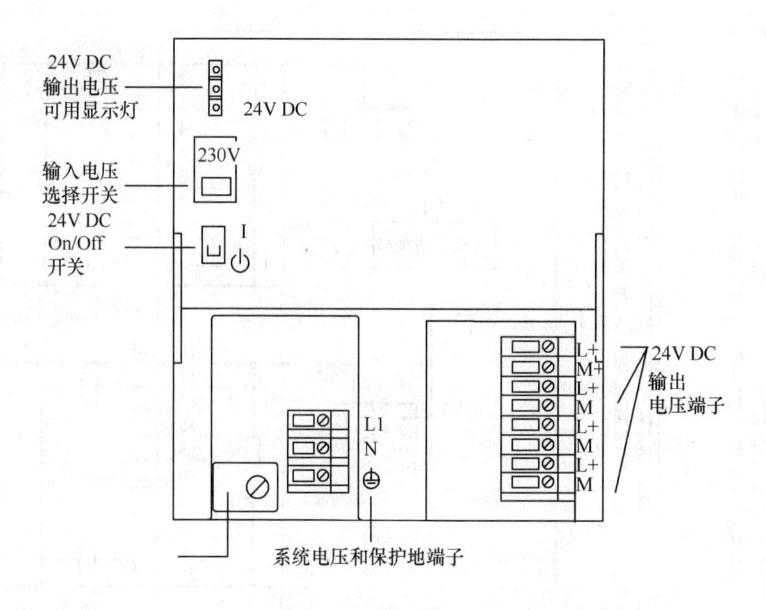

图 6－19　电源模块示意图

表 6－4　S7 信号模块位置地址对照表

机架	模块起始地址	槽号										
		1	2	3	4	5	6	7	8	9	10	11
0	数字	PS	CPU	IM	0	4	8	12	16	20	24	28
	模拟				256	272	288	304	320	336	352	368
1	数字	—		IM	32	36	40	44	48	52	56	60
	模拟	—			384	400	416	432	448	464	480	496
2	数字	—		IM	64	68	72	76	80	84	88	92
	模拟	—			512	528	544	560	576	592	608	624
3	数字	—		IM	96	100	104	108	112	116	120	124[2]
	模拟	—			640	656	672	688	704	720	736	752[2]

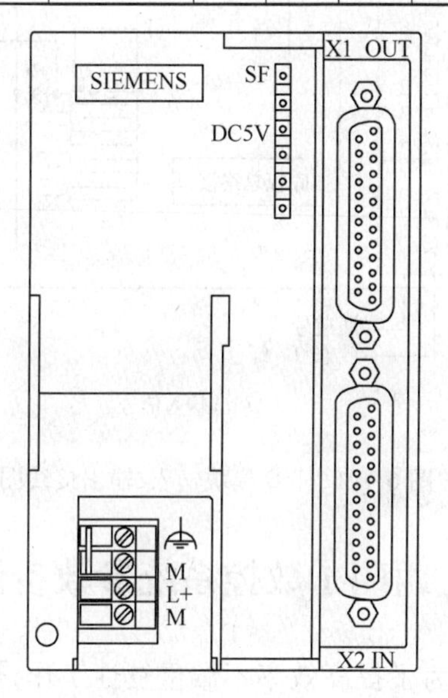

图 6－20　接口(IM)模块示意图

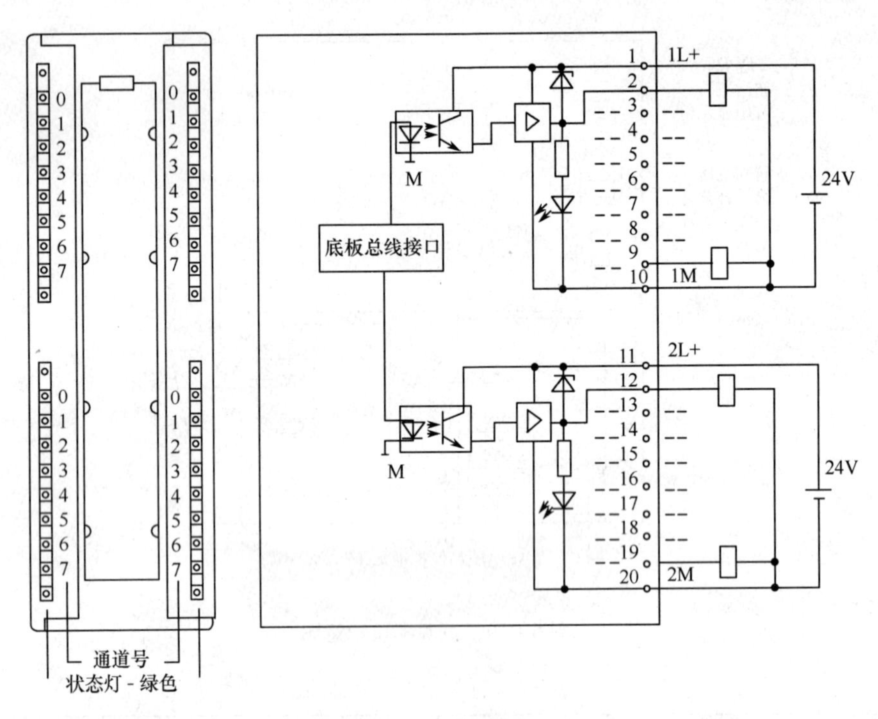

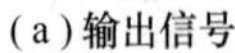
(a)输出信号

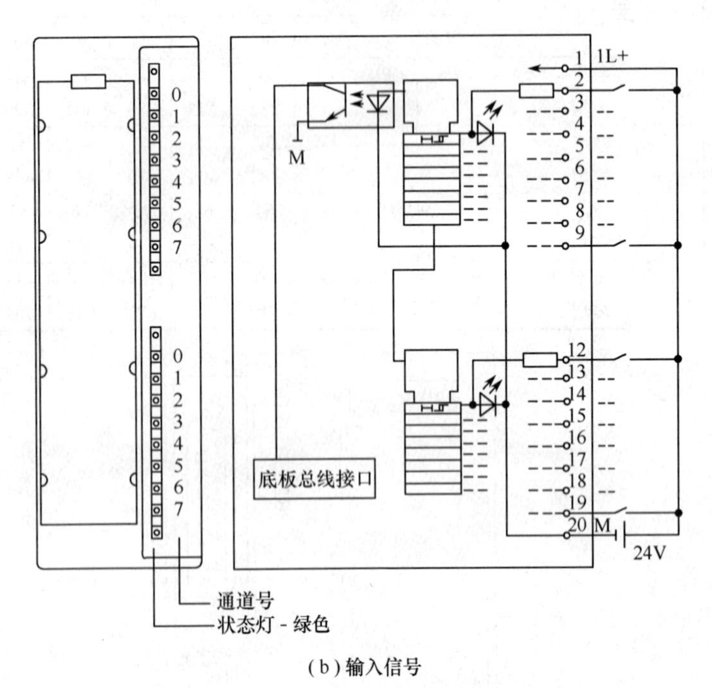

(b)输入信号

图 6-21　I/O 模块输入/输出接线图

模块 2　西门子数控系统参数备份与恢复

在进行机床调试工作时，为了提高效率不做重复性工作，需要对所调试数据适时地作备份。在机床出厂前，为该机床所有数据留档，也需对数据进行备份。

SINUMERIK 810D/840D 的数据分为三种：NCK 数据、PLC 数据、MMC 数据。其中 MMC100.2 仅包含前两种。其中，NCK 和 PLC 的数据是靠电池来保持的，它的丢失直接影响到 NC 的正常运行，而 MMC 的数据存放在 MMC 的硬盘（MMC103）或者是 Flash EPROM 里（MMC100.2），它的丢失在一般情况下仅能影响 NC 数据的显示和输入。

810D/840D 系统有两种数据备份的方法。

（1）系列备份（Series Start - up）。

特点：

① 用于回装和启动同 SW 版本的系统。

② 包括数据全面，文件个数少（ *.arc）。

③ 数据不允许修改，文件都用二进制格式（或称作 PC 格式）。

（2）分区备份：主要指 NCK 中各区域的数据（MMC103 中的 NC_ACTIVE DATA 和 MMC100.2 中的 DATA）。

特点：

① 用于回装不同 SW 版本的系统。

② 文件个数多（一类数据，一个文件）。

③ 可以修改，大多数文件用“纸带格式”，“即文本格式”。

810D/840D 系统作数据备份需要以下辅助工具：

（1）WINPCIN 软件。

（2）RS232C 串行通信电缆。

（3）PG 740（或更高型号）或 PC。

一、WINPCIN 软件的安装和使用

WINPCIN 通信软件，用于西门子 8 系列数控系统与计算机之间数据文件的传输。西门子自带的通信软件有 PCIN 和 WINPCIN 两种，PCIN 是 MSDOS 下的软件，而 WINPCIN 是 Windows 版本软件。

在 WINPCIN 安装盘中，直接单击安装文件“Setup.exe”进行安装，按照安装提示即可完成安装。启动 WINPCIN 后出现软件主画面，如图 6-22 所示，其各项显示菜单说明如下。

“RS232 Config”：通信接口参数设置。

“Receive Data”：接收数据，也就是数控系统向计算机传输数据。

“Send Data”：发送数据，也就是计算机向数控系统传输数据。

“Abort Transfer”：结束传输或中断传输。

“Edit File”：编辑数据文件。

“About”：有关 WINPCIN 的信息。

“Binary Format”：二进制格式。

“Text Format”：文本格式。

“Show V24 Status”：显示接口状态。

“Edit Single Archivefile”：编辑单个档案文件。

“Split Archiv”：分离档案文件。

“USER1，USER2”：用户 1 和用户 2 的接口参数。

“SINUMERIK 840D”：840D 下的数据传输。

WINPCIN 的设置主要是通信参数的设置。单击“RS232 Config”进入通信设置画面，如图 6－23所示。主要设置的参数包括：

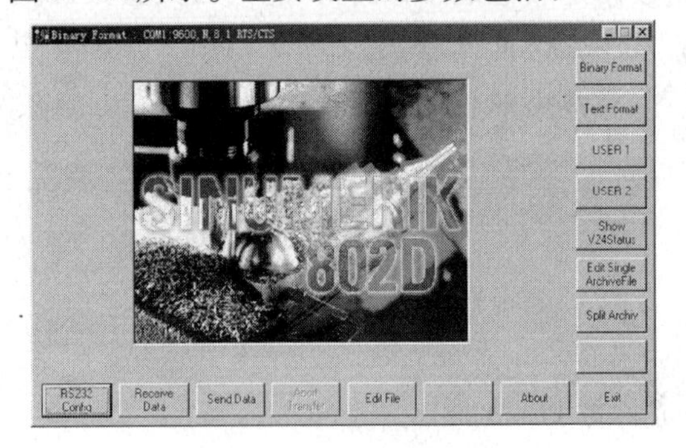

图 6－22　WINPCIN 软件主画面

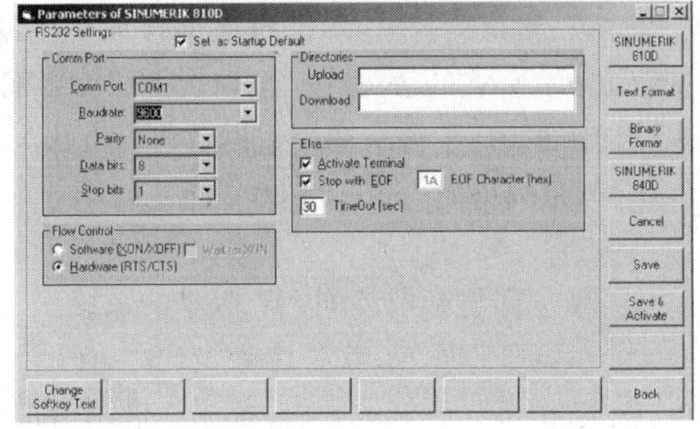

图 6－23　RS232 配置画面

“Comm Port”通信口号：选择 RS232C 通信接口 COM1 或 COM2，通常接口为 COM1。

“Baudrate”波特率：数据传输的速率，采用哪种波特率取决于传输设备、通信电缆及工作环境等因素。建议波特率不要选择得太高，通常 9600b/s 即可。

“Parity”校验选择：用于检测传输错误，可以选择无奇偶检验、奇校验和偶校验，通常为无奇偶校验。

“Data bits”数据位：用于异步传输的数据位数，可以选择的数据位数有 7 位或 8 位，系统默认为 8 位。

“Stop bits”停止位：用于异步传输的停止位数，可以选择的停止位有 1 位或 2 位，系统默认为 1 位。

“Flow Control”传输流控制：其中，“Software(XON/XOFF)”指的是软件传输控制。XON/XOFF 为接口设置的两种传输方式，数据接收等待 XON 字符和数据传输发送 XOFF 字符，如果选中“Wait for XON”则传输等待 XON 字符开始。其中“Hardware(RTS/CTS)”指的是硬件传输控制。RTS 信号为请求发送信号，控制数据传输设备的发送方式。主动时，数据可以传输；被动时，CTS 信号(清除发送)为 RTS 的确认信号，确认传输设备准备发送数据。

“Upload”：设置输入文件的存放目录，默认为当前目录。

“Download”：为输出文件所在目录。

完成参数设置后，要单击“Save”或“Save&Activate”保存该组参数，否则新设置的参数不会生效。

“Else”：选项保持默认即可。

二、系列数据备份

1. V.24 参数的设定

进行数据备份前，应首先确认接口数据设定，根据两种不同的备份方法，接口设定也只有两种：PC 格式与纸带格式，如图 6－24 所示。

810D/840D V.24 参数

设备	RTS CTS
波特率	9600
停止位	1
奇偶	None
数据位	8
XON	11
XOFF	13
传输结束	1a
XON 后开始	N
确认覆盖	N
CRLF 为段结束	N
遇 EOF 结束	N
测 DRS 信号	N
前后引导	N
磁带格式	N

(a) PC（二进制）格式

810D/840D V.24 参数

设备	RTS CTS
波特率	9600
停止位	1
奇偶	None
数据位	8
XON	11
XOFF	13
传输结束	1a
XON 后开始	N
确认覆盖	N
CRLF 为段结束	Y
遇 EOF 结束	Y
测 DRS 信号	N
前后引导	N
磁带格式	Y

(b) 纸带格式

图 6－24　810D/840D V.24 参数设定

(1) PCU20 V.24 参数设定的操作步骤：

“▭”(Switch－over 键)→“Service”→“V24

或 PG/PC”(垂直菜单)→“Settings” →用“ ”键来切换选项。

(2) PCU50 V. 24 参数设定的操作步骤:“ ”(Switch - over 键)→“Service”→“V24 或 PG/PC”(垂直菜单)→“Interface” →用“ ”键来切换选项。

2. PCU20 的数据备份

对 PCU20 作数据备份,一般是将数据传至外部计算机内。具体操作步骤如下:

(1) 连接 PG/PC 至 PCU 的接口 X6。

(2) 在 PCU 上操作:“ ”(如已在主菜单,则无此步)→“Service” →“V24 或 PG/PC”(垂直菜单)→“Settings”,进行 V. 24 参数设定并存储设定或激活(Active)(此步将 V. 24 设定为 PC 格式)。

(3) PG/PC 上,启动 PCIN 软件;并选择“Data In”;并给文件起名;同时确定目录;回车,使计算机处于等待状态(在此之前,PCIN 的 INI 中已设定为 PC 格式),如图 6 - 25 所示。

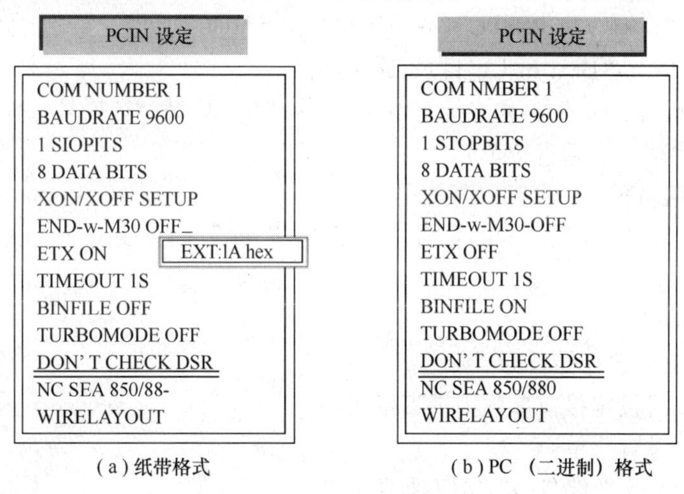

图 6 - 25 PCIN 参数设定

(4) 在 PCU 设定完 V. 24 参数后,返回;接着“Data Out”→移光标至“Start - up Data” →按“Input” 键(黄色键位于 NC 键盘上),移动光标选择“NCK”或“PLC”。

(5) 在 PCU 上按垂直菜单上的“Start”软件键。

(6) 在传输时,会有字节数变化以表示正在传输进行中,可以用“Stop”软件键停止传输。传输完成后可用“Log”查看记录。

3. PCU50 的数据备份

由于 MMC103 可带软驱、硬盘、NC 卡等,因此它的数据备份更加灵活,可选择不同的存储目标,以其为例介绍具体操作步骤。

(1) 在主菜单中选择“Service”操作区。

(2) 按扩展键“〉”→“Series Start - up”选择存档内容 NC、PLC、MMC,并定义存档文件名,建议最好是 MMC、NCK 和 PLC 的数据分开备份,文件名最好用系统默认的文件名加上日期。

(3) 从垂直菜单中,选择一个作为存储目标:

V. 24——指通过 V. 24 电缆传至外部计算机(PC);

PG——编程器(PG);

Disk——MMC 所带的软驱中的软盘;

Archive——硬盘；

NC Card——NC 卡。

选择其中 V. 24 和 PG 时，应按“Interface”软件键，设定接口 V. 24 参数。

(4) 若选择备份数据到硬盘，则“Archive”(垂直菜单)→“Start”。

三、分区备份

1. PCU20 分区备份

对于 PCU20，与系列备份不同的是：第一步，V. 24 参数设定为纸带格式；第二步，数据源不再是“Start - up Data”而是“Data”。

其余各步操作均相同，具体操作如下：

(1) 连 PC/PG 到 PCU。

(2) “Service” → “V24 PG/PC”(垂直菜单)→“Settings”(设定 V. 24 为纸带格式)；分区。

(3) 启动 PCIN →“Data In ”定目录，起文件名。

(4) PCU 上“Data Out” →移光标至“Data ” → “Input”键→选择某一种要备份的数据。

(5) PCU 上“Start”(垂直菜单)。

2. PCU50 分区备份

对于 PCU50，与系列备份不同的是第二步无需按扩展键，而直接按“Data Out”，具体步骤为：

(1) “Service”。

(2) “Data Out”。

(3) 从垂直菜单选存储目标。

(4) “Interface”设定接口参数为纸带格式。

(5) “Start”(垂直菜单)。

(6) 确定目录，起文件名→“OK”(垂直菜单)。

成功后在相应的目录中，会找到备份的文件。

四、数据的清除与恢复

恢复数据是把备份数据通过计算机或磁盘等再装入系统。在数据恢复前，要进行 NC 或 PLC 总清，一般先进行 NC 总清，再进行 PLC 总清。恢复数据时先恢复 NC 数据，然后再恢复 PLC 数据和 MMC 数据。

1. NC 总清和 PLC 总清

1) NC 总清

NC 总清操作步骤如下：

(1) 将 NC 启动开关 S3 置“1”位置。

(2) 重新启动 NC，如 NC 已启动，可按一下复位按钮 S1。

(3) 待 NC 启动成功，七端显示器显示“6”，将 S3 置“0”位置。NC 总清执行完成。

NC 总清后，SRAM 内存中的内容被全部清掉，所有机器数据(Machine Data)被预置为默认值。

2) PLC 总清

PLC 总清操作步骤如下：

(1) 将 PLC 启动开关 S4 置“2”位置，PS 灯会亮。

(2) 将 S4 置“3”位置，并保持 3s 等到 PS 等再次亮，PS 灯灭了又再亮。

(3) 在3s之内,快速地执行下述操作S4:“2”→“3”→“2”。PS灯先闪,后又亮,PF灯亮(有时PF灯不亮)。

(4) 等PS和PF灯亮了,S4置“0”位置,PS和PF灯灭,而PR灯亮。PLC总清执行完成。

PLC总清后,PLC程序可通过STEP7软件传至系统,如PLC总清后屏幕上有报警可作一次NCK复位(热启动)。

2. 数据恢复

恢复数据是指系统内的数据需要用存档的数据通过计算机或软驱等传入系统。它与数据备份是相反的操作。

1) PCU20(MMC100.2)的操作步骤

在PCU上:

① 连接PG/PC到系统PCU20;

② “Service”;

③ “Data In”;

④ “V24 PG/PC”(垂直菜单);

⑤ “Settings”,设定V24参数,完成后返回;

⑥ “Start”(垂直菜单)。

在PC上:

⑦ PC上启动PCIN软件;

⑧ “Data Out”→选中存档文件并回车。

2) PCU50的操作步骤(从硬盘上恢复数据)

① “Service”;

② 扩展键“〉”;

③ “Series Start - up”;

④ “Read Start - up Archive”(垂直菜单);

⑤ 找到存档文件,并选中“OK”;

⑥ “Start”(垂直菜单)。

无论是数据备份还是数据恢复,都是在进行数据的传送,传送的原则:一是永远是准备接收数据的一方先准备好,处于接收状态;二是两端参数设定一致。

模块3 西门子数控系统参数设定与应用

机床数据的设置与调整在数控机床的调试、维修过程中经常用到。机床数据涉及的方面较多,如轴数据、驱动数据、监控数据、优化数据、回参考点数据等。在设置和调整机床数据前,一定要清楚所要修改数据的定义和作用。修改机床数据一定要谨慎,以防止对数控系统或机床造成损坏。机床数据的修改分为了不同的保护等级,只有正确输入各个等级的保护口令,才能进行相应机床数据的修改。

一、数控系统机床数据的设置与调整方法

1. 机床数据保护等级

西门子810D/840D系统根据数据用途及作用将机床数据保护等级分成了8级,如表6-5

所列,分别是0~7级。0级是最高级,7级是最低级。其中0~3级为一类,需要输入口令密码;4~7级为一类,需要通过系统提供的钥匙进行控制。操作者只有通过特定的保护等级,才能修改相应等级以及该等级以下的机床数据。

表6-5 保护等级

保护等级	锁定	适用范围
0	密码	西门子厂家
1	密码:Sunrise(默认)	机床制造商
2	密码:Evening(默认)	服务/安装工程师
3	密码:Customer(默认)	用户的维修工程师
4	开关键位置3	编程和安装人员
5	开关键位置2	通过资格认证的操作者
6	开关键位置1	受过培训的操作人员
7	开关键位置0	一般操作人员

保护等级0~3要求输入密码。0等级的密码可以进入所有数据参数。密码激活后可以改变,但不推荐修改。如果忘记了密码,那么数控系统必须重新初始化。

保护等级4~7要求在机床控制面板上进行钥匙开关设置。有三种不同颜色的钥匙可供使用,每把钥匙分别可以进入特定的数据领域,如表6-6所列。

表6-6 钥匙位置含义

钥匙颜色	开关位置	保护等级
不使用钥匙	0	7
使用黑钥匙	0和1	6~7
使用绿钥匙	0到2	5~7
使用红钥匙	0到3	4~7

810D/840D系统中的机床数据具有不同的写/读保护等级,写/读保护等级是以 *i/j* 形式给出的,可以通过数控系统的手册查看每个机床数据的写/读保护等级。例如,MD10008具有2/7保护等级,2代表如果想改写该参数,操作者必须具有2级以上的口令;7代表读取该参数的级别是7级,也就是最低等级,无需口令即可以读取该数据。

2. 设置和调整方法

机床数据的设置与调整操作步骤如下:

(1)按“启动”软键,进入“启动”操作区域屏幕。

(2)按“设定口令”软键,根据修改机床数据的级别输入相应的口令,然后确认。

(3)按“机床数据”软键,进入机床数据屏幕,如图6-26所示,在水平菜单上将显示“通用机床数据”、“通道机床数据”、“轴机床数据”、“驱动配置”、“驱动机床数据”及“显示机床数据”等,按相应软键则进入相关数据区进行数据修改。

(4)利用“搜索”软键可以快速定位要修改的数据。

(5)数据修改完毕以后,根据数据行最右边的提示使机床数据生效。

如果用户的权限不足,则机床数据可能不被显示或者只能显示一部分。810D/840D数控系统提供了显示过滤器的功能,可以将显示内容限制在自己需要的数据上。显示过滤功能通过单击“Display Options”软键开启,如图6-27所示。通过此图可以对参数进行选择性显示。

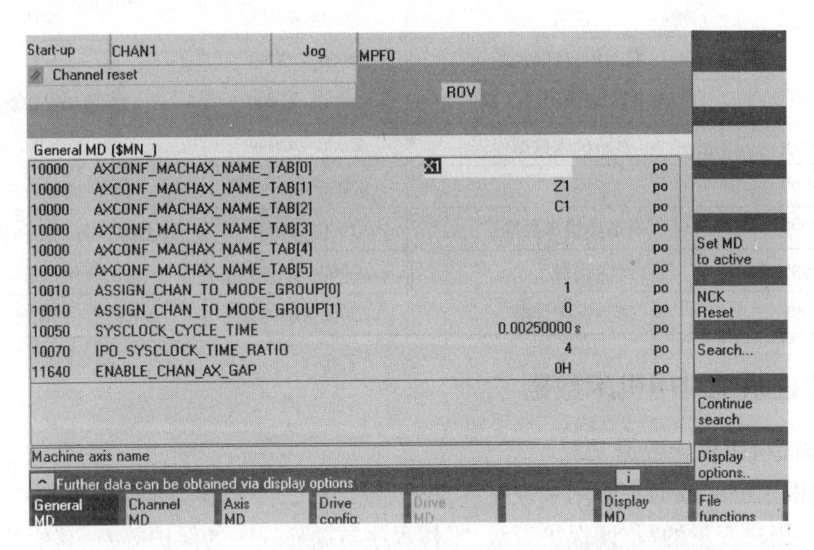

图 6-26　机床数据窗口

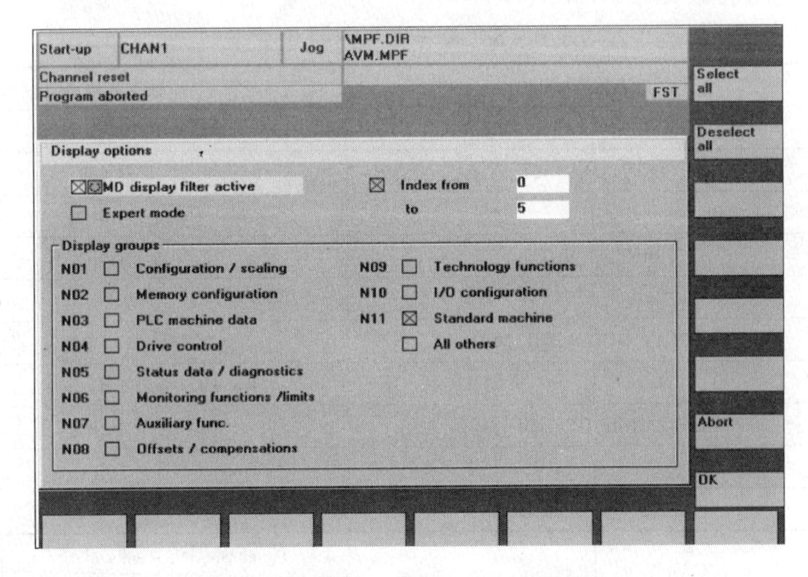

图 6-27　隐藏文件设置的选择显示屏幕

3. 数据生效方式

机床数据改变后，必须采用生效设置才能使修改的数据生效。每一个被修改的数据，在其数据行的最右端，显示了数据生效的方式。分别为：

（1）po：重新上电（Power On），系统断电重启动或按 NCU 模块面板上的“RESET”键使数据生效。

（2）cf：新配置（New_Conf），按 MMC 上的软键“Activate MD”使数据生效。

（3）re：复位（Reset），按控制单元上的“RESET”键使数据生效。

（4）so：立即（Immediately），值输入以后立即生效。

4. 机床数据分类

840D/810D 系统机器数据和设定数据分类如表 6-7 所列。

表 6-7 机器数据和设定数据分类表

区域	说明	区域	说明
1000 ~ 1799	驱动用机床数据	39000 ~ 39999	预留
9000 ~ 9999	操作面板用机床数据	41000 ~ 41999	通用设定数据
10000 ~ 18999	通用机床数据	42000 ~ 42999	通道类设定数据
19000 ~ 19999	预留	43000 ~ 43999	轴类设定数据
20000 ~ 28999	通道类机床数据	51000 ~ 61999	编译循环用通用机床数据
29000 ~ 29999	预留	62000 ~ 62999	编译循环用通道类机床数据
30000 ~ 38999	轴类机床数据	63000 ~ 63999	编译循环用轴类机床数据

二、数控系统常用机床数据

1. 操作面板用机床数据

操作面板用机床数据主要用来设置屏幕的显示方式、刀具参数的写/读保护等级、R 参数的保护等级、用户变量的写/读保护等级、零件程序与循环程序的保护等级、其他数据的保护等级等，如表 6-8 所列。

表 6-8 操作面板用机床数据

数据号	机床数据标识		数据名称说明	
默认值	最小值	最大值	生效方式	写/读保护级
9000	LCD_CONTRAST		对比度	
7	0	15	Power On 重新上电	3/4
9001	DISPLAY_TYPE		操作面板型号	
0	0	0		0/0
9002	DISPLAY_MODE(HMI EMB)		外部显示器(1:单色;2:彩色)	
0	0	2	Power On 重新上电	3/4
9003	FIRST_LANGUAGE(HMI EMB)		默认语言	
1	1	2	Power On 重新上电	3/4
9004	DISPLAY_RESOLUTION		显示分辨率	
3	0	5	Power On HMI - embedd., otherw. Immediately 重新上电 HMI 嵌入;否则,立即	3/4
9005	PRG_DEFAULT_DIR(HMI EMB)		程序目录基本设定	
1	1	5	Immediately 立即	3/4
9006	DISPLAY_BLACK_TIME(HMI EMB)		屏幕变黑时间	
0	0	60	Power On 重新上电	3/4
9007	TABULATOR_SIZE(HMI EMB)		制表长度	
4	0	30	Immediately 立即	3/4
9008	KEYBOARD_TYPE		键盘型号(0:OP,1:MFII/传统键盘)	
0	0	1	Power On 重新上电	3/4
9009	KEYBOARD_STATE		启动时键盘转移(0:单一,1:永久,2:CAPSLOCK)	

（续）

数据号	机床数据标识		数据名称说明	
默认值	最小值	最大值	生效方式	写/读保护级
0	0	2	Power On 重新上电	3/4
9010	SPIND_DISPLAY_RESOLUTION(HMI ADV)		显示主轴分辨率	
3	0	5	Immediately 立即	3/4
9011	DISPLAY_RESOLUTION_INCH		显示英制测量系统的分辨率	
4	0	5	Power On HMI - embedd. , otherw. Immediately 重新上电 HMI 嵌入;否则,立即	3/4
9012	ACTION_LOG_MODE		为行程记录器设置作用模式	
255	0	0xffff	Power On 重新上电	2/2
9013	SYS_CLOCK_SYNC_TIME(HMI EMB)		TimMMC 定时器和 PLC 同步时间	
0	0	199	Immediately 立即	0/0
9014	USE_CHANNEL_DISPLAY_DATA		使用通道专用显示机床数据	
0	0	1	Immediately 立即	3/4
9015	DARKTIME_TO_PLC(OP 30)		传输信号:屏幕变暗 - PLC	
0	0	1	Immediately 立即	3/4
9016	SWITCH_TO_AREA(OP 30)		可选的默认启动菜单	
10	10	79	Immediately 立即	3/4
9020	TECHNOLOGY		NC 编程和模拟技术	
0	0	2	Immediately 立即	3/4
9025	DISPLAY_BACKLIGHT		背景灯亮度级别(只用于 HT6)	
15	0	15	Power On 重新上电	3/4
9026	TEACH_MODE		激活示教模式(只用于 HT6)	
1	0	65535	Power On 重新上电	4/7
9027	NUM_AX_SEL		进给键的轴组数量(只使用 HT6)	
0	0	4	Power On 重新上电	3/4
9032	HMI_MONITOR		为 HMI 屏幕信息定义 PLC 数据	
—	—	—	Power On 重新上电	1/4
9033	MA_DISPL_INV_DIR_SPIND_M3(HMI ADV)		显示主轴旋转方向	
0x0000	0x0000	0x7FFFFFFF	Immediately 立即	3/4
9033	MA_DISPL_INV_DIR_SPIND_M3(HMI ADV)		显示主轴旋转方向	
0x0000	0x0000	0x7FFFFFFF	Immediately 立即	3/4
9050	STARTUP_LOGO		激活 OEM 启动屏	
0	0	1	Power On 重新上电	2/4
9051	PLC_ADDR_FOR_USER_HD_TEXT		标题栏中用户文本的 PLC 数据	
0	—	—	Power On 重新上电	1/4
9180	USER_CLASS_READ_TCARR(HMI EMB)		刀架偏移只读保护级	

（续）

数据号	机床数据标识		数据名称说明	
默认值	最小值	最大值	生效方式	写/读保护级
7	0	7	Immediately 立即	3/4
9181	USER_CLASS_WRITE_TCARR(HMI EMB)		刀架偏移可写保护级	
7	0	7	Immediately 立即	2/4
9182	USER_CLASS_INCH_METRIC(HMI EMB)		米/英制转换存储级	
7	0	7	Power On 重新上电	3/4
9200	USER_CLASS_READ_TOA		刀具偏移读保护级	
7	0	7	Immediately 立即	3/4
9201	USER_CLASS_WRITE_TOA_GEO		刀具几何写保护级	
7	0	7	Immediately 立即	3/4
9202	USER_CLASS_WRITE_TOA_WEAR		刀具磨损数据写保护级	
7	0	7	Immediately 立即	3/4
9204	USER_CLASS_WRITE_TOA_SC(HMI ADV)		改变刀具总偏移保护级	
7	0	7	Immediately 立即	3/4
9205	USER_CLASS_WRITE_TOA_EC(HMI ADV)		改变刀具设定偏移保护级	
7	0	7	Immediately 立即	3/4
9206	USER_CLASS_WRITE_TOA_SUPVIS(HMI ADV)		改变刀具极限监控保护级	
7	0	7	Immediately 立即	3/4
9210	USER_CLASS_WRITE_ZOA		零偏移设定写保护级	
7	0	7	Immediately 立即	3/4
9211	USER_CLASS_READ_GUD_LUD		读用户变量保护级	
7	0	7	Immediately 立即	3/4
9212	USER_CLASS_WRITE_GUD_LUD		写用户变量保护级	
7	0	7	Immediately 立即	3/4
9213	USER_CLASS_OVERSTORE_HIGH		存储扩展保护级	
7	0	7	Immediately 立即	3/4
9214	USER_CLASS_WRITE_PRG_CONDIT		程序控制保护级	
7	0	7	Immediately 立即	3/4
9215	USER_CLASS_WRITE_SEA		设定数据写保护级	
7	0	7	Immediately 立即	3/4
9216	USER_CLASS_READ_PROGRAM(HMI EMB)		读零件程序保护级	
7	0	7	Immediately 立即	3/4
9217	USER_CLASS_WRITE_PROGRAM(HMI EMB)		改变程序控制保护级	
7	0	7	Immediately 立即	3/4
9218	USER_CLASS_SELECT_PROGRAM		程序选择保护级	
7	0	7	Immediately 立即	3/4
9219	USER_CLASS_TEACH_IN		示教保护级	

（续）

数据号	机床数据标识		数据名称说明	
默认值	最小值	最大值	生效方式	写/读保护级
7	0	7	Immediately 立即	3/4
9220	USER_CLASS_PRESET		预设置保护级	
7	0	7	Immediately 立即	3/4
9221	USER_CLASS_CLEAR_RPA		删除 R 变量保护级	
7	0	7	Immediately 立即	3/4
9222	USER_CLASS_WRITE_RPA		写 R 变量保护级	
7	0	7	Immediately 立即	3/4
9223	USER_CLASS_SET_V24(HMI EMB)		R232 接口配置保护级	
7	0	7	Immediately 立即	3/4
9224	USER_CLASS_READ_IN(HMI EMB)		数据读入保护级	
7	0	7	Immediately 立即	3/4
9225	USER_CLASS_READ_CST(HMI EMB)		标准循环保护级	
7	0	7	Immediately 立即	3/4
9226	USER_CLASS_READ_CUS(HMI EMB)		用户循环保护级	
7	0	7	Immediately 立即	3/4
9227	USER_CLASS_SHOW_SBL2(HMI EMB)		跳转单程序段 2(SBL2)	
7	0	7	Immediately 立即	3/4
9228	USER_CLASS_READ_SYF(HMI EMB)		选择路径 SYF 存取级	
7	0	7	Immediately 立即	3/4
9229	USER_CLASS_READ_DEF(HMI EMB)		选择路径 DEF 存取级	
7	0	7	Immediately 立即	3/4

2. 通用机床数据

通用机床数据用于机床的一般设置，包括机床坐标轴名、刀具管理、系统 PLC 监控和响应等设置。通用机床数据如表 6－9 所列。

表 6－9　通用机床数据

数据号	机床数据标识			数据名称说明	
硬件/功能	标准值	最小值	最大值	生效方式	保护级
10000	AXCONF_MACHAX_NAME_TAB[n]			机床坐标轴名	
always	X1, Y1, Z1, A1, B1,C1,U1,…	—	—	Power On 重新上电	2/7
10008	MAXNUM_PLC_ CNTRL_AXES			最大 PLC 控制轴数	
always	0	0	12(NCU572), 4 其他	Power On 重新上电	2/7
10010	ASSIGN_CHAN_TO_MODE_GROUP [n]			方式组中有效通道	

（续）

数据号	机床数据标识			数据名称说明	
硬件/功能	标准值	最小值	最大值	生效方式	保护级
always	1, 0, 0, 0, 0, 0, 0, 0,0, 0, 0, …	0	1	Power On 重新上电	2/7
10050	SYSCLOCK_CYCLE_TIME			系统时钟循环	
NCU571	0.006	0.002	0.031	Power On 重新上电	2/7
NCU572	0.004	0.000125	0.031	Power On 重新上电	2/7
NCU573	—	0.000125	0.031	Power On 重新上电	2/7
NCU573， >1channels	0.004	—	—	Power On 重新上电	2/7
NCU573，>2 channels	0.008	—	—	Power On 重新上电	2/7
810D	0.0025	0.000625	0.04	Power On 重新上电	2/7
NCU573	0.0025	0.001	0.016	Power On 重新上电	2/7
10061	POSCTRL_CYCLE_TIME			位置控制循环时间	
always	0.0	—	—	Power On 重新上电	2/7
10062	POSCTRL_CYCLE_DELAY			位置控制循环偏移	
always	0.0	0.000	0.008	Power On 重新上电	2/7
Profibus adpt.	0.0007	0.000	0.008	Power On 重新上电	2/7
10100	PLC_CYCLIC_TIMEOUT			最大 PLC 循环时间	
HW - PLC	0.1	0.0	Plus(正)	Power On 重新上电	2/7
10110	PLC_CYCLE_TIME_AVERAGE			最大 PLC 响应时间	
always	0.05	0.0	Plus	Power On 重新上电	2/7
10120	PLC_RUNNINGUP_TIMEOUT			PLC 上电监控时间	
HW - PLC	50.0	0.0	Plus	Power On 重新上电	2/7
10190	TOOL_CHANGE_TIME			模拟换刀时间	
Fct:模拟	0	—	—	Power On 重新上电	2/7
10192	GEAR_CHANGE_WAIT_TIME			齿轮更换时间	
always	10.0	0.0	1.0e5	Power On 重新上电	2/7
10240	SCALING_SYSTEM_IS_METRIC			公制基本系统	
always	1	0	1	Power On 重新上电	2/7
10700	PREPROCESSING_LEVEL			编程预处理级	
always	1	0	31	Power On 重新上电	2/7
10702	IGNORE_SINGLEBLOCK_MASK			在单程序块模式中防止到达特定程序块时的停止	
always	0	0	0Xffff	Power On 重新上电	2/7
10704	DRYRUN_MASK			激活空转进给率	
always	0	0	1	Power On 重新上电	2/7

（续）

数据号	机床数据标识			数据名称说明	
硬件/功能	标准值	最小值	最大值	生效方式	保护级
10713	M_NO_FCT_STOPRE [n]			具有预处理停止的 M 功能	
always	-1, -1, -1, -1, -1, -1, -1, -1, -1, …	—	—	Power On 重新上电	2/7
10715	M_NO_FCT_CYCLE [n]			调用刀具更改循环的 M 号	
always	-1, -1, -1, -1, -1, -1, -1, -1, -1, …	—	—	Power On 重新上电	2/7
10716	M_NO_FCT_CYCLE_NAME [n]			M 功能的刀具更换循环名	
always	—	—	—	Power On 重新上电	2/7
10717	T_NO_FCT_CYCLE_NAME			T 功能的刀具更换循环名	
always	—	—	—	Power On 重新上电	2/7
10718	M_NO_FCT_CYCLE_PAR			用参数替代 M 功能	
always	-1	—	—	Power On 重新上电	2/7
10720	OPERATING_MODE_DEFAULT [n]			重新上电后的模式的初始设定 0:自动模式; 1:自动模式;2:MDA 模式; 3:MDA 模式;4:MD 模式,子模式 TEACH IN;5:MDA 模式,子模式回参考点;6:JOG 模式;7:JOG 模式,子模式回参考点	
always	7, 7, 7, 7, 7, 7, 7, 7, 7, 7	0	12	Power On 重新上电	2/7
11100	AUXFU_MAXNUM_GROUP_ASSIGN			辅助功能组中分配的辅助功能数	
always	1	1	255	Power On 重新上电	2/7
11110	AUXFU_GROUP_SPEC [n]: 0,…,63			辅助功能组定义 位 0 = 1:输出时间 10B1 位 1 = 1:输出时间 1PLC 基本循环 位 2:: - 位 3 = 1:接口处无输出 位 4: - 默认设置 位 5 = 1:移动前输出组 1 = 81H 位 6 = 1:移动时输出组 2 = 21H 位 7 = 1:程序末输出组 3 - 15 = 41H	
always	0x81, 0x21, 0x41, 0x41, 0x41, 0x41, …	—	—	Power On 重新上电	2/7
11210	UPLOAD_MD_CHANGES_ONLY			只备份修改的机床数据	
always	0xFF	—	—	Immediately 立即	3/7

（续）

数据号	机床数据标识			数据名称说明	
硬件/功能	标准值	最小值	最大值	生效方式	保护级
18080	MM_TOOL_MANAGEMENT_MASK			刀具管理(SRAM)逐步存储器保留 位0=1:正载入刀具管理数据 位1=1:正载入监控数据 位2=1:正载入OEM和CC数据 位3=1:考虑相邻位置的存储空间	
always	0x0	0	0xFFFF	Power On 重新上电	1/7
18082	MM_NUM_TOOL			NCK能够管理的刀具数量(SRAM)	
always	30	0	600	Power On 重新上电	2/7
18084	MM_NUM_MAGAZINE			NCK能够管理的刀库数量(SRAM)	
Fct.:刀具管理	3	0	32	Power On 重新上电	2/7
18086	MM_NUM_MAGAZINE_LOCATION			NCK能够管理的刀库位置数量(SRAM)	
Fct.:刀具管理	30	0	600	Power On 重新上电	2/7
18088	MM_NUM_TOOL_CARRIER			最大可定义刀架数量	
always	0	0	99999999	Power On 重新上电	2/7
18105	MM_MAX_CUTTING_EDGE_NO			D号的最大值	
always	9	1	32000	Power On 重新上电	2/7
18106	MM_MAX_CUTTING_EDGE_PERTOOL			每个刀具D号的最大数量	
always	9	1	12	Power On 重新上电	2/7
18160	MM_NUM_USER_MACROS			宏的数量(SRAM)	
Fct.:NC 存储器宏	10	0.0	Plus	Power On 重新上电	2/7

3. 基本通道机床数据

基本通道机床数据定义了某一个通道的 机床配置情况，如通道名称、通道内轴的名称、其他一些辅助功能等。常用的基本通道机床数据如表6－10所列。

表6－10 常用的基本通道机床数据

数据号	机床数据标识			数据名称说明	
硬件/功能	标准值	最小值	最大值	生效方式	保护级
20000	CHAN_NAME			通道名称	
always	通道1，通道2， 通道3，…	—	—	Power On 重新上电	2/7
20050	AXCONF_GEOAX_ASSIGN_TAB [n]: 0 ,…, 2			指定几何轴到通道轴	
always	{1, 2, 3}, {0, 0, 0}, {0, 0, …}	0	10	Power On 重新上电	2/7
20060	AXCONF_GEOAX_NAME_TAB [n]: 0 ,…, 2			通道中几何轴名	
always	{X, Y, Z}, {X, Y, Z}, {X, Y, …}	—	—	Power On 重新上电	2/7

（续）

数据号	机床数据标识			数据名称说明	
硬件/功能	标准值	最小值	最大值	生效方式	保护级
20070	AXCONF_MACHAX_USED [n]			通道中有效的机床轴号	
always	{1,2,3,4,0,0,0,0,0,0,0,…}	0	10	Power On 重新上电	2/7
20080	AXCONF_CHANAX_NAME_TAB [n]			通道中的通道轴名称	
always	{X, Y, Z, A, B, C,U, …}	0	1	Power On 重新上电	2/7
20094	SPIND_RIGID_TAPPING_M_NR			转换到控制轴模式的 M 功能	
always	70, 70, 70, 70, 70,70, 70, …	6	0x7FFF	Power On 重新上电	2/7
20110	RESET_MODE_MASK			在上电和复位后基本控制设置定义 每个位=0:当前值保留。 位0;复位模式;位1:刀具选择的辅助功能输出;位4:当前平面;位5:可设定Z0;位6:刀具长度补偿;位7:转化;位8:耦合动作;位9:切线随动;位10:同步主轴;位11:旋转进给率;位12:几何轴替换;位13:主值耦合	
always	0x0, 0x0, 0x0, 0x0, 0x0, …	0	0xFFFF	Reset	2/7
20112	START_MODE_MASK			在部分程序启动后定义基本控制设置 每个位=0:当前值保留。 位0:复位模式; 位1:刀具选择的辅助功能输出; 位4:当前平面;位5:可设定Z0; 位6:刀具长度补偿,位7:转化; 位8:耦合动作;位9:切线随动; 位10:同步主轴;位11:旋转进给率; 位12:几何轴替换;位13:主值耦合	
always	0x400,0x400,0x400	0	0x7FFF	Reset	2/7
20150	GCODE_RESET_VALUES [n]			G组的初始设定 选择一些G组 [0] 1 = G0, 2 = G01(Std) [5] 1 = G17(Std), 2 = G18, 3 = G19 [7] 1 = G500(Std), 2 = G54, 3 = G55, 4 = G56, 5 = G57 [9] 1 = G60(Std), 2 = G64, 3 = G641 [11] 1 = G601(Std), 2 = G602, 3 = G603 [12] 1 = G70, 2 = G71(Std) [13] 1 = G90(Std), 2 = G91 [14] 1 = G93, 2 = G94(Std), 3 = G95 [20] 1 = BRISK(Std), 2 = SOFT [22] 1 = CDOF(Std), 2 = CDON [23] 1 = FFWOF(Std), 2 = FFWON [28] 1 = DIAMOF(Std), 2 = DIAMON 更详细的信息,见程序指南 G代码定义取决于 MD 20110 与 MD 20112	

（续）

数据号	机床数据标识			数据名称说明	
硬件/功能	标准值	最小值	最大值	生效方式	保护级
always	{2, 0, 0, 1, 0, 1, 1, 1, …}	0.0	Plus	Reset	2/7
22000	AUXFU_ASSIGN_GROUP [n]: 0,…,254			辅助功能组	
always	{1, 1, 1, 1, 1, 1, 1, 1, 1 …}	1	64	Power On 重新上电	2/7
22010	AUXFU_ASSIGN_TYPE [n]: 0,…,254			辅助功能类型	
always	—	—	—	Power On 重新上电	2/7
22020	AUXFU_ASSIGN_EXTENSION [n]: 0,…,254			辅助功能扩展	
always	{0, 0, 0, 0, 0, 0, 0, 0, 0, …}	0	99	Power On 重新上电	2/7
22030	AUXFU_ASSIGN_VALUE [n]: 0,…,254			辅助功能值	
always	{0, 0, 0, 0, 0, 0, 0, 0, 0,…}	—	—	Power On 重新上电	2/7
22550	TOOL_CHANGE_MODE			M 功能的新刀具补偿	
always	{0, 0, 0, 0, 0, 0, 0, 0, 0, …}	0	1	Power On 重新上电	2/7
22560	TOOL_CHANGE_M_CODE			刀具交换的 M 功能	
always	6, 6, 6, 6, 6, 6, 6, 6,6, 6, 6, …	0	99999999	Power On 重新上电	2/7
22562	TOOL_CHANGE_ERROR_MODE			对刀具交换出错的反应	
always	0x0, 0x0, 0x0, 0x0, 0x0, …	0	0x7F	Power On 重新上电	2/7
27860	PROESSTIMER_MODE			激活程序运行时间计量	
always	0x00, 0x00, 0x00, …	0	0x07F	Reset	2/7
27880	PART_COUNTER			激活工作件计数	
always	0x0, 0x0, 0x0, 0x0, 0x0, …	0	0x0FFFF	Reset	2/7
27882	PART_COUNTER_MCODE [n]: 0,…,2			使用用户定义 M 指令的计算工件	
always	{2, 2, 2}, {2, 2, 2}, {2, 2, …}	0	99	Power On 重新上电	2/7
28050	MM_NUM_R_PARAM			通道专用 R 参数数(SRAM)	
always	100, 100, 100, 100, 100, …	0	32535	Power On 重新上电	2/7
28080	MM_NUM_USER_FRAMES			可设定框架数(SRAM)	
always	5, 5, 5, 5, 5, 5, 5, 5,, 5, 5, …	5	100	Power On 重新上电	2/7

4. 轴类机床数据

轴类机床数据是机床调试与维修人员应当熟悉掌握的数据。该类机床数据主要包括：进给轴/主轴的硬件配置数据；编码器等测量元件配置用数据；系统补偿数据；常用机床监控数据等。

轴配置机床数据，如表 6－11 所列。

表 6－11　轴配置机床数据

数据号	机床数据标识			数据名称说明	
硬件/功能	标准值	最小值	最大值	生效方式	保护级
30110	CTRLOUT_MODULE_NR [n]: 0,…,0			设定值指定：驱动器号/模块号	
always	1	1	10	Power On 重新上电	2/7

(续)

数据号	机床数据标识			数据名称说明	
硬件/功能	标准值	最小值	最大值	生效方式	保护级
30130	CTRLOUT_TYPE [n] : 0, …, 0			设定值输出类型	
always	0	0	3	Power On 重新上电	2/7
30132	IS_VIRTUAL_AX [n] : 0…, 0			轴是虚拟轴	
always	0	0	1	Power On 重新上电	2/7
30134	IS_UNIPOLAR_OUTPUT [n] : 0, …, 0			轴是虚拟轴	
Profibus adpt.	0	0	2	Power On 重新上电	2/7
30200	NUM_ENCS			编码器数	
always	1	0	1	Power On 重新上电	2/7
30220	ENC_MODULE_NR [n]			实际值指定:驱动器号/测量电路号	
always	1	1	10	Power On 重新上电	2/7
30240	ENC_TYPE [n]			实际值传感类型(实际位置值) 0:模拟 1:原信号发生器,高分辨率 2:方波编码器,标准编码器(脉冲一式四份) 3:步进电动机的编码器 4:带 EnDat 接口的绝对编码器 5:带 SSI 接口的绝对编码器(FM - NC)	
always	0, 0	0	5	Power On 重新上电	2/7
810DI	0, 0	0	4	Power On 重新上电	2/7
810D. 1	0, 0	0	4	Power On 重新上电	2/7
30242	ENC_IS_INDEPENDENT [n]			编码器是独立的	
always	0, 0	0	3	NEW CONF 新配置	2/7
30250	ACT_POS_ABS [n]			断电时的绝对编码器位置	
always	0. 0, 0. 0	—	属性:ODLD	Power On 重新上电	2/7
30260	ABS_INC_RATIO [n]			绝对编码器:绝对分辨率和增量分辨率间的比率	
always	4	0. 0	plus	Power On 重新上电	2/7
30300	IS_ROT_AX			旋转轴/主轴	
always	0	0	1	Power On 重新上电	2/7
30310	ROT_IS_MODULO			旋转轴/主轴的模数转化	
always	0	0	1	Power On 重新上电	2/7
30320	DISPLAY_IS_MODULO			旋转轴和主轴的系数 360°显示	
always	0	0	1	Power On 重新上电	2/7
30330	MODULO_RANGE			模数范围大小	
always	360. 0	1. 0	360000000. 0	Reset	2/7

（续）

数据号	机床数据标识			数据名称说明	
硬件/功能	标准值	最小值	最大值	生效方式	保护级
30340	MODULO_RANGE_START			模数范围起始位置	
always	0.0	—	—	Reset	2/7
30350	SIMU_AX_VDI_OUTPUT			模拟轴的轴信号输出	
always	0	0	1	Power On 重新上电	2/7
30600	FIX_POINT_POS [n]			带 G75 的轴固定值位置	
always	0.0, 0.0	—	—	Power On 重新上电	2/7
30800	WORKAREA_CHECK_TYPE			检查工作区域界限类型	
always	0	0	1	New CONF 新配置	2/7

编码器配置机床数据如表 6－12 所列。

表 6－12 编码器配置机床数据

数据号	机床数据标识			数据名称说明	
硬件/功能	标准值	最小值	最大值	生效方式	保护级
31000	ENC_IS_LINEAR[n]			直接测量系统(电子尺)	
always	0	0	1	Power On 重新上电	2/7
31010	ENC_GRID_POINT_DIST [n]			电子尺的分割点	
always	0.01, 0.01	0.0	plus	Power On 重新上电	2/7
31020	ENC_RESOL [n]			每转的编码器脉冲数	
always	2048	0.0	plus	Power On 重新上电	2/7
31030	LEADSCREW_PITCH			丝杠螺距	
always	10.0	0.0	plus	Power On 重新上电	2/7
31040	ENC_IS_DIRECT [n]			编码器直接安在机床上	
always	0	0	1	Power On 重新上电	2/7
31050	DRIVE_AX_RATIO_DENOM [n]: 0,…,5			负载变速箱分母	
always	1	1	2147000000	Power On 重新上电	2/7
31060	DRIVE_AX_RATIO_NUMERA [n]: 0,…,5			负载变速箱分子	
always	1	−2147000000	2147000000	Power On 重新上电	2/7
31070	DRIVE_ENC_RATIO_DENOM [n]			测量变速箱分母	
always	1	1	2147000000	Power On 重新上电	2/7
31080	DRIVE_ENC_RATIO_NUMERA [n]			测量变速箱分子	
always	1	1	2147000000	Power On 重新上电	2/7
31090	JOG_INCR_WEIGHT [n]			带 INC/手轮的增量计算	
always	0.001, 0.00254	—	—	Reset	2/7

闭环控制机床数据主要包括伺服增益、轴最大速度、点动速度、阻尼及滤波器等参数的设置，如表6-13所列。

表6-13　闭环控制机床数据

数据号	机床数据标识			数据名称说明	
硬件/功能	标准值	最小值	最大值	生效方式	保护级
32000	MAX_AX_VELO			最大轴速率	
always	10000.	0.0	plus	New CONF 新配置	2/7
32010	JOG_VELO_RAPID			在点动模式下的快速移度	
always	10000.	0.0	plus	Reset	2/7
32020	JOG_VELO			点动轴速率	
always	2000.	0.0	plus	Reset	2/7
32040	JOG_REV_VELO_RAPID			带快速进给修调的点动中的旋转进给率	
always	2.5	0.0	plus	Reset	2/7
32050	JOG_REV_VELO			点动中的旋转进给率	
always	0.5	0.0	plus	Reset	2/7
32060	POS_AX_VELO			定位轴速率的初始设定	
功能：定位轴	10000.	0.0	plus	Reset	2/7
32070	CORR_VELO			手轮修调的轴速率，外部ZO，控制车削，位移控制	
always	50.0	0.0	plus	Reset	2/7
32074	FRAME_OR_CORRPOS_NOTALLOWED			旋转轴固定进给率	
always	0	0	0x3FF	Power On 重新上电	2/7
32080	HANDWH_MAX_INCR_SIZE			所选取增量的限制	
always	0.0	0.0	plus	Reset	2/7
32084	HANDWH_STOP_COND			考虑手轮的VDI信号控制 位意义： 位=0：中断及/或获取手轮通道位移； 位=1：中止进给运行，无获取； 位0：进给率修调； 位1：主轴修调； 位2：进给停止/主轴停止； 位3：定位过程运行； 位4：伺服使能； 位5：脉冲使能 对于机床轴： 位6=0：对于手轮行程在 MD JOG_VELO 中的最大进给率 位6=1：对于手轮行程在 MD MAX_AX_VELO 中的最大进给率 位7=0：修调对手轮行程有效 位7=1：修调独立于开关对手轮行程100%有效，而开关0%有效	

（续）

数据号	机床数据标识			数据名称说明	
硬件/功能	标准值	最小值	最大值	生效方式	保护级
always	0xFF	0	0x3FF	Reset	2/7
32090	HANDWH_VELO_OVERLAY_FACTOR			JOG 速率对手轮速率的比率(DRF)	
always	0.5	0.0	plus	Reset	2/7
32100	AX_MOTION_DIR			移动方向(无控制方向)	
always	1	-1	1	Power On 重新上电	2/7
32110	ENC_FEEDBACK_POL [n]			实际值符号(控制方向)	
always	1	-1	1	Power On 重新上电	2/7
32200	POSCTRL_GAIN [n]			伺服增益系数	
always	1	0	2	New Conf 新配置	2/7
32250	RATED_OUTVAL [n]			额定输出电压	
always	80.0	0.0	plus	New Conf 新配置	2/7
Profib.,not 611D	0.0	0.0	plus	New Conf 新配置	2/7
32260	RATED_VELO [n]			额定电动机速度	
always	3000	0.0	plus	New Conf 新配置	2/7
32300	MAX_AX_ACCEL			轴加速度	
always	1	0	***	New Conf 新配置	2/7
32400	AX_JERK_ENABLE			轴向突变限制	
always	0	0	1	New Conf 新配置	2/7
32440	LOOKAH_FREQUENCY			前馈的平滑频率	
always	10.	0.0	plus	New Conf 新配置	2/7
32940	POSCTRL_OUT_FILTER_TIME			在位置控制器输出的低通滤波器时间常量	
always	0.0	0.0	plus	New Conf 新配置	2/7
32950	POSCTRL_DAMPING			伺服回路阻尼	
always	0.0	—	—	New Conf 新配置	2/7
32960	POSCTRL_ZERO_ZONE [n]			位置控制器的零速区域	
always	0.0	0.0	plus	New Conf 新配置	2/7
32990	POSCTRL_DESVAL_DELAY_INFO [n]: 0,…,2			实际需要的位置延迟	
always	0.0	—	—	New Conf 新配置	2/7
33000	FIPO_TYPE			精细插补器类型(1:微分 FIPO;2:立方 FIPO)	
always	2	1	3	Power On 重新上电	2/7

系统补偿用机床数据如表 6-14 所列。

表6-14　系统补偿用机床数据

数据号	机床数据标识			数据名称说明	
硬件/功能	标准值	最小值	最大值	生效方式	保护级
32450	BACKLASH [n]			丝杠反向间隙	
always	0	—	—	New Conf 新配置	2/7
32452	BACKLASH_FACTOR [n]: 0,…,5			丝杠反向间隙补偿加权因数	
always	1.0	0.01	100.0	New Conf 新配置	2/7
32490	FRICT_COMP_MODE [n]			摩擦力补偿类型 0:无补偿;1:带恒定注入值的补偿; 2:通过中间程序段获得的特性补偿(选件)	
always	1	0	2	Power On 重新上电	2/7
810D.1	1	0	1	Power On 重新上电	2/7
32500	FRICT_COMP_ENABLE			摩擦力补偿有效	
always	0	0	1	New Conf 新配置	2/7
32510	FRICT_COMP_ADAPT_ENABLE [n]			自适应摩擦力补偿有效	
always	0	0	1	New Conf 新配置	2/7
32520	FRICT_COMP_CONST_MAX [n]			最大摩擦力补偿值	
always	0.0	0.0	plus	New Conf 新配置	2/7
32530	FRICT_COMP_CONST_MIN [n]			最小摩擦力补偿值	
always	0.0	0.0	plus	New Conf 新配置	2/7
32540	FRICT_COMP_TIME [n]			摩擦力补偿时间常量	
always	0.015	0.0	plus	New Conf 新配置	2/7
32610	VELO_FFW_WEIGHT [n]			速度前馈控制的进给系数	
always	1.0	0.0	plus	New Conf 新配置	2/7
32620	FFW_MODE			前馈控制类型 0:无前馈控制; 1:速度前馈控制; 2:速度和扭矩前馈控制	
always	1	0	4	Reset	2/7
32630	FFW_ACTIVATION_MODE			从程序激活前馈控制	
always	1	—	—	Reset	2/7
32700	ENC_COMP_ENABLE [n]			插补补偿	
always	0	0	1	New Conf 新配置	2/7
32710	CEC_ENABLE			使能垂度补偿	
always	0	0	1	New Conf 新配置	2/7
32711	CEC_SCALING_SYSTEM_METRIC			垂度补偿的测量系统	
Fct.: CEC	1	0	1	New Conf 新配置	2/7
32720	CEC_MAX_SUM			垂度补偿的最大补偿值	
Fct.: CEC	1.0	0	10.0	New Conf 新配置	2/7
Fct.: CEC embg.	—	0	1.0	New Conf 新配置	2/7

（续）

数据号	机床数据标识			数据名称说明	
硬件/功能	标准值	最小值	最大值	生效方式	保护级
32730	CEC_MAX_VELO			参考至 MD32000 的垂度补偿的最大变化值	
Fct.：CEC	10.0	0	100.0	New Conf 新配置	2/7
32750	TEMP_COMP_TYPE			温度补偿类型	
Fct.：CEC	0	0	1	New Conf 新配置	2/7

回参考点用机床数据如表 6 - 15 所列。

表 6 - 15　回参考点用机床数据

数据号	机床数据标识			数据名称说明	
硬件/功能	标准值	最小值	最大值	生效方式	保护级
34000	REFP_CAM_IS_ACTIVE			坐标轴有返回参考点挡块开关	
always	1	0	1	Reset	2/7
34010	REFP_CAM_DIR_IS_MINUS			负方向回参考点	
always	0	0	1	Reset	2/7
34020	REFP_VELO_SEARCH_CAM			回参考点速率	
always	5000.0	0.0	plus	Reset	2/7
34030	REFP_MAX_CAM_DIST			到挡块开关的最大位移	
always	10000.0	0.0	plus	Reset	2/7
34040	REFP_VELO_SEARCH_MARKER [n]			爬行速率	
always	300.0	0.0	plus	Reset	2/7
34050	REFP_SEARCH_MARKER_REVERSE [n]			反向到参考点挡块开关	
always	0	0	1	Reset	2/7
34060	REFP_MAX_MARKER_DIST [n]			到参考标记的最大位移 到 2 个参考标记的最大位移 用于位移编码测量系统	
always	20.0	0.0	plus	Reset	2/7
34070	REFP_VELO_POS			参考点定位速率	
always	10000.0	0.0	plus	Reset	2/7
34080	REFP_MOVE_DIST [n]			参考点位移	
always	-2.0	—	—	Reset	2/7
34090	REFP_MOVE_DIST_CORR [n]			参考点偏移/绝对位移编码偏移	
always	0.0	—	—	Reset	2/7
34092	REFP_CAM_SHIFT [n]			带等距离零标记的增量系统的电子凸轮偏移	
always	0.0	0.0	plus	Reset	2/7
34093	REFP_CAM_MARKER_DIST [n]			电子挡块与零标记间的距离	

（续）

数据号	机床数据标识			数据名称说明	
硬件/功能	标准值	最小值	最大值	生效方式	保护级
always	0.0	—	—	Reset	2/7
34100	REFP_SET_POS [n]：0,…,3			参考点的设定位置值	
always	0.0	45000000	45000000	Reset	2/7
34110	REFP_CYCLE_NR			在通道专用参考点的轴顺序 -1：对 NC 启动无必须参考点； 0：无通道专用回参考点； 1~15：通道专用中回参考点的顺序	
always	1	-1	10	Reset	2/7
34200	ENC_REFP_MODE [n]			参考点模式 0：不回参考点；若绝对编码器存在，接受 REFP_SET_POS； 1：零脉冲（在编码器跟踪时）； 2：BERO； 3：位移编码参考标记； 4：带双边沿的 Bero； 5：BERO 凸轮； 6：参考点编码器的测量系统校准； 7：带主轴的带 conf. 速度的 BERO	
always	1	0	7	Power On 重新上电	2/7
34210	ENC_REFP_STATE [n]			状态绝对编码器 0：编码器没调整； 1：使能编码器调整； 2：编码器已调整	
always	0	0	2	IMMEDIATELY 立即	2/7
34220	ENC_ABS_TURNS_MODULO [n]			旋转编码器的绝对值编码器范围	
always	4096	1	100000	Power On 重新上电	2/7
34230	ENC_SERIAL_NUMBER [n]			编码器序列号	
always	0	—	—	Power On 重新上电	2/7

主轴设置用机床数据主要包括主轴转速、主轴换挡、主轴控制等数据，如表 6-16 所列。

表 6-16　主轴设置用机床数据

数据号	机床数据标识			数据名称说明	
硬件/功能	标准值	最小值	最大值	生效方式	保护级
35000	SPIND_ASSIGN_TO_MACHAX			指定主轴到机床轴	
always	0	0	10	Power On 重新上电	2/7
35010	GEAR_STEP_CHANGE_ENABLE			主轴齿轮级变化有效	
always	0	0	2	Reset	2/7
35020	SPIND_DEFAULT_MODE			初始主轴设置 0/1:无/带位置控制的速度模式; 2:定位模式;3:轴模式	
always	0	0	3	Reset	2/7
35030	SPIND_DEFAULT_ACT_MASK			初始主轴设定有效时的时间 0:重新上电;1:程序开始; 2:复位(M2/M30)	
always	0x00	0	0x03	Reset	2/7
35032	SPIND_FUNC_Reset_MODE			单个主轴功能的复位反应	
always	0x00	0	0x01	Power On 重新上电	2/7
35035	SPIND_FUNCTION_MASK			主轴功能	
always	0x100	0	0x137	Reset	2/7
35040	SPIND_ACTIVE_AFTER_RESET			主轴复位后自动恢复	
always	0	0	1	Power On 重新上电	2/7
35100	SPIND_VELO_LIMIT			最大主轴速度	
always	10000	0.0	plus	Power On 重新上电	2/7
35110	GEAR_STEP_MAX_VELO [n]			齿轮换挡的最大速度	
always	500	0.0	plus	New Conf 新配置	2/7
35120	GEAR_STEP_MIN_VELO [n]			齿轮换挡的最小速度	
always	50	0.0	plus	New Conf 新配置	2/7
35130	GEAR_STEP_MAX_VELO_LIMIT [n]			主轴各挡最高转速限制	
always	500	0.0	plus	New Conf 新配置	2/7
35140	GEAR_STEP_MIN_VELO_LIMIT [n]			主轴各挡最低转速限制	
always	5	0.0	plus	New Conf 新配置	2/7
35150	SPIND_DES_VELO_TOL			主轴速度公差	
always	0.1	0.0	1.0	Reset	2/7
35160	SPIND_EXTERN_VELO_LIMIT			PLC 上的主轴速度限制	
always	1000	0.0	plus	New Conf 新配置	2/7
35200	GEAR_STEP_SPEEDCTRL_ACCEL [n]			在速度控制模式下的加速度	
always	30	2	* * *	New Conf 新配置	2/7
35210	GEAR_STEP_POSCTRL_ACCEL [n]			在位置控制模式下的加速度	
always	30	2	* * *	New Conf 新配置	2/7

（续）

数据号	机床数据标识			数据名称说明	
硬件/功能	标准值	最小值	最大值	生效方式	保护级
35220	ACCEL_REDUCTION_SPEED_POINT			减小的加速度的速度	
always	1.0	0.0	1.0	Reset	2/7
35230	ACCEL_REDUCTION_FACTOR			减小的加速度的因子	
always	0.0	0.0	0.95	Reset	2/7
35240	ACCEL_TYPE_DRIVE			加速度类型	
功能:步进电动机	0	0	1	Reset	2/7
35242	ACCEL_REDUCTION_TYPE			加速度减小类型	
功能:步进电动机	1	0	2	Reset	2/7
35300	SPIND_POSCTRL_VELO			位置控制接通速度	
always	500	0.0	plus	New Conf 新配置	2/7
35310	SPIND_POSIT_DELAY_TIME [n]			定位延迟时间	
always	0.0, 0.05, 0.1, 0.2,0.4, 0.8	0.0	plus	New Conf 新配置	2/7
35350	SPIND_POSITIONING_DIR			在定位时的旋转方向	
always	3	3	4	Reset	2/7
35400	SPIND_OSCILL_DES_VELO			摆动速度	
always	500	0.0	plus	New Conf 新配置	2/7
35410	SPIND_OSCILL_ACCEL			摆动过程中的加速度	
always	16	2	* * *	New Conf 新配置	2/7
35430	SPIND_OSCILL_START_DIR			摆动过程中的起始方向 0~2:作为旋转最终方向(零速度 M3); 3: M3 方向; 4: M4 方向	
always	0	0	4	Reset	2/7
35440	SPIND_OSCILL_TIME_CW			M3 方向的摆动时间	
always	1.0	0.0	plus	New Conf 新配置	2/7
35450	SPIND_OSCILL_TIME_CCW			M4 方向的摆动时间	
always	0.5	0.0	plus	New Conf 新配置	2/7
35500	SPIND_ON_SPEED_AT_IPO_START			在设置范围主轴的进给率使能	
always	1	0	2	Reset	2/7
35510	SPIND_STOPPED_AT_IPO_START			主轴停止后的进给率使能	
always	0	0	1	Reset	2/7
35590	PARAMSET_CHANGE_ENABLE			参数设定可改变	
always	0	0	2	Power On 重新上电	2/7

监控用机床数据主要包括定位数据、软限位、速度监控、轮廓监控等数据，如表6－17所列。

表6－17 监控用机床数据

数据号	机床数据标识			数据名称说明	
硬件/功能	标准值	最小值	最大值	生效方式	保护级
36000	STOP_LIMIT_COARSE			精确粗准停	
always	0.04	0.0	plus	New Conf 新配置	2/7
36010	STOP_LIMIT_FINE			精确精准停	
always	0.01	0.0	plus	New Conf 新配置	2/7
36012	STOP_LIMIT_FACTOR [n]：0，…，5			精确精/粗准停和零速度的系数	
always	1.0	0.001	1000.0	New Conf 新配置	2/7
36020	POSITIONING_TIME			精准停延迟时间	
always	1.0	0.0	plus	New Conf 新配置	2/7
36030	STANDSTILL_POS_TOL			零速公差	
always	0.2	0.0	plus	New Conf 新配置	2/7
36040	STANDSTILL_DELAY_TIME			零速度控制延迟	
always	0.4	0.0	plus	New Conf 新配置	2/7
36042	FOC_STANDSTILL_DELAY_TIME			带有效扭矩或力限制的零速监控延迟时间(FOC)	
always	0.4	0.0	plus	New Conf 新配置	2/7
36050	CLAMP_POS_TOL			夹紧公差	
always	0.5	0.0	plus	New Conf 新配置	2/7
36052	STOP_on_CLAMPING			带夹紧轴的特殊功能	
always	0	0	0x07	New Conf 新配置	2/7
36060	STANDSTILL_VELO_TOL			最大速率/速度“轴/主轴停止”	
always	5.0	0.0	plus	New Conf 新配置	2/7
36100	POS_LIMIT_MINUS			第一软件限位开关负	
always	-100000000	—	—	New Conf 新配置	2/7
36110	POS_LIMIT_PLUS			第一软件限位开关正	
always	100000000	—	—	New Conf 新配置	2/7
36120	POS_LIMIT_MINUS2			第二软件限位开关负	
always	-100000000	—	—	New Conf 新配置	2/7
36130	POS_LIMIT_PLUS2			第二软件限位开关正	
always	100000000	—	—	New Conf 新配置	2/7
36200	AX_VELO_LIMIT [n]：0，…，5			速率监控门槛值	
always	11500	0.0	plus	New Conf 新配置	2/7
36210	CTRLOUT_LIMIT [n]：0，…，0			最大速度设定值	
always	110.0	0	200	New Conf 新配置	2/7
36220	CTRLOUT_LIMIT_TIME [n]：0，…，0			速度设定值监控延迟时间	

（续）

数据号	机床数据标识			数据名称说明	
硬件/功能	标准值	最小值	最大值	生效方式	保护级
always	0.0	0.0	plus	New Conf 新配置	2/7
36300	ENC_FREQ_LIMIT [n]			编码器极限频率	
always	300000	0.0	plus	Powe On 重新上电	2/7
36400	CONTOUR_TOL			轮廓监控公差带	
always	1.0	0.0	plus	New Conf 新配置	2/7
36500	ENC_CHANGE_TOL			位置实际值转换的最大公差	
always	0.1	0.0	plus	New Conf 新配置	2/7
36510	ENC_DIFF_TOL			测量系统同步的公差	
always	0.0	0.0	plus	New Conf 新配置	2/7
38000	MM_ENC_COMP_MAX_POINTS [n]			插补补偿的中间点号(SRAM)	
always	0	0	5000	Powe On 重新上电	2/7
38010	MM_QEC_MAX_POINTS [n]			带中间程序段的象限错误补偿的值数	
功能:QEC	0	0	1040	Powe On 重新上电	2/7

5. 机床设定数据

机床设定数据可以根据实际的机床情况进行调整。对机床数据的修改可以通过零件程序的方法进行,也可以通过机床操作面板上的参数调整区进行。通常需要调整的机床数据如表6－18～表6－20所列。

（1）通用设定数据如表6－18所列。

表6－18　通用设定数据

数据号	机床数据标识	数据名称说明	标准值
41010	JOG_VAR_INCR_SIZE	JOG 可变增量的大小	0
41050	JOG_CONT_MODE_LEVELTRIGGRD	JOG 连续:(1)Jog 方式/(0)连续操作	1
41100	JOG_REV_IS_ACTIVE	JOG 模式:(1)旋转进给率/(0)进给率	0
41110	JOG_SET_VELO	JOG 中的轴速率	0.0
41120	JOG_REV_SET_VELO	JOG 方式下的轴旋转进给率	0.0
41130	JOG_ROT_AX_SET_VELO	JOG 方式下旋转轴的轴速率	0
41200	JOG_SPIND_SET_VELO	主轴 JOG 方式的速度	0.0
41300	CEC_TABLE_ENABLE [n]	补偿表的默认选择	0
41310	CEC_TABLE_WEIGHT [n]	补偿表的默认系数选择	1.0

（2）通道专用设定数据如表6－19所列。

表6－19　通用设定数据通道专用设定数据

数据号	机床数据标识	数据名称说明	标准值
42000	THREAD_START_ANGLE	螺纹的起始角	0
42010	THREAD_RAMP_DISP [n]	攻丝时坐标轴加速度性能	－1
42100	DRY_RUN_FEED	空运行进给率	5000.0

（续）

数据号	机床数据标识	数据名称说明	标准值
42101	DRY_RUN_FEED_MODE	测试运行速率模式	0
42110	DEFAULT_FEED	路径进给默认值	0
42140	DEFAULT_SCALE_FACTOR_P	地址 P 的默认比例系数	1
42150	DEFAULT_ROT_FACTOR_R	地址 R 的默认旋转系数	0
42160	EXTERN_FIXED_FEEDRATE_F1_F9 [n]: 0,…,9	F1～F9 的固定进给率	0
42162	EXTERN_DOUBLE_TURRET_DIST	双刀架刀具位移	0
42300	COUPLE_RATIO_1 [n]: 0,…,1	同步主轴模式的速度比率，分子(0)，分母(1)	0
42400	PUNCH_DWELLTIME	单冲和步冲的暂停时间	1.0
42402	NIBPUNCH_PRE_START_TIME	G603 的延时(单冲/步冲)	0.02
42404	MINTIME_BETWEEN_STROKES	两次冲击间的最小时间	0.0
42440	FRAME_OFFSET_INCR_PROG	增量编程的零偏移移动	1
42442	TOOL_OFFSET_INCR_PROG	增量编程的零偏移移动	1
42444	TARGET_BLOCK_INCR_PROG	计算查询运行后的结束方式	1
42450	CONTPREC	轮廓精度	0.1
42460	MINFEED	Cprecon 的最小路径进给率	1.0
42465	SMOOTH_CONTUR_TOL	平滑时的最大轮廓公差	0.05
42466	SMOOTH_ORI_TOL	平滑时的最大角度公差刀具定向	0.05
42470	CRIT_SPLINE_ANGLE	主轴和多项式插补的临界角度	36.0
42480	STOP_CUTCOM_STOPRE	带刀具半径补偿和预处理停止的报警反应	1
42490	CUTCOM_G40_STOPRE	预处理停止时的 TRC 退回性能	0
42494	CUTCOM_ACT_DEACT_CTRL	刀具半径补偿的接近和退回性能	2222
42500	SD_MAX_PATH_ACCEL	最大通路径加速度	10000
42600	JOG_FEED_PER_REV_SOURCE	JOG 中的控制旋转进给率	0.0
42800	SPIND_ASSIGN_TAB [n]: 0,…,5	主轴变频器	0
42900	MIRROR_TOOL_LENGTH	带镜像加工的刀具长度符号变化	0
42910	MIRROR_TOOL_WEAR	带镜像加工的刀具磨损符号变化	0
42920	WEAR_SIGN_CUTPOS	取决于刀具点方向的刀具磨损符号	0
42930	WEAR_SIGN	磨损符号	0
42960	TOOL_TEMP_COMP [n]: 0,…,2	刀具温度补偿	0.0
42990	MAX_BLOCKS_IN_IPOBUFFER	在 IPO 缓冲器中的数据块最大号	-1

（3）轴专用设定数据如表 6-20 所列。

表 6-20 轴专用设定数据

数据号	机床数据标识	数据名称说明	标准值
43200	SPIND_S	由 VDI 启动的主轴速度	0.0
43202	SPIND_CONSTCUT_S	由 VDI 启动的主轴恒定切削速度	0.0
43210	SPIND_MIN_VELO_G25	编程主轴速度限制 G25	0.0
43220	SPIND_MAX_VELO_G26	编程主轴速度限制 G26	1000
43230	SPIND_MAX_VELO_LIMS	主轴速度限制 G96	100
43240	M19_SPOS	用 M19 定位主轴的主轴位置	0.0
43250	M19_SPOSMODE	用 M19 定位主轴的主轴位置逼近方式	0
43300	ASSIGN_FEED_PER_REV_SOURCE	定位轴/主轴的旋转进给率	0
43340	EXTERN_REF_POSITION_G30_1	用 G30.1 的参考点位置	0.0
43400	WORKAREA_PLUS_ENABLE	在正方向的工作区域限制有效	0
43410	WORKAREA_MINUS_ENABLE	在负方向工作区域限制有效	0
43420	WORKAREA_LIMIT_PLUS	工作区域限制正	10000000
43430	WORKAREA_LIMIT_MINUS	工作区域限制负	-10000000
43500	FIXED_STOP_SWITCH	选择移动到固定停止	0
43510	FIXED_STOP_TORQUE	固定停止夹紧扭矩	5.0
43520	FIXED_STOP_WINDOW	固定停止监视窗口	1.0
43600	IPOBRAKE_BLOCK_EXCHANGE	“制动斜坡”程序段改变准则	0.0
43700	OSCILL_REVERSE_POS1	摆动反转点 1	0.0
43710	OSCILL_REVERSE_POS2	摆动反转点 2	0.0
43720	OSCILL_DWELL_TIME1	摆动反转点 1 的保持时间	0.0
43730	OSCILL_DWELL_TIME2	在摆动反转点 2 的保持时间	0.0
43740	OSCILL_VELO	互换轴进给率	0.0
43760	OSCILL_END_POS	互换轴终端位置	0.0
43770	OSCILL_CTRL_MASK	摆动顺序控制屏幕格式	0
43780	OSCILL_IS_ACTIVE	打开摆动动作	0
43900	TEMP_COMP_ABS_VALUE	位置无关的温度补偿值	0.0
43910	TEMP_COMP_SLOPE	位置相关的温度补偿系数	0.0
43920	TEMP_COMP_REF_POSITION	位置相关温度补偿的参考位置	0.0

模块 4 810D/840D 数控系统的 PLC 调试

一、STEP 7 软件安装

1. 软硬件安装要求

1）硬件要求

（1）能够运行所需操作系统的编程器(PG)或者 PC。PG 是专门为在工业环境中使用而设计的 PC 机。它已经预装了包括 STEP 7 在内的用于 SIMATIC PLC 组态、编程所需的软件。

(2) CPU:主频 600MHz 以上。

(3) RAM:128MB 内存以上。

(4) 剩余硬盘空间:300 ~ 600MB(视安装选项不同而定)。

(5) 显示设备:支持 1024 × 768 分辨率,32 位色。

(6) 具有 PC 适配器、CP5611 或 MPI 卡。

2) 软件要求

STEP 7 V5.3 可以安装在下列操作系统平台上:

(1) MS Windows 2000(SP3 补丁)。

(2) MS Windows XP 专业版(SP1 补丁),注意该软件不支持 Windows XP 家庭版。

上述操作系统需要安装 Microsoft Internet Explorer 6.0(或以上)版本。

2. 安装 STEP 7 软件

(1) 在 Windows 2000/XP 操作系统中必须具有管理员(Administrator)权限才能进行 STEP 7 的安装。运行 STEP 7 安装光盘上的 Setup.exe 开始安装。STEP 7 V5.3 的安装界面同大多数 Windows 应用程序相似。在整个安装过程中,安装程序一步一步地指导用户如何进行。安装过程中,有一些选项需要用户选择。安装语言选择英语。

(2) 选择需要安装的程序,如图 6-28 所示。

- 【Acrobat Reader 5.0】:PDF 文件阅读器,如果用户的 PC 机上已经安装了该软件,可不必选择。
- 【STEP 7 V5.3】:STEP 7 V5.3 集成软件包。
- 【S7-SCL V5.3】:西门子 S7-300/400 系列 PLC 结构化编程语言编辑器。
- 【S7-GRAPH V5.3】:西门子 S7-300/400 系列 PLC 顺序控制图形编程语言编辑器。
- 【S7-PLCSIM V5.3】:西门子 S7-300/400 系列 PLC 仿真调试软件。
- 【Automation License Manager V1.1】:西门子公司自动化软件产品的授权管理工具。

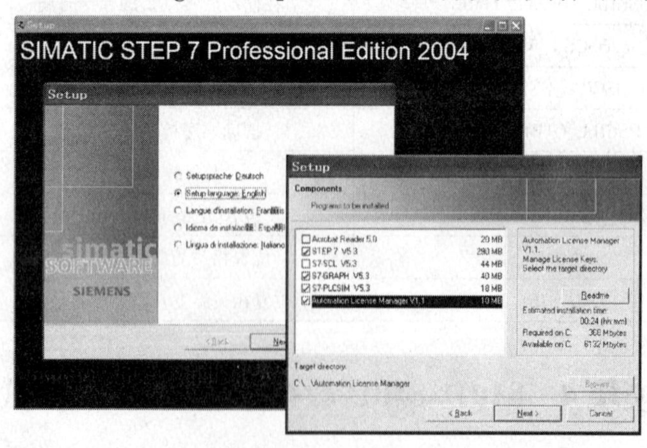

图 6-28　安装程序选择窗口

(3) 如图 6-29 所示,在 STEP 7 的安装过程中,有三种安装方式可选:

- 典型安装【Typical】:安装所有语言、所有应用程序、项目示例和文档。对于初学者建议采用该安装方式。
- 最小安装【Minimal】:只安装一种语言和 STEP 7 程序,不安装项目示例和文档。
- 自定义安装【Custom】:用户可选择希望安装的程序、语言、项目示例和文档。

（4）在安装过程中，安装程序将检查硬盘上是否有授权（License Key）。如果没有发现授权，会提示用户安装授权。可以选择在安装程序的过程中就安装授权，如图 6－30 所示，或者稍后再执行授权程序。在前一种情况中，应插入授权软盘。

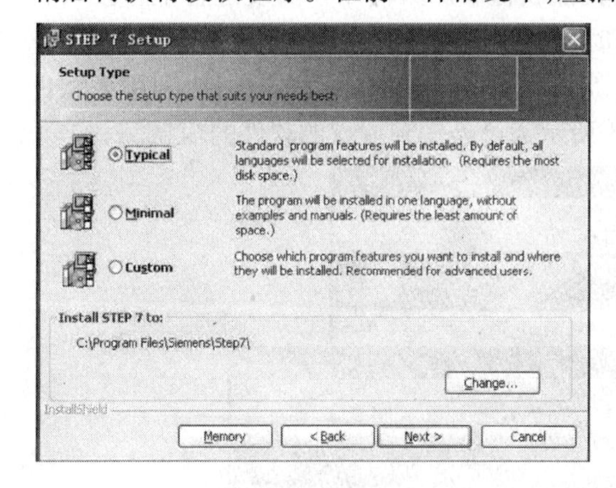

图 6－29　安装方式

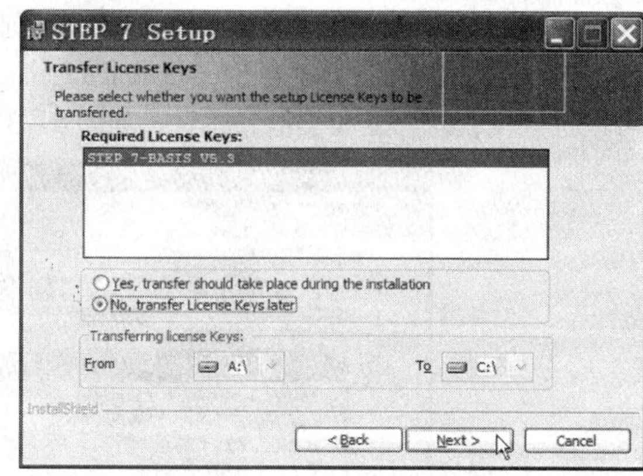

图 6－30　授权安装

（5）安装结束后，会出现一个对话框，如图 6－31 所示，提示用户为存储卡配置参数。

- 如果用户没有存储卡读卡器，则选择“None”。
- 如果使用内置读卡器，则选择“Internal programming device interface”。该选项仅针对 PG，对于 PC 来说是不可选的。
- 如果用户使用的是 PC，则可选择用于外部读卡器“External Prommer”。这里，用户必须定义哪个接口用于连接读卡器（例如，LPT1）。

在安装完成之后，用户可通过 STEP 7 程序组或控制面板中的“Memory Card Parameter Assignment”（存储卡参数赋值），修改这些设置参数。

（6）安装过程中，会提示用户设置“PG/PC 接口”（Set PG/PC Interface），如图 6－32 所示。PG/PC 接口是 PG/PC 和 PLC 之间进行通信连接的接口。安装完成后，通过 SIMATIC 程序组或控制面板中的“Set PG/PC Interface”随时可以更改 PG/PC 接口的设置。在安装过程中可以单击“Cancel”忽略这一步骤。

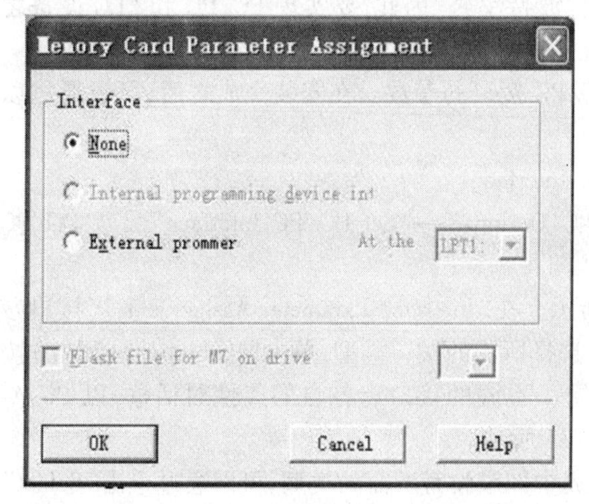

图 6－31　存储卡参数配置

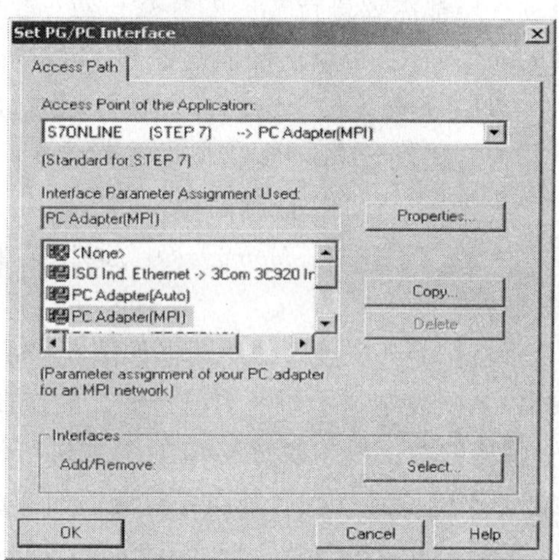

图 6－32　PG/PC 接口设置

3. 安装 STEP 7 授权管理软件

只有在硬盘上找到相应的授权,STEP 7 才可以正常使用,否则会提示用户安装授权。在购买 STEP 7 软件时会附带一张包含授权的 3.5 英寸软盘。用户可以在安装过程中将授权从软盘转移到硬盘上,也可以在安装完毕后的任何时间内使用授权管理器完成转移。

STEP 7 5.3 提供了一个(Automation License Manager V1.1)授权管理器软件,利用该软件可以进行授权转移及相关信息察看。如图 6-33 所示为已经得到授权的软件的信息。

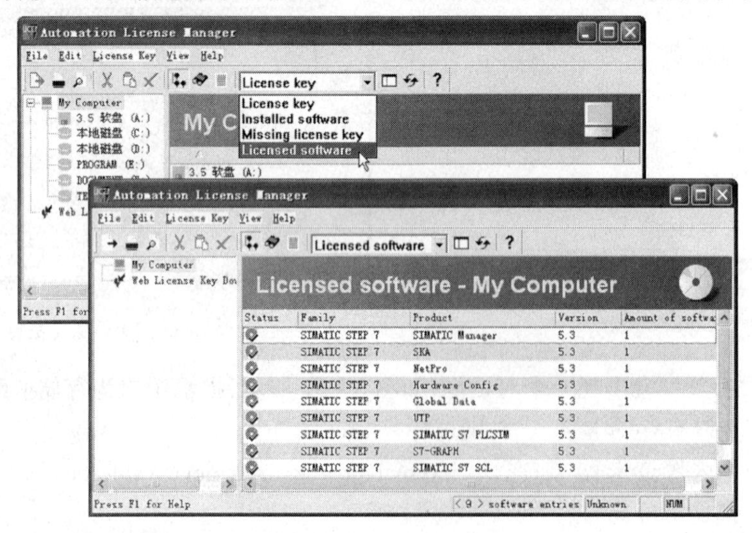

图 6-33 授权管理器软件

4. 卸载

打开“控制面板”中的“添加/删除程序”,选中“SIMATIC STEP 7 V5.3”,单击“删除”按钮,根据提示即可完成卸载。如需完全卸载,须更改注册表中的信息,详细过程可在西门子网站“服务与支持”页面中找到。

5. SET PG/PC Interface 通信接口设置界面

PG/PC 接口是 PG/PC 和 PLC 之间进行通信连接的接口。PG/PC 支持多种类型的接口,每种接口都需要进行相应的参数设置(如通信波特率)。因此,要实现 PG/PC 和 PLC 设备之间的通信连接,必须正确地设置 PG/PC 接口。

STEP 7 安装过程中,会提示用户设置 PG/PC 接口的参数。在安装完成之后,可以通过以下几种方式打开 PG/PC 接口设置对话框:

- Windows 的“控制面板”→“Set PG/PC Interface”。
- 在“SIMATIC Manager”中,通过菜单项“Options”→“Set PG/PC Interface”设置 PG/PC 接口参数。

设置 PG/PC 接口的对话框如图 6-34 所示。在“Interface Parameter Assignment ”(接口参数集)的列表中显示了所有已经安装的接口,选择所需的接口类型,单击“Properties”(属性)按钮,弹出的对话框中对该接口的参数进行设置。不同的接口有各自的属性对话框,以 PC Adapter(MPI)接口为例,其属性对话框如图 6-35 所示。

在“Interface Parameter Assignment ”的列表中如果没有所需的类型,可以通过单击“Select”按钮,在图 6-36 所示对话框内单击“Install”安装相应的模块或协议;也可以单击“Uninstall”按钮卸载不需要的协议和模块。

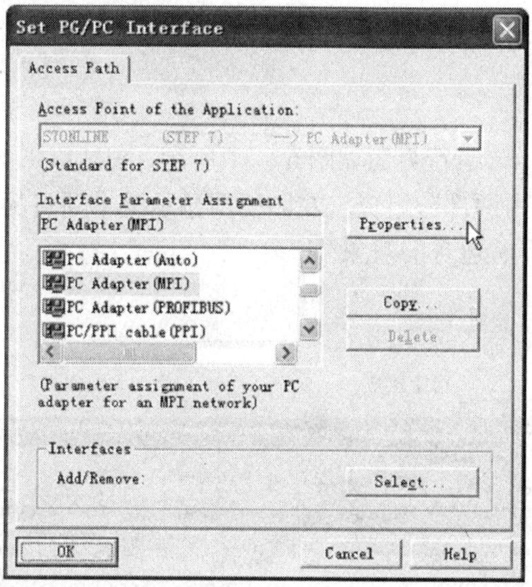

图 6－34　PG/PC 接口设置

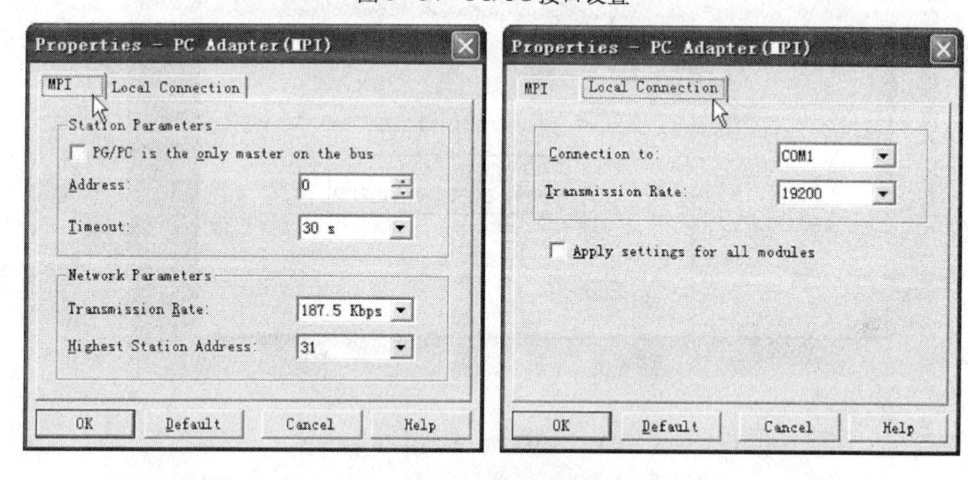

图 6－35　PC Adapter(MPI)接口

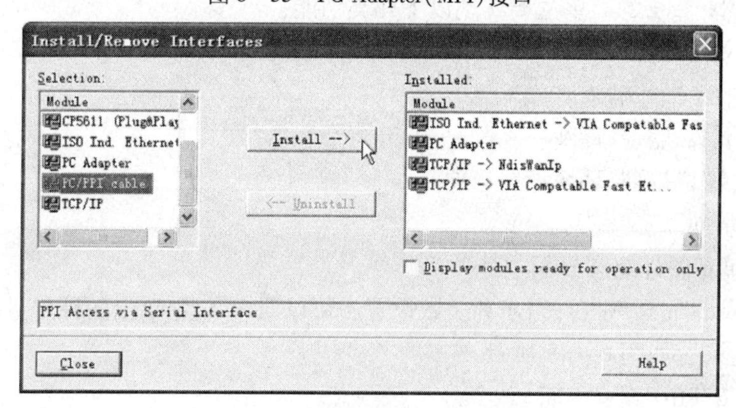

图 6－36　协议和模块安装和卸载

二、SIMATIC Manager 开发环境

SIMATIC Manager 提供了 STEP 7 软件包集成统一的界面。在 SIMATIC 管理器中进行项

目的编程和组态,每一个操作所需的工具均由 SIMATIC Manager 自动运行,用户不需要分别启动各个不同的工具。

1. 主界面

启动 SIMATIC Manager,运行界面如图 6-37 所示。SIMATIC Manager 中可以同时打开多个项目,每个项目的视图由两部分组成。左侧视图显示整个项目的层次结构,在右视图中显示左视图当前选中的目录下所包含的对象。

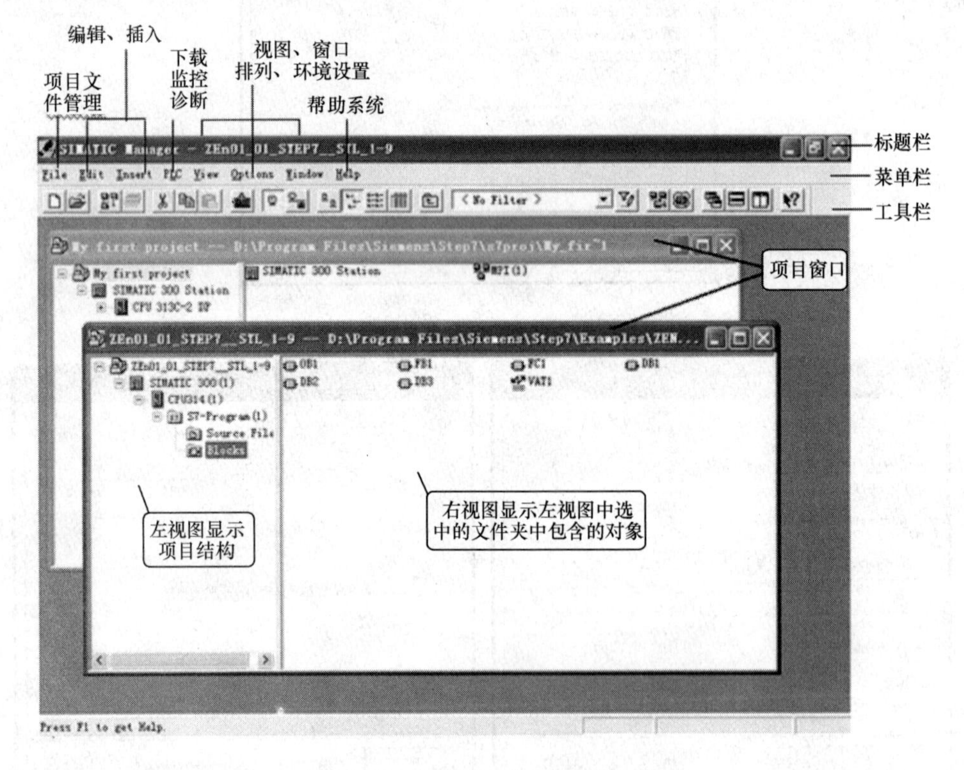

图 6-37 SIMATIC Manager 运行界面

SIMATIC Manager 的菜单主要实现以下几类功能:

(1) 项目文件的管理。

(2) 对象的编辑和插入。

(3) 程序下载、监控、诊断。

(4) 视图、窗口排列、环境设置选项。

(5) 在线帮助。

2. HW Config 硬件组态界面

为自动化项目的硬件进行组态和参数设置。可以对 PLC 导轨上的硬件进行配置,设置各种硬件模块的参数,如图 6-38 所示。

3. LAD/STL/FBD 编程界面

该工具集成了梯形逻辑图 LAD(Ladder Logic)、语句表 STL(Statement List)、功能块图 FBD(Function Block Diagram)三种语言的编辑、编译和调试功能,如图 6-39 所示。

STEP 7 程序编辑器的界面主要由编程元素窗口、变量声明窗口、代码窗口、信息窗口等构成。

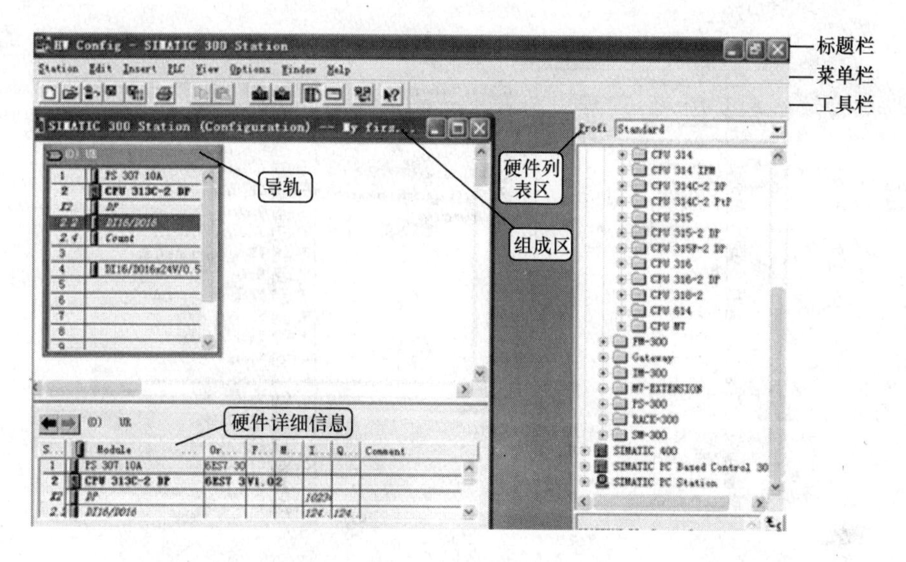

图 6 - 38　HW Config 硬件组态界面

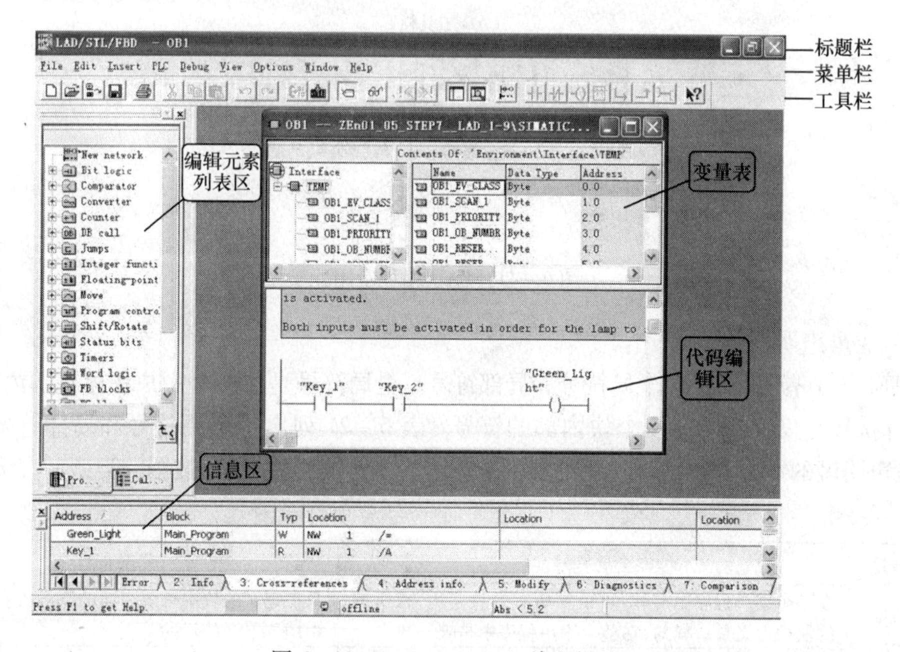

图 6 - 39　LAD/STL/FBD 编程界面

1）编程元素列表区

在用任何一种编程语言进行编程时，可以使用的指令、可供调用的用户功能和功能块、系统功能和功能块、库功能等都是编程元素。

编程元素窗口根据当前使用的编程语言自动显示相应的编程元素，用户通过简单的鼠标拖拽或者双击操作就可以在程序中加入这些编程元素。用鼠标选中一个编程元素，按下 F1 键就会显示出这个元素的详细使用说明。图 6 - 40 显示了 STL、FBD 和 LAD 对应的编程元素窗口。

当使用 LAD 编程时，程序编辑器的工具栏上会出现最常用的编程指令和程序结构控制的快捷按钮。图 6 - 41 显示了这些按钮的含义。

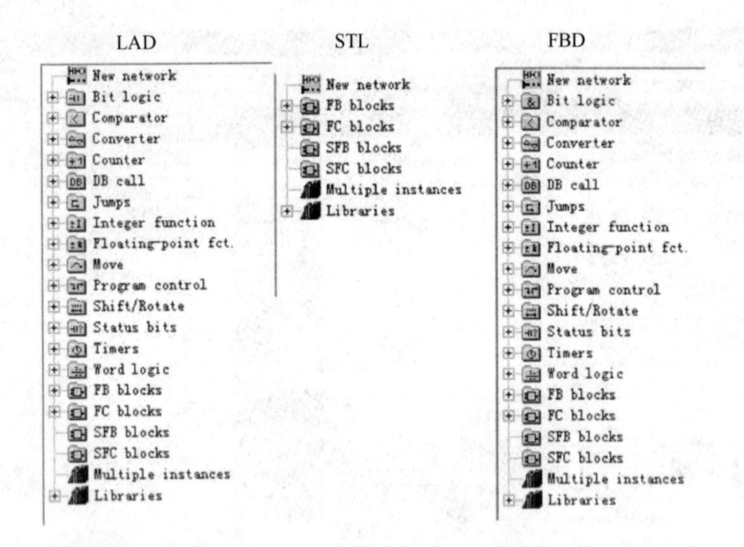

图 6-40　不同编程语言的编程元素窗口

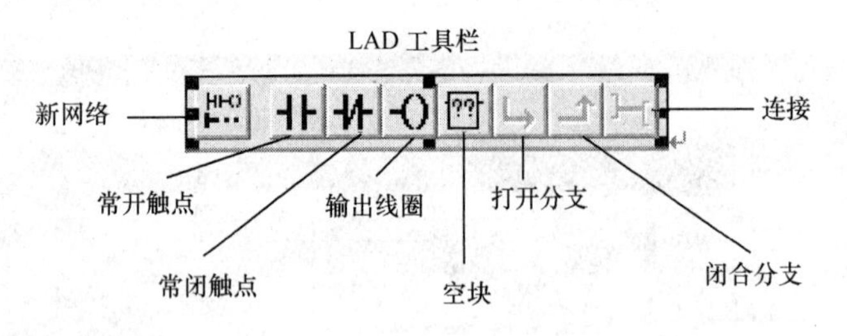

图 6-41　LAD 编程常用元素

2）变量声明区

STEP 7 中有两类符号:全局符号和局部符号。全局符号是在整个用户程序范围内有效的符号,局部符号是仅仅作用在一个块内部的符号。表 6-21 列出了全局符号和局部符号的区别。在变量声明区的数据为当前块使用的局部数据。对于不同的块,局部数据的类型又有不同。

表 6-21　全局符号与局部符号对比

对比项目	全局符号	局部符号
有效范围	在整个用户程序中有效,可以被所有的块使用,在所有的块中含义是一样的,在整个用户程序中是唯一的	只在定义的块中有效相同的符号可在不同的块中用于不同的目的
允许使用的字符	字母、数字及特殊字符,除 0x00、0xFF 及引号以外的强调号,如使用特殊字符,则符号必须写出在引号内	字母 数字 下划线
使用对象	可以为下列对象定义全局符号: ● I/O 信号(I,IB,IW,ID,Q, QB,QW,QD) ● I/O 输入与输出(PI,PQ) ● 存储位(M,MB,MW,MD) ● 定时器/计数器 ● 程序块(FB,FC,SFB,SFC) ● 数据块(DB) ● 用户定义数据类型(UDT) ● 变量表(VAT)	可以为下列对象定义局部符号: ● 块参数(输入,输出及输入/输出参数) ● 块的静态数据 ● 块的临时数据
定义位置	符号表	程序块的变量声明区

3）代码编辑区

用户使用 LAD、STL 或 FBD 编写程序的过程都是在代码窗口中进行的。STEP 7 的程序代码可以划分为多个程序段(Network)，划分程序段可以让编程的思路和程序结构都更加清晰。一般来说，每一段程序都完成一个相对完整的功能。在工具栏上单击按钮可以插入一个新的程序段。程序编辑器的代码窗口包含程序块的标题、块注释和各程序段，每个程序段中又包含段标题、段注释和该段内的程序代码。对于用 STL 语言编写的程序，还可以在每一行代码后面用双斜杠“//”添加一条语句的注释。所有的标题和注释都支持中文输入。图 6－42 显示了代码编辑区的结构。

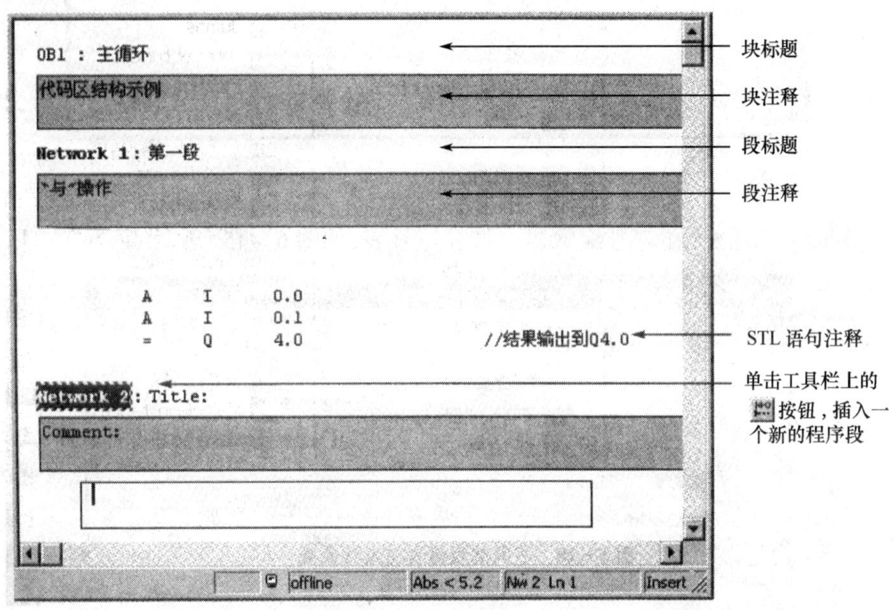

图 6－42　代码编辑区的结构

4）信息窗口区

信息窗口上有很多标签，每个标签对应一个子窗口。有显示错误信息的(1:Error)，有显示地址信息的(4:Address info.)，还有诊断信息(6:Diagnostics)等等，如图 6－43 所示。

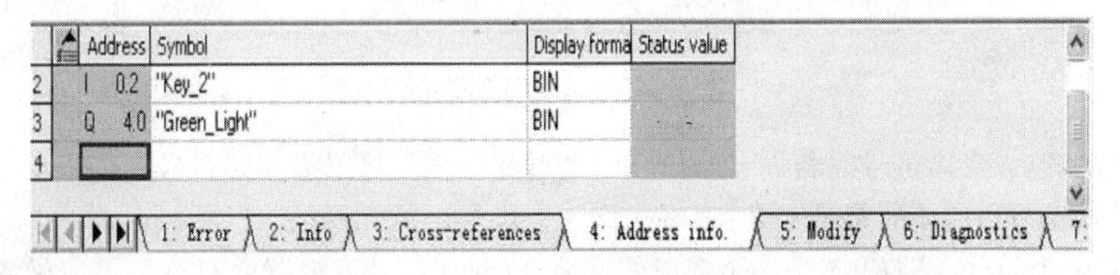

图 6－43　信息窗口区

4. 符号编辑器界面

局部符号的名称是在程序块的变量声明区中定义的，全局符号则是通过符号表来定义的。符号表创建和修改由符号编辑器实现。使用这个工具生成的符号表是全局有效的，可供其他所有工具使用，因而一个符号的任何改变都能自动被其他工具识别。

对于一个新项目，在 S7 程序目录下单击右键，在弹出的快捷菜单中选择“Insert New Object”→“Symbol Table”可以新建一个符号表。如图 6－44 所示，在“S7 Program(1)”目录下可以看到已经存在一个符号表“Symbols”。

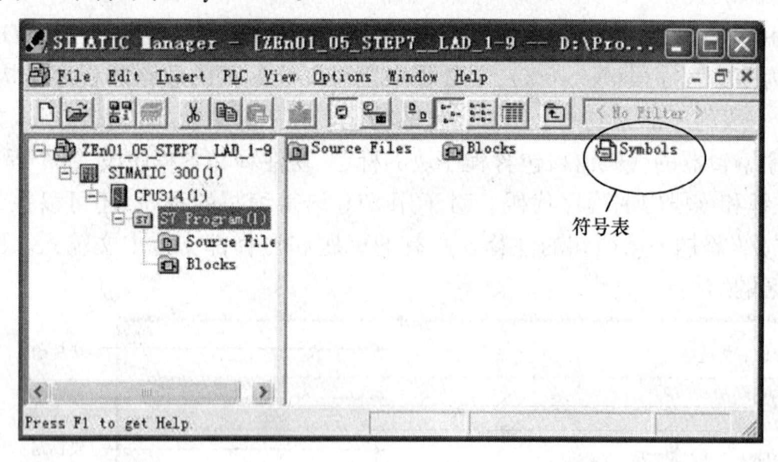

图 6-44　项目中的符号表

双击“Symbols”图标，在符号编辑器中打开符号表，如图 6-45 所示。

Symbol Editor - [S7 Program(1) (Symbols) -- ZEn01_05_STEP7_...

Symbol Table Edit Insert View Options Window Help

All Symbols

	Status	Symbol	Address	Data type	Comment
13		Key_1	I 0.1	BOOL	For the series connection
14		Key_2	I 0.2	BOOL	For the series connection
15		Key_3	I 0.3	BOOL	For the parallel connection
16		Key_4	I 0.4	BOOL	For the parallel connection
17		Main_Program	OB 1	OB 1	This block contains the user program
18		Manual_On	I 0.6	BOOL	For the memory function (switch off)
19		PE_Actual_Speed	MW 2	INT	Actual speed for petrol engine
20		PE_Failure	I 1.2	BOOL	Petrol engine failure
21		PE_Fan_On	Q 5.2	BOOL	Command for switching on petrol engine fan
22		PE_Follow_On	T 1	TIMER	Follow-on time for petrol engine fan
23		PE_On	Q 5.0	BOOL	Command for switching on petrol engine
24		PE_Preset_Speed_Re...	Q 5.1	BOOL	Display "Petrol engine preset speed reached"
25		Petrol	DB 1	FB 1	Data for petrol engine
26		Red_Light	Q 4.1	BOOL	Coil of the parallel connection
27		S_Data	DB 3	DB 3	Shared data block
28	=	Switch_Off_DE	I 1.5	BOOL	Switch off diesel engine
29		Switch_Off_PE	I 1.1	BOOL	Switch off petrol engine
30		Switch_On_DE	I 1.4	BOOL	Switch on diesel engine
31		Switch_On_PE	I 1.0	BOOL	Switch on petrol engine
32	=	名称	I 1.5	BOOL	在这里添加注释
33					

显示编辑状态

Press F1 to get He　NUM

图 6-45　符号编辑器界面

符号表包含全局符号的名称、绝对地址、类型和注释。将鼠标移到符号表的最后一个空白行，可以向表中添加新的符号定义；将鼠标移到表格左边的标号处，选中一行，单击“Delete”键即可删除一个符号。STEP 7 是一个集成的环境，因此在符号编辑器中对符号表所做的修改可以自动被程序编辑器识别。

在开始项目编程之前，首先花一些时间规划好所用到的绝对地址，并创建一个符号表，这样可以为后面的编程和维护工作节省更多的时间。

三、STEP 7 项目创建

在 STEP 7 中，用项目来管理一个自动化系统的硬件和软件。STEP 7 用 SIMATIC 管理器对项目进行集中管理，它可以方便地浏览 SIMATIC S7、C7 和 WinAC 的数据。因此，掌握项目创建的方法就非常重要。

1. 使用向导创建项目

首先双击桌面上的 STEP 7 图标，进入 SIMATIC Manager 窗口，进入主菜单“File”，选择“New Project Wizard…”，弹出标题为“STEP 7 Wizard：New Project”（新项目向导）的小窗口。

（1）单击“Next”按钮，在新项目中选择 CPU 模块的型号，例如 CPU 313C－2DP。

（2）单击“Next”按钮，选择需要生成的逻辑块，至少需要生成作为主程序的组织块 OB1。

（3）单击“Next”按钮，输入项目的名称，按“Finish”生成的项目。过程如图 6－46 所示。

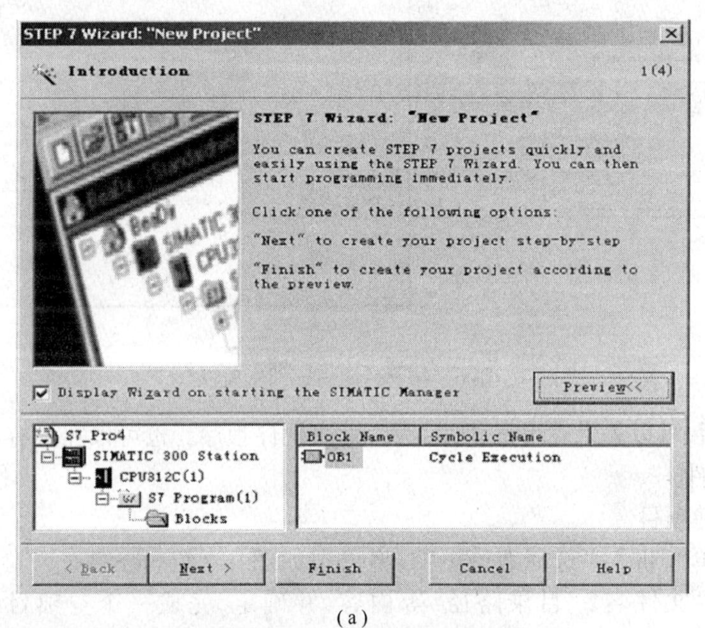

（a）

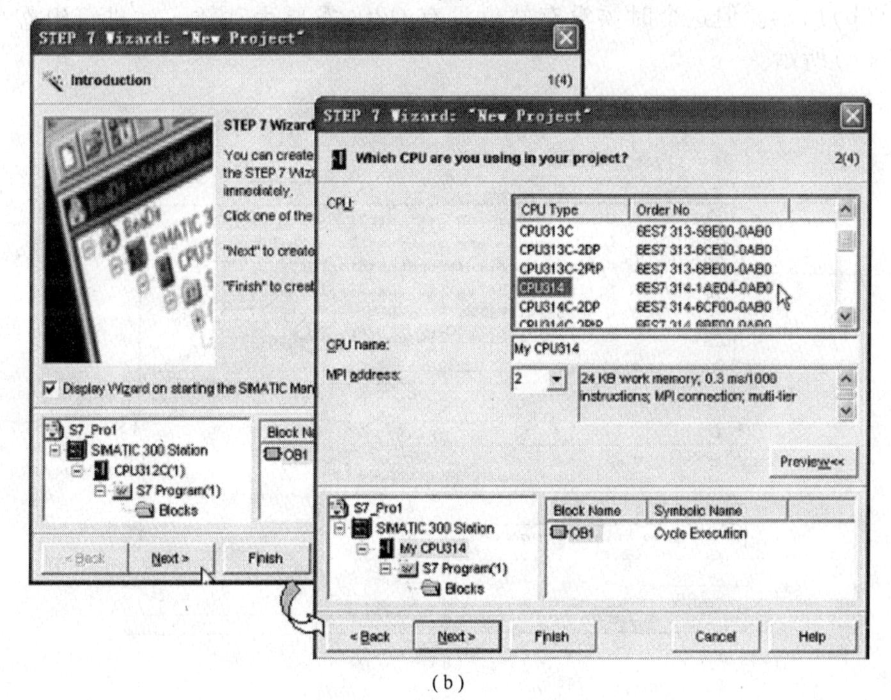

（b）

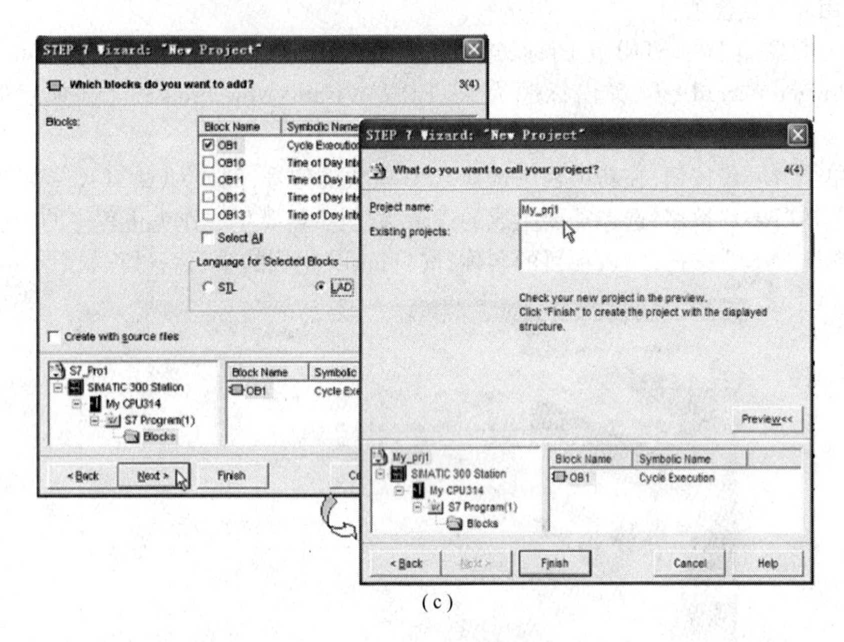

(c)

图6-46 使用向导创建项目

生成项目后,可以先生成组态硬件,然后生成软件程序。也可以在没有组态硬件的情况下,首先生成软件。

2. 直接创建项目

进入主菜单“File”,“选择 New…”, 将出现如图 6-47(a)的一个对话框,在该对话框中分别输入“文件名”“目录路径”等内容,并确定,完成一个空项目的创建工作,如图 6-47(b)所示。但这个时候没有站也没有 CPU,需要手动插入站进行组态操作,如图 6-47(c)所示。

New Project
User projects | Libraries | Multiprojects
Name | Storage path
810D C:\Documents and Settings\lzhaohua\桌面\backup\
810DSX C:\Documents and Settings\lzhaohua\桌面\810Dshi
S7_Pro1 C:\Program Files\Siemens\Step7\s7proj\S7_Pro1
S7_Pro2 C:\Program Files\Siemens\Step7\s7proj\S7_Pro2
S7_Pro3 C:\Program Files\Siemens\Step7\s7proj\S7_Pro3
vv C:\Program Files\Siemens\Step7\s7proj\vv
Add to current multiproject
Name: EXAMPLE
Type: Project
F Library
Storage: C:\Program Files\Siemens\Step7\s7proj
Browse...
OK Cancel Help

(a)

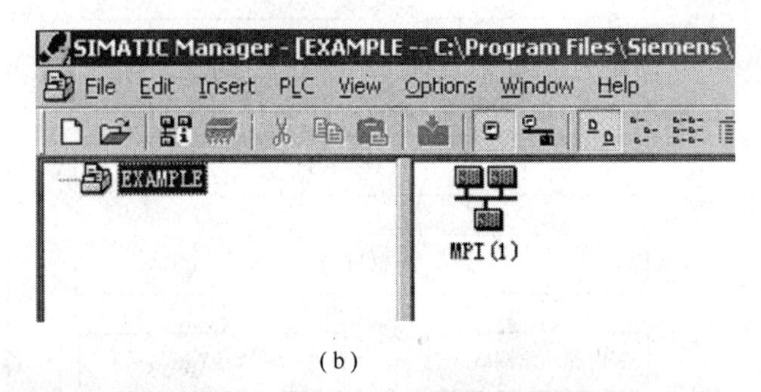

(b)

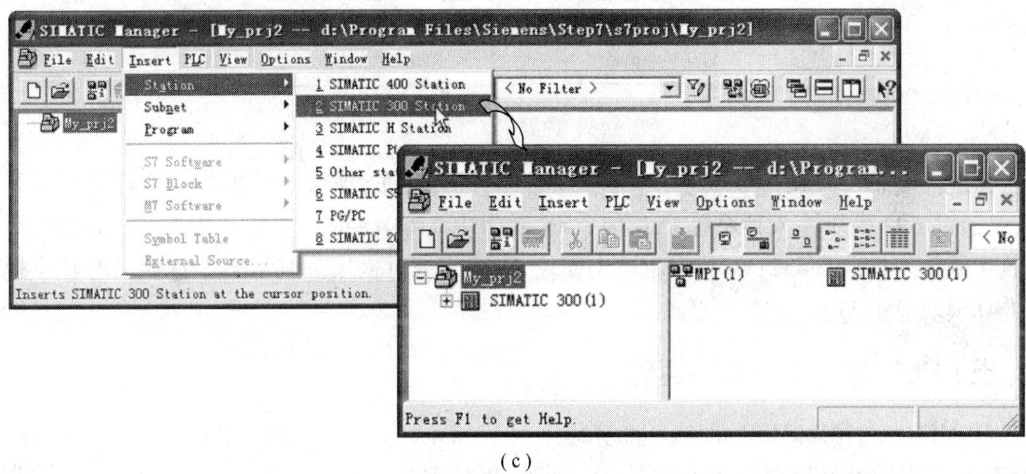

(c)

图 6 - 47 直接创建项目

四、810D/840D 数控系统 PLC 特点

SIUMERIK 810D/840D 系统内置 S7 - 300 CPU 系列的 PLC,支持 STEP7 编程语言。S7 - 300是模块化的中小型 PLC,简单实用的分布式结构、丰富的指令系统、强大的通信能力,使其应用十分灵活,完全能够满足机床控制的需要。

SIUMERIK 810D/840D 系统仅集成了 PLC 中央处理单元模块,即 CPU 模块,数字 I/O 模块必须外挂。810D 多采用 CPU314,而 840D 系统多采用 CPU315。840D 系统接口信息量略大于 810D 系统,表明 840D 系统的控制功能强于 810D 系统。

SIUMERIK 810D/840D 系统集成的 PLC 与一般 PLC 原理基本相同,不同之处是数控系统内置 PLC 中增加了信息交换数据区,这个数据区称为内部数据接口。由图 6 - 48 可以看到,PLC 与数控核心软件 NCK 之间,PLC 与机床操作面板之间,就是通过内部数据接口交换控制信息的,其中 PLC 与 NCK 之间的信息交换是核心。PLC 与机床操作面板之间的信息交换是通过功能接口进行的。PLC 与机床电气部件之间的信息交换是通过 I/O 模块进行的。

SIUMERIK 810D/840D 系统在出厂时,为用户提供了基本 PLC 程序块和一个 PLC 开发平台。数控机床制造商利用西门子公司提供的 STEP 7 软件,在机床 PLC 开发平台的基础上,根据机床的控制功能,设计机床 PLC 控制应用程序。PLC 应用程序又称 PLC 用户程序,它是整个数控机床调试的基础,只有在 PLC 应用程序设计完成后,才能进行机床的调试工作。

数控系统与 PLC 相结合,并通过信号接口进行信息交换,才能完成各种控制动作。数字 I/O 接口模块是系统与机床电气之间联系的桥梁,用于机床控制信号或状态信号的输入/输

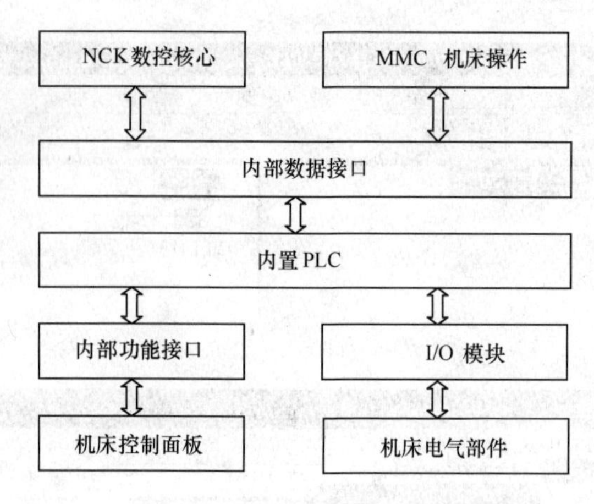

图 6－48　内置 PLC 信息交换图

出。系统控制信号经由 I/O 模块控制机床的外部开关动作,动作的结果或其他外部开关量信息,又通过 I/O 模块输入到系统 PLC 中。SIUMERIK 810D/840D 系统主要使用 S7－300 系列的数字量输入模块 SM321 和数字量输出模块 SM322,有时也用到既有数字输入又有数字输出的 I/O 模块 SM323。

五、PLC 与编程设备的通信

SIUMERIK 810D/840D 的 PLC 部分使用的是 SIMATIC S7－300。故而,PLC 的调试软件为 STEP 7,借助外部计算机或编程器(PG)来对 PLC 程序进行修改和传输。在 STEP 7 安装好后,为了调试 PLC,通常要新建一个项目(Project),其结构如图 6－49 所示。调试 PLC 的主要工作内容是关于 S7－Program★下的 Blocks 中的,需要在原有程序中加进新的控制内容或增加新的程序块(FB 或 FC 等)。

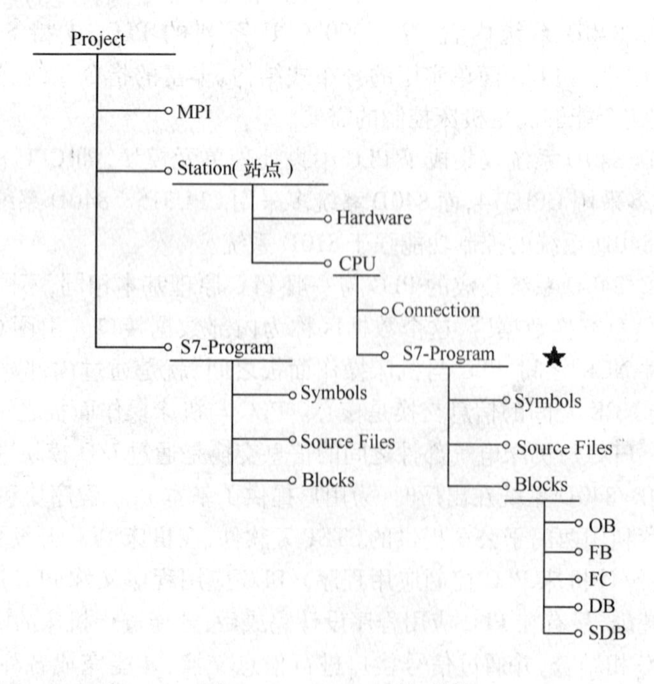

图 6－49　STEP 7 项目结构

程序设计好后,可利用 STEP 7 将其传送至数控系统,而这首先需在计算机与控制系统之间建立硬件连接,如图 6-50 所示为采用 PC 适配器进行连接的方法,图 6-51 为 K1 串口连接示意图,图 6-52 为 K2 MPI 与适配器连接示意图。PC 适配器订货号为 6ES7 972 -0CA2x -0XA0。

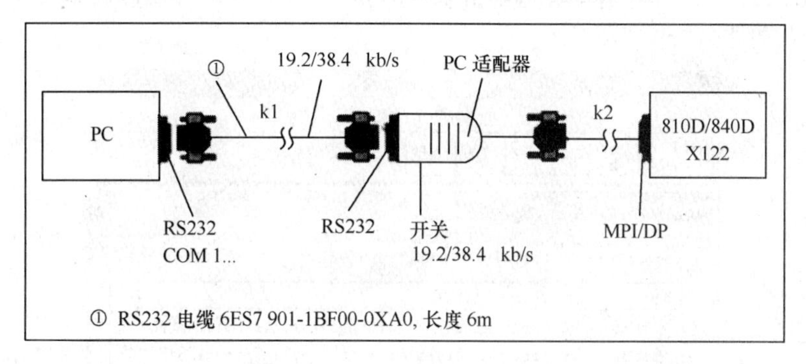

图 6-50 PC 适配器应用连接图

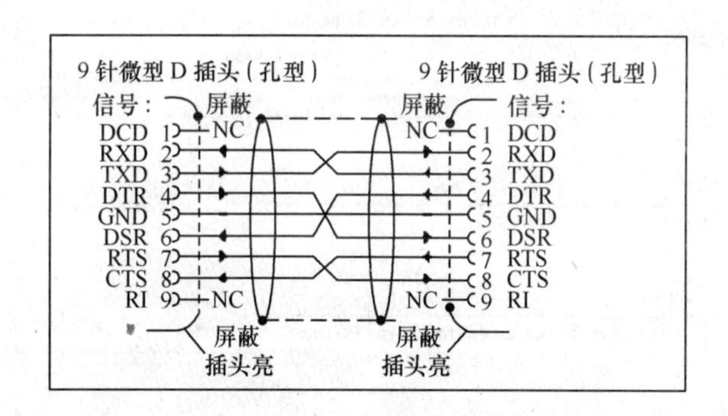

图 6-51 串口连接示意图

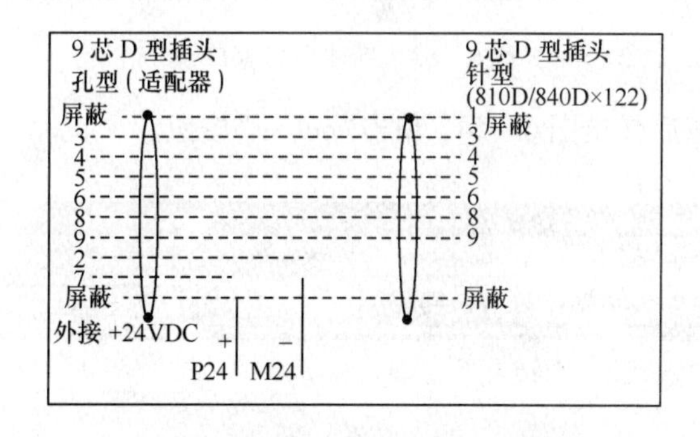

图 6-52 MPI 与适配器连接示意图

在随数控系统一起到货的工具盒(Toolbox)中,可以找到 Gp8xod. exe 这一文件(在相应的版本目录下),将其拷贝到 STEP 7 下的“S7 Libs”目录,双击,此文件遂自动解压,生成一个文件夹,名为“Gp8xod43”(SW 为 4.3)。运行 STEP 7,然后操作如下:File→ Open →Library→打开 Gp8xod43→选中 Blocks。将此 Project 拷贝至新建的一个 Blocks 下,存盘之后,可将这个新建 Project 下载,成功后,MCP 上的灯应不再闪烁。为了能使用 MCP ,还应在 OB1 中调用 MCP 应用的基本程序 FC19(铣床版)或 FC25(车床版),输入适当的参数即可。下载成功后,有灯亮。对于机床制造商来讲,一般只需对下述几个程序块作研究即可:FB1, FC2,

FC19/FC25，FC10。

下面以810D数控系统为例，介绍如何将数控系统中的PLC程序上传到计算机STEP 7中。

（1）双击打开SIMATIC Manager，单击菜单“File”→“NEW”，弹出画面如图6－53所示，在“Name”处输入文件名“my－pro”。

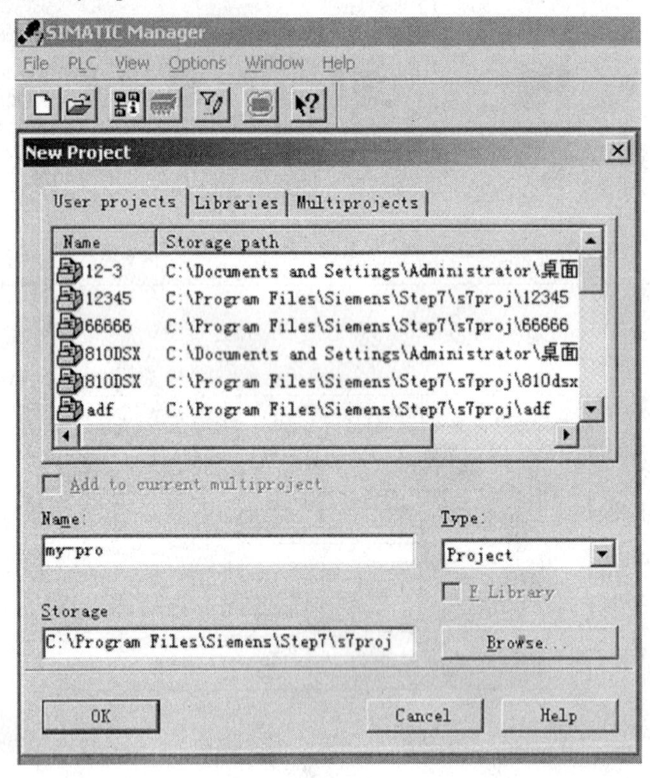

图6－53　新建项目窗口

（2）单击“OK”按钮后弹出图6－54，单击“online”按钮。

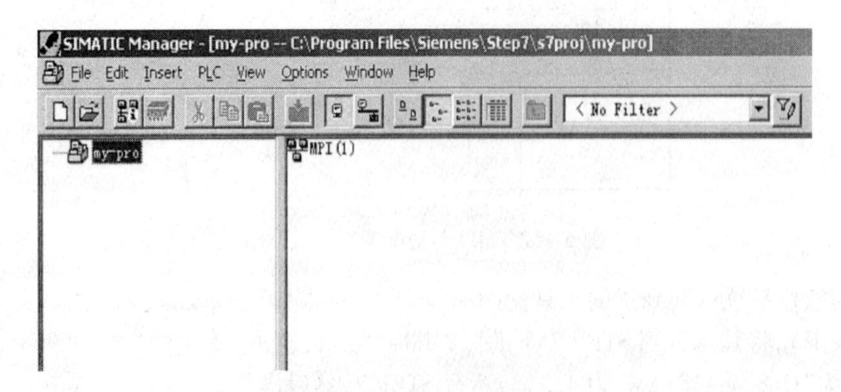

图6－54　新生成项目窗口

（3）单击菜单“PLC”→“Upload Station to PG”，弹出画面如图6－55所示。

（4）单击按钮“View”，并调整SLOT为2，出现画面如图6－56所示。

（5）单击“OK”按钮后开始程序传输，如图6－57所示。

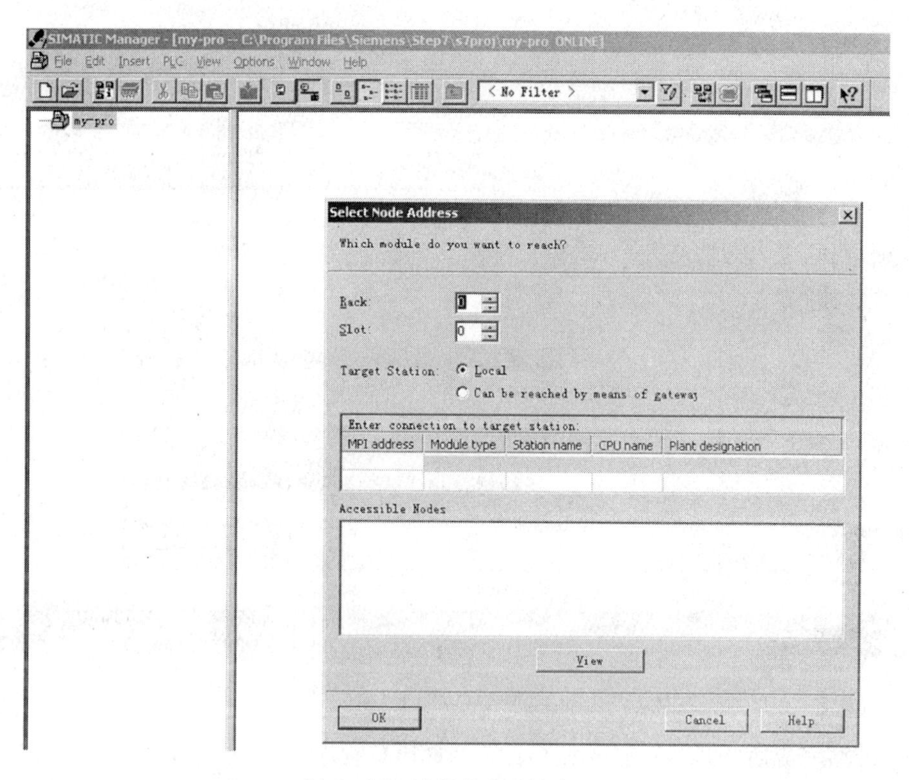

图 6－55　选择节点地址窗口

图 6－56　地址观察图

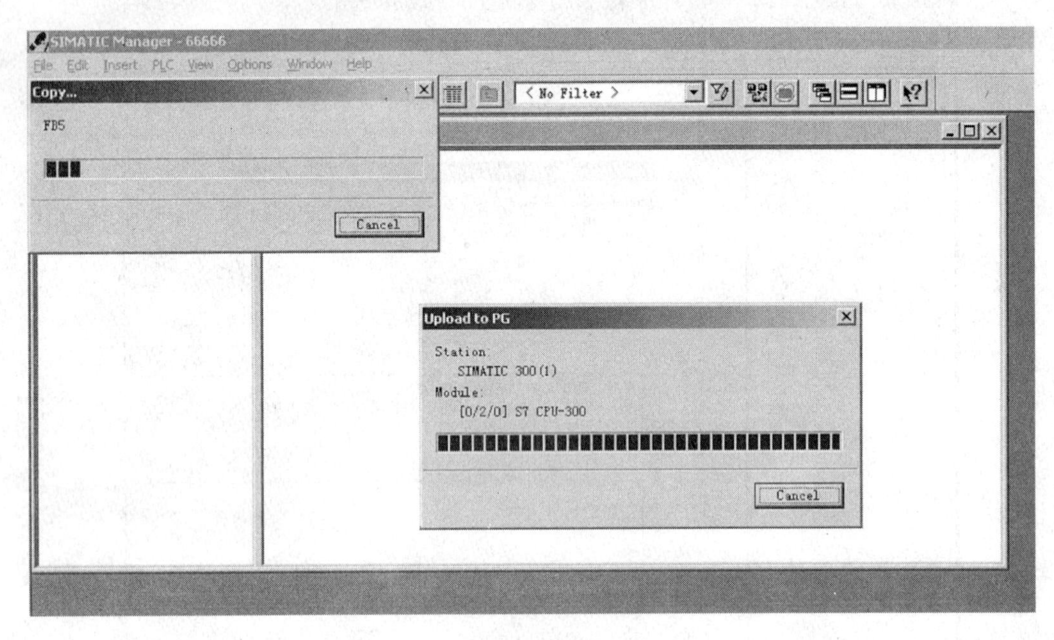

图 6－57　程序上传

(6) 传输完成后,STEP 7 中显示了系统中的 PLC 程序,如图 6－58 所示。

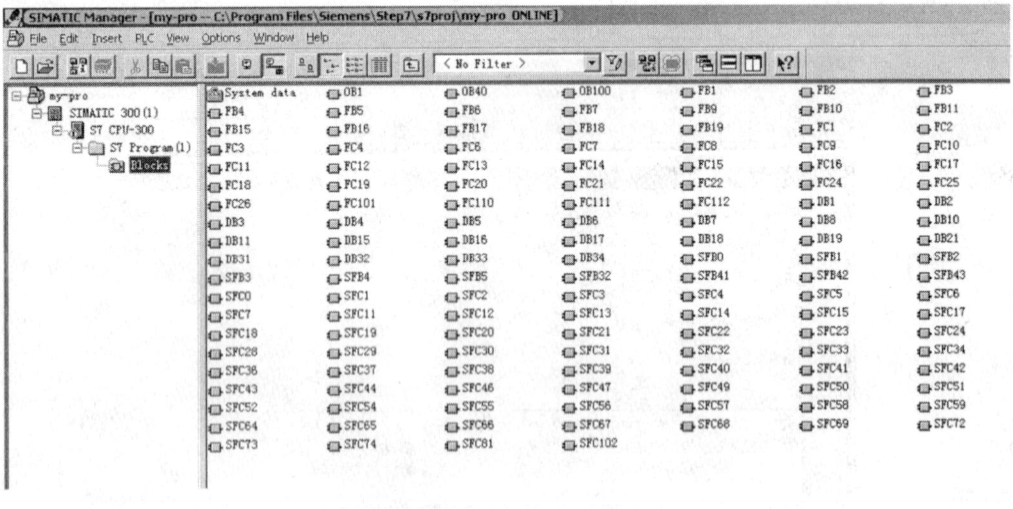

图 6－58　PLC 程序显示

六、810D/840D PLC 程序的块结构

SINUMERIK 810D/840D 的 PLC 为 SIMATIC S7－300,基本模块有 64KB 内存配置,并可扩展至 96KB,PLC 程序又可划分为基本程序和用户程序,其组成结构如图 6－59 所示。基本程序是西门子公司设计的数控机床专用的程序块,机床制造商设计的 PLC 用户程序调用这些基本程序块,从而大大简化了机床的 PLC 设计。

PLC 程序块分配如表 6－22 ~表 6－25 所列,用户在编写程序时可以使用。

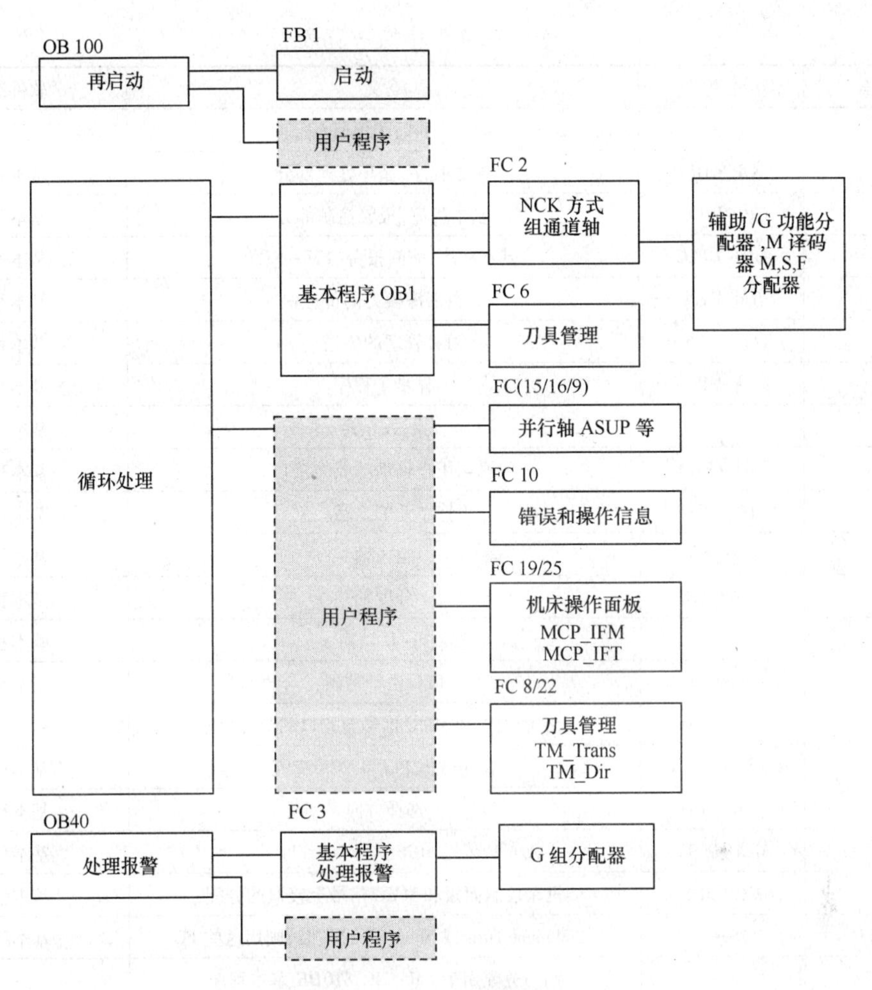

图 6－59　PLC 程序块结构

表 6－22　组织块一览表

OB 号	名称	含义	软件组织
1	ZYKLUS	循环处理	基本程序
40	ALARM	处理报警	基本程序
100	NEUSTART	重新启动开始	基本程序

表 6－23　功能块一览表

FB 号	名称	含义	软件组织
0～29	—	西门子预留	
1	RUN_UP	基本程序引导	基本程序
2	GET	读 NC 变量	基本程序
3	PUT	写 NC 变量	基本程序
4	PI_SERV	PI 服务	基本程序
5	GETGUD	读 GUD 变量	基本程序
7	PI_SERV2	通用 PI 服务	基本程序
36～127	—	用户分配用于 FM－NC,810DE	—
36～255	—	用户分配用于 810D,840DE,840D	—

表 6-24 功能一览表

FC 号	名称	含义	软件组织
0	—	西门子预留	
2	GP-HP	基本程序,循环处理部分	基本程序
3	GP-PRAL	基本程序,报警控制部分	基本程序
5	GP-DIAG	基本程序,终断报警(FM-NC)	基本程序
7	TM_REV	圆盘刀库换刀的传送块	基本程序
8	TM_TRANS	刀具管理的传送块	基本程序
9	ASUP	异步子程序	基本程序
10	AL_MSG	报警/信息	基本程序
12	AUXFU	调用用户辅助功能的接口	基本程序
13	BHG_DISP	手持单元的显示控制	基本程序
15	POS_AX	定位轴	基本程序
16	PART_AX	分度轴	基本程序
17		Y-D 切换	基本程序
18	SpinCtrl	PLC 主轴控制	基本程序
19	MCP_IFM	机床控制面板和 MMC 信号至接口的分配(铣床)	基本程序
21		传输数据 PLC-NCK 交流	基本程序
22	TM_DIR	选择方向	基本程序
24	MCP_IFM2	传送 MCP 信号至接口	基本程序
25	MCP_IFT	机床控制面板和 MMC 信号至接口的分配	基本程序
30~35	—	如 Manual Turn 或 ShopMill 已安装;则用这些 FC	基本程序
36~127	—	用户分配用于 FM-NC,810DE 基本程序	—
36~255	—	用户分配用于 810D、840DE、840D 基本程序	—

表 6-25 数据块的一览表

DB 号	名称	含义	软件组织
1		西门子预留	基本程序
2-4	PLC-MSG	PLC 信息	基本程序
5-8		基本程序	
9	NC-COMPILE	NC 编译循环接口	基本程序
10	NC INTERFACE	中央 NC 接口	基本程序
11	BAG1	方式组接口	基本程序
12	—	计算机连接和传输系统	—
13,14	—	预留	—
15	—	基本程序	—
16	—	PI 服务定义	—
17	—	版本码	—
18	—	SPL 接口(安全集成)	—

（续）

DB 号	名称	含义	软件组织
19	—	MMC 接口	—
20	—	PLC 机床数据	—
21 ~ 30	CHANNEL 1	NC 通道接口	基本程序
31 ~ 61	AXLS 1,…	轴/主轴号 1 ~ 31 预留接口	基本程序
62 ~ 70	—	用户可分配	—
71 ~ 74	—	用户刀具管理	基本程序
75 ~ 76	—	M 组译码	基本程序
77	—	刀具管理缓存器	—
78 ~ 80	—	西门子预留	—
81 ~ 89	—	如 ShopMill 或 ManualTurn 安装了，则分配这些程序块	—
(81)90 ~ 127	—	用户可分配用于 FM - NC,810DE	—
(81)90 ~ 399	—	用户可分配用于 810D、840DE、840D	—

模块 5　西门子数控系统调试

数控系统调试的主要内容为匹配机器数据（Machine Data）。对于 NC 数据的设定，大致分为两大块：一块是系统关于机床及其轴的数据；另一块是驱动的数据。在机床调试时，首先配置通道数据，然后配置机床硬件：驱动、电动机、测量元件等。配置完硬件后，驱动、电动机的默认数据被装载。这些数据是在不考虑负载情况下的一种安全值，往往是不适合加工要求的。

机床各轴的驱动、电动机数据：速度、加速度、位置环增益等直接影响轴的动态运行性能。如果这些参数设置不当，就会导致机床运行过程中的振动、伺服电动机的啸叫，使加工无法进行，甚至会导致丝杆和导轨的损坏。为了达到良好的零件加工精度，对驱动参数进行优化是一项必不可少的工作。驱动的优化在 MMC100.2 上必须借助于 IBN - TOOL 软件进行，而 MMC103 可以在系统上直接优化。

一、机床轴的基本配置

810D/840D 系统的轴分为三种类型：机床轴、几何轴、附加轴。机床轴是指机床所有存在的轴，它包括几何轴和附加轴；几何轴是指用于笛卡儿坐标系中、具有插补关系的轴，通常如 X, Y, Z；附加轴是指无几何关系的轴，如旋转轴、位置主轴等。

810D/840D 系统的轴配置时可按三种等级配置：①机床轴级；②通道轴级；③编程轴级。

1. 机床轴级

机床轴级参数如下。

MD20000：设定通道名，如 CHAN1；

MD10000：AXCONF_MACHAX_NAME_TAB[n] 。此参数设定机床所有物理轴，如 X1，X 代表轴名，1 代表通道号。该数据定义了机床的轴名，例如：

车床

配置 X 轴、Z 轴、C 轴（主轴）

MD　10000	X1	Z1	C1		
Index[0. . 4]	0	1	2	3	4

铣床

配置 X、Y、Z、主轴和 C 旋转轴

X1	Y1	Z1	A1	C1
0	1	2	3	4

对于铣床 MD 10000 参数配置如下：

AXCONF_MACHAX_NAME_TAB[0] = X1

AXCONF_MACHAX_NAME_TAB[1] = Y1

AXCONF_MACHAX_NAME_TAB[2] = Z1

AXCONF_MACHAX_NAME_TAB[3] = A1

AXCONF_MACHAX_NAME_TAB[4] = C1

2. 通道轴级

MD 20070：AXCONF_MACHAX_USED[0…7]，设定对于此机床存在的轴的轴序号，例如：

车床

MD 20070	1	2	3	0	0
Index[.]	0	1	2	3	4

铣床

1	2	3	4	5
0	1	2	3	4

铣床配置：

AXCONF_MACHAX_USED[0] = 1

AXCONF_MACHAX_USED[1] = 2

AXCONF_MACHAX_USED[2] = 3

AXCONF_MACHAX_USED[3] = 4

AXCONF_MACHAX_USED[4] = 5

MD 20080：AXCONF_CHANAX_NAME_TAB[0…7]，设定通道内该机床编程用的轴名，例如：

MD 20080	X	Z	C		
Index[.]	0	1	2	3	4

X	Y	Z	A	C
0	1	2	3	4

铣床配置：

AXCONF_CHANAX_NAME_TAB[0] = X

AXCONF_CHANAX_NAME_TAB[1] = Y

AXCONF_CHANAX_NAME_TAB[2] = Z

AXCONF_CHANAX_NAME_TAB[3] = A

AXCONF_CHANAX_NAME_TAB[4] = C

3. 编程轴级

MD 20050：AXCONF_GEOAX_ASSIGN_TAB[0…4]，设定机床所用几何轴序号。几何轴为组成笛卡儿坐标系的轴，该机床数据定义了激活使用的几何轴，例如：

MD 20050	1	0	2		
Index[.]	0	1	2	3	4

1	2	3		
0	1	2	3	4

铣床配置：

AXCONF_GEOAX_ASSIGN_TAB[0] = 1

AXCONF_GEOAX_ASSIGN_TAB[1] = 2

AXCONF_GEOAX_ASSIGN_TAB[2] = 3

MD 20060：AXCONF_GEOAX_NAME_TAB[0…4]，设定所有几何轴名，例如：

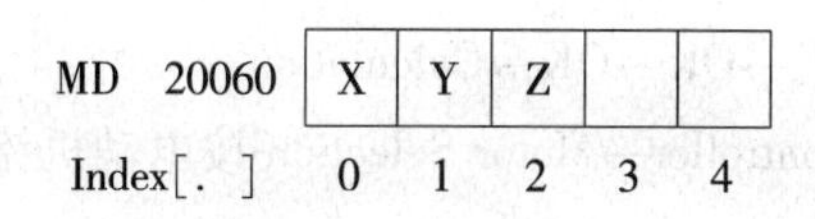
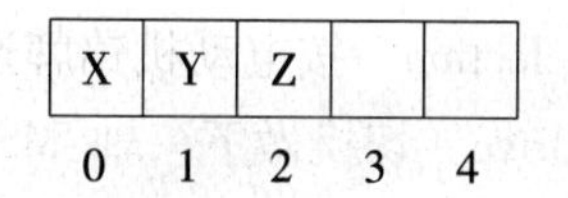

铣床配置:

AXCONF_GEOAX_NAME_TAB[0]=X

AXCONF_GEOAX_NAME_TAB[1]=Y

AXCONF_GEOAX_NAME_TAB[2]=Z

二、数控系统调试

对于NC数据的设定,大致分为两大块:一块是系统关于机床及其轴的数据;另一块是驱动的数据。

1. 机床数据设定

关于NC机床数据的意义,请参照相关西门子资料的功能介绍。这里仅就一般情况进行说明。

1)通用MD(General)

MD10000:此参数设定机床所有物理轴。

通道MD(Channel Specific):

MD20000:设定通道名CHAN1。

MD20050[n]:设定机床所用几何轴序号。几何轴为组成笛卡儿坐标系的轴。

MD20060[n]:设定所有几何轴名。

MD20070[n]:设定对于此机床存在的轴的轴序号。

MD20080[n]:设定通道内该机床编程用的轴名。

以上参数设定后,作一次NCK复位。

2)轴相关MD(Axis-specific)

MD30130:设定轴指令端口=1。

MD30240:设定轴反馈端口=1。

如此二参数为"0",则该轴为仿真轴。

此时,再作一次NCK复位,这时系统会出现300007报警。

2. 驱动数据设定

由于驱动数据较多,对于MMC100.2必须借助"SIMODRIVE 611D START-UP TOOL"软件,也称IBN-TOOL软件,而MMC103可直接在OP上进行。对于810D,由于其内置611功率模块可能在模块显示内容上与840D不一样。但大致需要对以下几种参数设定:

(1)Location:设定驱动模块的位置。

(2)Drive:设定此轴的逻辑驱动号。

(3)Active:设定是否激活此模块。

配置完成并有效后,需存储一下(SAVE→OK)。

此时再做一次NCK复位。启动后显示30070报警。

这时原为灰色的FDD、MSD变为黑色,可以选电动机了,操作步骤如下:FDD→Motor

Controller→Motor Selection→按电动机铭牌选相应电动机→OK→OK→Calculation。

用 Drive + 或 Drive - 切换做下一轴：MSD→Motor Controller→Motor Selection 按电动机铭牌选相应电动机→OK→OK→Calculation。

最后 Boot File→Save Boot File→Save All，再做一次 NCK 复位。

至此，驱动配置完成，NCU(CCU)正面的 SF 红灯应灭掉，这时，各轴应可以运行。

最后，如果将某一轴设定为主轴，则步骤如下。

(1) 先将该轴设为旋转轴：

MD30300 = 1

MD30310 = 1

MD30320 = 1

做 NCK 复位。

(2) 然后，再找到轴参数，用 AX + 、AX - 找到该轴：

MD35000 = 1 设为主轴。

MD35100 = XXXX

MD35110[0]
MD35110[1]
MD35130[0]
MD35130[1]
MD36200[0]
MD36200[1]
} 设定相关速度参数。

再做 NCK 复位。

启动后，在 MDA 下输 SXXM3，主轴即可转。

所有关键参数配置完成以后，可让轴适当运行一下，可在 JOG、手轮、MDA 灯方式下改变轴运行速度，观察轴运行状态。

三、利用 IBN - TOOL 软件进行驱动数据的配置

810D 系统通常配置 MMC100.2，所以驱动数据的配置必须借助“SIMODRIVE 611D START - UP TOOL”软件，也称 IBN - TOOL 软件。而 840D 通常配置 MMC103，因此驱动数据可直接在 OP 上进行。IBN - TOOL 软件不但可以用于 810D/840D 驱动系统参数的设置，而且可以用于系统的优化。810D/840D 驱动系统参数的设置基本相同，本节以 810D 系统配置为例进行介绍。

对 810D 系统进行驱动设置前，首先要在计算机上安装 IBN - TOOL 软件，并将 MPI 电缆连接到 NCU 和 PC 之间。当初次打开 IBN - TOOL 软件时，它初始默认显示的是 840D 连接画面，所以，我们要将它修改为 810D 连接调试画面。具体操作步骤如下：

(1) 通过程序菜单或桌面图标打开 Start - Up Tool 软件，它首先会弹出画面如图 6 - 60 所示。

(2) 单击“Password”软键，进入画面如图 6 - 61 所示。

(3) 单击“Set Password”软键，进入画面如图 6 - 62 所示。

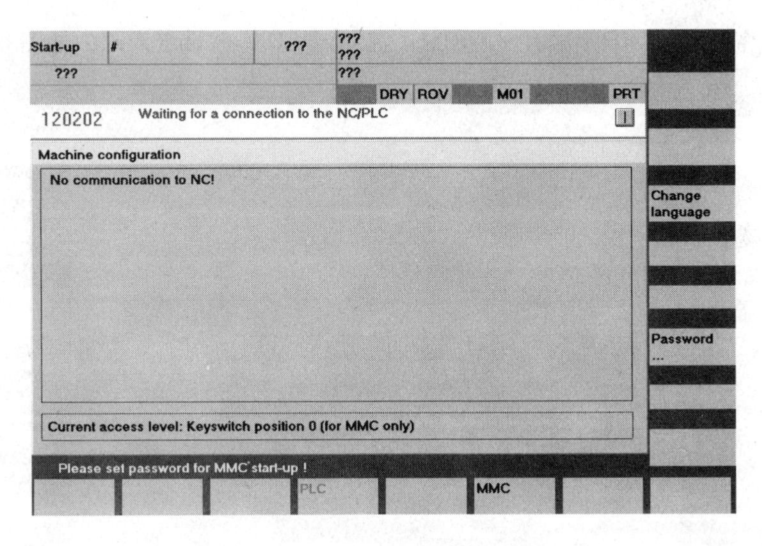

图 6－60　Start_Up Tod 启动画面

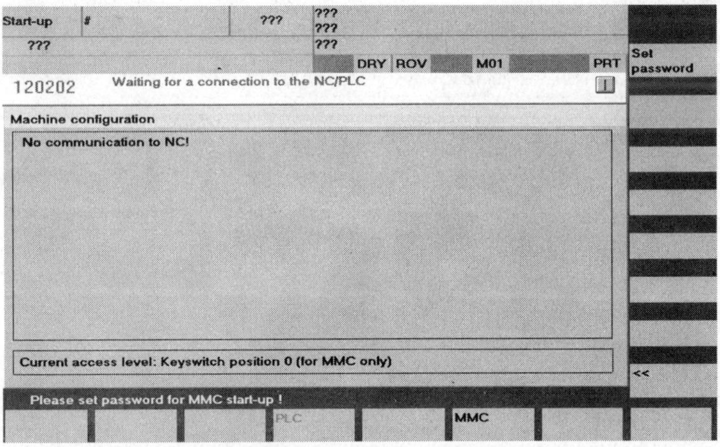

图 6－61　进入密码设置画面

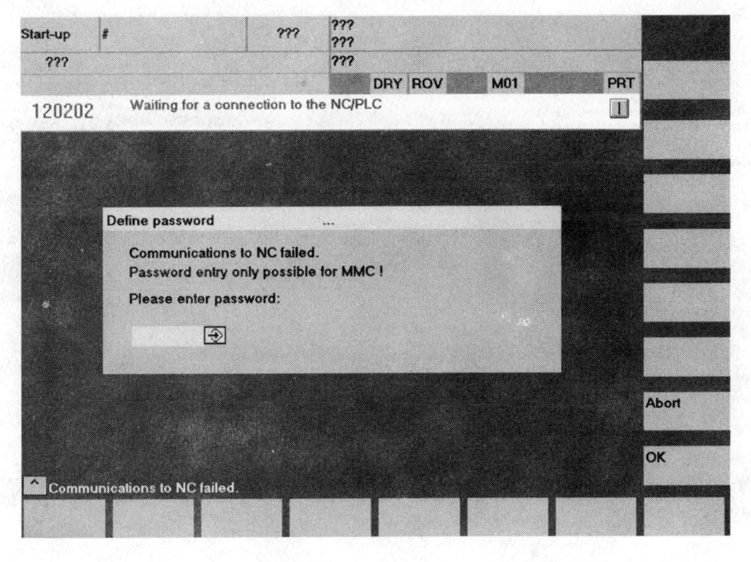

图 6－62　密码输入

（4）输入密码“EVENING”或“SUNRISE”后，单击“OK”软键进入画面如图6-63所示，画面提示“无法和NC通信”。

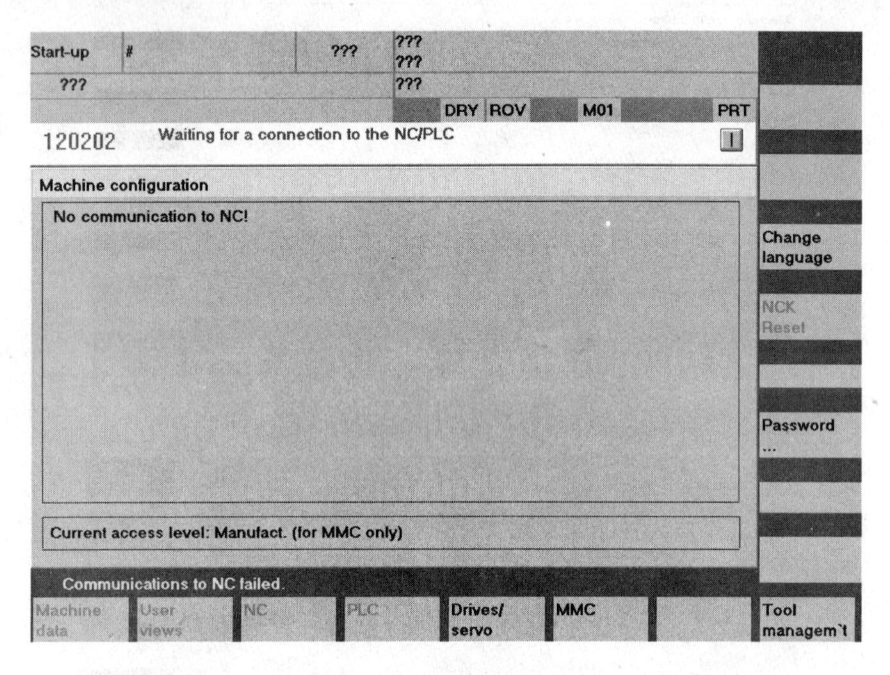

图6-63　密码设置完成

（5）单击“MMC”软键，进入画面如图6-64所示。

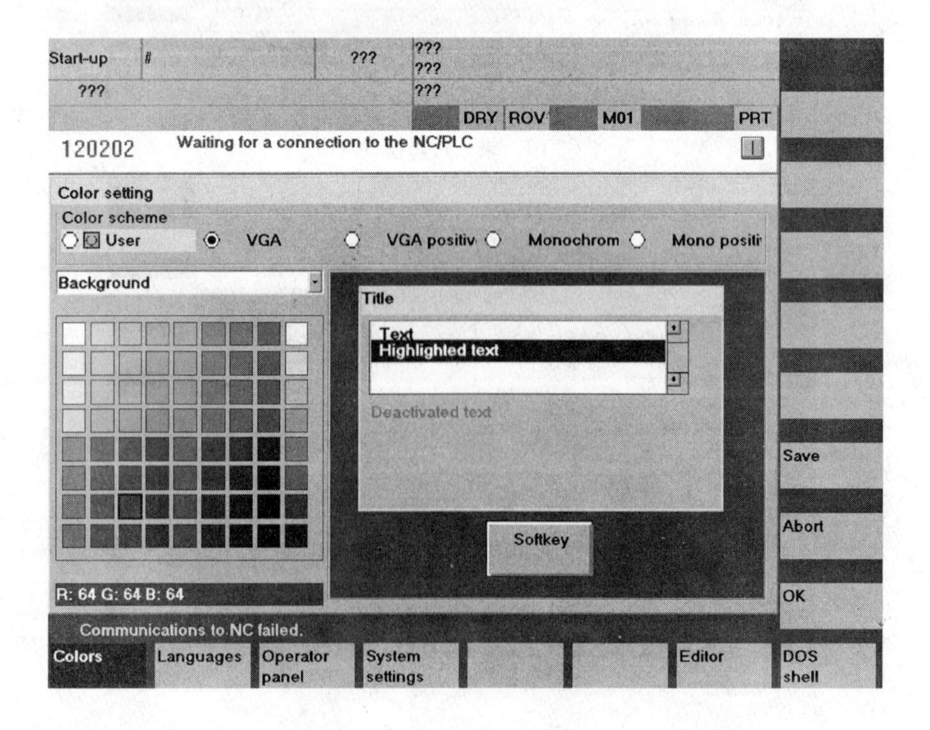

图6-64　MMC主画面

(6) 单击“Operator panel”软键，进入画面如图 6 - 65 所示。画面显示的是 840D 总线系统，需要将其改为 810D 总线系统。

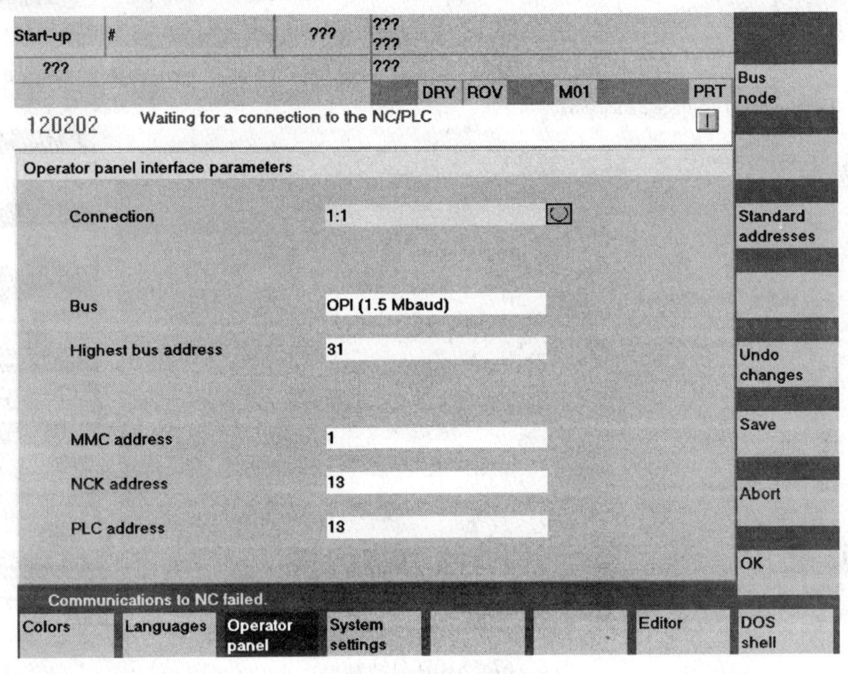

图 6 - 65　总线设置

(7) 单击“Standard addresses”软键，进入画面如图 6 - 66 所示。

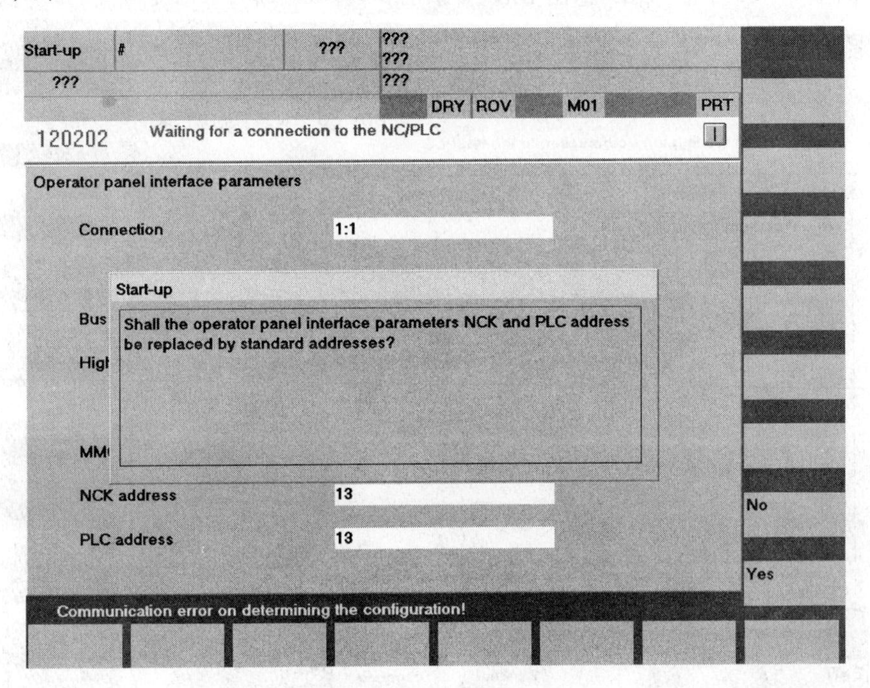

图 6 - 66　标准地址设置

(8) 单击“Yes”软键，进入画面如图 6 - 67 所示，并将 Bus 一项选定为 MPI (187.5Kbaud)。

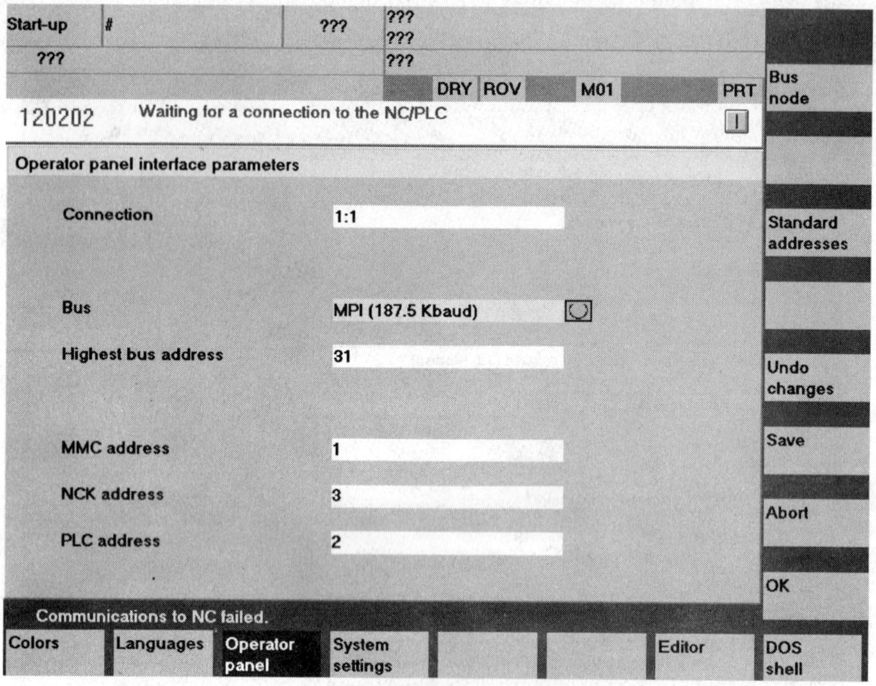

Start-up # ??? ???
???
??? ???
DRY ROV M01 PRT
120202 Waiting for a connection to the NC/PLC
Operator panel interface parameters
Connection 1:1
Bus MPI (187.5 Kbaud)
Highest bus address 31
MMC address 1
NCK address 3
PLC address 2
Communications to NC failed.
Bus node
Standard addresses
Undo changes
Save
Abort
OK
Colors
Languages
Operator panel
System settings
Editor
DOS shell

图 6－67　810D 总线地址设置

（9）单击“OK”，此时就将 840D 总线系统改为 810D 总线系统，单击键盘上的“F10”键后，再单击画面图 6－68 中的“Exit”退出 IBN－TOOL。

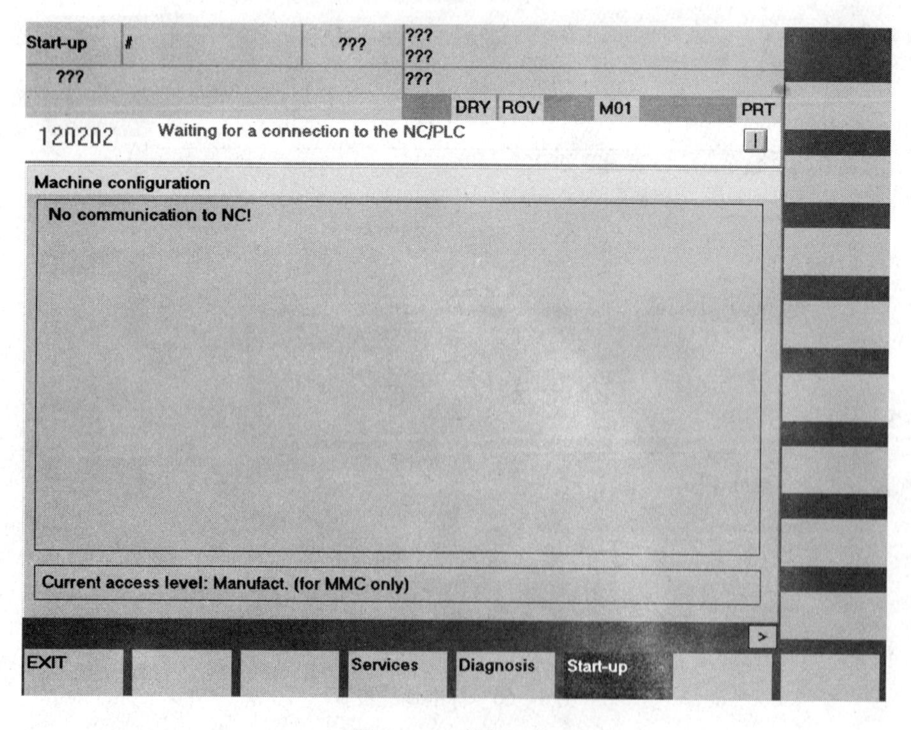

图 6－68　软件退出

（10）重新启动 IBN－TOOL 软件后，弹出软件菜单，进入画面如图 6－69 所示。

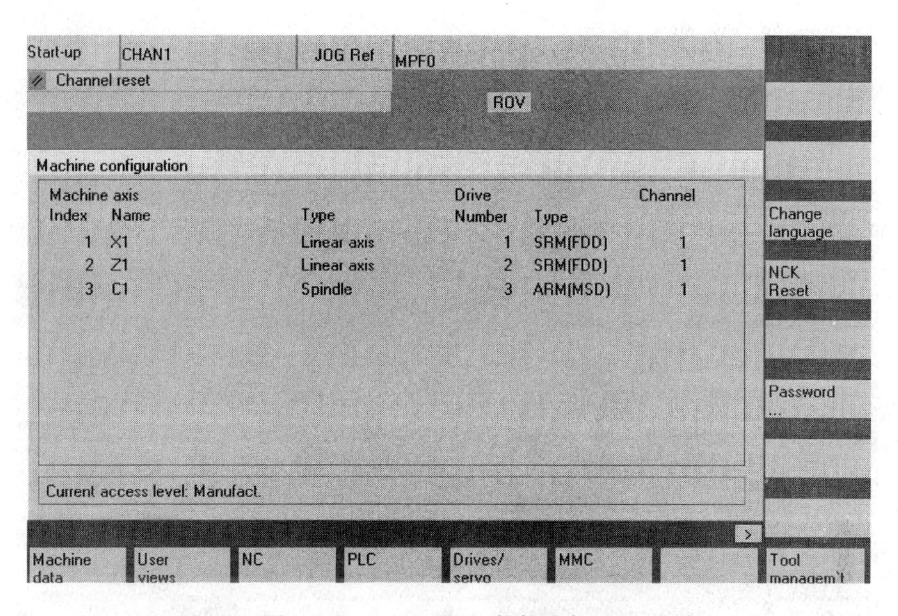

图 6-69　IBN-TOOL 软件重启画面

如图 6-69 所示,当前系统配置了 2 个线性进给轴 X、Z,一个主轴 C 轴。

下面以 2 进给轴(X 轴、Z 轴) +1 主轴(C 轴)为例介绍如何进行 810D 数控系统参数设定与驱动配置。具体步骤如下:

(1) 打开 IBN-TOOL 软件,并与 NC 建立正确的连接。出现初始画面后,单击"Machine data"软键,进入画面如图 6-70 所示,显示参数 10000 的数据,参数 10000 为几何轴名:MD10000:AXCONF_MACHAX_NAME_TAB(0-5)。在此,把轴 0 设为 X1,轴 1 设为 Z1,轴 2 设为 C1。

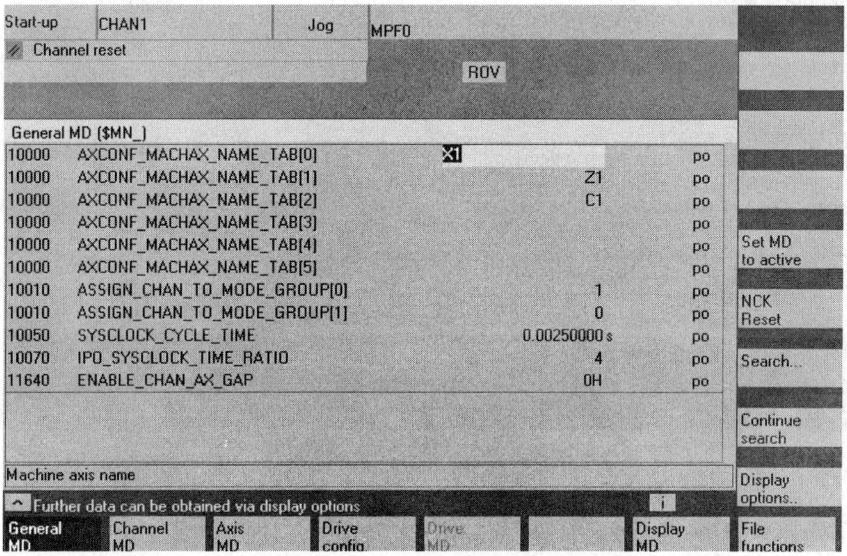

Start-up　CHAN1　Jog　MPF0

Channel reset　ROV

General MD ($MN_)

10000	AXCONF_MACHAX_NAME_TAB[0]	X1	po
10000	AXCONF_MACHAX_NAME_TAB[1]	Z1	po
10000	AXCONF_MACHAX_NAME_TAB[2]	C1	po
10000	AXCONF_MACHAX_NAME_TAB[3]		po
10000	AXCONF_MACHAX_NAME_TAB[4]		po
10000	AXCONF_MACHAX_NAME_TAB[5]		po
10010	ASSIGN_CHAN_TO_MODE_GROUP[0]	1	po
10010	ASSIGN_CHAN_TO_MODE_GROUP[1]	0	po
10050	SYSCLOCK_CYCLE_TIME	0.00250000 s	po
10070	IPO_SYSCLOCK_TIME_RATIO	4	po
11640	ENABLE_CHAN_AX_GAP	0H	po

Machine axis name

Further data can be obtained via display options

Set MD to active　NCK Reset　Search...　Continue search　Display options..

General MD　Channel MD　Axis MD　Drive config.　Drive MD　Display MD　File functions

图 6-70　通用机床数据

(2) 单击"Channel MD"键进入画面如图 6-71 所示。参数 20050 分别设置为 1、0、2;参数 20060 分别设置为 X、Y、Z;参数 20070 分别设置为 1、2、3;参数 20080 分别设置为 X、Z、C。

以上参数设定后,作一次 NCK 复位。

Start-up | CHAN1 | Jog | MPF0

Channel reset

ROV

Channel-specific MD ($MC_)　CHAN1　1

No.	Name	Value	
20000	CHAN_NAME	CHAN1	po
20050	AXCONF_GEOAX_ASSIGN_TAB[0]	1	po
20050	AXCONF_GEOAX_ASSIGN_TAB[1]	0	po
20050	AXCONF_GEOAX_ASSIGN_TAB[2]	2	po
20060	AXCONF_GEOAX_NAME_TAB[0]	X	po
20060	AXCONF_GEOAX_NAME_TAB[1]	Y	po
20060	AXCONF_GEOAX_NAME_TAB[2]	Z	po
20070	AXCONF_MACHAX_USED[0]	1	po
20070	AXCONF_MACHAX_USED[1]	2	po
20070	AXCONF_MACHAX_USED[2]	3	po
20070	AXCONF_MACHAX_USED[3]	0	po
20070	AXCONF_MACHAX_USED[4]	0	po
20070	AXCONF_MACHAX_USED[5]	0	po
20080	AXCONF_CHANAX_NAME_TAB[0]	X	po

Assignment of geometry axis to channel axis

Further data can be obtained via display options

Set MD to active | NCK Reset | Search... | Continue search | Display options..

General MD | Channel MD | Axis MD | Drive config. | Drive MD | Display MD | File functions

图 6－71　通道机床数据

（3）单击“Axis MD”键进入画面如图 6－72 所示。将参数 30130 设为 1,将参数 30240 数据设置为 1。以上参数设定后,作一次 NCK 复位。

Start-up | CHAN1 | Jog | MPF0

Channel reset

ROV

Axis-specific MD ($MA_)　X1　1

No.	Name	Value	
30110	CTRLOUT_MODULE_NR[0]	1	po
30130	CTRLOUT_TYPE[0]	1	po
30220	ENC_MODULE_NR[0]	1	po
30230	ENC_INPUT_NR[0]	1	po
30240	ENC_TYPE[0]	1	po
30242	ENC_IS_INDEPENDENT[0]	0	cf
30280	ENC_ASSIGN_ACTIVE_DRIVE[0]	0	po
30300	IS_ROT_AX	0	po
30310	ROT_IS_MODULO	0	po
30320	DISPLAY_IS_MODULO	0	po
31000	ENC_IS_LINEAR[0]	0	po
31010	ENC_GRID_POINT_DIST[0]	0.01000000 mm	po
31020	ENC_RESOL[0]	2048	po
31030	LEADSCREW_PITCH	4.00000000 mm	po

Setpoint assignment: Drive number/module no.

Further data can be obtained via display options

Axis + | Axis - | Direct selection | Set MD to active | NCK Reset | Search... | Continue search | Display options..

General MD | Channel MD | Axis MD | Drive config. | Drive MD | Display MD | File functions

图 6－72　轴机床数据

（4）单击“Drive Config”键,进入画面如图 6－73 所示。可以看到驱动配置是空的。

（5）单击“Insert module”键,进入画面如图 6－74 所示。

（6）选中 810D 选项,单击“OK”键,进入画面如图 6－75 所示,将数据 Slot1、2、3 对应的 Drive no. 分别设为 3、1、2。

（7）单击“Select Power Sec”键,再单击“3－Axis”,如图 6－76 所示。

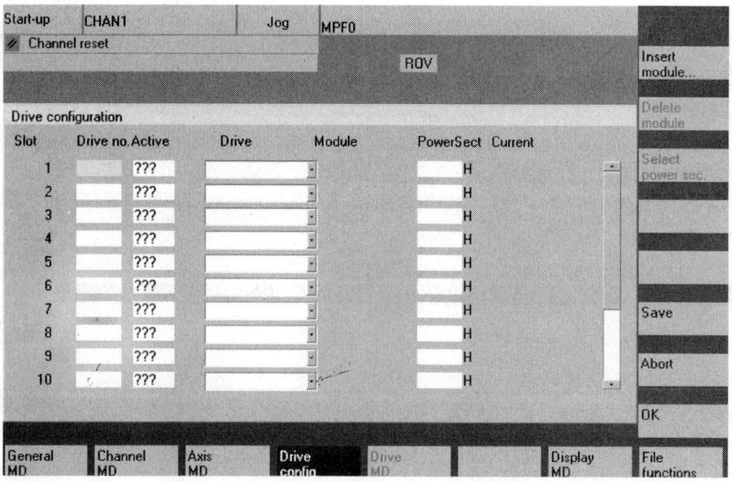

图 6－73　驱动器配置空白画面

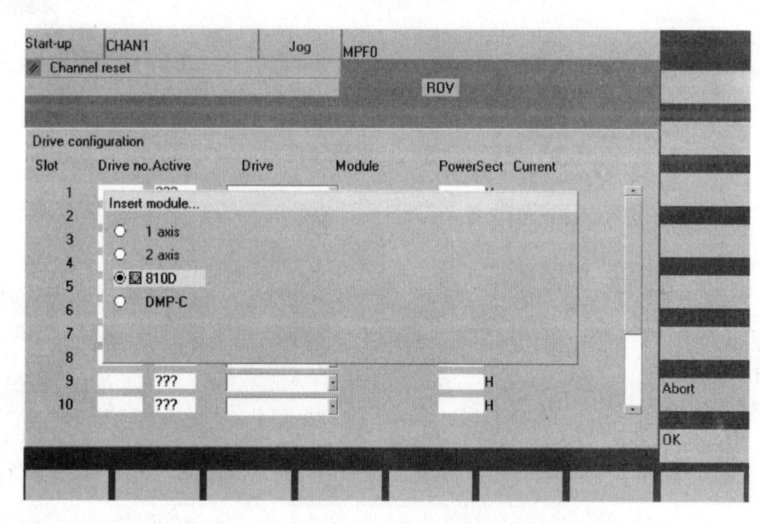

图 6－74　插入模块

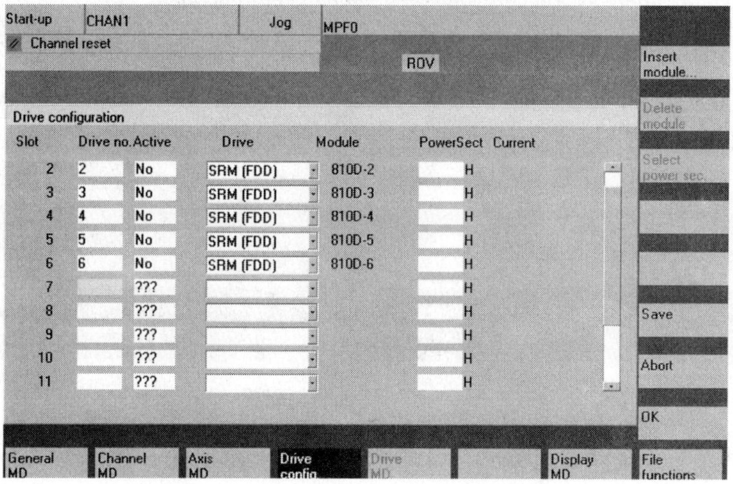

图 6－75　驱动器数据设置

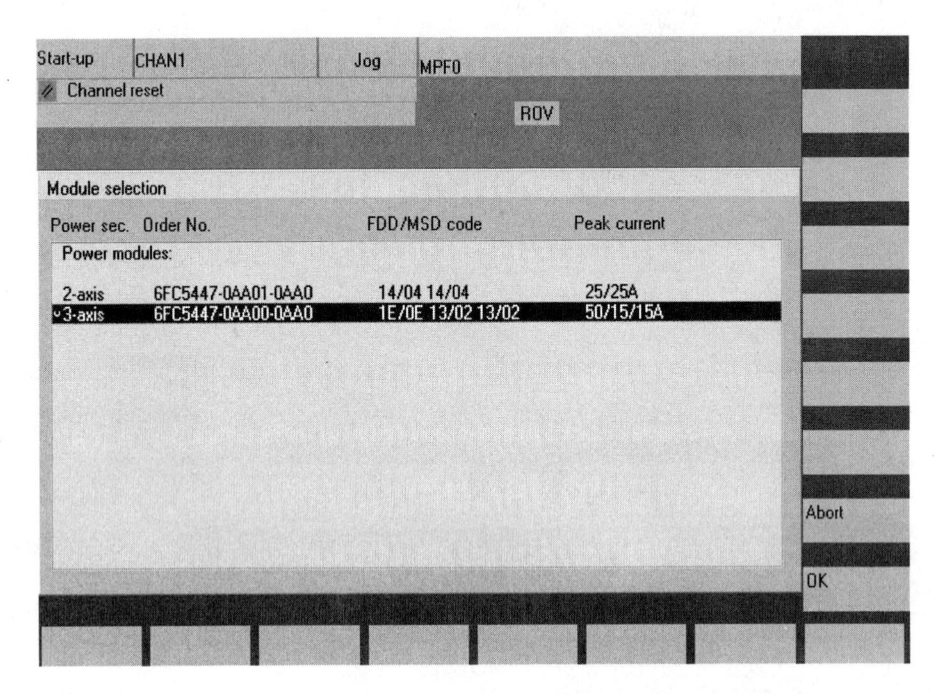

图 6－76　功率模块选择

(8) 单击“OK”键,进入画面如图 6－77 所示,在图 6－77 位置选择 ARM(MSD)进行配置。配置完成后出现画面如图 6－78 所示。

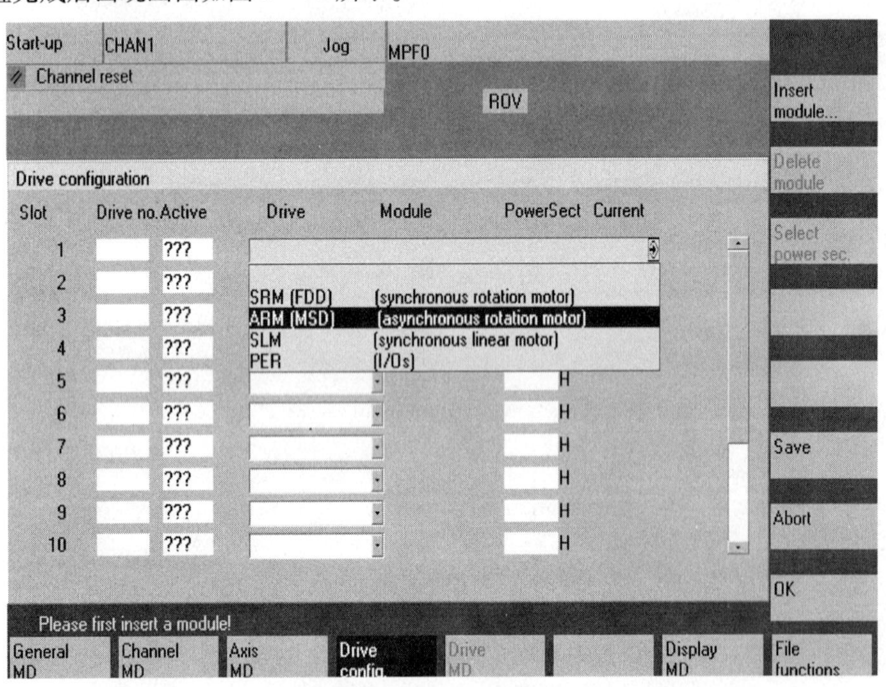

图 6－77　主轴驱动配置

(9) 将 Active 的数据 1、2、3 设为 Yes,激活相应模块,如图 6－79 所示。

(10) 配置完成后,需存储一下(Save),单击“OK”,此时再作一次 NCK 复位。画面如图 6－80所示。

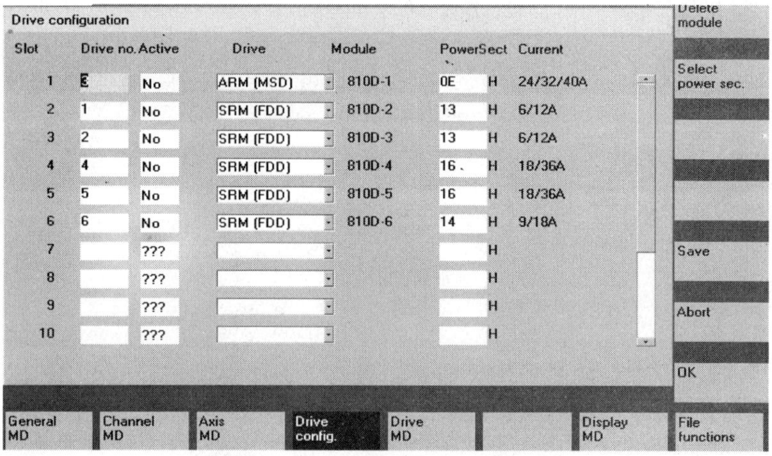

Drive configuration

Slot	Drive no.	Active	Drive	Module	PowerSect		Current
1	3	No	ARM (MSD)	810D-1	0E	H	24/32/40A
2	1	No	SRM (FDD)	810D-2	13	H	6/12A
3	2	No	SRM (FDD)	810D-3	13	H	6/12A
4	4	No	SRM (FDD)	810D-4	16	H	18/36A
5	5	No	SRM (FDD)	810D-5	16	H	18/36A
6	6	No	SRM (FDD)	810D-6	14	H	9/18A
7		???				H	
8		???				H	
9		???				H	
10		???				H	

Delete module / Select power sec. / Save / Abort / OK

General MD | Channel MD | Axis MD | Drive config. | Drive MD | Display MD | File functions

图 6－78　主轴驱动配置完成画面

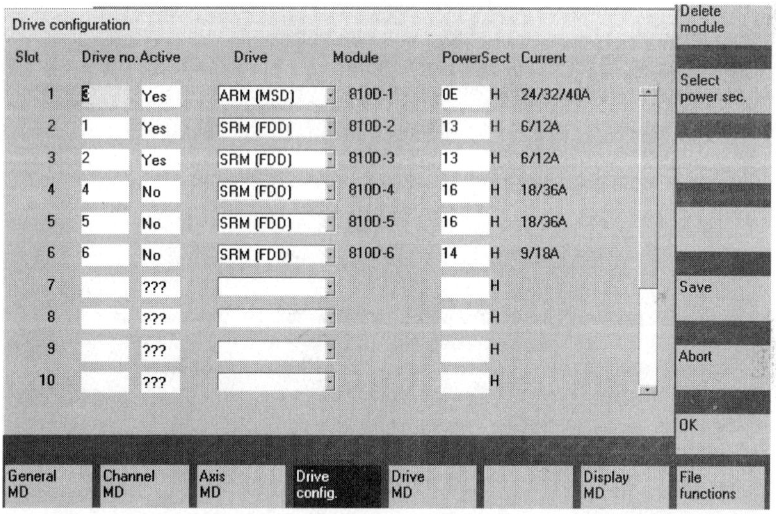

Drive configuration

Slot	Drive no.	Active	Drive	Module	PowerSect		Current
1	3	Yes	ARM (MSD)	810D-1	0E	H	24/32/40A
2	1	Yes	SRM (FDD)	810D-2	13	H	6/12A
3	2	Yes	SRM (FDD)	810D-3	13	H	6/12A
4	4	No	SRM (FDD)	810D-4	16	H	18/36A
5	5	No	SRM (FDD)	810D-5	16	H	18/36A
6	6	No	SRM (FDD)	810D-6	14	H	9/18A
7		???				H	
8		???				H	
9		???				H	
10		???				H	

Delete module / Select power sec. / Save / Abort / OK

General MD | Channel MD | Axis MD | Drive config. | Drive MD | Display MD | File functions

图 6－79　驱动器配置完成

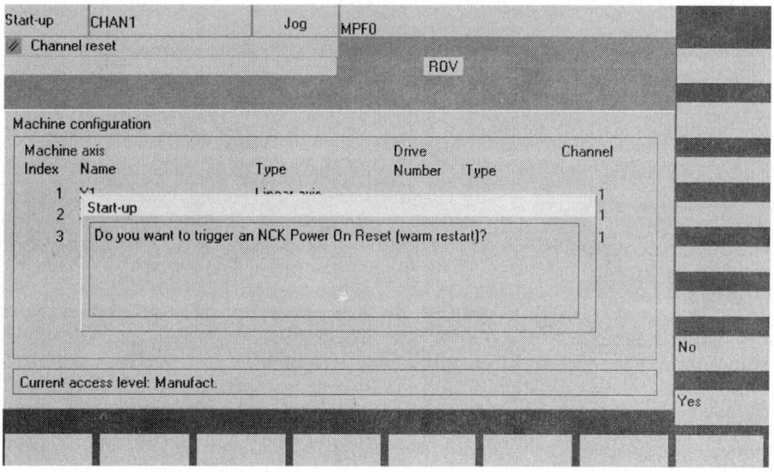

Start-up | CHAN1 | Jog | MPF0

Channel reset

ROV

Machine configuration

Machine axis Index | Name | Type | Drive Number | Type | Channel

1 | 1

2 | 1

3 | 1

Start-up

Do you want to trigger an NCK Power On Reset (warm restart)?

Current access level: Manufact.

No / Yes

图 6－80　重启画面

(11) 重新启动 NC 后,出现报警,如图 6-81 所示。

Start-up | CHAN1 | JOG Ref | MPF0

Channel interrupt

Stop: No NC Ready | ROV

300701 ↓ Axis Z1 drive 2 start-up required

Drive configuration

Slot	Drive no.	Active	Drive	Module	PowerSect		Current
1	3	Yes	ARM (MSD)	810D-1	0E	H	24/32/40A
2	1	Yes	SRM (FDD)	810D-2	13	H	6/12A
3	2	Yes	SRM (FDD)	810D-3	13	H	6/12A
4	4	No	SRM (FDD)	810D-4	16	H	18/36A
5	5	No	SRM (FDD)	810D-5	16	H	18/36A
6	6	No	SRM (FDD)	810D-6	14	H	9/18A
7		???				H	
8		???				H	
9		???				H	
10		???				H	

Insert module... | Delete module | Select power sec. | Save | Abort | OK

General MD | Channel MD | Axis MD | Drive config. | Drive MD | Display MD | File functions

图 6-81 报警画面

(12) 这时原为灰色的 FDD、MSD 变为黑色,可以选电动机了。

依次单击 "Drive MD"→"FDD"→"Motor/controller"→"Motor selection"→按 *X* 轴电动机铭牌选相应电动机→OK→OK→Calculation,配置 *X* 轴进给电动机,如图 6-82 所示。

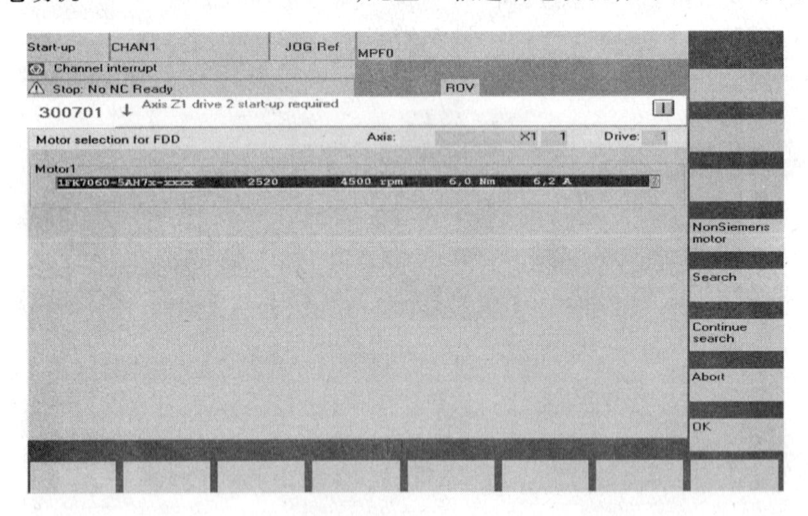

图 6-82 *X* 轴进给电动机选择

用 Drive + 或 Drive - 切换做 *Z* 轴配置:依次单击 "Drive MD"→"FDD"→"Motor/controller"→"Motor selection"→按 *Z* 轴电动机铭牌选相应电动机→OK→OK→Calculation,配置 *Z* 轴进给电动机,如图 6-83 所示。

用 Drive + 或 Drive - 切换做主轴配置:依次单击 "Drive MD"→"MSD"→"Motor/controller"→"Motor selection"→按主轴电动机铭牌选相应电动机→OK→OK→Calculation,配置主轴电动机,如图 6-84 所示。

(13) 最后依次单击"Boot file"→"Save boot file"→"Save all",再做一次"NCK"复位。至此,驱动配置完成,NCU(CCU)正面的 SF 红灯应灭掉。这时,各轴应可以运行。

(14) 这样的配置只能是最基本的配置过程,读者在实际应用中,还需要根据具体的情况,

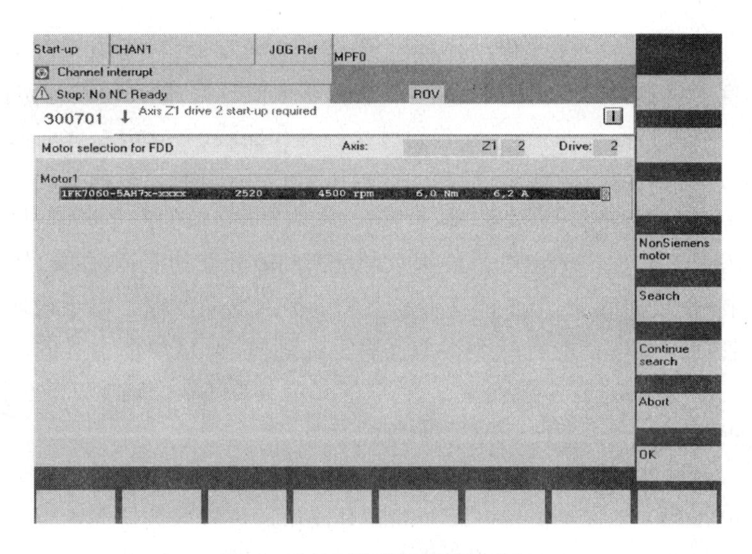

图 6-83 *Z* 轴进给电动机选择

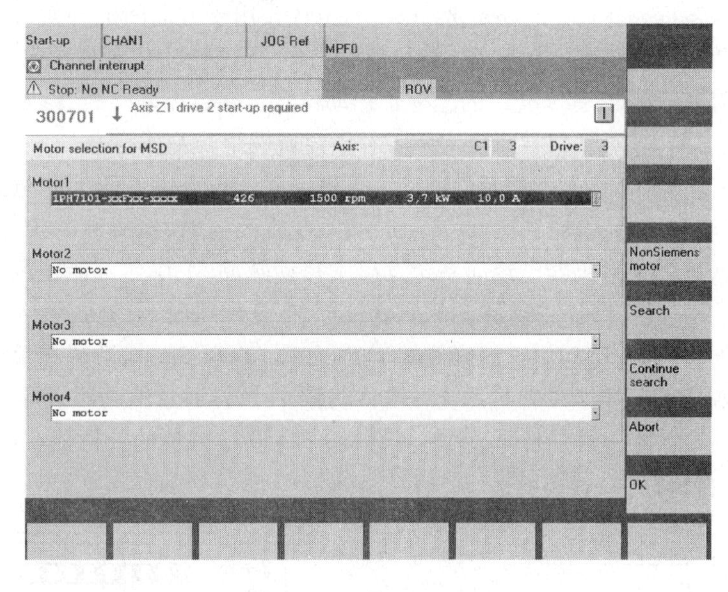

图 6-84 主轴电动机选择

如是否主轴、测量单元类型等对相应轴参数进行设置。

模块 6 误差补偿技术

SINUMERIK 810D/840D 系统提供了多种误差补偿功能，来弥补因机床机械部件制造、装配工艺和环境变化等因素引起的误差，提高机床的加工精度。本章主要介绍了 SINUMERIK 810D/840D 系统提供的各种误差补偿功能的原理和方法。

一、反向间隙补偿

在数控机床进给传动链的各环节中，比如齿轮传动、滚珠丝杠螺母副等都存在着反向间隙。反向间隙是影响机械加工精度的因素之一，当数控机床工作台在其运动方向上换向时，由于反向间隙的存在会导致伺服电动机空转而工作台无实际移动,称为失动。若反向间隙数值较小,对加工精度影响不大则不需要采取任何措施;若数值较大,则系统的稳定性明显下降,加工精度明显降低,尤其是曲线加工,会影响到尺寸公差和曲线的一致性,此时必须进行反向间隙的测定和补偿。特别是采用半闭环控制的数控机床,反向间隙会影响到定位精度和重复定位精度,这就需要平时在使用数控机床时,重视和研究反向间隙的产生因素、影响以及补偿功能等。利用 SINUMERIK 810D/840D 系统提供的反向间隙补偿功能,对机床传动链进行补偿,能在一定范围内补偿反向间隙,但不能从根本上完全消除反向间隙。由于滚珠丝杠的制造误差,滚珠丝杠的任何一个位置既有螺距误差又有反向间隙,而且每个位置的反向间隙各不相同。一般采用激光干涉仪进行多点测量,所选取的测量点要基本反映丝杠的全程情况,然后取各点反向间隙的平均值,作为反向间隙的补偿值。

对指定的坐标轴或主轴设置反向间隙补偿值,可以使得坐标轴或主轴运动方向改变时自动进行补偿,从而得到实际运动位置。反向间隙补偿值通过机床数据 MD 32450: BACKLASH 进行设定,该设定值在机床回参考点后自动生效。在 NCK 版本 SW 5 及以上系列的数控系统中,还有一个机床数据 MD 32452: BACKLASH_FACTOR 用于方向间隙补偿,该数据位方向间隙权重系数,取值在 0.01 ~ 100.0 之间, 默认值为 1.0。屏幕上轴位置显示窗口上显示的实际值未包含方向间隙补偿值,是“理想”的坐标轴移动位置。在数控系统的“诊断”区域坐标轴服务项目中看到的当前实际值,包括了反向间隙补偿值域螺距误差补偿值。

方向间隙补偿值的正负与测量元件的安装位置有关。以脉冲编码器测量元件为例,如果编码器的运动早于工作台运动,如图 6-85 所示,系统在反向时,编码器的实际值在工作台实际值的前面出现,也就是编码器已经向系统发出了移动脉冲,工作台可能还没有移动,这样通过编码器获得的位置将大于工作台移动的实际位置,在这种情况下,就必须给 MD 32450 输入正的补偿值。如果工作台运动早于编码器的运动,如图 6-86 所示,系统在反向时,工作台已经产生了移动,编码器可能还没有向系统发出移动脉冲,这样通过编码器获得的位置将小于工作台移动的实际位置,在这种情况下,就必须给 MD 32450 输入负的补偿值。通常情况下都是采用输入正的补偿值。

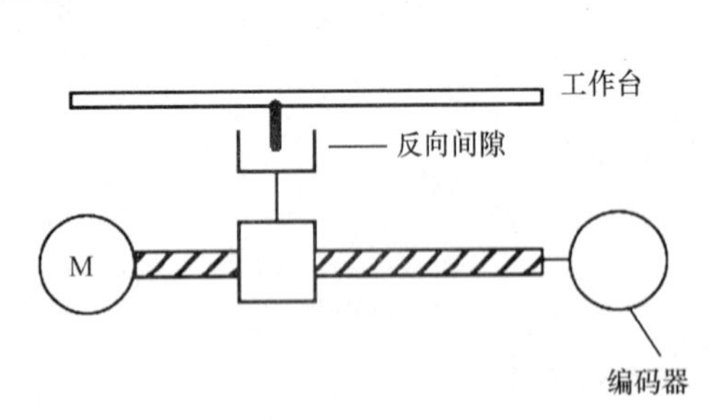

图 6-85　反向间隙补偿为正

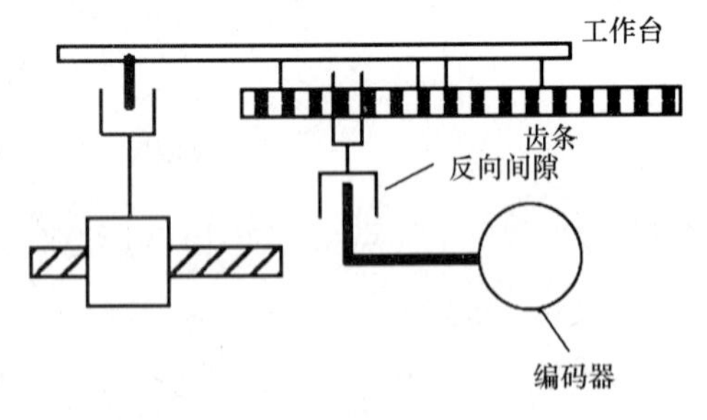

图 6-86　反向间隙补偿为负

若数控机床的坐标轴/主轴存在第二测量系统,它与第一测量系统的传动链不可能完全相同,当然方向间隙也与第一测量系统不同,必须对第二测量系统单独间隙补偿。在测量系统转换时,自动激活对应的补偿值。注意反向间隙的大小由轴 MD32450 确定,并在轴回参后生效。每一个伺服循环的补偿值由轴 MD 36500: ENC_CHANGE_TOL 确定:当 MD32450 较大(> MD36500)时,每次伺服循环补偿一个 MD36500 的值,即所有间隙经过 N = MD32450/MD36500 次伺服循环时补偿完,但是如果 MD32450 过大,造成时间间隔过长时将会产生零速监控报警。此时可调整机械反向间隙并适当放大 MD36500。当 MD36500 > MD32450 时,所有间隙在一个伺服循环中执行。

二、螺距误差补偿

数控机床大都采用滚珠丝杠作为机械传动部件,电动机带动滚珠丝杠,将电动机的旋转运动转换为直线运动。如果滚珠丝杠没有螺距误差,滚珠丝杠转过的角度与对应的直线位移存在线性关系。但实际上,因制造误差、装配误差始终存在,达不到理想的螺距精度,其螺距并不完全相等,存在螺距误差,其反映在直线位移上也存在一定的误差,从而降低了机床的加工精度。利用 810D/840D 数控系统提供的螺距误差补偿功能,可以对螺距误差进行补偿和修正,达到提高加工精度的目的。采用误差补偿功能的另一个原因是数控机床经长时间使用后,由于磨损等原因造成精度下降,通过对机床进行周期检定和误差补偿,可在保持精度的前提下延长机床的使用寿命。

1. 螺距误差补偿原理

螺距误差补偿的基本原理就是将数控机床某坐标轴的指令位置与高精度位置测量系统所测得的实际位置相比较,计算出在全行程上的误差分布曲线,将误差以表格的形式输入 840D/810D 数控系统中,以后当数控系统在控制该轴运动时,会自动考虑该差值并加以补偿。该方法的实现步骤如下:

(1) 在数控机床上正确安装高精度位置测量装置。

(2) 在整个行程上,每隔一定距离取一个位置点作为补偿点。

(3) 记录运动到这些点的实际精确位置。

(4) 将各点处的误差标出,形成在不同的指令位置处误差表。

(5) 多次测量,取平均值。

(6) 依“补偿值 = 数控命令值 - 实际位置值”的公式计算各点的螺距误差,并将各点处的误差标出,形成在不同指令位置处的误差表,并将该表输入数控系统,系统按此表进行补偿。高精度位置测量系统通常采用的是双频激光干涉仪。

2. 810D/840D 螺距补偿涉及系统变量及机床参数

1) 螺距补偿用系统变量

SINUMERIK 810D/840D 数控系统螺距误差补偿需要通过系统变量,以数据文件(又称补偿表)的形式传给系统,使系统在插补周期内,根据当前的坐标位置,自动地把补偿值加到位置调节器中。主要的系统变量有以下 5 个。

(1) $ AA_ENC_COMP_STEP[e , AXi]:坐标轴“AXi”螺距误差补偿间隔,也就是两个补偿点之间的距离。其中“e”代表测量系统,“e” =0 表示当前使用第一测量系统,“e” =1 表示当前使用第二测量系统。

(2) $ AA_ENC_COMP_MIN[e , AXi]:坐标轴“AXi”螺距误差补偿起始点。

(3) $ AA_ENC_COMP_MAX[e , AXi]:坐标轴“AXi”螺距误差补偿终点。

(4) $ AA_ENC_COMP[e , N, AXi]:坐标轴“AXi”在第 *N* 个补偿点处的补偿值。如在补偿起始点可写成 AA_ENC_COMP[e ,0, AXi]。

(5) $ AA_ENC_COMP_IS_MODULO[0,AXi]:在补偿文件中规定了是否带模功能补偿,设置为 1 时模补偿功能生效,设置为 0 时模补偿功能无效。只有旋转轴才能选择模补偿功能,旋转轴的模是 360°,对应的初始位置 AA_ENC_COMP_MIN 是 0°,结束位置 AA_ENC_COMP_

MAX 为 360°。

2）螺距补偿用机床参数

SINUMERIK 810D/840D 数控系统螺距误差补偿所涉及到的机床数据主要有 2 个，如表 6－26所列。

表 6－26 螺距误差补偿用机床数据

轴参数号	参数名	输入值	参数定义
32700	ENC_COMP_ENABLE	0	螺补使能禁止
		1	螺补使能生效
38000	MM_ENC_COMP_MAX_POINTS	*	最大补偿点数

（1）MD32700：螺距补偿数据需要用机床数据 MD32700 激活，还可对激活的补偿数据进行写保护。设置 MD32700 为 0 时，螺距误差补偿使能禁止，在此状态下可以修改补偿值，将修改过的补偿文件用 WinPCIN 软件送入数控系统。设置 MD32700 为 1 时，螺距误差补偿使能生效，保护补偿文件，系统复位或补偿轴回参考点后，新的补偿值生效。

（2）MD38000：机床数据 MD38000 中设置螺距误差补偿的最大点数，实际补偿点数应当小于该参数的规定。在进行螺距误差补偿前，检查 MD38000 中的设置，一般系统的默认设置能够满足要求，不必修改 MD38000 中的数据。如果修改该数据，应注意系统会在下一次上电时重新对内存进行分配。建议在修改该参数之前，备份已存在的零件加工程序、R 参数和刀具参数及驱动数据等数据。

3. 810D/840D 螺距补偿方法及步骤

1）810D/840D 螺距补偿方法

810D/840D 螺距补偿方法有两种：第一种方法为系统自动生成补偿文件，将补偿文件传入计算机，然后在 PC 机上编辑并输入补偿值，将补偿文件再传入系统进行螺距补偿；第二种方法为系统自动生成补偿文件，将补偿文件格式改为加工程序，然后通过 OP 单元将补偿值输进该程序，最后运行该零件程序即可将补偿值写入系统。

2）810D/840D 螺距补偿步骤

方法一

（1）根据坐标轴的工作区间，参照相关规定和标准，确定补偿轴的补偿间隔和补偿范围。

（2）修改 MD38000，确定补偿点数 K：由于该参数系统初始值为 0，故而应根据需要先设此参数。可根据下式确定补偿点数 K：

$$K=\frac{\$\,AA\_NEC\_COMP\_MAX-\$\,AA\_ENC\_COMP\_MIN}{\$\,AA\_ENC\_COMP\_STEP} \tag{6-1}$$

如果 K = MD38000 － 1，补偿表得到了完全利用。

如果 K > MD38000 － 1，超过了机床数据中设置的最大补偿点数，则必须修改 MD38000，但要注意修改 MD38000 会引起 NCK 内存的重新分配，导致机床数据丢失，因此要提前做好数据备份。

如果 K < MD38000 － 1，补偿表未得到完全利用，输入比 K 大的那些补偿点的补偿值并不生效。实际应用中，多采用 K < MD38000 － 1。

（3）利用准备好的调试电缆将计算机和数控系统连接起来。

（4）在 PC 机中启动 WinPCIN 软件，选择“文本”通信方式，然后选择接收数据。

（5）进入数控系统的通信画面，设定相应的通信参数，然后用键盘的光标键选择“数据…”,并选择其中的“丝杠误差补偿”,单击菜单键“读出”启动数据传输。

(6) 按照预定的最小位置、最大位置和测量间隔移动要进行补偿的坐标轴。

(7) 用激光干涉仪测试每一点的误差。

(8) 在 PC 机中将误差值编辑在刚刚传出的补偿文件中,并保存。

(9) 将编辑好的补偿文件再通过 WinPCIN 软件传回数控系统中。

(10) 设定轴参数 MD32700 = 1, NCK 复位,然后返回参考点,补偿值生效。

方法二

(1) 同方法一,将补偿文件由 810D/840D 系统传输到计算机上。

(2) 编辑补偿文件,修改文件头和文件尾,如将文件头修改为“% _N_BUCHANG_MPF; $ PATH =/_N_MPF_DIR”,文件尾必须修改为 M02。这样补偿文件修改为加工程序格式。

(3) 将修改过的文件通过 WinPCIN 软件传回 810D/840D 系统中。这时在加工程序的目录中就可以看到名为“BUCHANG”的加工程序。

(4) 用激光干涉仪测试每一点的误差。

(5) 通过数控系统的 OP 单元,将误差值编辑在加工程序“BUCHANG”中。

(6) 单击软菜单键“执行”选择加工程序“BUCHANG”。810D/840D 系统进入“自动方式”,然后单击机床面板上的“NC 启动”键,执行加程序“BUCHANG”后补偿值存入810D/840D 系统中。

(7) 设定轴参数 MD32700 = 1, NCK 复位,然后返回参考点,补偿值生效。

4. 810D/840D 螺距补偿应用

图 6 - 87 为某机床 Z 轴螺距误差补偿的实例图,设置的补偿点间隔为 100 mm,补偿起始位置为 100 mm,补偿的终点位置为 1200 mm,应用螺距误差补偿两种方法编写了误差补偿文件,如表 6 - 27 所列。将该文件应用到 810D/840D 数控系统,即可进行螺距误差补偿。

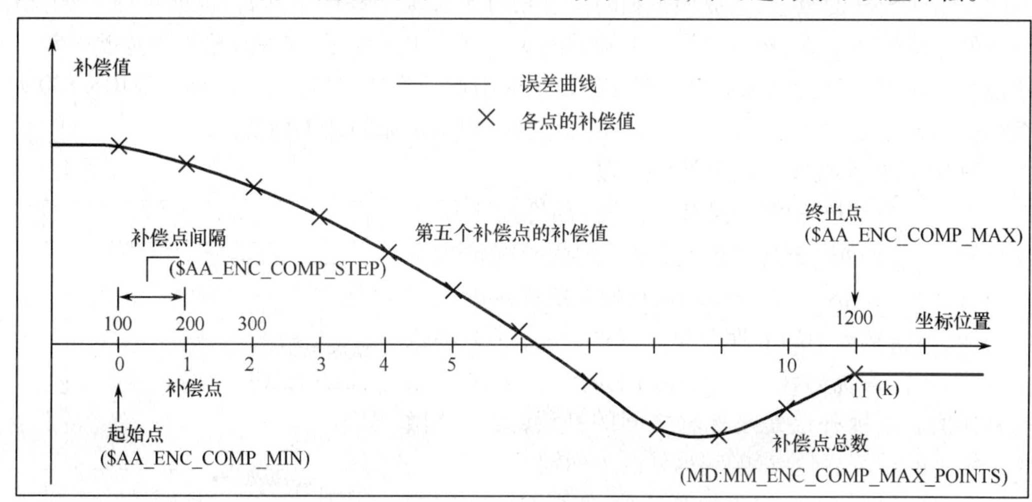

图 6 - 87　螺距误差补偿实例图

在主菜单中单击“Diagnostics”→“Service Display”→“Service Axis”可以看到补偿后的位置值。螺距误差补偿对开环和半闭环的数控机床具有显著的效果,可明显提高系统的定位精度和重复定位精度。对全闭环的数控机床,其补偿效果不明显,但也可以使用该误差补偿技术。螺距误差补偿分单向和双向补偿两种,单向补偿为进给轴正反移动采用相同的数据补偿;双向补偿为进给轴正反移动分别采用不同的数据补偿。通常仅采用单向螺距误差补偿。

表 6-27　螺距误差补偿文件

文件头	方法一	方法二
	% _N_AXIS3_EEC_INI	% _N_BUCHANG_MPF;(文件头) $ PATH =/_N_MPF_DIR(文件路径)
Point [0]	$ AA_ENC_COMP[0,0,AX3] =0.024	$ AA_ENC_COMP[0,0,AX3] =0.024
Point [1]	$ AA_ENC_COMP[0,1,AX3] =0.020	$ AA_ENC_COMP[0,1,AX3] =0.020
Point [2]	$ AA_ENC_COMP[0,2,AX3] =0.015	$ AA_ENC_COMP[0,2,AX3] =0.015
Point [3]	$ AA_ENC_COMP[0,3,AX3] =0.014	$ AA_ENC_COMP[0,3,AX3] =0.014
Point [4	$ AA_ENC_COMP[0,4,AX3] =0.011	$ AA_ENC_COMP[0,4,AX3] =0.011
Point [5]	$ AA_ENC_COMP[0,5,AX3] =0.009	$ AA_ENC_COMP[0,5,AX3] =0.009
Point [6]	$ AA_ENC_COMP[0,6,AX3] =0.004	$ AA_ENC_COMP[0,6,AX3] =0.004
Point [7]	$ AA_ENC_COMP[0,7,AX3] = -0.010	$ AA_ENC_COMP[0,7,AX3] = -0.010
Point [8]	$ AA_ENC_COMP[0,8,AX3] = -0.013	$ AA_ENC_COMP[0,8,AX3] = -0.013
Point [9]	$ AA_ENC_COMP[0,9,AX3] = -0.015	$ AA_ENC_COMP[0,9,AX3] = -0.015
Point [10]	$ AA_ENC_COMP[0,10,AX3] = -0.009	$ AA_ENC_COMP[0,10,AX3] = -0.009
Point [11]	$ AA_ENC_COMP[0,11,AX3] = -0.004	$ AA_ENC_COMP[0,11,AX3] = -0.004
Step (mm)	$ AA_ENC_COMP_STEP[0,AX3] =100.0	$ AA_ENC_COMP_STEP[0,AX3] =100.0
Start point	$ AA_ENC_COMP_MIN[0,AX3] =100.0	$ AA_ENC_COMP_MIN[0,AX3] =100.0
End point	$ AA_ENC_COMP_MAX[0,AX3] =1200.0	$ AA_ENC_COMP_MAX[0,AX3] =1200.0
Reserved	$ AA_ENC_COMP_IS_MODULO[0,AX3] =0	$ AA_ENC_COMP_IS_MODULO[0,AX3] =0
end of file	M17	M02

三、垂度误差补偿

某些数控机床，例如立卧镗铣床，当一个或两个坐标轴伸出时，一头处于悬空状态，由于镗铣头的重量或镗杆的重量，造成相关轴的位置相对于移动部件产生倾斜，也就是说，一个轴由于自身的重量造成下垂，相对于另一个轴的绝对位置产生了变化，这种现象称为垂度误差。简单地说垂度误差就是指坐标轴由于部件的自重而引起的弯曲变形。利用 SINUMERIK 840D 数控系统提供的垂度误差补偿功能可以纠正该误差，提高机床的加工精度。

1. 840D 数控系统垂度误差补偿原理

图 6-88 为某机床垂度误差示意图，部件向 Y 轴正方向移动越远，Y 轴横臂弯曲越大，对 Z 轴的坐标位置影响也越大。利用 SINUMERIK 840D 数控系统提供的垂度补偿功能，补偿坐标轴的下垂引起的位置误差，当 Y 轴执行指令移动时，系统会在一个插补周期内计算 Z 轴上相应的补偿值。垂度补偿是坐标轴之间的补偿，为了补偿一个坐标轴的垂度，将会影响到另外的坐标轴。

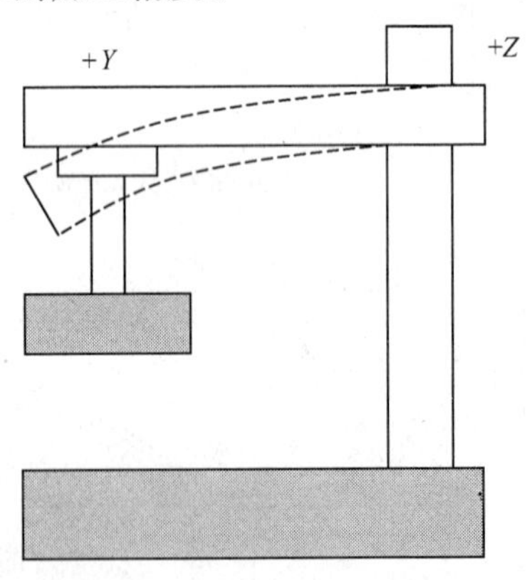

图 6-88　垂度误差示意图

通常，把变形的坐标轴称为基准轴，如图 6-88 中的 Y 轴，受影响的轴称为补偿轴，如图 6-88 中的 Z 轴。把一个基准轴与一个补偿轴定义为一种补偿关系，基准轴作为输入，由此轴决定补偿点的位置，补偿轴作为输出，计算得到的补偿值加到它的位置调节器中。基准轴与补偿轴的补偿关系称为垂度补偿表，由系统规定的变量组成，以补偿文件的形式存入数控系统内存中。激活数控系统的垂度补偿功能，然后使机床的坐标轴回参考点，则垂度补偿功能将自动运行。

2. 垂度误差补偿涉及系统变量及机床参数

1）垂度误差补偿用系统变量

SINUMERIK 840D 数控系统螺距误差补偿需要通过系统变量，以数据文件（又称补偿表）的形式传给系统，使系统在插补周期内，根据当前的坐标位置，自动地把补偿值加到位置调节器中。主要的系统变量有以下 9 个。

（1）$AA_CEC[t, N]：在补偿表 t 中，基准轴补偿点 N 对应补偿轴的补偿值。

（2）$AA_CEC_STEP[t]：在补偿表 t 中，两个相邻补偿点之间的距离。

（3）$AA_CEC_MIN[t]：在补偿表 t 中，基准轴补偿点的起始位置。

（4）$AA_CEC_MAX[t]：在补偿表 t 中，基准轴补偿点的终止位置。

（5）$AA_CEC_INPUT_AXIS[t]：定义基准轴的名称。

（6）$AA_CEC_OUTPUT_AXIS[t]：定义补偿轴的名称。

（7）$AA_CEC_DIRECTION[t]：定义基准轴补偿方向。其中，$AA_CEC_DIRECTION[t] =0，补偿值对基准轴的两个方向都有效；$AA_CEC_DIRECTION[t] =1，补偿值只对基准轴的正方向有效，其负方向无补偿值；$AA_CEC_DIRECTION[t] = -1，补偿值只对基准轴的负方向有效，其正方向无补偿值。

（8）$AA_CEC_IS_MODULO[t]：基准轴的补偿表模功能。$AA_CEC_IS_MODULO[t] =0 表示无模补偿功能；$AA_CEC_IS_MODULO[t] =1 表示激活模补偿功能。

（9）$AA_CEC_MULT_BY_TABLE[t1] =t2：定义一个表的补偿值与另一个表相乘，其结果作为附加补偿值累加到总补偿值中，t1 为补偿坐标轴表 1 的索引号，t2 为补偿坐标轴表 2 的索引号，两者不能相同，一般 t1 =t2 +1。

2）垂度误差补偿用机床参数

垂度误差补偿用机床参数包括通用机床数据和设定机床数据。

（1）通用机床数据如下：

MD18342：补偿表的最大补偿点数。

MD32710：激活补偿表。

MD32720：下垂补偿表在某点的补偿值总和的极限值。系统对垂度补偿值进行监控，若计算的总垂度补偿值大于 MD32720 中设定的值，将会发生 20124 号“总补偿值太高”报警。840DE（出口型）为 1mm，840D（非出口型）为 10mm。

（2）设定机床数据如下：

SD41300：垂度补偿表有效。

SD41310：垂度补偿表的加权因子。

3. 840D 数控系统垂度误差补偿步骤

（1）根据坐标轴的工作区间，参照相关规定和标准，确定补偿轴的补偿间隔和补偿范围。

（2）修改 MD18342，由于该参数系统初始值为 0，故而应先设置此参数。如果修改该数据，请注意系统会在下一次上电时重新对内存进行分配。建议在修改该参数之后，备份已存在的零件加工程序、R 参数、刀具参数及驱动数据等数据。

（3）设置 MD32710 =0，使垂度误差补偿失效。

（4）确定补偿点数 K：可根据下式确定补偿点数 K，多采用 $0 \leqslant K < \text{MD18342}$。

$$K = \frac{\$AA\_CEC\_MAX[t] - \$AA\_CEC\_MIN[t]}{\$AA\_CEC\_STEP[t]} \tag{6-2}$$

(5) 利用准备好的调试电缆将计算机和数控系统连接起来。

(6) 在 PC 机中启动 WinPCIN 软件,选择“文本”通信方式,然后选择接收数据。

(7) 进入数控系统的通信画面,设定相应的通信参数,并选择其中的“垂度误差补偿”,单击菜单键“读出”启动垂度误差补偿文件传输。

(8) 按照预定的最小位置、最大位置和测量间隔移动基准轴,同时测量补偿轴的偏移量。测量补偿值利用平尺与角尺调平水平面,通过编制加工程序将 Y 轴等距离伸出,测出每个点的下垂量,做出记录或画出补偿图形。

(9) 在 PC 机中将误差值编辑在刚刚传出的垂度误差补偿文件中,并保存。

(10) 将编辑好的补偿文件再通过 WinPCIN 软件传回数控系统中。

(11) 设定轴参数 MD32700 = 1, SD41300 = 1, NCK 复位,然后返回参考点,补偿值自动生效。

4. 840D 数控系统垂度误差补偿应用

某机床 Y 轴位置变化的时候,对 Z 轴的实际坐标位置产生影响。因此,Y 轴作为基准轴,Z 轴作为补偿轴。设置的补偿点间隔为 50 mm,补偿起始位置为 0 mm,补偿的终点位置为 400 mm,测得一系列的补偿值,应用垂度误差补偿方法,编写误差补偿文件,如表 6 - 28 所列。将该文件应用到 840D 数控系统,即可进行垂度误差补偿。

单击主菜单键“Menu Select”进入“诊断”中,选择“服务显示”,在“轴调整”界面下,开动 Y 轴,查看 Z 轴“垂度 + 温度补偿”一项,若数值随 Y 轴运动而变化,补偿值生效。在任何操作方式下运动在 Y 轴,Z 轴数值均变化。应用 SINUMERIK 840D 数控系统提供的垂度误差补偿功能很好地解决了机床坐标轴变形产生的加工误差问题。同时,利用该补偿功能还可以进行数控机床双向螺距误差补偿,而且垂度补偿功能还可以应用于台面的倾斜补偿等方面。

表 6 - 28　垂度补偿文件

语句	说　明
% _N_NC_CEC_INI;	垂度补偿文件头
CHANDATA(1)	
$ AA_CEC[0, 0] =0;	补偿点 0 的 Y 轴补偿值
$ AA_CEC[0, 1] =0.005;	补偿点 1 的 Y 轴补偿值
$ AA_CEC[0, 2] =0.008;	补偿点 2 的 Y 轴补偿值
$ AA_CEC[0, 3] =0.012;	补偿点 3 的 Y 轴补偿值
$ AA_CEC[0, 4] =0.017;	补偿点 4 的 Y 轴补偿值
$ AA_CEC[0, 5] =0.020;	补偿点 5 的 Y 轴补偿值
$ AA_CEC[0, 6] =0.024;	补偿点 6 的 Y 轴补偿值
$ AA_CEC[0, 7] =0.028;	补偿点 7 的 Y 轴补偿值
$ AA_CEC[0, 8] =0.031;	补偿点 8 的 Y 轴补偿值
$ AA_CEC_INPUT_AXIS[0] = Z1;	基准轴为 Z 轴
$ AA_CEC_OUTPUT_AXIS[0] = Y1;	补偿轴为 Y 轴
$ AA_CEC_STEP[0] =50;	两个相邻补偿点之间的距离 50 mm
$ AA_CEC_MIN[0] =0;	基准轴补偿点的起始位置 0mm
$ AA_CEC_MAX[0] =400;	基准轴补偿点的终止位置 400mm
(8) $ AA_CEC_IS_MODULO[0] =0	模功能补偿无效
$ AA_CEC_DIRECTION[0] =1;	基准轴 Z 轴正向垂度补偿有效

项目7　数控车床组装与调试

模块1　低压电气元器件选择

一、低压断路器

低压断路器又称为自动空气开关,是将控制和保护的功能合为一体的电器。它常作为不频繁接通和断开的电路的总电源开关或部分电路的电源开关,当发生过载、短路或欠电压等故障时能自动切断电路,有效地保护串接在它后面的电气设备,并且在切断故障电流后一般不需要更换零部件。

1. 塑料外壳式断路器

塑料外壳式断路器由手柄、操作机构、脱扣装置、灭弧装置及触头系统组成,均安装在塑料外壳内组成一体,如图7-1所示。

断路器可以作为配电、电动机的过载及短路保护用,亦可作为线路不频繁转换及电动机不频繁启动之用。

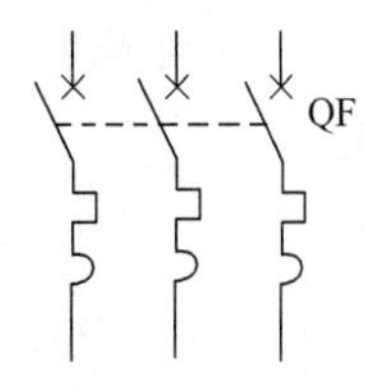

图7-1　塑料外壳式断路器外形图、电气图形及文字符号

2. 小型断路器

如图7-2所示,小型断路器可作为过载、短路保护之用,同时也可以作为在正常情况下不频繁的通断电器装置和照明线路。

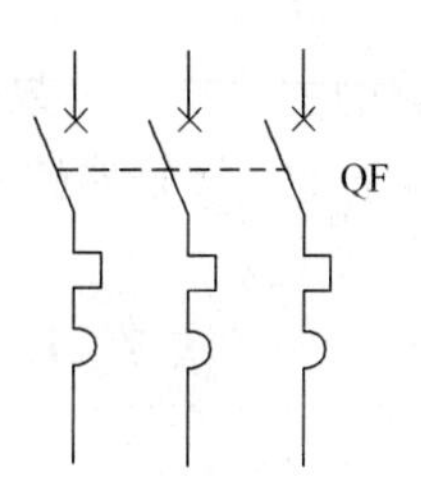

图7-2　小型断路器外形图、电气图形及文字符号

低压断路器的选择应考虑以下要求:

(1) 低压断路器的额定电压应大于或等于线路、设备的正常工作电压。

(2) 低压断路器的额定电流应大于或等于线路、设备的正常工作电流。

(3) 低压断路器的极限通断能力应大于或等于电路和最大短路电流。

(4) 欠电压脱扣器的额定电压等于线路的额定电压。

(5) 过电流脱扣器的额定电流应该大于或等于线路的最大负载电流。

使用低压断路器实现短路保护要比使用熔断器优越,因为当电路短路时,若采用熔断器保护,很可能只有一相电源的熔断,造成缺相运行。对于低压断路器来说,只要短路都会使开关跳闸,将三相电源同时切断。

二、接触器

接触器是一种用来频繁地接通或分断电路带有负载(如电动机)的自动控制电器。接触器由电磁机构、触点系统、灭弧装置及其他部件四部分组成。如图7-3、图7-4所示,其工作原理是当线圈通电后,铁芯产生电磁吸力将衔铁吸合。衔铁带动触点系统动作,使常闭触点断开,常开触点闭合。当线圈断电时,电磁吸力消失,衔铁在反作用弹簧力的作用下释放,触点系统随之复位。

按其主触点通过电流的种类不同,可分为直流、交流两种。机床上应用最多的是交流接触器。

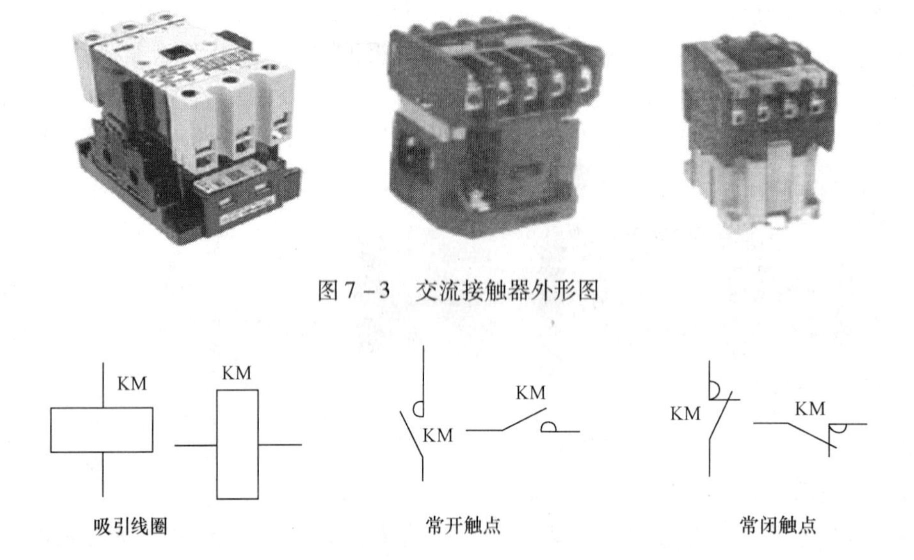

图7-3 交流接触器外形图

图7-4 交流接触器电气图形及文字符号

1. 接触器的主要技术参数

(1) 额定电压。接触器铭牌上标注的额定电压是指主触点的额定电压。常用的额定电压等级如表7-1所列。

表7-1 接触器的额定电压和额定电流的等级表

接触器类型 / 技术参数	直流接触器	交流接触器
额定电压/V	110、220、440、660	127、220、380、500、660
额定电流/A	5、10、20、40、60、100、150、250、400、600	5、10、20、40、60、100、150、250、400、600

(2) 额定电流。接触器铭牌上标注的额定电流是指主触点的额定电流。常用的额定电流等级如表7-1所列。

(3) 线圈的额定电压。常用的额定电压等级如表7－2所列。选用时一般交流负载用交流接触器,直流负载用直流接触器,但交流负载需频繁动作时可采用直流线圈的交流接触器。

表7－2 接触器线圈的额定电压等级表

直流线圈额定电压/V	交流线圈额定电压/V
24、48、100、220、440	36、110、127、220、380

(4) 接触和分断能力。指接触器主触点在规定条件下能可靠地接通和分断的电流值。在此电流值下,接触器接通时主触点不应发生熔焊;接触器分断时主触点不应发生长时间的燃弧。

(5) 额定操作频率。指每小时的操作次数。交流接触器最高为600次/h,而直流接触器最高为1200次/h。操作频率直接影响到接触器的电寿命和灭弧罩的工作条件,对于交流接触器还影响到线圈的温升。

表7－3所列为CJX系列交流接触器的规格及参数。

表7－3 CJX系列交流接触器的规格及参数

型号	额定绝缘电压/V	机械寿命/百万次	额定工作电流/A		可控电动机功率/kW		额定操作频率/(次/h)		额定发热电流/A
					AC－3	AC－4			
			AC－3	AC－4	230V/400V/500V	690V/400V	AC－3	AC－4	
CJX－9	680	10	9	3.3	2.4/4/5.5	5.5/1.4	1200	300	20
CJX－16	680	10	16	7.7	4/7.6/10	11/3.5	1200	300	30
CJX－85	1000	8	85	42	28/45/59	67/22	600	300	90
CJX－170	1000	8	170	75	55/90/118	156/40	700	200	210
CJX－475	1000	8	475	165	148/252/342	432/110	500	150	400

2. 交流接触器的选择

(1) 根据交流接触器所控制的工作任务来选择相应使用类别的型号。

(2) 交流接触器的额定电压(指触点的额定电压)一般为500V或380V两种,要大于或等于负载电路的电压。

(3)如负载为电动机要根据其功率和操作情况来确定接触器主触点的电流等级。

(4)交流接触器线圈的电流种类和电压等级应与控制电路相同。

三、继电器

继电器是一种根据输入信号的变化接通或断开控制电路的电器。继电器的输入信号可以是电流、电压等电量,也可以是温度、速度等非电量,输出为相应的触点动作。

继电器的种类很多,按输入信号的性质分为电压继电器、电流继电器、时间继电器、温度继电器、速度继电器等。按工作原理可分为电磁式继电器、感应式继电器、电动式继电器、热继电器等。

1. 电磁式继电器(图7－5)

电磁式继电器的结构和工作原理与电磁式接触器相似,也是有电磁机构、触点系统和释放弹簧等部分组成。根据外来信号(电压或电流)使衔铁产生闭合动作,从而带动触点动作,使

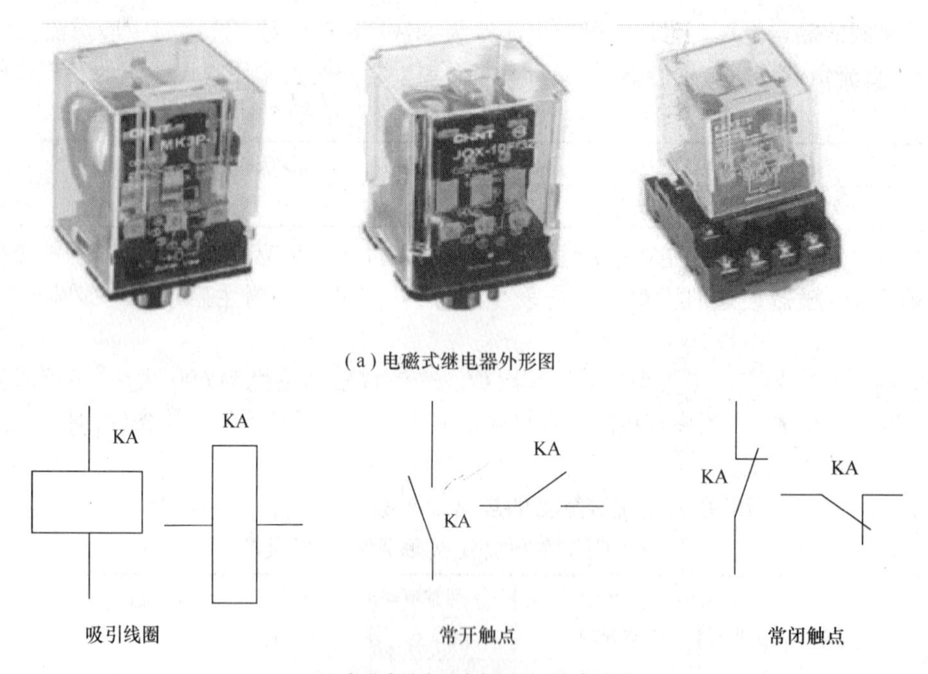

(a) 电磁式继电器外形图

(b) 电磁式继电器电气图形及文字符号

图 7-5　电磁式继电器

控制电路接通或断开，实现控制电路的状态改变。但是，继电器的触点不能用来接通和分断负载电路。

由于电磁式继电器具有工作可靠、结构简单、制造方便、寿命长等一系列优点，故在数控车床电气控制系统中应用最为广泛。

电磁式继电器按吸引线圈电源种类不同，有交流和直流两种。按功能分为电流继电器、电压继电器和中间继电器。

2. 时间继电器(图 7-6)

时间继电器是一种用来实现触点延时接通或断开的控制电器，按其动作原理与构造不同，可分为电磁式、空气阻尼式、电动式和晶体管式等类型。机床控制电路中应用较多的是空气阻尼式时间继电器，晶体管式时间继电器也获得越来越广泛的应用。数控机床中一般由计算机软件实现时间控制，而不采用时间继电器方式来进行时间控制。

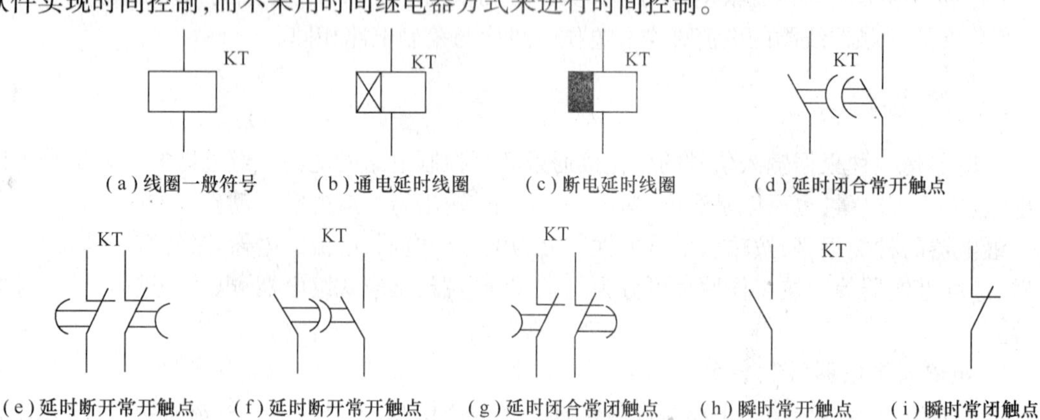

(a) 线圈一般符号　(b) 通电延时线圈　(c) 断电延时线圈　(d) 延时闭合常开触点

(e) 延时断开常开触点　(f) 延时断开常开触点　(g) 延时闭合常闭触点　(h) 瞬时常开触点　(i) 瞬时常闭触点

图 7-6　时间继电器电气图形及文字符号

3. 热继电器(图 7－7)

热继电器是一种利用电流热效应工作的保护电器。热继电器由发热元件(电阻丝)、双金属片、传导部分和常闭触点组成,当电动机过载时,通过热继电器中发热元件的电流增加,使双金属片受热弯曲,带动常闭触点动作。热继电器用于电动机的长期过载保护。

(a)热继电器外形图

(b)热继电器电气图形及文字符号

图 7－7　热继电器

4. 固态继电器(图 7－8)

固态继电器(SSR)是一种新发展起来的新型无触点继电器。固态继电器使用晶体管或可控硅代替常规继电器的触点开关,而在前级中与光电隔离器融为一体。因此,固态继电器实际上是一种带光电隔离器的无触点开关。

电流继电器的选择应考虑以下要求:

(1) 继电器的触点额定电压应大于或等于被控制电路的电压。

(2) 继电器线圈额定电压应大于或等于被控制电路的电压。

(3) 按控制电路的要求选择触点的类型和数量。

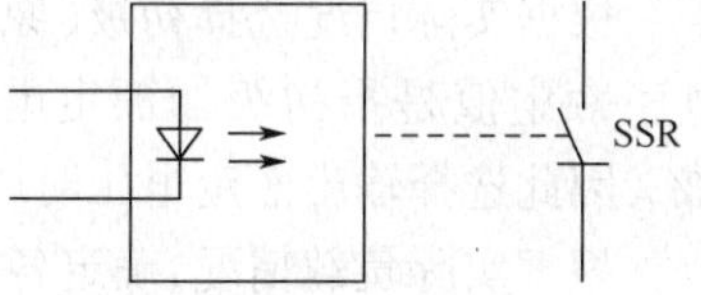

图 7－8　固态继电器电气图形及文字符号

四、变压器

变压器是一种将某一数值的交流电压变换成频率相同但数值不同的交流电压的静止电器。

1. 机床控制变压器(图 7－9)

机床控制变压器适用于频率 50～60Hz、输入电压不超过交流 660V 的电路。常作为各类机床、机械设备中一般电器的控制电源和步进电动机驱动器、局部照明及指示灯的电源。

2. 三相变压器(图 7－10)

在三相交流系统中,三相电压的变换可用三台单相变压器也可用一台三相变压器来实现。从经济性和缩小安装体积等方面考虑,可优先选择三相变压器。在数控机床中三相变压器主要是给伺服驱动系统供电。

（a）机床控制变压器外形图　　（b）双绕组变压器电气图形及文字符号

图 7－9　机床控制变压器

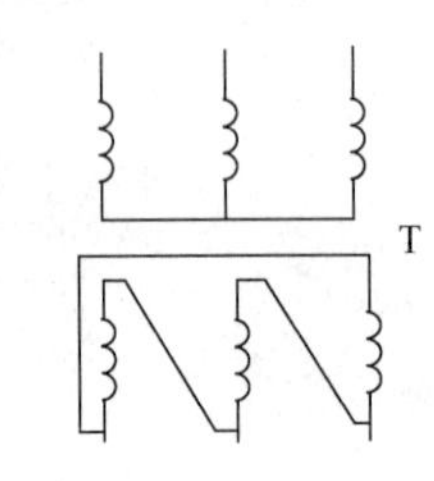

（a）三相变压器外形图　　（b）三相变压器电气图形及文字符号

图 7－10　三相变压器

3. 变压器的选择

变压器的选择主要是依据变压器的额定值。根据设备的需要，变压器有标准和非标准两类。以下是这两类变压器的选择方法。

1）标准变压器

根据实际情况选择初级（原边）额定电压 U_1（380V 或 220V），再选择次级额定电压（次级电压额定值是指初级加额定电压时，次级的空载输出，次级带有额定负载时输出电压下降 5%，因此选择输出额定电压时应略高于负载额定电压）。

根据实际负载情况，确定各次级绕组额定电流，一般绕组的额定输出电流应大于或等于额定负载电流。

次级额定容量由总容量确定。总容量算法如下：

$$P_2 = U_2 I_2 + U_3 I_3 + U_4 I_4 + \cdots$$

2）非标准变压器

设计时常常需要设计者根据要求制订变压器的规格，这种非标准变压器的选择如下：

选择初级额定电压 U_1（如 380V 或 220V）、电源频率（如 50Hz），次级绕组电压、电流及总容量，其方法与标准变压器相同。初级、次级之间的屏蔽层根据要求选用，对有特殊要求的次级绕组，应提出耐压要求。对引出线端及排列有特殊要求的次绕组，应该用图示加以说明。对有防护等级要求及外形尺寸限制等其他条件的次级绕组，应与制造商协商解决。

变压器的选用除了要满足变压比之外，还要考虑变压器的性价比，优先选用变压挡输出齐全的变压器，这样只用一个变压器就可以输出多电压挡，能够同时满足控制电路、照明电路、标准电器等对电压的不同要求，这样一方面节约成本，另一方面节省了安装空间。

五、直流稳压电源

如图 7 - 11(a)、(b)所示,直流稳压电源的功能是将非稳定交流电源变成稳定直流电源。

在数控机床电气控制系统中,需要稳压电源给驱动器、控制单元、直流继电器、信号指示灯等提供直流电源。

(a)直流稳压电源外形图

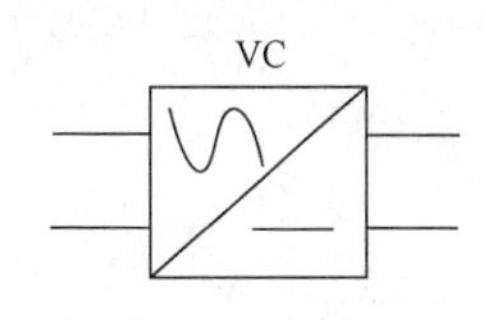

(b)直流稳压电源电气图形及文字符号

图 7 - 11 直流稳压电源

六、熔断器

熔断器是一种广泛应用的最简单的有效的保护电器。在使用时,熔断器串接在所保护的电路中,当电路发生短路或严重过载时,它的熔断体能自动迅速地熔断,从而切断电路,使导线和电气设备不致损坏。

熔断器主要由熔断体(俗称保险丝)和熔座(俗称保险座)两部分组成,如图 7 - 12(a)、(b)所示。

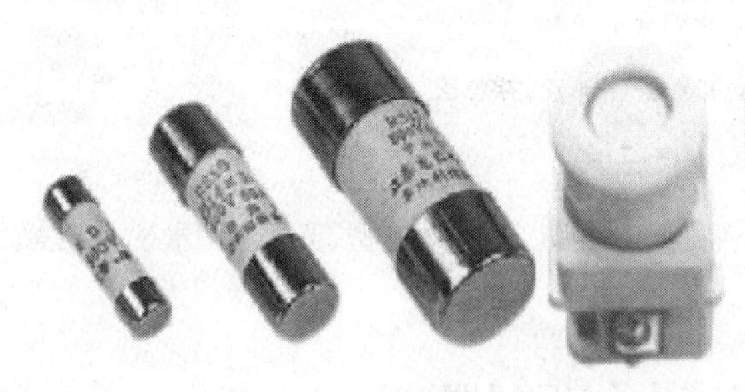

(a)熔断器及熔断隔离器外形图

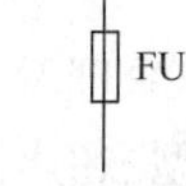

(b)熔断器电气图形及文字符号

图 7 - 12 熔断器

熔断器的选择应考虑以下要求:

(1)熔断器的额定电压应大于或等于线路的工作电压。

(2)熔断器的额定电流应大于或等于熔断体的额定电流。

七、开关电器

1. 行程开关(图 7 - 13)

行程开关是根据运动部件位置而切换电路的自动控制电器,用来控制运动部件的运动方向、行程大小或位置保护。

2. 接近开关(图 7 - 14)

接近开关是非接触式的监测装置,当运动着的物体接近它到一定距离范围内,就能发出信号。

行程开关 — 常闭

SQ

行程开关 — 常开

(a)行程开关外形图　　(b)行程开关电气图形及文字符号

图7-13　行程开关

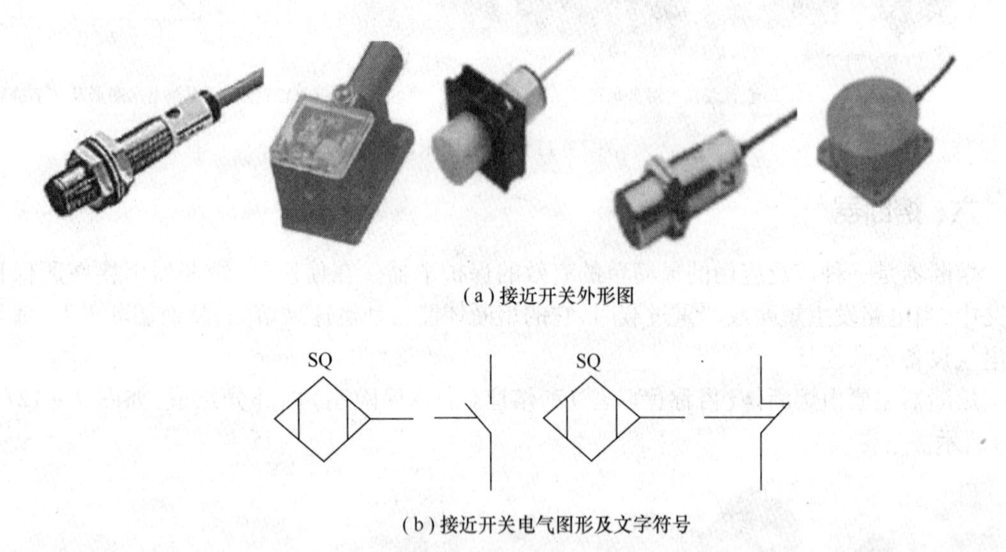

(a)接近开关外形图

(b)接近开关电气图形及文字符号

图7-14　接近开关

从工作原理看，接近开关有高频振荡型、感应电桥型、霍耳效应型、光电型、永磁及磁敏元件型、电容型、超声波型等多形式。

模块2　机床电气柜配置

一、电气柜及其部件的安装要求

(1) 连接电气柜中的所有金属部件，使其保持良好的接触。

(2) 电气柜门应通过尽可能短的金属编织线在电气柜的高、中、低三个位置与电气柜体连接。

(3) 屏蔽线和等电势补偿线应广泛地与电气柜壳体连接。

(4) 建立各金属部件的永久性连接。对于涂漆或阳极化的金属部件应通过特殊的接触垫片连接，或永久去除各部件直接的绝缘层。电气柜中的各部件应安装在无漆的镀锌板上，特别是伺服驱动器的各个部件，应与该镀锌板保持良好的且尽可能大面积的接触，以减小驱动器的电磁干扰。

(5) 假如数控系统的部件分别安装在不同的电气柜中，电气柜之间应通过等电位导体连接在一起。应使用截面积足够的等电位连接导线来消除系统部件之间的电位差。

(6) 电气柜中部件的布局是十分重要的。要考虑数控系统部件在电气柜中的布局。驱动器与其他敏感的电器部件应保持大于200mm 的安装距离,以减小驱动器对电气柜内其他部件产生影响。

(7) 驱动系统的电源滤波器必须直接安装在电气柜中需要滤波的电源进线处。应平置安装,且与电气柜柜体之间保持良好、固定、传导连接。

(8) 电气柜中的照明应采用普通灯泡,避免使用日光灯管。

二、电气安装图

1. 电气安装接线图识图的常识

电气安装接线图是根据电气设备和电气元件的实际结构和安装情况绘制的,是安装电气设备或检查电路故障的主要依据。它的特点是所有的电气设备和电气元件都按其所在的实际位置绘制在图纸上,点画线框内的表示它们是一个电气元件。不但要画出控制电盘内电器位置及相互之间的电气连接,还要画出盘外各电器、控制箱、接线盒在机床上的连接。电气安装接线图中的回路标号是电气设备之间、电气元件之间、导线与导线之间的连接标记,它的文字符号和数字符号应与原理图中的标号一致。

在电气安装接线图中,电气元件、电气控制盘外壳,各种非电连接应框虚线,表示这一部分是一体的或置于同一电盘内。

2. 看电气安装接线图的方法和步骤

1) 看图方法

绘制电气安装接线图时,为了使图纸明确清楚和看图方便,安装接线顺利并能容易地检查接线的错漏,凡导线走向相同的,一般合并成单线。为了弄清电气元件在电路中的作用,必须对照电气原理图一路一路地顺次查清。看图时还应注意穿线用管的质量、型号、规格尺寸,弄清管内导线的质量、线径、根数、回路标号和备用导线(管子内穿满 7 根导线时常加备用线一根)。

2) 看图步骤

看主电路应从电源开始,依次到各用电器。看图时应充分利用回路标号,否则将产生困难。

三、常用电气元件的安装

1. 刀开关的安装

(1) 刀开关应垂直安装。仅在不切断电流的情况下,方允许水平安装。

(2) 刀片与固定触头的接触应良好,大电流的触头或刀片可适量加润滑油(脂)。

(3) 有消弧触头的刀开关,各相的分闸动作应迅速一致。

(4) 双头刀开关在分闸位置时,刀片应能可靠地固定,不得使刀片有自行合闸的可能。

2. 熔断器的安装

(1) 熔断器及熔体的额定值应符合设计要求。

(2) 安装位置及相互间距离应便于更换熔体。

(3) 有熔断指示的熔体,其指示器的方向应装在便于观察侧。

(4) 瓷制熔断器在金属底版上安装时,其底座应垫软绝缘衬垫。

3. 自动空气开关的安装

（1）自动空气开关应垂直于地面安装在开关箱内，其上下接线端必须使用按规定选用的导线连接。裸露在箱体外部容易触及的导线端子应加绝缘保护。

（2）自动空气开关与熔断器配合使用时，熔断器应尽可能安装于自动空气开关之前。

（3）电动操作机构的接线应正确，触头在闭合断开过程中，可动部分与灭弧室的零件不应有卡阻现象。

4. 热继电器的安装

（1）安装热继电器时，其出线端的连接导线应符合规格要求。如选择的连接导线过细，使轴向导热差，热继电器可能提前动作；如选择的连接导线过粗，轴向导热快，热继电器可能滞后动作。热继电器和连接导线的选择参考如表7-4所列。

表7-4　热继电器和连接导线规格

热继电器规定电流/A	连接导线截面积/mm^2	连接导线种类
10	2.5	单股塑料铜芯线
20	4	单股塑料铜芯线
60	16	单股塑料铜芯线
150	36	单股塑料铜芯线

（2）热继电器只能作为电动机的过载保护，而不能作短路保护使用。安装时应先清除触头表面的尘污，使触头动作灵活，接触良好。

（3）热继电器如和其他电气设备安装在一起时，应将热继电器安装在其他电器下方，以免受到其他电器发热的影响，产生误动作。

（4）对点动重载启动、连接正反转及反接制动等运行的电动机，一般不适宜热继电器作过载保护。

5. 交流接触器的安装

（1）先检查交流接触器的型号、技术数据是否符合使用要求，再将铁芯截面上的防锈油擦拭干净。

（2）检查各活动部分（无卡阻、歪扭现象）和各触头（应接触良好）。

（3）安装时要求交流接触器与地面垂直，倾斜度不得超过5°。

6. 启动器的安装

（1）启动器的活动部件动作灵活，无卡阻；衔接吸合后应无异常响声，触头接触应紧密，断电后应能迅速脱开。

（2）电磁启动器元件的规定应按电动机的保护特性选配；热继电器的电流调节指示位置，应调整在电动机的额定电流值上。如设计有要求时，还应按整定值进行校验。

（3）可逆电磁启动器中防止同时吸合的连锁装置动作应正确、可靠。

（4）Y/△启动器的检查、调整应符合下列要求：

① 启动器应接线正确，电动机定子绕组正常工作应为三角形接法。

② 手动操作的Y/△启动器，应在电动机转速接近运行转速时进行切换；自动转换的应按电动机的负荷要求正确调节延时装置。

（5）自耦减压启动器的安装、调整应符合下列要求：

① 启动器应垂直安装。

② 油浸式启动器的油面不得低于规定的油面线。

③ 减压抽头(65% ~80% 额定电压)应按负荷进行调整,但启动时间不得超过自耦减压启动器的最大允许时间。

④ 连续启动累计时间或一次启动时间接近最大允许启动时间的场合,应待其充分冷却后方能再次启动。

7. 按钮、行程开关及转换开关的安装

(1) 按钮的安装应符合下列要求:

① 按钮及按钮箱安装时,间距为 50 ~ 100mm;倾斜安装时,与水平面的倾角不宜小于 30°。

② 按钮操作应灵活、可靠、无卡阻。

③ 集中在一处安装的按钮应有编号或不同的识别标志。“紧急”按钮应有鲜明的标记。

(2) 行程开关的安装、调试应符合下列要求:

① 安装位置应能使开关正确动作,且不应阻碍机械部件的运动。

② 碰块或撞杆应安装在开关滚轮或推杆的动作轴线上。

③ 碰块或撞杆对开关的作用力及开关的动作行程不大于开关的允许值。

④ 限位用的行程开关,应与机械装置配合调整,确认动作可靠后方可接入电路使用。

(3) 转换开关安装后,其手柄位置指示应与相应的接线片位置对应,定位机构应可靠,所有触头在任何接通位置应接触良好。

8. 伺服驱动器的安装与接线

伺服驱动器必须安装在保护良好的电柜内;必须按规定的方向和间隔安装,并保证良好的散热条件;不可安装在易燃物体上面或附近,防止火灾。

1) 驱动器的安装方法

可采用底板安装方式进行安装,安装方向垂直于安装面向上,如图 7 - 15、图 7 - 16 所示。

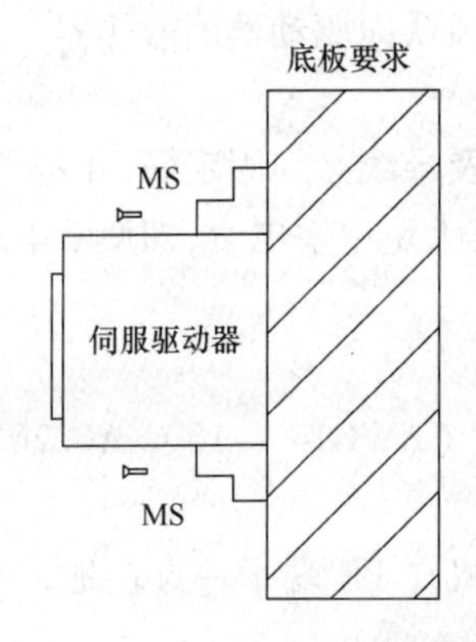

图 7 - 15　驱动器底板安装方式侧视图

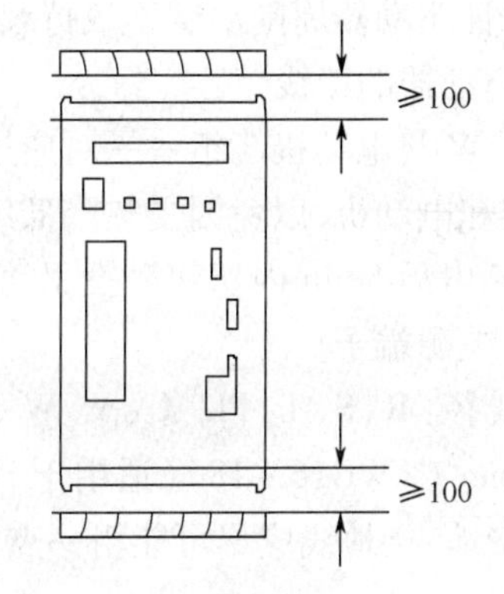

图 7 - 16　驱动器底板安装正视图

2) 驱动器的安装间隔

实际安装中应尽可能留出较大间隔,保证良好的散热条件。如图 7 - 17(a)、(b)所示为单台驱动器安装间隔,图 7 - 18 所示为多台驱动器安装间隔。

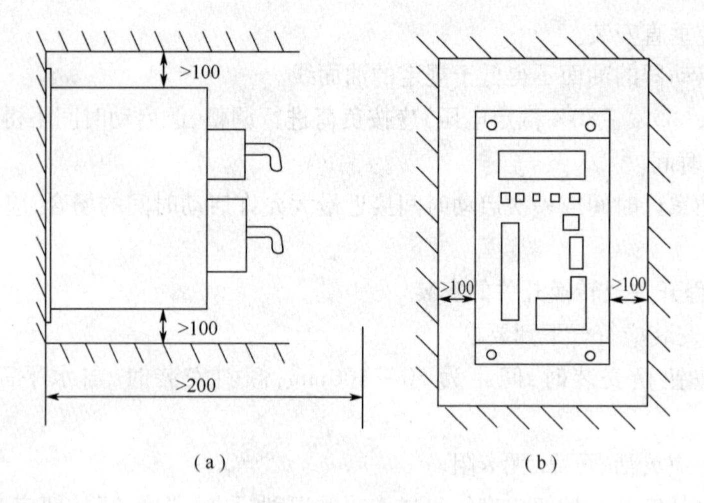

图 7-17 单台驱动器安装间隔

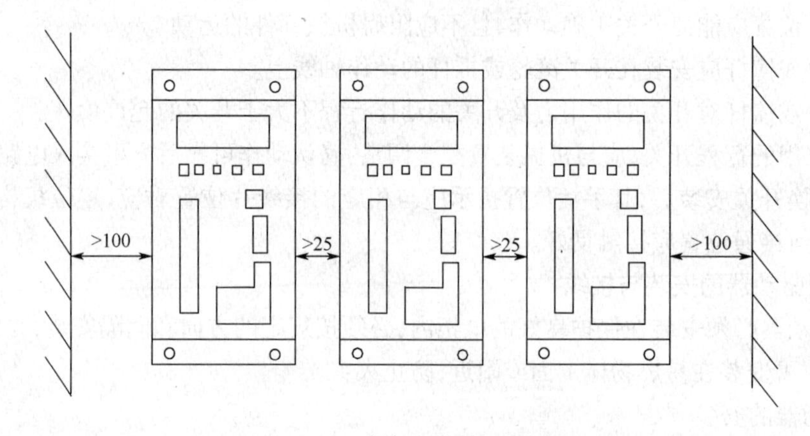

图 7-18 多台驱动器安装间隔

3）驱动器的散热

为保证驱动器周围温度不致持续升高，电气柜应对流风吹向驱动器的散热器。

4）驱动器的接线

U、V、W 与电动机绕组一一对应连接，不可反接；电缆及导线必须固定好，并避免靠近驱动器散热器和电动机，以免因受热降低绝缘性能；驱动器内有大量电解电容，即使断电后，仍会保持高压，断电后 5min 内切勿触摸驱动器和电动机。

(1) 电源端子。

① 线径：R、S、T、PE、U、V、W 端子线径 ≥ 1.5mm^2（AWG14 - 16），AC220V 端子线径≥1.0mm^2（AWG16 - 18）（适用于 HSJ - 16 - 030）。

② 接地：接地线应尽可能粗一点，驱动器与伺服电动机在 PE 端子一点接地，接地电阻小于 4Ω。

③ 端子连接采用 JUT - 1.5 - 4 预绝缘冷压端子，务必连接牢固。

④ 建议用三相隔离变压器供电，减少电动机伤人可能性。

⑤ 建议电源经噪声滤波器后供电，提高抗干扰能力。

⑥ 安装非熔断型断路器，使驱动器故障时能及时切断外部电源。

(2) 控制信号、反馈信号。

① 线径:采用屏蔽电缆(最好选用绞合屏蔽电缆),导线截面积≥0.12mm^2(AWG24-26)屏蔽层须接FG端子。

② 线长:电缆长度尽可能短,控制电缆不超过10m,反馈信号的长度不超过40m。

③ 布线:远离动力线路布线,防止干扰串入。

④ 给相关线路中的感性元件(线圈)安装浪涌吸收元件;直流线圈反向并联续流二极管,交流线圈并联阻容吸收回路。

9. 三相控制变压器的安装与接线

此变压器主要用于额定电源电压不大于1000V、额定频率50Hz的线路中,作为机床或其他设备的三相电源变压器,也可作为控制变压器使用。

1) 变压器的安装

变压器安装处应无显著摇摆和冲击振动。其只能采取水平正向安装,用相应的螺栓通过变压器底脚上的安装孔将变压器固定在配电箱配电气柜底部,螺栓直径如表7-5所列。

表7-5 螺栓直径

容量/(kV·A)	1	1.5	2	3	4	5	6	7	8	10	12	>12
螺栓直径/mm	M8				M10							M12
注:对于大容量变压器安装也可放在电气柜外地上												

2) 外形及安装尺寸

图7-19所示为变压器的外形,变压器的安装尺寸如表7-6所列。

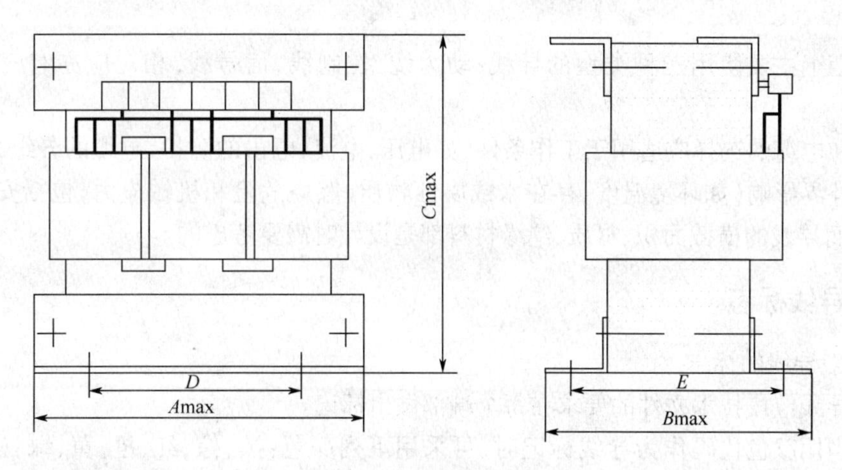

图7-19 变压器的外形

表7-6 变压器的安装尺寸

容量/(kV·A)	A_{max}/mm	B_{max}/mm	C_{max}/mm	D/mm	E/mm
1	240	110	210	120	85
1.5	240	120	210	120	95
2	270	150	230	140	105
3	290	150	260	140	110

（续）

容量/(kV·A)	A_{max}/mm	B_{max}/mm	C_{max}/mm	D/mm	E/mm
4	300	160	260	150	115
5	320	170	290	150	120
6	340	180	310	150	140
7	340	185	310	150	145
8	360	185	320	170	145
10	400	220	330	200	190
12	420	230	360	200	195

3）变压器的接线

（1）输入、输出接线。

① 输入、输出接线必须依据接线端子上的标记及变压器铭牌上的内容进行正确连接。

② 接线时导线上必须使用 U 形或 O 形冷压接头，导线与接线端子应可靠连接，不得松动，原则上每一个端子只能接一根导线。

（2）接地线的连接。变压器外壳必须接地，接地线应可靠地接在变压器专用接地螺栓或接地端子上，不得松动。

模块 3　选线、配线技术

电气柜上主要使用三种类型的导线：动力线、控制线、信号线，相对应亦有三种类型的电缆。

导线和电缆的选择应适用于工作条件（如电压、电流、电击的防护，电缆的分组）并考虑可能存在的外界影响（如环境温度，存在水或腐蚀物质、燃烧危险和机械应力，包括安装期间的应力），因而导线的横截面积、材质、绝缘材料都是设计时需要考虑的。

一、导线标志

1. 一般导线的标志

（1）导线应按技术文件的要求在每个端部做出标记。

（2）当用颜色代码作为导线标记时，可采用下列颜色：黑、棕、红、橙、黄、绿、蓝（包括浅蓝）、紫、灰、白、粉红、青绿。

（3）如果采用颜色做标记，建议在导线全长上使用带颜色的绝缘或颜色标记。

（4）由于安全原因，在有可能与黄/绿双色组合发生混淆的场合，不应使用黄色或绿色。

（5）可以使用上面列出颜色的组合色标，只要不发生混淆和不使用绿或黄色，不过黄/绿双色组合标记除外。

2. 保护导线的标志

（1）应依靠形状、位置、标记或颜色使保护导线容易识别。当只采用色标时，应在导线全长上采用黄/绿双色组合。保护导线的色标绝对是专用的。

（2）对于绝缘导线，黄/绿双色组合应这样，即在任意 15mm 长度的导线表面上，一种颜色的长度占30% ~70%,其余部分为另一种颜色。

(3) 如果保护导线能容易地从其形状、结构(如编织导线)上或位置上识别,或者绝缘导一时难以购得,则不必在整个长度上使用颜色代码,而应在端头或易接近位置上清楚地标示GB/T 5465.2—1996 中 5019 图形符号或用黄/绿双色组合标记。

3. 中线的标志

(1) 如果电路包含有用颜色识别的中线,其颜色应为浅蓝色。在可能混淆的场合,不应该使用浅蓝色来标记其他导线。

(2) 如果采用色标,用做中线的裸导线应在每个15 ~100mm 宽度的间隔或单元内,或在易接近的位置上用浅蓝色条纹作标记,或在导线整个长度上作浅蓝色标记。

4. 其他导线的标志

(1) 其他导线应使用颜色(单一颜色或单色、多条纹)、数字、字母、颜色和数字或字母的组合来标志。采用数字时应为阿拉伯数字;采用字母应为拉丁字母。

(2) 建议绝缘导线使用下列颜色:

黑色——交流和直流动力电路。

红色——交流控制电路。

蓝色——直流控制电路。

橙色——由外部电源供电的连锁控制电路。

二、电气配线的基本要求

(1) 在配线前一定要根据要求选择出合适的导线,所谓合适是指导线的种类和线径都应符合要求。

(2) 在电气箱内配线时如果不是槽板配线方式,要求必须横平竖直,在导线的两端都必须统一编号,而且编号必须与原理图和接线图一致。套在导线上的线号,要用记号笔书写或用打号机打出,应工整清楚,以防误读。

(3) 功能不同的导线尽量选用不同的颜色进行区分,以便于调试和维修。

(4) 在控制箱与被控制设备之间的导线一般用穿管的方式进行敷设,管路的敷设布置应做到不易受到损伤、整齐美观、连接可靠、节省材料、穿线方便等。

(5) 在所有的安装完成后,要进行全面的检查,根据线路的原理图和接线图进行核对,以保证线路的正确性。

三、常用配线工具及仪表

1. 常用工具

电气安装常用的工具有电工刀、常用尺寸的十字螺丝刀和一字螺丝刀、克丝钳、尖嘴钳及配线用平口钳、扒皮钳、手电钻等。

2. 常用电工仪表

常用的电工仪表有万用表、兆欧表等。

四、电气配线工艺

在进行电气安装时,需要进行配线操作。在不同的情况下,配线的工艺是不同的,但要求是一样的,即安全、可靠、整齐、美观。

1. 导线与器件的连接

导线与其他器件如接触器、继电器等连接时,根据器件接线柱的方式不同,要采用不同的方法,图 7 - 20 所示是单股导线在螺杆式接线柱上的连接情况。一定要注意导线头弯成环状,环的方向与螺母旋紧的旋向一致。

两根以上导线连接在瓦形接线端子的接线如图 7 - 21 所示。在放置时必须注意两根导线头的弯向不同,而且上方导线的弯向要与螺纹旋向一致。这样,在旋紧螺钉时,导线是压紧的,否则,导线就会随螺钉的旋紧而松脱。

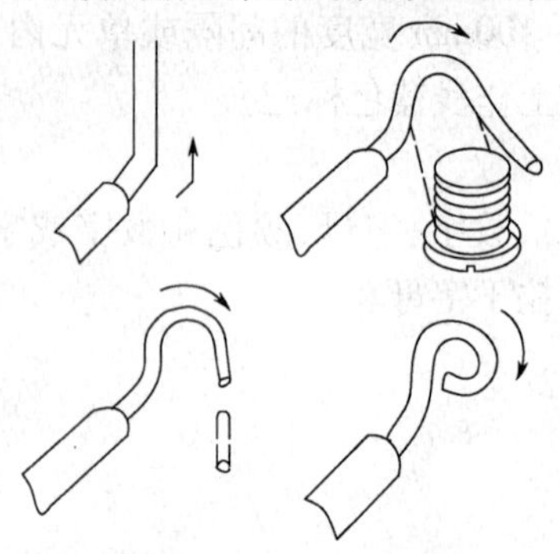

图 7 - 20　单股导线在螺杆式接线柱上的连接

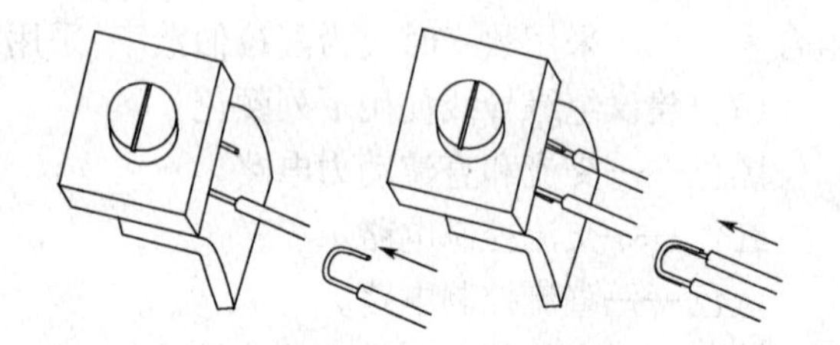

图 7 - 21　两根导线在瓦形接线柱上的连接

2. 导线在端子排上的排列工艺

1) 单层分列法

多根导线在端子排列时,也有工艺要求。当接线端子不多,而且位置较宽时,可采用单层分列法,如图 7 - 22 所示。此分列法导线分列整齐美观,分列时一般从外侧端子开始,依次将导线接在相应的端子上,并使导线横平竖直。这样不但美观,也便于日后的维修。

2) 多层分列法

当位置较窄、接线端子的导线较多时,可采用所谓的多层分列排列导线。

图 7 - 23 所示为三层分列法排列的导线,第一层的导线接入端子号为 1、2、3、4,第二层的导线接入端子号为 5、6、7、8,第三层的导线接入端子号为 9、10、11、12,这样尽量使端子排列整齐、美观。

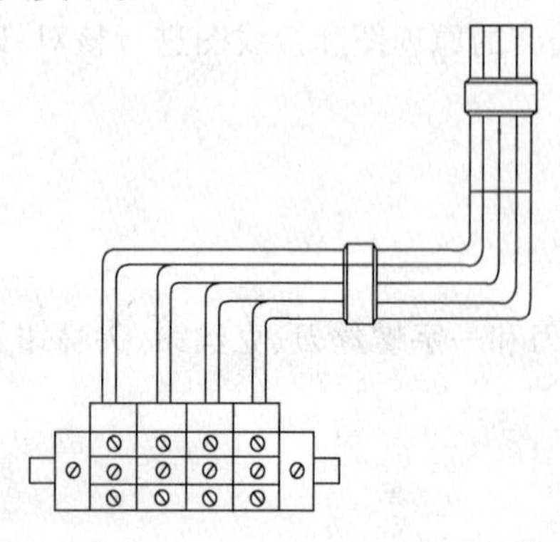

图 7 - 22　导线的单分层分列

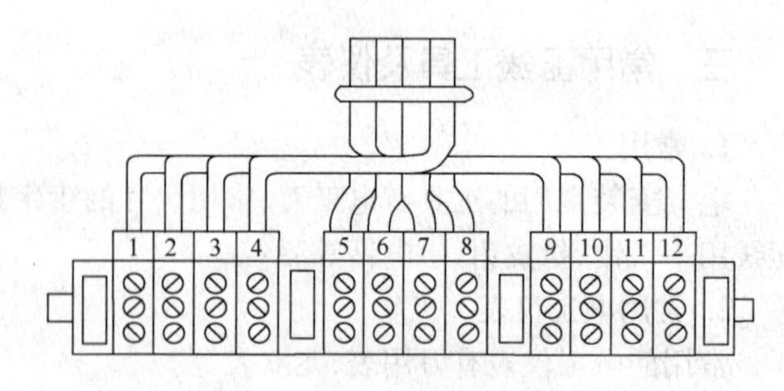

图 7 - 23　端子排上三层配线的线束分列

3. 导线的穿管敷设

1) 穿管敷设时对管径及管材的要求

在通常情况下,电气控制箱与被控制对象都有一定距离,所以导线还有可能跨越各种建筑物或埋入地下。如果是电缆，则从电缆沟敷设；如是普通导线必须穿管敷设。单芯导线在穿管敷设时，对管子有一定要求，在控制箱内部敷设采用塑料或金属软管，也可采用绝缘捆扎。外部的敷设采用金属软管，对于受压拉的地方，如悬挂操纵箱，一般采用橡皮管电缆套；可能受机械损伤的地方和电源引入线等处，则采用钢管。管路的敷设布置应做到不易受到损伤、整齐美观、连接可靠、节省材料、穿线方便等。尤其是对管径有一定要求，单芯导线在穿管敷设时与管径的相配参数如表 7-7 所列。

表 7-7　单芯导线在穿管敷设时与管径的相配参数

导线截面/mm^2	线管直径/mm										
	水煤气钢管穿入导线根数				电线管穿入导线根数				硬塑料管穿入导线根数		
	2	3	4	5	2	3	4	5	2	3	4
1.5	15	15	15	20	20	20	20	25			
2.5	15	15	20	20	20	20	25	25			20
4	15	20	20	20	20	20	25	25		20	25
6	20	20	20	25	20	25	25	32	20	20	25
10	20	20	25	32	25	32	32	40	25	25	32
16	25	25	32	32	32	32	40	40	25	32	32
25	32	32	40	40	32	40			32	40	40
35	32	40	50	50	40	40			32	40	40
50	40	50	50	70					40	50	50
70	50	50	70	70					40	50	50
95	50	70	70	80					50	70	70
120	70	70	80	80					50	70	80
150	70	70	80						50	70	80
180	70	80									

2）线管长度要求

（1）当线管超过下列长度时，线管的中间应装设分线或拉线盒，否则，应选用大一级的管子：

① 线管全长超过 45mm，无弯头；

② 线管全长超过 30mm，有一个弯头；

③ 线管全长超过 20mm，有两个弯头；

④ 线管全长超过 12mm，有三个弯头。

（2）当线管垂直敷设时，敷设于垂直线管的导线，每超过下列长度时，应在管口处接线盒中加以固定：

① 导线截面为 50mm^2 及以下时，长为 30m；

② 导线截面为 70～85mm^2 时，长为 20m；

③ 导线截面为 120～240mm^2 时，长为 18m。

五、电气柜中的布线要求

在电气柜中，各种导线、电缆的布局可能影响整个系统的可靠性，是电气柜电磁兼容设计中需要重点考虑的问题。首先要了解的是,在电气柜中驱动器驱动伺服电动机的动力电缆是一个强的干扰源,特别是主轴电动机的动力电缆。另外,由于驱动器在运行过程中采用馈电方式制动,所以在三相电源线上也会产生很强的干扰。为减小这些干扰源对电气柜中各个部件产生的电磁干扰,必须按照以下措施进行布线。

(1) 伺服电动机的动力电缆应采用屏蔽电缆,特别是主轴电动机的动力电缆一定要采用屏蔽电缆,最好选用原厂配套的动力电缆。

(2) 伺服电动机动力电缆在驱动器一端,电缆的屏蔽喉箍应固定在屏蔽连接架上,减小在电动机运行中电缆产生的电磁干扰,也可以将电缆的塑料皮剥开,利用电缆固定支架将电缆的屏蔽网与电气柜中的壳体紧密连接。如图 7-24 所示的是伺服电动机动力电缆的屏蔽连接方法。伺服电动机的信号电缆在驱动器一端,应固定在驱动器上方的电缆支架上,同样可以利用电缆固定支架将信号电缆的屏蔽网与支架的金属表面连接。伺服电动机的信号电缆绝不能固定在驱动器上部的壳体上,这样不仅会阻塞从驱动器中流过的空气,影响驱动器的散热,导致驱动器工作温度过高,而且使信号电缆处于高温环境中。

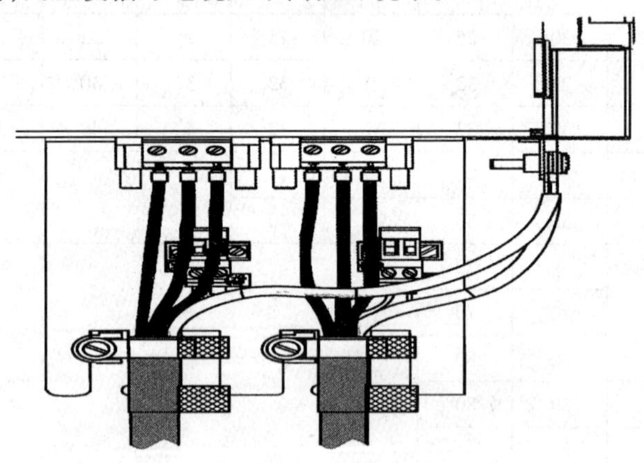

图 7-24　伺服电动机动力电缆的屏蔽连接方法

(3) 通常三相交流电源线首先进入电气柜的主开关,然后经过滤波器(选配),再由滤波器进入电抗器,最后由电抗器进入驱动器的电源模块。当然还有其他电气部件需要三相交流电源,如冷却泵、车床的刀架电动机等。按照电磁兼容性设计的要求,三相电源回路在电气柜中的长度应尽可能短,特别是从数控系统的电柜的主开关到电抗器,以及电抗器到电源模块之间的三相电缆的长度应尽可能短。就是说电抗器应安装在与驱动器电源模块最近的位置,目的同样是减小电源线上产生电磁干扰。滤波器的电源进线应与出线分开,经过滤波电源进线应与没有滤波的电源进线分开布线。

(4) 在电气柜中,伺服电动机的动力电缆、三相电源的电缆,最好能与电气柜中的信号电缆分别布置,允许信号电缆与动力电缆垂直交叉布置,但绝对不能与信号电缆平行布置,绝对不能放置在同一个走线槽中。

(5) 如果可能,应将同一电路中未屏蔽的出线和回线相绞缠绕后在电气柜中布置,或减小导线之间的距离。

(6) 导线应尽可能与金属柜体接近,如部件的配盘、支撑梁或金属导轨等。

(7) 信号电缆与电势补偿线应尽可能接近布置。

(8) 绝不能将信号电缆直接经过产生强磁场的装置,如电动机、变压器等。

(9) 避免不必要的导线长度以及备用线。

(10) 对于传输给定值和实际值的信号电缆应直接连接,不应转接,并保证完整的屏蔽连接。

上述措施是电气柜设计的指导原则。电气柜的设计不仅包括元器件布局设计,而且还应包括线路和电缆的布线设计,这样才能保证每台电气柜的一致性,避免由于元器件和电缆的布局而引起的电磁干扰故障。

六、电气柜中各部件的保护接地

在电气柜中的许多电气部件,如数控系统、键盘、机床控制面板、输入/输出模块、驱动器的电源模块和功率模块,与其配套的滤波器、电抗器以及变压器等都需要单独接地。接地应采用放射性的连接方式,即每个部件需要将其接地线直接连接到电气柜中的接地汇流排上。不允许串联接地,目的是避免接地线构成回路,产生干扰电流,如图 7-25 所示。

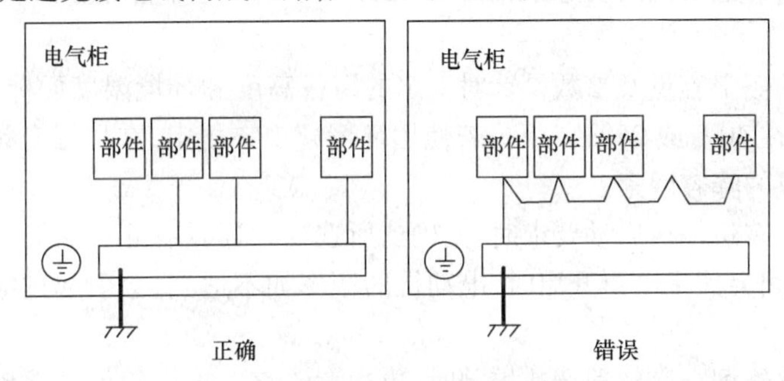

图 7-25 正确连接数控系统电气柜中各部件的保护接地

接地导线的截面积是一个重要的指标,应根据国家相关的标准(GB 5226.1—2008)确定接地导线的截面积。通常电气柜中各部件接地导线的截面积要大于 $6mm^2$。在数控机床的使用现场,由电气柜到接地点之间的保护地线应采用铜质导线,假如使用非铜质导线,该导线单位长度的不允许超过铜质导线单位长度的电阻,且导线的截面积不应小于 $16mm^2$。接地导线应采用具有黄绿颜色的标准接地电缆。

我国采用的是三相四线制供电,电源采用 TN 的接地形式。数控机床电气柜的输入电源只有三相交流电源的 L1、L2、L3 以及保护接地 PE。原则上在电气柜内不能使用中性线,特殊情况时,只有在最终用户同意的情况下才能使用中性线。如电气柜的空调使用单相 220V 交流供电,是否可以用三相电源的任意一相与中性线取出单相 220V 作为空调的电源,必须通过用户的许可。在使用中性线时,电气柜中应有独立的中性线,即在电气设计时采用三相五线制。虽然在某些情况下可以使用中性线,但绝对不允许用中性线来代替保护接地。需要强调的是在设备内部中性线与保护接地不能连接,并且绝对不能将中性线作为保护接地,否则不能保证数控机床操作人员的人身安全。

模块 4 主轴系统安装及电气连接

一、变频器的选择

选择型号适合、容量适合、价格合理的变频器,对系统控制的经济性、稳定性和可靠性起着至关重要的作用。变频器是运用近代电力电子与微型计算机控制技术的一项新兴产品，主要用在各种机械设备上。其用途在于通过改变供电频率来控制电动机转速，从而达到提升机械自动化程度与节约能源的目的。

1. 选择变频器的要求

(1) 变频器功率值与电动机功率值相当时最合适，以利变频器高效率运转。

(2) 当变频器的功率分级与电动机功率分级不同时，变频器的功率要尽可能接近电动机的功率，但应略大于电动机的功率。

(3) 当电动机处于频繁启动、制动工作或处于重载启动且较频繁工作时，可选取大一级的变频器，使变频器长期、安全运行。

(4) 经测试，电动机实际功率确实有富余，可以考虑选用功率小于电动机功率的变频器，但要注意瞬时峰值电流是否造成过电流保护动作。

(5) 当变频器与电动机的功率不相同时，必须相应地调整节能程序的设置，以便达到较高的节能效果。

(6) 变频器的额定容量及参数是针对一定的海拔高度和环境温度而标出的，一般指海拔1000m以下，温度在40℃或25℃以下。若使用环境超出该规定，在根据变频器参数确定型号前要考虑由此造成的降容因素。

(7) 当电动机有瞬停再启动要求时，要确认所选变频器具有此项功能。因为变频器停电而停止运行，当瞬间突然来电再开启时，电动机的频率如不适当，会引起过电压、过电流动作，造成故障停机。

(8) 当有传感器配合变频器调速控制时，应注意传感器输出的信号类型和信号量大小是否与变频器使用的调速信号相一致。

在实际的选型中，需综合上述多种因素和生产现场的具体要求，选定电动机的容量和变频器的型号与参数，完成核心设备的选择工作。

2. 变频器的容量选择

变频器容量选择的基本原则是负载电流不超过变频器额定电流。大多数变频器容量可从三个角度表述：额定电流、可用电动机功率和额定容量。由于变频的过载能力没有电动机过载的能力强，所以电动机有过载时，损坏的首先是变频器（如果变频器的保护功能不完善的话）。所以在选择变频器时，变频器的额定电流是一个准确反映半导体变频装置负载能力的关键参数。

变频器驱动单个电动机时的容量选择。变频器供给电动机的是脉动电流，电动机在额定运行状态下，用变频器供电比用工频电网供电电流要大，所以选择变频器电流或功率要比电动机电流或功率大一个等级，由于在改造过程中保持原电动机不动，所以用原电动机的技术参数。一般为

$$P_{cn} \geqslant 1.1 P_M \tag{7-1}$$

式中：P_{cn}为变频器额定功率（kW）；P_M为电动机额定功率（kW），$P_M = 7.5$kW。

$$I_{cn} \geqslant 1.1 I_{max} \tag{7-2}$$

式中：I_{cn}为变频器额定电流（A）；I_{max}为电动机额定电流（A），$I_{max} = 15.4$A。

3. 变频器的参数调整及接线

根据改造要求和上述所示，设计了变频器外部接线。此时，变频器各参数为出厂值，要实

际应用,还必须对其中一些参数进行调整。调整后,电动机的启动和停止由变频器控制,运转频率由变频器内部的滑动变阻器 R 给定,其频率调整范围设定 0~50Hz。当主轴箱调速手柄指向某一转速时,同时 R 调到最大,此时变频器输出频率为 50Hz,主电动机在工频电压下工作,主轴转速仍不变,主轴转速上限由调速手柄和变频器最高输出频率共同决定。值得一提的是,这种方法可以在线调速,即机床主轴运转状态下,随时可以根据需要调整滑动变阻器 R,从而调整主轴转速。具体接线及参数配置请详细参照项目 4 内容。

二、主轴脉冲编码器选择

1. 主轴编码器的选择

选择上海宸宇电子有限公司生产的增量式脉冲光电编码器 MAGA - C7 - 1024 - I - 2 - 1 - L - B10(即机械型号 C7、分辨率 1024、工作电压 DC5V、信号格式 ABZ 格式、输出方式差分输出、航插 10 芯的增量式编码器),其具体编码器产品样图如图 7-26 所示,接线图如图 7-27 所示,接线表如表 7-8 所列,编码器的技术参数如表 7-9 所列,电路原理如图 7-28 所示,输出波形如图 7-29 所示,外部尺寸如图 7-30 所示。

图 7-26　编码器产品样图

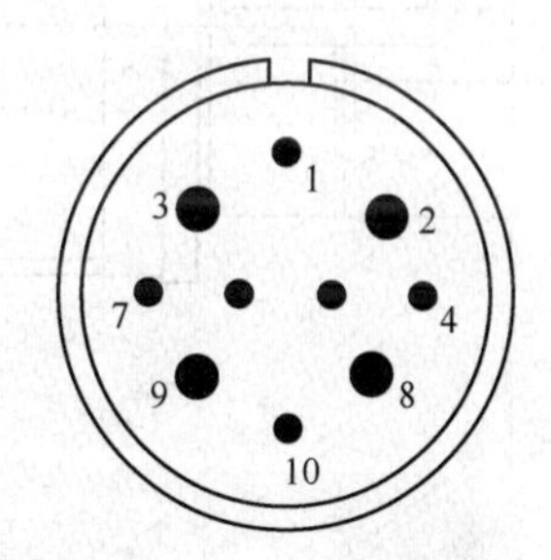

图 7-27　接线图

表 7-8　接线表

功能定义	V - IN	GND	A -	A +	B +	B -	Z +	Z -	屏蔽
引脚号	1	4	2	5	3	6	7	8	9
线色定义	红	白	橙	灰	黄	棕	粉	紫	屏蔽线

注意事项:

(1) 实际接线以编码器的标牌为准。

(2) 输出电缆标准长度为 1m,最长可达 100m。

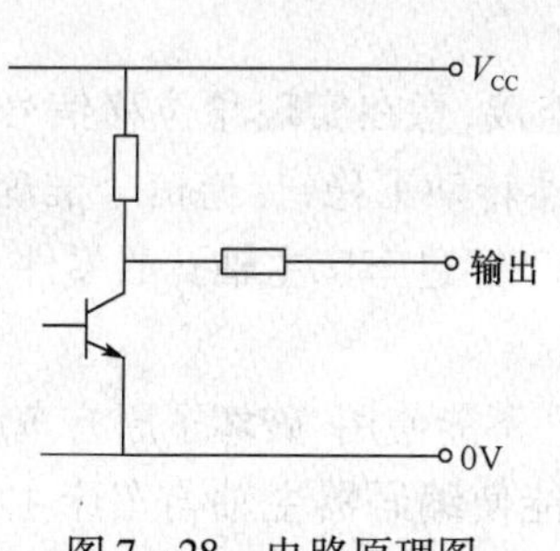

图 7-28　电路原理图

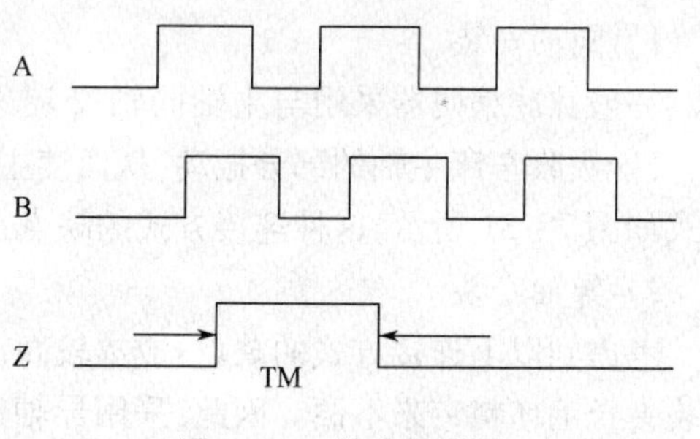

图 7-29　输出波形图

表 7-9　编码器的技术参数

电源电压 V_{CC}	5V	工作温度/℃	-10~60
响应频率	0~250kHz	相对湿度	85%
输出波形	方波	转动惯量/(kg·m²)	6.9×10^{-6}
启动力矩/(N·m)	5×10^{-2}	防护等级	IP54
轴轴向最大负荷/N	40	耐冲击/(m/s²)	980
轴径向最大负荷/N	30	角加速度/(rad/s²)	1×10^{4}
允许最高机械转速/(r/min)	5000	质量/kg	0.31

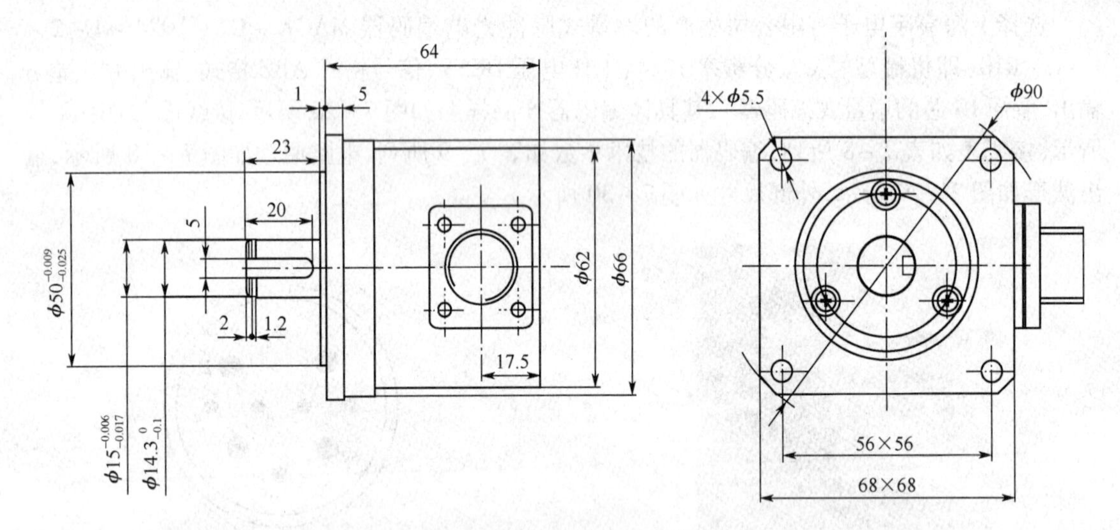

图 7-30　编码器外部尺寸图

2. 主轴脉冲编码器安装

主轴脉冲发生器的安装,通常采用两种方式:一是同轴安装,二是异轴安装。

主轴脉冲发生器的传动连接方式分为刚性连接和柔性连接。所谓刚性连接就是指常用的轴套方式连接,这种连接对连接件的制造精度和安装精度要求较高。由于同轴度误差的影响,会引起主轴脉冲发生器轴的偏扭,造成信号不准,严重时甚至损坏内部光栅盘。另一种连接方式为柔性连接,主轴与主轴脉冲发生器之间用弹性元件连接,常用的元件为波纹管和橡胶管,其连接方式如图 7-31 所示。这是较为实用的连接方式。采用这种连接方式,在实现角位移传递的同时,又能吸收车床主轴的部分振动,从而使得主轴脉冲发生器转动平稳、传递信号准确。

1）同轴安装

一般脉冲编码器采用与主轴同轴安装,橡胶管柔性连接,意在实现角位移信号传递的同时,又能吸收车床主轴的部分振动,从而使主轴脉冲编码器转动平稳,传递信号准确。其连接方式如图 7-31 所示,这种连接方式的缺点是安装不能加工穿过车床主轴孔的零件。

2）异轴安装

考虑到以上连接方式的缺点:成本较高,原车床主轴孔不能使用,破坏了原有车床的结构,给装夹长毛坯料带来不便。因此,采用异轴连接方式,既能使编码器主轴与车床主轴按 1∶1 的速比连接传动,又不破坏原车床结构,主轴孔仍能使用。其具体方法如下:

(1) 设计一块用来安装固定编码器的连接板,其上布置有阶梯孔、圆通孔和环形槽。阶梯孔尺寸与编码器的尺寸相协调。可将编码器固定在连接板上;圆通孔则与原车床挂轮系统的运动输出轴(花键轴)相配合起定位作用,使连接板可绕花键轴转动来调整周向位置;环形槽与床头箱上的螺柱、套筒、螺母构成紧固装置,用来固定连接板。设计好的连接板外轮廓,保证在安装时不与其他零件发生干涉。

(2) 原车床的挂轮齿数为63,装回挂轮运动输入轴,利用它来传递运动。

(3) 设计加工一个齿数为63、模数与挂轮相同的齿轮,将该齿轮通过一个轴套固定在编码器的主轴上。

(4) 旋转连接板调整齿轮(既编码器)的位置使齿轮与挂轮很好地啮合,然后拧紧螺柱上的螺母,将连接板固定好。

(5) 车床主轴通过齿轮副58/58和33/33,将运动传递给挂轮运动输入轴,带动挂轮(齿数为63)转动,挂轮与齿轮(齿数为63)啮合,编码器主轴便跟着旋转,传动路线:主轴→齿轮副(58/58)→齿轮副(33/33)→挂轮运动输入→轴挂轮(63)→齿轮(63)→编码器。

分析计算该传动链,车床主轴与编码器之间是传动比为$\frac{58}{58}\times\frac{33}{33}\times\frac{63}{63}=1$,保证了编码器主轴的转速与车床主轴同步。编码器与主轴的安装形式如图7-32所示。

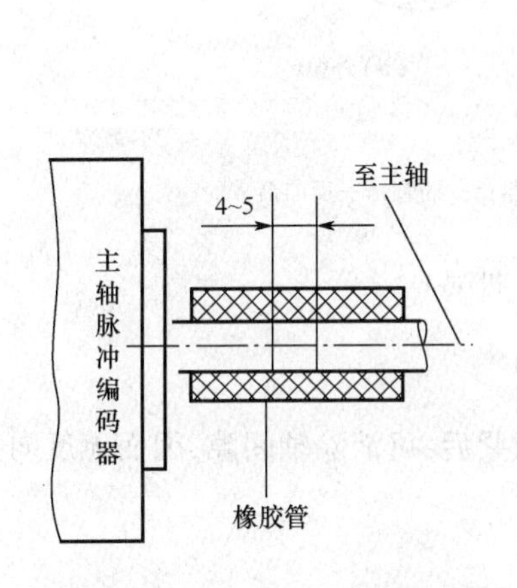

图7-31 主轴脉冲发生器连接图

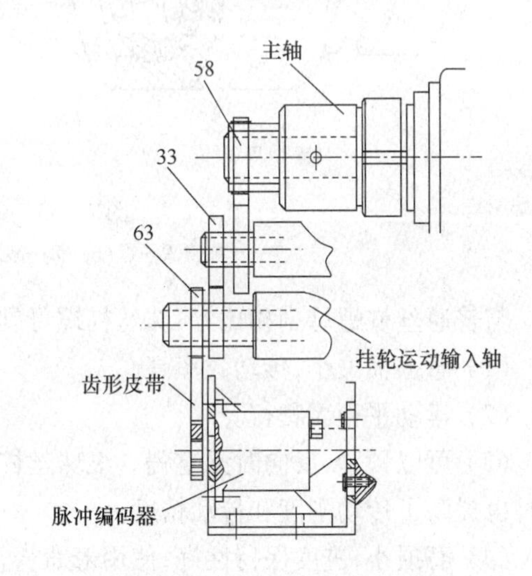

图7-32 编码器与主轴的安装图

模块5 进给系统安装及电气连接

一、进给传动机构

进给系统的传动机构是指将电动机的旋转运动传递给工作台或刀架以实现进给运动的整个机械传动链,包括齿轮传动副、丝杠螺母副及其支撑部件等。

传动机构的精度、灵敏度、稳定性直接影响了数控机床的定位精度和轮廓加工精度。数控机床对传动机构的要求如下:

(1) 适当加大滚珠丝杠的直径,对丝杠螺母副、支撑部件进行预拉伸等,可以提高传动系统刚度。

(2) 在满足系统强度和刚度的前提下,尽可能减小部件的重量、直径,可以降低惯量,提高快速性。

(3) 在允许范围内,消除传动机构的间隙。

(4) 采用高效传动部件,减少系统的摩擦阻力,提高运动精度,避免低速爬行。

1. 齿轮传动结构副

为了提高进给系统的传动精度,必须清除齿轮传动副下间隙。实践中常用的齿轮间隙消除结构形式有齿圆柱齿轮传动副、斜齿圆柱齿轮传动副和锥齿轮传动副。

2. 滚珠丝杠螺母副

滚珠丝杠螺母副又称为滚珠螺旋传动机构,其结构特点是在具有螺旋槽的丝杠螺母间装有滚珠作为中间传动元件,以减少摩擦。按滚珠循环过程中与丝杠表面的接触情况,可分为内循环和外循环两种,如图 7-33 所示。

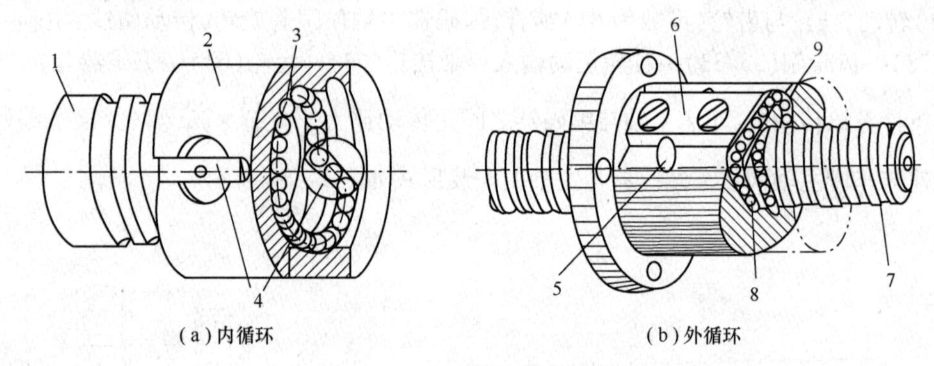

图 7-33　滚珠丝杠螺母副

1、7—丝杠;2、9—螺母;3、8—滚珠;4—反向器;5—插管;6—反向器。

与普通丝杠螺母副相比,滚珠丝杠螺母副具有以下特点:

(1) 摩擦损失小,传动效率高。

(2) 运动平稳无爬行。

(3) 可以预紧,反向时无空程。滚珠丝杠副经过预紧后,可消除轴间隙,因而无反向死区,同时也提高了传动刚度和传动精度。

(4) 磨损小,进度保持性好,使用寿命长。

(5) 具有运动的可逆性。由于摩擦因数小,不自锁,因而不仅可以将旋转运动转换成直线运动,也可将直线运动转换成旋转运动,即丝杠和螺母均可做主动件或从动件。

(6) 不能自锁,特别是用作垂直安装时,会因部件的自重而自动下降,当向下驱动部件时,由于部件的自重和惯性,当传动切断时,不能立即停止运动,必须增加制动装置。

(7) 结构复杂,丝杠、螺母等元件的加工精度和表面质量要求高,故制造成本高。

二、举例

以向进给系统为例,进行滚珠丝杠副的选型和计算。

1. 切削力计算

最大切削功率为

$$P_{q}=P_{z}\cdot\eta=6\text{kW} \tag{7-3}$$

式中：P_z 为主电动机功率，CA6140 车床 $P_z = 7.5\text{kW}$；η 为主传动系统的总效率，一般为 0.7 ~ 0.85，取 $\eta = 0.8$。

切削功率应用在各种加工情况下经常遇到的最大切削力（或转矩）和最大切削速度（或转速）来计算，即

$$P_q = \frac{F_c V \times 10^{-3}}{60} \tag{7-4}$$

式中：F_c 为主切削力。

$$F_c = \frac{60 \times P_q \times 10^3}{V} = 3600\text{N} \tag{7-5}$$

式中：V 为最大切削速度，按用硬质合金刀具半精车钢件时的速度取 $V = 100\text{m/min}$。

在一般外圆车削时

$$F_z = (0.1 \sim 0.55) F_c \quad 取\ F_z = 0.48 F_c = 0.48 \times 3600 = 1728\text{N} \tag{7-6}$$

$$F_x = (0.15 \sim 0.65) F_c \quad 取\ F_x = 0.58 F_c = 0.58 \times 3600 = 2088\text{N} \tag{7-7}$$

2. 丝杠选型

滚珠丝杠的选用设计，需要已知下列条件：丝杠的最大轴向载荷 F_{max}（或平均工作载荷 F_m）、使用寿命 T、丝杠的工作长（或螺母的有效行程）、丝杠的转速 n（或平均转速）、丝杠的运转状态等。

（1）滚珠丝杠轴向进给切削力的计算：

$$F_m = KF_z + f'(F_c + W) = 2691.2\text{N} \tag{7-8}$$

式中：W 为移动部件的重量，$W = 800\text{N}$；f' 为导轨上的摩擦因数，取 $f' = 0.16$；K 为考虑颠覆力矩影响系数，$K = 1.15$。

滚珠丝杠平均转速的计算：

$$n = \frac{1000 V_s}{P_h} = 50\text{r/min} \tag{7-9}$$

式中：V_s 为最大切削力下的进给速度（r/min），可取最高进给速度的 1/2 ~ 1/3（取为 1/2），纵向最大进给速度为 0.6m/min，丝杠导程 $P_h = 6\text{mm}$。

（2）滚珠丝杠寿命的计算。丝杠使用寿命取 20000min，则丝杠的计算寿命为

$$L = \frac{60nT}{10^6} = 60(\text{r}) \tag{7-10}$$

（3）滚珠丝杠副承受的最大当量动载荷，根据工作负载 F_m、寿命 L 计算，滚珠丝杠副承受的最大当量动载荷：

$$C_m = \frac{\sqrt[3]{L} F_m f_w}{f_a} = 12642.8 \tag{7-11}$$

式中：f_w 为运转系数，取 $f_w = 1.2$；f_a 为精度系数，滚珠丝杠副精度取为 3 级，则取 $f_a = 1$。

（4）考虑到机床的精度，滚珠丝杠的支承形式采用两端固定。

（5）从滚珠丝杠尺寸系列表（或产品样本）中找出额定动载荷 C_a 略大于当量动载荷 C_m，同时考虑刚度要求，初选滚珠丝杠副的型号及有关参数。

CA6140 纵向进给滚珠丝杠副的型号选为 FFZD4006 - 5 - P4/2124 × 1730，是内循环浮动反向器双螺母垫片预紧滚珠丝杠副，其额定动载荷 $C_a = 17000\text{N} > C_m$，强度足够。其具体参数如表 7 - 10 所列。

表 7－10　滚珠丝杠副具体参数

公称直径 d_0	40mm	丝杠全长	2124mm
导程 P_h	6mm	有效长度	1730mm
钢球直径 D_W	4mm	预紧力 F	2066N
精度等级	4 级	额定静载荷 C_{0a}	5000N

（6）考虑丝杠的安装形式。数控机床的进给系统要求获得较高的传动刚度，除了加强滚珠丝杠螺母机构本身的刚度外，滚珠丝杠的正确安装及其支承的结构刚度也是不可忽略的因素。滚珠丝杠螺母机构安装不正确以及支承刚度不足，会导致滚珠丝杠的使用寿命下降。

对于高精度、高转速的滚珠丝杠应采用两端固定方式，如图 7－34 所示。

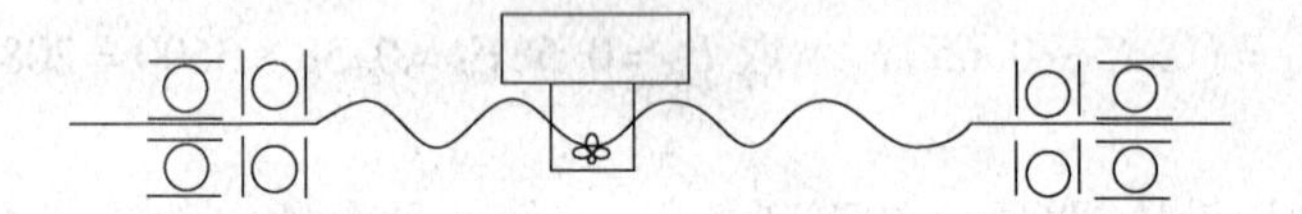

图 7－34　两端固定方法

这种支承形式的特点是：刚度最高，只要轴承无间隙，丝杠的轴向刚度为一端固定的 4 倍。丝杠一般不会受压，无压杆稳定问题，固有频率高；可以预拉伸，可减少丝杠自重的下垂和补偿热膨胀。

（7）刚度验算。滚珠丝杠副刚度的验算，主要是验算丝杠的拉伸或压缩变形量 δ_1、滚珠与螺纹滚道接触变形量 δ_2 和支承滚珠丝杠轴承的轴向接触变形量 δ_3，之和应不大于机床精度所允许变形量的 1/2。否则，应考虑选用较大直径的滚珠丝杠副。滚珠丝杠的变形量计算步骤如下：

① 丝杠的拉伸或压缩变形量：

$$\delta_1 = \frac{\Delta P_h}{P_h} l = \frac{0.79 \times 10^{-4}}{6} \times 1500 = 1.975 \times 10^{-2} \text{mm} \tag{7-12}$$

式中：ΔP_h 为工作负载 F_m 引起导程 P_h 的变化量：

$$\Delta P_h = \pm \frac{F_m P_h}{EA} = \pm 0.79 \times 10^{-4} \text{mm} \tag{7-13}$$

由于丝杠两端固定，且又进行了预紧，故其拉压刚度可比一端固定的丝杠提高 4 倍。其实际变形量为

$$\delta_1' = \frac{1}{4}\delta_1 = 0.494 \times 10^{-2} \text{mm} \tag{7-14}$$

② 滚珠与螺纹滚道间接触变形。滚珠丝杠副及轴承均进行预紧，滚珠与螺纹滚道接触变形为

$$\delta_2 = 0.0013 \frac{F_m}{\sqrt{D_w F_y Z_\Sigma^2}} = 0.0037 \text{mm} \tag{7-15}$$

式中：Z_Σ 为滚珠数量，$Z_\Sigma = zjk$；j 为圈数；k 为列数；z 为每圈螺纹滚道内的滚子数。

对于 FFZD4006 - 5 - P4/2124 ×1730 型滚珠丝杠：

$$Z_{\Sigma}=zjk=\frac{\pi d_0}{D_{\mathrm{w}}}\times 5\times 2=314 \tag{7-16}$$

因丝杠加有预紧力，实际变形量为

$$\delta_2'=\frac{1}{2}\delta_2=0.19\times 10^{-2}\mathrm{mm} \tag{7-17}$$

③ 支承滚珠丝杠的轴承轴向接触变形。支承滚珠丝杠的轴承为 51107 型推力球轴承，几何参数为 $d_0=35\mathrm{mm}$，滚动体直径 $d_{\mathrm{Q}}=6.35\mathrm{mm}$，滚动体数量 $Z_{\mathrm{Q}}=18$，则有

$$\delta_3=0.00024\sqrt[3]{\frac{F_{\mathrm{m}}^2}{d_{\mathrm{Q}}Z_{\mathrm{Q}}^2}}=0.078\mathrm{mm} \tag{7-18}$$

因丝杠加有预紧力，实际变形量为

$$\delta_3'=\frac{1}{2}\delta_3=0.039\mathrm{mm} \tag{7-19}$$

总变形量为

$$\delta=\delta_1'+\delta_2'+\delta_3'=10.74\mu\mathrm{m} \tag{7-20}$$

三级精度滚珠丝杠允许的螺距误差为 15μm/m，故刚度足够。

3. 联轴器的选型

由于结构和材料不同，各个传动系统的联轴器的承载能力差异很大。传动系统的载荷类别是选择联轴器品种的基本依据。冲击、振动和转矩变化较大的工作载荷，应选择具有弹性元件的挠性联轴器，以缓冲、减振、补偿轴线偏移，改善传动系统工作性能。启动频繁、正反转、制动时的转矩是正常平稳工作时的数倍，是超载工作，会缩短其使用寿命，联轴器只允许短时超载，一般不得超过公称转矩的 2 ~3 倍。

低速重载工况应避免选用中小功率联轴器，如弹性套柱销联轴器、芯型弹性联轴器、多角形橡胶联轴器、轮胎式联轴器等；需控制过载安全的轴系，宜选用安全联轴器；载荷变化较大并有冲击、振动的场合，宜选用具有弹性元件且缓冲减振效果较好的弹性联轴器。金属弹性元件联轴器的承载能力高于非金属弹性元件联轴器；弹性元件受挤压的弹性联轴器可靠性高于弹性元件受剪切的弹性联轴器。

其他选用因素包括联轴器的许用转速、两轴相对位移、传动精度、工作环境和经济性等。

1）选型计算

已知被改造的 CA6140 车床进给系统伺服电动机功率为 0.75kW，最高转速 $n=3000\mathrm{r/min}$，转矩变化中等，电动机与滚珠丝杠直连，启动频繁、正反转、制动，在无背隙条件下使用时，应满足以下条件。

（1）计算施加在联轴器上的扭矩：

$$T_{\mathrm{a}}=9550\frac{P}{n}=9550\times\frac{0.75}{3000}=2.39\mathrm{N\cdot m} \tag{7-21}$$

（2）计算施加在联轴器上的补偿扭矩：

$$T_{\mathrm{d}}=T_{\mathrm{a}}\times K_1\times K_2\times K_3\times K_3=2.39\times 1.75\times 1.0\times 1.0\times 1.2=5.02\mathrm{N\cdot m} \tag{7-22}$$

其中，K_1、K_2、K_3、K_4 参数值如表 7 - 11 ~ 表 7 - 14 所列。

表 7-11　取决于负荷性质的用途系数 K_1

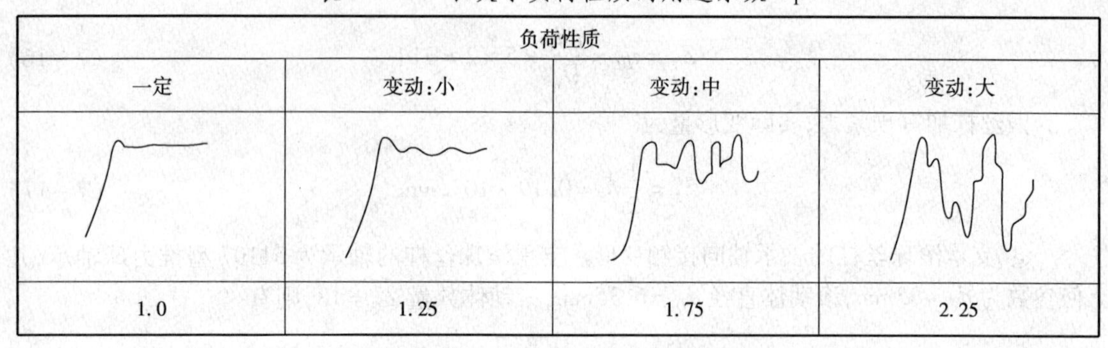

负荷性质			
一定	变动:小	变动:中	变动:大
1.0	1.25	1.75	2.25

表 7-12　运行时间系数

h/日	~8	~16	~24
K_2	1.0	1.12	1.25

表 7-13　启动和制动频率系数

次/h	~10	~30	~60	~120	~240	超过 240
K_3	1.0	1.1	1.3	1.5	2.0	2.5≤

表 7-14　环境温度系数

温度/℃	-30 ~ +30	~ +40	~ +60	~ +80
K_4	1.0	1.2	1.4	1.8

2）联轴器参数

通过以上分析计算,可选 ALS-055-R 型梅花形弹性联轴器,如图 7-35 所示,其中 R 为元件类型红色,硬度 97。其他参数如表 7-15、表 7-16 所列。

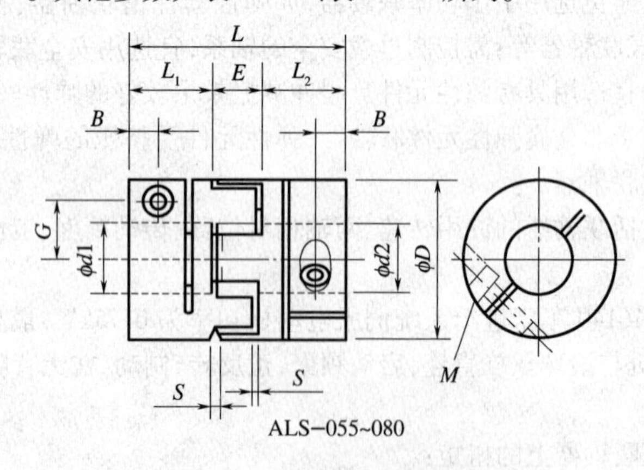

图 7-35　梅花形弹性联轴器

表 7-15　尺寸参数　（单位:mm）

型号	d_1/d_2		D	L	L_1/L_2	E	S	B	G	M	锁紧扭矩/(N·m)
	最小	最大									
ALS-055	10	28	55	78	30	18	2	10.5	20	M6	14

表 7-16　性能参数

型号	扭矩		最大允许安装误差			最高转速 /min^{-1}	静态扭转弹性常数 /(N·m/rad)	径向弹性常数 /(N/mm)	转动惯量 /($kg \cdot m^2$)	质量 /kg
	常用 /(N·m)	最大 /(N·m)	偏心 /(N·m)	偏角 /(°)	轴向位移 /mm					
ALS-055-R	60	120	0.1	1	+1.4	7000	2000	1350	1.63×10^{-4}	0.34

如图 7-35 所示,两半联轴器上均制有凸牙,用橡胶等类材料制成的梅花形弹性件,放置在两半联轴器的凸牙之间,工作时,弹性件受压缩并传递转矩。结构简单,安装、制造方便,耐久性好,也有一定的缓冲和吸振能力,允许被连接两轮有一定的轴向位移以及少量的径向位移和角位移,适用于正反转变化较多和启动频繁的场合。因为弹性件只受压不受拉,工作情况有所改善,故寿命较长。

4. 轴承的选型

1）选型原则

选择轴承类型时应综合考虑以下几种因素:

（1）载荷情况。载荷是选用轴承的最主要依据,一般情况下,滚子轴承由于是线接触,承载能力大,适用于承受较大载荷;球轴承由于是点接触,承载能力小,适用于轻、中等载荷。纯径向力作用时,宜选用深沟球轴承、圆柱滚子轴承等;纯轴向载荷作用时,选用推力球轴承或推力滚子轴承;有冲击载荷时宜选用滚子轴承。

（2）高速性能。球轴承比滚子轴承有较高的极限转速,高速时优先考虑球轴承。

（3）轴向游动性能。一般机械工作时,因机械摩擦或工作介质的关系而使轴发热,产生热胀冷缩。在选择轴承结构类型时,应使其具有轴向游动的可能性。

（4）其他包括调心性、允许空间、安装与拆卸方便等因素。

综合考虑以上因素,车床纵向进给系统滚珠丝杠主要承受轴向载荷,正反转频繁,中等转速,不经常拆卸,可选用推力球轴承承受轴向载荷,深沟球轴承承受不大的径向载荷。根据丝杠轴端尺寸,可选 6006/P5 型深沟球轴承和 51107/P5 型推力球轴承。

2）轴承参数

（1）查轴承手册得,6006/P5 型深沟球轴承基本参数如下:

内径 $d = 30mm$;

外径 $D = 55mm$;

径向基本额定动载荷 $C_r = 13200N$;

径向基本额定静载荷 $C_{or} = 8300N$;

极限转速 $n = 14000r/min$;

球径 $D_w = 7.144mm$;

球数 $Z = 11$。

（2）查轴承手册得,51107/P5 型推力球轴承基本参数如下:

内径 $d = 35mm$;

外径 $D = 52mm$;

径向基本额定动载荷 $C_a = 18200N$;

径向基本额定静载荷 $C_{oa} = 41500N$;

极限转速 $n = 5300r/min$;

最小载荷常数 $A=0.01$。

5. 伺服电动机选型

本设计以纵向伺服轴为例，详细说明伺服电动机选择步骤。

如图 7-36 所示，已知参数：丝杠导程 $S=6\text{mm}$，内侧挤压力 $f_g=490\text{N}$，$F_c=1470\text{N}$，为切削反作用力，可以移动部分的总重为 $W=800\text{N}$；滑动表面摩擦因数为 $\mu=0.05$，驱动系的效率为 $\eta=0.9$。

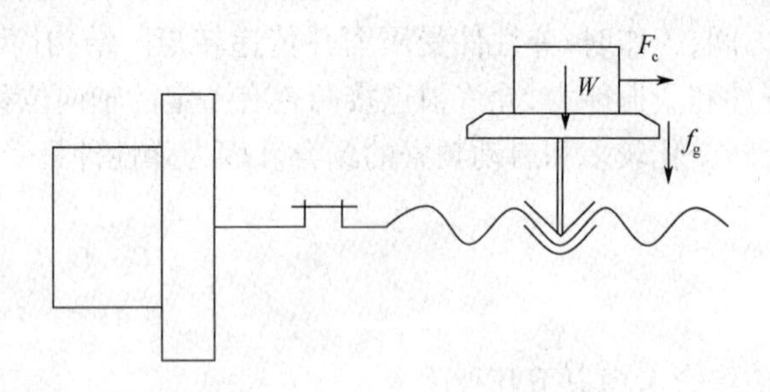

图 7-36 纵向传动简图

（1）计算负载转矩：

$$T_m=\frac{F\cdot L}{2\pi\eta}+T_f \tag{7-23}$$

式中，T_m 为折算到电动机轴上的负载转矩（N·m）；F 为沿坐标轴移动一个部件所需的力（N）；L 为电动机每转的机械位移量（mm）；T_f 为滚珠丝杠轴承等摩擦转矩折算到电动机轴上的负载转矩（N·m）。

取

$$T_f=\frac{F_0\cdot L}{2\pi\eta}\times10^{-3}=0.2\text{N}\cdot\text{m} \tag{7-24}$$

$$F_0=W\cdot\mu$$

不切削时

$$F=\mu(W+f_g)=0.05(800+490)=64.5\text{N} \tag{7-25}$$

$$T_m=\frac{F\cdot L}{2\pi\eta}+T_f=\frac{64.5\times0.06}{2\pi\times0.9}+0.2=0.88\text{N}\cdot\text{m} \tag{7-26}$$

切削时：

$$F=F_c+\mu(W+f_g+F_{cf}) \tag{7-27}$$

式中：F_{cf}为由于切削力矩引起的滑动表面上工作台受到的力（N）。

取 $F_{cf}=294\text{N}$，则有

$$F=F_c+\mu(W+f_g+F_{cf})=1470+0.05(800+490+294)=1549.2\text{N}$$

$$T_m=\frac{1549.2\times0.06}{2\pi\times0.9}+0.2=16.65\text{N}\cdot\text{m}$$

当机床作空载运行时，在整个速度范围内，加在伺服电动机轴上的负载转矩应在电动机的

连续额定转矩范围内，选择电动机的负载力矩在不切削时应大于 0.88N·m，最高转速应高于 3000r/min。可选择 βiS 4/ 4000 型交流伺服电动机，其静止时的额定转矩为 3.5N·m，转动惯量为 0.00052kg·m²。

（2）计算负载惯量：

$$J_b = \frac{\pi\gamma}{32\times 980}\times D_b^4 L_b \tag{7-28}$$

式中：J_b 为滚珠丝杠的惯量（kg·m²）；γ 为物体材料的比重（kg/cm³），若材料是铁，$\gamma = 7.8\times10^{-3}$kg/cm³；980 为重力加速度（cm/s²）；D_b 为直径（cm）；L_b 为长度（cm）。

$$J_b = 0.78\times D_b^4\cdot L_b\times10^{-6} = 0.033 = 0.0034\text{kg}\cdot\text{m}^2 \tag{7-29}$$

式中：J_W 为工作台转动惯量：

$$J_W = \left(\frac{L}{2\pi}\right)^2\times M\times10^{-6}\text{kg}\cdot\text{m}^2$$

换到电动机轴上的惯量为

$$J_W = \left(\frac{6}{2\pi}\right)^2\times800\times10^{-6} = 0.00073\text{kg}\cdot\text{m}^2$$

通过以上计算

$$J_L = J_b + J_W = 0.00413\text{kg}\cdot\text{m}^2 \tag{7-30}$$

负载惯量对电动机的控制特性和快速移动的加/减速时间都有很大影响。负载惯量增加时，可能出现以下问题：指令变化后，需要较长的时间达到新指令指定的速度。若机床沿着两个轴高速运动加工圆弧等曲线，会造成较大的加工误差。负载惯量小于或等于电动机的惯量时，不会出现这些问题。若负载惯量为电动机的 3 倍以上，控制特性就会降低。实际上这对普通金属加工机床的工作的影响不大，如果负载惯量比 3 倍的电动机惯量大得多，则控制特性将下降。此时，电动机的特性需要特殊调整。使用中应避免这样大的惯量。

（3）计算加速力矩。将加速度乘以总的转动惯量（电动机的惯量+负载惯量），乘积就是加速力矩：

$$T_a = \frac{2\pi V_m}{60\eta}\frac{1}{t_a}(J_M\eta + J_L)(1-e^{-k_s T_a}) \tag{7-31}$$

式中：T_a 为加速力矩（N·m）；t_a 为加速时间（s），取 $t_a = 0.1$s；V_m 为电动机快移速度（m/min），$V_m = 3000\text{m}\cdot\text{min}^{-1} = 50\text{m}\cdot\text{s}^{-1}$；$k_s$ 为位置回路增益（s^{-1}），取 $k_s = 30$。

$$T_a = \frac{3000\times2\pi\times(1-e^{-k_s T_a})}{60\times0.1\times0.9}\times(0.0053\times0.9+0.041) = 15.48\text{N}\cdot\text{m}$$

$$V_r = V_m\left[1-\frac{1}{t_a k_s}(1-e^{k_s T_a})\right] = 2050(\text{m}\cdot\text{min}^{-1}) \tag{7-32}$$

式中：V_r 为加速力矩开始下降的速度。由以上分析可知，由 βiS 4/4000 的速度－转矩特性可以看到，15.48N·m 的加速力矩处于断续工作区的外面（见“AC Servo Motor βis series Preliminary”的特性曲线），故 β iS 4/4000 的力矩是不够的。如果轴的运行特性不变，就必须选择大电动机。若机床不允许用较大电动机，就必须修改运行特性，例如，使加速时间延长。考虑到改造机床的经济性，在这里，重新计算 t_a（加速时间）：

$$T_a = \frac{V_m \times 2\pi \times (J_m + J_L)}{60 t_a} \tag{7-33}$$

$$T_a = \frac{1}{k_s}$$

$$\frac{3000 \times 2\pi \times (0.0052 + 0.0041)}{60 t_a} = \frac{1}{30} \rightarrow t_a = 0.73\text{s}$$

重新计算加速力矩：

$$T_a = \frac{3000 \times 2\pi \times (1 - e^{-k_s T_a})}{60 \times 0.73 \times 0.9} \times (0.0053 \times 0.9 + 0.041) = 2.12\text{N} \cdot \text{m}$$

为了得到电动机轴上的力矩 T，应在加速力矩 T_a 上增加 T_m（摩擦力矩）。

$$T = T_d + T_m = 2.12 + 0.88 = 3\text{N} \cdot \text{m} \tag{7-34}$$

经过以上分析计算，βiS 4/4000 型交流伺服电动机的速度－力矩特性可以满足加速要求。

（4）计算电动机转矩均方根值。工作机械频繁启动、制动时所需转矩，当工作机械作频繁启动、制动时，必须检查电动机是否过热，为此需计算在一个周期内电动机转矩的均方根值，并且应使此均方根值小于电动机的连续转矩。电动机的均方根值由下式给出：

$$T_{rms} = \sqrt{\frac{(T_a + T_m)^2 t_1 + T_m^2 t_2 + (T_a - T_m)^2 t_1 + T_o^2 t_3}{t_0}} \tag{7-35}$$

根据图 7－37 可以得到一个运行周期的加于电动机上力矩的均方根值。对该值进行核算，确保要小于或等于电动机的额定力矩。

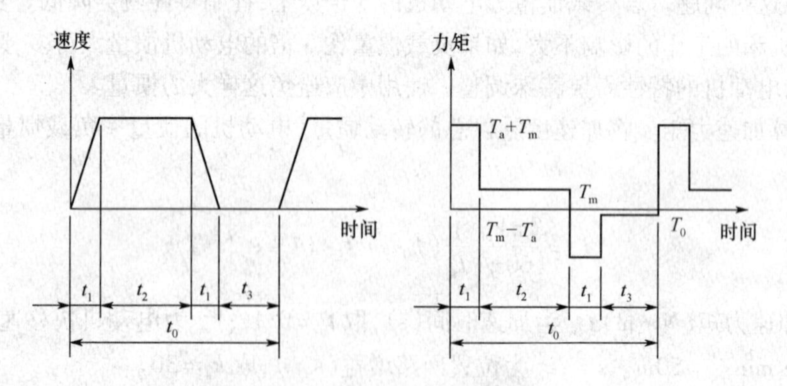

图 7－37　力矩—时间图

已知选用静止时的额定转矩 $T_s = 3.5\text{N} \cdot \text{m}$ 的电动机：$T_a = 15.48\text{N} \cdot \text{m}$；$T_m = T_o = 0.88\text{N} \cdot \text{m}$；$t_1 = 0.1\text{s}$；$t_2 = 1.8\text{s}$；$t_3 = 7.0\text{s}$，则

$$T_{rms} = \sqrt{\frac{(15.48 + 0.88)^2 \cdot 0.1 + 0.88^2 \cdot 1.8 + (15.48 - 0.88)^2 \cdot 0.1 + 0.88^2 \cdot 7}{9}} = 2.47\text{N} \cdot \text{m}$$

如果 T_{rms} 小于或等于电动机静止时的额定力矩（T_s），则选择的电动机可以使用（考虑到发

热系数,核算时静止力矩应为实际静止额定力矩的90%)。

$$90\%\ T_s = 3.15\text{N} \cdot \text{m} > T_{rms} \tag{7-36}$$

所选电动机满足要求。

综上所述,FANUC βiS 4/4000 型交流伺服电动机参数如表 7-17 所列。

表 7-17　FANUC β-iS 4/4000 型交流伺服电动机参数

参数	符号	数值	单位	参数	符号	数值	单位
额定转速	N_r	3000	r/min	连续加工时间	t_m	0.003	s
最大转速	N_{max}	4000	r/min	连续过热时间	t_t	20	min
额定转矩	T_s	3.5	N·m	静摩擦力	T_f	0.2	N·m
转动惯量	J_m	0.00052	kg·m²	输出功率	P	0.75	kW
转子电阻	R_a	0.94	Ω	质量		4.3	kg

模块 6　机床电气控制部分的设计连接

一、数控机床电气控制系统的特点

目前,在数控机床中都使用了现代电气控制系统。采用 PC 机控制技术为主的现代电气控制系统,不仅保留了传统控制系统的有点,同时具有体积小、功能强、通用性和灵活性强、使用维护方便等特点。由于现代电气控制系统能用软件实现逻辑控制,可以省去大量的控制电器及线路连接,又能实现继电接触系统难以完成的功能,当改变控制要求和参数时只需改动程序的相应部分,外部线路基本上不用改动,因而也节省了资源。同时因执行程序时间短,一些电气元件的触点可以用无触点开关来代替,所以整个系统的动作频率高、寿命长,这些都较好地克服了传统控制系统存在的缺点。

数控机床中电气控制系统除了对机床辅助运动和辅助动作控制外,还包括对保护开关、各种行程、极限开关的控制,以及对操作盘上所有按键、操作指示灯以及波段开关等的控制。在机床中,可编程序控制器代替机床上传统强电控制系统中大部分机床电器,从而实现对主轴、换刀、润滑、冷却、气动、液压等系统的逻辑控制。

二、电气原理图设计

1. 电气原理图简介

下面以示意图的形式,显示了电气原理图的主要部分,对于线号仅给出了在不同的页面均出现的线缆的线号。

1) 电源部分(图 7-38)

在本设计中,照明灯的 AC24V 电源和 HNC-21 的 AC24V 电源是各自独立的;系统中没有电磁阀因此只用了一个 DC24V 100W 的开关电源,在开关电源进线侧用一个低通滤波器与伺服控制电源(AC220V)隔离开来。

总电源进线、变压器输入端等处的磁环和高压瓷片电容未在图中表示出来。

图 7-38 中,QF0 ~ QF4 为三相空气开关;QF5 ~ QF10 为单相空气开关;KM1 ~ KM6 为三

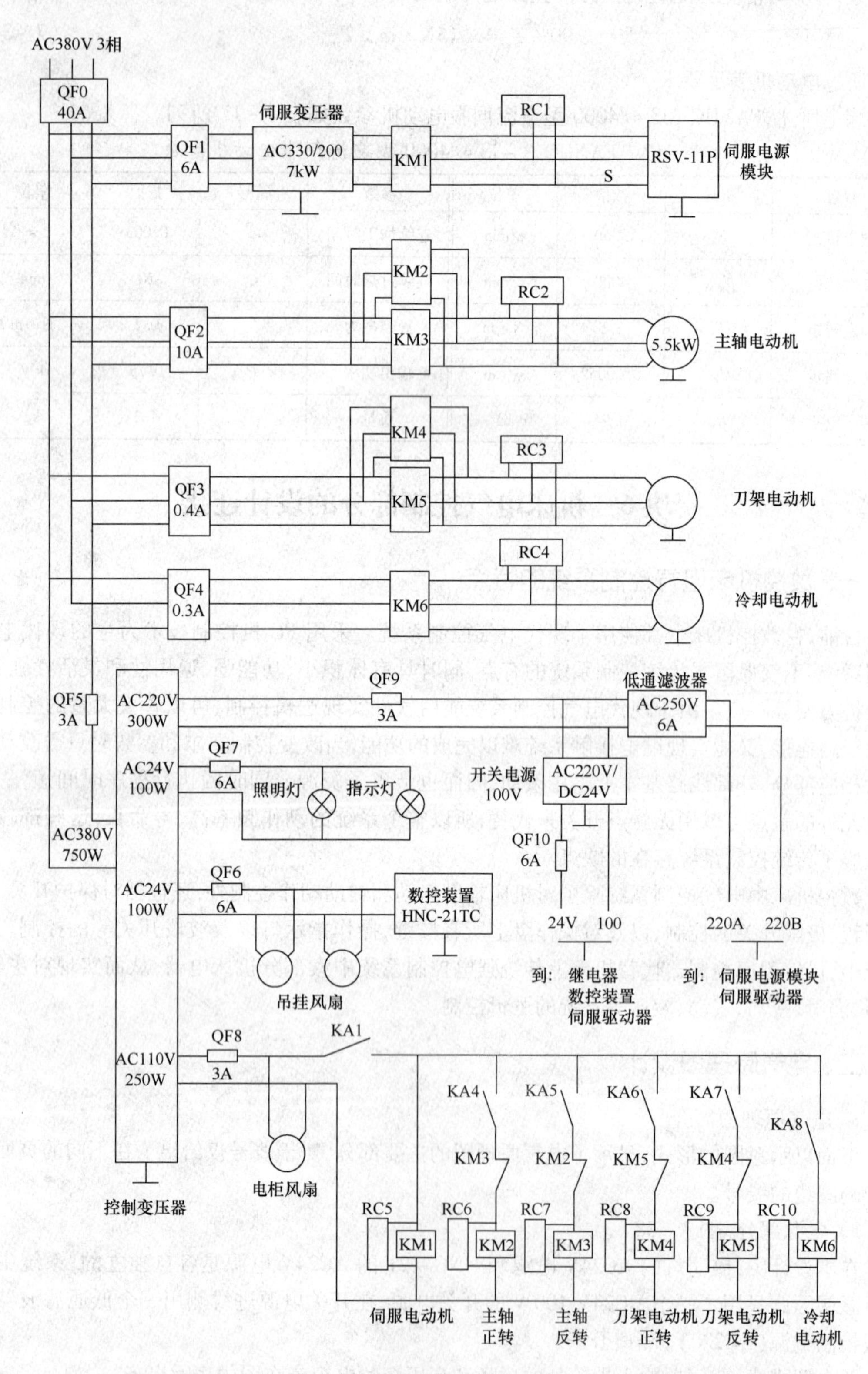

图7－38　典型车床数控系统电气原理图——电源部分

相交流接触器；RC1～RC4 为三相阻容吸收器（灭弧器）；RC5～RC10 为单相阻容吸收器（灭弧器）；KA1～KA8 为直流 24V 继电器。

电气部分在制定改造方案之前，要以机床原有的功能，改造后希望达到的功能为依据，制定改造方案。

2）继电器与输入/输出开关量

继电器主要是由输出开关量控制的，输入开关量主要是指进给装置、主轴装置、机床电气等部分的状态信息与报警信息。

图 7－39 中，KA1～KA8 为中间继电器；SQX－1、SQX－3 分别为 X 轴的正、负限位开关的常闭触点；SQZ－1、SQZ－3 分别为 Z 轴的正、负限位开关的常闭触点；420 为来自伺服电源模块与伺服驱动模块的故障连锁；100 为图 7－38 中 DC24V 50W 开关电源的地。

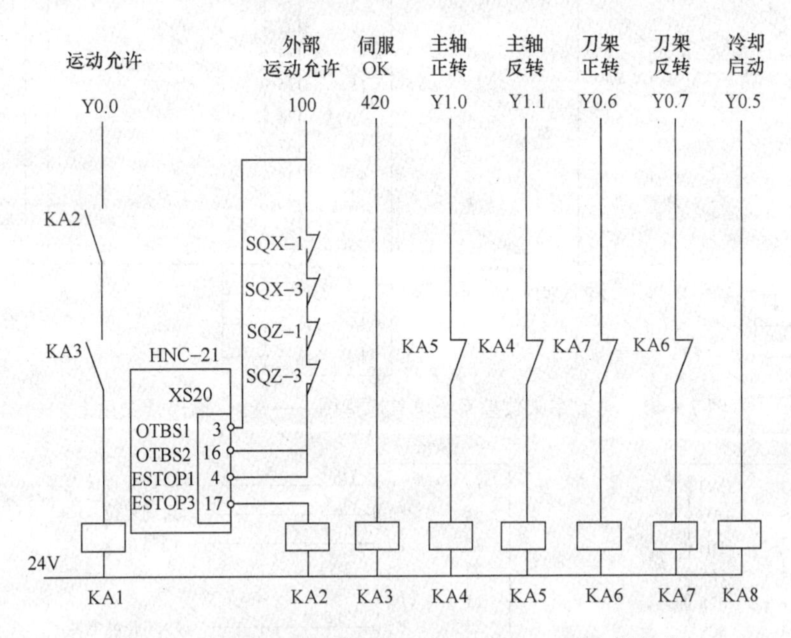

图 7－39　典型车床数控系统电气原理图——继电器部分

图 7－40 中，100W、24V，为图 7－38 中 DC24V 100W 开关电源的输出；因为没有手持单元，所以 XS8 中的两个急停回路引脚需要短接起来，如图 7－41 所示。

3）伺服单元接线图

伺服单元接线图如图 7－42 所示。

2. 参数配置

华中“世纪星”数控系统的参数修改后，都必须重新启动数控系统才能生效。按照功能和重要性确定了参数的等级，装置设置了三种级别的权限，不同授权的用户可以修改相应等级的参数。通过这种方式可以对系统参数进行恰当的保护，防止不必要的事故、故障。查看和备份数据不需要特别授权。

可以通过一种树形结构来描述系统的参数构成，如图 7－43 所示。

通过这个树形机构可以清楚地看到“世纪星”系统的参数构成。这些构成系统参数的各类参数，分别由若干个参数构成。具体的每一个参数的内容和所要调整及控制的性能，可参照前面各部分的介绍及华中数控股份有限公司编制的“世纪星数控装置连接说明书”。

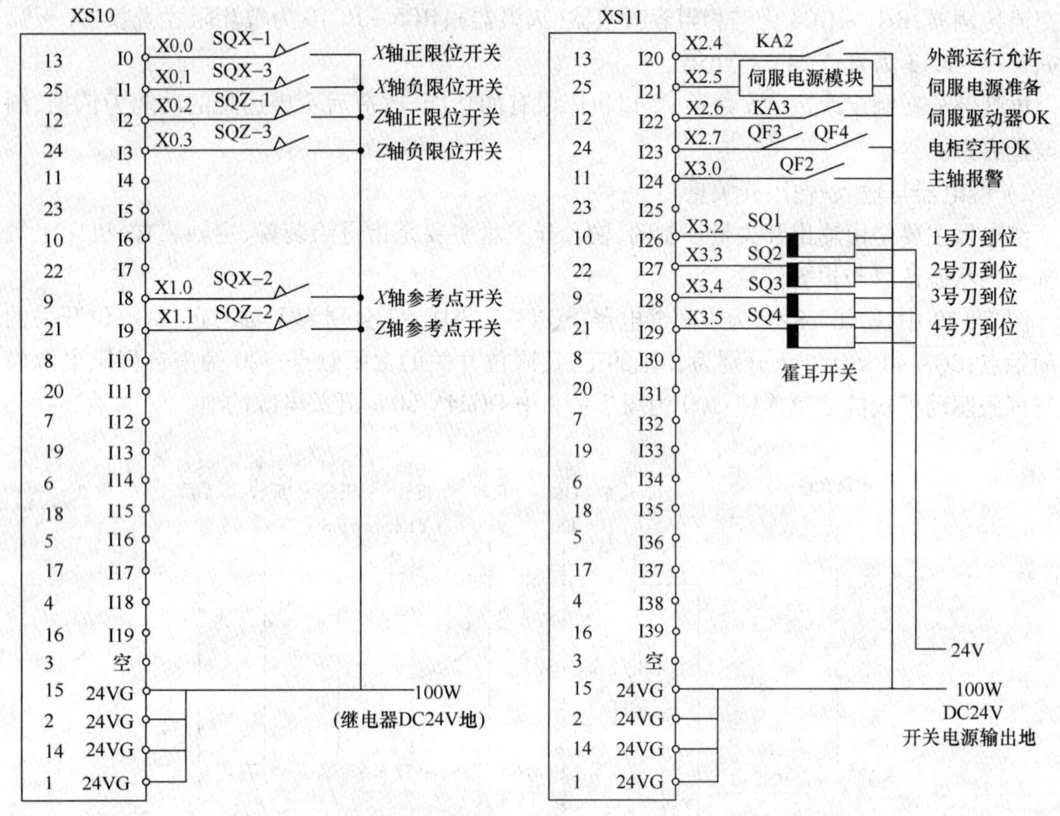

图7－40　典型车床数控系统电气原理图——输入/输出开关量1

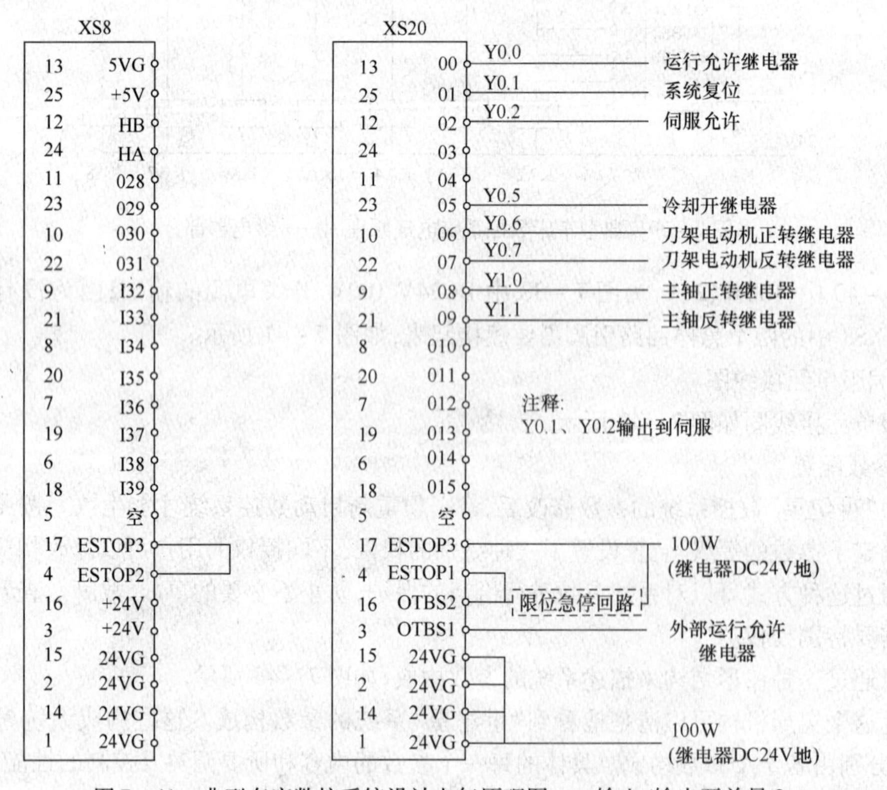

图7－41　典型车床数控系统设计电气原理图——输入/输出开关量2

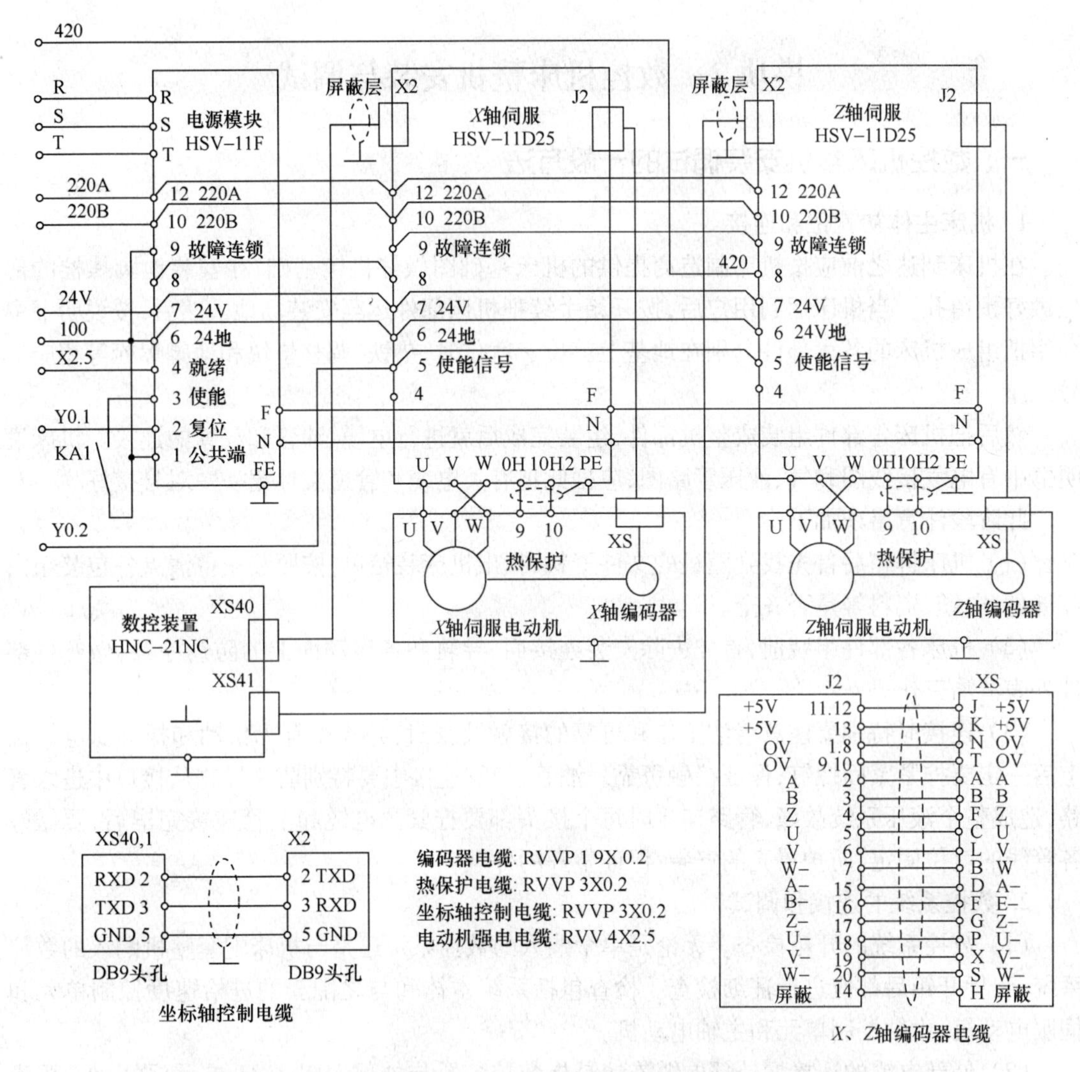

图 7－42　典型车床数控系统电气原理图——伺服驱动器的连接

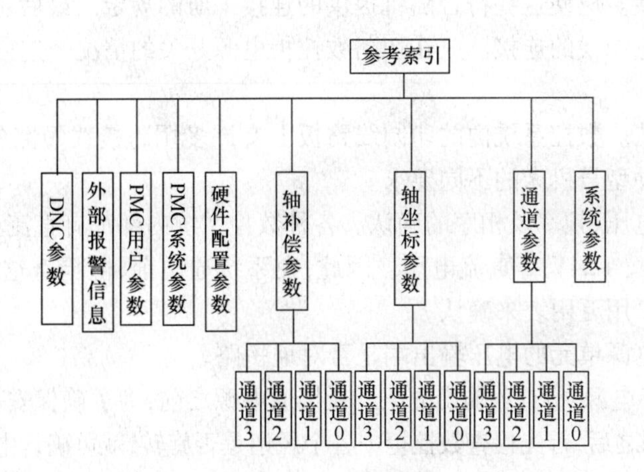

图 7－43　参数结构图

模块 7　数控机床整机安装与调试

一、数控机床整机安装调试的一般方法

1. 机床主体初就位和连接

在机床到达之前应按机床制造商提供的机床基础图做好机床基础，在安装地脚螺栓的部位做好预留孔。当机床运到用户后，按开箱手续把机床部件运至安装场地。然后，按说明书中介绍把组成机床的各大部件分别在地基上就位。就位时，垫铁、调整垫块和地脚螺栓等相应对号入座。

然后把机床各部件组装成整机部件，组装完成后就进行电缆、油管和气管的连接。机床说明书中有电气接线图和气、液压管路图，应据此把有关电缆和管道按标记一一对号接好。

此阶段注意事项如下：

（1）机床拆箱后首先找到随机的文件资料，找出机床装箱单，按照装箱单清点各包装箱内零部件、电缆、资料等是否齐全。

（2）机床各部件组装前，首先去除安装连接面、导轨和各运动面上的防锈涂料，做好各部件外表清洁工作。

（3）连接时特别要注意清洁工作和可靠的接触及密封，并检查有无松动和损坏。电缆插上后一定要拧紧紧固螺钉，保证接触可靠。油管、气管连接中要特别防止异物从接口中进入管路，造成整个液压系统故障，管路连接时每个接头都要拧紧。电缆和油管连接完毕后，要做好各管线的就位固定、防护罩壳的安装，保证整齐的外观。

2. 数控系统的连接和调试

（1）数控系统的开箱检查。无论是单个购入的数控系统还是与机床配套整机购入的数控系统，到货开箱后都应进行仔细检查。检查包括系统本体和与之配套的进给速度控制单元和伺服电动机、主轴控制单元和主轴电动机。

（2）外部电缆的连接。外部电缆连接是指数控装置与外部 MDI/CRT 单元、强电柜、机床操作面板、进给伺服电动机动力线与反馈线、主轴电动机动力线与反馈信号线的连接及与手摇脉冲发生器等的连接。应使这些符合随机提供的连接手册的规定。最后还应进行地线连接。

（3）数控系统电源线的连接。应在切断数控柜电源开关的情况下连接数控柜电源变压器原边的输入电缆。

（4）设定的确认。数控系统内的印制线路板上有许多用跨接线短路的设定点，需要对其适当设定以适应各种型号机床的不同要求。

（5）输入电源电压、频率及相序的确认。各种数控系统内部都有直流稳压电源，为系统提供所需的 +5V、±5V、+24V 等直流电压。因此，在系统通电前，应检查这些电源的负载是否有对地短路现象。可用万用表来确认。

（6）确认直流电源单元的电压输出端是否对地短路。

（7）接通数控柜电源，检查各输出电压。在接通电源之前，为了确保安全，可先将电动机动力线断开。接通电源之后，首先检查数控柜中各个风扇是否旋转，就可确认电源是否已接通。

（8）确认数控系统各种参数的设定。

（9）确认数控系统与机床侧的接口。

完成上述步骤，可以认为数控系统已经调整完毕，具备了与机床联机通电试车的条件。此时，可切断数控系统的电源，连接电动机的动力线，恢复报警设定。

3. 通电试机

按机床说明书要求给机床润滑、润滑点灌注规定的油液和油脂，清洗液压油箱及过滤器，灌入规定标号的液压油。液压油事先要经过过滤，接通外界输入的气源。

机床通电操作可以是一次各部分全面供电，或各部件分别供电，然后再作总供电试验。分别供电比较安全，但时间较长。通电后首先观察有无报警故障，然后用手动方式陆续启动各部件。检查安全装置是否作用，能否正常工作，能否达到额定的工作指标。总之，根据机床说明书资料粗略检查机床主要部件，功能是否正常、齐全，使机床各环节都能操作运动起来。

然后，调整机床的床身水平，粗调机床的主要几何精度，再调整重新组装的主要运动部件与主机的相对位置，用快干水泥灌注主机和各附件的地脚螺栓，把各个预留孔灌平，等水泥完全干固。

在数控系统与机床联机通电试车时，虽然数控系统已经确认，工作正常无任何报警，应在接通电源的同时，作好按压急停按钮的准备，以备随时切断电源。

在检查机床各轴的运转情况时，应用手动连续进给移动各轴，通过 CRT 或 DPL(数字显示器)的显示值检查机床部件移动方向是否正确。然后检查各轴移动距离是否与移动指令相符。如不符，应检查有关指令、反馈参数，以及位置控制环增益等参数设定是否正确。

随后，再用手动进给以低速移动各轴，并使它们碰到超程开关，用以检查超程限位是否有效，数控系统是否在超程时发出报警。

最后，还应进行一次返回基准点动作。机床的基准点是以后机床进行加工的程序基准位置，因此，必须检查有无基准点功能及每次返回基准点的位置是否完全一致。

4. 机床精度和功能的调试

在已经固化的地基上用地脚螺栓和垫铁精调机床主床身的水平，找正水平后移动床身上的各运动部件(主柱、溜板和工作台等)，观察各坐标全行程内机床的水平变换情况，并相应调整机床几何精度使之在允许误差范围之内。使用的检测工具有精密水平仪、标准方尺、平尺、平行光管等。在调整时，主要以调整垫铁为主，必要时可稍微改变导轨上的镶条和预紧滚轮等。

仔细检查数控系统和 PLC 装置中参数设定值是否符合随机资料中规定数据，然后试验各主要操作功能、安全措施、常用指令执行情况等，例如，各种运行方式(手动、点动、MDI、自动方式等)、主轴挂挡指令、各级转速指令等是否正确无误。

在机床调整过程中，一般要修改和机械有关的 NC 参数，例如各轴的原点位置等和机床部件相关位置有关参数。修改后的参数应在验收后记录或存储在介质上。

检查辅助功能及附件的正常工作，例如机床的照明灯、冷却防护罩盒各种护板是否完整；往切削液箱中加满切削液，试验喷管是否能正常喷出切削液；在用冷却防护罩条件下切削液是否外漏；排屑器能否正确工作；机床主轴箱的恒温油箱能否起作用等。

5. 试运行

数控机床安装调试完毕后，要求整机在带一定负载条件下经过一段较长时间的自动运行较全面地检查机床功能及工作可靠性。运行时间尚无统一的规定，一般采用每天运行 8h，连续运行 2 ~ 3 天；或 24h 连续运行 1 ~ 2 天。这个过程称作安装后的试运行。

考核程序中应包括：主要数控系统的功能使用，主轴的最高、最低及常用的转速，快速和常用的进给速度，主要 M 指令的使用等。在试运行时间内，除操作失误引起的故障以外，不允许机床有故障出现，否则表明机床的安装调试存在问题。

6. 数控机床的检测验收

数控机床的验收大致分为两大类：一类是对于新型数控机床样机的验收，由国家指定的机床检测中心进行；另一类是一般的数控机床用户验收其购置的数控设备。

对于新型数控机床样机的验收，需要进行全方位的试验检测。它需要使用各种高精度仪器来对机床的机、电、液、气等各部分及整机进行综合性能及单项性能的检测，包括进行刚度和热变形等一系列机床试验，最后得出对该机床的综合评价。

对于一般的数控机床用户，其验收工作主要根据机床出厂检验合格证上规定的验收条件及实际能提供的检测手段来部分地或全部测定机床合格证上地的各项技术指标。合格后将作为日后维修时的技术指标依据。主要工作如下：

1）机床外观检查

在对数控机床作详细检查验收以前，还应对数控柜的外观进行检查验收，应包括下述几个方面：

（1）外表检查：用肉眼检查数控柜中的各单元是否有破损、污染，连接电缆捆绑是否有破损，屏蔽层是否有剥落现象。

（2）数控柜内部件紧固情况检查：包括螺钉紧固检查、连接器紧固检查、印制电路板的紧固检查。

（3）伺服电动机的外表检查：特别是对带有脉冲编码器的伺服电动机的外壳应作认真检查，尤其是后端。

2）机床性能及 NC 功能试验

主要项目如下：

（1）主轴系统性能。
（2）进给系统性能。
（3）机床噪声，机床空运转时的总噪声不得超过标准(80dB)。
（4）电气装置。
（5）数字控制装置。
（6）安全装置。
（7）润滑装置。
（8）气、液装置。
（9）附属装置。
（10）数控机能。

连续无载荷运转机床长时间连续运行（如 8h、16h 和 24h 等），是综合检查整台机床自动实现各种功能可靠性的最好办法。

3）机床几何精度检查

数控机床的几何精度可综合反映该设备的关键机械零部件和组装后的几何形状误差。

几何精度检测内容主要包括：

（1）工作台面的平面度。
（2）各坐标方向移动的相互垂直度。
（3）X 坐标方向移动时工作台面的平行度。
（4）Y 坐标方向移动时工作台面的平行度。
（5）导轨直线度。
（6）主轴的轴向窜动。
（7）主轴孔的径向跳动。

4）机床定位精度检查

它是表明所测量的机床各运动部件在数控装置控制下运动所能达到的精度。定位精度主要检查内容有：

(1) 直线运动定位精度(包括 X、Y、Z、U、V、W 轴)。

(2) 直线运动重复定位精度。

(3) 直线运动轴机械原点的返回精度。

(4) 直线运动失动量的测定。

(5) 回转运动定位精度。

(6) 回转运动的重复定位精度。

(7) 回转轴原点的返回精度。

5) 机床切削精度检查

机床切削精度检查实质是对机床的几何精度和定位精度在切削和加工条件下的一项综合考核。国内多以单项加工为主。

二、组装数控车床整机安装调试

1. C6136A 车床光机安装与调试

将 C6136A 车床光机按要求就位,调好水平。

安装 X、Z 轴丝杠等传动部件。在机床能够通电运行后,检测 X、Z 轴丝杠等传动部件安装精度,调整至符合安装精度要求;安装正、负方向行程极限开关,参考点减速行程开关及挡铁。

安装主传动部分、电动刀架、机床工作灯等部件。

2. 系统与机床的连接与调试

1) 步骤一:设计与接线

根据配置机床的功能,数控系统、伺服系统、主轴系统、换刀系统、急停回路等部分的控制要求,设计数控机床电气原理图、机床电柜元件布置图及接线图、机床各部分电缆互连图。

按照设计的机床电柜接线图和系统连接说明书,仔细完成接线。

为了使机床运行可靠,应注意强电和弱电信号线的走线、屏蔽及系统和机床的接地。电平在 4.5V 以下的信号线必须屏蔽,屏蔽线要接地。地线中的信号地、机壳地和大地,请遵照连接说明书中的要求执行连接。

为了防止电网干扰,交流的输入端必须接浪涌吸收器(线间和对地)。如果不处理这些问题,机床工作时会出现不明原因的误动作。

输入/输出开关量通常分两类:连接在电柜内部的开关量和连接到机床的开关量。在调试时,电柜调试和机电联调一般是分别进行。所以在定义时,尽量将这两类信号分别安排在不同的接口,以方便安装与调试。

电柜内部的开关量输入信号较少,而开关量输出信号较多,因此一般使用 XS11、XS20 作为电柜内部的开关量输入/输出接口;使用 XS10、XS21 作为到机床的开关量输入/输出接口。电柜内部的开关量输入/输出信号可以由 XS11、XS20 接口直接连接到各元器件,或经过 I/O 分线端子板或端子转接到各元器件(当有操作台或吊挂时);到机床的开关量输入/输出信号则必须经 I/O 分线端子板或端子来转接,以方便调试和检查。

2) 步骤二:通电

拔掉 CNC 系统和伺服(包括主轴)单元的保险,给机床通电。如无故障,装上保险,给机床和系统通电。此时,系统会有多种报警。这是因为系统尚未输入参数,伺服和主轴控制尚未初始化。

3) 步骤三:设定参数

连接 PC 键盘,按前面介绍的方法进行以下各部分的参数设定:

(1) 系统功能参数。这些参数是订货时用户选择的功能,须根据实际机床功能设定。

(2) 进给伺服参数。

(3) 设定主轴控制的参数。

(4) 设定系统和机床的其他有关参数。

4) 步骤四:按内装 PLC 程序的 I/O 接口地址,调机

调机实际上是把 CNC 的 I/O 控制信号与机床强电柜的继电器、开关、阀等输入/输出信号一一对应起来,实现所需机床动作与功能。在系统的连接说明书中对各控制功能的信号都有详细的时序图,调机时或以后机床运行中如发现某一功能不执行,应仔细检查接线。为方便调机和维修,CNC 系统中提供了 PMC 信号的诊断屏幕。在该屏上可以看到各信号的当前状态。

调试中出现问题应从接线和设置参数两方面着手处理,不要轻易怀疑系统。

三、试车样件

试件加工图如图 7-44 所示。已知粗车切深为 2mm,退刀量为 1mm,精车余量在 *X* 轴方向为 0.6mm(直径值),*Z* 轴方向为 0.3mm。

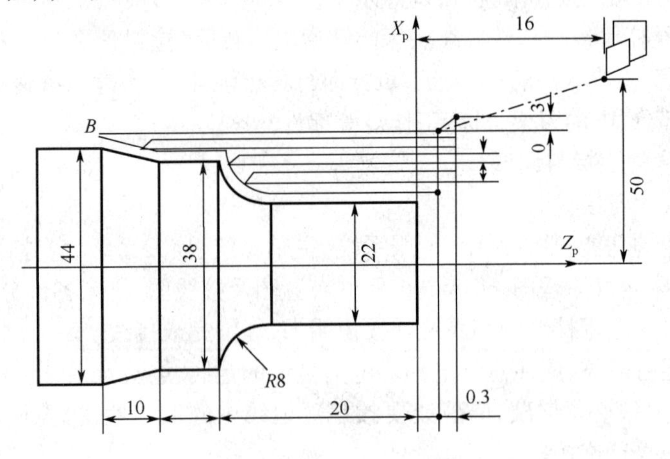

图 7-44 试件加工图

N010 G92 X250.0 Z160.0; 设置工件坐标系;

N020 T0100; 换刀,无长度和磨损补偿;

N030 G96 S55 M04; 主轴反转,恒线速度(55m/min)控制;

N040 G00 X45.0 Z5.0 T0101; 由起点快进至循环起点 *A*,用 1 号刀具补偿;

N050 G71 U2 R1; 外圆粗车循环,粗车切深 2mm,退刀量 1mm;

N060 G71 P070 Q110 U0.6 W0.3 F0.2; 精车路线为 N070~N110。

N070 G00 X22.0 F0.1 S58; 设定快进 *A*→*A*′,精车循环开始结束后返回到 *A* 点;

N130 G28 U30.0 W30.0;

经中间点(75,35)返回到参考点;

精车进给量 0.1mm/r,恒线速度控制;

N080 G01 W-17; 车 ϕ22 外圆

N090 G02 X38.0 W-8.0 R8; 车 *R*8 圆弧

N100 G01 W-10.0; 车 ϕ38 外圆

N110 X44.0 W-10.0; 车锥面;

N120 G70 P070 Q110;

N140 M30; 程序结束。

项目8　数控铣床组装与调试

模块1　概　述

一、实训目标

依据数控机床装调维修工职业及岗位的技能要求，结合数控机床维修技术领域的特点，以实际工作任务为载体，根据工作任务开展过程中的特点划分实施环节，分为系统设计、电气安装与连接、机械装配与调整、机电联调与故障排除、机床精度检测与补偿、机床试加工等几个真实工作过程的职业实践活动，再现典型数控机床电气控制及机械传动的学习领域情境，与实际应用技术相结合，包含数控系统应用、PLC控制、变频调速控制、传感器检测、伺服驱动控制、低压电气控制、机械传动等技术，培训学生对数控机床装调的基本工具和量具的使用能力，着重培养学生对数控机床的机械装调、电器安装接线、机电联调、故障检测与维修、数控机床维护等综合能力，让学生在较为真实的环境中进行训练，以锻炼学生的职业能力，提高职业素养。

二、实训设备技术性能指标

实训采用的设备为THWMZT－1B型数控铣床装调维修实训系统，实训设备实物图如图8－1所示。实训设备技术性能指标如下：

图8－1　实物小铣床、操作台及机床实训柜

（1）输入电源：三相四线 AC380V ±10%，50Hz。

（2）装置容量：<2kV · A。

（3）外形尺寸：800mm ×600mm ×1800mm（机床实训柜）、1000mm ×660mm ×1655mm（实物小铣床）、1200mm ×600mm ×780mm（操作台）。

（4）安全保护：具有漏电压、漏电流保护，符合国家安全标准。

三、实训设备结构和组成

（1）实训设备由机床实训柜、实物小铣床和操作台等组成。

（2）机床实训柜正面装有数控系统和操作面板，背面为机床电气柜，柜内器件布局与实际机床厂的模式一致。电气柜内的电气安装板为不锈钢网孔式结构，上面装有变频器、伺服驱动器、交流接触器、继电器、熔断器座、断路器、开关电源、接线端子排和走线槽等；电气柜底部还设有变压器和接地端子等。

（3）操作台为钢木结构，用于机床部件的装配与测量；下方设有工具柜和电源箱，电源箱提供机床实训柜所需的三相四线 AC380V 交流电源，并设有电源隔离保护措施。

（4）电气系统采用三相四线 380V 交流电源供电，并设有漏电保护器、指示灯指示和熔断器等，具有过载保护、短路保护和漏电保护装置，在电压异常或出现短路情况时自动动作，保护人身和设备安全。

（5）数控系统采用 FANUC 0i Mate－MD 数控系统。FANUC 0i Mate－MD 数控系统主面板和操作面板如图 8－2 和图 8－3 所示。

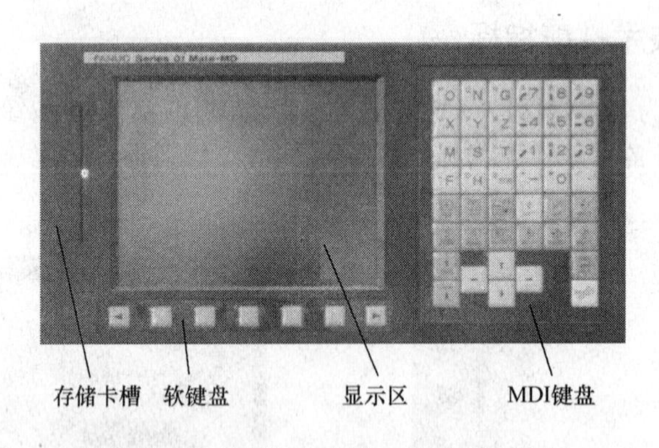

图 8－2　FANUC 0i Mate－MD 主面板

（6）X、Y、Z 轴由 FANUC 交流伺服驱动系统和交流伺服电动机驱动，交流伺服驱动器外形图如图 8－4 所示，轴运动方向上设有正负限位、参考点等开关，采用 JAS5－1K 型接近式传感器，接近开关外形图如图 8－5 所示；主轴由三相异步电动机驱动，变频调速控制，变频器外形图如图 8－6 所示。

（7）实物小铣床由底座、立柱、主轴箱、进给传动系统和辅助装置等组成，具有实际加工能力，可对铁、铝、铜、PVC、有机玻璃等材料进行铣削加工。通过对数控小铣床的拆装训练，学生可掌握数控铣床水平度、平行度和垂直度的装调方法等，同时学会百分表、直角尺、游标卡尺、塞尺等工量具的使用方法和机床机械精度的测量方法。

① 底座、立柱、主轴箱、工作台等均采用铸件结构，铸件经过时效处理、表面机加工和铲刮工艺等，确保机床精度稳定。

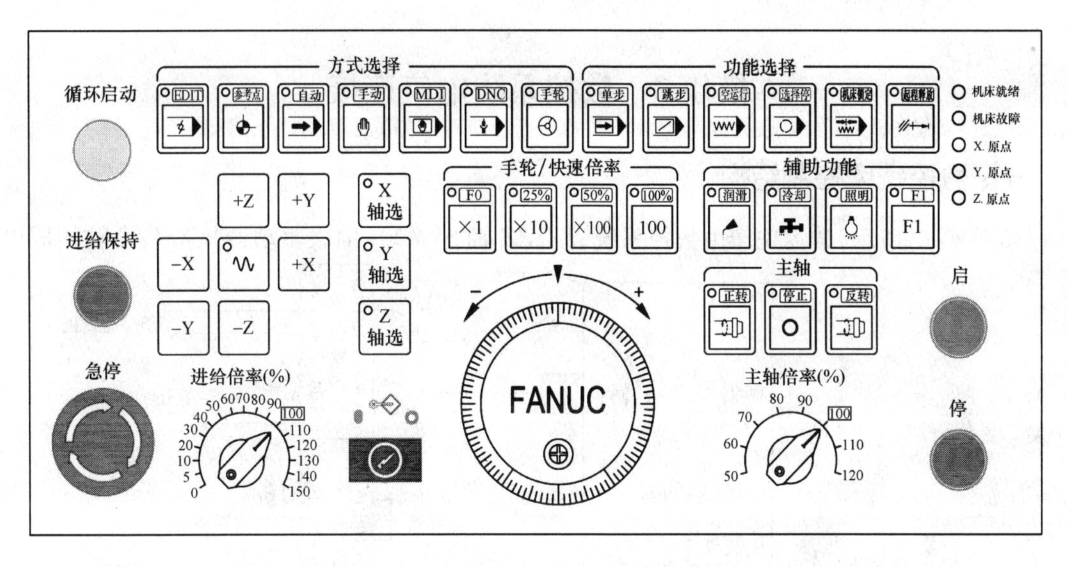

图 8-3　FANUC 0i Mate-MD 操作面板

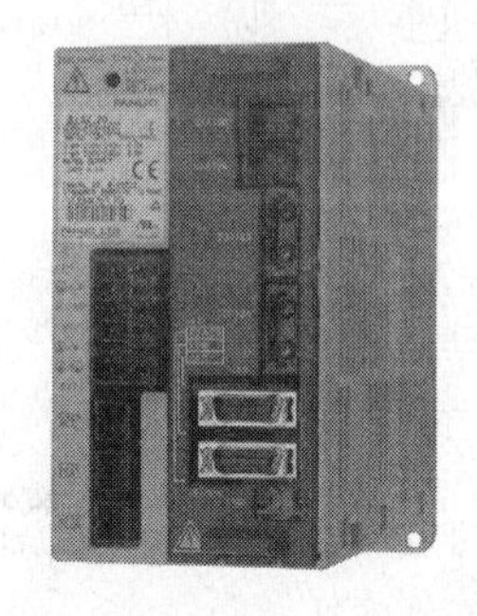

图 8-4　交流伺服驱动器

图 8-5　接近开关

图 8-6　变频器

② 主轴箱由箱体、主轴、主轴电动机、同步带等组成,可进行主轴电动机的安装与调整等技能训练。主轴与主轴电动机采用同步带连接,可进行张紧力调整。

③ *X*、*Y* 轴进给传动系统由滚珠丝杠螺母副、方形直线导轨副、轴承、轴承支座、电动机支座、E 形调节块和工作台等组成,可进行滚珠丝杠的装配与调整、直线导轨的装配与调整、工作台的装配与调整等技能训练。

④ *Z* 轴进给传动系统由滚珠丝杠螺母副、燕尾导轨、轴承、轴承支座、电动机支座和运行平台等组成,可进行导轨预紧力调整、滚珠丝杠的装配与调整等技能训练。

⑤ 辅助装置由润滑系统、防护罩、气弹簧等组成。

四、项目主要进行的实训任务

本项目以工作过程为导向,以工学结合的模式规划教学活动,可主要完成以下训练任务:

(1) 电路设计、设备安装和电路连接。

(2) 机械部件装配与调整。

(3) 数控机床的功能调试。

(4) 机电联调与故障排除。

(5) 机床精度检测与补偿。

(6) 数控铣床的程序编制与加工。

模块2　数控系统电气连接

一、数控铣床控制结构

如图8－7所示，数控铣床由数控系统、*X/Y/Z*轴SVM20（伺服驱动器）、*X/Y/Z*轴伺服电

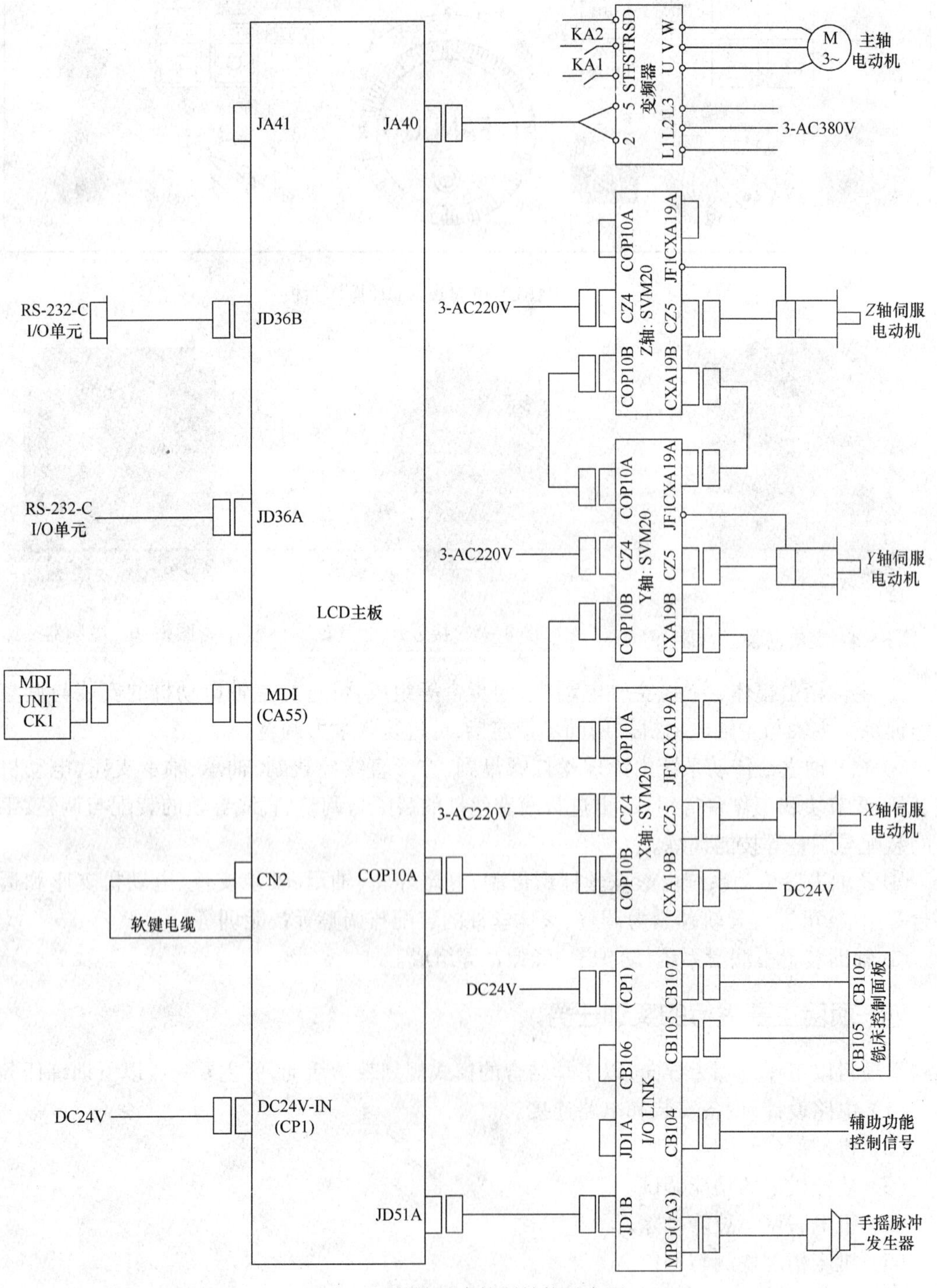

图8－7　数控铣床控制结构示意图

动机、变频器、主轴电动机、编码器、手摇脉冲发生器、输入信号、输出信号等组成。主轴采用变频调速系统,主轴电动机与主轴通过同步带连接。进给驱动采用 FANUC 配套的交流伺服系统,电动机功率 750W。

二、FANUC 0i Mate – MD 数控系统接口

位于 FANUC 0i Mate – MD 数控系统背面的系统接口图如图 8 – 8 所示。

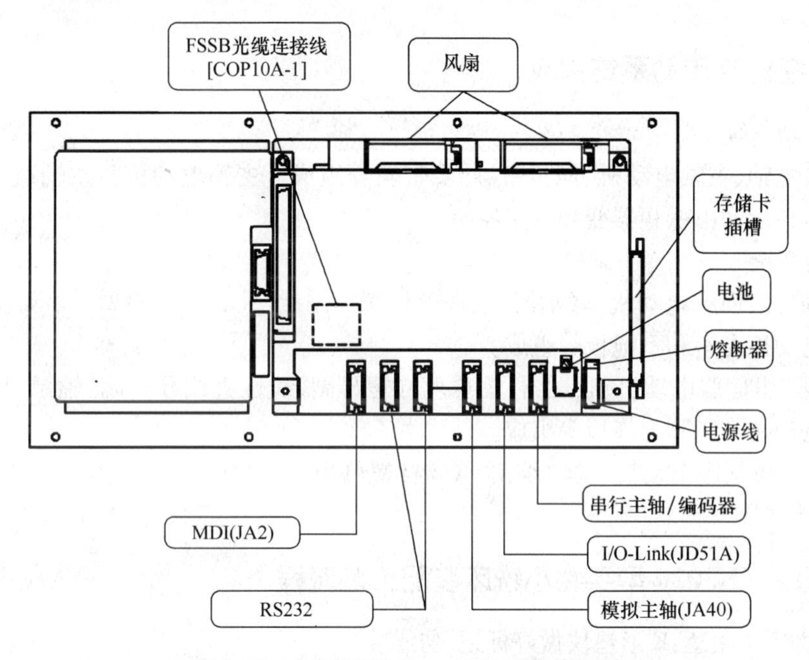

图 8 – 8　FANUC 0i Mate – MD 系统接口图

(1) FSSB 光缆一般接左边插口(若有两个接口),系统总是从 COP10A 到 COP10B,本系统由 COP10A 连接到第一轴驱动器的 COP10B,再从第一轴的 COP10A 到第二轴的 COP10B,依次类推。

(2) 风扇、电池、软键、MDI 等在系统出厂时均已连接好,不用改动,但要检查是否在运输的过程中有松动的地方,如果有,则需要重新连接牢固,以免出现异常现象。

(3) 电源线接口,该电源接口有三个管脚,电源的正负不能接反,采用直流 24V 电源供电,具体接口定义如下:

A1 脚:24V;　　　　A2 脚:0V;　　　　A3 脚:保护地。

(4) RS232 接口是与计算机通信的连接口,共有两个,一般接左边一个,右边为备用接口,如果不与计算机连接,则不用接此线(推荐使用存储卡代替 RS232 口,传输速度及安全性都比串口优越)。

(5) 模拟主轴的连接,本装置使用变频模拟主轴,主轴信号指令由 JA40 模拟主轴接口引出,控制主轴转速。

(6) 主轴编码器接口 JA41,此接口在本铣床系统中不接任何线。

(7) 数控系统[JD51A]接口,本接口连接到 I/O 模块(I/O LINK),以便于 I/O 信号与数控系统交换数据。

注意:按照从 JD51A 到 JD1B 的顺序连接,即从数控系统的 JD51A 出来,到 I/O LINK 的

JD1B 为止,下一个 I/O 设备也是从前一个 I/O LINK 的 JD1A 到下一个 I/O Link 的 JD1B,如若不然,则会出现通信错误而检测不到 I/O 设备。

(8) 存储卡插槽(系统的正面),用于连接存储卡,可对参数、程序及梯形图等数据进行输入/输出操作,也可以进行 DNC 加工。

模块 3　数控铣床传动系统的安装及电气连接

一、数控铣床传动系统构成

1) 主传动系统

由箱体、主轴、主轴电动机、同步带、同步带轮等组成。主轴电动机与主轴通过同步带连接,主轴的旋转运动由变频器变频调速控制。

2) 进给系统

(1) *X* 轴:由伺服电动机、联轴器、滚珠丝杠螺母副、线性直线导轨副、轴承、轴承支座、E 形调节块、电动机支座和下拖板等组成。

(2) *Y* 轴:由伺服电动机、联轴器、滚珠丝杠螺母副、线性直线导轨副、轴承、轴承支座、E 形调节块、电动机支座和上拖板等组成。

(3) *Z* 轴:由伺服电动机、联轴器、滚珠丝杠螺母副、燕尾导轨、轴承、轴承支座、电动机支座和机头等组成。

二、TH - XK3020 型实物小铣床装配工艺流程

1. 拆的顺序(注意:E 形垫块做好标记,勿混装)

1) *X* 轴运行机构的拆卸

(1) 工作台拆卸:先用小十字螺丝刀将 *X* 轴防护罩拆掉,再用内六角扳手将工作台侧面的两个内六角螺钉旋松,再用呆扳手将八个外六角螺钉分别拆下来,然后取下工作台。

(2) 滑块安装板拆卸:先用拔销器将定位销拔掉,再用内六角扳手逐个将螺钉拆掉,最后将滑块安装板拿下来。

(3) 用呆扳手(6mm × 7mm、8mm × 10mm)和十字螺丝刀将滑块安装板上的油路分油器拆掉。

(4) *X* 轴滚珠丝杠两端轴承支座的定位销和螺钉拆掉,先用拔销器将定位销拔掉,然后再将螺钉旋掉,拆下滚珠丝杠。

(5) 拆直线导轨,基准侧导轨不能拆,将非基准导轨的帽盖依次拆掉,螺钉依次从中间向两边拆掉。

2) *Y* 轴运行机构的拆卸

(1) 床鞍的拆卸:先用拔销器将 *Y* 轴螺母座的定位销拔掉,再将滑块上和丝杠螺母上的螺钉拆掉。

(2) 用呆扳手(6mm × 7mm、8mm × 10mm)和十字螺丝刀将滑块安装板上的油路分油器拆掉。

(3) *Y* 轴滚珠丝杠两端轴承支座的定位销和螺钉拆掉,先用拔销器将定位销拔掉,然后再将螺钉旋掉,拆下滚珠丝杠。

（4）拆直线导轨，基准侧导轨不能拆，将非基准导轨的帽盖依次拆掉，螺钉依次从中间向两边拆掉。

2. 装的方法

（1）Y 轴直线导轨的安装，如图 8－9 所示。

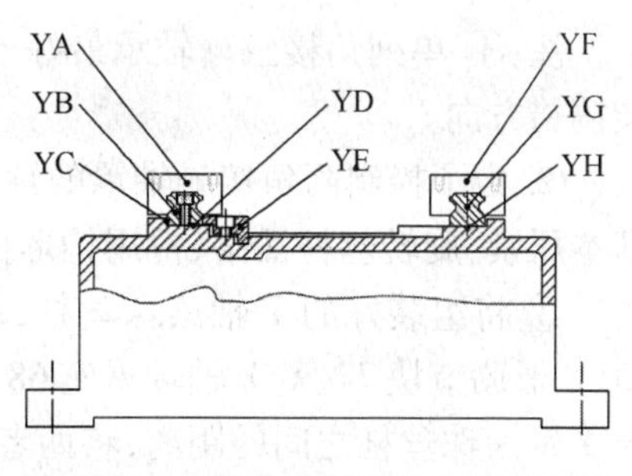

图 8－9　Y 轴直线导轨的安装示意图

以基准面 YD 安装好的基准导轨为基准（基准导轨），基准导轨 YB 不拆装，将另一根直线导轨 YG 放到底座右侧的磨削面 YH 上，用内六角螺钉预紧导轨两头，用游标卡尺测量两导轨之间的距离，将两导轨的中心距调整为 160mm，将拆下的滑块在“假轨”与导轨端面对准后推入导轨；用百分表测量两根直线导轨的平行度，将百分表磁性底座吸在 YA 滑块上，百分表触头打在 YG 导轨的侧面基准线上，沿基准导轨滑动滑块，通过橡胶锤调整直线导轨 YG，使两根直线导轨的平行度≤0.04mm，将直线导轨 YG 两端的螺钉拧紧，然后将直线导轨 YG 中间的螺钉拧紧，最后依次相隔拧紧直线导轨 YG 的其他螺钉。

注：① 直线导轨预紧时，螺钉的尾部应全部陷入沉孔，否则拖动滑块时螺钉尾部与滑块发生摩擦，将导致滑块损坏。

② 直线导轨上的螺钉全部选用 M520 的内六角螺钉加弹垫固定。

（2）Y 轴滚珠丝杠的安装，如图 8－10 所示。

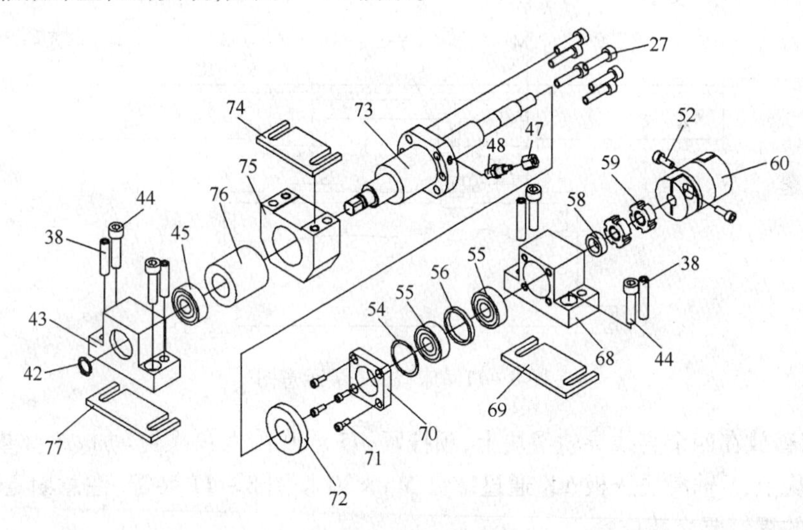

图 8－10　Y 轴滚珠丝杠的安装示意图

42—轴用弹性挡圈（B 型）；43—X/Y 轴轴承座；38—内螺纹圆锥销 6×25；44—内六角螺钉 M6×25；45—普通深沟球轴承 6000（E 级）；76—缓冲垫 4；75—X/Y 轴丝杆螺母座；74—X/Y 轴丝杆螺母座 1 调整垫；73—Y 轴丝杠；48—丝杆用管接头（M6×0.75/M6）；47—丝杆用管接头螺母；27—内六角螺钉 M5×20；60—联轴器；52—内六角螺钉 M4×10；59—小圆螺母 M10×1；58—隔垫；68—X/Y 轴轴承座 1；69—X/Y 轴轴承座 1 调整垫；55—单列角接触球轴承 7000C（E 级）；56—隔圈；54—轴承座盖垫（厚度按需）；70—X/Y 轴轴承座 1 轴承盖；71—内六角螺钉 M3×8；72—缓冲垫 5；77—E 形调节块。

① 用 M5×20 的内六角螺钉将螺母支座 75 固定在滚珠丝杠的螺母 73 上。

② 利用冲击套筒、铜棒、卡簧钳、月牙扳手 22～26、内六角扳手等工具，装配时按顺序依次将缓冲垫 76、普通深沟球轴承－E 级 45、轴用弹性挡圈－B 型 42、X/Y 轴轴承座 43、缓冲垫 72、X/Y 向轴承座 1 轴承盖 70、轴承座盖垫 54、单列角接触球轴承－E 级 55、隔圈 56、单列角接触球轴承－E 级 55、隔垫 58、X/Y 轴轴承座 68、小圆螺母 59 分别安装在 Y 轴滚珠丝杠的相应位置。

注：① 单列角接触球轴承最好不拆（内外圈易脱开），如已拆下来，安装时必须背对背，不能搞错方向。

② 为了控制两角接触轴承的预紧力，先初拧1只小圆螺母，使角接触轴承、隔圈、垫圈等基本压紧，旋转丝杆活络，再用钩形扳手将2只小圆螺母锁紧，检查旋转丝杆活络。

③ 将组装好的 Y 轴滚珠丝杠，用 M6×25 内六角螺钉（加 ϕ6mm 弹垫）将 X/Y 轴轴承座 43、E 形调节块 77、X/Y 轴轴承座 68、E 形调节块 69 预紧在床鞍上，用游标卡尺测量基准导轨与 Y 轴滚珠丝杠之间的距离，将两者的中心距调整为 76mm，将百分表吸在 Y 轴基准导轨的滑块上，百分表触头接触在 Y 轴滚珠丝杠母线上，沿直线导轨滑动滑块，通过在轴承座下加入相应的 E 形调整垫片，使滚珠丝杠两端的中心高相等，使滚珠丝杠两端的等高度≤0.08mm，预紧 X/Y 轴轴承座 43、X/Y 轴轴承座 68。

④ 再用百分表测量滚珠丝杠与直线导轨的平行度，将百分表磁性底座吸在 YA 滑块上，百分表触头测量在 Y 轴滚珠丝杠的侧母线上，沿基准导轨滑动滑块，通过橡胶锤调整，使基准导轨与 Y 轴滚珠丝杠之间的距离的平行度≤0.05mm，拧紧 X/Y 轴轴承座 43、X/Y 轴轴承座 68 上的螺钉。

注：① 滚珠丝杠的螺母禁止旋出丝杠，否则将导致螺母损坏。轴承的安装方向必须正确。

② 百分表测量滚珠丝杠时，百分表压下在 0.1mm 之内。

（3）床鞍的安装，如图 8－11 所示。

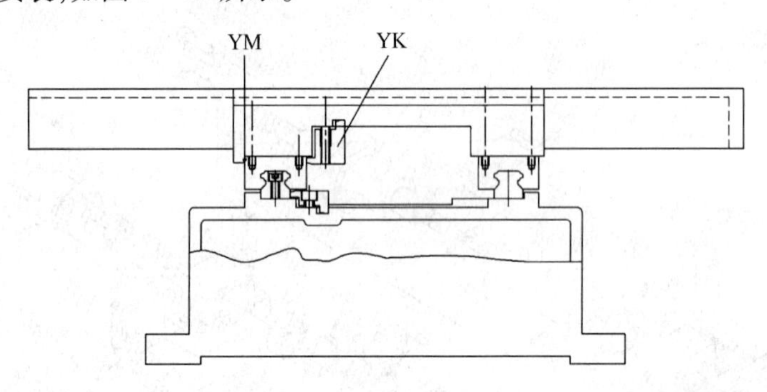

图 8－11　床鞍的安装示意图

① 将床鞍放在四个直线导轨滑块上，预拧紧 M5×30 内六角螺钉（加 ϕ5 弹垫）将床鞍固定在导轨滑块上，Y 轴滑块压板 YK 通过螺钉 M6×30 按图 8－11 装配，注意固定滑块压板与定位侧滑块的螺钉要交替拧紧。

② 用 M6×20 内六角螺钉将床鞍和 Y 轴丝杠螺母支座预紧在一起。用塞尺测量丝杠螺母支座与床鞍之间的间隙大小，选择合适的 E 形调整垫块。

③ 将 M6×20 的螺钉旋松，将选好的 E 形调整垫片加入丝杠螺母支座与床鞍之间的间隙。

④ 将床鞍上的 M6×20 的螺钉预紧。用大磁性表座固定 90°角尺，使角尺的一边与床鞍的基准面紧贴在一起。将杠杆式百分表吸附在底板上的合适位置，百分表触头打在角尺的另一边上，同时将摇手装在 Y 轴滚珠丝杠上面。摇动摇手使床鞍前后移动，用橡胶锤轻轻打击床鞍，使上下两层的导轨垂直度≤0.02mm。

注意：① 图 8－11 中 YM 为将床鞍的磨削面和基准导轨的滑块磨削面（定位基准）贴牢；

② 拧紧非基准侧滑块固定螺钉时必须同时检查床鞍在导轨上移动活络性。

(4) *Y* 轴油路的安装，待床鞍安装好后，将伸出的滑块和滚珠丝杠螺母上的油管固定在 *Y* 轴油路分油器上，最后将分油器固定在床鞍上。

(5) *X* 轴直线导轨的安装，如图 8-12 所示。

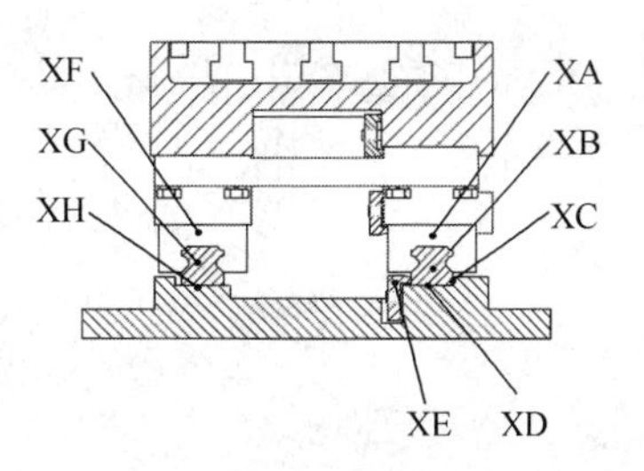

图 8-12　数控小铣床床鞍及导轨示意图

序列 1~3 为基准导轨的安装，不建议拆装。

① 清理基准面 XD、基准边 XC 和直线导轨 XB，以床鞍的后端磨削面为基准面 XD，将直线导轨 XB（规格 20mm，长度 460mm）中的一根放到基准面 XD 上，使导轨的两端靠在基准边 XC 上，用 M520 的内六角螺钉预紧该直线导轨两端（加弹垫）。选用工具：5#内六角扳手。

② 用橡皮锤敲击直线导轨 XB，使直线导轨 XB 靠在基准边 XC 上。选用工具：橡皮锤。

③ 将杠杆式百分表吸在直线导轨 XB 的滑块上，百分表的测量头接触在基准边 XC 上，沿直线导轨 1 滑动滑块，通过橡胶锤调整导轨，使得导轨与基准面之间的平行度符合要求，将导轨固定在基准面 XD 上，并压紧导轨压块（XE），将直线导轨 XB 两端的螺钉拧紧，然后将直线导轨 XB 中间的螺钉拧紧，用深度游标卡尺测量直线导轨 XB 两端和中间的等高，最后依次拧紧直线导轨 XB 的其他螺钉。

后续的安装工作均以该直线导轨为安装基准（以下称该导轨为 *X* 轴基准导轨）。

④ 将另一根直线导轨 XG 放到床鞍的前端磨削面 XH 上，用内六角螺钉预紧此导轨，用游标卡尺测量两导轨之间的距离，将两导轨的中心距调整为 110mm。

⑤ 以基准面 XD 安装好的基准导轨为基准，将杠杆式百分表吸在基准导轨的滑块上，百分表的测量头接触在直线导轨 XG 的侧面，沿 *X* 轴基准导轨滑动滑块，通过橡胶锤调整直线导轨 XG，使得两导轨平行度≤0.04mm，将直线导轨 XG 两端的螺钉拧紧，然后将直线导轨 XG 中间的螺钉拧紧，最后依次打紧直线导轨 XG 的其他螺钉。

注：① 直线导轨预紧时，螺钉的尾部应全部陷入沉孔，否则拖动滑块时螺钉尾部与滑块发生摩擦，将导致滑块损坏。

② 直线导轨上的螺钉全部选用 M5×20 的内六角螺钉加弹垫固定。

(6) *X* 轴滚珠丝杠的安装，如图 8-13 所示。

① 用 M5×20 的内六角螺钉（加 ϕ5mm 弹垫）将螺母支座 75 固定在滚珠丝杠的螺母 93 上。

② 利用冲击套筒、铜棒、卡簧钳、月牙扳手 22~26、内六角扳手等工具，装配时按顺序依次将缓冲垫 92、普通深沟球轴承-E 级 45、轴用弹性挡圈-B 型 42、*X/Y* 轴轴承座 43、缓冲垫 92、*X/Y* 向轴承座 1 轴承盖 70、轴承座盖垫 54、单列角接触球轴承-E 级 55、隔圈 56、单列角接触球轴承-E 级 55、隔垫 58、*X/Y* 轴轴承座 68、小圆螺母 59 分别安装在 *X* 轴滚珠丝杠的相应位置。

注：单列角接触球轴承最好不拆（内外圈易脱开），如已拆下来，安装时必须背对背，不能搞错方向；为了控制两角接触轴承的预紧力，先初拧 1 只小圆螺母，使角接触轴承、隔圈、垫圈等基本压紧，旋转丝杆活络，再用钩形扳手将 2 只小圆螺母锁紧，检查旋转丝杆活络。

③ 用 M6×30 内六角螺钉（加 ϕ6mm 弹垫）将 *X/Y* 轴轴承座 43、*X/Y* 轴轴承座 68 预紧在床鞍上，将 *X* 轴滚珠丝杠与 *X* 轴基准导轨的中心距调整为 55mm。

④ 将百分表吸在 *X* 轴基准导轨的滑块上，百分表触头接触在 *X* 轴滚珠丝杠母线上，沿直

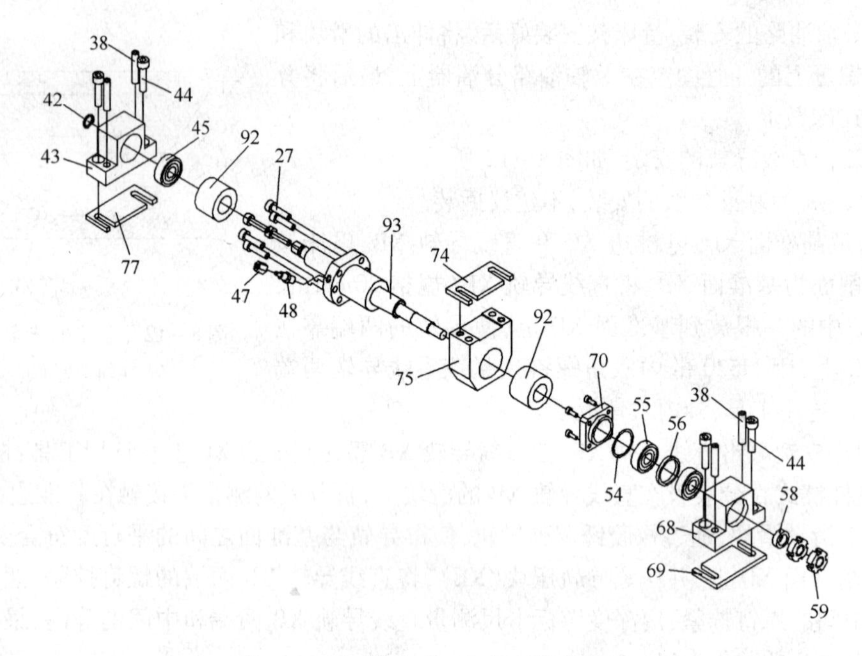

图 8-13　X 轴滚珠丝杠的安装示意图

77—E 形调节块；42—轴用弹性挡圈（B 型）；43—X/Y 轴轴承座；38—内螺纹圆锥销 6×25；44—内六角螺钉 M6×25；45—普通深沟球轴承 6000（E 级）；92—缓冲垫 1；27—内六角螺钉 M5×20；47—丝杆用管接头螺母；48—丝杆用管接头（M6×0.75/M6）；93—X 轴丝杆；75—X/Y 轴丝杆螺母座；74—X/Y 轴丝杆螺母座 1 调整垫；70—X/Y 轴轴承座 1 轴承盖；54—轴承座盖垫（厚度按需）；55—单列角接触球轴承 7000C（E 级）；56—隔圈；68—X/Y 轴轴承座 1；58—隔垫；69—X/Y 轴轴承座 1 调整垫。

线导轨滑动滑块，百分表触头接触在 X 轴滚珠丝杠母线上，沿直线导轨滑动滑块，通过在轴承座下加入相应的 E 形调整垫片，使滚珠丝杠两端的中心高相等，使滚珠丝杠两端的等高度≤0.03mm，预紧 X/Y 轴轴承座 43、X/Y 轴轴承座 68。

⑤ 将百分表吸在 X 轴基准导轨的滑块上，百分表触头接触在 X 轴滚珠丝杠侧母线上，沿直线导轨滑动滑块，通过橡胶锤调整轴承座，使 X 轴滚珠丝杠与 X 轴直线导轨平行度≤0.03mm。拧紧 X/Y 轴轴承座 43、X/Y 轴轴承座 68 上的螺钉。

注：滚珠丝杠的螺母禁止旋出丝杠，否则将导致螺母损坏。轴承的安装方向必须正确；百分表测量滚珠丝杠时，百分表压下在 0.1mm 之内。

（7）滑块安装板的安装，如图 8-14 所示（选用工具：内六角扳手）。

① 将滑块安装板 99 放在四个直线导轨滑块上，用 M5×30 内六角螺钉（加 ϕ5mm 弹垫）将滑块安装板预固定在导轨滑块上。X 轴滑块压板 91 通过 M5×50 内六角螺钉固定在滑块安装板上。注意：滑块压板与定位侧滑块的螺钉要交替拧紧。

② 用 M6×25 内六角螺钉将滑块安装板 99 和 Y 轴丝杠螺母支座预紧在一起。用塞尺测量丝杠螺母支座与滑块安装板 99 之间的间隙大小，选择合适的 E 形调整垫块。

③ 将固定滑块的 M530 的螺钉旋松，将选好的 E 形调整垫片加入丝杠螺母支座与滑块安装板 99 之间的间隙。

④ 将滑块安装板 99 上的螺钉全部打紧，用 M550 的内六角螺钉压紧 X 轴滑块压板 91，如图 8-14 所示。

（8）安装 X 轴分油器，将 X 轴滑块和 X 轴滚珠丝杠螺母上伸出的油管分别安装在 X 轴分油器上,再将分油器固定在滑块安装板 99 上。

(9) 工作台的安装,如图 8 - 15 所示(选用工具:呆扳手 8mm × 10mm、内六角扳手)。

将工作台 103 放在滑块安装板 99 上,用 M625 外六角螺钉(加平垫、弹垫)从下往上拧紧工作台,用 M550 的内六角螺钉压紧滑块安装板压板 102。

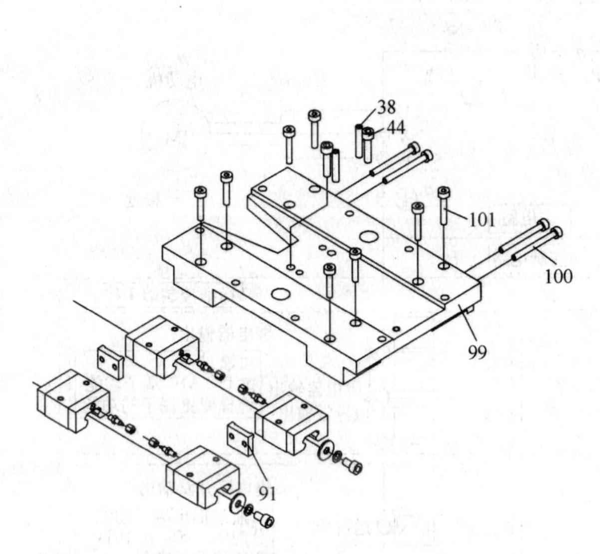

图 8 - 14 滑块安装的安装示意图

38—内螺纹圆锥销 6 × 25;44—内六角螺钉 M6 × 25;
91—*X* 轴导轨在压板;99—滑块装板;
100—内六角螺钉 M5 × 50;101—内六角螺钉 M5 × 30。

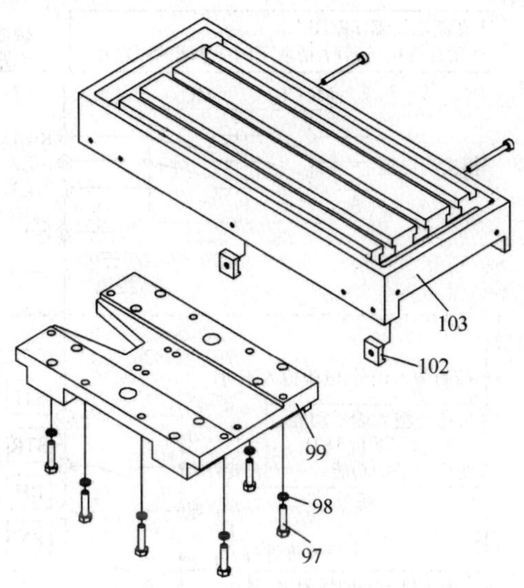

图 8 - 15 工作台的安装示意图

97—六角螺栓 M6 × 25(及 M6 × 30);
98—弹簧线圈 6;99—滑块安装板;
102—滑块安装板压板;103—工作台。

(10) 防护罩的安装,如图 8 - 16 所示(选用工具:内六角扳手、十字螺丝刀)。

先将 *X* 轴伺服电动机 149 安装在图 8 - 16 所示的位置,用四个 M5 × 20 的内六角螺钉固定,再安装 *X* 向罩 28,最后安装 *X* 轴行程开关安装板 99,机床安装完毕。

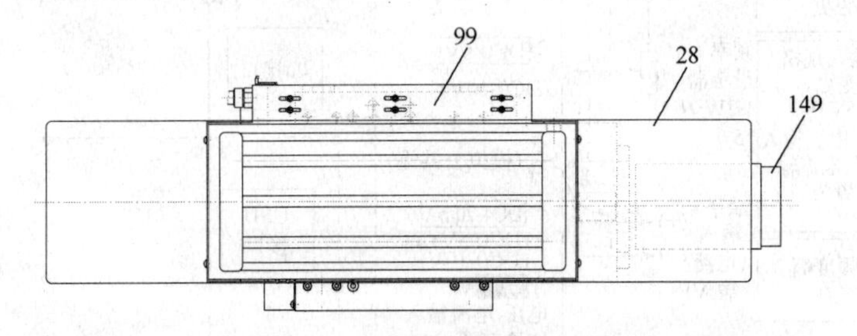

图 8 - 16 防护罩的安装示意图

99—滑块安装板;28—*Y* 向导轨防护罩安装座;149—电动机带轮。

三、变频器的连接

变频器端子接线图如图 8 - 17 所示。

变频器控制端子说明如下:

(1) STF:正转启动。当 STF 信号 ON 时为正转,OFF 时为停止指令。

(2) STR:反转启动。当 STR 信号 ON 时为反转,OFF 时为停止指令(STF、STR 信号同时为 ON 时,为停止指令)。

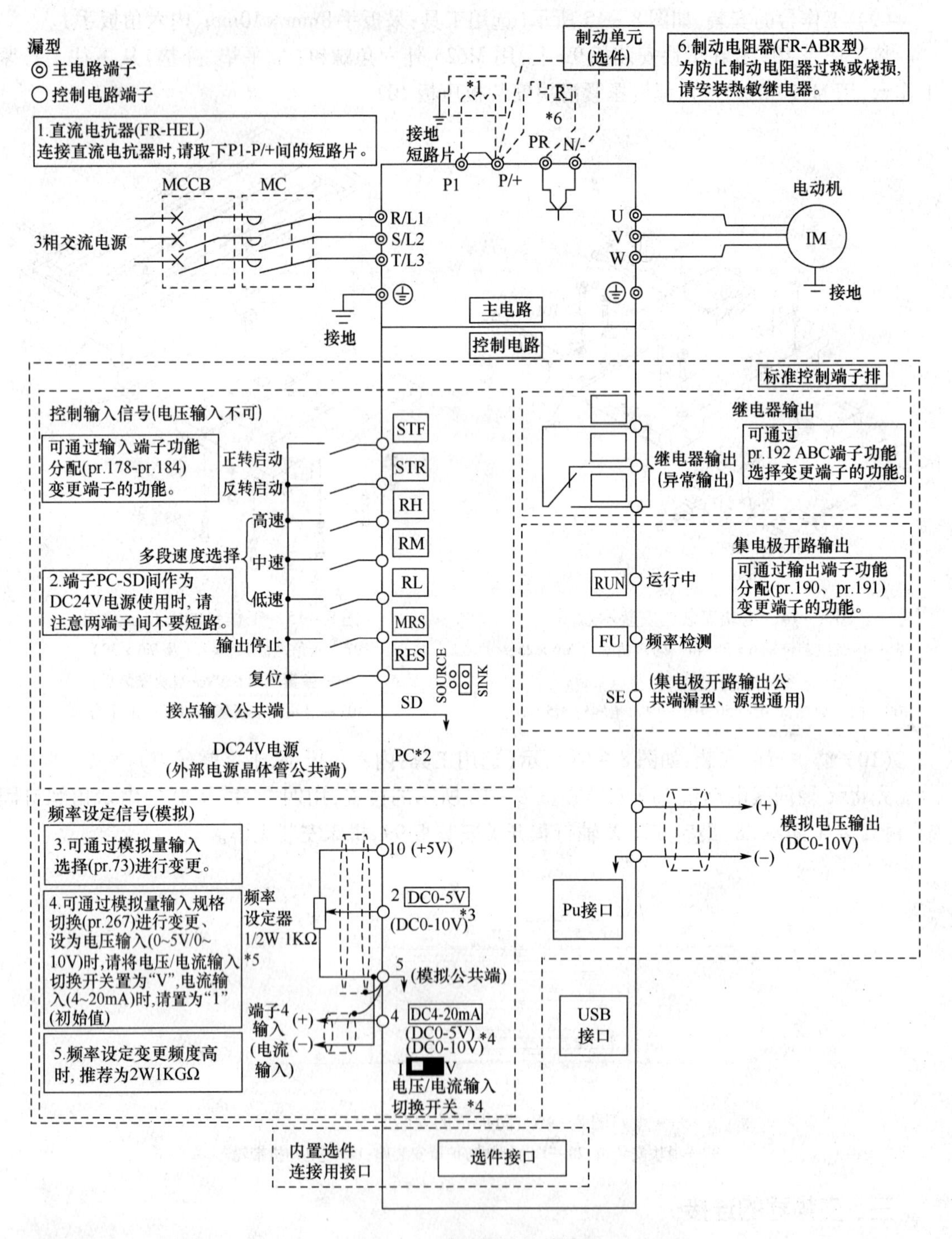

图8-17 变频器端子接线图

(3) RH、RM、RL:多段速选择。可根据端子 RH、RM、RL 信号的短路组合,进行多段速度的选择。

(4) SD:接点(端子 STF、STR、RH、RM、RL)输入的公共端子。

(5) 10:频率设定用电源,DC5V,容许负荷电流为 10mA。

（6）2：频率设定（电压信号）。输入 DC0～5V（0～10V）时，输出成比例；输入 5V（10V）时，输出为最高频率。5V/10V 切换用 Pr. 73“0～5V，0～10V 选择”进行。

（7）5：频率设定公共输入端。

四、伺服驱动系统的连接

伺服装置采用 FANUC 公司伺服驱动系统。

1. 伺服驱动系统的特点

（1）供电方式为三相 200～240V 供电。

（2）智能电源管理模块，碰到故障或紧急情况时，急停链生效，断开伺服电源，确保系统安全可靠。

（3）控制信号及位置、速度等信号通过 FSSB 光缆总线传输，不易被干扰。

（4）电动机编码器为串行编码信号输出。

（5）驱动连接图，如图 8－18 所示。

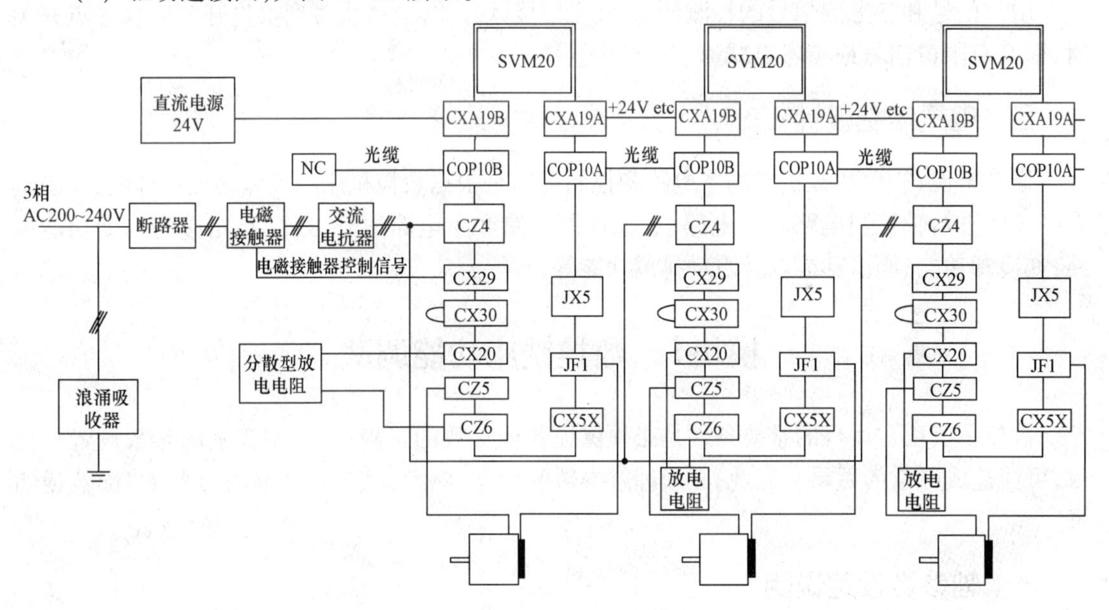

图 8－18 驱动连接图

2. 相关接口说明

（1）CZ4 接口为三相交流 200～240V 电源输入口，顺序为 U、V、W 地线。

（2）CZ5 接口为伺服驱动器驱动电压输出口，连接到伺服电动机，顺序为 U、V、W 地线。

（3）CZ6 与 CX20 为放电电阻的两个接口，若不接放电电阻须将 CZ6 及 CX20 短接，否则，驱动器报警信号触发，不能正常工作，建议必须连接放电电阻。

（4）CX29 接口为驱动器内部继电器一对常开端子，驱动器与 CNC 正常连接后，即 CNC 检测到驱动器且驱动器没有报警信号触发，CNC 使能信号通知驱动器，驱动器内部信号使继电器吸合，从而使外部电磁接触器线圈得电，给放大器提供工作电源。

（5）CX30 接口为急停信号接口，短接此接口 1 和 3 脚，急停信号由 I/O 给出。

（6）CXA19B 为驱动器 24V 电源接口，为驱动器提供直流工作电源，第二个驱动器与第一个驱动器由 CXA19A 到 CXA19B。

（7）COP10A 接口，数控系统与第一级驱动器之间或第一级驱动器和第二级驱动器之间用光缆传输速度指令及位置信号，信号总是从上一级的 COP10A 接口到下一级的 COP10B 接口。

（8）JF1 为伺服电动机编码器反馈接口。

模块 4　机床电气控制部分的设计连接

一、急停开关、限位开关、参考点的设计连接

对于 FANUC 0i Mate - MD 数控系统，急停信号的输入点定义为 X8.4，与 24V 进行常闭连接；参考点信号输入点定义为 X9.0（*X* 轴）、X9.1（*Y* 轴）和 X9.2（*Z* 轴），与 24V 进行常闭连接；限位信号输入点可以根据实际情况进行定义，与 PMC 程序中的点对应，与 24V 进行常闭连接。

限位信号和参考点信号的检测使用 NPN 型接近开关，当挡块碰到限位开关或参考点开关时，就会有限位信号或参考点减速信号产生。

二、电气电路设计

通常来说，一台数控机床的主电路和控制电路是根据数控机床的具体功能设计的，除了具有必需的进给轴控制电路和主电路、主轴控制电路和主电路以外，还配有相应的辅助功能电路，如冷却功能、润滑功能以及自动排屑功能等。

模块 5　数控铣床功能调试

数控系统正常运行的重要条件是必须保证各种参数的正确设定，不正确的参数设置与更改，可能造成严重的后果。因此，必须理解参数的功能，熟悉设定值，详细内容参考“参数说明书”。

一、轴参数设定说明

（1）参数 1825：每个轴的伺服环增益，该参数是用于设定每个轴的位置控制环的增益。在进行直线或圆弧插补时，各轴的伺服环增益必须设定相同的值。环路增益越大，位置控制的响应速度越快，但是设定值过大，伺服系统会不稳定。位置偏差量会储存在位置累计寄存器中，并进行自动补偿。位置偏差量 = 进给速度/（60 × 环路增益）。

（2）参数 1828：每个轴移动中的位置偏差极限值。在 *X*、*Y* 或 *Z* 轴移动过程中，如位置偏差量超过此参数设定值，会出现“轴超差”报警，并立刻停止移动。如果经常出现此报警，可将该参数设大。

（3）参数 1829：每个轴停止时的位置偏差极限值。当 *X*、*Y* 或 *Z* 轴运动停止时，如位置偏差量超过此参数设定值，会出现伺服报警并立刻停止移动。如果经常出现此报警，可增大该参数的设置。

（4）参数 1320：各轴存储行程限位 1 的正方向坐标值 *I*，此值是相对参考点设置的，根据机床行程及位置确定，正方向软限位的位置值要小于碰到正硬件限位时的位置值。

（5）参数 1321：各轴存储行程限位 1 的负方向坐标值 I，此值是相对参考点设置的，根据机床行程及位置确定，要求负软限位位置值大于碰到负硬件限位时的位置值。

（6）参数 1410：空运行速度。此速度为程序模拟运行时各轴的运行速度。

（7）参数 1420：各轴的快速移动速度，在自动方式下 G00 的速度，需根据机床刚度设定，选择适中速度。

（8）参数 1421：每个轴快速移动倍率的 F_0 速度，即选择操作面板上快速倍率 F_0 时的速度。

（9）参数 1423：每个轴的 JOG 进给速度，指进给倍率开关在 100% 时的进给速度。

（10）参数 1424：每个轴的手动快速移动速度，即快速倍率选择为 100% 时的速度。系统回参考点时的速度 = [1424] × 快速倍率，若回零速度过快，可将此值改小。手轮运行速度的上限速度也是此值。

（11）参数 1425：每个轴回零的 F_L 速度，回参考点时，各轴以“空运行的速度快速倍率”的速度回参考点，碰到减速挡块后，以回零的 F_L 速度搜索零脉冲信号。如果回参考点时的速度过快，可适当减小各轴空运行的速度。

（12）参数 1620：每个轴快速移动直线加/减速的时间常数（T）、每个轴快速移动铃形加/减速的时间常数（T_1）。

（13）参数 1622：每个轴的切削进给加/减速时间常数，系统推荐值为 64（不要轻易改动此参数）。如要改动，应设定为 8 的倍数。

（14）参数 1624：每个轴的 JOG 进给加/减速时间常数，系统推荐值为 64（不要轻易改动此参数）。如要改动，应设定为 8 的倍数。

二、伺服参数设定说明

（1）初始化位设定值：系统通过 FSSB 初始伺服参数后显示 00000010，若没有初始化过，设定为 00000000，重新上电，系统会重新初始化参数。

（2）电动机代码：根据实际电动机类型进行设置，本装置采用 βiS 4/4000 型伺服电动机，故应设为 256。

（3）AMR：采用标准电动机，故设置为 00000000。

（4）指令倍乘比：通常，指令单位 = 检测单位。指令倍乘比为 1/2 ~ 1 时，设定值 = 1/指令倍乘比 + 100；指令倍乘比为 1 ~ 48 时，设定值 = 2 × 指令倍乘比。

（5）柔性齿轮比 N/M：根据螺距设定。设定好螺距，再计算数控系统柔性齿轮比 N/M 和参考计数器容量。系统最小指令脉冲为 0.001mm/脉冲，且系统计算电动机一转时的计数脉冲为 1000000 个脉冲。计算公式如下：

参考计数器容量 = 丝杠螺距/最小指令脉冲

柔性齿轮比 = 参考计数器容量 × 指令倍乘比/1000000

（6）运行方向：从脉冲编码器看，顺时针设定为 111，逆时针设定为 −111。

（7）速度反馈脉冲数：设定为 8192，此参数不可更改。

（8）位置反馈脉冲数：设定为 12500（半闭环的系统设定值），不可更改。

三、参数设定操作

通常情况下，在参数设置画面输入参数号再按“号搜索”软键就可以搜索到对应的参数，从而进行参数的修改。不过,FANUC 数控系统还提供了一种更简单快捷的操作方式,即“参数设定帮助菜单”,在这里可以分类设置参数。单击三次“SYSTEM”功能键进入“参数设定支援”画面,如图 8-19 所示。

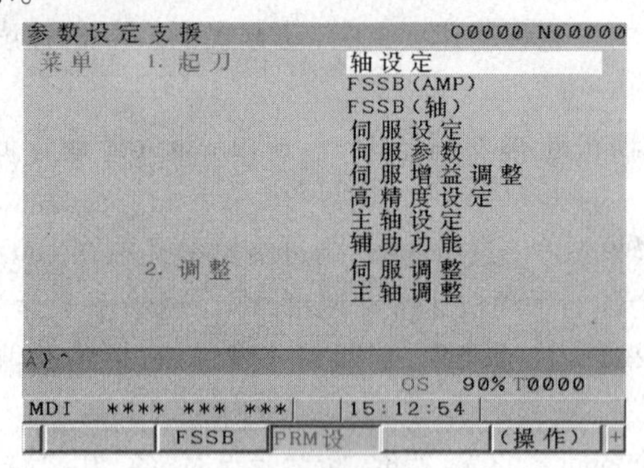

图 8-19 参数设定帮助菜单

1. 系统参数设置

按下“SYSTEM”功能键,再单击“参数”软键,找到参数设置画面,在参数画面设置参数,如表 8-1所列。

表 8-1 系统参数设置

参数号	数值	参数说明
20	4	存储卡接口
3003#0	1	使所有轴互锁信号无效
3003#2	1	使各轴互锁信号无效
3003#3	1	使不同轴向的互锁信号无效
3004#5	1	不进行超程信号的检查
3105#0	1	显示实际速度
3105#2	1	显示实际主轴速度和 T 代码
3106#5	1	显示主轴倍率值
3108#7	1	在当前位置显示画面和程序检查画面上显示 JOG 进给速度或者空运行速度
3708#0	0	不检测主轴速度到达信号
3716#0	0	模拟主轴
3720	4096	位置编码器的脉冲数
3730	995	用于主轴速度模拟输出的增益调整的数据
3731	-14	主轴速度模拟输出的偏置电压的补偿量
3741	2800	与齿轮 1 对应的各主轴的最大转速
7113	100	手轮进给倍率
8131#0	1	使用手轮进给

2. PMC 参数设置

单击“SYSTEM”键→“+”扩展软键三次→“PMCCNF”软键→“设定”软键进入 PMC 参数设定页面,需设定如下参数(图 8-20):

(1) 跟踪启动:自动; (2) 编辑许可:是;

(3) 编辑后保存:是; (4) RAM 可写入:是;

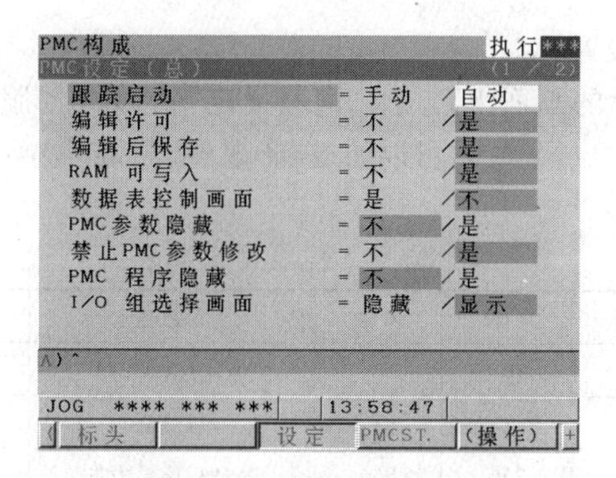

图 8－20 PMC 参数设定画面

(5) 数据表控制画面:不;

(6) PMC 数据隐藏:不;

(7) 禁止 PMC 参数修改:不;

(8) PMC 程序隐藏:不;

(9) I/O 组选择画面:显示;

(10) 保持型继电器(系统):显示;

(11) PMC 程序启动:自动;

(12) PMC 停止许可:是;

(13) 编程器功能有效:是。

3. 轴设定参数的设置

在图 8－19 所示的画面上,选择“轴设定”,单击“操作”软键→“选择”软键,进入“轴设定”画面,设置参数如表 8－2 所列。

表 8－2 轴设定参数

参数号	设定值			参数定义
	X 轴	Y 轴	Z 轴	
1006#3	0	0	0	各轴的移动指令(0:半径指定 1:直径指定)
1020	88	89	90	各轴的程序名称
1022	1	2	3	基本坐标系轴的设定
1023	1	2	3	各轴的伺服轴号
1825	3000	3000	3000	各轴的伺服环增益
1828	20000	20000	20000	每个轴移动中的位置偏差极限值
1829	500	500	500	每个轴停止时的位置偏差极限值
1260	360	360	360	旋转轴转动一周的移动量
1320	根据实际位置测定			各轴存储行程限位 1 的正方向坐标值 I
1321	根据实际位置测定			各轴存储行程限位 1 的负方向坐标值 I
1410	2000			空运行速度
1420	1500	1500	1500	各轴快速移动速度
1421	300	300	300	每个轴的快速倍率的 F_0 速度
1423	1500	1500	1500	每个轴的 JOG 进给速度
1424	3000	3000	3000	每个轴的手动快速移动速度
1425	300	300	300	每个轴手动返回参考点的 F_L 速度
1620	64	64	64	每个轴快速移动直线加/减速的时间常数(T),每个轴快速移动铃型加/减速的时间常数 T_1
1622	64	64	64	每个轴的切削进给加/减速时间常数
1624	64	64	64	每个轴的 JOG 进给加/减速时间常数

4. 伺服设定参数的设置

(1) 在图8-19所示的画面上,选择“伺服设定”,进入“伺服设定”画面,单击“操作”软键→“选择”软键→显示设定画面,可以通过“轴改变”软键,切换 X 轴、Y 轴和 Z 轴,设置 X 轴、Y 轴和 Z 轴的参数如表8-3所列。

表8-3 伺服设定参数

参数名	X 轴	Y 轴	Z 轴	参数名	X 轴	Y 轴	Z 轴
电动机种类	0	0	0	齿轮比(N/M)	1/1	1/1	1/1
标准参数读入	1	1	1	丝杠螺距	5	5	5
电动机代码	256	256	256	电动机旋转方向	CCW	CCW	CW
检出单位	1	1	1	外置编码器的连接	0	0	0

(2) 参数设置完后,通过上、下光标键移至参数“检出单位”处,这时软键区出现“自动”软键,单击“自动”软键,又出现“设定”软键,再按“设定”软键,此时将系统重新上电,参数生效。同时系统自动计算出如下参数,通过选择“伺服设定”→按“操作”软键→“选择”软键→“+”扩展软键→“切换”软键进行查看,具体参数如表8-4所列。

表8-4 伺服数据查看数据

参数名	X 轴	Y 轴	Z 轴	参数名	X 轴	Y 轴	Z 轴
初始化设定位	00000010	00000010	00000010	$(N/M)M$	200	200	200
电动机代码	256	256	256	方向设定	-111	-111	111
AMR	00000000	00000000	00000000	速度反馈脉冲数	8192	8192	8192
指令倍乘比	2	2	2	位置反馈脉冲数	12500	12500	12500
柔性齿轮比 N	1	1	1	参考计数器容量	5000	5000	5000

5. 主轴设定参数的设置

在图8-19所示的画面,选择“主轴设定”,进入“主轴设定”画面,按下“操作”软键→“选择”软键,设置参数如表8-5所列。

表8-5 主轴设定参数表

电动机型号	251	主轴编码器类别	0
电动机名称	βi I3/6000	最佳定位功能	0
主轴最高速度/(r/min)	2800	刚性攻丝的电压模式	0
电动机最高速度/(r/min)	2800		

注意:在参数设定后,要先断电再上电,以使参数设置生效。表8-5所列参数为常用参数,仅供参考。

四、输入/输出信号定义

FANUC 数控系统内部集成了一个小型 PMC(机床可编程控制器),通过编写机床 PMC 程序和设定相应的机床参数,可以对 PMC 应用程序的功能进行配置。

1. 输入/输出点的定义

FANUC 0i Mate-MD 数控系统配套 I/O Link 有四个连接器,分别是 CB104、CB105、CB106 和 CB107,每个连接器有24个输入点和16个输出点,即共有96个输入点、64个输出点;本装置把 CB104 接口的部分信号作为辅助信号使用,把 CB105 和 CB107 用于操作面板上按钮(或按键)及对应指示灯的定义。在PMC程序中,X代表输入,Y代表输出,具体定义如表8-6~表8-8所列,CB106中的输入/输出点在本装置中没有定义。

(1) CB104接口分配如表8-6所列。

表8-6 CB104接口分表

端子号	地址号	输入/输出模块	功 能
A02	X0008.0	X8.0	硬限位X+
B02	X0008.1	X8.1	硬限位Z+
A03	X0008.2	X8.2	硬限位X-
B03	X0008.3	X8.3	硬限位Z-
A04	X0008.4①	X8.4	急停信号(常闭连接)
B04	X0008.5	X8.5	硬限位Y+
A05	X0008.6	X8.6	硬限位Y-
B05	X0008.7	X8.7	过载
A06	X0009.0①	X9.0	*X*轴参考点开关(常闭连接)
B06	X0009.1①	X9.1	*Y*轴参考点开关(常闭连接)
A07	X0009.2①	X9.2	*Z*轴参考点开关(常闭连接)
B07	X0009.3	X9.3	无定义
A08	X0009.4	X9.4	冷却电动机过载
B08	X0009.5	X9.5	冷却液低于下限
A09	X0009.6	X9.6	润滑电动机过载
B09	X0009.7	X9.7	润滑液低于下限
A10	X0010.0	X10.0	无定义
B10	X0010.1	X10.1	无定义
A11	X0010.2	X10.2	无定义
B11	X0010.3	X10.3	无定义
A12	X0010.4	X10.4	无定义
B12	X0010.5	X10.5	无定义
A13	X0010.6	X10.6	无定义
B13	X0010.7	X10.7	无定义
A16	Y0008.0	Y8.0	主轴正转
B16	Y0008.1	Y8.1	主轴反转
A17	Y0008.2	Y8.2	冷却控制输出
B17	Y0008.3	Y8.3	润滑控制输出
A18	Y0008.4	Y8.4	照明控制输出
B18	Y0008.5	Y8.5	超程释放
A19	Y0008.6	Y8.6	无定义
B19	Y0008.7	Y8.7	无定义
A20	Y0009.0	Y9.0	*X*轴原点指示灯
B20	Y0009.1	Y9.1	*Y*轴原点指示灯

（续）

端子号	地址号	输入/输出模块	功　能
A21	Y0009.2	Y9.2	*Z* 轴原点指示灯
B21	Y0009.3	Y9.3	抱闸释放
A22	Y0009.4	Y9.4	无定义
B22	Y0009.5	Y9.5	无定义
A23	Y0009.6	Y9.6	无定义
B23	Y0009.7	Y9.7	无定义
① 即 X8.4、X9.1 和 X9.2 的功能 NC 内部已经固定，平时为高电平			

（2）CB105 接口分配如表 8－7 所列。

表 8－7　CB105 接口分配

序号	地址号	端子号	功　能
1	X0011.0	CB105(A02)	100%
2	X0011.1	CB105(B02)	手轮
3	X0011.2	CB105(A03)	50%/*100
4	X0011.3	CB105(B03)	DNC
5	X0011.4	CB105(A04)	25%/*10
6	X0011.5	CB105(B04)	MDI
7	X0011.6	CB105(A05)	F0/*1
8	X0011.7	CB105(B05)	手动
1	X0016.0	CB105(A06)	进给倍率 A
2	X0016.1	CB105(B06)	进给倍率 B
3	X0016.2	CB105(A07)	进给倍率 E
4	X0016.3	CB105(B07)	进给倍率 F
5	X0016.4	CB105(A08)	+*X* 手动
6	X0016.5	CB105(B08)	自动
7	X0016.6	CB105(A09)	+*Z* 手动
8	X0016.7	CB105(B09)	参考点
1	X0017.0	CB105(A10)	−*Y*
2	X0017.1	CB105(B10)	EDIT
3	X0017.2	CB105(A11)	快速倍率
4	X0017.3	CB105(B11)	进给保持
5	X0017.4	CB105(A12)	+*Y*
6	X0017.5	CB105(B12)	循环启动
7	X0017.6	CB105(A13)	−*Z*
8	X0017.7	CB105(B13)	−*X*
1	Y0010.0	CB105(A16)	100% 灯
2	Y0010.1	CB105(B16)	手轮灯

（续）

序号	地址号	端子号	功　能
3	Y0010.2	CB105(A17)	50%／*100 灯
4	Y0010.3	CB105(B17)	DNC 灯
5	Y0010.4	CB105(A18)	25%／*10 灯
6	Y0010.5	CB105(B18)	MDI 灯
7	Y0010.6	CB105(A19)	F0／*1 灯
8	Y0010.7	CB105(B19)	手动灯
1	Y0011.0	CB105(A20)	主轴停止灯
2	Y0011.1	CB105(B20)	自动灯
3	Y0011.2	CB105(A21)	主轴正转灯
4	Y0011.3	CB105(B21)	参考点灯
5	Y0011.4	CB105(A22)	快速倍率灯
6	Y0011.5	CB105(B22)	EDIT 灯
7	Y0011.6	CB105(A23)	进给保持灯
8	Y0011.7	CB105(B23)	循环启动灯

（3）CB107 接口分配如表 8－8 所列。

表 8－8　CB107 接口分配

序号	地址号	端子号	功能
1	X0015.0	CB107(A02)	*X* 轴选
2	X0015.1	CB107(B02)	F1
3	X0015.2	CB107(A03)	*Y* 轴选
4	X0015.3	CB107(B03)	空运行
5	X0015.4	CB107(A04)	照明
6	X0015.5	CB107(B04)	跳步
7	X0015.6	CB107(A05)	超程释放
8	X0015.7	CB107(B05)	单步
1	X0018.0	CB107(A06)	冷却
2	X0018.1	CB107(B06)	主轴正转
3	X0018.2	CB107(A07)	机床锁定
4	X0018.3	CB107(B07)	主轴停止
5	X0018.4	CB107(A08)	润滑
6	X0018.5	CB107(B08)	主轴反转
7	X0018.6	CB107(A09)	选择停
8	X0018.7	CB107(B09)	快速倍率 C
1	X0019.0	CB107(A10)	程序保护
2	X0019.1	CB107(B10)	*Z* 轴选
3	X0019.2	CB107(A11)	主轴倍率 A

（续）

序号	地址号	端子号	功　能
4	X0019.3	CB107(B11)	无定义
5	X0019.4	CB107(A12)	主轴倍率 B
6	X0019.5	CB107(B12)	无定义
7	X0019.6	CB107(A13)	主轴倍率 F
8	X0019.7	CB107(B13)	无定义
1	Y0014.0	CB107(A16)	*X* 轴选灯
2	Y0014.1	CB107(B16)	*Z* 轴选灯
3	Y0014.2	CB107(A17)	*Y* 轴选灯
4	Y0014.3	CB107(B17)	机床故障灯
5	Y0014.4	CB107(A18)	照明灯
6	Y0014.5	CB107(B18)	机床就绪灯
7	Y0014.6	CB107(A19)	超程释放灯
8	Y0014.7	CB107(B19)	F1 灯
1	Y0015.0	CB107(A20)	冷却灯
2	Y0015.1	CB107(B20)	空运行灯
3	Y0015.2	CB107(A21)	机床锁定灯
4	Y0015.3	CB107(B21)	跳步灯
5	Y0015.4	CB107(A22)	润滑灯
6	Y0015.5	CB107(B22)	单步灯
7	Y0015.6	CB107(A23)	选择停灯
8	Y0015.7	CB107(B23)	主轴反转灯

五、PMC 程序

关于 PMC 梯形图程序的编制方法、PMC 基本指令和功能指令、梯形图编程时的相关操作，请参阅“梯形图语言编程说明书”和“梯形图语言补充编程说明书”。

六、变频器参数设置

变频器主要参数设置如表 8-9 所列（其他参数默认设置）。

表 8-9　变频器参数设置

序号	参数代号	初始值	设置值	功能说明
1	P1	120	50	输出频率的上限/Hz
2	P2	0	0	输出频率的下限/Hz
3	P3	50	50	电动机的额定频率
4	P7	5	5	电动机加速时间
5	P8	5	5	电动机减速时间
6	P9	变频器额定电流	182	电动机的额定电流
7	P73	1	0	控制模式选择(0～10V)

（续）

序号	参数代号	初始值	设置值	功能说明
8	P77	0	0	仅限于停止时可以写入
9	P79	0	2	外部运行模式固定
10	P80	9999	75	电动机容量
11	P125	50	50	端子2频率设定增益频率
12	P160	9999	0	扩展功能显示选择(显示所有参数,开放隐藏参数)
13	P161	0	1	频率设定、键盘锁定操作选择
14	P178	60	60	STF端子功能选择(正转指令)
15	P179	61	61	STR端子功能选择(反转指令)

七、数控铣床功能调试

1. 主要功能键的熟悉

(1) 按下功能键“POS”进入位置画面,显示当前坐标轴的位置,可以在绝对、相对、综合显示之间进行切换。

(2) 按下功能键“PROG”进入程序画面,显示程序显示画面和程序检查画面,可以在此输入加工程序,以及其他操作。

(3) 按下功能键“OFS/SET”进入刀具偏置/设定画面,可以查看刀具偏置、设定画面和工件坐标系设定画面,可以对一些常用功能进行设定。

(4) 按下功能键“SYSTEM”进入系统画面,显示参数画面(可以设定相关参数)、诊断画面(查看有关报警信息)和PMC画面(进行与PMC相关的操作)等。

(5) 按下功能键“MESSAGE”进入信息画面,查看报警显示和报警履历等画面。

(6) 按下功能键“CSTM/GRPH”进入图形/用户宏画面,显示刀具路径图和用户宏画面。

2. 手动操作

(1) 按操作面板的“手动”方式键,启动手动运行方式。

(2) 再按“+Z”或“-Z”或“+X”或“-X”或“+Y”或“-Y”方向键,使X轴或Y轴或Z轴正向移动或反向移动。注意观察其位置,避免因限位开关损坏,而使其超出行程,发生碰撞或滑块脱落。

(3) 在X轴或Y轴或Z轴移动过程中,调节进给波段开关,观察各进给轴转速的变化是否符合倍率关系。

(4) 按下X轴选键,再同时按下X轴正方向键和快速倍率键,使X轴向正方向快速运行,通过在快速倍率F0、25%、50%、100%之间切换,观察X轴运行速度的变化情况;当选择F0时是以内部参数1421设定的F0的速度运行,其他三挡是以快速运行100%的参数1424设定值的倍数关系运行。

(5) 冷却控制。在手动方式下,单击“冷却”键,其左上角的指示灯点亮,网孔板上相应的继电器的线圈得电,常开触点闭合,继电器上的指示灯亮起,表示冷却功能开启,再单击一下“冷却”键,其左上角的指示灯熄灭,网孔板上相应的继电器的线圈失电,闭合的触点断开,继电器上的指示灯和按键左上角的指示灯均熄灭,表示冷却功能关闭。

(6) 润滑控制。在手动方式下,按“润滑”键,其左上角的指示灯点亮,网孔板上相应的继电器的线圈得电,常开触点闭合,表示润滑功能开启,再单击一下“润滑”键,其左上角的指示灯熄灭,网孔板上相应的继电器的线圈失电,闭合的触点断开,按键左上角的指示灯熄灭,表示润滑功能关闭。

3. 回参考点操作

回参考点前,在手动方式下,将 *X* 轴、*Y* 轴和 *Z* 轴的位置移动到负限位和参考点开关之间,按操作面板上的“参考点”键,启动回参考点运行方式,此时“Z 轴选”键和“Z 原点”的指示灯闪烁,按下“Z 轴选”键,“Z 轴选”和“Z 原点”的指示灯以更快的频率闪烁,同时,*Z* 轴向正方向运行寻找参考点,当到达参考点开关时,*Z* 轴减速回零,同时在 CRT 上显示参考点的坐标为 0。

Z 轴回零完成后,“X 轴选”和“X 原点”与“Y 轴选”和“Y 原点”的指示灯闪烁,按下“X 轴选”键,“X 轴选”和“X 原点”的指示灯以更快的频率闪烁,同时,*X* 轴向正方向运行寻找参考点,当到达参考点开关时,*X* 轴减速回零,同时在 CRT 上显示参考点的坐标为 0;同理,*Y* 轴回参考点的方法同上。

4. 手轮进给

在操作面板上选择“手轮”方式,按下“X 轴选”键,再按下手轮倍率“ ×1”键,拨动手轮移动 1 格刻度,数控系统上 *X* 轴的坐标增或减 0. 001,即 *X* 轴运行 0. 001mm,切换到“ ×10”挡,拨动手轮移动 1 格刻度,数控系统上 *X* 轴的坐标增或减 0. 01,即 *X* 轴运行 0. 01mm,切换到“ ×100”挡,拨动手轮移动 1 格刻度,数控系统上 *X* 轴的坐标增或减 0. 1,即 *X* 轴运行 0. 1mm,注意观察 *X* 轴运行情况。

同理按下“Y 轴选”或“Z 轴选”键,重复上述操作。

5. 超程释放

机床到达极限位置时,会出现相应的限位报警,同时断开驱动器的强电线路。要想退出限位,取消限位报警,需按住操作面板上的“超程释放”按钮,待限位解除后,在手动方式或手轮方式下,向相反的方向移动该轴,退出限位,松开“超程释放”按钮,限位报警取消。

6. MDI 运行

各轴回参考点完成后,在操作面板上选择“MDI”方式,单击“PROG”键,输入“G00X - 10. Y - 15. Z - 15. ”,单击“EOB”键(;),单击“INSERT”键插入,再单击“循环启动”按钮,执行程序,各轴将快速移动到指定的位置。

输入“M03S600;”,单击“INSERT”键插入,输入“G01X - 20. Y - 25. Z - 25. ;”,单击“INSERT”键插入,再单击“循环启动”按钮,执行程序,主轴运行,各轴进行直线插补移动到指定的位置,同时观察 *X* 轴和 *Z* 轴是否同时到达目标位置。

7. 手动运行主轴

由于手动方式下,主轴按上一次运行的速度运行,所以在运行主轴前,应先在 MDI 方式下,以一定的转速运行主轴。如:输入“M03S600;”,单击“INSERT”键插入,再单击“循环启动”按钮,执行程序,主轴以 S600 的速度运行。

按主轴正转键,主轴以上一次的速度(S600)正转,旋转主轴倍率开关,观察主轴转速的变化;按主轴停止键,主轴停止;按主轴反转键,主轴反转运行。

模块6　数控铣床的操作使用及样件加工

一、安全指南

为防止意外事故的发生及避免机床受到意外损坏,操作者必须遵守机床安全规则,才可能有效避免事故。

1. 机床安装要求

(1) 为保证机床的精度,机床在安装时应满足下列条件:

① 安装位置:避免阳光直晒或过度振动。

② 安装环境:尽可能处于无酸、无腐蚀气体、无盐雾、无降尘的环境。

(2) 机床必须单独接地保护(禁止使用零线替代保护地接入机床),如果使用公共接地,其他设备不能产生大的干扰值(例如:电焊机、电火花机床等设备)。

2. 通电注意事项

(1) 机床开始工作前,确定机床运动部件附近无人。

(2) 通电后,先接通控制柜侧的漏电保护器,然后按下系统控制面板上的启动按钮。

3. 操作注意事项

(1) 通电后,按说明书中规定的日常检查和维护项目完成相应工作。

(2) 使用刀具的尺寸、规格应满足加工要求并符合机床规格,防止意外事故的发生。

(3) 工件、夹具及刀具的安装应牢固、可靠。

(4) 主轴旋转时严禁触摸工件或刀具。

(5) 加工过程中需要清理废屑时,应先使加工停止,然后用刷子进行清理,严禁在加工过程中用手去清理铁屑。

(6) 加工停止后,才可拆卸刀具、取下工件。

(7) 加工过程中,严禁触摸或接近机床运动部件。

(8) 湿手严禁触摸任何开关或按钮。

(9) 使用控制面板上的开关和按钮,应确认操作意图及按键位置,防止误操作。

(10) 出现故障时,按下系统侧的“急停”按钮,使机床停止工作。

4. 结束工作时注意事项

(1) 工作结束后,清理机床周围、拖板及导轨处的废屑。

(2) 将工作台返回合适的位置。

(3) 离开前关闭电源。

(4) 关闭电源时,首先按数控系统侧的停止按钮,再断控制柜总电源开关。

5. 检修过程中的注意事项

只有经过培训的专业人员,才允许进行维修机床或更换元件的工作。在检修时必须遵守以下原则:

(1) 发生报警时,查询有关手册及使用说明书,采取正确措施。

(2) 加工过程中,电气元件易受切削液、油、尘、废屑及振动的影响,工作环境恶劣。机床故障很大一部分是由这些因素引起。由于大多数元件的操作、维修较为简单,依据用户自身能力完全可以查出故障并进行修理,但需要注意的是只允许使用指定的元件对损坏件进行更换。

（3）检修或更换元件前，必须先切断控制柜的电源。

二、机床的用途和特征

（1）本机床采用 FANUC 0i Mate－MD 数控系统，进给轴采用交流伺服驱动器来控制 X 轴、Y 轴和 Z 轴的进给，采用三菱变频器控制主轴电动机。机床能够自动完成铣削各种零件的表面、端面、钻孔及各种公/英制铣槽、内螺纹等工序。

（2）实物小铣床具有真实数控铣床的机械结构，可对铁、铝、铜、PVC、有机玻璃等材料进行铣削加工。X、Y 和 Z 轴拖板均采用精密滚珠丝杠进行传动；设计有正负限位、参考点等光电开关，用于检测机床的位置。

三、TH－XK3020 型实物小铣床技术参数

（1）工作台面积：　400mm×164mm

（2）$X/Y/Z$ 轴行程：　220mm×140mm×140mm

（3）滚珠丝杠：　研磨、C5 级、规格 1605

（4）直线导轨：　H 级精度、规格 20mm

（5）主轴鼻端至工作台面距离：　70～250mm

（6）主轴中心至立柱导轨面距离：　243mm

（7）主轴孔锥度：　MT3

（8）主轴最高转速：　2800r/min

（9）主电动机功率：　0.37kW

（10）工作台快速移动速度：　3000mm/min

（11）最大切削进给速度：　2000mm/min

（12）定位精度：　0.02mm

（13）重复定位精度：　±0.012mm

（14）机床净重：　300kg

四、样件编程加工

按照图 8－21 所示图形编写零件程序。

（1）选择编辑方式，单击数控系统上的“PROG”键，进入程序画面。

（2）输入新程序编号地址，如“O0001”，然后按下“INSERT”键，进入程序编辑画面，注意：程序编号地址必须以英文字母“O”表示。

（3）单击“EOB”（；）键，再单击“INSERT”键，让程序编号单行显示，在下一行输入程序内容，在每句程序结尾加上分号并换行。

注意：输入程序时，记得在输入的坐标值后面加点（.），因为 FANUC 系统默认单位为微米，通过加点可以把微米转化成编程时的毫米。

（4）零件程序（表 8－10）。

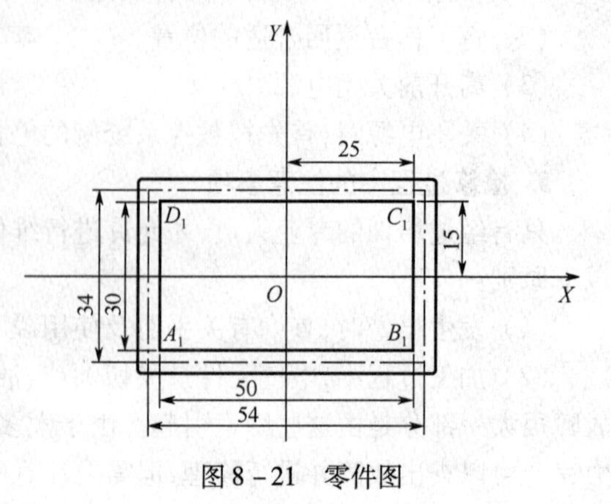

图 8－21　零件图

表 8-10　零件程序

程序号	程　序	注　释
O1100		主程序名
N010	G54;	建立工件坐标系
N020	M03 S1000;	主轴正转
N030	G90 G00 Z10.;	
N040	G00 X-25. Y-15.;	
N050	G00 Z2.;	快速移动到 A1 点上方 2mm 处
N060	M98 P0010;	调用 1 号子程序,完成槽的加工
N70	G90 G00 X0 Y0;	回到工件原点
N80	Z10.;	
N90	M05;	主轴停
N100	M30;	程序结束
O0010		子程序名
N010	G91 G01 Z-4. F100;	相对编程,刀具 Z 向工进 4mm(切深 2mm)
N020	G42 G01 X50. D1;	$A_1 \longrightarrow B_1$
N030	Y30.;	$B_1 \longrightarrow C_1$
N040	X-50.;	$C_1 \longrightarrow D_1$
N050	Y-30.;	$D_1 \longrightarrow A_1$
N060	G40 G00 Z4.;	Z 向快退 4mm
N070	M99;	子程序结束,返回主程序

注意:该样例程序采用 $\phi 4$ 的立铣刀。

(5) 如果输入错误要删除某个指令,移动光标到要删除的地方,单击“DELETE”键即可。

(6) 如果要在程序中插入指令,把光标移动到要插入点的前一位置,键入要插入的指令,按下“INSERT”键。

如果要替换某一指令,把光标移到被替换的位置,键入新的指令,单击“ALTER”键。

(7) 如果要删除已有的多个程序中的某个程序,在程序画面中键入要删除的程序编号(如“O0004”),再按下“DELETE”键,再单击“执行”软键。

(8) 如果要调用多个程序中的一个进行加工操作,在程序画面中键入程序编号,再按下“O 检索”软键,进入程序编辑画面,可以在此查看、编辑程序内容。

(9) 程序输入完毕,进行程序的校验及修整。在“自动”方式下,选择“空运行”和“机床锁住”功能,进入数控系统的图形画面内模拟运行该程序,观察加工的图形是否与设计的一样,同时也可效验程序是否正确。

(10) 在进入程序自动运行加工工件之前,必须先将该机床进行对刀操作,对刀后才能正确加工工件,其手动对刀过程如下:

① 首先应在“参考点”方式下,进行回参考点操作。

② 正确装好夹具,将所要加工的工件正确固定在夹具上。

③ 当固定好工件后,便按照正确的工艺装好刀具。此时,应保证刀具在工件的上方。

④ 在准备好后便开始进行对刀操作,并在工件上方建立工件坐标系,利用系统中的 G54

建立。建立工件坐标系的步骤如下：

a. 在手动方式下，按下操作面板上的“主轴正转”键，将主轴旋转起来，然后在“手轮”方式下将刀具缓慢移向工件，当刀具越靠近工件时，速度就应越慢。

b. 将刀具缓慢地靠近工件的左端面，当刀具碰到工件左端面时，此时，记录下系统上显示的 X 轴的坐标值。然后，将刀具缓慢地靠近工件的右端面，当刀具碰到工件右端面时，此时，记录下系统上显示的 X 轴的坐标值，此时将测出的两个坐标值相加除以 2，得出的坐标值便是该工件中心的 X 坐标值。同理，将刀具缓慢地靠近工件的前端面，当刀具碰到工件前端面时，此时，记录下系统上显示的 Y 轴的坐标值，然后，将刀具缓慢地靠近工件的后端面，当刀具碰到工件后端面时，此时，记录下系统上显示的 Y 轴的坐标值，此时将测出的两个坐标值相加除以 2，得出的坐标值便是该工件中心的 Y 坐标值。然后将刀具退出工件位置，此时 Y 轴便对刀完成。然后继续将刀具移向工件的上表面，当刀尖碰到工件上表面时，此时，记录下系统上显示的 Z 轴的坐标值。然后将刀具退出工件位置，Z 轴对刀完成。届时，该系统对刀完成。

c. 建立工件坐标系，利用系统中的 G54 建立工件坐标系。按下系统上的“OFS/SET”键，选择其中的“坐标系”软键，找到 G54 并将光标移到其 X 坐标框中，将刚测量的 X 轴的坐标值输入到该坐标框中；将光标移到其 Y 坐标框中，将刚测量的 Y 轴的坐标值输入到该坐标框中；将光标移到 Z 轴坐标栏内，将对刀时记录下的坐标值减去 2mm 后输入到该坐标栏内，此时，便在离工件中心 2mm 的上方建立了工件坐标系。

d. 刀具半径补偿。按下系统上的“OFS/SET”键，选择“刀偏”软键，进入刀偏设置画面，然后按照实际数据将刀具半径值填入刀具形状补偿等数据（D）栏内。

e. 完成了以上操作后，工件坐标系便建立完成，并且该坐标值被保存于系统内；刀具补偿数据也补偿完成。此时便完成了对刀和工件坐标系的建立，等待实际加工操作的进行。

（11）将刚编写好的 G 代码加工程序调出，并在“编辑”方式下，将光标移到程序的第一行，然后选择“自动”运行方式，按下“循环启动”按钮，启动程序，进行自动加工。

（12）加工完成后，将刀具退出工件上方，回到机械原点上，然后测量工件，看加工的尺寸是否与目标尺寸一样，如不一样需找出原因，看是补偿值是否有误、伺服参数是否设置准确等，调整好各数据后再次进行上述的加工操作；如加工的工件尺寸与目标尺寸一致则将刀具退回到机械原点位置，拆下工件。然后按下停止按钮，关闭电源，将机床上铁屑等打扫干净。

（13）根据本节内容结合学过的编程方法，找合适的零件图，练习在数控系统上编写加工程序，进行实际的零件加工操作。

注意：一般情况下系统开机后，首先进行回参考点操作，否则在执行以后的命令时会报警提示“PSO224 回零未结束”，如果按正确方式回参考点后，还有 ALM 闪烁，同时按下“RESET”+“CAN”键，消除报警；一般情况下可以使用 MDI 面板上的“RESET”键取消任何操作，即停止机床动作。

五、加工对刀前需进行回参考点操作

在对刀前需进行回参考点操作，并且需将相对坐标清零后，方可进行对刀。因为该样例程序是以相对坐标系进行编程的，不进行回参考点操作，会造成该样例程序的坐标不准确。

另附数控铣床电气控制参考电路图见电子课件。

附录　磁粉制动器与扭矩对应曲线

磁粉制动器与扭矩对应曲线(磁粉重量 10g,实验转速 200r/min,表面温度 38℃),如图 A-1 所示。

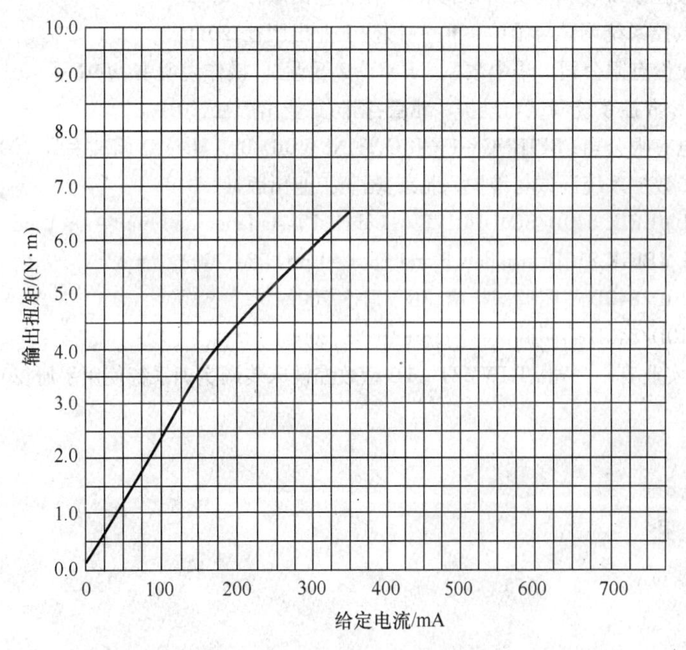

图 A-1　磁粉制动器与扭矩对应曲线

参考文献

[1] 邓三鹏. 现代数控机床故障诊断与维修. 北京:国防工业出版社,2009.
[2] 邓三鹏. 数控机床结构及维修(第2版). 北京:国防工业出版社,2011.
[3] 付承云. 数控机床安装调试及维修现场实用技术. 北京:机械工业出版社,2011.
[4] 孙宏昌. 华中数控系统装调与实训. 北京:机械工业出版社,2012.
[5] 石秀敏. 华中数控系统调试与维护. 北京:国防工业出版社,2011.
[6] 武汉华中数控股份有限公司. 华中数控. HNC-21S 调试、操作说明书,2002.
[7] 杨雪翠. FANUC 数控系统调试与维护. 北京:国防工业出版社,2010.
[8] 北京发那科机电有限公司. BEIJING-FANUC,FANUC 0iD/0i-Mate D 调试手册,2009.
[9] 刘朝华. 西门子数控系统调试与维护. 北京:国防工业出版社,2010.
[10] SIEMENS. SINUMERIK 840D/SIMODRIVE 611 digital Installation and Start-Up Guide,2002.
[11] SIEMENS. SINUMERIK 810D Installation and Start-Up Guide,2002.
[12] SINUMERIK 810D/840D 简明调试指南,SIEMENS,2002.
[13] SINUMERIK 810D/840D 简明调试指南,SIEMENS,2006.
[14] 浙江天煌科技实业有限公司. THWMZT-1B 型数控铣床装调实训系统使用手册,2012 年.